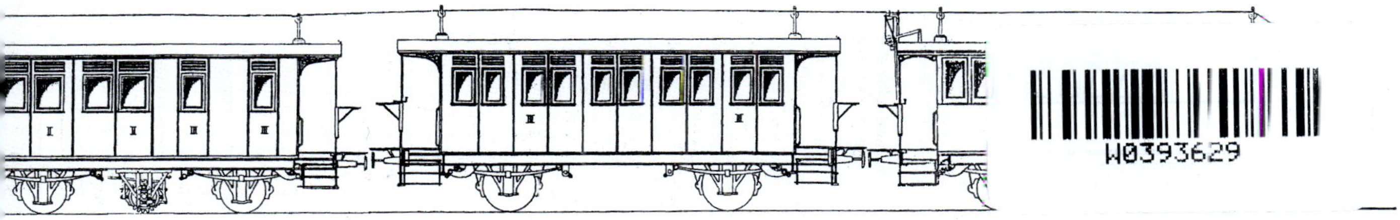

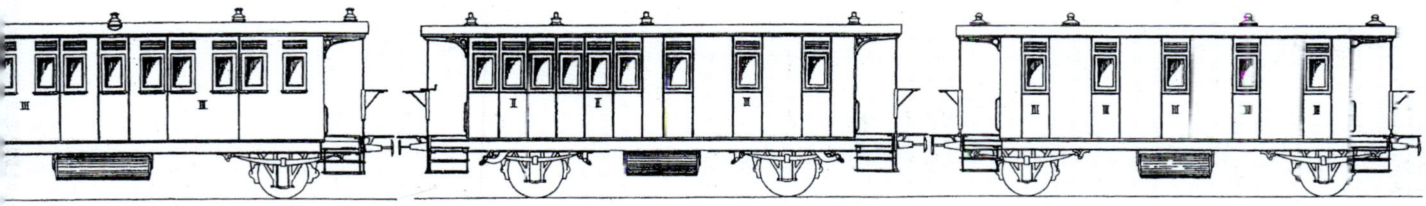

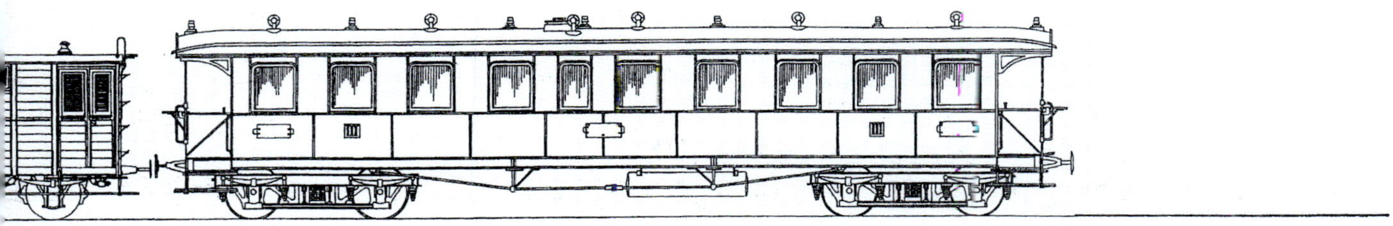

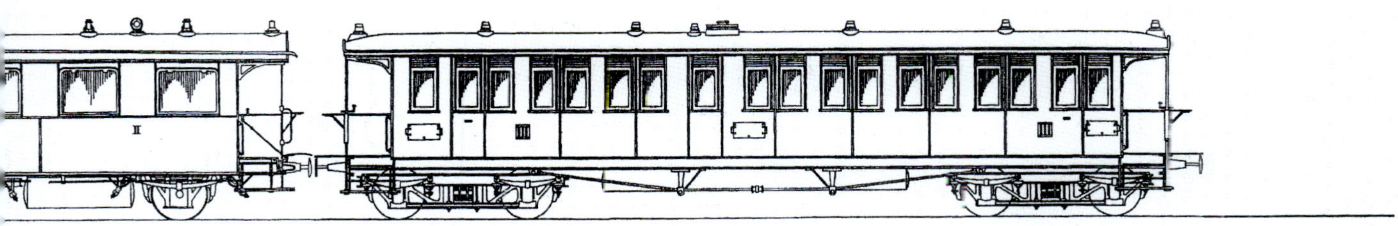

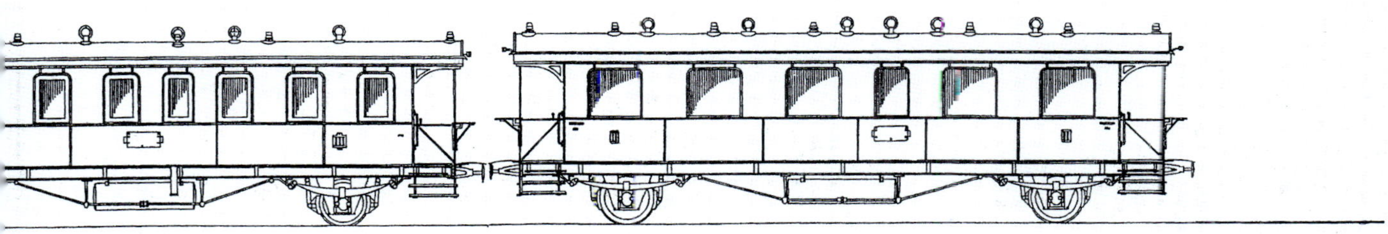

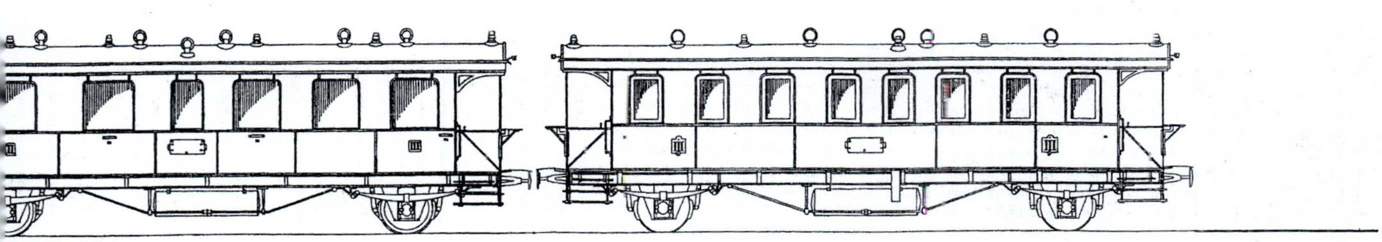

Jens Freese

Die Reisezugwagen der Großherzoglich Badischen Staatseisenbahnen

EISENBAHN KURIER
VORBILD UND MODELL

EK-Verlag

Titel: *(oben)* E 71 22 steht mit dem Versuchswagen „Karlsruhe 700 304" im Güterbahnhof von Lörrach. Dieser Wagen war durch Umbau eines zweiachsigen Durchgangswagens III. Klasse Di von 1893 (Gruppe 106) entstanden. Dahinter befindet sich der Bremsprüfungswagen „Karlsruhe 700 301". Aufnahme: Hermann Maey, Archiv Bellingrodt

(unten) Der vierachsige Durchgangswagen III. Klasse mit offenen Übergängen C4i Bad 02 (Gruppe 110a) ist ein typischer Vertreter badischer Bauart. Die Aufnahme zeigt den „79 797", den es nach dem Zweiten Weltkrieg zur Reichsbahndirektion München verschlagen hat, hier erfolgte auch die Ausmusterung im Jahre 1952.
Aufnahme: Dr. Günther Scheingraber, Archiv Carl Bellingrodt

Rücktitel: *(oben)* Ein vierachsiger Durchgangswagen mit Korbbogendach, Torpedo-Lüftern und Zwillingsfenstern: Ein D-Zugwagen badischer Bauart? Mitnichten! Es handelt sich vielmehr um einen AB4ü Bay 98 oder 01 zusammen mit einem AB3ü Bay 97 in einem D-Zug München – Lindau, der im Bahnhof Friedrichshafen (Stadt) angekommen ist. Der Vierachser weist zwar ebenfalls wie der badische ABBü von 1896 (Gruppe 77) das zurückspringende Dach im Bereich der Vorplätze auf, dies jedoch nur bis zum Umbau im Jahre 1908/09. Weiterhin besitzt der Wagen der Gruppe 77 eckige und nicht im oberen Bereich abgerundete Fenster auf. Dies trifft zwar auf den badischen ABBü von 1899 (Gruppe 78) zu. Bei diesem jedoch ist das Dach oberhalb der Vorplätze glatt durchlaufend und springt nicht zurück. Auf dem Bild ist schlecht zu erkennen, daß es sich bei dem Dach nicht um ein Korbbogendach sondern um ein Tonnendach handelt. Im Hintergrund ist der Zeppelin LZ5 oder LZ6 zu erkennen, die Aufnahme dürfte demnach im Jahre 1909 entstanden sein. Aufnahme: Archiv Pfahlbaumuseum Uhldingen-Mühlhofen

(unten) Der vierachsige Durchgangswagen mit Seitengang und mit geschlossenen Übergängen CCü von 1907 (Gruppe 111b) war der D-Zugwagen, der von den badischen Staatsbahnen in der größten Stückzahl beschafft worden ist. Aufnahme: Sammlung Jens Freese

Abbildung Seite 5: Diese wohl um 1906 entstandene Postkarte zeigt den Hauptbahnhof von Freiburg im Breisgau. Im Gleis 1 ist gerade mit einer Lokomotive der Gattung IId ein Schnellzug aus Richtung Basel angekommen. Hinter dem Gepäckwagen (Gruppe 133a oder 133b) läuft ein D-Zugwagen I./II. Klasse ABBü von 1896 (Gruppe 77), offenbar ein Kurswagen, dann folgen zwei vierachsige Durchgangswagen III. Klasse mit offenen Übergängen CCi von 1897 oder 1899 (Gruppe 109 oder 110). Auf dem Nachbargleis sind einige zweiachsige Duirchgangswagen mit offenen Übergängen zu erkennen, darunter ein Ci mit Zwillingsfenstern von 1893 (Gruppe 105). Aufnahme: Sammlung Hermann Hoyer

Vor- und Nachsatz: Zusammenstellungen badischer Reisezüge und Personenwagen. Jens Freese

ISBN 3-88255-767-2

EK-Verlag GmbH – Postfach 500 111 – 79027 Freiburg

Bearbeitung/Gestaltung: Ernst Andreas Weigert

Inhaltsverzeichnis

Vorwort

Über 120 Jahre rollten badische Reisezugwagen auf den Schienen, sie hatten im Laufe der Zeit ein typisches Aussehen bekommen. Für die meisten Reisenden waren sie nur ein Transportmittel, das sie eben an ihr Reiseziel brachte, und dennoch spiegelte sich besonders in den moderneren badischen D-Zugwagen der höheren Klassen die großzügigere süddeutsche Lebensart wieder, was offenbar ein großer Teil der Fahrgäste auch zu schätzen wußte. Gerade auch ausländische Reisende waren nicht nur von der schönen Landschaft Süddeutschlands beeindruckt, durch die sie in Wagen badischer Bauarten reisten, sondern auch von dem gebotenen Komfort auf Schienen. Aber alles ist vergänglich, und schließlich ging auch über die badischen Wagen die Zeit hinweg, neue Verkehrsmittel und andere Lebensgewohnheiten der Menschen und schließlich das Alter der Wagen selbst setzte ihnen ganz zwangsläufig ein Ende. Auch die Reisezugwagen sind jeweils Kinder ihrer Zeit im Hinblick auf die Technik, auf die Ansprüche und die Lebensgewohnheiten der Reisenden, auf die wirtschaftliche Lage der betreffenden Bahnverwaltung, usw., um nur einige Faktoren zu nennen. In dem großen Unterschied in der Ausstattung der Personenwagen erster und zweiter Klasse und denen der dritten Klasse kommt auch die große Kluft in der damaligen Gesellschaft zum Ausdruck, die zwischen dem vermögenden Bürgertum und der breiten Masse bestand, die damals überall in Deutschland vorhanden war, wenngleich dieser Unterschied in Baden vielleicht auch nicht so kraß war, wie in anderen Regionen. Dies könnte auch ein Grund dafür sein, daß es in Baden zwischen 1850 und 1918 die vierte Klasse nicht gegeben hat. Heute in unserer Wohlstandsgesellschaft sind die Unterschiede weitgehend verwischt, dies wird auch daran deutlich, daß zwischen der Ausstattung in den beiden Wagenklassen kaum noch ein Unterschied besteht.

Das vorliegende Buch ist das Ergebnis einer Beschäftigung mit den badischen Reisezugwagen, die sich, wenn auch immer wieder mit größeren Unterbrechungen, über mehrere Jahrzehnte erstreckte. Im Lauf der Zeit wurde alles Erreichbare zu diesem Thema gesammelt. Der Verfasser ist sich darüber im Klaren, daß trotz aller Mühen immer Lücken bleiben werden. Wichtige Unterlagen, wie beispielsweise das Betriebsnummernverzeichnis der Reichsbahndirektion Karlsruhe von 1924, konnten leider bisher nicht gefunden werden. Bei einigen Bauarten fehlen bei den Einzelbeschreibungen die dazugehörigen Fotos, weiterhin konnten so gut wie keine Innenaufnahmen von Wagen beschafft werden. Auch ist die Qualität mancher Aufnahme zu entschuldigen. Das sollte jedoch der Sache keinen Abbruch tun, fast jede Bauart wird mit einer Zeichnung vorgestellt und zwar aus dem badischen Wagenverzeichnis von 1903, das einst in der Bibliothek der Bundesbahndirektion Karlsruhe stand und seit Mitte der siebziger Jahre leider verschollen ist. Diese Zeichnungen zeigen die meisten Wagen noch vor ihrer kurz darauf erfolgten Ausmusterung oder in ihrem damaligen Zustand, d.h. vor dem Umbau in den nachfolgenden Jahren.

Bei seiner Suche nach Informationen und Abbildungen erfuhr der Verfasser die freundliche Unterstützung durch eine Reihe von Eisenbahnfreunden, die sich ebenfalls mit dem Thema Reisezugwagen befassen und auch von Institutionen, die ihre Archive bereitwillig öffneten. Allen, die zum Gelingen des Buches beigetragen haben, gilt der Dank des Verfassers und zwar unter anderem Herrn Olaf Bade, Berlin, Herrn Joachim Deppmeyer, Uelzen, Herrn Helmut Griebl, Laaben (Österreich), Herrn Hermann Hoyer, Hamburg, Herrn Wolfgang Illenseer, Fürth, Herrn Dr. Albert Mühl (†), Neustadt an der Weinstraße, Herrn Dr. Niemeyer, Wehrgeschichtliches Museum Rastatt, Herrn Dr. Gunter Schöbel, Pfahlbaumuseum Uhldingen, Herrn Hans Schünemann, Seesen, Herrn Lothar Spielhoff, Eßlingen, dem Generallandesarchiv Karlsruhe und schließlich auch dem EK-Verlag für die Herausgabe des Buches.

Frankfurt am Main, Dezember 1999

Der FFD 101 „Rheingold“ (Luzern – Basel – Mannheim – Mainz – Amsterdam) am 19. Mai 1931 in der Nähe von Nauheim bei Groß Gerau, der „Rheingold“ befuhr damals nicht die direkte Strecke Mannheim - Mainz über Worms sondern über die Riedbahn. Hinter der Schnellzuglokomotive 18 527 läuft ein Gepäckwagen badischer Bauart SPw4ü Bad 06.
Aufnahme: Carl Bellingrodt/EK-Archiv

Auf der 1913 elektrifizierten Wehra- und Wiesentalbahn kamen in den zwanziger Jahren zweiachsige Durchgangswagen badischer Bauart mit elektrischer Heizung und Beleuchtung zum Einsatz, daran sollte sich für viele Jahre nichts ändern. Am 24. Juni 1954 steht im Bahnhof Schopfheim ein Personenzug mit E 71 32 und einer badischen Wagengarnitur zur Abfahrt bereit.
Aufnahme: Carl Bellingrodt/EK-Archiv

1 Einleitung

Die Reisezugwagen und in erster Linie die Personenwagen sind neben den stationären Einrichtungen wie Bahnhöfe, Haltepunkte, usw. eigentlich diejenigen Einrichtungen der Eisenbahn, mit denen der Reisende unmittelbar und auf kürzere oder längere Zeit in Berührung kommt. Die Entwicklungsgeschichte der Reisezugwagen allgemein ist ein Spiegelbild der gesellschaftlichen, technischen und geschichtlichen Entwicklung im Laufe der Zeit. Der Zeitraum, der in die folgende diesbezügliche Betrachtung einbezogen werden soll, erstreckt sich über eine Spanne von 80 Jahren und zwar von der Anfangszeit der Eisenbahn in Baden im Jahre 1840 bis zum Ende der Länderbahnzeit im Jahre 1920, wobei jedoch der Schwerpunkt auf der Reisezugwagenentwicklung von 1860 bis zum Ende der Beschaffung von Reisezugwagen badischer Bauart im Jahre 1922 liegt. Darüber hinaus wird auch die anschließende Zeit bis zum Ende des Einsatzes von Reisezugwagen badischer Bauart bei der Deutschen Bundesbahn im Jahre 1962 berücksichtigt.

Zur Ansprache der einzelnen Wagenbauarten wird die Bezeichnung der jeweiligen Gruppe verwendet, die von der Verwaltung der Großherzoglich Badischen Staatseisenbahnen – im folgenden der Einfachheit halber nur noch als badische Staatsbahnen bezeichnet – um die Jahrhundertwende eingeführt worden ist und die bis zum Ende der Länderbahnzeit beibehalten wurde. Die Bezeichnung nach „Gruppe“ wurde ab 1924 durch die Bezeichnung nach (Muster-) „Blatt“ ersetzt. Die Beziehung der beiden Bezeichnungen zueinander läßt sich in den Auflistungen gemäß Anhang 1 (Gruppe/ Blatt) und Anhang 2 (Blatt/Gruppe) leicht erkennen. Als Gattungsbezeichnung wird immer diejenige Form benutzt, die in der betreffenden Zeit, also in der Länderbahnzeit bzw. in der Reichsbahnzeit üblich war.

Das Modell eines der ersten badischen Gepäckwagen mit zweiflügeligen Türen und einem offenen Bremsersitz zur Bedienung der Spindelbremse ist derzeit im Verkehrsmuseum Karlsruhe ausgestellt, es befindet sich im Besitz des Instituts für Straßen- und Eisenbahnwesen (ISE) der Universität (TH) Karlsruhe. Offenbar diente der in einem dunklen Grün gehaltene Wagen nur zur Beförderung von Gepäck, einen Platz für den Zugmeister gab es in dem fensterlosen Wagen noch nicht. Der Wagen trägt als Beschriftung die Abkürzung BE (Badische Eisenbahn) und das badische Wappen. Die Betriebsnummer 147 wurde im Jahr 1867 erneut vergeben und zwar an einen Abteilwagen III. Klasse C Aufnahme: W. Hug

1.1 Die Anfangszeit (1840 – 1855)

Die badischen Staatsbahnen nahmen ihren Betrieb mit der Eröffnung der ersten Strecke zwischen Mannheim und Heidelberg am 12. September 1840 auf. Zu dieser Zeit tat sich zwar in Sachen Eisenbahn in den benachbarten Ländern Hessen, Bayern, Frankreich (Elsaß), Schweiz und Württemberg noch wenig oder garnichts, aber es sollte jedoch keine 10 Jahre dauern, bis in Baden bereits ein großer Teil des Nord-Süd-Verkehrs durch das Rheintal auf der Schiene abgewickelt wurde. Im Sommer 1845 verkehrten die ersten Güterzüge, und schon zwei Jahre später wurde auch der erste Schnellzug auf der badischen Hauptbahn eingesetzt, der wichtigen Strecke durch das Rheintal. Zunächst wurde nur am Tage gefahren, fahrplanmäßige Nachtzüge fuhren in Baden erst seit 1863. Als am 1. August 1846 die Main-Neckar-Bahn (M-N-B) ihren Betrieb zwischen Frankfurt am Main und Heidelberg aufnahm, hatte die badische Staatsbahn die Strecke der Hauptbahn zwischen Heidelberg und Freiburg (Breisgau) bereits im Betrieb. Die private M-N-B war nicht nur ein wichtiger Partner für den immer stärker werdenden Nord-Süd-Verkehr im Rheintal, sie stellte auch die Anbindung nach Norden an den sich entwickelnden Verkehrsknoten Frankfurt am Main sicher. Die M-N-B befand sich bis zur deren Übergang auf die preußisch hessische Staatsbahn (Eisenbahndirektion Mainz) im Jahre 1902 im Besitz des Großherzogtums Baden, des Großherzogtums Darmstadt und der freien Stadt Frankfurt am Main.

Im Besitz des Instituts für Straßen- und Eisenbahnwesen (ISE) der Universität (TH) Karlsruhe befindet sich auch ein Modell des Abteilwagens I. Klasse A von 1840. Der in gelb lackierte Wagen weist an den beiden Wagenenden auf dem Dach noch zusätzliche Sitze auf, die mit einer Fahrkarte dritter Klasse benutzt werden durften. Eine Spindelbremse ist nicht vorhanden. Das Modell befindet sich zur Zeit im Verkehrsmuseum Karlsruhe. Aufnahme W. Hug

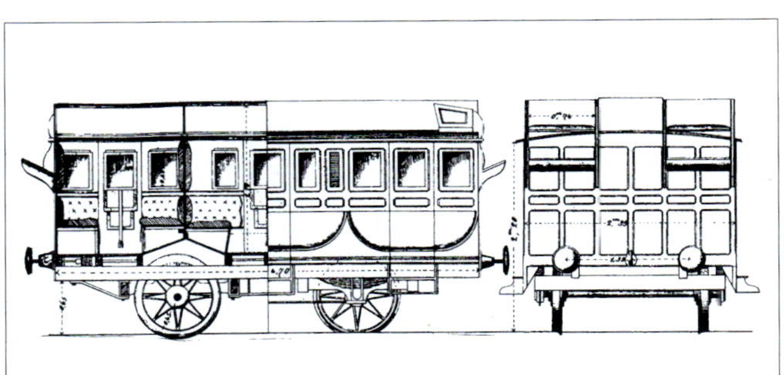

Abteilwagen I. Klasse (Diligence) mit 24 Plätzen der Mannheim-Heidelberger Eisenbahn von 1840. Auf dem Dach befinden sich noch acht Sitzplätze III. Klasse.

Personenzug auf dem Ravenna-Viadukt der Höllentalbahn gegen 1890: Zuglok ist eine badische Zahnradlok IXa, dann folgt hinter einem Güterwagen ein Durchgangswagen III. Klasse, ein Durchgangswagen II./III. Klasse, ein weiterer Durchgangswagen III. Klasse, zwei Durchgangswagen II. Klasse, ein Postwagen und am Schluß läuft ein Gepäckwagen.
Aufnahme: Sammlung Alfred Gottwald

Eine Zuggarnitur bestehend aus Abteilwagen III. Klasse der Bauart von 1860 im Bahnhof Offenburg um 1900.
Aufnahme: Sammlung Helmut Griebl

Baden hatte als Vorreiter der Eisenbahn in Süddeutschland sich zunächst für eine breitere Spur (1.600 mm) entschieden, die, nachdem die Nachbarländer die dann allgemein gebräuchliche Normalspur von 1.435 mm eingeführt hatten, vor allem dem wichtigen Durchgangsverkehr hinderlich war, und so mußten sämtliche Gleise und Fahrzeuge umgespurt werden, eine Aktion, die von 1854 bis 1855 durchgeführt wurde. Die Wagenkasten der ersten Personenwagen hatten ihr Vorbild, wie damals allgemein üblich, in den Postkutschen gefunden. Für höhere Fahrpreise wurde Komfort geboten. In der ersten und zweiten Klasse gab es gepolsterte Sitze, sonst mußten die Fahrgäste mit harten Holzsitzen in der dritten Klasse vorlieb nehmen. Oben offene Stehwagen (vierte Klasse) gab es ebenso wie bei der benachbarten Main-Neckar-Bahn, in Baden jedoch nur von 1843 bis 1853 für den Lokal- und Traglastenverkehr. Lediglich die Wagen erster Klasse waren geschlossen und hatten seitliche Glasfenster, in den Wagen der anderen beiden Klassen waren die Reisenden zunächst der Zugluft ausgesetzt, die seitlichen Öffnungen konnten nur durch Verhänge geschlossen werden. Damals wurden während mehrerer Sommer die Dächer von Wagen der ersten und zweiten Klasse mit jeweils vier Sitzplätzen bereitgestellt, die mit Fahrkarten dritter Klasse benutzt werden konnten. Die Wagen zweiter Klasse erhielten schon bald ebenfalls Glasfenster, während die Reisenden in der dritten Klasse sich weiterhin mit Stoff- oder Ledervorhängen gegen die Einwirkungen des Wetters schützen mußten.

Die Umspurung, die bei laufendem Betrieb durchgeführt wurde, war eine organisatorische Meisterleistung. Die Wagen aus der Anfangszeit wurden, so weit möglich, auf die schmalere Spur umgespurt, dies erfolgte ebenso wie bei den Lokomotiven mit Außenrahmen und der Tender durch Zusammenpressen der Räder oder den Einbau neuer Achsen bzw. vollständig neuer Radsätze. Sehr bald nach der Umspurung trat ein fühlbarer Mangel an Reisezugwagen ein, da nicht nur das Streckennetz inzwischen weiter ausgebaut worden war sondern infolge der Revolutionsereignisse in Baden in den Jahren 1849 – 1853 überhaupt keine Lokomotiven und Reisezugwagen mehr beschafft worden waren.

1.2 Der Ausbau (1856 – 1892)

Direkt nach der Umspurung setzte eine zunächst nur mäßige Beschaffung von Reisezugwagen ein, die sich immer noch in ihrem Aufbau und in der Holzverkleidung an dem Postkutschenaufbau orientierten. Erst ab 1860 wurden in großen Stückzahlen einheitlich aufgebaute Abteilwagen (mindestens 861 Stück) und Gepäckwagen (mindestens 150 Stück) beschafft, deren Außenverkleidung bei den Abteilwagen erstmals in Baden aus Blechtafeln bestand, die den Güterwagen in ihrem Aussehen ähnelnden Gepäckwagen mit Holzverkleidung wurden dagegen noch bis 1902 in den Wagenpark eingestellt. Die damaligen Abteil- und Gepäckwagen waren noch kurze Wagen von weniger als 9.000 mm Länge und einem Achsstand von 4.500 bis 4.700 mm, mit vier Abteilen erster/zweiter Klasse bzw. fünf Abteilen dritter Klasse. Der Komfort hinsichtlich Heizung, Beleuchtung, Abort, usw. wurde den Reisenden vor allem in der dritten Klasse noch für einige Zeit vorenthalten. Im 19. Jahrhundert entwickelte sich Baden-Baden zum weltbekannten Luxus-Badeort, in dem sich die Mitglieder der europäischen Fürstenhäuser, der Adel und die Spitzen der Gesellschaft trafen. Für die An- und Abreise und auch für Ausflugsfahrten hielten die badischen Staatsbahnen eine Reihe von Salonwagen bereit, die von denjenigen gemietet werden konnten, die über keinen eigenen Salonwagen verfügten. Diese Salonwagen wurden zwischen 1869 und 1874 beschafft. Auch gegen die Jahrhundertwende mußte die Nachfrage nach Salonwagen immer noch bestanden haben, denn damals wurden weitere Salonwagen beschafft, die, ebenso wie die übrigen Salonwagen in Baden-Baden stationiert waren.

Das Streckennetz der badischen Staatseisenbahnen wurde bis zur Jahrhundertwende fast in seiner endgültigen Ausdehnung fertiggestellt. Erst ab 1873 wurden erstmals Durchgangswagen mit einer Übergangsmöglichkeit zum benachbarten Wagen für Secundair-Bahnen, wie man die Nebenstrecken damals nannte, eingeführt, wobei mit der Zeit auch die Wagenlänge und der Achsstand etwas größer wurden. Die badische Staatsbahn führte zusammen mit der M-N-B im Jahre 1877 Schlafwagen auf der Strecke Frankfurt (M) – Basel ein, beide waren wohl in Deutschland die ersten Verwaltungen, die sich zu einem solchen Schritt entschlossen. Die Internationale Schlafwagen-Gesellschaft (ISG) war zwar bereits ein Jahr zuvor in Brüssel gegründet worden, damals betrieb die Gesellschaft auch bereits zwölf Schlafwagenkurse in und durch Deutschland, die anderen Staatsbahnen neben Baden waren dagegen zurückhaltend, denn in Preußen begann der Einsatz von Schlafwagen mit dem „Bromberger“ erst im Jahre 1885. Als im

Lokalzug Karlsruhe – Ettlingen um 1885 mit einer badischen Id und einem Durchgangswagen III. Klasse. Aufnahme: Sammlung Jens Freese

Jahre 1878 an die badische Staatsbahn die Aufforderung herangetragen wurde, Kurswagen für die Schnellzüge Paris – Kehl – Wien bereitzustellen, mußte auf die seit 1861 beschafften zweiachsigen Abteilwagen zurückgegriffen werden, deren letzte vier Jahre zuvor in den Wagenbestand gekommen waren. Die 16 dafür vorgesehenen Abteilwagen, bei denen es sich vermutlich ausschließlich um solche I./II. Klasse gehandelt haben dürfte, wurden damals wohl als erste auf Gasbeleuchtung umgebaut.

Für die 1887 eröffnete Höllentalbahn Freiburg im Breisgau – Neustadt (Schwarzwald) mit ihren Zahnstangenabschnitten mußten besondere Reisezugwagen (24 Stück) beschafft werden, die aus Sicherheitsgründen teilweise mit einer zusätzlichen Zahnradbremse ausgerüstet waren. In diese Zeit fiel auch die Einführung der Lenkachse, die einen ruhigen Lauf auch bei zweiachsigen Wagen mit größeren Achsständen ermöglichte. Damals hatte auch der Tourismus seine Anfänge, und die Menschen begannen im größeren Umfang mit der Eisenbahn nicht nur zur Arbeit zu fahren, sondern auch zur Erholung. Die Bahnverwaltung trug der neuen Entwicklung insoweit Rechnung, daß sie nicht nur an Sonn- und Feiertagen das Zugangebot erhöhte, sie stellte auch besondere Sommerwagen und Aussichtswagen in ihren Wagenpark ein.

In der Zeit zwischen 1880 und 1885 kam es zu einem Stillstand, es wurde keine einzige neue Strecke eröffnet und die Beschaffung von Reisezugwagen war auf einem Tiefstpunkt angelangt.

Ein besonderer Vorortverkehr wurde 1886 im Einzugsbereich der Städte Mannheim, Heidelberg, Karlsruhe, Freiburg und Basel durch die Einführung sogenannter Lokalzüge eingerichtet, für die besondere Reisezugwagen mit Blechschutzwänden beschafft wurden. Damit wurde der Ausdehnung der Städte im Zuge des großen Wirtschaftwachstums in den Gründerjahren Rechnung getragen.

Bei der Anordnung der Abteile und der Ausstattung wurde auch auf die Bedürfnisse der höheren Gesellschaftskreise eingegangen. Die Herrschaften pflegten damals mit der Dienerschaft zu reisen. So wurden für den Einsatz in Schnellzügen von 1885 bis 1897 zweiachsige Abteilwagen I./II. Klasse AB beschafft, bei denen je ein Abteil erster Klasse und ein solches zweiter Klasse zu beiden Seiten eines gemeinsamen Abortraums angeordnet waren, wobei das Abteil zweiter Klasse für die Dienerschaft vorgesehen war, die innerhalb der in sich geschlossenen Einheit der Herrschaft jederzeit zur Verfügung stand. Infolge des später eingetretenen gesellschaftlichen Wandels wurde nach 1900 von dieser Abteilanordnung wieder abgegangen, die Reisenden in der ersten Klasse waren dann in den Abteilwagen wieder unter sich.

1.3 Auf dem Höhepunkt (1893 – 1914)

Bis in die neunziger Jahre des vorigen Jahrhunderts unterschieden sich die Personenwagen der badischen Staatsbahnen kaum von denjenigen der benachbarten Verwaltungen, weder in der Innenausstattung noch im äußeren Aussehen. In den Jahren kurz vor und nach der Jahrhundertwende setzten jedoch die badischen Staatsbahnen mit ihren Reisezugwagen hinsichtlich Ausstattung und Komfort Maßstäbe, die bei den anderen Verwaltungen große Beachtung fanden. Auch bildeten sich damals besondere Merkmale bei den Reisezugwagen heraus, die typisch für die badischen Staatsbahnen werden sollten.

Nachdem ab 1890 in Preußen die ersten vierachsigen D(Durchgangs)-Zug-Wagen eingeführt worden waren, entschlossen sich sehr bald auch die badischen Staatsbahnen zur Einführung von vierachsigen D-Zugwagen mit Seitengang und geschlossenem Übergang zum nächsten Wagen. Zunächst waren es ab 1894 nur Wagen I./II. Klasse, vor der gleichzeitigen Einführung der dritten Klasse schreckte man vorerst zurück, da man eine Abwanderung von Reisenden befürchtete, die bisher gezwungen waren, aus Mangel an einer preisgünstigen Alternative in der zweiten Klasse zu reisen. Die dritte Klasse in D-Zügen kam erst fünf Jahre später und hatte auch die befürchtete Abwanderung zur Folge, die sich dann doch in gewissen Grenzen hielt. Mit den neuen Durchgangswagen mit Seitengang und geschlossenen Übergängen wurden D-Züge gebildet, die Baden mit den benachbarten Ländern im In- und Ausland verband. So wurden bereits 1897 zwei- und dreiklassige D-Züge, vom Volksmund wegen der Faltenbälge der geschlossenen Übergänge auch „Harmonikazüge" genannt, zwischen Basel und Hoek van Holland eingesetzt, bei denen ein Teil der Wagen von den badischen Staatsbahnen gestellt wurde. Badische D-Zugwagen als Kurswagen liefen ab Oktober 1903 in Zügen zwischen Paris und Konstantinopel. Durch die Einführung von Speisewagen konnte den Reisenden zusätzlich ein hoher Komfort in den D-Zügen geboten werden. Den Betrieb der Schlafwagen und weiterer Speisewagen überließen die badischen Staatsbahnen der Internationalen Schlaf- und Speisewagen Gesellschaft (ISG). Als Gepäckwagen für die Schnellzüge wurden zunächst Zweiachser mit Lenkachsen, ab 1902 Dreiachser und schließlich ab 1905 Vierachser eingesetzt.

Der Durchgangsverkehr auf der badischen Hauptbahn zwischen Mannheim/Heidelberg und Basel war für die badische Staatsbahn ein lukratives Geschäft, das die Begehrlichkeiten Preußens schon bald herausforderte. Nach dem Anschluß Elsaß-Lothringens an das Deutsche Reich im Jahre 1871 ergab sich nun für Preußen die Mög-

Die Aufnahme zeigt einen D-Zug in einem Bahnhof an der badischen Hauptbahn gegen 1900. An der Spitze des Zuges befindet sich eine badische Schnellzuglokomotive IVc Reihe 1 oder 2 von 1875/76, hinter dieser läuft ein zweiachsiger großer Gepäckwagen (Gruppe 132), dann folgen zwei D-Zugwagen I./II. Klasse ABBü von 1899 (Gruppe 78). Aufnahme: Verkehrsmuseum Nürnberg

lichkeit zu einer konkurrierenden Verbindung zwischen Mainz/Ludwigshafen und Basel über Straßburg. Diese wurde besonders nach 1890 für Baden immer spürbarer und hatte empfindliche Einnahmeverluste zur Folge. Im Gegenzug führte die badische Staatsbahn zum 1. Mai 1895 das Kilometerheft ein, das für 1.000 km (ab 1. Juni 1901 auch 500 km) beliebige Fahrten auch in Schnellzügen (zuschlagsfrei) auf dem badischen Eisenbahnnetz zu einem Fahrpreis für Schnellzüge bot, der in Deutschland beispiellos war (I. Klasse: - 5,9 Pf., II. Klasse: - 3,9 Pf., III. Klasse: 2,4 Pf.). Mit diesen überaus populären Fahrpreisen gelang es den badischen Staatsbahnen, einen großen Teil des Personenverkehrs auf die badische Hauptbahn wieder zurückzugewinnen.

Das ist die bekannte Aufnahme von der Wettfahrt zwischen Zeppelin und Eisenbahn, das damals durch die Presse ging. Auf der badischen Hauptbahn zwischen Offenburg und Freiburg fährt im Frühsommer 1912 der Schatten des Passagier-Luftschiffes „Schwaben“ neben einem Schnellzug her, der von einer badischen Schnellzuglokomotive IVg von 1912 gezogen wird, dahinter befindet sich folgende Wagenreihung: Vierachsiger Postwagen, dreiachsiger Gepäckwagen Pi3 (Gruppe 133a), vierachsiger Abteilwagen I./II. Klasse ABB (Gruppe 23), zwei vierachsige Abteilwagen III. Klasse CC (Gruppe 56 oder 57), ein vierachsiger Durchgangswagen III. Klasse (Gruppe 109 oder 110). Aufnahme: Bundesarchiv Koblenz R77 12489-12

Bei dem Eisenbahnunglück im Bahnhof Heidelberg-Karlstor am 17. Oktober 1900 wurde eine Reihe von zweiachsigen Durchgangswagen so in Mitleidenschaft gezogen, daß eine Wiederherstellung sich vermutlich nicht mehr lohnte. Die beiden ineinander geschobenen Durchgangswagen dritter Klasse lassen sich wegen des Fehlens der Betriebsnummer nicht eindeutig identifizieren, sie gehören einer der Gruppen 98 bis 104 an. Im Hintergrund ist ein Vorortwagen an seiner Schutzwand erkennbar. Aufnahme: Stadtarchiv Heidelberg

Im Jahre 1896 begann dann auch die Beschaffung von vierachsigen Durchgangswagen mit offenen Übergangsbrücken, die für Baden eine typische Bauart werden sollten, zunächst als ABBi (Gruppe 73) und ein Jahr später auch als CCi (Gruppe 109). Die Reichseisenbahnen Elsaß-Lothringen, die württembergischen Staatsbahnen und die Gotthard-Bahn entschlossen sich zur Anschaffung derartiger moderner Wagen erst nach der Jahrhundertwende, während diese Gattung im benachbarten Württemberg schon bereits seit der Anfangszeit bis 1867 beschafft worden war.

In der Fachpresse erregte es Aufsehen, als ab Sommerfahrplan 1908 auf der Höllentalbahn mit ihren durch die Zahnradstrecken bedingten betrieblichen Schwierigkeiten schnellfahrende Züge (Eilzüge) eingesetzt wurden, sie bestanden aus vierachsigen Durchgangswagen mit offenen Übergängen.

Kurz nach 1900 waren auch versuchsweise Triebwagen von den badischen Staatsbahnen eingesetzt worden. Sowohl der erste Dampftriebwagen als auch der Akkumulatorentriebwagen waren technisch jedoch noch nicht ausgereift bzw. wurden nicht ihrem Leistungsvermögen entspechend eingesetzt, so daß sie den Anforderungen des Betriebes nicht genügten. Sie wurden deshalb schon bald wieder außer Dienst gestellt. Erst während des Ersten Weltkrieges kam es dann zur Beschaffung technisch verbesserter Dampftriebwagen, die teilweise bis in den fünfziger Jahren in Betrieb standen.

Der Wegfall der ersten Klasse bei Personenzügen im Jahre 1906 und die deutsche Eisenbahn-Tarifreform von 1907 hatten einen großen Einfluß auf die Gestaltung und die Struktur des Wagenparks. So wurden viele ältere zweiachsige Abteil- und Durchgangswagen und zwar Wagen I. Klasse und I./II. Klasse in solche III. Klasse und später auch die Abteile der ersten Klasse vierachsiger Durchgangswagen in solche zweiter Klasse umgebaut.

Als in den Jahren 1905/06 auf der badischen Hauptbahn ein schwerer Oberbau mit 140 mm hohen Schienen eingerichtet worden war, konnte dort die zulässige Höchstgeschwindigkeit auf 110 km/h gesteigert und der Fahrplan verbessert werden. Zusammen mit der Einführung neuer D-Zugwagen mit besonders breiten Fenstern und leistungsfähigeren Schnellzuglokomotiven wehrte sich die Verwal-

Im Jahre 1908 wurde auf der Höllentalbahn mit ihren Zahnradstrecken erstmalig ein „Schnellzug-" oder besser gesagt ein Eilzugpaar 385/386 Freiburg – Ulm eingesetzt, im Sommer 1913 kam eine zweites Eilzugpaar 383/384 Mühlhausen/Colmar - Freiburg – Ulm – München hinzu, dessen Speisewagen (ISG) nur ab und bis Hinterzarten verkehrte, da das Zuggewicht auf der Zahnradstrecke begrenzt war. Die Eilzüge wurden aus vierachsigen Durchgangswagen mit offenen Übergängen ABBi und CCi gebildet. Aufnahme: Sammlung Hermann Hoyer

Ein vierachsiger D-Zugwagen I./II. Klasse ABBü von 1899 (Gruppe 78) in einem unbekannten Bahnhof. Die Aufnahme entstand nach 1909, nachdem der Wagen umgebaut worden war, darauf weist der Torpedo-Lüfter auf dem Dach am rechten Wagenende hin. Aufnahme: Verkehrsmuseum Nürnberg

tung der badischen Staatsbahnen gegen die preußische Konkurrenz, die nach Übernahme der Main-Neckar-Bahn im Jahre 1902 weitere Schnellzüge zwischen Berlin und der Schweiz nicht mehr über Karlsruhe sondern über Ludwigshafen und Straßburg nach Basel leitete. Aber auch diese Maßnahme konnte die Monopolstellung der badischen Staatsbahn letztendlich nicht erschüttern, die diese auf Grund der geographischen Lage in der Rheinebene als wichtigste Nord-Südverbindung innehatte. In der Zugdichte bei Personen- und Güterzügen lag man in Baden im Deutschen Reich an der Spitze und nahm eine entsprechende Stellung auch in Europa ein.

Für die Einführung neuer Techniken im Wagenbau hatte die Verwaltung der badischen Staatsbahnen jedoch weniger Verständnis. Als beispielhaft ist die Verwendung derselben Drehgestellkonstruktion über einen Zeitraum von 30 Jahren zu nennen und stählerne Wagenkästen wie in Bayern, Preußen und Sachsen wurden in Baden auch nicht versuchsweise eingeführt.

Während in der ersten Zeit des Betriebes der badischen Staatsbahn langjährige Erfahrungen in der Konstruktion und im Bau von Reisezugwagen bei der Verwaltung und den Waggonfabriken fehlten, konnte von typisch badischen Reisezugwagen damals auch noch nicht die Rede sein. Erst nach 1880 begannen sich typisch badische Bauformen im Waggonbau heraus zu kristallisieren, in denen die Wagen badischer Bauart sich von denjenigen Reisezugwagen anderer Länderbahnverwaltungen unterschieden. Bis zum Ende des Ersten Weltkrieges kam es auch nicht zur Beschaffung von Reisezugwagen, die nicht von Anfang an von der Verwaltung der badischen Staatsbahn in ihrer Ausführungsform vorgegeben worden waren.

1.4 Krieg und Nachkriegszeit (1914 – 1919)

Die Ereignisse im Rahmen des Kriegsausbruchs in Europa im August 1914 hatten auch einen großen Einfluß auf die Bereitstellung der Reisezugwagen. Sie dienten zum Transport von Truppen, aus ihnen wurden Lazarettzüge gebildet und sie wurden ebenso wie die badischen Lokomotiven nicht nur in ganz Deutschland sondern auch schon bald auf den sämtlichen Gebieten der Kriegsschauplätze eingesetzt. Während des Krieges kam es nur noch zur Beschaffung weniger Reisezugwagen. In den Wirren des Krieges, in „dem auch ein Niedergang der Lebensformen zu verzeichnen war", setzten Vandalismus und Rohstoffnot der Inneneinrichtung der Reisezugwagen sehr zu. Zur Unterhaltung und Pflege der Wagen fehlten oft Personal und notwendiges Material. Ab Februar 1917 kam in vielen Personenzügen die II. Klasse in Wegfall. Mit der Einführung der vierten Klasse in Baden zum 1. April 1918 führten die meisten Personenzüge die III. Klasse nicht mehr.

In dem Waffenstillstandsvertrag vom 11. November 1918, mit dem die Kampfhandlungen in Europa schließlich eingestellt wurden, war unter anderem die Ablieferung von 5.000 Lokomotiven und 150.000 Eisenbahnwagen, darunter 10.000 Personenwagen und 800 Personenzug-Gepäckwagen vom Deutschen Reich gefordert worden, die innerhalb eines Monats unter Androhung einer Konventionalstrafe bei Nichteinhaltung der Frist durchzuführen sei. Diese Frist wurde dann zwar bis zum 16. Januar 1919 verlängert, es erwies sich jedoch, daß die Bereitstellung und Überführung einer derartig großen Menge von Rollmaterial in einer so kurz bemessenen Zeit nicht durchzuführen war. In der Praxis zeigte sich dann, daß das Ablieferungssoll auch nach 10 Monaten immer noch nicht erfüllt werden konnte. Damals fehlten noch 500 Lokomotiven und 15.000 Wagen, doch die Feindmächte erklärten sich mit der ersatzweisen Lieferung von landwirtschaftlichen Maschinen von erheblich geringerem Gesamtwert einverstanden, so daß die fehlenden Lokomotiven und Wagen nicht mehr abgeliefert werden mußten. Bis Anfang November 1919 waren immerhin insgesamt 4.961 Lokomotiven und 146.025 Wagen an die Feindmächte abgeliefert worden. Neben der Ablieferung von Lokomotiven und Wagen mußten auch die für deren Unterhaltung für die nächsten 6 Monate erforderlichen Ersatzteile übergeben werden, das Soll war bis zum 1. November 1919 zu 70 % erfüllt worden.

Die Anzahl der von jeder deutschen Länderbahnverwaltung abzuliefernden Wagen wurde jeweils aus dem Bestand von 1913 errechnet. Ein schwerer Aderlaß für den Park der badischen Reisezugwagen bestand in der Ablieferung von 41 Personenwagen und 11 Gepäckwagen an Alsass-Lorraine (A.L.) und von 165 Personenwagen, 47 Gepäckwagen und 19 Güterzug-Gepäckwagen an die Feindmächte (Entente). Während die typischen badischen vierachsigen Durchgangswagen mit Mittelgang kein Interesse bei den Alliierten fanden, waren die D-Zugwagen und die dreiachsigen Abteilwagen dagegen besonders begehrt. Die Übergabebahnhöfe für Lokomotiven und Wagen waren bis Februar 1919 Landau und Kaiserslautern. Es wurden von der Übergabekommision der Entente nur diejenigen Reisezugwagen angenommen, die sich in einem ausgezeichneten Zustand befanden. Mit festgestellten Mängeln behaf-

Ein Foto von schlechter Qualität aber von geschichtlichem Wert! Kurz nach Ausbruch des Krieges in Europa gelang französischen Truppen im August 1914 überraschend die Einnahme von Mühlhausen im Elsaß. Kurz darauf wurden sie durch einen deutschen Gegenstoß wieder aus der Stadt vertrieben, dabei sprengten sie die Eisenbahnbrücke über die Ill bei Illfurt (Strecke Mühlhausen – Belfort), nicht ohne zuvor noch einige Eisenbahnwagen vor der Sprengung auf die Brücke zu bringen. Neben einem Abteilwagen preuß. Bauart der Reichseisenbahnen Elsaß-Lothringen müssen auch die beiden badischen Abteilwagen III. Klasse C3 (Gruppe 55b) und zwar „Baden 214" und „Baden 222" daran glauben. Es sind die ersten Opfer im badischen Reisezug-Wagenpark während des Ersten Weltkriegs.
Aufnahme: Wehrgeschichtliches Museum Rastatt

tete Wagen wurden sofort wieder zurückgeschickt und dafür Ersatz gefordert. Viele Wagen standen jedoch bis zur Abnahme teilweise auch jahrelang herum, so daß einige von ihnen aus den genannten Gründen erst später wieder in Baden auftauchten. Darunter befanden sich auch solche, die so spät zurückkamen, daß sie in dem ersten Umzeichnungsplan von 1923 nicht mehr an der eigentlichen Stelle eingereiht werden konnten.

Die abzuliefernden Wagen wurden in Listen für die Waffenstillstandskommission, Unterkommission Transportwesen, erfaßt, die folgende Angaben enthielten:

Name der abgebenden Verwaltung
Name der Direktion (nur bei preuß. Wagen)
Betriebsnummer
Gattung
Klassenbezeichnung(-en)
Anzahl der Achsen
Anzahl der Abteile bzw. Tragfähigkeit bei Pw
Bremse
Bemerkungen

Die kaiserlichen Wagenführer (Automobil-Chauffeure) in ihren Phantasie-Uniformen reisen im August 1914 in einem badischen vierachsigen Durchgangswagen I./II. Klasse ABBi (Gruppe 74a) an die Front.
Aufnahme: Bundesarchiv Koblenz 136/948

Bei den französischen Staatsbahnen (SNCF) ist nach dem Zweiten Weltkrieg noch ein zweiachsiger Durchgangswagen II. Klasse Bi badischer Bauart von 1912 (Gruppe 85b') im Bestand, der vermutlich im Jahre 1919 im Rahmen der Waffenstillstandsbedingen an die Feindmächte abgeliefert werden mußte.
Aufnahme: Laurent (†), Sammlung Hermann Hoyer

Es ist erstaunlich, daß zunächst keine Begrenzung des Alters vorgegeben wurde und auch keine Angaben über das Baujahr gefordert wurden, später wurde jedoch das maximale Alter der abzuliefernden Wagen auf 21 Jahre begrenzt. Bis dahin war es jedoch der Verwaltung der badischen Staatsbahnen zur Erfüllung des Solls die Ablieferung von 26 alten zweiachsigen Abteilwagen gelungen, deren Alter bereits bei über 40 Jahren lag und die dennoch auch später nicht zurückgewiesen wurden.

Infolge der ungeheuren Menge der abgelieferten Wagen kam in den meisten Fällen eine sofortige Abnahme bei der Übergabe aus organisatorischen Gründen und wegen des Mangels an notwendigem Personal bei den Alliierten nicht in Betracht, die einzelnen Wagen konnten deshalb zunächst nur auf den Listen abgehakt werden. Bei der Abnahme der vorgeführten abzuliefernden Wagen war das französische Wagenuntersuchungspersonal sehr kritisch. Die Prüfung auf Dichtigkeit umfaßte die Luftleitung, die Luftdruckbremse und die Dampfheizung mit Hilfe einer Lokomotive wie bei einem Grenzübergang. Häufig festgestellte Mängel betrafen scharfgefahrene Spurkränze, schwache oder lose Radreifen, Radreifen mit Löchern, Gußstahl-Scheibenräder, geborstene Achslagerkästen, gebrochene Tragfedern, schlecht geschweißte oder verbogene Achshalter, verbogene Pufferbohlen, gerissene hölzerne Pufferbohlen, gebrochene Untergestellstreben, stark verrostete Untergestelle, gebrochene Puffer oder Pufferhülsen, fehlende Puffermuttern, gebrochene Zugfedern oder Zugstangenführungen, schlechte oder geflickte Fußböden, verschobene Wagenkästen, durchrostete Wand- und Türbleche, schadhafte Türverschlüsse, schadhafte oder mit Dachpappe gedeckte Dächer, stark abgenutzte Bremsklötze, Ablauf der Untersuchungsfristen, usw. Die im Sanitätsdienst verwendeten ausgeräumten Wagen III. Klasse wurden grundsätzlich nicht angenommen. Die Wagen mußten vollständig sein, d.h. mit einwandfreien Fenstern, vollständigen Gepäcknetzen, vollständig eingerichteten Abteilen, auch wenn Sitze wegen eines Ofens herausgenommen waren. Geht man einmal davon aus, daß auch in Friedenszeiten sich immer ein gewisser Prozentsatz an Reisezugwagen in Reparatur befindet, so war nach den anspruchsvollen Forderungen der Abnahmekommission wohl kaum ein Wagen in einem einwandfreien Zustand nach fünf Jahren Krieg, in dem mit dem Eisenbahnmaterial ohnehin nicht gerade pfleglich umgegangen worden war und für die notwendigen Reparaturen weder ausreichend Zeit noch Personal zur Verfügung gestanden hatte. Um den Forderungen nach einwandfreien Wagen nachzukommen, war die Verwaltung der badischen Staatsbahnen gezwungen, sich schweren Herzens auch von einer Reihe fabrikneuer Reisezugwagen zu trennen. Die abzuliefernden Reisezugwagen mußten vor der Abgabe von den Werkstätten überprüft und gegebenenfalls repariert werden, damit konnten die notwendigen Arbeiten an der Aufarbeitung der verbleibenden Reisezugwagen des Wagenparks nicht durchgeführt werden. Dies ist ein weiterer Grund für die furchtbaren Zustände, in denen sich der Eisenbahnbetrieb damals befand.

Nach dem Waffenstillstandsvertrag war zunächst der Sollbestand der Eisenbahnwagen des bisherigen elsaß-lothringischen Netzes (Alsace-Lorraine = A.L.), dessen Gebiet nun wieder an Frankreich gefallen war, durch dessen Eigentum oder Wagen anderer Länderbahnverwaltungen aufzufüllen. Es fehlten damals bei einem Sollbestand von 41.449 Wagen nach dem Waffenstillstandsvertrag 19.021, nach späterer französischer Berechnung 17.858 Wagen. An elsaß-lothringischen und deutschen Wagen waren 1919 insgesamt 38.000 Wagen abgeliefert worden, das ergab einen Überschuß von ca. 20.000 Wagen. Die Überschreitung des Ablieferungssolls kam dadurch zustande, daß die an A.L. abzuliefernden Wagen von derselben französischen Kommission (Commission Interalliée de Réception du Matériel Roulant) in Metz übernommen wurden, wie die an die Feindmächte (Entente) abzuliefernden Wagen, weiterhin waren in der Zwischenzeit ein Teil der fehlenden elsaß-lothringischen Wagen im freien Verkehr wieder zurückgekommen. Bis November 1919 wurden daraufhin rund 6.000 Wagen wieder an das Deutsche Reich zurückgegeben. Davon waren auch badische Reisezugwagen betroffen.

Von den Feindmächten war im Waffenstillstandsabkommen verlangt worden, daß in den von Deutschland damals noch besetzten Gebieten in Frankreich und Belgien und im von den Feindmächten zu besetzenden linksrheinischen Gebiet sämtliches Rollmaterial bei dem Rückzug der deutschen Streitkräfte zurückgelassen werden mußte, das waren ca. 2.800 Lokomotiven und ca. 80.000 Wagen, die von den Feindmächten zunächst als Kriegsbeute betrachtet wurden, später jedoch mit dem Ablieferungssoll verrechnet bzw. an das Deutsche Reich zurückgegeben wurden (1.786 Lokomotiven und 24.986 Wagen). Die ehemalige deutsche Militärgeneraldirektion (MGD) der Eisenbahnen in Brüssel blieb mit einem eingeschränkten Stab an Beamten weiterhin tätig, deren Verwaltung wurde jedoch nach Spa verlegt. Sie war der Unterkommission für Transportwesen der Waffenstillstandskommission unterstellt, die ebenfalls ihren Sitz in Spa hatte. Zur ehemaligen MGD Brüssel gehörten die neu gebildeten deutschen Abfahrgruppen mit ihren Gerätezügen in Brüssel, Antwerpen, Lüttich, Namur-Charleroi und Trier-Arlon, denen die Instandsetzung der zurückzuführenden Fahrzeuge und deren Rückführung in das Reich oblag. Bei der Abfahrgruppe in Antwerpen war 1918/19 ein badischer Reisezugwagen (CCü 14 055) als Wohnwagen eingesetzt.

Nach den Erhebungen des Reichsverkehrsministeriums in Berlin im Jahre 1920 sollen insgesamt 240 Reisezugwagen badischer Bauart damals abgeliefert worden sein.

Anscheinend waren damals auch zwei der drei badischen Speisewagen an die Feindmächte abgeliefert worden, diese wurden jedoch schnell wieder zurückgeschickt, da an derartigen Wagen infolge der zurückgeforderten, bis dahin in deutscher Hand befindlichen Speisewagen der ISG kein Mangel bestand und die ISG auch an den badischen Speisewagen kein Interesse hatte.

Infolge der Kriegswirren blieben bei Ende des Ersten Weltkrieges auf dem badischen Streckennetz drei Durchgangswagen III. Klasse C3i und ein Gepäckwagen Pw3i der Reichseisenbahnen Elsaß-Lothringen zurück, die auch später im Hinblick auf die durch die Waffenstillstandsvereinbarungen erzwungene Ablieferung einer Vielzahl von badischen Reisezugwagen trotz der Vereinbarung nicht mehr an die nun französische Verwaltung der A.L. (Alsace-Lorraine) zurückgegeben wurden und die wohl auch von dieser nicht zurückgefordert worden sind. Diese Wagen erhielten anscheinend sofort jeweils eine badische Wagennummer, um vor den französischen Reparations-Schnüffel-Kommisionen getarnt zu werden und wurden damit in den Wagenbestand der badischen Staatsbahn eingereiht.

Nach Kriegsende wurde der Bestand der Reisezugwagen erfaßt, der durch die Ablieferung an die Feindmächte bereits dezimiert worden war. Neben 33 Personenwagen und 17 Gepäckwagen, die als Kriegsverluste abzuschreiben waren, wurden 450 leicht und 177 schwer beschädigte Wagen gezählt. Es dauerte noch längere Zeit, bis sämtliche badische Wagen schließlich wieder nach Baden zurückgekehrt waren. Noch im April 1920 wurden 12 badische Reisezugwagen gesucht.

1.5 Deutsche Reichsbahn (1920 – 1945)

Mit der Gründung der Deutschen Reichsbahn am 1. April 1920 erfolgte der Zusammenschluß der bisherigen Länderbahnen unter einer gemeinsamen Verwaltung. Die neu gegründete Reichsbahndirektion (RBD) Karlsruhe wurde dabei zur Nachfolgerin der bisherigen Generaldirektion der Großh. Badischen Staatseisenbahnen. Die überlebenden Reisezugwagen der früheren badischen Staatsbahnen waren noch fast vollständig auf dem Gebiet der neuen Reichsbahndirektion Karlsruhe stationiert, nachdem die durch die Wirren des Krieges in andere Länder verschlagenen Wagen zurückgeführt waren. Bereits noch während des Krieges im Jahre 1918 und dann besonders kurz nach Kriegsende wurden zur Schließung der Lücken im Wagenpark infolge der Kriegsverluste und Ablieferungen und dann auch zur Beschäftigung der aus dem Felde heimgekehrten Soldaten bei der Waggonbauindustrie in großem Umfang wieder badische Reisezugwagen bestellt, es handelte sich dabei fast ausschließlich um Bauarten, die bereits vor dem Ersten Weltkrieg beschafft worden waren.

Mit der Überführung der Länderbahnverwaltungen in die Deutsche Reichsbahn endete die Selbstständigkeit der bisherigen Generaldirektion der Großh. Badischen Staatseisenbahnen auch hinsichtlich der Beschaffung von Reisezugwagen. Die sofort nach Beendigung des Krieges begonnene Lieferung badischer Reisezugwagen zur Auffüllung der durch die Ablieferung an die Feindmächte und durch die ausgebliebene Beschaffung vor Reisezugwagen während des Krieges gerissenen Lücken im Wagenpark reichte jedoch nicht aus, und so wurden bereits im Herbst 1918 die ersten 110 Reisezugwagen (102 Stück C3 und 8 Stück Ci und C 3i) aus ehemals preuß. Eisenbahndirektionen der RBD Karlsruhe zugeteilt. Diese Wagen wurden jedoch schon nach kurzer Zeit in den meisten Fällen an andere Direktionen, teilweise auch wieder an ihre Ursprungsdirektionen zurückgegeben. In den Jahren 1921 und 1923 kamen erstmalig fabrikneue Reisezugwagen fremder Bauart zur RBD Karlsruhe, es handelte sich dabei um 22 Gepäckwagen

Ein typischer Eilzug in Baden um 1930 geführt von einer Lokomotive der Baureihe 39 (pr. P10), dahinter ein dreiachsiger Gepäckwagen Pw3 Bad 09 (Gruppe 133e), ein vierachsiger Durchgangswagen II./III. Klasse BC4i Bad 02 (Gruppe 79a), ein vierachsiger Durchgangswagen III. Klasse C4i Bad 02 (Gruppe 110a) und ein vierachsiger Durchgangswagen C4i Bad 97 (Gruppe 109). Aufnahme: Sammlung Jens Freese

P 1935 befindet sich im Sommer 1934 auf der Dreiseenbahn auf dem Weg nach Seebrugg, die Lokomotive ist 75 152 (bad VIb) vom Bw Freiburg Pbf, dahinter befindet sich ein zweiachsiger Durchgangswagen Cid Bad 10 (Gruppe 94'), es folgt ein zweiachsiger Durchgangswagen Ci Bad 01 (Gruppe 108), und dann ist noch ein zweiachsiger Durchgangswagen BCi Bad 11 (Gruppe 92a) zu sehen.
Aufnahme: Carl Bellingrodt

Auf dem Ravenna-Viadukt der Höllentalbahn fährt ein Personenzug bergwärts geschoben von einer Zahnradlok der badischen Gattung IXb (Baureihe 97^2), an der Spitze des Zuges befindet sich eine Lokomotive der Baureihe 75^{1-4}. Es ist der 11. Juli 1929, die vierte Klasse ist gerade abgeschafft, die ehemaligen Wagen vierter Klasse tragen wieder die Kennzeichnung der dritten Klasse. Am Zugschluß ein zweiachsiger Durchgangswagen Cid Bad 10 oder 11 (Gruppe 94' oder 94a), davor ein zweiachsiger Durchgangswagen BCi Bad 11 (Gruppe 92a), als nächste Wagen laufen zwei zweiachsige Durchgangswagen Cid Bad 10 oder 11 (Gruppe 94' oder 94a), und ganz rechts ist noch ein Aussichtswagen zweiter Klasse Bi Bad 02 (Gruppe 85a) zu sehen.
Aufnahme: Sammlung Jens Freese

Diesen zweiachsigen Durchgangswagen Ci Bad 01 (Gruppe 108) hat es im Zweiten Weltkrieg in den Osten verschlagen, vermutlich nach Rußland. Der Wagen trägt weder ein Eigentumsmerkmal noch eine offizielle Betriebsnummer, auch jegliche Klassenbezeichnung fehlt. Lediglich die Kreideanschrift „Nur für Zivilisten" und die schlecht übermalte ehemalige Betriebsnummer 92 117 ist schwach zu erkennen. Das weitere Schicksal dieses Wagens ist ebensowenig bekannt wie Zeitpunkt und Ort der Aufnahme.
Aufnahme:
Fritz Korte, Berlin/
Sammlung Reinhard Schulz, Köln

der Bauart Pw3i Wü 21 (Blatt 116), die als württembergische Bauart bezeichnet wurden, da sie sich von den für die RBD Stuttgart beschafften Gepäckwagen der Bauart Pw3i Wü 20 kaum unterschieden (umgekehrt erhielt die RBD Stuttgart damals 60 Di Wü 21, die bis auf die württ. Ausführungsform des Bühnengeländers mit dem Ci Bad 11 identisch waren). Daneben kamen noch 1922 fabrikneu 14 Güterzuggepäckwagen der Bauart Pwg Pr 14 nach Baden. Damit endete die Beschaffung neuer Reisezugwagen fremder Länderbauarten bei der RBD Karlsruhe, nicht jedoch die Zuteilung gebrauchter Fahrzeuge aus ehem. preußischen Direktionen. Hierunter fielen mindestens 1 ABC4ü, 55 BCi, 7 C3i, 1 CD3i, 338 C3, 33 D3, 2 Pw4ü und 4 PwPosti. Daneben kam es natürlich auch zur Beschaffung neuer Reisezugwagen der inzwischen eingeführten Einheitsbauarten bis 1930 (12 AB4ü, 12 C4ü, 62 Ci, 302 Di, 30 D, und 4 Pw4ü). Während die zugeteilten gebrauchten Wagen ihre bisherige preuß. Betriebsnummer behielten, wurden die fabrikneuen, bis 1927 beschafften Wagen noch unter einer badischen Betriebsnummer geführt. Im Rahmen des ersten Umzeichnungsplanes von 1923 erhielten sämtliche Reisezugwagen der RBD Karlsruhe eine neue Betriebsnummer. Die Zuteilung von Wagen aus ehemals preußischen Direktionen hatte zur Folge, daß der Reisezugwagenpark der RBD Karlsruhe schon sehr bald nicht mehr typisch badisch war, da auch immer mehr ältere Wagen badischer Bauart das Ende ihrer Lebensdauer erreicht hatten. Dies betraf besonders diejenigen Abteilwagen, die zwischen 1860 und 1872 in großen Stückzahlen beschafft worden waren und sämtlich bis 1929 ausgemustert wurden.

Viele badische Wagen späterer Beschaffungen waren aber weitaus länger im Einsatz als dies der durchschnittlichen Lebensdauer entsprochen hätte. Jedoch nicht nur die Zuteilung von Reisezugwagen der Einheitsbauart ließ wiederum den Anteil der badischen Reisezugwagen schrumpfen, sondern auch Abgaben, denn schon in den zwanziger Jahren kamen einige D-Zugwagen 1. Klasse und zehn Ci aus Baden zu anderen Direktionen. Im Jahre 1931 betrug der Bestand an Reisezugwagen der RBD Karlsruhe 2941 Stück, davon waren noch 60% Wagen badischer Bauart, 16 % Wagen anderer Länderbauarten und bereits 24 % Wagen der Einheitsbauarten. Am 15. Mai 1928 verkehrte der Pullman-Expreß „Rheingold" (Zürich/Luzern – Basel – Hoek van Holland) zum ersten Mal. Zwei Jahre später kamen auch noch zwei vierachsige badische Gepäckwagen zu hohen Ehren, als sie zusammen mit den beiden Pw4ü preußischer Bauart der RBD Karlsruhe als Sonder-Gepäckwagen mit violett lackiertem Wagenkasten im legendären FFD 101/102 „Rheingold" zum Einsatz kamen.

In den zwanziger Jahren war es infolge der Verarmung des Mittelstandes durch die Inflation und des allgemeinen gesellschaftlichen Wandels als Folge des verlorenen Krieges zu einer Änderung der Reisegewohnheiten des Publikums gekommen. Es war nicht nur ein wirtschaftlicher Zwang in der dritten Klasse zu reisen, viele empfanden es auch einfach „chique"! Die Deutsche Reichsbahn kam diesem Trend entgegen, und so kam es zum Umbau einer Reihe von vierachsigen Durchgangswagen und dreiachsigen Abteilwagen, bei denen das Platzangebot in der dritten Klasse erhöht wurde und zwar zu Lasten der zweiten Klasse.

In den dreißiger Jahren standen nur wenig Geldmittel der Deutschen Reichsbahn zur Verfügung, neue Reisezugwagen konnten deshalb nur in geringem Umfang beschafft werden. Deshalb wurden damals eine Reihe von badischen zweiachsigen Durchgangswagen III. Klasse durch entsprechenden Umbau modernisiert.

Als zum 1. April 1937 die Strecken Bad Mergentheim (ausschließlich)/Würzburg (ausschließlich) – Osterburken (ausschl.) mit insgesamt 123,3 km Streckenlänge der RBD Stuttgart zugeschlagen wurden, kam auch Lauda (Maschinenamt Mannheim) mit seinen dort stationierten Lokomotiven und Reisezugwagen badischer Bauart zum Maschinenamt Heilbronn. Im Jahre 1939 besaß bzw. erwartete die Deutsche Reichsbahn bereits genügend Schnellzugwagen der Stahlbauart, so daß durch eine Verordnung die vor 1923 gebauten Wagen der Holzbauart nur noch in Ausnahmefällen in Regelzügen eingesetzt werden durften, hierunter fielen natürlich auch sämtliche D-Zugwagen badischer Bauart. Der schon bald ausbrechende Krieg in Europa ließ die Ausführung dieser Verordnung allerdings zur Farce werden. Die Knappheit an Mitteln und Material für die Modernisierung des Wagenparks infolge der in den dreißiger Jahren beginnenden Vernachlässigung der Eisenbahn durch die Politik und schließlich der Zweite Weltkrieg waren die Ursache dafür, daß am 31. Dezember 1940 sich im Bestand der Deutschen Reichsbahn immerhin noch rund 1.600 Reisezugwagen badischer Bauart befanden.

Den D-Zugwagen BC4ü Bad 06 (Gruppe 79c) 14 577 verschlug es in den Wirren des Zweiten Weltkrieges zu den Saarbahnen, erst im Jahre 1955 kehrte er zur Deutschen Bundesbahn zurück, zwei Jahre später wurde er bereits ausgemustert.
Aufnahme: Carl Bellingrodt

Ein C4ü Bad 07 (Gruppe 111b) der DR-O als Kurswagen Mönchen Gladbach – Leipzig im Interzonenzug D 197, aufgenommen in Kassel Hbf etwa 1958. Der Wagen ist in seinem Aussehen stark verändert. Auf dem Dach fehlen die Regenleisten, die Torpedo-Lüfter sind durch Luftsauger der Bauart Wendler ersetzt. Der Wagen trägt noch die alte Reichsbahnnummer 17 773, er bekam schon bald die neue Betriebsnummer 230-215 und wurde 1963 nach 54 Dienstjahren ausgemustert.
Aufnahme: Gerhard Krauth

Der Cid Bad 11 „97 572“ (Gruppe 94a) blieb bei Kriegende auf dem Gebiet der sowjetischen Besatzungszone zurück und kam in den Bestand der DR-O, später erhielt er die Betriebsnummer „330-514“. Die Aufnahme entstand am 24. September 1964 in Neustadt/Sachsen, fast fünf Jahre vor seiner Ausmusterung.
Aufnahme: Günter Meyer/ Sammlung Hermann Hoyer

Nach der Niederlage Frankreichs kam Elsaß-Lothringen am 2. August 1940 wieder zum Reich, das dortige Streckennetz wurde der Reichsbahndirektion Karlsruhe unterstellt, die auch für den Betrieb zuständig war, außerdem wurde in Elsaß-Lothringen die deutsche Ämterorganisation eingeführt. Dabei wurde auch der gesamte Wagenpark der bisherigen Verwaltung in den Wagenpark der Deutschen Reichsbahn überführt und entsprechend neu eingenummert. Im Nummernplan für die Reisezugwagen und die Güterzuggepäckwagen war der Bereich von 260 001 bis 265 000 für den Wagenbestand Elsaß-Lothringens vorgesehen worden. Die Reihenfolge der Einreihung der einzelnen Gattungen entsprach dabei wiederum dem Nummernplan von 1930, wobei allerdings die Einreihung fortlaufend und nicht nach Gattungen gruppiert vorgenommen wurde.

Unter den in den Bestand der DR aufgenommenen Wagen befanden sich auch fünf Reisezugwagen badischer Bauart. Erstaunlich ist dabei, daß sich darunter kein Wagen befand, der 1919 an A.L. gegangen war, vielmehr waren sämtliche fünf Wagen damals ursprünglich an die Entente abgeliefert worden.

260 343	C4ü	Baden ?	Gruppe 111	1899	Schmieder & Mayer
260 344	C4ü	Baden ?	Gruppe 111	1899	Schmieder & Mayer
260 346	C4ü	Baden ?	Gruppe 111b	1908	?
260 348	C4ü	Baden ?	Gruppe 111b	1909	?
260 725	Bi	Baden 1236	Gruppe 85b'	1915	Fuchs, Heidelberg

Die angespannte Transportlage und die vielfältigsten Aufgaben der Deutschen Reichsbahn brachten es mit sich, daß auch Reisezugwagen badischer Bauart, die in der Mehrzahl doch immer noch im Bereich der Reichsbahndirektion Karlsruhe stationiert waren, während des Zweiten Weltkriegs in viele Länder Europas kamen. Besonders gegen Kriegsende wurden die Wagen dort verwendet, wo sie sich gerade befanden, einige blieben auch nach Ende der Kampfhandlungen in fremden Ländern zurück, wo sie, soweit sie noch fahrbereit bzw. reparaturfähig waren, auch von der jeweiligen Verwaltung in deren Wagenpark eingereiht und wieder in Betrieb genommen wurden. In manchen Fällen erfolgte später wieder eine Rückgabe an die Deutsche Bundesbahn, in anderen Fällen verblieben sie im Bestand bis zu ihrer Ausmusterung. Daneben wurden viele Reisezugwagen, auch solche badischer Bauart durch Kriegseinwirkung vernichtet oder mehr oder minder stark beschädigt, so z.B. durch Bombenangriffe in den Städten oder durch Tieffliegerbeschuß auf freier Strecke.

1.6 Das Ende (1946 – 1962)

Während die provisorischen Eisenbahnverwaltungen der britischen und der amerikanischen Besatzungszone schon bald wieder zusammenarbeiteten und eine gemeinsame Verwaltung nach kurzer Zeit in Offenbach am Main aufgebaut wurde, die Südwestdeutschen Eisenbahnen in der französischen Zone (SWDE) kamen erst später hinzu, wurde die Deutsche Reichsbahn der sowjetischen Besatzungszone auf Grund des eisernen Vorhangs, der schon bald herunterging, vom Westen völlig isoliert. Bei Lokomotiven hatte es zwar einen Austausch zwischen den westlichen Besatzungszonen und der sowjetischen Besatzungszone gegeben, die Wagen badischer Bauart, die sich bei Kriegsende auf dem Gebiet der Deutschen Reichsbahn Ost (DR-O) befanden, wurden nicht zurückgegeben, dies war jedoch auch innerhalb der westlichen Besatzungszonen der Fall, so daß sich auch badische Reisezugwagen in sämtlichen Direktionen in Westdeutschland befanden und diese ebenfalls nicht mehr in ihre ursprüngliche Eisenbahndirektion Karlsruhe zurückkehrten.

In den Wagenpark der ÖBB wurde eine große Anzahl Reisezugwagen der Deutschen Reichsbahn übernommen, wobei zumindest bei einem Teil der Wagen anzunehmen sein dürfte, daß diese vor 1945 Reichsbahndirektionen zugeteilt worden sind, die auf dem Gebiet der späteren Österreichischen Republik lagen. Ein Teil der damals in den Wagenpark übernommenen Reisezugwagen wurde später wieder an die DB zurückgegeben. In beiden Fällen waren auch Wagen badischer Bauart betroffen.

Die Verordnung der Deutschen Bundesbahn (DB), derzufolge ab 1955 keine Personenwagen mit hölzernem Wagenkasten mehr im öffentlichen Verkehr eingesetzt werden durften, bedeutete schließlich das Aus für die immer noch vorhandenen badischen Wagen, deren jüngste ohnehin bald das Ende ihrer Lebenszeit erreicht gehabt hätten. Die noch brauchbaren Untergestelle einer Anzahl Zwei- und Dreiachser wurden noch für den Bau von 3yg-Umbauwagen verwendet. Am 31. Dezember 1961 waren trotzdem immer noch 13 Personenwagen und 8 Gepäckwagen badischer Bauart vorhanden, diese wurden dann schließlich bis Ende 1962 ausgemustert. Damit waren die badischen Reisezugwagen aus dem öffentlichen Verkehr bei der DB endgültig verschwunden. Bei der DR-O hielten sich einige Reisezugwagen badischer Bauart noch etwas länger. Eine Reihe ehemals badischer Reisezugwagen überlebte auch noch für einige Zeit als Bahndienstwagen. Erfreulicherweise haben doch noch einige Wagen überlebt und befinden sich heute in unterschiedlich gepflegtem Zustand in Fahrzeugsammlungen oder sind sogar noch teilweise nach einer entsprechenden Aufarbeitung bei Museumsbahnen im Einsatz.

2 Geschichtliche Entwicklung

Die technische Weiterentwicklung des neuen Beförderungsmittels Eisenbahn machte natürlich auch bei den Eisenbahnwagen nicht halt. Zur Steigerung der Reisegeschwindigkeit, der Sicherheit, des Komforts, um nur einige Gebiete zu nennen, schlugen sich neue Erkenntnisse, Erfindungen und Verbesserungen im Waggonbau nieder. Auch menschliche Gewohnheiten beeinflußten vor allem in der Anfangszeit der Eisenbahn den Aufbau der Personenwagen, wie beispielsweise der Abteilwagen in England zeigt. Daneben bestimmten schließlich auch zusätzlich wirtschaftliche Gründe die Gestaltung der Personenwagen, wie beispielsweise am Durchgangswagen in den USA zu sehen ist. Die Generaldirektion der Großh. Badischen Staatseisenbahnen war ebenso wie die übrigen Eisenbahnverwaltungen immer darauf bedacht, daß die technischen Fortschritte unter Berücksichtigung der wirtschaftlichen Verhältnisse den Reisenden und natürlich auch der Verwaltung zugute kamen.

2.1 Abteilwagen

England, das die Vorreiterrolle auf dem Gebiet des Eisenbahnwesens in Europa übernommen hatte, beeinflußte maßgeblich in der Anfangszeit die Eisenbahnverwaltungen auf dem Kontinent, denn es lagen bei diesen keinerlei Erfahrungen vor. In England hatte man die Postkutsche zum Vorbild genommen und auf diese Weise den Reisekomfort der Postkutsche auf das neue Verkehrsmittel Eisenbahn übertragen. Während von England die ersten Lokomotiven eingeführt werden mußten, da weder eine entsprechende Industrie noch die notwendigen Erfahrungen zum Bau derselben vorhanden waren, wurden die ersten Reisezugwagen in Deutschland bereits von kleinen Firmen hergestellt, die in dem ausgebrochenen Eisenbahnfieber schnell von Stellmachern gegründet worden waren und die sich bei ihren Erzeugnissen natürlich an die damaligen englischen Reisezugwagen anlehnten.

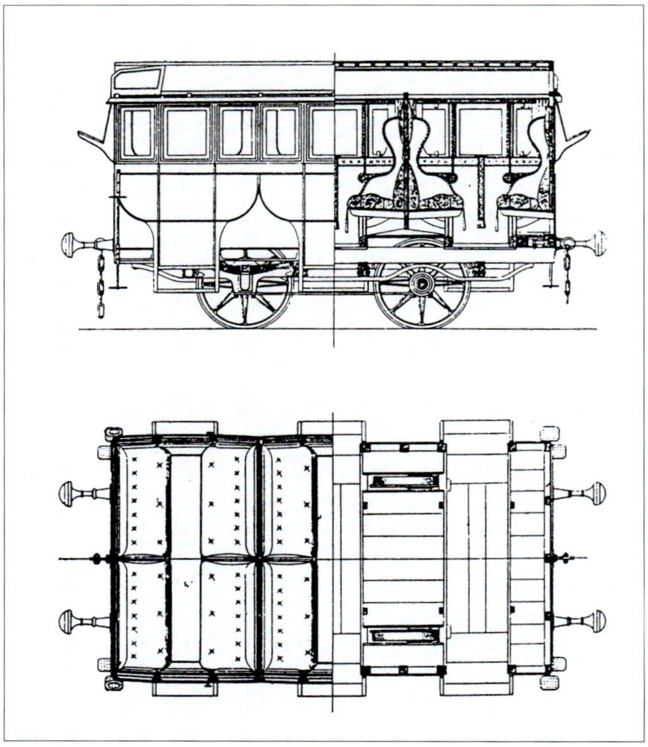

Die Wagen erster Klasse wurden in Anlehnung an die Postkutsche, von der sie die Abteilanordnung übernahmen, „Diligence" genannt. Auch der Fahrpreis für die erste Klasse orientierte sich in der Anfangszeit der Eisenbahn an dem Fahrpreis für die entsprechend ausgestattete Postkutsche.

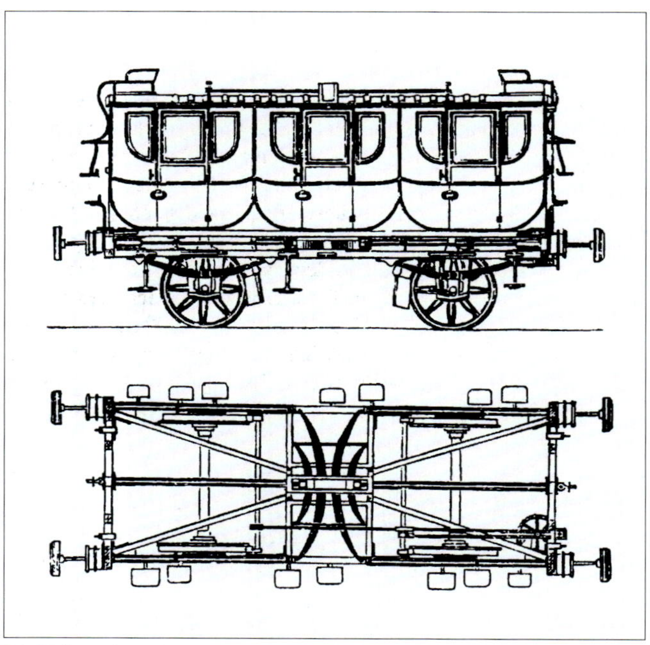

Die Urform des Abteilwagens kam aus dem Land, in dem die Wiege der Eisenbahn in Europa stand. Die Abbildung zeigt einen Personenwagen erster Klasse der London-Birmingham Eisenbahn aus der Zeit ihrer Eröffnung (1838). „Jedes Abteil bildet eine für sich bestehende „Berline" mit Thüren und Fenstern auf beiden Seiten und mit sechs Sitzplätzen, so daß der ganze Wagen insgesamt 18 Personen faßt. Außerhalb an beiden Enden sind überdies auf dem Dach unbedeckte Fahrplätze angebracht" (damalige Beschreibung).

Die ersten Reisezugwagen in Baden waren Abteilwagen, wie übrigens auch bei den meisten anderen Eisenbahnverwaltungen. Eine Ausnahme machte das benachbarte Württemberg und auch einige Bahnen in der Schweiz, die sich für den amerikanischen Durchgangswagen entschieden hatten.

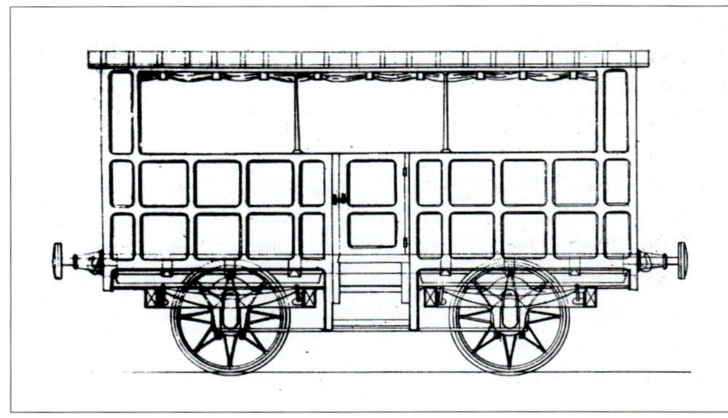

Mit „char à bancs" wurden die Wagen dritter Klasse bezeichnet, sie boten den Reisenden zwar harte Holzsitze und ein Dach auf dem Kopf, die seitlichen Fensteröffnungen konnten jedoch nur durch Vorhänge geschlossen werden. Skizze: Wehrgeschichtliches Museum Rastatt

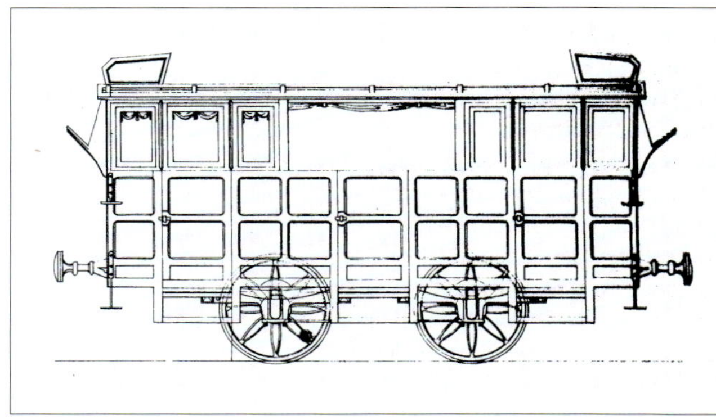

Eine weitere Bauart der ersten Eisenbahnwagen in Baden bestand in einem „combinierten" Wagen erster, zweiter und dritter Klasse, dabei lagen die beiden Abteile I. bzw. II. Klasse an den beiden Wagenenden, während sich das mit Holzsitzen ausgestattete Abteil III. Klasse dazwischen befand. Dieses besaß im Gegensatz zu den beiden anderen Abteilen keine mit Glasscheiben geschlossenen Fenster. Die Fenster des Abteils der ersten Klasse konnten auch durch Vorhänge geschlossen werden.
Skizze: Wehrgeschichtliches Museum Rastatt

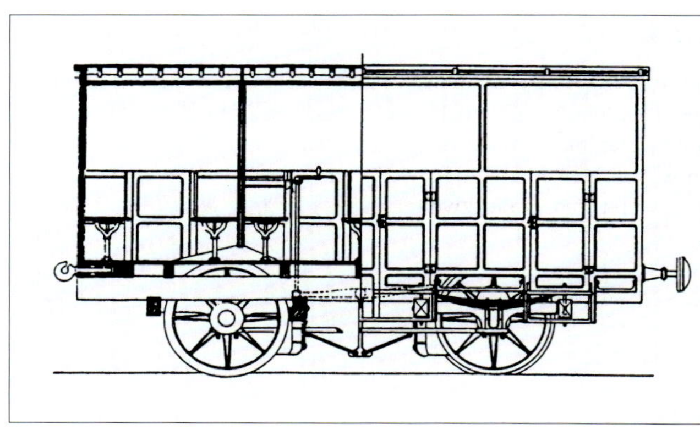

Der zweiachsige Personenwagen III. Klasse von 1840 besaß zwar ein Dach, aber die seitlichen Öffnungen waren ungeschützt und die auf den harten Holzbänken sitzenden Reisenden konnten nur durch Segeltuch- oder Ledervorhänge gegen die Unbilden des Wetters und gegen den Fahrtwind geschützt werden. Die Sitze bestanden aus einfachen Holzbrettern, die körperformgerechte Anpassung der Sitze in der dritten Klasse kam erst 15 bis 20 Jahre später auf. Der Wagen besaß eine auf die Räder beider Achsen wirkende Klotzbremse, die über eine im Wageninnern angebrachte Spindel betätigt werden konnte.

Der Wagenbau orientierte sich zunächst an den Postkutschen, indem praktisch mehrere Postkutschen-Wagenkästen der bequemsten Klasse auf ein gemeinsames Untergestell gesetzt wurden. Ein derartiger Personenwagen erster Klasse mit 18 bis 24 Sitzplätzen wurde denn auch als „Diligence" oder „Berline" bezeichnet. In jedem

Abteil befanden sich zwei Reihen Polstersessel, auf denen jeweils drei bis vier Reisende Platz nehmen konnten. In der zweiten Klasse gab es einfachere Polstersitze für vier bis fünf Reisende, die zunächst offenen Fenster wurden erst ab 1843 mit Glasscheiben geschlossen.

Weiterhin gab es den „char à bancs" für die dritte Klasse mit Holzbänken und mit je einem Abteil mit 2x5 Plätzen und einem Abteil mit 20 Plätzen in der Mitte. Die Tür- und Fensteröffnungen waren mit Segeltuchvorhängen verschließbar. Daneben gab es in Baden auch noch Wagen dritter Klasse mit Mitteleinstieg und bereits Wagen mit allen drei Klassen, dabei lagen die beiden Abteile der ersten und der zweiten Klasse an den Wagenenden, in der Mitte befand sich das Abteil der dritten Klasse.

Die Abteilwagen, damals auch als Coupé-Wagen bezeichnet, haben den Vorteil, daß eine beschränkte Anzahl von Reisenden ungestört jeweils in einem geschlossenen Raum reisen und jedes Abteil über eigene Türen schnell geleert und besetzt werden konnte, die Reisenden konnten jedoch das Abteil während der Fahrt nicht verlassen, und die Kontrolle der Fahrkarten durch den Schaffner war während der Fahrt nur von außen und zwar vom Trittbrett aus möglich. Dies hatte bis zur Einführung der Durchgangswagen und auch der Bahnsteigsperre viele Unfälle zur Folge. Auch die Wagenbauer waren von den durch die vielen Türen durchbrochenen Seitenwänden nicht sehr begeistert, so daß in der Anfangszeit infolge der geringen Längsstabilität des Wagenkastens nur kurze Abteilwagen als Zweiachser oder auch längere als Dreiachser gebaut werden konnten. Bemerkenswert ist, daß bis in die siebziger Jahre sich die Bezeichnung „vierrädrige", „sechsrädrige" und „achträdrige" Wagen gehalten hat und die Angabe der Zahl der Achsen erst später Eingang fand. Die Breite des Wagenkastens wurde dadurch beschränkt, daß dieser mit den nach außen aufschlagenden Abteiltüren im geöffneten Zustand derselben sich innerhalb des schon bald bei den Eisenbahnverwaltungen verbindlich eingeführten Lichtraumprofils halten mußte. Bis zur Einführung der D-Zugwagen war der Abteilwagen der ideale Personenwagen für den Einsatz auf Fernstrecken. In Deutschland wurden Abteilwagen seit der Mitte der zwanziger Jahre des zwanzigsten Jahrhunderts mit Ausnahme weniger Versuchswagen nicht mehr beschafft.

2.1.1 Das englische System

Die englischen Eisenbahnen waren die ersten der Welt und diese beeinflußten den Eisenbahnbau und den Betrieb in der Anfangszeit der Eisenbahn auch auf dem Kontinent. Aus England kam der Abteilwagen, der dort damals in der ersten Klasse in der Regel drei, später vier und in der zweiten Klasse fünf Abteile hatte und zwar bei ungefähr gleicher Wagenkastenlänge. Die Abteile waren in den beiden oberen Klassen durch bis an die Decke reichende Wände voneinander getrennt. Dies hatte jedoch Nachteile bei der Belüftung, aber auch bei der künstlichen Beleuchtung und der Heizung, die jedoch erst später eingeführt wurden. In den Abteilwagen III. Klasse waren die Abteile dagegen nur durch die Rückenlehnen der hölzernen Sitzbänke voneinander getrennt. Die von Seitenwand zu Seitenwand reichenden gepolsterten Sitzbänke wurden in der ersten Klasse mit zwei bis drei, in der zweiten Klasse mit fünf Reisenden besetzt. Da diese Abteilwagen in England grundsätzlich zweiachsig ausgeführt waren, wurden sie auf dem Kontinent häufig mit „Wagen nach dem englischen System" bezeichnet. Eine dritte Klasse gab es in England lange Zeit überhaupt nicht, für einen geringeren Fahrpreis wurde der Stehwagen angeboten. In Baden wurden, wie damals von den meisten Verwaltungen sehr ähnliche Abteilwagen bis in die Mitte der siebziger Jahre des vorigen Jahrhunderts beschafft, die in der ersten und zweiten Klasse drei bis vier und in der dritten Klasse fünf Abteile bei ungefähr gleicher Wagenkastenlänge aufwiesen. Die Abteilwagen hatten in der Regel ein Abteil erster Klasse und drei Abteile zweiter Klasse oder anstelle des einen Abteils erster Klasse zwei sogenannte Batard-Coupés (Halbabteile) an den beiden Wagenenden. Abteilwagen mit Abteilen unterschiedlicher Klassen wurden auch als „combinierte Wagen" bezeichnet. Die Beförderungskapazität eines Abteilwagens dritter Klasse mit fünf Abteilen lag bei 50 Personen. Ein Durchgang von einem zum anderen Abteil war nicht möglich. Erst mit der Einführung der Aborte, die in der Regel mehreren Abteilen zugeordnet waren, bestand für die Reisenden die Möglichkeit des Zugangs zu mehreren Abteilen ohne dabei den Wagen verlassen zu müssen. Die Beschaffung des zweiachsigen Abteilwagens endete in Baden kurz vor der Jahrhundertwende.

2.1.2 Das deutsche System

In Norddeutschland mit seinem Flachland konnten die Strecken freier angelegt werden als im Gebirge, dies schlug sich auch in den großzügiger bemessenen Kurvenradien nieder. Deshalb kamen hier schon bald auch dreiachsige Abteilwagen zum Einsatz, die entweder den gleichen Wagenkasten aufwiesen oder einen solchen mit einem weiteren Abteil. Zur Unterscheidung wurden die dreiachsigen Abteilwagen als „Wagen nach dem deutschen System" bezeichnet. In der Praxis ergab sich damals, daß der Lauf der dreiachsigen Wagen ruhiger war als derjenige der vierachsigen Wagen. Baden beschaffte dreiachsige Abteilwagen von 1857 in nur geringer Anzahl. Erst nach der Jahrhundertwende kamen wieder dreiachsige Abteilwagen in den badischen Wagenpark, diesmal jedoch in großen Stückzahlen.

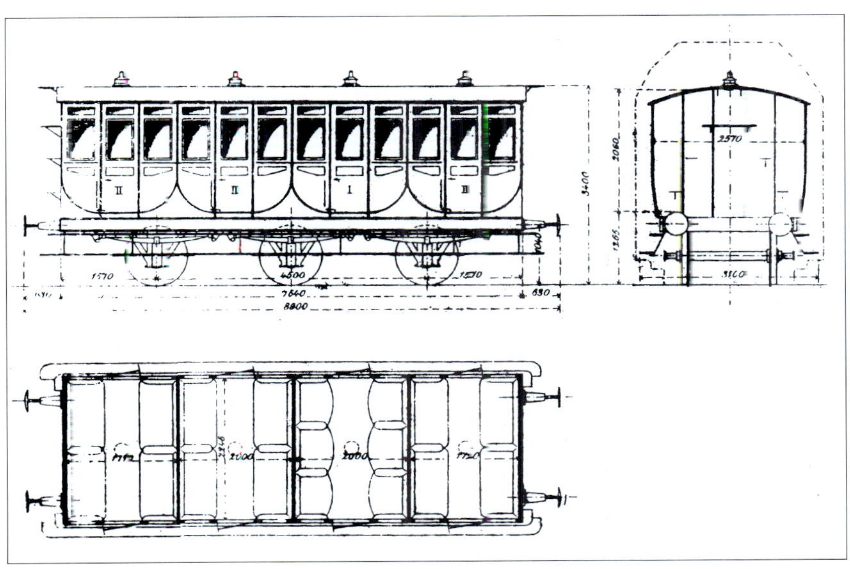

Der dreiachsige Abteilwagen I./II. Klasse AB von 1856 war im Jahre 1901 noch in drei Exemplaren vorhanden, ein Jahr später erfolgte bereits die Ausmusterung. Sie besaßen zu diesem Zeitpunkt noch Öllampenbeleuchtung, einige Wagen hatten Dampfheizung, und sämtliche Wagen waren mit einer Westinghouse-Bremsleitung ausgestattet (Gruppe 12).

2.2 Das amerikanische System

Während in Baden, Hessen, Bayern und im benachbarten Frankreich in der Mitte des vorigen Jahrhunderts der Abteilwagen dominierte, setzten damals Württemberg und einige Bahnen in der Schweiz (z.B. Nordostbahn) und in Österreich (z.B. Südbahn) ganz auf den vierachsigen Durchgangswagen, der zumindest in der Anfangszeit wie sein amerikanisches Vorbild als Großraumwagen mit Mittelgang ausgebildet war. Dieser Wagentyp wurde im Jahre 1834 in den USA entwickelt und in der Fachwelt in Deutschland als „Wagen nach dem amerikanischen System“ bezeichnet. In den USA wurde damals nur eine Klasse angeboten, besondere Abteile für Raucher und Nichtraucher gab es nicht. Der Vorteil des Großraums lag in erster Linie darin, daß die Reisenden auch während der Fahrt ihren Platz verlassen und sich in dem Wagen bewegen konnten. Der vierachsige Durchgangswagen mit Mittelgang wurde in Baden ab 1896 beschafft und sollte ein typischer Vertreter badischer Reisezugwagen werden. Aus den Wagen nach dem amerikanischen System entwickelte sich schließlich auch der zwei- oder dreiachsige Durchgangswagen, eine Bauart, die weder in den USA noch in England Bedeutung erlangte. In Baden wurde der zweiachsige Durchgangswagen erstmalig im Jahre 1873 sowohl als ABi und als Ci beschafft. Die Länge des Wagenkastens zwischen den beiden offenen Plattformen entsprach damals derjenigen des Abteilwagens, seine Breite konnte nun auf die volle zulässige Breite innerhalb des Lichtraumprofils erstreckt werden, da die Außenseite frei von Abteiltüren war, wegen des Mittelgangs lag jedoch das Fassungsvermögen in der dritten Klasse bei fünf Abteilen wiederum bei 50 Personen, wenn man von den Stehplätzen einmal absieht. Die zweiachsigen Durchgangswagen waren besonders für den Einsatz auf Nebenstrecken geeignet.

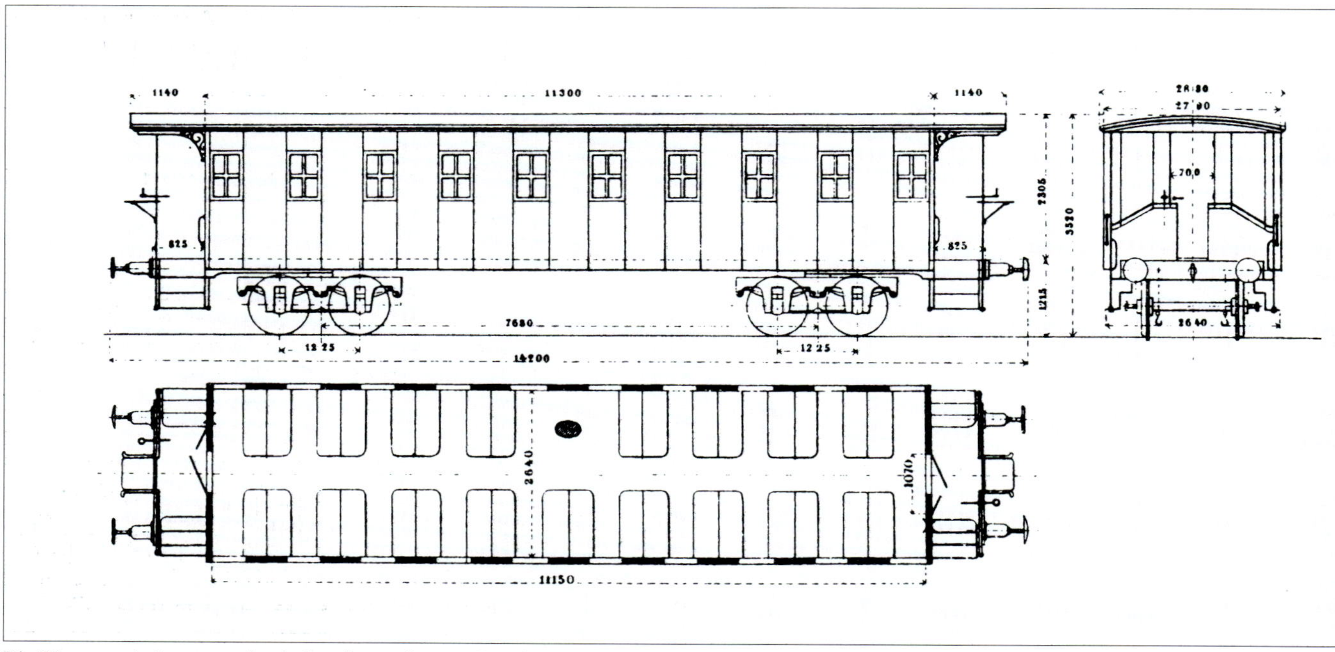

Die Wagen nach dem „amerikanischen System“ waren Durchgangswagen mit einem einzigen Raum, es waren die ersten Großraumwagen, sie erinnerten die Fachleute damals an die Kajüte eines Schiffes. Da man auf der anderen Seite des Ozeans bei der Verlegung der Gleise keine so große Sorgfalt an den Tag legte, kam der Drehgestellwagen diesen Gegebenheiten entgegen.

2.3 Das System Heusinger v. Waldegg

Im Gegensatz zu den Durchgangswagen mit einem Großraum oder mehreren Abteilräumen bot der Abteilwagen den Vorteil eines geschlossenen Abteils, denn die Reisenden waren unter sich und wurden durch umhergehende Menschen nicht gestört. Diesen Vorteil wollte der bekannte deutsche Eisenbahnfachmann Heusinger von Waldeck beibehalten, ohne jedoch dabei die Nachteile hinsichtlich des Abgeschlossenseins der Reisenden im Abteil während der Fahrt beim herkömmlichen Abteilwagen zu übernehmen. Er entwarf Anfang der siebziger Jahre einen Reisezugwagen I./II./III. Klasse, der nahezu sämtliche Vorteile des Abteilwagens und des Durchgangswagens in sich vereinigte. Der Wagenkasten enthielt geschlossene Abteile, die von einem Seitengang durch jeweils eine Flügeltür mit Fenster zugänglich waren, wobei der Seitengang durch den ganzen Wagen lief und zur Außenseite des Wagens als Galerie ausgebildet war, also nach außen hin offen war (diese Anordnung findet sich z.B bei dem Galeriewagen der Gotthardbahn von 1882/83 wieder). Die Fenster der Abteile auf der Gangseite waren wie bei einem Abteilwagen angeordnet. Der Zugang zum Seitengang erfolgte durch offen Vorplätze an beiden Wagenenden. Der erste derartige zweiachsige „Intercommunicationswagen mit Seitengang System Heusinger v. Waldegg“, ein ABi, wurde im Jahre 1874 von MAN in Nürnberg für die Hessische Ludwigsbahn gebaut. Der Wagen hatte ein Abteil I. Klasse in der Wagenmitte, daran schloß sich auf beiden Seiten ein Abteil II. Klasse an. An einem Wagenende befand sich ein Abort- und ein Waschraum, am anderen Wagenende ein Halbabteil II. Klasse, dessen Sitzbank jedoch nicht über die gesamte Breite des Abteils reichen konnte, da die Tür des Seitengangs in der Stirnwand innerhalb der Breite der offenen Plattform angeordnet werden mußte. Dieses Problem konnte durch die Anordnung des Abort- oder Waschraums am Ende des Seitengangs leicht gelöst werden, wenn sich die Abmessungen dieser Räume nach den örtlichen Gegebenheiten richteten. Der Seitengang war gegenüber dem ursprünglichen Konzept von einer durchgehenden, mit Fenstern versehenen Seitenwand nach außen hin abgeschlossen, die Abteile behielten dennoch die Fenster in Tür und Wand zum Seitengang. Der Prototyp des Seitengangwagens führte schließlich zu den drei- und vierachsigen D-(Durchgangs-)Zugwagen. Im Jahre 1892 verkehrte auch der erste D-Zug (D 31/32) in Deutschland und zwar auf der Strecke Berlin – Köln. Eingesetzt wurden hier erstmalig die auf der Gundlage der Idee von Heusinger entwickelten vierachsigen D-Zugwagen mit Seitengang, die dem Reisenden sowohl die Möglichkeit des Betretens sämtlicher Wagen des Zuges während der Fahrt als auch die Annehmlichkeiten des

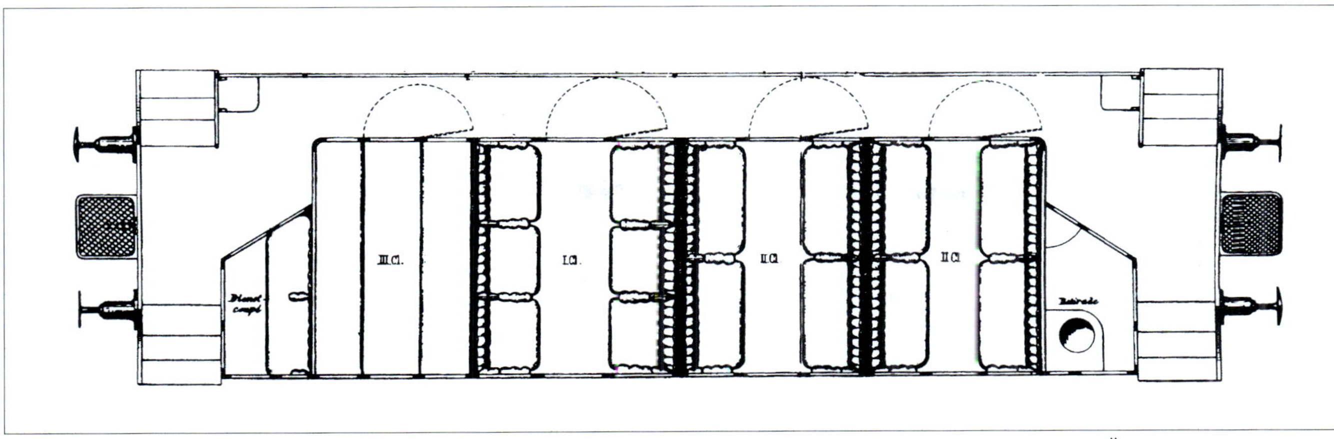

Im Jahre 1870 trat der bekannte Eisenbahnfachmann Heusinger von Waldegg mit seinem Konzept eines Personenwagens an die Öffentlichkeit, nachdem bereits vor ihm von anderen Stellen schon ähnliche Vorschläge gemacht worden sind. Der neue Personenwagen vereinte in sich die Vorteile des Abteilwagens mit denen des Durchgangswagens, trotzdem sollte es noch einige Jahre dauern, bis diese Bauart des Personenwagens auf dem europäischen Kontinent weite Verbreitung finden sollte.

geschlossenen Abteils boten. Damit entstand der Durchgangszug, in dem man vom ersten bis zum letzten Wagen hindurchgehen konnte (Zitat nach W. Schadendorf). Allerdings hielten sich die Reisenden in den ersten Jahren der Einführung oft unnötigerweise im Seitengang auf, indem sie wegen der Neuheit der Wagenkonstruktion vom Gang aus erst die einzelnen Abteile betrachteten und so längere Zeit benötigten, bis sie schließlich Platz gefunden hatten, wodurch die Gefahr bestand, daß die Abteile nicht gehörig besetzt wurden. Ein weiterer Nachteil des Seitengangwagens soll nicht verschwiegen werden: Es ist nicht möglich, vom Bahnsteig aus in die Abteile hineinzusehen, wenn der Wagen mit seinem Seitengang am Bahnsteig steht. Anfangs war das Ein- und das Ausstiegsende besonders gekennzeichnet, damit wollte man den Strom der Reisenden lenken und so das Aus- und Einsteigen beschleunigen, das ja über die beiden Türen jeweils am Ende des Seitenganges und den Seitengang selbst erfolgen muß. Da sich die Reisenden an die vorgeschrieben Ein- und Ausgänge jedoch nicht hielten, die ohnehin nur bei Wagen mit nur einer Klasse möglich waren, wurde diese Maßnahme schon bald wieder bald aufgegeben.

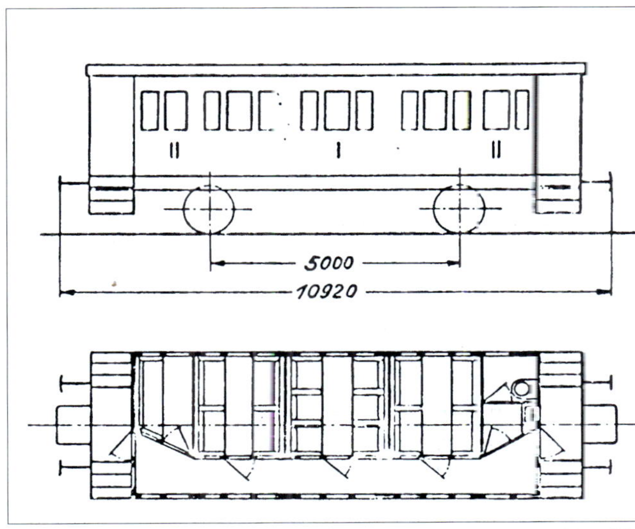

Die Zeichnung zeigt den ersten Personenwagen, der nach dem Vorschlag von Heusinger von Waldegg für die Hessische Ludwigsbahn gebaut wurde.

2.4 Technische Einzelheiten

Der technische Fortschritt machte auch bei dem Bau von Reisezugwagen nicht halt. Die Verwaltungen waren immer darauf bedacht, von der Industrie vorgestellte technische Neuerungen einzuführen, die der Sicherheit der Reisenden dienten und unter wirtschaftlichen Gesichtspunkten auch eine Steigerung des Komforts ermöglichten. Einrichtungen, die heutzutage als selbstverständlich hingenommen werden, waren in der Anfangszeit der Eisenbahn keineswegs bereits schon vorhanden. Es war ein weiter Weg von dem uns heute primitiv anmutenden damaligen Transportmittel zu dem heutigen bequemen Verkehrsmittel. In der Anfangszeit der Eisenbahn wurde es schon von den Menschen als großer Fortschritt angesehen, anstatt einer langen Fußreise nun stehend in einem offenen Eisenbahnwagen in einem Bruchteil der Zeit von einem Ort zu einem anderen Ort zu gelangen.

2.4.1 Lüftung

Der Innenraum der Abteilwagen konnte zunächst nur durch die beweglichen Fenster belüftet werden. Ein unzulänglicher Vorgang während der Fahrt, zumal wenn das Abteil voll besetzt und dazu noch eine niedrige Außentemperatur herrschte. Eine Heizung war ja damals auch noch nicht vorhanden.

Schon bald jedoch wurden sogenannte Luftschieber oder Lüftungsschieber oberhalb der seitlichen Türen und teilweise auch oberhalb der Fenster angebracht, die von außen durch schräggestellte Lamellen gegen das Eindringen von Regenwasser und Ruß

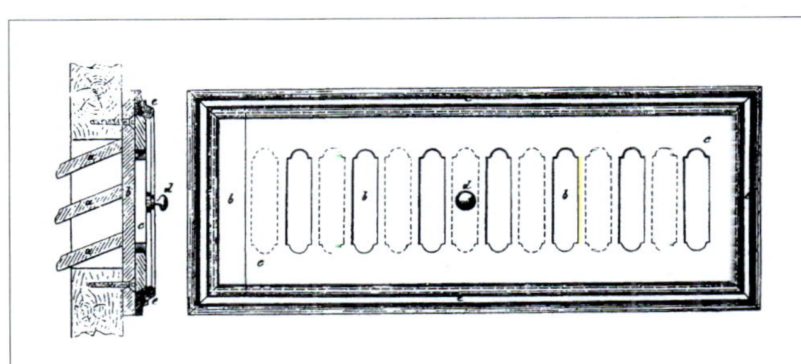

Der Luftschieber war wohl eine der ersten Lösungen für die zugfreie Entlüftung der Abteile eines Personenwagens, sie hielt sich erstaunlich lange in Baden und zwar bei den Durchgangswagen bis 1901 und bei den Abteilwagen bis zum Ende der Länderbahnzeit. Es war eine einfache Vorrichtung, die aus an der Außenseite des Wagens angebrachten, schräg gestellten Lamellen (a) bestand, hinter denen sich eine feste Platte (b) befand, in die senkrechte Schlitze eingearbeitet waren. Hinter der festen Platte (b) befand sich eine seitlich verschiebbare Platte (c), die ebenfalls senkrechte Schlitze aufwies und zwar im gleichen Abstand wie diejenigen in der festen Platte (b), dabei wurde die bewegliche Platte (c) von einem Rahmen (e) gehalten und konnte durch einen Knopf (d) seitlich bewegt werden, so daß entweder durch die Schlitze der Luftstrom zu den Lamellen (a) freigegeben oder gesperrt werden konnte. Bei vielen Durchgangswagen wurden in Baden in den zwanziger Jahren die Luftschieber entfernt und die Öffnungen der Lüftungsschlitze mit den Lamellen verschlossen. Stattdessen erfolgte dann die Entlüftung durch auf dem Dach eingebaute Torpedo-Lüfter.

geschützt waren und innen mittels eines seitlich verschiebbaren Jalousiebrettchens geöffnet oder verschlossen werden konnten. Diese einfache und weitverbreitete Einrichtung zur Wagenlüftung erwies sich in der Praxis jedoch oftmals nicht als zugfrei, dennoch erhielten sämtliche badische Personenwagen bis zur Jahrhundertwende und auch die danach beschafften Abteilwagen weiterhin diese Art der Lüftung. Die oberhalb der Türen und teilweise auch oberhalb der Fenster angebrachten Lüftungsschieber hatten gegenüber den auf dem Dach angebrachten Luftsaugern den Vorteil, daß sie sich an einer Stelle am Wagen befanden, an der während der Fahrt die den Wagen umströmende Luft mit Rauch, Ruß und Staub noch am wenigsten durchsetzt war. Dies dürfte neben der einfachen technischen Lösung wohl der Grund gewesen sein, daß sich die Lüftungsschieber so lange halten konnten.

Mit der Einführung der Gasbeleuchtung wurden die Lampenkörper teilweise auch als Lüfter ausgebildet, wobei die durch die Lampe erwärmte Luft durch das Lampengehäuse zum Dach austrat und auf diese Weise frische Luft in das Abteil saugte. Als Richtwert für eine gute Lüftung allgemein wurde ein zwanzigfacher Luftwechsel pro Stunde in einem Abteil angenommen.

Nach der Jahrhundertwende wurde in Süddeutschland neben Baden, in Bayern, der Pfalz und in der Schweiz der auf dem Dach angebrachte Luftsauger der Bauart „Torpedo" eingeführt, der durch den Fahrtwind des fahrenden Zuges an der Decke des Abteils einen geringen Unterdruck erzeugte und so die verbrauchte Luft aus dem

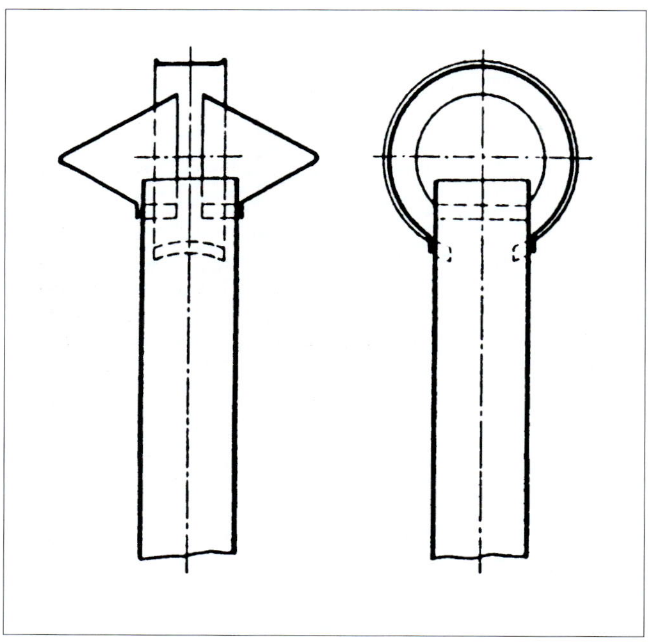

Torpedo-Lüfter

Innenraum des Wagens nach außen zugfrei absaugte. In Baden wurde der „Torpedo"-Luftsauger im Jahre 1902 eingeführt und kam bei dem AA4ü (Gruppe 62), dem ABCCi (Gruppe 79a) und dem CCi (Gruppe 110a) erstmals ab Werk zum Einbau. Dabei erhielt jedes Abteil I. oder II. Klasse und die Aborträume einen eigenen Luftsauger, während bei den Durchgangswagen besonders in der dritten Klasse sich jeweils mehrere Abteile innerhalb eines Abteilraumes einen Luftsauger teilen mußten. Der Luftsauger saß auf einer Öffnung im Dach, die durch eine an der Decke angebrachte Rosette verschließbar war. In den Innenraum des Wagens ragte eine senkrechte, mit einem Knebel versehene Stange, mit der die Rosette durch Verdrehen geöffnet bzw. geschlossen werden konnte. Da das Lichtraumprofil durch das Korbbogendach schon stark ausgenutzt wurde, blieb die Bauhöhe und damit auch die Leistung der Luftsauger der Bauart „Torpedo" beschränkt. Die „Torpedo"-Luftsauger sind ein typisches Merkmal der badischen Reisezugwagen, zumal nicht nur die Aborträume der älteren Wagen nach der Jahrhundertwende mit den Luftsaugern noch nachträglich ausgestattet worden sind, sondern wie beispielsweise bei dem Ci von 1901 (Gruppe 108) nachträglich die gesamte Lüftung auf „Torpedo„-Luftsauger umgestellt wurde bei gleichzeitigem Verschluß der Öffnungen der über den Fenstern angeordneten Lüftungsschieber.

Eine Beleuchtungsvorrichtung für Gasglühlicht an der Decke eines Abteilraums zweiter Klasse. Die von der Decke herunter hängenden Stangen mit den Grifföffnungen dienen zur Betätigung der Verschlüsse der Torpedo-Lüfter, die aus zwei aufeinander liegenden Scheiben aus Messingblech bestanden, die mit sternförmig angeordneten Schlitzen versehen waren, wobei eine Scheibe fest und die andere Scheibe mittels der Stange drehbar angeordnet war. Die Schlitze konnten in Deckung gebracht werden, dann war der Zugang zum Luftsauger geöffnet oder so gegeneinander versetzt werden, daß der Zugang verschlossen war.

Aufnahme: Sammlung Jens Freese

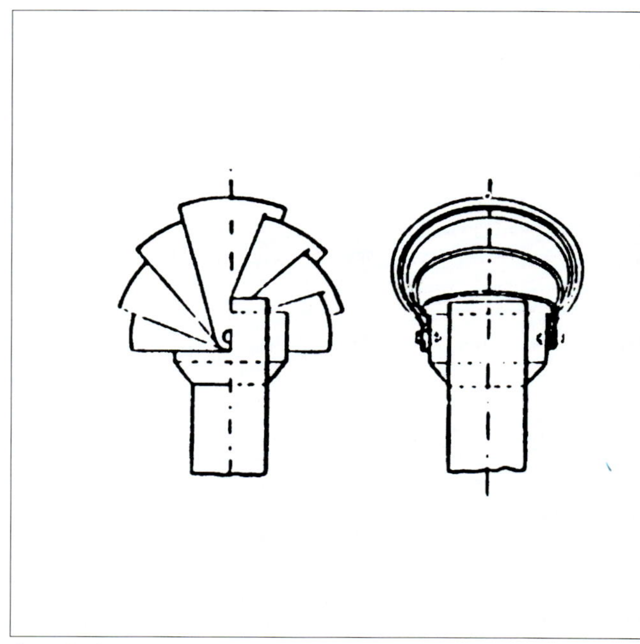

Grove-Lüfter

Bei den Gepäckwagen PPü von 1906 (Gruppe 133d'), P3 von 1909 (Gruppe 133e) und P von 1916 (Gruppe 122a), erhielt das Zugführerabteil ebenfalls zwei Luftsauger auf dem Dach, die wegen des nahe an die Begrenzung des Lichtraumprofils heranreichenden Dachaufbaus des Zugführerabteils jedoch nicht als eine besonders niedrige Bauform des „Torpedo"-Luftsaugers wie bei dem Gepäckwagen P von 1911 (Gruppe 122') ausgebildet waren. Hier kamen jeweils zwei besonders niedrig gehaltene Luftsauger der Bauart „Grove" zum Einbau.

2.4.2 Beleuchtung

Da in den ersten Betriebsjahren der Eisenbahnen keine Nachtzüge verkehrten und im Winter die Züge ohnehin nur schwach besetzt waren, bestand zunächst auch in Baden überhaupt kein Bedürfnis nach einer Beleuchtung der Abteile der Reisezugwagen. Ein permanenter Nachtdienst wurde dort erst 1863 eingeführt.

2.4.2.1 Kerzen

Die erste Beleuchtung der Abteile der Reisezugwagen erfolgte durch Paraffin- oder Stearinkerzen und zwar nur in den beiden ersten Klassen. Die Bereitstellung von an der Wand angebrachten Kerzenhaltern, die aus einer dem Kerzendurchmesser entsprechenden, oben durch eine gelochte Kappe für den Docht abgeschlossenen Blechhülse bestand, die die Kerze aufnahm, die von einer Feder von unten gegen die Kappe gedrückt wurde, war mit keinen hohen Kosten verbunden. Die Flamme der Kerze wurde oft auch noch durch eine Glasglocke geschützt. Allerdings brannten die Kerzen schnell ab und mußten oft ersetzt werden. Vor allem aber war der Kerzenbeleuchtung wegen ihrer geringen Lichtausbeute keine lange Lebensdauer beschieden, weshalb sie später nur noch als Notbeleuchtung und in Salonwagen verwendet wurde.

2.4.2.2 Öl

Schon sehr bald wurde die Kerzenbeleuchtung durch die Ölbeleuchtung abgelöst, die eine längere Brenndauer bot und deshalb auch in sehr großem Umfang zum Einsatz kam. Die Öllampen, die mit Rüböl oder Rapsöl gespeist wurden, waren bei den Reisezugwagen in das Wagendach eingelassen, wobei im Abteil eine nach unten hängende Glasglocke den Brenner umschloß, während auf dem Wagendach ein großes Lampengehäuse mit einem Rauchhut saß. Auf diese Weise erhielt der Brenner eine zugfreie Luftzufuhr. In der Regel erfolgte die Bedienung und Regelung der Lampen von der Dachoberseite aus durch das Personal der Station oder des Zuges, wobei das leicht gewölbte Flachdach gefahrlos betreten werden konnte. Die Einstellung mußte sehr sorgsam erfolgen, da die Öllampen leicht verrußten. Während in der ersten und in der zweiten Klasse pro Abteil jeweils eine Lampe vorhanden war, genügten in der dritten Klasse gewöhnlich zwei Lampen zur Beleuchtung des gesamten Abteilwagens. Bei zweiachsigen Durchgangswagen befand sich in jeder Stirnwand eine Öffnung, in der sich eine an der Innenseite der Stirnwand angebrachte Lampe befand, die sowohl das Wageninnere als auch die Plattform beleuchtete. Eine oder weitere Öllampen waren an den bis zur Decke reichenden Zwischenwänden vorgesehen, die ebenfalls durch eine kleine Öffnung hinter der Lampe auch das benachbarte Abteil spärlich beleuchtete. Die Brenndauer einer Ölfüllung der Lampe lag bei ca. 24 Stunden. Die Ölbeleuchtung hatte zwar gegenüber der Kerzenbeleuchtung eine höhere Brenndauer, ihre Lichtausbeute war jedoch ebenfalls gering. Die Beleuchtung diente wohl vor allem in der dritten Klasse mehr der Unfallverhütung, da die Lampen wegen ihrer teuren Anschaffung nur sparsam installiert wurden. Das Zeitungslesen war bei dieser Art der Beleuchtung jedenfalls nicht möglich. Da das Rüb- oder Rapsöl verhältnismäßig teuer war, wurde 1863 zunächst versuchsweise auf der Strecke Basel – Konstanz eine Beleuchtung mit Petroleum eingeführt, wobei die bestehenden Lampenanlagen beibehalten werden konnten. Diese Art der Beleuchtung war zwar billiger und deren Lichtausbeute höher. Bei den Betriebskosten schlug jedoch der hohe Verbrauch an Glaszylindern zu Buche. Ein weiterer Nachteil der Petroleumbeleuchtung bestand in dem niedrigen Entflammungspunkt, so daß die Gefahr von Explosionen bestand. Diesem Übelstand wurde durch die Verwendung eines sogenannten Sicherheitsleuchtöles abgeholfen, dessen Entflammungspunkt durch eine entsprechende Beimischung gegenüber dem Petroleum bedeutend erhöht werden konnte. Um die Jahrhundertwende war die Ölbeleuchtung nur noch bei älteren Wagen der II. und III. Klasse und bei den älteren Gepäckwagen vorhanden, bei den letzteren hielt sie sich noch einige Zeit, ebenso wie bei vielen privaten Nebenbahnen. Die Öllampenbeleuchtung wurde bei den älteren Wagen oftmals beibehalten und durch die Gasbeleuchtung ergänzt. Öllampen dienten weiterhin als Notbeleuchtung, sie wurden erst 1905 abgeschafft, als die Öllampenbeleuchtung in Fahrzeugen des öffentlichen Verkehrs verboten wurde.

2.4.2.3 Gas

Die Verwendung der Gasbeleuchtung in Eisenbahnwagen mit ihren Vorzügen gegenüber den bereits genannten Beleuchtungsarten war erst nach langen Versuchen möglich, da insbesondere die Mitnahme einer ausreichenden Gasmenge große Schwierigkeiten bereitete. Als erste Art der Gasbeleuchtung in Baden wurde Anfang der achtziger Jahre des vorigen Jahrhunderts die Ölgasbeleuchtung bei Reisezugwagen eingeführt, daneben wurden jedoch auch noch weiterhin Personenwagen mit Ölbeleuchtung beschafft.

2.4.2.3.1 Ölgas

Die Ölgas- oder Fettgasbeleuchtung (kohlenwasserstoffreiches Gas mit hoher Leuchtkraft) erforderte für jeden Wagen einen entsprechenden zylindrischen Gasbehälter oder Recipienten, der in Baden unterhalb des Wagenkastens am Untergestell des Wagens angebracht war. War aus bestimmten Gründen ein ausreichend großer Gasbehälter nicht unterzubringen, so wurden an dessen Stelle zwei Gasbehälter nebeneinander eingebaut. Während bei anderen Bahnverwaltungen (beispielsweise Main-Neckar-Bahn, PLM [Paris-Lyon-Mediterranée]) aus Sicherheitsgründen die Gasbehälter auch auf dem Dach angebracht waren, waren bei den badischen Staatsbahnen die Gasbehälter immer unterhalb des Wagenkastens montiert. Die Gasbehälter eines Wagens waren in der Regel so bemessen, daß eine ununterbrochene Brenndauer sämtlicher Lampen zwischen 30 und 55 Stunden gewährleistet war. Eine besonders lange Brenndauer, die natürlich auch von der Zahl der Brennstellen abhängig war, wurde bei Kurswagen gefordert, die in Fernzügen liefen und deren Gasbehälter aus Verrechnungsgründen in der Regel nicht von fremden Verwaltungen gefüllt werden sollten.

Für die Versorgung der einzelnen Lampen wurde der maximale Betriebsdruck des Gases im Gasbehälter von 6 atü auf ca. 2 atü mit Hilfe eines Druckminderventils herabgesetzt und das Gas dann den einzelnen Brennstellen zugeführt. Die Lampen, die wie die Öllampen im Dach eingebaut waren, besaßen eine oder mehrere von Hand regelbare Brenndüsen, an denen die offene Gasflamme unter einer gemeinsamen Glasglocke brannte. Das Anzünden der Lampen erfolgte wiederum vom Dach aus, wobei das Laternendach zur Sicherheit des Personals damals mit Handstangen versehen wurde. Der Haupthahn der vom Untergestell zum Dach führenden Versorgungsleitung für die Lampen war entweder am Untergestell oder an derjenigen Stirnwand angebracht, an der die Gasleitung vom Untergestell zum Dach geführt war. Wenn auch die Ölgasbeleuchtung gegenüber den bisher bekannten Beleuchtungsarten gewisse Verbesserungen brachte, so war doch die Lichtausbeute immer noch nicht zufriedenstellend.

2.4.2.3.2 Mischgas

Eine verbesserte Lichtausbeute ergab sich durch die Beimischung von Azetylengas. Das aus 75 % Ölgas und 25 % Azetylengas bestehende Mischgas wurde Ende der achtziger Jahre des vorigen Jahrhunderts eingeführt. An den bestehenden Einrichtungen der Ölgasbeleuchtung in den Reisezugwagen waren keinerlei Änderungen notwendig, auch die bisherigen Brenner aus Speckstein konnten weiterhin verwendet werden. Wie bei der Ölbeleuchtung waren in den Abteilen der höheren Klassen ein- oder mehrflammige Lampen vorhanden, während in der dritten Klasse jeweils mehrere Abteile von einer gemeinsamen Lampe beleuchtet wurden. Im Jahre 1913 waren Azethylen-Gasanstalten in Immendingen, Neuhausen und Waghäusel vorhanden, in Mannheim und Konstanz schon seit 1910, in Hausach seit 1912.

2.4.2.3.3 Gasglühlicht

Die Verwendung des zur Straßen- und Raumbeleuchtung sehr verbreiteten Steinkohlengases kam wegen seiner durch die notwendige Komprimierung verringerten Leuchtkraft für die Beleuchtung von Eisenbahnwagen zunächst nicht in Betracht, sie nahm erst mit der Erfindung des Glühstrumpfes einen ungeahnten Aufschwung. Sehr bald beschäftigte sich der Erfinder Auer von Welsbach auch mit der Verwendbarkeit des stoßempfindlichen Glühstrumpfes im rauhen Eisenbahnbetrieb, da durch den Glühstrumpf die Leuchtkraft und

Eine Beleuchtungsvorrichtung für Gasglühlicht an der Decke eines Durchgangswagens dritter Klasse. Aufnahme: Sammlung Jens Freese

damit die Lichtausbeute brennbarer Gase gewaltig gesteigert werden konnte. Am Schluß der Entwicklung stand ein Beleuchtungskörper mit hängendem Glühlicht, wobei die Glühstrümpfe eine Lebensdauer von max. 200 Stunden besaßen. Der Jahresbedarf an Gasglühlichtkörpern (Glühstrümpfen) betrug im Jahr 1905 bei den badischen Staatsbahnen 15.000 Stück pro Jahr. Die vierachsigen Reisezugwagen wurden ab 1911 mit einem Vorratsbehälter für Glühlichtkörper ausgestattet. Die Lampen hatten eine immer brennende kleine Zündflamme, die das Glühlicht zündete, wenn der außerhalb des Wagenkastens angebrachte Haupthahn auf „hell" gestellt wurde. Damit war ein Betreten des Daches nicht mehr notwendig, so daß ab 1907 die Dachgeländer auf den Wagendächern entfallen konnten. Lichtschützer, die ganz oder teilweise über die Glasglocke gezogen werden konnten oder eine Hell/Dunkel-Stelleinrichtung an den Lampen selbst waren im Gegensatz zu anderen Verwaltungen in Baden nicht vorhanden. Infolge der gesteigerten Lichtausbeute durch die Verwendung des Glühstrumpfes wurde in Baden anscheinend nicht wieder zum reinen Ölgas zurückgekehrt, obwohl der Azetylenanteil des Mischgases die Lebensdauer des Glühstrumpfes herabsetzte und das Steinkohlengas nur die Hälfte des Leuchtwertes des reinen Ölgases aufweist.

Das Fassungsvermögen der Gasbehälter wurde an beiden Langträgern außen angeschrieben, die Gasfüllventile, Füllstutzen, Haupthähne und Gasleitungen waren gelb angestrichen. Der ohnehin für die Beleuchtung vorhandene Gasvorrat wurde in den Speisewagen und zum Teil auch in den Gepäckwagen zum Betreiben von Gaskochern benutzt. Aus Ersparnisgründen wurden teilweise die noch verwendbaren Gasbeleuchtungskörper ausgemusterter Reisezugwagen sogar in neu beschaffte Wagen eingebaut.

Im Jahre 1908 wurde angeordnet, daß der Druck in den unter dem Wagenkasten angebrachten Gasbehältern höchstens 6 atü betragen darf. Im Jahre 1915 erhielten einige zweiachsige Durchgangswagen versuchsweise eine Preßgas-Glühlichtbeleuchtung, bei ihnen wurde auf den Schutzkappen der Füllstutzen mit einem senkrechten weißen Strich gekennzeichnet und am Langträger die Abkürzung „Pgbg" angebracht.

2.4.2.3.4 Allgemeines zur Gasbeleuchtung

Die Füllung der Gasbehälter erfolgte über am Langträger auf beiden Wagenseiten angebrachte Füllstutzen in der Regel in dem jeweiligen Heimatbahnhof des betreffenden Wagens, wobei der aus Gummi oder Metall bestehende Füllschlauch entweder an einem Unterfluranschluß oder einem säulenförmigen Füllständer angeschlossen wurde, der über ein Rohrnetz mit einem ortsfesten Vorratskessel (Gasfüllkessel) verbunden war. Ebenso konnte die Füllung der Gasbehälter auch direkt aus einem Gaskesselwagen erfolgen. Die größeren Bahnhöfe waren mit eigenen stationären Ölgaserzeugungsanlagen ausgerüstet:

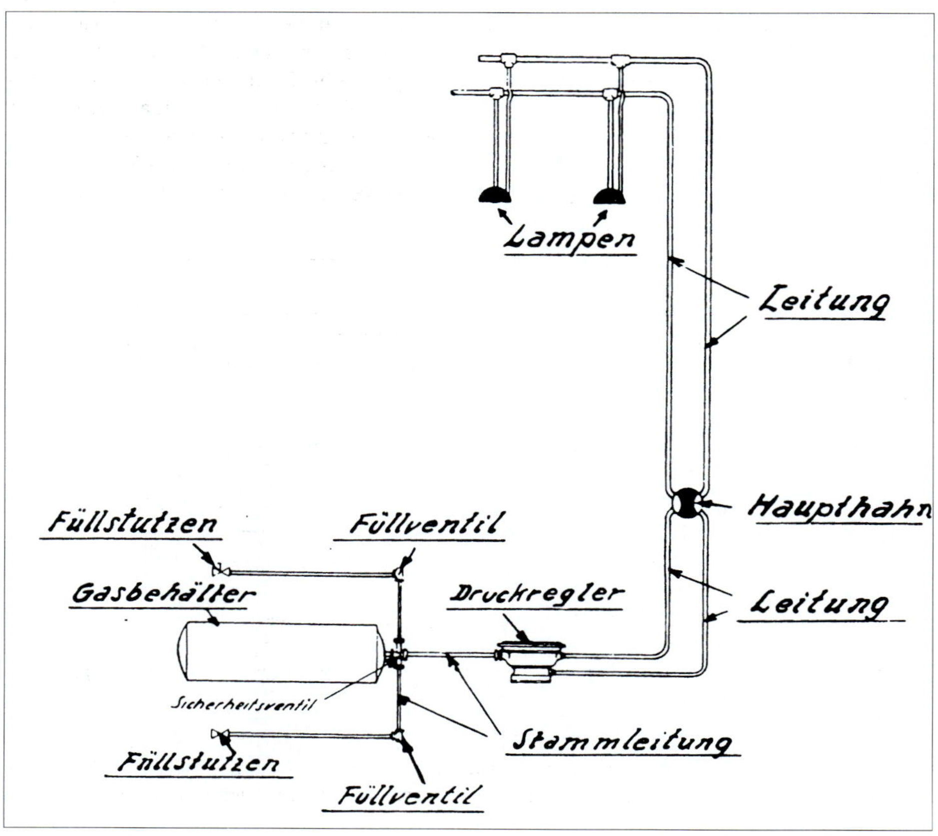

Die Beleuchtung der Lampen eines Reisezugwagens mit Gas wurde aus einem Gasbehälter gespeist, der unterhalb des Untergestells angebracht war. Zur Füllung desselben waren auf beiden Seiten des Untergestells am Langträger Füllstutzen und Füllventile angebracht. Durch den Druckregler wurde der Gasdruck im Gasbehälter von 6 atü auf einen niedrigeren Druck für die Beleuchtungskörper herabgesetzt.

Basel bad. Bhf
Freiburg
Heidelberg
Karlsruhe
Konstanz (geschlossen 1913)
Mannheim
Offenburg
Radolfzell
Haltingen (eröffnet 1913)

Gasfüllkessel befanden sich im Jahre 1905 bereits in Lauda, Neckarelz und Pforzheim, als diese damals in Appenweier, Baden-Oos, Bruchsal, Eppingen, Rastatt, Renzlingen, Schwackenreute, Seckach, Singen, Villingen und Waldshut aufgestellt wurden. Die übrigen Heimatbahnhöfe erhielten ebenfalls später Gasfüllkessel, in denen das Gas mit einem Druck von 10 bis 15 atü bereitgehalten wurde. 1912 waren insgesamt 22 Füllstationen vorhanden, die im Jahre 1913 einen Jahresverbrauch von 442.703 m^3 hatten. Im Jahre 1914 waren sogar 25 Gasfüllstationen vorhanden, darunter befand sich auch eine solche in Neustadt (Schw). Die Auffüllung der Kessel der Gasfüllstationen erfolgte durch besondere Gaskesselwagen mit einem Fassungsvermögen von bis zu 55 m^3, die mit einer Dampfleitung versehen waren und somit auch in schnellaufenden Reisezügen befördert werden konnten. Insgesamt waren im Jahre 1914 bei den badischen Staatsbahnen fünfzehn Gaskesselwagen vorhanden, die zu den Bahndienstwagen zählten.

Die Gasbeleuchtung wurde am Tage auch auf Tunnelstrecken vorgeschrieben, und zwar mußten sämtliche Brennstellen der Reisezugwagen in der letzten Station vor dem ersten Tunnel angezündet und in der ersten Station nach dem letzten Tunnel gelöscht werden, dies betraf übrigens auch die Zugschlußlaternen.

Die Füllung der Gasbehälter von Reisezugwagen fremder Verwaltungen wurde von den badischen Staatsbahnen mit einer Mark pro cbm berechnet, wie dies auch bei den Nachbarverwaltungen üblich war. Schon 1911 wurde das Personal angehalten, aus Sparsamkeitsgründen auf Tunnelstrecken außerhalb der Tunnelabschnitte die Flammen der Gasbeleuchtung auf „klein" zu stellen. Während des Ersten Weltkrieges erfolgte ab 1915 die Versorgung der Militärtransportzüge und der Lazarettzüge mit Gas kostenlos. Infolge der Kriegsereignisse wurden auch sehr bald Sparmaßnahmen bei der Beleuchtung der Reisezugwagen ergriffen. So wurde bereits Ende 1915 angeordnet, daß bei Zügen bestehend aus i-Wagen jeweils die Beleuchtung einer der beiden gegenüberliegenden Plattformen abzustellen sei. Eine weitere Maßnahme zur Einsparung von Gas bestand darin, daß damals auch die Beleuchtung der Reisezugwagen nicht mehr in der Abstellgruppe sondern erst am Bahnsteig angestellt wurde, während in unbesetzten Abteilen die Flamme klein gehalten und in unbesetzten Wagen die Beleuchtung vollständig gelöscht wurde. Anfang 1916 wurden dann die Lampen in den Seitengängen der D-Zugwagen mit geschlossenen Übergängen nicht mehr benutzt und mit jeweils einem Papierstreifen mit der Aufschrift „Lampe außer Betrieb" gekennzeichnet. Im darauffolgenden Jahr wurde die Beleuchtung in den D-Zugwagen weiter eingeschränkt, so durften nur noch in den Vorplätzen und Aborten die Lampen brennen, in den Abteilen mit mehreren Lampen durfte nur noch eine Lampe benutzt werden, in den Dienstabteilen war die Lampe zu löschen. Hinzu kamen noch Verdunkelungsmaßnahmen im Rahmen des Luftschutzes, nachdem ab 1917 Baden durch feindliche nächtliche Luftangriffe zunehmend gefährdet wurde. Der Mangel an Gas zur Beleuchtung der Reisezugwagen bestand auch nach dem Ende des Ersten Weltkrieges weiter. Die Reihenfolge bei der Gaszuteilung nach Prioritäten wurde von den Gepäckwagen angeführt, dann kamen die Lokomotiven, diesen folgten die Personenwagen für Schnellzüge und zum Schluß kamen die übrigen Personenwagen.

Die Gasbeleuchtung war einfach und billig, jedoch nicht ganz ungefährlich. Nachweislich sind zwar in Baden keine Eisenbahnunfälle bekanntgeworden, bei denen der hölzerne Wagenkasten durch den austretenden Gasvorrat abbrannte. An dem Zusammenstoß zweier Schnellzüge am 24. April 1924 in Bellinzona war jedoch ein badischer AB4ü (Gr. 79) beteiligt, dessen Gasbehälter dabei explodierte, worauf der Wagen sofort in Flammen stand und sämtliche 10 Insassen verbrannten. Die Schweizer Bundesbahnen ließen daraufhin ab 1. August 1924 keine Reisezugwagen fremder Verwaltungen mit Gasbeleuchtung mehr auf ihrem Streckennetz zu. Die Gasbeleuchtung wurde bei den meisten zwei und dreiachsigen badischen Reisezugwagen bis nach dem Zweiten Weltkrieg und sogar bis zu deren Ausmusterung beibehalten.

2.4.2.3.5 Elektrizität

Ab 1896 wurde in Baden versuchsweise auch die elektrische Wagenbeleuchtung eingeführt. Ein Jahr später waren bereits 24 und 1898 schon 36 Reisezugwagen ausgerüstet. Um welche Wagen es sich dabei handelte und ob die elektrische Beleuchtung nachgerüstet wurde oder ob diese bereits bei Neulieferungen vorhanden war, ist nicht bekannt. Es könnte sich eventuell dabei um Abteilwagen I./II. Klasse AB der Gruppen 18 bis 21 gehandelt haben. Der Austausch der entladenen Akkumulatorenkästen gegen aufgeladene in den End- und Unterwegsstationen war umständlich, zumal dieser Umtausch auch außerhalb Badens bei benachbarten Verwaltungen oder sogar im Ausland vorgenommen werden mußte, denn die

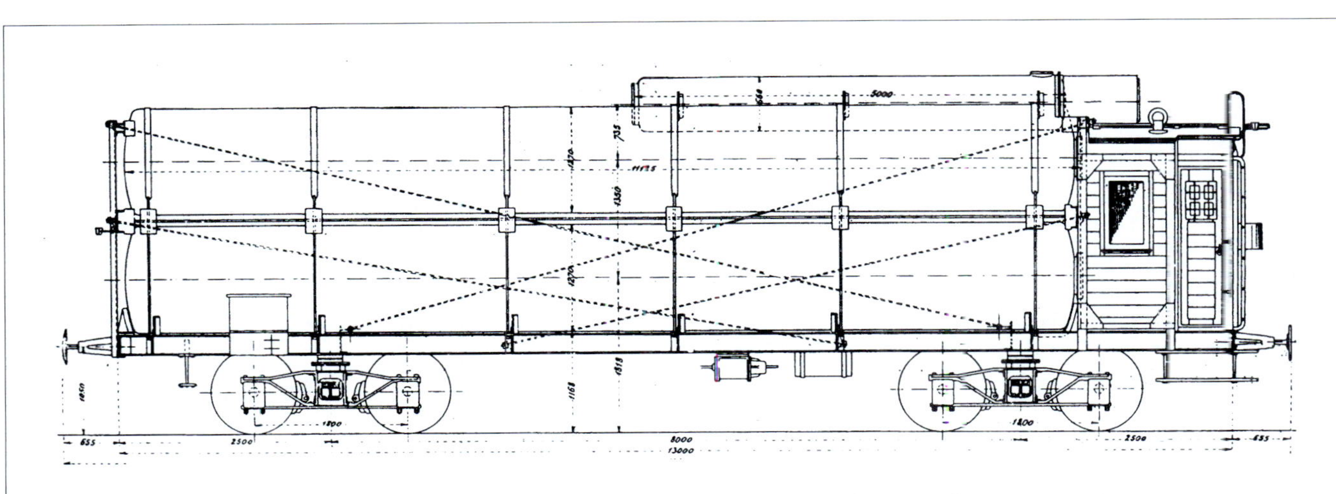

Die badischen Staatsbahnen besaßen neben zwei- und dreiachsigen Gastransportwagen auch zwei vierachsige Wagen, die zum Transport von Gas für die Beleuchtung der Reisezugwagen von den Gaserzeugungsstationen zu denjenigen Heimatbahnhöfen brachten, die nicht über eine eigene Gaserzeugungsstation verfügten.

Lösung, eine Aufladung der Akkumulatoren eines Wagens durch einen von der Achswelle eines Radsatzes angetriebenen Generator durchzuführen, war damals technisch noch nicht ausgereift. So wurden die betreffenden Wagen wieder mit der bewährten Gasbeleuchtung ausgerüstet.

Die neu beschafften D-Zugwagen können nicht ursprünglich mit Akkumulatoren zur elektrischen Beleuchtung versehen gewesen sein, denn die Werksaufnahme des Herstellers des ABBü von 1994 (Gruppe 75) zeigt deutlich den am Untergestell angebrachten Gasbehälter. Die elektrische Beleuchtung hatte sich anscheinend nicht bewährt, denn 1902 befand sich nur noch ein Wagen mit elektrischer Beleuchtung im Bestand, und dies war der sechsachsige Hofsalonwagen von 1894 (Gruppe 1). Eine elektrische Beleuchtung von Anfang an besaßen lediglich die Salonwagen (Gr. 1, Gr. 2', Gr. 134) und natürlich der Akkumulatorentriebwagen (Gr. 133d). Als Stromquelle dienten Akkumulatoren, die bei den Salonwagen entweder stationär aufgeladen oder unterwegs gegen aufgeladene Akkumulatoren ausgetauscht wurden. Lichtmaschinen zum Aufladen der Akkumulatoren während der Fahrt waren ursprünglich mit Sicherheit nur bei dem Hofsalonwagen von 1918 (Gruppe 2') vorhanden. Es ist erstaunlich, daß die badischen Staatsbahnen zumindest nicht bei den D-Zugwagen nach der Jahrhundertwende die elektrische Beleuchtung eingeführt haben, wie dies z.B. bei den benachbarten Pfalzbahnen und bei der Gotthardbahn bereits der Fall war. Erst in den zwanziger Jahren wurden die ersten badischen D-Zugwagen auf elektrische Beleuchtung umgerüstet, wobei nicht sicher ist, ob damals bereits von Anfang an die Akkumulatoren des Wagens während der Fahrt durch eine Lichtmaschine aufgeladen wurden. Von der Umrüstung waren zunächst nur diejenigen Reisezugwagen betroffen, die als Kurswagen benachbarte Länder des Auslandes befuhren.

Bereits Mitte der 20er Jahre wurde auf der elektrifizierten Wiesental- und Wehratalbahn die elektrische Zugheizung eingeführt. Die damals verwendete niedrige Heizspannung läßt die Vermutung zu, daß diese gleichzeitig auch zur Beleuchtung der entsprechend umgebauten badischen Reisezugwagen verwendet wurde, denn diese besaßen damals schon eine elektrische Beleuchtung. In den 30er Jahren wurden dann die D-Zugwagen AB4ü, ABC4ü, C4ü der Gruppen 76', 76a, 79b', 79c, 79d und 111b, die zweiachsigen Durchgangswagen Bi bzw. Ci der Gruppen 85b' und 108 und die vierachsigen Gepäckwagen Pw4ü der Gruppen 112 und 113 auf elektrische Dynamo-Beleuchtung umgebaut. Nach dem Zweiten Weltkrieg wurden weitere Durchgangswagen der Bauarten Cid bad 10 (Gruppe 94') und Cid bad 11 (Gruppe 94a) auf elektrische Dynamo-Beleuchtung umgerüstet.

2.4.2.3.6 Notbeleuchtung

Die vom Gesetzgeber vorgeschriebene Notbeleuchtung bestand bis 1905 aus Öllämpchen und wurde dann durch in den Personen- und Gepäckwagen vorgesehene Lichtpatronen oder von, in den Wagen angebrachten Aufhängekloben gehaltenen Laternen abgelöst, die auf den Stationen bereit gehalten wurden. Die Lichtpatronen wurden in den Wagen ab Mai 1906 auch als Beleuchtung für den Mobilmachungsfall vorgesehen.

2.4.3 Heizung

In der Anfangszeit der Eisenbahn waren die Eisenbahnwagen überhaupt nicht geheizt, die Reisenden hatten sich in der kalten Jahreszeit entsprechend warm anzuziehen. Erst allmählich kam die Beheizung der Reisezugwagen ab Mitte des vorigen Jahrhunderts auf, sie wurde zunächst nur in Personenwagen eingeführt, die in Schnellzügen eingesetzt wurden.

2.4.3.1 Wärmflaschen

Auch in Baden kamen zunächst Wärmflaschen zur Anwendung, die aus mit heißem Sand oder mit heißem Wasser gefüllten Metallgefäßen bestanden und in die Abteile gelegt wurden. Diese Art der provisorischen Heizung war sehr aufwendig und wenig wirkungsvoll, zumal die Wärmflaschen schnell wieder kalt wurden und deshalb oft ausgewechselt werden mußten. Sie kamen ohnehin nur in den höheren Klassen zur Anwendung.

2.4.3.2 Ofenheizung

Eine weitere Art der Beheizung der Reisezugwagen bestand in Form eines Ofens, dessen Schornstein durch das Dach ragte. Der Ofen wurde mit Steinkohle, Briketts oder Koks befeuert und wurde nur im Winter aufgestellt. Hierzu mußten die aneinander liegenden Sitze bzw. Sitzreihen zweier benachbarter Abteile herausgenommen werden, so daß während der kalten Jahreszeit mindesten vier Sitzplätze in dem Wagen verlorengingen. Das etwas eingeschränkte Platzangebot konnte ohne weiteres in Kauf genommen werden, da das Fahrgastaufkommen im Winter nicht so groß war. Eine gleichmäßige Erwärmung des Wagenraumes war durch die Ofenheizung nicht möglich, außerdem mußten die Öfen regelmäßig vom

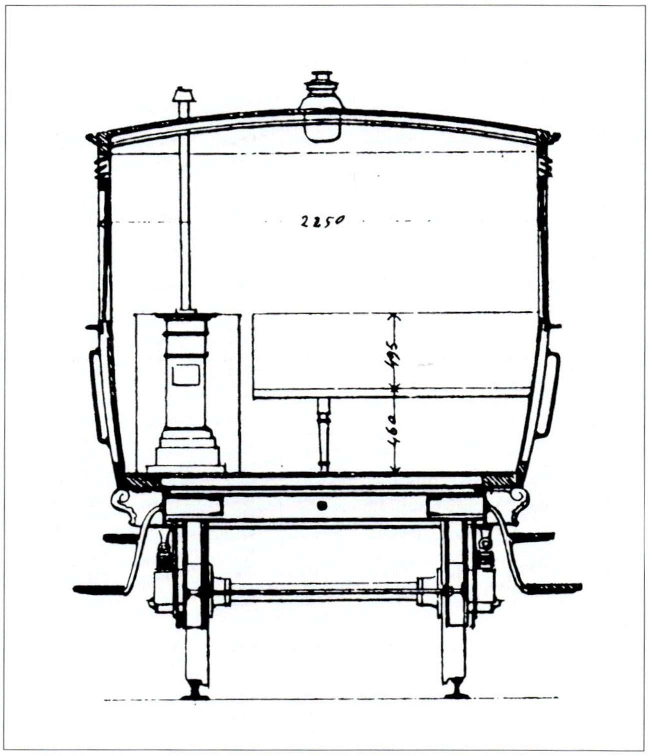

Die Öfen für die Heizung der Personenwagen wurden nur während der kalten Jahreszeit in den Wagen aufgestellt, dabei gingen einige Sitzplätze verloren. Zum Schutz der Reisenden war der Ofen, dessen Feuerung dem Zugpersonal oblag, mit einem Blechmantel umgeben.

Zugpersonal mit Brennstoff versorgt werden. Die Aufstellmöglichkeiten für die Öfen war beschränkt, besonders bei den Abteilwagen, da nur dort eine Zirkulation der erwärmten Luft in denjenigen Abteilen möglich war, die nicht durch bis zur Decke reichende Wände voneinander getrennt waren. Da in einem Wagen immer nur ein einziger Ofen aufgestellt wurde, mußten bei Durchgangswagen im Winter die Türen in den Trennwänden offen gehalten werden.

Noch 1887, nachdem bereits die Dampfheizung in Baden weit verbreitet war, wurden für die Höllentalbahn noch einmal Reisezugwagen mit Ofenheizung beschafft (Gruppe 81, 82, 86, 94, 95, 96, 127). Man war zunächst bei der Höllentalbahn von einem geringen Fahrgastaufkommen ausgegangen. Es sollten dort nur gemischte Personen-/Güterzüge verkehren, wobei die Personenwagen gemäß den Betriebsvorschriften am Zugende laufen mußten. Da die Güterwagen der Höllentalbahn nicht mit einer Dampfleitung ausgerüstet waren und auch fremde Güterwagen befördert werden sollten,

Der Abteilwagen I./II. Klasse AB (Gruppe 14) „Baden 1629" im Jahre 1861 von Schmieder & Mayer in Karlsruhe erbaut, erhielt zwischen 1876 und 1878 bei der Schweizerischen Industriegesellschaft in Neuhausen eine Warmluftheizung Bauart Maey-Pape. Deutlich ist in der Wagenmitte unterhalb des Untergestells der Heizofen zu sehen. Werkaufnahme: FIAT-SIG Neuhausen

wäre eine Versorgung der Dampfheizung in den Personenwagen durch die an der Zugspitze befindliche Lokomotive nicht möglich gewesen.

Die Ofenheizung hat sich trotz ihrer Unzulänglichkeiten lange gehalten. Um 1900 waren eine Reihe von Reisezugwagen folgender Gattungen ganz oder wenigstens teilweise noch mit Ofenheizung ausgerüstet: Gr. 37 bis 44, Gr. 46, Gr. 65, Gr. 66, Gr. 83 bis 85 und Gr. 103. Hierbei handelte es sich um zweiachsige Abteil- bzw. Durchgangswagen, die jedoch noch später ebenfalls auf Dampfheizung umgebaut wurden. Die Öfen wurden kurz vor Beginn der Heizperiode in der zuständigen Betriebswerkstätte eingesetzt und nach dem Ende der Heizperiode wieder entfernt und dort gelagert. Dabei wurde die Öffnung im Dach für die Durchführung des Ofenrohres wieder geschlossen.

Die Gepäck-, Post- und Gefangenenwagen behielten weiterhin ihre Ofenheizung, womit sie auch unabhängig von einer Dampfquelle angeheizt oder beheizt werden konnten. Damit Wagen mit Ofenheizung auch in dampfbeheizten Zügen eingestellt werden konnten, erhielten sie eine durchgehende Dampfleitung. Im Jahre 1910 wurden die Reisezugwagen mit Ofenheizung durch ein „O" an der Tür gekennzeichnet.

2.4.3.3 Warmluftheizung

Mitte der siebziger Jahre des vorigen Jahrhunderts entwickelte die Schweizerische Industriegesellschaft Neuhausen (SIG) in Zusammenarbeit mit dem Maschinenmeister Maey von der Schweizerischen Nord-Ost-Bahn (NOB) eine Warmluftheizung, die in der Fachliteratur auch als Maey-Pape'sche Warmluftheizung bezeichnet wurde (Pape war damals Direktor bei der SIG).

Der gußeiserne Heizofen war unter dem Wagenboden in der Wagenmitte angebracht. Ein gebogener Füllzylinder, der mit dem Heizofen verbunden war, reichte bis zur Höhe der Wagenseitenwand und ermöglichte eine einfache Füllung des Heizofens, die aus einer Mischung von Holzkohle und Koks bestand. Die Rauchgase wurden durch ein senkrecht durch den Wagenkasten an der Innenwand zum Dach geführtes Rauchrohr abgeführt. Das Rauchrohr wurde in seinem ersten Teil durch ein mit dem Heizofen verbundenes Gehäuse teilweise umschlossen. Die in diesem Gehäuse erwärmte Luft wurde durch unterhalb des Wagenbodens angebrachte, abteilindividuelle Luftleitungsrohre in die Abteile geleitet, wo sie unterhalb der Sitze austrat. Die Regulierung der Verbrennung erfolgte von außen durch Verstellen der Aschenkastenschieber. Im Wagen selbst konnte die Temperatur durch Verstellen von Klappen in den Luftleitungsrohren eingestellt werden.

Zwischen Anfang 1875 und Ende 1878 wurde diese Warmluftheizung in Abteil- und Durchgangswagen I. und II. Klasse eingebaut. Dies geschah nachträglich teilweise durch die SIG selbst in Neuhausen und zwar nicht nur in die von ihr ursprünglich hergestellten Wagen und durch die Hauptwerkstätte in Karlsruhe. Von dem Einbau waren die Wagen der Gruppen 13, 16 bis 19, 28, 30, 64, 65, 83 und 84 betroffen, wobei allerdings nicht sicher ist, ob jeweils sämtliche Wagen einer Gruppe diese Heizung erhielten. Im Jahre 1876 waren bereits 86 Personenwagen mit der Luftheizung System Maey und Pape ausgestattet. Daneben waren damals vier Personenwagen mit einer Luftheizung nach dem System Kienast und fünf Personenwagen mit einer solchen nach dem System Tham und Rothmüller ausgestattet, die jedoch keine weitere Bedeutung erlangten.

Im Betrieb haben sich diese Warmluftheizungen anscheinend nicht besonders bewährt, da die Warmluftzufuhr über die einzelnen Luftleitungsrohre unterschiedlich war, so daß einige Abteile überheizt wurden, während andere völlig kalt blieben. Ob diese Mängel durch Umbauten behoben werden konnten, ist nicht bekannt, mit dem Aufkommen der Dampfheizung wurde in Baden jedenfalls sehr bald von der Warmluftheizung abgegangen.

2.4.3.4 Dampfheizung

Die Dampfheizung war gegen Ende des vorigen Jahrhunderts die verbreitetste Heizungsart für Reisezugwagen, die Einführung ab 1875 erfolgte in Baden zunächst bei denjenigen Personenwagen, die in Nacht- und Schnellzügen eingesetzt wurden. Da jedoch die Kesselleistung der damaligen Lokomotiven nur gering war und voll für den Antrieb benötigt wurde, bedeutete die Abzweigung von Dampf zum Heizen der Reisezugwagen eine Leistungseinbuße. Man führte die Dampfheizung deshalb zunächst nicht in großem Umfang ein, obwohl sie mit 1,3 Kreuzer pro Wagenmeile halb so teuer war, wie die Ofenheizung mit Briketts. Eine Abhilfe zur Vermeidung der zusätzlichen Dampfentnahme für Heizzwecke stellten Heizkessel dar, die in der Regel im Gepäckwagen aufgestellt waren und im Winter für den nötigen Heizdampf sorgten. Derartige Wagen wurden als Heizwagen bezeichnet. Erst als die Kesselleistung der Lokomotiven derart gesteigert wurde, daß auch für Heizzwecke genügend Dampf von der Lokomotive erzeugt werden konnte, wurde die Ausrüstung der Reisezugwagen dann in der zweiten Hälfte der siebziger Jahre in großem Umfang betrieben. Im Jahre 1876 waren bereits 81 Personenwagen und 19 Gepäckwagen mit einer Dampfheizung ausgerüstet, 1890 waren von insgesamt 1.134 Reisezugwagen 867 mit Dampf beheizbar. Reisezugwagen ohne Dampfheizung erhielten in der Regel eine durchgehende Dampfleitung und konnten so in dampfbeheizten Zügen eingestellt werden. Die Heizkörper waren unterhalb der Sitze angebracht und wurden mit Dampf beheizt, dessen Druck auf ca. 3 atü herabgesetzt war. An den Kupplungsschläuchen zwischen den Wagen waren Wasserablaufventile angebracht, durch die das Kondenswasser nach außen abfließen konnte. Nach Ende der Heizperiode wurden die mit der Wagennummer und dem Heimatbahnhof gekennzeichneten Kupplungsschläuche oder Heizschläuche an die Magazinverwaltung geschickt, die diese vor Beginn der nächsten Heizperiode wieder an die jeweiligen Heimatbahnhöfe versandte. Wagen mit Dampfheizung wurden 1910 an der Tür mit einem „D" gekennzeichnet. Es gab damals auch Reisezugwagen, die sowohl eine Ofen- als auch eine Dampfheizung aufwiesen. Diese erhielten die Kennzeichnung „OD". Auch die ursprünglich mit einer Ofenheizung ausgestatteten Personenwagen erhielten später eine Dampfheizung, wobei oftmals die Ofenheizung bei den in C umgebauten Abteilwagen und bei den Ci beibehalten wurde.

Die Dampfheizung erforderte in den Wagen keinerlei Betreuung, war sauber und ungefährlich und ließ sich durch ein Ventil im Innenraum pro Abteil, Abteilraum oder den gesamten Wagen manuell regeln. Das Bremserhaus der Abteilwagen wurde übrigens ebenfalls mit Dampf beheizt, wobei allerdings nicht sicher ist, ob dies auch bei den nachträglich mit einer Dampfheizung versehenen Abteilwagen der Fall war. In Baden wurde anfänglich ebenso wie in ganz Süddeutschland die Hochdruck-Dampfheizung eingeführt, der allerdings der Nachteil der ungleichmäßigen Dampfverteilung in den Heizkörpern anhaftete. So wurde 1908 in sämtlichen D-Zugwagen ABCCü der Gruppe 79b und 79c eine Dampfheizung Bauart „Gadewitz" eingebaut. Zu dieser Zeit erhielten die dreiachsigen Durchgangswagen ABi3 von 1904 (Gruppe 72a), die Abteilwagen AB3 von 1906 (Gruppe 21b) und die im Jahre 1907 gelieferten Abteilwagen C3 der Gruppe 55b nachträglich eine Dampfheizung Bauart „Wilhelm". Im Jahre 1916 wurden bei einigen ABBü und CCü eine Nieder-/Unterdruckheizung Bauart Pintsch eingebaut. Das gleiche geschah bei den im Jahre 1918 gelieferten Abteilwagen III. Klasse der Gruppe 55b.

2.4.3.5 Preßkohlenheizung

Diese Art der Heizung bestand darin, daß in unter den Sitzen angebrachten schmalen langen Kästen von außen glühende Holzkohle oder Koks eingeschoben wurde, wobei die Luftzufuhr und damit auch die Wärme nur von außen durch einen an der Verschlußklappe angebrachten Schieber regelbar war. Preßkohlenheizung in Baden hatte nur der Akkumulatorentriebwagen (Gruppe 133d).

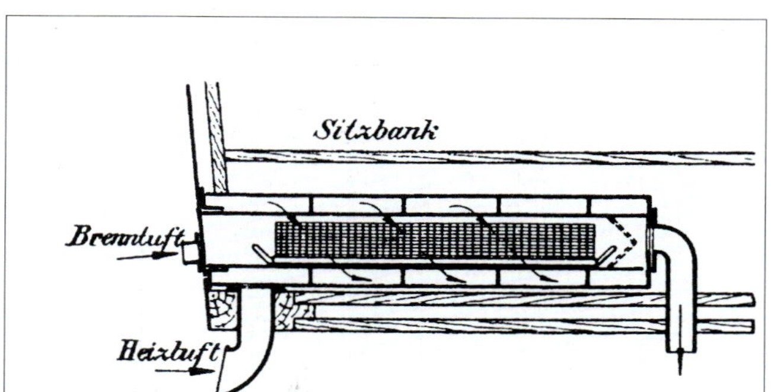

Preßkohlenheizung

2.4.3.6 Warmwasserheizung

Eine unabhängige und saubere Heizung für Reisezugwagen stellt die Warmwasserheizung dar, die allerdings eine ständige Bedienung des im Wagen aufgestellten Heizkessels erfordert. Ihre Anlage war sehr teuer, beanspruchte viel Platz, erforderte ein langes Vorheizen und kam deshalb nur in Salonwagen (Gr. 1, Gr. 2' und Gr. 134) zur Anwendung.

2.4.3.7 Elektrische Heizung

Obwohl Baden mit der Einführung der elektrischen Zugförderung auf der Wiesental- und der Wehratalbahn 1913 zu den Pionieren in Deutschland zählte, wurde damals dort zunächst noch keine elektrische Zugheizung eingeführt. Bei der elektrifizierten Wiesen- und Wehratalbahn gab es sowohl Dampf- als auch elektrische Heizung, letztere bei einzelnen Personenzügen jedoch erst ab Mitte der zwanziger Jahre. Damals waren mindestens zwei elektrische Lokomotiven (E 61 08, E 61 09), nicht jedoch sämtliche Loks der Gattung A2 mit einer Anlage zur elektrischen Zugheizung ausgerüstet. Später kam noch mindestens eine der beiden Lokomotiven der Gattung A3 (E 61^3) hinzu, diese besaßen außerdem einen elektrisch beheizten Heizkessel für die Dampfheizung. Die Heizkabel waren zwar ebenso wie bei der späteren Norm jeweils an beiden Wagenenden und zwar auf der Seite des flachen Puffertellers angebracht, die Heizspannung (200 V, 260 V und 300 V) entsprach jedoch damals noch nicht den später international festgelegten Normen, was jedoch bei dem Inselbetrieb auf der elektrifizierten Wiesen- und Wehratalbahn nicht weiter störte. Bis 1930 wurden insgesamt 7 Bi Bad 12 (Gruppe 85b), 3 BCi Bad 11 (Gruppe 92a), 42 Ci Bad 11 (Gruppe 94a) und 10 Pw Bad 16 (Gruppe 122a) auf elektrische Heizung umgebaut. Es ist leider nicht bekannt, ob diese Wagen zusätzlich ihre Dampfheizung behielten. Bei dem Umbau wurden diese Wagen auch gleichzeitig mit einer elektrischen Beleuchtung ausgestattet, wobei zu vermuten ist, daß diese von der niedrigen Heizspannung gespeist wurde. Im Jahre 1925 war die Deutsche Reichsbahn einem internationalen Abkommen beigetreten, das die Grundsätze für eine elektrische Heizung der Reisezugwagen regelte. Hierunter fielen neben einer einheitlichen Heizspannung 1.500/3.000 Volt) auch die genormten Heizkupplungen. Als im Jahre 1930 die beiden badischen elektrischen Lokomotiven der Baureihe E 61^2 und 1931 diejenigen der Baureihe E 61^3 ausgemustert wurden, konnte mit dem Einsatz von elf Lokomotiven der Baureihe E 70^1, von denen einige für die einheitliche elektrische Zugheizung eingerichtet waren, auf der Wiesental- und Wehratalbahn die elektrische Zugheizung in größerem Umfang eingeführt werden. Erst Ende der 20er Jahre wurden jeweils einige D-Zugwagen badischer Bauart und zwar AB4ü Bad 07 (Gruppe 76), ABC4ü Bad 11 (Gruppe 79d), C4ü Bad 07 (Gruppe 111b), die in Kursen auch in bzw. durch die Schweiz kamen, wo inzwischen die elektrische Zugförderung auf den Hauptdurchgangsstrecken eingeführt worden war, zusätzlich zu der bereits vorhandenen Dampfheizung auch mit Einrichtungen für eine elektrische Heizung versehen. Daneben kamen damals auch die ersten D-Zugwagen der Einheitsbauart in den Bestand der RBD Karlsruhe, die bereits werksseitig mit einer elektrischen Heizung versehen waren. Da inzwischen die Heizkupplung und Heizspannung für sämtliche europ. Bahnverwaltungen festgelegt waren und die Anzahl der 1928 beschafften 20 Ci 28 mit genormter elektrischer Heizung für den Betrieb auf der Wiesental- und Wehratalbahn nicht ausreichten, dürften Anfang der dreißiger Jahre auch die badischen Reisezugwagen, die auf der genannten Strecke eingesetzt waren, eine genormte elektrische Heizeinrichtung erhalten haben. Diese Wagen wurden nach dem Umbau zusammen mit den 20 Ci 28 auf den genannten Strecken eingesetzt und waren 1931 sämtlich in Basel bad.Bhf stationiert. Auf der 1936 elektrifizierten Höllentalbahn und Dreiseenbahn kamen dann nur noch Reisezugwagen der Einheitsbauarten mit elektrischer Heizung zum Eisatz, so daß die bisher dort eingesetzten Reisezugwagen badischer Bauart mit Dampfheizung von da an von diesen Strecken völlig verdrängt wurden.

2.4.4 Hygienische Einrichtungen

Zu Beginn des Eisenbahnzeitalters konnte zunächst auf hygienische Einrichtungen in den Reisezugwagen verzichtet werden, da die Züge auf vielen Unterwegsbahnhöfen hielten und dort auch die entsprechenden Einrichtungen wie Aborte und Waschgelegenheiten den Reisenden ausreichend zur Verfügung standen.

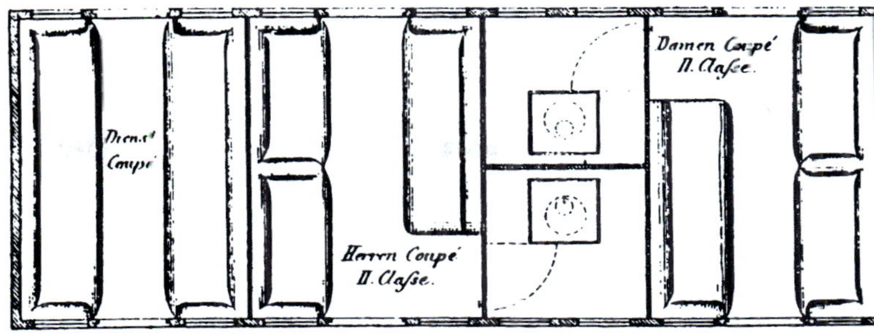

Der erste Abteilwagen mit Abortraum war der zweiachsige Abteilwagen II. Klasse B von 1859 mit je einem Herren- und Damen-Coupé, wobei die Trennung soweit ging, daß für jedes der beiden Abteile ein separater Abortraum vorhanden war. Das dritte Abteil war in sich geschlossen und diente als Dienstabteil. Ab 1895 wurden die Wagen in Abteilwagen II./III. Klasse BC umgebaut (Gruppe 31, 32).

Das Spucken auf den Fußboden der Personenwagen war verboten, darauf wurde durch Blechschilder mit der Aufschrift „Nicht in den Wagen spucken" hingewiesen, die ab 1912 in den Personenwagen angebracht wurden. Die D-Zugwagen waren ursprünglich mit Spucknäpfen ausgestattet, die sich jedoch nicht bewährt hatten und deshalb damals wieder ausgebaut wurden.

2.4.4.1 Aborte

Die häufigen und längeren Aufenthalte der Züge auf den Stationen, die schon aus betriebstechnischen Gründen für die Lokomotiven notwendig waren (Wasserfassen, Abschmieren der beweglichen Teile, Lokomotivwechsel, usw.), boten in der Anfangszeit den Reisenden ausreichende Gelegenheit zum Aufsuchen eines Aborts in der Station. Erst mit der Einführung der Schnellzüge, die zwar immer noch infolge der geringen Geschwindigkeiten lange Fahrzeiten hatten, bei denen die Zahl der Unterwegshalte jedoch eingeschränkt waren, trat das Problem auf, den Reisenden auch während der Fahrt die Benutzung eines Aborts zu ermöglichen. Vor dem Einbau von Aborten oder wie man sie damals bezeichnete, von „Retiraden", in den Personenwagen selbst, schreckte man noch zurück, da dies bei den damaligen Abteilwagen mit ihren nur von außen zugänglichen Abteilen ohne innere Verbindungsmöglichkeit nur schwer durchführbar war und darüber hinaus auch nur zu Lasten der Beförderungskapazität gegangen wäre. Dennoch kamen bereits im Jahre 1859 zweiachsige Abteilwagen II. Klasse mit drei Abteilen in den Wagenbestand, bei denen für jeweils zwei Abteile (Damen- bzw. Herrencoupé) jeweils ein eigener Abortraum zur Verfügung stand, während das dritte Abteil als Dienstabteil benutzt wurde und keinen eigenen Abort besaß. Wie viele dieser Wagen ursprünglich vorhanden waren, ist nicht bekannt, es müssen jedenfalls mindestens zehn Wagen gewesen sein. Diese Wagen wurden 1895 in BC umgebaut und später unter den Gruppen 31 und 32 geführt. Zur Anschaffung weiterer Personenwagen mit Abort kam es dann nicht. Deshalb wurden zunächst die Aborte in die Gepäckwagen eingebaut, wobei sich die Reisenden während eines Haltes zum Gepäckwagen begeben mußten, um erst beim nächsten Halt wieder zu ihrem Platz zurückzukehren. Das Ganze erwies sich als Notlösung, da einerseits die lange Abwesenheit vom eigenen Sitzplatz unangenehm war, denn Durchgangswagen, die einen ungehinderten Gang durch den ganzen Zug ermöglichten, gab es damals noch nicht, andererseits waren die Reisenden im Gepäckwagen nicht gerne gesehen, da sie bei großen Gepäcktransporten das Personal bei seiner Arbeit behinderten. Die ersten Gepäckwagen mit Abort wurden ab 1863 eingeführt (Gruppe 123), wobei der Abortraum noch vom Abteil des Zugführers zugänglich war. Die ab 1872 beschafften Gepäckwagen (Gruppe 125) besaßen ebenfalls einen Abortraum, der, ebenso wie das Zugführerabteil von der unüberdachten, offenen Plattform, also von außen zugänglich war. In der Praxis zeigte sich bald, daß die Benutzung der Aborte in den Gepäckwagen bei den Reisenden keinen großen Anklang fand, was aus den geschilderten Gründen auch verständlich war. Erst die 1874 beschafften Salonwagen (Gruppe 5, 6, 7) besaßen sowohl einen Abortraum als auch einen davor liegenden Vorraum, der mit einer Wascheinrichtung versehen war. Hier findet sich die Anordnung eines Vorraums vermutlich zum ersten Mal in Baden, wobei der Vorraum auch als Geruchsschleuse diente. Es ist nicht auszuschließen, daß auch die späteren Galawagen des Großh. Hauses schon einen Abortraum und einen Vorraum besaßen. Im Jahre 1878 wurden die ersten Durchgangswagen I./II Klasse ABi (Gruppe 64) in Dienst gestellt, die einen Abort besaßen. Dieser konnte von einem Vorraum betreten werden, der von den Abteilen beider Klassen zugänglich war. Im Vorraum befand sich auch ein Waschbecken. Besonders in den Durchgangswagen hatte der Vorraum auch noch eine weitere Funktion: Er schirmte einen Reisenden vor den Blicken der Mitreisenden ab, wenn dieser den Abortraum aufsuchen wollte.

Erst langsam setzte sich die Bereitstellung von Aborträumen in den Personenwagen zur Steigerung des Reisekomforts durch. Im Jahre 1885 wurden die ersten Abteilwagen (Gruppe 20) beschafft,

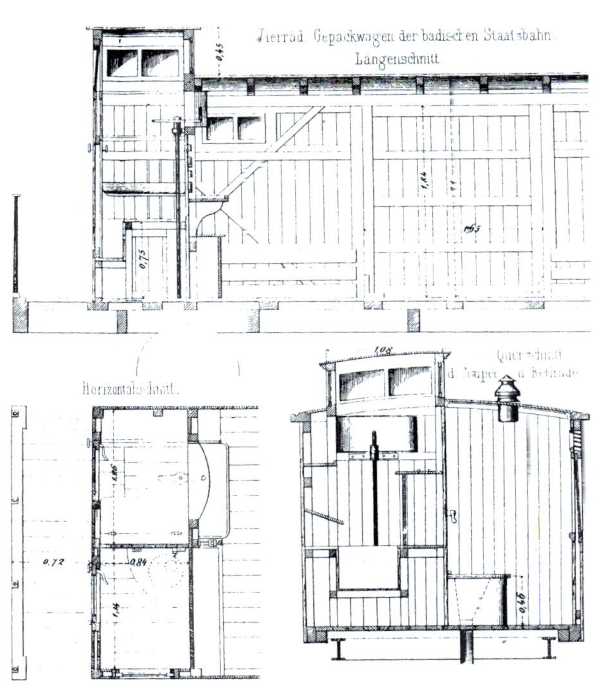

In der Anfangszeit der Einführung von Aborten in Reisezugwagen wurden nur in geringem Umfang Abteilwagen I./II. Klasse mit einem solchen ausgestattet, Abteilwagen III. Klasse kamen dafür überhaupt nicht in Frage. Als Notbehelf wurde eine Reihe von Gepäckwagen mit einem Abortraum für die Reisenden versehen. Der abgebildete Gepäckwagen P von 1872 war um 1900 nur noch in Form des Gepäckwagens mit Dampfkessel zu Heizzwecken (Gruppe 125) vorhanden.

sie hatten zwei Aborträume, die jeweils zwei benachbarten Abteilen erster bzw. zweiter Klasse zur Verfügung standen. Der Zugang erfolgte auch hier durch einen Vorraum mit einer Waschgelegenheit. Eigentlich wurde eine Trennung der Aborte nach Wagenklassen angestrebt, um auch zu verhindern, daß leicht von einer zur anderen Klasse gewechselt werden konnte. Dies war jedoch dann nicht möglich, wenn bei gemischtklassigen Wagen die Abteile der ersten Wagenklasse in der Mitte des Wagens lagen. In der III. Klasse wurden Aborte bei Abteilwagen erst 1891 eingeführt (Gruppe 54), während bereits 1885 die ersten Durchgangswagen II. Klasse (Gruppe 69) mit einem Abort ausgestattet worden waren, erhielten die Durchgangswagen in der ersten und zweiten Klasse generell erst ab 1893 einen solchen. Ein nachträglicher Einbau von Aborten in Reisezugwagen ist bei den badischen Staatseisenbahnen mit Ausnahme bei den D-Zugwagen ABBü (Gruppe 77, 78) und CCü (Gruppe 111, 111a), bei denen ein zweiter Abortraum eingerichtet wurde, nicht bekannt geworden, weshalb bis zum Ende der zwanziger Jahre noch viele Reisezugwagen badischer Bauart ohne Abort im Einsatz waren und den Reisenden weiterhin der Abort des in jedem Zug vorhandenen Gepäckwagens zur Verfügung stehen mußte. Im Jahre 1906 waren in den Aborten sämtlicher Abteilwagen III. Klasse und der Gepäckwagen ein Blechdruckschild angebracht, das die Reisenden darauf hinwies, daß die Benutzung des Abortes in Bahnhöfen nicht gestattet ist.

Ab 1907 wurden die vierachsigen Durchgangswagen mit offenen Übergängen ABBi, ABCCi und CCi und die vierachsigen Abteilwagen ABB und CC in den Aborträumen mit Rollenhaltern für Klosettpapier durch die Betriebswerkstätten ausgerüstet, die damals bereits in den D-Zugwagen vorhanden waren und die bei späteren Lieferungen bereits werksseitig eingebaut wurden. Mit den Rollenhaltern wurden später auch die Aborträume bei sämtlichen Reisezugwagen entweder nachträglich oder bereits beim Hersteller ausgerüstet. Ab Ende 1917 konnte auch in den Wagen der D-Züge kein Toilettenpapier mehr zur Verfügung gestellt werden, nachdem dieses bereits früher während des Krieges bei den übrigen Reisezugwagen auf Anordnung der Verwaltung entfernt worden war.

Bis 1906 hatten die Aborträume als Fußboden eine Blechschale aus Blei mit einem Holzrost oder einen mit Linoleum belegten Fußboden. Zur leichteren Reinigung der Aborträume erhielten die ab 1904 gelieferten vierachsigen Durchgangswagen mit Seitengang oder Mittelgang, die dreiachsigen Abteilwagen und teilweise auch die zweiachsigen Durchgangswagen II. Klasse einen Fußboden, der mit Mettlacher Kacheln belegt war. Generell wurde damals der Holzfußboden des Abortraumes zunächst mit einem 3 mm starken Blech aus Blei belegt, das an den Wänden fugenlos 40 mm hochgezogen war. Auf die darauf aufgebrachte 20 mm starke Zementschicht wurden dann die Mettlacher Kacheln mit 1 bis 2 mm breiten Stoßfugen verlegt. In der Mitte des Fußbodens war ein senkrechtes Abflußrohr nach unten angebracht, zu dem der Fußboden ein Gefälle hatte. Ursprünglich waren in dem Abortraum der ABBü mit Kücheneinrichtung der Gruppe 79b, den ABBü der Gruppe 77 und 78 und den CCü der Gruppe 111 ein Urinal (Uriniergefäß) vorhanden, das bei dem Umbau ab 1908 offenbar wieder entfernt wurde. Es ist nicht mehr feststellbar, ob in den D-Zugwagen mit zwei Aborträumen getrennte Aborträume für Damen und Herren vorgesehen waren, wie dies bei Reisezugwagen einiger anderer Bahnverwaltungen vor dem Ersten Weltkrieg der Fall war.

Die Fußböden der Aborträume der vierachsigen Durchgangswagen, die vor 1908 beschafft worden waren, wurden nachträglich ab diesem Datum ebenfalls mit Mettlacher Kacheln ausgestattet und zwar beginnend mit den ABBi der Gruppen 73, 74, 74a und 79a. Bei den Aborträumen der zweiachsigen Durchgangswagen Ci (Gruppe 94', 94a) wurde auf den Fußboden zuerst ein Drahtgeflecht aufgenagelt und darauf eine Masse bestehend aus Zement, Asbestmehl und einer 23%igen Chlormagnesiumlösung 20 mm dick aufgetragen und an den Rändern 50 mm hoch geführt. Auch hier wurde an der tiefsten Stelle des Fußbodens ein nach unten führenden Abflußrohr angebracht. Anschließend erfolgte ein Anstrich mit Ölfarbe, es gab keinen Belag mit Kacheln.

Der Türverschluß der Aborte bestand aus einem Schubbügel mit Zahnstange, wobei diese das Zahnrad der Anzeige (frei/besetzt) an der Außenseite betätigte. Der Türverschluß war von auch außen mit einem Vierkantschlüssel zu betätigen. In der Regel war jeder Abortraum mit einem eigenen Luftsauger ausgestattet. Ein eigener Beleuchtungskörper für den Abortraum war nicht immer vorhanden, manchmal hatten Waschraum bzw. Vorraum und Abortraum einen gemeinsamen Beleuchtungskörper. Der Zugang zum Abortraum von außen war in der dritten Klasse bei den BC3 von 1909 (Gruppe 34') und den C3 von 1907 (Gruppe 55b) direkt durch eine Außentür möglich, war dagegen ein Vorraum wie bei den übrigen Abteilwagen vorhanden, erfolgte der Zugang durch eine Außentür desselben. Der Zugang von außen wurde für das Bahnpersonal benötigt, dem die Füllung der Wasserkannen im Abortraum bzw. Waschraum oblag. Die Wände der Aborträume waren vollständig mit weißer Ölfarbe gestrichen. Das Fenster des Abortraumes bestand aus Milchglas.

In den D-Zugwagen waren dreisprachige Blechdruckschilder (deutsch, französisch, italienisch?) in den Aborten vorhanden, die auf das Verbot der Abortbenutzung in den Stationen hinwiesen. Im Jahre 1905 wurden direkt über dem Leibstuhl in 1,60 m Höhe über dem Fußboden neue Schilder angebracht und zwar Emailleschilder in den Aborten der Wagen I. und II. Klasse und Blechdruckschilder in der dritten Klasse.

2.4.4.2 Waschräume und Wascheinrichtungen

Wascheinrichtungen kamen erst in Verbindung mit den Aborten in den Reisezugwagen auf und zwar wiederum zunächst in den höheren Wagenklassen. Ein separater Waschraum zur Unterbringung der Wascheinrichtung findet sich erstmals in den Salonwagen von 1874 (Gruppe 6 und 7). Diese Anordnung blieb auch in den späteren Jahren weitgehend auf Salonwagen beschränkt. Lediglich SalonAAü von 1902, die ABCCi von 1902 (Gruppe 79a) und die CCi von 1897 (Gruppe 109) besaßen ebenfalls Waschräume, die jedoch mit einer Tür abgeschlossen waren. Diese Waschräume verschwanden jedoch wieder bei späteren Umbauten. Praktischer erwies sich die Anordnung der Wascheinrichtung im Vorraum zum Abortraum, der nicht nur die Aufgabe als Geruchsschleuse hatte, sondern bei den Abteilwagen auch als Verbindung zwischen Abteilen oder Abteilräumen diente. Bei den Abteilwagen AB von 1885, 1889, 1891 und 1895 (Gruppe 20, 18, 19, 21) besaß der Vorraum mit Wascheinrichtung auch eine Außentür, damit das Zugpersonal den Vorraum von außen betreten konnte, um beispielsweise die Wasserkannen für das Waschwasser und die Spülung des Leibstuhls im Abortraum füllen konnte, ohne dabei ein Abteil betreten zu müssen. Bei den Durchgangswagen diente der Vorraum ebenfalls als Verbindung zwischen den Abteilräumen, hier befand sich der Vorraum in der Regel in der Flucht des Mittelgangs, deshalb wurden Abortraum und Vorraum bei dieser Gattung meistens in der Wagenmitte angeordnet. Bei den D-Zugwagen mit Seitengang diente der Vorplatz als Vorraum des Abortraumes. Im Lauf der weiteren Entwicklung im Waggonbau wurden die Wascheinrichtungen dann zweckmäßigerweise in den Abortraum verlegt. Diese Maßnahme kam zum ersten Mal bei den ABBü von 1894 (Gruppe 75) zur Anwendung und wurde von da an bei sämtlichen D-Zugwagen vorgesehen. Bei den vierachsigen Durchgangswagen waren die ABBi von 1903 (Gruppe 74a) die ersten Wagen, bei denen sich die Wascheinrichtung im Abortraum befand. Die zuvor beschafften vierachsigen Durchgangswagen wurden später ebenfalls in diesem Sinne umgebaut. Die Wände der Waschräume waren ebenso wie diejenigen der Aborträume mit weißer Ölfarbe gestrichen. In sich geschlossene Waschräume besaßen Milchglasfenster; war ein Vorraum mit Wascheinrichtung als Durchgang benutzbar, so besaß das Fenster durchsichtiges Glas. Eigene Dachlüfter besaßen die Waschräume normalerweise nicht. Der Fußboden der Waschräume der vor der Jahrhundertwende beschafften Wagen war mit Linoleum belegt. In den Abort- bzw. Waschräumen der vierachsigen D-Zugwagen und vierachsigen Durchgangswagen I./II. Klasse wurden Seifenstücke bereitgehalten, nach der Jahrhundertwende wurden in sämtliche ABBü bis 1906 Seifenverteiler (Seifenspender) mit Flüssigseife eingebaut. Gleichzeitig wurde ein Handtuchkasten und ein Drahtkorb mit einem Emaille-Schild „Gebrauchte Handtücher" eingebaut, dabei wurden auch die vorhandenen Rollenhandtuchhalter entfernt. Im Ersten Weltkrieg gab es keine Seife mehr in den meisten Personenwagen, bei den D-Zugwagen wurde die Bereitstellung von Seife nur bis 1915 durchgeführt, danach wurde auf die fehlende Seife in den Abort- und Waschräumen durch entsprechende Anschläge hingewiesen. Zum Abtrocknen der Hände waren bis zum Ersten Weltkrieg in den Waschräumen und Aborträumen auch teilweise Papierhandtücher vorhanden. Im Jahre 1910 wurden in den Aborten der AB4ü (Gruppe 76 bis 79) und in den ABC4ü (Gruppe 79b und 79c) wieder Rollenhandtücher diesmal aus Papier vorgesehen. Verließ ein Wagen der badischen Staatsbahnen im normalen Verkehr Baden, so mußte das Zugpersonal ebenso wie die Seife und das Toilettenpapier auch die Handtücher wegschließen und bei der Rückkehr wieder bereitstellen. Rollenpapier und Papierhandtücher waren ab Mitte 1916 nur noch in den D-Zugwagen vorhanden, bei den vierachsigen Durchgangswagen fehlten bereits die Papierhandtücher. In den Schnellzügen befanden sich ab 1897 bis zum Ersten Weltkrieg eine weiße (ab Ende 1915 eine schwarze) Latzschürze tragende Dienstfrauen, die für die Reinhaltung der Abort- und Waschräume während der Fahrt zu sorgen hatten, dazu gehörte auch die Bereitstellung von Seife, Toilettenpapier und Papierhandtüchern.

2.4.4.3 Wasserversorgung

Das notwendige Wasser zum Spülen des Aborts und zum Händewaschen wurde zunächst in Wasserkannen bereitgehalten, deren Füllung auf den Unterwegshalten dem Personal oblag. Die Wasserkannen bestanden aus Zinkblech, waren weiß gestrichen, besaßen blaue Absatzlinien, trugen die betreffende Wagennummer und die Eigentumskennzeichnung „Baden". Diese wurde nach 1910 dann weggelassen. Eine Wasserkanne stand oben auf dem Waschtisch-Schränkchen, weitere befanden sich darin, in dem ebenfalls die Wagennummer angebracht war. Die Wasserkannen waren bis zum Ersten Weltkrieg bei sämtlichen Personenwagen und Gepäckwagen auch ohne eigenen Wasservorratsbehälter vorhanden. Während des Krieges waren sie von der Verwaltung entnommen worden und wurden erst nach Kriegsende wieder eingeführt. Dabei fehlten dann die blauen Absatzlinien. In den Waschräumen bzw. den Aborten der vierachsigen Schnellzugwagen befand sich außerdem eine Konsole zum Aufstellen von Trinkgläsern und Wasserflaschen mit Trinkwasser, diese Konsole wurde im Jahre 1922 entfernt.

Infolge der Kriegsereignisse, die nicht nur eine Verringerung des Personals sondern auch eine Veränderung der menschlichen Umgangsformen zur Folge hatten, wurden im Herbst 1916 mit Ausnahme der AAü aus sämtlichen Personenwagen die Wasserflaschen und Trinkgläser für die Dauer des Krieges entnommen und auch nach dem Ersten Weltkrieg nicht wieder aufgestellt. Bei den AAü wurden sie schließlich im Jahre 1922 abgeschafft.

Die Wasserversorgung des Waschbeckens und zum Spülen des Leibstuhls mittels Wasserkannen war nicht nur für die Reisenden lästig, das Zugpersonal mußte auch dafür sorgen, daß die Wasserkannen ständig gefüllt waren, dies geschah bei den Unterwegshalten. So kam nach der Jahrhundertwende ein Wasserbehälter oder besser gesagt ein Wasservorratsbehälter zum Einbau, der sich in der Decke des Abortraums befand und zunächst nur vom Dach gefüllt werden konnte. Der Wasserbehälter, aus dem nun die Spülung des Leibstuhls und die Wasserversorgung des Waschbeckens erfolgte, hatte sich offenbar bewährt, denn die vierachsigen Durchgangswagen, die nach 1904 beschafft wurden, besaßen bereits Wasserbehälter, die oberhalb des Abortraumes in das Dach eingelassen waren. Ein ABBü (Gruppe 79) wurde im Jahre 1905 versuchsweise mit einer neuen Spülvorrichtung für den Leibstuhl versehen. Mit der Lieferung der ABC4ü von 1906 der Gruppe 79c waren die Wasserbehälter bereits werksseitig herausnehmbar ausgebildet. Bei der Bemessung des Fassungsvermögens wurde ein Wasserverbrauch von 3 bis 6 Liter pro Sitzplatz je nach Ausstattung des Wagens zugrunde gelegt. Der Wasserbehälter in seiner letzten Ausführung konnte entweder durch mit Klappen verschließbare Trichter vom Dach aus oder über jeweils einen am Langträger auf beiden Wagenseiten angebrachten Füllstutzen gefüllt werden, wie dies bei preuß. Wagen schon der Fall war. Zu Revisionszwecken war der Wasserbehälter dachseitig mit einem Deckel verschlossen. Diese Wasserkästen wurden offenbar nicht nachträglich ab 1909 in sämtliche vor 1905 gelieferte vierachsige D-Zugwagen und vierachsige Durchgangswagen im Rahmen der Umbaumaßnahmen in den Aborträumen eingebaut, die bereits im Jahre 1908 bei einigen ABBi und ABCCi durchgeführt worden waren. In den Aborträumen der vierachsigen Gepäckwagen (Gruppe 133c', 133d') waren die Wasserkannen für den rauhen Betrieb während des Krieges offenbar nicht ausreichend sicher aufgestellt. Bei starken Rangierstößen fielen sie leicht von ihrem Aufstellungsplatz herunter und zertrümmerten dabei den Leibstuhl. Durch den Einbau eines Haltebügels wurden sie dann entsprechend gesichert.

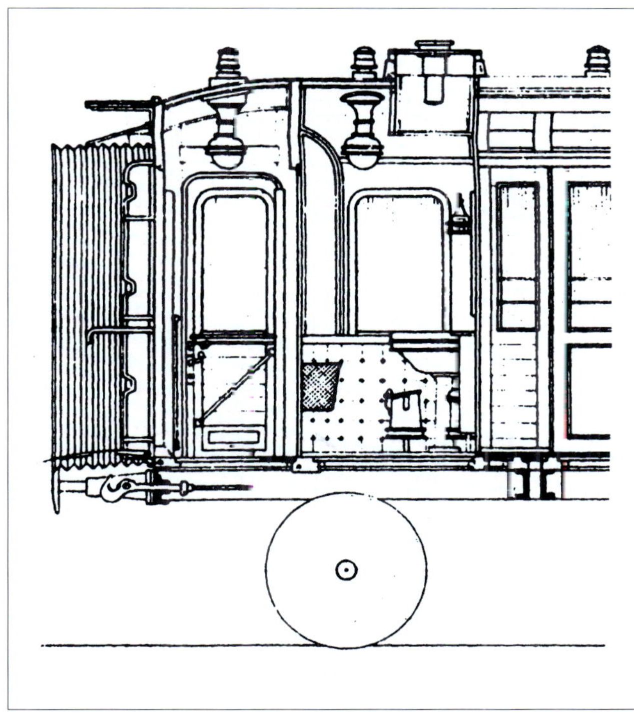

Der Schnitt durch den Abortraum eines D-Zugwagens zeigt deutlich den im Dach eingebauten Wasservorratsbehälter zur Spülung des Leibstuhls und zur Versorgung des Waschbeckens mit Wasser, dennoch werden auch weiterhin Wasserkannen bereitgehalten.

2.4.5 Aufbau der Wagen

2.4.5.1 Wagenkasten

Der Wagenkasten der badischen Reisezugwagen bestand immer aus einem Holzgerippe aus Eichenholz, bei dem die Einzelteile hauptsächlich durch Verzapfungen miteinander verbunden waren. Mit wenigen Ausnahmen, bei denen eine Außenverkleidung aus Holz zur Anwendung kam (Teakholz bei Personenwagen (Gruppe 1 und 75) und bei älteren Wagen wie Abteilwagen, Gefangenenwagen und Gepäckwagen) wurden auf die Außenseite Blechtafeln aufgeschraubt, die auch zur Stabilität des Wagenkastens beitrugen.

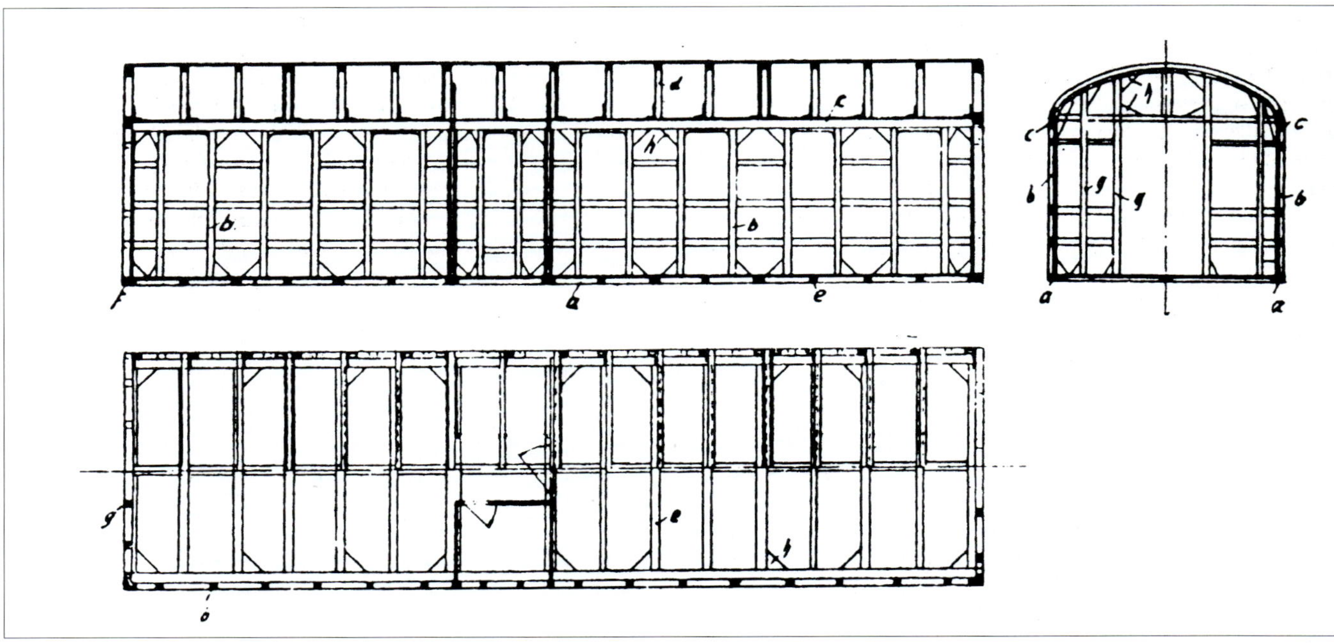

Das hölzerne Gerippe des Wagenkastens besteht aus den beiden Langschwellen (a), die mit den Langträgern des Untergestells bzw. dessen Konsolen mittels Schrauben verbunden sind und in die Säulen (b) der Längswand eingezapft sind. Mit den Säulen (b) sind die Dachlangrahmen (c) verzapft, in die wiederum die Spriegel (d) eingezapft sind. Diese sind der Form des Korbbogendaches angepaßt. Zwischen den Langschwellen sind eingezapfte Querschweller angeordnet, an den Enden des Wagenkastens werden diese durch starke Kopfschwellen (f) ersetzt, in die sich die Stirnwandsäulen (g) einzapfen. Diese tragen die Kopfrahmenstücke des Daches. Zur Anordnung von Fenstern und Türen, für die Anbringung der Blechbekleidung und der Verschalung sind Riegel und Zwischenstücke angebracht, die in die Säulen bzw. Schwellen und Rahmen eingezapft sind. Von besonderer Wichtigkeit ist die gute Aussteifung der Seiten- und Stirnwände, die zu diesem Zweck an allen wichtigen Zapfverbindungen mit Profilwinkeln (h) ausgestattet sind. Diese haben einmal den Zweck, die Zapfen fest anzuziehen, zum zweiten aber sollen sie den Zapfverbindungen die erforderliche Winkelsteifigkeit vermitteln. Letzteres ist besonders für Wagen mit äußerer Holzverschalung von besonderer Wichtigkeit, da bei den Wagen mit Blechverkleidung die letztere die Wandaussteifung übernimmt. Zu dem Gerippe zählen auch noch die Innenwände, die den Innenraum in die einzelnen Abteile bzw. Abteilräume und Aborträume abteilen und die meistens aus Rahmen mit eingeschraubten oder eingeleimten Füllungen bestehen. Für die Schwellen, Rahmen, Säulen und Riegel wird meistens Eichenholz verwendet, lediglich die Langschwellen vierachsiger Reisezugwagen werden aus Pitchpine- oder Kiefernholz gefertigt. Als Material für Innenverschalungen dient meistens Kiefernholz.

Die Aufnahme zeigt einen D-Zugwagen III. Klasse CCü der Gruppe 111b auf dem Werksgelände der Waggonfabrik Fuchs in Heidelberg, der im Jahre 1908 hergestellt wurde. Deutlich ist das Sprungbrett oberhalb der Stirnwandtüren für den leichteren Übergang von Dach zu Dach und das Trittbrett seitlich auf dem Dach zu sehen, das dem Wartungspersonal des in das Dach eingebauten Wasservorratsbehälters dient. Die Sterne der Radsätze sind in einem anderen Farbton gehalten, als Wagenkasten und Drehgestell.
Aufnahme: Sammlung v. Rotberg, DGEG-Archiv

Die Blechstärke lag zwischen 2 und 4 mm. Die Stoßkanten wurden durch aufgeschraubte Profilteile mit gewölbter Außenseite verdeckt. Bei Grundüberholungen konnten die Blechtafeln leicht abgenommen werden, um den Wagenkastenaufbau auf Verrottungen untersuchen zu können. Die Innenseite des Wagenkastens wurde mit Kiefernholz verkleidet, der Raum zwischen Außen- und Innenverkleidung, zwischen Dach und Deckenverkleidung und der Fußboden wurde bei badischen Reisezugwagen, mit Ausnahme vielleicht bei einigen neueren Salonwagen, nicht mit einer Wärmeschutzfüllung isoliert. Die von der einen Seitenwand zur anderen Seitenwand reichenden Dachspriegel wurden bei moderneren Wagen (ab 1880) durch ein einseitig aufgeschraubtes, entsprechend geformtes Flachstahlprofil verstärkt, das mit dem Dachlangrahmen verschraubt war. Das Dach erhielt eine Holzbeplankung aus Kiefernholz, auf die dann auf der Außenseite eine Verkleidung aus kräftiger Leinwand durch Nageln und Kleben aufgebracht wurde. Der vollständige Wagenkasten wurde in der Regel als in sich geschlossener Aufbau gefertigt und anschließend dann auf das Untergestell aufgesetzt und mit diesem über die Langschwellen durch Schrauben verbunden. Bei den Abteilwagen war der Wagenkasten immer im unteren Bereich seitlich etwas eingezogen und zwar soweit, daß dieser an der Unterseite ungefähr der Breite der Pufferbohle entsprach und bündig auf dem Langträger des Untergestells auflag. Die älteren zweiachsigen Durchgangswagen besaßen ebenfalls einen im unteren Bereich eingezogenen Wagenkasten, der jedoch wegen des breiteren Wagenkastens eine größere Breite aufwies als der Abstand der beiden Langträger. Dies war ebenso der Fall bei den neueren Durchgangswagen und den Gepäckwagen, deren Wagenkasten gerade Seitenwände aufwies.

2.4.5.2 Dachformen

Bei den Dachformen lassen sich drei Entwicklungsstufen erkennen: Das leicht gewölbte Flachdach, das leicht gewölbte Flachdach mit Oberlichtaufbau und schließlich das Korbbogendach.

Die Abteilwagen und die meisten Durchgangswagen erhielten fast bis zur Jahrhundertwende das leicht gewölbte Flachdach mit einem Radius von 4.600 mm. Das Flachdach mit seiner schwachen Wölbung war gefahrlos zu betreten, das war besonders wichtig zu einer Zeit, als die Lampen in den Abteilen von dem Personal noch vom Dach aus entzündet werden mußten. Ab 1874 kam dann das Flachdach mit Oberlichtaufbau bei Salonwagen (Gruppe 2 und 7) und bei Durchgangswagen der höheren Klassen auf (Gruppe 63, 64, 66, 67, 69, 70, 85), es konnte sich jedoch nur bei den Durchgangswagen halten, die bis 1885 beschafft wurden. Bei den Abteilwagen kam das Laternendach dagegen bei den AB (Gruppe 20) erst 1885 zur Anwendung und ist auch noch bei den AB von 1889 (Gruppe 18) zu finden. Danach kam es nicht mehr zum Einbau, es war anscheinend in Baden nicht sonderlich beliebt und wurde von den Wagenherstellern wegen der Schwächung der Festigkeit des Dachaufbaus auch nicht besonders gern gesehen. Das Laternendach ermöglichte allerdings eine zusätzliche Beleuchtung der Abteile durch das Tageslicht auch von oben, was zweifellos das Innere ei-

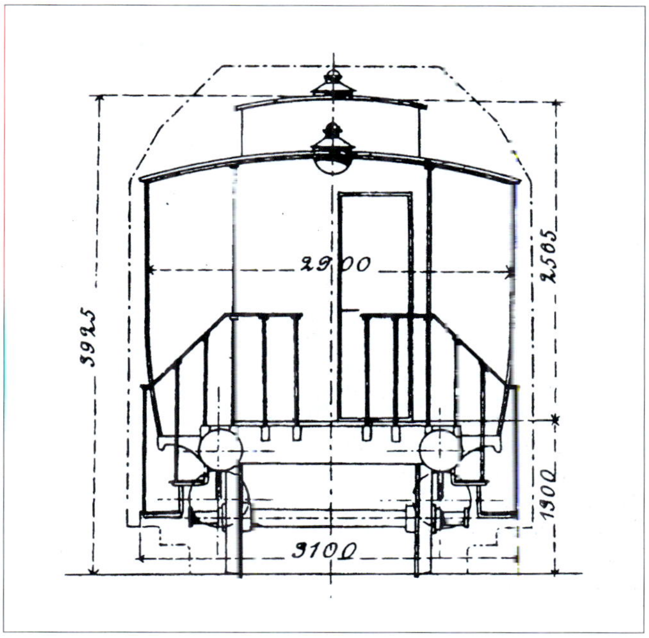

Das leicht gewölbte Flachdach mit Oberlichtaufbau (Laternendach). Vorteil: Bessere Ausnutzung des lichten Raumes, verbesserte Aufhellung und Entlüftung der Abteile. Nachteil: Betreten des Daches gefährlich, deshalb ist ein Schutzgitter nötig.

nes Wagens freundlicher erscheinen ließ, außerdem war durch den Oberlichtaufbau eine bessere Entlüftung möglich, da die bis dahin in den Seitenwänden oberhalb der Türen und Fenster angebrachten Lüftungsschieber in den Oberlichtaufbau verlegt werden konnten, wodurch eine nahezu zugfreie Entlüftung ermöglicht wurde. Ein großer Teil der Wagen mit Oberlichtaufbau erhielt zum Schutz des Personals beim Betreten des Daches ein Geländer.

Das Korbbogendach, ein etwas stärker gewölbtes Flachdach mit zu den Rändern in die Seitenwände übergehenden etwas stärkeren Rundungen fand seine Einführung bei Abteil- und Durchgangswagen ab 1893 (Gruppe 21, 55, 71, 72) mit Ausnahme der vierachsigen Abteilwagen (Gruppe 22, 23, 56, 57), die weiterhin das leicht gewölbte Flachdach erhielten, nachdem bereits im Jahre 1892 ein Probewagen ABi (Gruppe 58) mit einem Korbbogendach mit leichten Rundungen beschafft worden war. Erst mit den D-Zugwagen ab 1894 wurde dann schließlich auf das Korbbogendach mit starken Rundungen übergegangen, das von nun ab bei sämtlichen Personenwagen zur Anwendung kam und damit in seiner endgültigen Form ein typisches Merkmal für die badischen Personenwagen werden sollte. Bei den D-Zugwagen und den vierachsigen i-Wagen wurde das Dach zum Wagenende leicht heruntergezogen, während es bei sämtlichen zwei- und dreiachsigen Durchgangswagen bis zum Dachende in gleicher Höhe verlief. Das Korbbogendach wurde damals auch bei den vierachsigen Durchgangswagen der Reichseisenbahnen Elsaß-Lothringen und in der Schweiz eingeführt, in Württemberg war die seitliche Abrundung des Daches schwächer

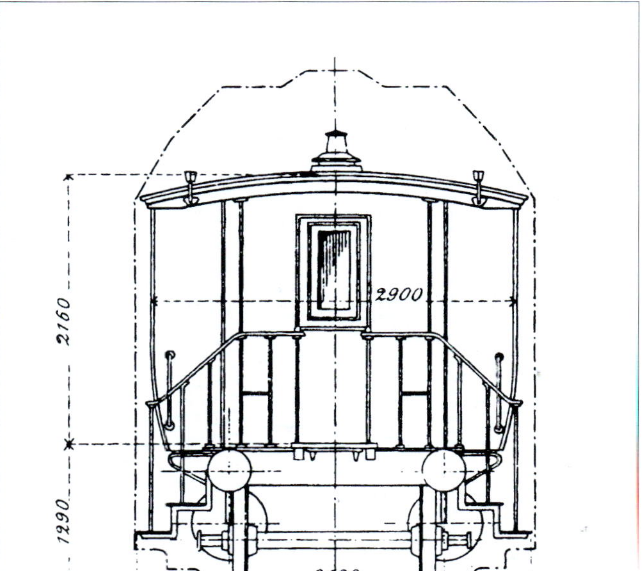

Das leicht gewölbte Flachdach. Vorteil: einfacher Aufbau, gefahrloses Betreten (wichtig für das Personal bei Anzünden der Lampen vom Dach aus). Nachteil: schlechte Ausnutzung des lichten Raumes.

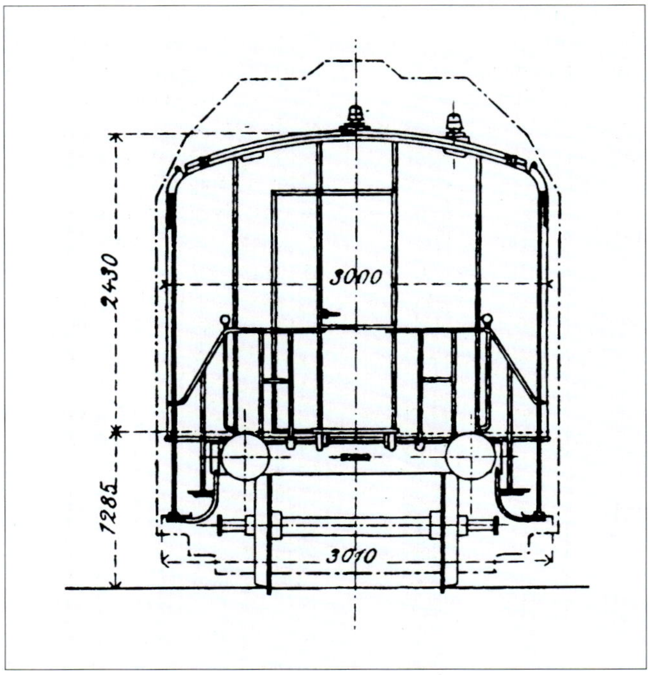

Das Korbbogendach erlaubt eine bessere Ausnutzung des lichten Raumes und ein gefahrloses Betreten des Daches.

ausgeführt, Bayern bevorzugte dagegen das Tonnendach. Durch das Korbbogendach konnte der Raum des Lichtraumprofils besser ausgenutzt werden, dies kam einer größeren Höhe des Innenraums der Wagen zugute.

Die Dachstützen der zweiachsigen Durchgangswagen unterschieden sich lange Zeit mit ihrem mit Schnörkeln verzierten Zwischenraum zwischen Dachunterkante und der konvexen bogenförmigen Strebe nicht von den entsprechenden Wagen der anderen Länderbahnverwaltungen wie beispielsweise Preußen, Reichseisenbahnen Elsaß-Lothringen, Württemberg oder die Schweiz. Die Wagen mit Blechschutzwand trugen zwei gegeneinander gerichtete Dachstützen, von denen die eine sich an die Stirnwand und die andere sich an die Blechschutzwand anlehnte. Mit dem 1896 beschafften vierachsigen Durchgangswagen ABBi (Gruppe 73) wurde erstmalig eine neue Dachstütze in ihrer endgültigen Form

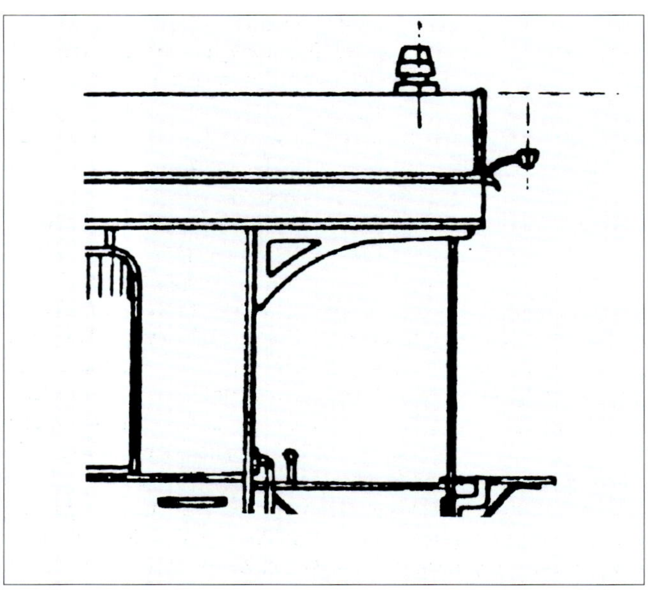

Die für Baden typische Dachstütze aus Stahlblech bei Durchgangswagen mit offenen Übergängen unterschied sich in ihrer schlichten Form von den damals bei den anderen Verwaltungen üblichen verschnörkelten Ausführungen in Gußstahl.

verwendet, die lediglich aus einer bogenförmigen, etwas breiteren unteren Strebe bestand, wobei der Zwischenraum zur Dachunterkante, an der ebenfalls ein Blechstreifen angebracht war, frei blieb. Der Probewagen ABi von 1892 (Gruppe 68) und die zweiachsigen Durchgangswagen ABi von 1893 (Gruppe 71) hatten zwar eine ähnliche Dachstütze erhalten, die jedoch noch nicht ganz der endgültigen Ausführungsform entsprach. Dagegen erhielten die noch 1898 beschafften Ci (Gruppe 107) weiterhin die alte Dachstütze. Man kann also feststellen, daß erst mit der Beschaffung der zweiachsigen Durchgangswagen Ci im Jahre 1901 (Gruppe 108) die endgültige Dachstützenform auch bei sämtlichen Durchgangswagen eingeführt wurde, die dann zu einem weiteren typischen Merkmal badischer Wagen werden sollte. In diesem Zusammenhang ist bemerkenswert, daß auch die von der RBD Stuttgart beschafften Di wü 21, die mit den Ci von 1911 (Gruppe 94a) bis auf das württembergische Bühnengeländer baugleich waren, die badische Form der Dachstützen und nicht die in Württemberg übliche Form der Dachstützen erhielten.

Das schwach gewölbte Flachdach besaß an der äußeren Kante ein durchlaufendes angeschraubtes oder aufgenageltes Holzprofil als Regenleiste, die das Regenwasser davon abhielt, vor den Fenstern herunter zu laufen. Bei den Durchgangswagen war an dem überhängenden Dachteil über der Plattform ein zusätzliches, leicht keilförmiges Holzteil angeschraubt, das das Regenwasser von den Trittstufen abhielt. Am Korbbogendach der D-Zug- und Durchgangswagen war dort, wo die stärkere seitliche Abrundung begann, ein durchgehendes Holzprofil angeschraubt, während bei den Abteilwagen am Rand des Daches oberhalb der Fenster und Türen sich das als Regenleiste durchgehende Holzprofil befand. Die berühmten AAü der Gotthardbahn, die von v.d.Zypen im Jahre 1897 geliefert worden waren, erhielten erstmalig auf dem Dach jeweils oberhalb der Fenster spitzbogig angebrachte Regenleisten, eine Anordnung, die auch bei den vier ABBü von 1902 der Main-Neckar-Bahn und schließlich auch in Baden bei den 1901 bzw. 1902 gelieferten ABBü (Gruppe 79) bzw. AAü (Gruppe 62) erstmalig und einmalig zur Anwendung kam. Von dieser Form der Anbringung der Regenleisten, die nur als eine Modeerscheinung angesehen werden kann, kam man schon nach kurzer Zeit wieder ab, da vermutlich sich an den quer zur Fahrtrichtung befindlichen Regenleisten schnell Ruß und Staub ansetzte. Diese Regenleisten wurden an den badischen Wagen schon nach wenigen Jahren wieder entfernt, während sie sich in der Schweiz bei einer Reihe der bis 1910 beschafften Durchgangswagen sämtlicher Klassen noch weiter halten sollte.

2.4.5.3 Fenster

Die Fenster dienten vor allem in der dritten Klasse in erster Linie zunächst nur zur Aufhellung der Abteile mit Tageslicht, denn sie hatten nur kleine Abmessungen. Dabei blieb es bei den Abteilwagen bis 1891. Erst danach erhielten die Abteile III. Klasse zusätzlich zu dem Fenster in der Abteiltür noch beiderseits jeweils ein zusätzliches Fenster, wie dies bei den Abteilwagen der ersten und der zweiten Klasse seit der Anfangszeit der Eisenbahn in Baden der Fall war, wobei die Fenster auch den Zweck erfüllten, den Reisenden eine schöne Aussicht auf die vorüberziehende Landschaft zu bieten. Bei den Durchgangswagen dritter Klasse war es anfänglich ebenso wie bei den Abteilwagen dritter Klasse, auch hier war auf jeder Wagenseite nur ein kleines Fenster pro Abteil vorhanden. Da die damals üblichen Holzrahmen aus Gründen der Stabilität eine bestimmte Breite nicht überschreiten durften, wurden die Fenster paarweise angeordnet (Zwillingsfenster). Dies betraf vor allem Durchgangswagen erster und zweiter Klasse und ab 1888 auch Durchgangswagen dritter Klasse. Die Zwillingsfenster hielten sich in Baden bei Durchgangswagen mit Seitengang oder Mittelgang bis zur Jahrhundertwende, erst danach kamen Fenster mit einer größeren Breite zum Einbau. Während in Preußen auch zu dieser Zeit von dem Zwillingsfenster abgegangen worden war, blieb das Zwillingsfenster in Bayern bei den D-Zugwagen bis 1906. Später wurden dort die Zwillingsfenster bei den nach 1900 gebauten Wagen durch einfache und entsprechend große Fenster ersetzt, eine Maßnahme, die bei den D-Zugwagen badischer Bauart mit Zwillingsfenstern offenbar wegen des hohen Alters nicht zur Durchführung kam.

Diejenigen Fenster, die nicht fest eingebaut waren und von den Reisenden geöffnet werden konnten, waren immer als Fall-Fenster ausgebildet und konnten anfänglich nur zur Hälfte, später jedoch, um den Reisenden bei einem Unfall das Verlassen des Wagens durch ein Fenster zu ermöglichen, zum größten Teil in die Türfüllung oder Wandverkleidung herabgelassen werden. Sie besaßen in der I. und II. Klasse bis in die 80er Jahre und in den Personenwagen III. Klasse immer einen Holzrahmen, an dem ein lederner Zuggurt oder Fensterzugriemen befestigt war, mit dem das Fenster in den Fensterschacht hinabgelassen und auch wieder herausgezogen werden konnte. Der Zuggurt war im unteren Bereich des Fensterrahmens befestigt und mit kleinen Öffnungen versehen, mit denen dieser in eine unterhalb des Fensters angebrachte Nase eingehängt werden konnte. Auf diese Weise war das Fenster in verschiedenen Höhen arretierbar. Um es in die Schließlage zu bringen, mußte das Fenster mit dem Zugriemen vollständig herausgezogen und nach außen gedrückt werden. Ab 1907 wurden die Ledergurte mit der Eigentumsbezeichnung „Baden“ versehen. Während des Ersten Weltkrieges kam es häufig zu Beschädigungen der Ledergurte durch Abschneiden derselben. Diese wurden dann durch solche aus Ersatzstoffen ersetzt. Die Holzrahmen wurden bis zu einer Fensterbreite von 800 mm verwendet. Die Gepäckwagen hatten immer Fenster mit Holzrahmen. Als Holz für die Rahmen wurde Esche oder Teak verwendet. Die Fenster der vierachsigen Wagen I. und II. Klasse und der gemischtklassigen Personenwagen III. Klasse waren in einem kräftigen Metallrahmen aus Messing- oder Rotguß gehalten. Die Feststellung in der Höhe erfolgte durch eine unterhalb des Fensters angebrachte Ausgleichsvorrichtung, mit der das Gewicht des Fensters ausgeglichen wurde, so daß es in jeder beliebigen Höhe von selbst gehalten wurde. Die Ausgleichsvorrichtung bei den 600 mm breiten Fenstern war die Bauart Rathgeber, bei den

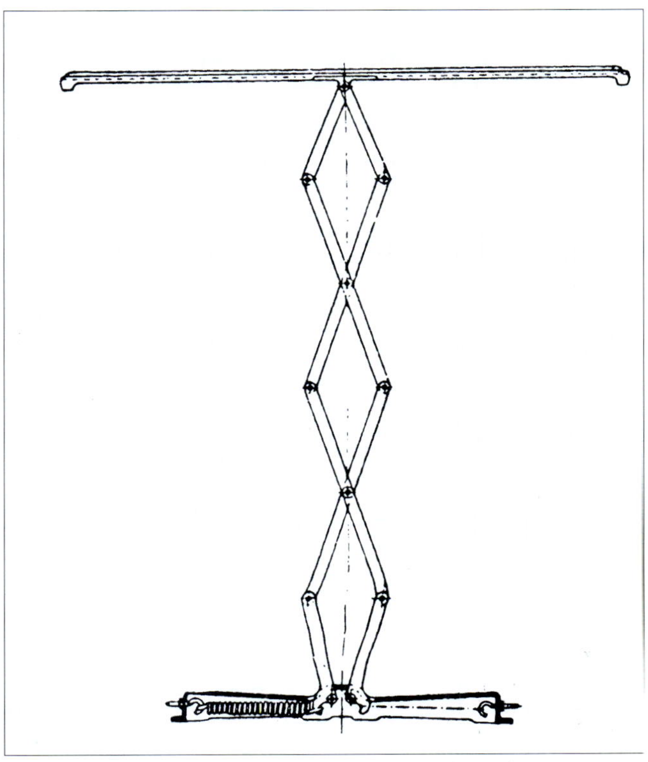

Der Fensterheber zum Einbau unterhalb des Fensterrahmens in ausgezogener Stellung (Fenster geschlossen). Die Kraft zum Gewichtsausgleich für das Fenster wird durch zwei Spiralfedern erzeugt, die an jeweils einen Haken an den beiden untersten Scherengliedern angreifen, wenn die Vorrichtung sich im zusammengeschobenen Zustand befindet (Fenster geöffnet).

500 bis 700 mm breiten Fenstern der älteren D-Zugwagen und der vierachsigen Durchgangswagen I./II. Klasse kam die Ausgleichsvorrichtung Bauart Pintsch mit einer Kraft von 9 bis 13 kg zur Anwendung. Diese wurde auch später in D-Zugwagen und Bahnpostwagen eingebaut. Die neueren zweiachsigen Durchgangswagen II. Klasse mit ihren 600 mm breiten Fenstern hatten ebenfalls eine Ausgleichsvorrichtung Bauart Pintsch mit 16 kg. Die 465 mm breiten Metallrahmenfenster in den Türen der Abteilwagen hatten einen Gegengewichtsausgleich von 9 kg. Die Ausgleichsvorrichtungen waren unterschiedlich aufgebaut. Es gab solche mit Drahtseilen, die an der Oberkante des Fensterrahmens seitlich befestigt waren und mittels Umlenkrollen in der Seitenwand unterhalb des Fensters geführt wurden, wo sie sich auf jeweils eine Trommel aufwickelten, die durch eine im Innern der Trommel angebrachte Spiralfeder gespannt wurde. Eine andere Ausführungsart bestand in einer Vorrichtung, die mit Federkraft auf die Unterseite des Fensterrahmens drückte. Rahmenlose Fenster hat es bei Reisezugwagen in Baden nicht gegeben. Das Glas der Fenster hatte in der Regel eine Stärke von 5 mm. Während des Ersten Weltkrieges wurden beschädigte Fenster infolge Materialmangels auch mit mehrteiligen Glasscheiben verglast. Bei den D-Zugwagen waren auf der Seite des Seitengangs die Fenster durch eine Schutzstange aus Rundmessing geschützt, die ungefähr in Höhe des unteren Drittels des Fensters angebracht war. Bei den nach der Jahrhundertwende gelieferten Wagen war diese bereits werksseitig eingebaut, während die Schutzstange bei sämtlichen älteren D-Zugwagen nachträglich eingebaut wurde. Die Fenster der Gepäckwagen, der Gepäck- und Postabteile waren durch auf der Innenseite angebrachte Gitter (Fenstersprossen), bestehend aus senkrecht angebrachten Stangen, gegen Brechen geschützt.

Die Fenster der Abteile I. und II. Klasse waren immer, diejenigen der Wagen III. Klasse erst nach der Jahrhundertwende mit Vorhängen versehen, die an einer oberhalb des Fensters angebrachten Vorhangstange seitlich verschiebbar angebracht waren. Die Vorhänge in der ersten und in der zweiten Klasse waren zweiteilig, diejenigen in der dritten Klasse dagegen nur einteilig. Während des Ersten Weltkrieges kam es immer wieder zu Entwendungen der Vorhänge, weshalb diese für die Dauer des Krieges bei den Seitengangfenstern sämtlicher D-Zugwagen von der Verwaltung entfernt wurden. Die sechsachsigen D-Zugwagen ABBü (Gruppe 76a) waren an sämtlichen Abteil- und Seitengangfenstern mit Rollvorhängen ausgestattet.

2.4.5.4 Plattformen und Übergänge

Der Zugang zu den Innenräumen der Durchgangswagen mit Mittelgang erfolgte über die an beiden Wagenenden befindlichen offenen Plattformen, auch Vorplätze genannt. Der Aufenthalt auf der ungesicherten Plattform während der Fahrt war den Reisenden untersagt. Nur die Plattformen der Wagen für Lokalzüge waren schon damals durch hochklappbare Schutzstangen seitlich gesichert, während sämtliche übrigen Durchgangswagen, die bis zur Jahrhundertwende geliefert wurden, keine derartig abgesicherten Plattformen besaßen. Deshalb war das Betreten der Plattformen während der Fahrt nicht gestattet. Ein Schild mit der Aufschrift „Öffnen der Tür während der Fahrt verboten“ war deshalb bei diesen Wagen an der Innenseite der Stirnwandtür angebracht. In der ersten und zweiten Klasse war es ein Emailleschild, in der dritten Klasse ein Blechdruckschild. Erst ab 1901 wurden die Durchgangswagen mit diesen Schutzstangen schon vom Hersteller versehen. Ab Anfang 1908 wurden dann die Schutzstangen mit einer Sicherheitsvorrichtung gegen Aushängen geschützt. Gleichzeitig wurde damit begonnen, die älteren Durchgangswagen ebenfalls mit den Schutzstangen nachzurüsten (beginnend mit den Wagen der Gruppe 80, 94, 95, 96, 101, 103, 106, 107, 108). Auch die Sicherheitsvorrichtung, die davor schützte, daß die Schutzstange aus ihrer Verschlußlage ohne weiteres hochgehoben werden konnte, sondern erst nach Betätigung einer Entriegelung, wurde bei älteren Reisezugwagen ab 1908

Die Schutzstangen im geöffneten Zustand.

Die Schutzstangen in der Mittelstellung.

Die Schutzstangen im geschlossenen Zustand

beginnend mit den Gruppen 110a und 111b nachträglich eingebaut. Die so gesicherten Plattformen konnten nun von den Reisenden auch während der Fahrt benutzt werden, dies war aber wegen der Gefahr der Verschmutzung durch Ruß aus dem Schornstein der Lokomotive wenig empfehlenswert. Die Fußböden der Plattformen bestanden aus quer zur Längsrichtung des Wagens angebrachten Brettern aus Eichen- oder Buchenholz.

Die Plattform wurde nach dem Wagenende hin durch ein Geländer abgeschlossen, das nur in der Wagenmitte durch einen Durchgang für den Übergang zum nächsten Wagen unterbrochen wurde. In Baden bestand das Geländer bei sämtlichen Durchgangswagen, mit Ausnahme der Wagen für Lokalzüge mit ihrer Blechschutzwand, aus mehreren senkrecht angebrachten Stangen aus Rundstahl mit einem Durchmesser von 25 bis 30 mm, die teilweise bis zum Handlauf in halber Höhe und teilweise bis zur Dachunterkante reichten. Die Stangen waren außerhalb des besagten Durchbruchs

Das für Baden typische Bühnengeländer mit den Schutzstangen am Beispiel des C4i Bad 99 (Gruppe 110). Aufnahmen (4): Jens Freese

durch einem Handlauf miteinander verbunden, dabei gab es eine weitere waagerechte Verbindung in halber Höhe zwischen zwei Stangen auf beiden Seiten des Durchganges, die zusammen mit dem Handlauf auch als Trittstufen für das Wagenpersonal zum Aufstecken und Abnehmen der Schlußlaternen bei den Lampenhaltern dienten. Der Abstand der Stangen untereinander, die sich auch bis zu den Trittbrettern fortsetzten und mit diesen verbunden waren, war jeweils gleich. Bei den meisten Wagen befand sich die bis zum

Dach reichende Stange an der äußersten Kante der Pufferbohle; es gab jedoch auch Ausnahmen (Gruppe 74, 74a, 79a, 110, 110a), bei denen diese beiden Stangen beiderseits des Durchgangs zur Übergangsbrücke angeordnet waren.

Der Durchgang zum Übergang zum nächsten Wagen, dessen Betreten den Reisenden während der Fahrt nicht gestattet war, war bei den offenen Plattformen nicht besonders gesichert und bei den Wagen für Lokalzüge jedoch durch eine Tür in der Blechschutzwand verschlossen. Bei den D-Zugwagen waren zwei Klapptüren vorgesehen, die im geöffneten Zustand parallel an der Innenseite der Stirnwand arretiert anlagen. Zwischen zwei D-Zugwagen konnten sich die Reisenden ungehindert bewegen, da die Übergänge durch lederne Faltenbälge geschlossen waren. Die Klapptüren mußten geschlossen bleiben, wenn der nächste Wagen einen offenen Übergang hatte. Der Übergang von Wagen zu Wagen erfolgte über Übergangsbrücken in Form von drehbar am Untergestell befestigten Blechtafeln, deren Länge in der waagerechten Lage über die Länge der Puffer herausragte und die durch entsprechende Auflager unterstützt wurden, wobei sich die eine Blechtafel auf diejenige des nächsten Wagens legte. Die Blechtafeln, die etwas breiter als der Durchgang waren, waren bis zur Jahrhundertwende flach und wurden danach leicht gewölbt ausgeführt, sie wurden im hochgeklappten Zustand seitlich durch am Geländer angebrachte, nach unten geöffnete Haken gehalten, die jeweils in eine seitlich am Übergangsblech angebrachte Nase einfielen. Bei den ab 1914 gelieferten Durchgangswagen wurden die Übergangsbrücken durch Vorreiber gesichert.

2.4.5.5 Anstrich

Die Reisezugwagen der badischen Staatsbahnen waren zumindest seit dem letzten Drittel des vorigen Jahrhunderts auf der Außenseite immer in grüner Farbe lackiert. Nach der Jahrhundertwende wurde festgelegt, daß sämtliche Güter- und Reisezugwagen in grüner Farbe zu halten seien. Eine besondere unterschiedliche Lackierung, die den Reisenden schon von weitem auf die einzelnen Wagenklassen hinwies, hat es in Baden nicht gegeben. Da es damals eine genormte und verbindliche Farbskala nicht gab, stellte die Verwaltung den Waggonfabriken Farb-Mustertafeln zur Verfügung, nach denen diese die Lacke dann bei den einschlägigen Fabriken bestellten. Der mit Sicherheit seit der Jahrhundertwende verwendete Farbton für den Anstrich der Reisezugwagen lag zwischen unserem heutigen Flaschengrün (RAL 6007) und Braungrün (RAL 6008). Die seitlichen Verkleidungsbleche wurden auf beiden Seiten zunächst mit einer Bleiweißfarbe gestrichen, nach der Montage erfolgte die Aufbringung einer Spachtelmasse, nach mehrmaligem abwechselndem Schleifen und Streichen, bei dem Ölfarben zur Anwendung kamen, erfolgte dann zum Schluß der endgültige Anstrich in Grün.

Das Untergestell der Wagen und vermutlich auch die Drehgestelle waren ebenfalls grün lackiert, während die Segeltuch- (Doppeldrell)-Dachbespannung mehrmals einen Anstrich mit weißer Farbe, mit einem Deckenfirnis mit Rußzusatz oder auch mit einer grauen Glimmerfarbe erhielt.

Auch im Jahre 1912 wurde entschieden, daß sowohl die Reisezugwagen als auch die Güterwagen weiterhin einen Anstrich in grüner Farbe erhalten, obwohl in dem betreffenden Eisenbahnausschuß der Länderbahnen von preuß. Seite auf einen auf die Farbe der Fahrkarte (gelb = I. Klasse, grün = II. Klasse, braun = III. Klasse, grau = IV. Klasse) hinweisenden Anstrich der Personenwagen und auf einen rostbraunen Anstrich der Güterwagen gedrängt wurde.

Die Holzteile des Kastengerippes und die Rückseite der Verschalungsbretter der Innenverkleidung wurden mit Ölfarbe gestrichen. Die Unterseite der unverkleideten Decken der Wagen III. Klasse erhielten, ebenso wie die Wände der Abort- und Waschräume, einen Anstrich mit weißer Ölfarbe, allerdings wurde ab 1912 die Verwendung von Bleiweißfarben für Innenanstriche verboten. Für den Anstrich der Innenwände der Wagen III. Klasse wurden ein sodafester Lack verwendet.

In der Reichsbahnzeit erhielten die früheren bad. Reisezugwagen anläßlich eines längeren Aufenthalts im RAW Karlsruhe als Nachfolger der früheren badischen Hauptwerkstätte dann den üblichen einheitlichen Anstrich nach den Vorgaben der Deutschen Reichsbahn.

2.4.5.6 Untergestell

Während in der Anfangszeit das Untergestell noch vollständig aus Holz bestand, wurde ab 1860 eine Gemischtbauweise eingeführt, bei der die beiden Langträger aus Stahl, die Rahmenverstrebungen und die Pufferbohle entweder noch aus Holz oder auch schon aus Stahl bestanden. Daneben gab es jedoch auch bereits vollständig

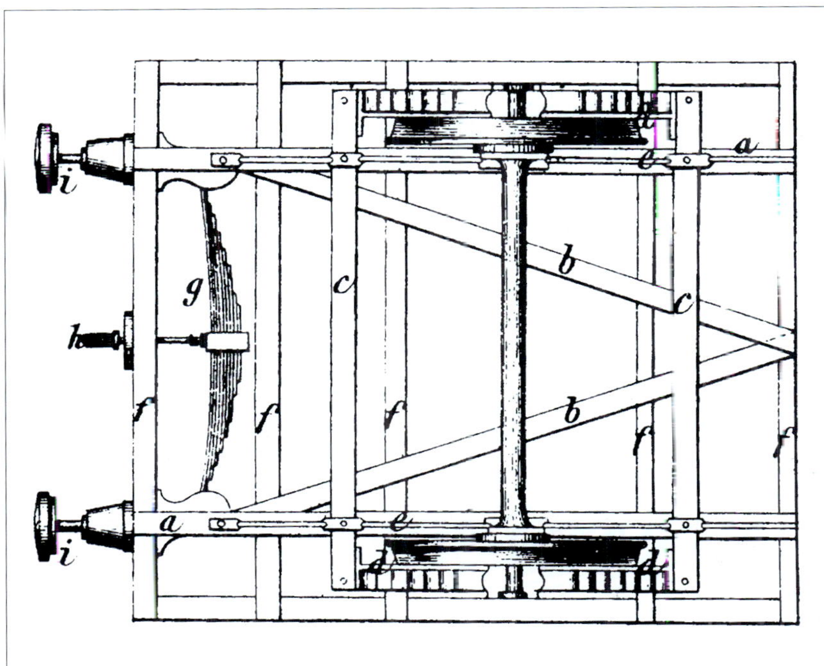

Die badischen Abteilwagen besaßen anfänglich ein Untergestell, das vollständig aus Holz gefertigt war. Man legte Wert auf eine möglichst tiefe Schwerpunktlage. Die beiden Langträger oder Langschwellen (a) sind über kreuzförmig angeordnete und mit deren Enden in die Langträger eingelassenen Hölzern (b) verbunden, die zusätzlich auch noch miteinander verschraubt sind. Unterhalb der Langträger (a) sind Querschwellen (c) mittels durchgehender Bolzen an diesen angebracht, die die Langträger überragen und zur Anbringung der schmiedeeisernen Achshalter (d) dienen. Unter den Langträgern und den Querschwellen (c) sind eiserne Verbindungsstangen (e) befestigt, die zur Versteifung des Rahmens und zur Einhaltung des Parallelismus der Achsen dienen. Auf den Langträgern (a) und den Hölzern (b) sind neun Querschwellen (f) mittels Schrauben angebracht, die zugleich einen Teil des Wagenkastens bilden, von dem sie den Boden tragen. An den beiden Enden des Untergestells sind zwischen je zwei oberen Querschwellen (f) die Zug- und Stoßfedern (g) befestigt, die mit ihren aufgerollten, nicht gezeigten Enden in gußeisernen Schuhen ruhen und dort scharnierförmig mit den Pufferstangen (i) verbunden sind, während der Zughaken (h) in der Mitte der Feder (g) angreift, indem er in einer Hülse des Bundrings fest gekeilt ist. Diese Rahmen zeigen mancherlei Übelstände, sie sind nicht hinlänglich gegen Verschiebung gesichert, durch das Anbringen des Zugapparates an den Enden und durch die überhängende Last biegen sich Langträger in horizontaler Richtung leicht durch, wegen der beständigen Einwirkungen von Zug und Stoß auf die direkt mit dem Kasten verbundenen Kopfschwellen leidet der Kasten sehr und die Reparaturen sind schwierig und kostspielig. So urteilte um 1870 ein Eisenbahnfachmann. Derartige Untergestelle wurden nach 1855 nicht mehr für badische Reisezugwagen verwendet.

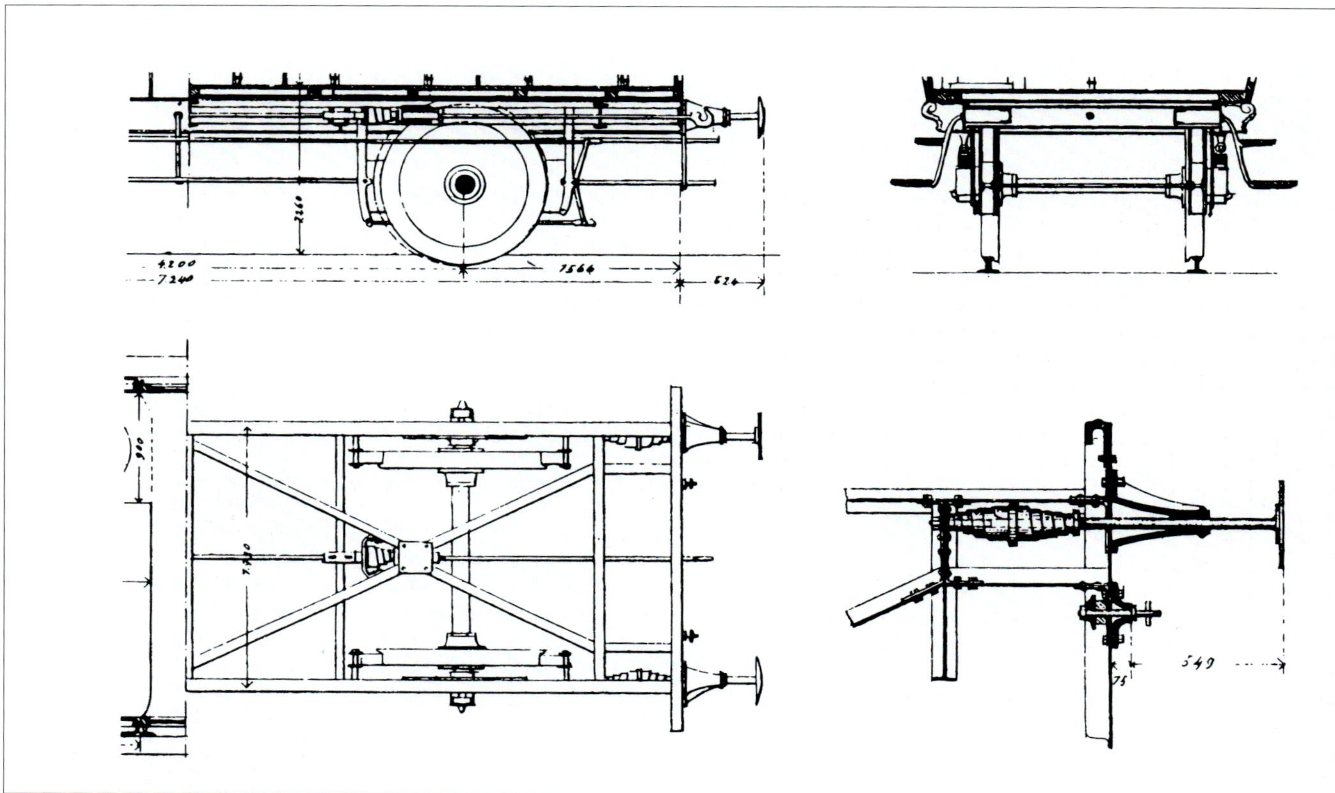

Die Untergestelle der Abteilwagen der badischen Staatsbahnen besaßen bis 1859 ein Untergestell, das vollständig aus Holz gefertigt wurde, dann wurde der Langträger aus Stahl eingeführt, wobei die Pufferbohle teilweise noch aus Holz jedoch zunehmend aus Stahl bestand, für die Verstrebungen des Untergestells wurde aber weiterhin Holz verwendet. Erst ab 1869 wurde das Untergestell vollständig aus Stahl hergestellt, wobei für den Langträger Doppel-T-Träger und für die Verstrebungen Winkelprofile zum Einbau kamen.

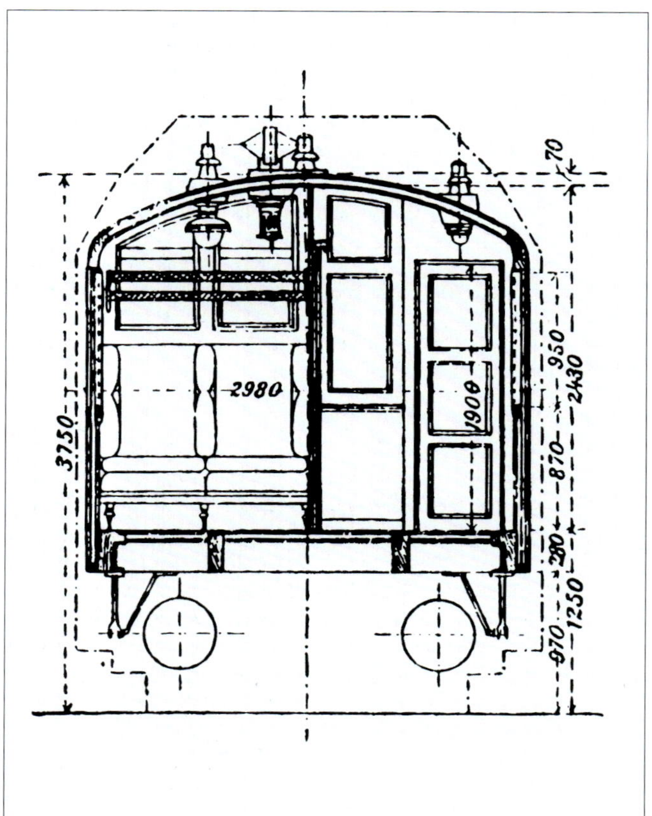

Bei denjenigen Durchgangswagen, bei denen die Seitenwand bis zur Unterkante des Langträgers heruntergezogen war, wurde auf den U-förmigen Langträger an dessen Außenseite ein durchgehender Holzbalken aufgeschraubt, der bündig mit der Unterkante des Langträgers abschloß. An der Außenseite des Holzbalkens wurde dann die Langschwelle des Wagenkastens angebracht.

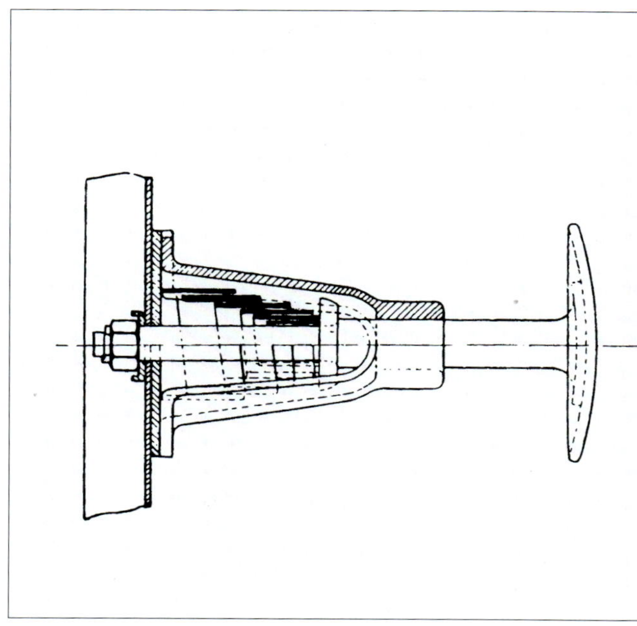

Stangenpuffer

aus Stahl gefertigte Untergestelle. Die geringen Achsstände der Wagen ließen die genannten Holz- und auch gemischten Bauarten zu, bei längeren Wagen mußte ein dritte Achse in der Wagenmitte für die nötige Abstützung sorgen. Während Salonwagen bis zur Jahrhundertwende noch reine Holzuntergestelle erhielten, wurden ab 1894 generell nur noch reine Stahluntergestelle bei Abteil- und Durchgangs- und Gepäckwagen in Baden verwendet, bei den D-Zugwagen und den vierachsigen Durchgangswagen und den vierachsigen Gepäckwagen kam jedoch auch weiterhin Holz als zusätzlicher

An dem abgebildeten zweiachsigen Durchgangswagen Ci von 1910 (Gruppe 94') ist deutlich das Sprengwerk zu erkennen.
Aufnahme: Carl Bellingrodt/Archiv EK-Verlag

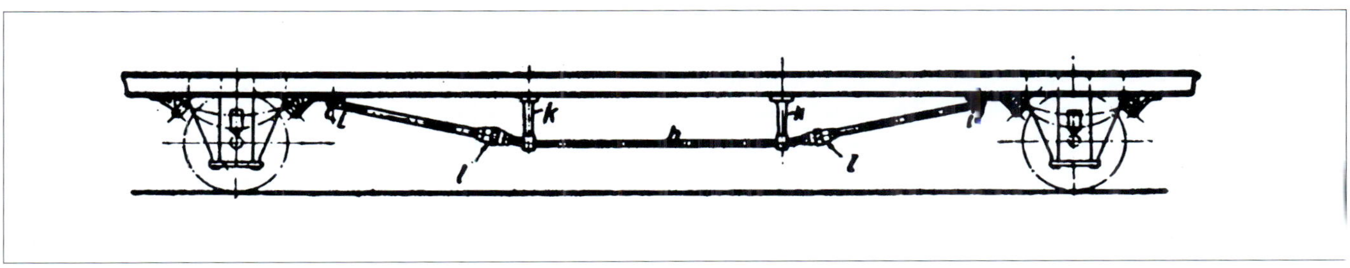

Bei größeren Achsständen (ab 8.000 mm) bei zweiachsigen Wagen und bei größeren Drehzapfenabständen bei vierachsigen Wagen wurden zur Versteifung des Langträgers Unterzüge oder Sprengwerke verwendet. Bei den Reisezugwagen der badischen Staatsbahnen kamen immer nur einstellbare Sprengwerke zum Einbau, bei denen ein durch die Lager (i) an den Langträger angelenkter Rundstahlgurt (h) sich lose gegen die Stützen (k) stützte. In den schrägen Zugstreben waren Spannmuttern (l) angeordnet, die ein Nachspannen bzw. Sprengen des Sprengwerks ermöglichten. Die Spannmutter konnte anstatt in den schrägen Zugstreben auch einmal in der Mitte des Rundstahlgurtes angebracht sein. Die Einstellung des Sprengwerks konnte dabei derart erfolgen, daß der Langträger sich bei leerem Wagen oder bei belastetem Wagen im geraden Zustand befand.

Langträger zum Einbau, während der im Jahre 1897 beschaffte vierachsige Durchgangswagen III. Klasse CCi (Gruppe 109) bereits ein Untergestell besaß, das vollständig aus Stahl bestand. Die Stahluntergestelle hatten zwar eine höhere Lebensdauer, die sich auch in den Unterhaltungskosten niederschlug, die Wagen mit einem Holzuntergestell zeichneten sich jedoch durch einen ruhigeren Lauf aus. Zur Unterstützung des Wagenkastens waren vielfach am Langträger Konsolen angebracht und zwar bei denjenigen Wagen, bei denen der Wagenkasten in seinem unteren Bereich über den Langträger überstand. Dies war bei den Durchgangswagen der Fall, auch wenn der Wagenkasten in seinem unteren Bereich etwas eingezogen war. Bei den D-Zugwagen und den vierachsigen Durchgangswagen, die vor der Jahrhundertwende beschafft wurden, wurde der Wagenkasten im Bereich der Außenseite durch einen durchgehenden zusätzlichen Langträger unterstützt, sozusagen durch einen falschen Langträger, da dieser nicht von Pufferbohle bis Pufferbohle sondern bei den vierachsigen Durchgangswagen nur von Stirnwand bis Stirnwand reichte bzw. bei den D-Zugwagen sich auf den Bereich zwischen den Vorplätzen erstreckte. Bei den nach der Jahrhundertwende beschafften D-Zugwagen und vierachsigen Durchgangswagen war der falsche Langträger zwar ebenfalls vorhanden jedoch nicht sichtbar, da die Seitenwände des Wagenkastens bis zur Unterkante desselben heruntergezogen waren.

Zweiachsige Reisezugwagen mit sehr großem Achsstand (8.000 mm und darüber) und vierachsige Reisezugwagen erhielten ein Sprengwerk, das ein Durchhängen des Untergestells verhinderte.

Bei den ab 1860 in großen Stückzahlen beschafften Abteilwagen AB, B, BC und C wiesen die Untergestelle derjenigen Wagen mit Bremserhaus die gleiche Länge wie die derjenigen Wagen ohne Bremserhaus auf. Zum Schutz des überhängenden Bremserhauses wurden anstelle der üblichen Puffer mit einer Länge von 630 mm solche mit einer Länge von bis zu 1.020 mm verwendet. Als Puffer kamen ausschließlich Stangenpuffer zum Einbau, der Pufferteller hatte bei den älteren zwei- und dreiachsigen Reisezugwagen einen Durchmesser von 360 mm, der bei den neueren Wagen generell auf 370 mm erhöht wurde. In der Reichsbahnzeit und zwar bereits in der 20er Jahren wurden die Stangenpuffer sämtlicher Reisezugwagen jeweils im Rahmen einer Hauptuntersuchung durch Hülsenpuffer ersetzt.

Bei sämtlichen bis 1900 erbauten vierachsigen Durchgangswagen mit Seiten- oder Mittelgang wurde der Wagenkasten im Bereich der Seitenwand durch einen durchgehenden Stahlträger außerhalb der Vorplätze oder Plattformen unterstützt, der mit dem Untergestell verbunden war. Aufnahme: Jens Freese

2.4.5.7 Laufwerk

Sämtliche Reisezugwagen der badischen Staatsbahnen waren immer mit Speichenrädern ausgerüstet, Scheibenräder wurden nicht verwendet. Die Radsätze der bad. Reisezugwagen der Bauart GD oder WN 11 besaßen Speichenräder und zwar mit einem Laufkreisdurchmesser von 1.006 mm . Der Einbau von Radsätzen mit Scheibenrädern erfolgte erst während des Zweiten Weltkrieges und in der Nachkriegszeit.

Die ab 1860 beschafften Reisezugwagen hatten aus Gründen der Rationalisierung ein einheitliches Achslagergehäuse aus Gußeisen, das erst kurz vor der Jahrhundertwende von einer abweichenden Bauart mit Oberschmierung abgelöst wurde. Diese Bauart wurde dann nahezu bis zum Ende der Beschaffung von Reisezugwagen badischer Bauart beibehalten. Die Achslager waren die damals üb-

Das badische Achslagergehäuse mit Oberschmierung, das bei fast sämtlichen Wagenbauarten nach 1890 zum Einbau kam. Der Einfüllstutzen für das Schmieröl befindet sich rechts oben auf der Höhe der Auflagefläche der Feder. Aufnahme: Rainer Humbach

lichen Gußgehäuse mit einem Gleitlager aus Lagermetall für den Achsschenkel des Radsatzes. Das Gußgehäuse enthielt den notwendigen Schmiermittelvorrat und war mit einer Klappe zum Nachfüllen versehen und trug die Buchstaben der Eigentumsbezeichnung. Daneben kam bei den im Jahre 1921 gelieferten C4ü auch ein Achslager zum Einbau, das zumindest in seiner äußeren Form dem Achslagergehäuse entsprach, das ab 1910 einheitlich bei Güterwagen verwendet wurde und an Stelle der Bezeichnung „D.W.V" (Deutscher Wagenverband) die Bezeichnung „Baden" trug. Während des Ersten Weltkrieges wurden aus Mangel an Zinn die Lagerschalen der Achslager aus einer Blei-Zinn-Legierung hergestellt. In den zwanziger Jahren wurden bei den nach 1890 erbauten Wagen die Achslager badischer Bauart durch die bei der Deutschen Reichsbahn eingeführte Bauart ersetzt. Die Lager selbst waren immer als Gleitlager ausgebildet.

2.4.5.7.1 Zweiachsige Wagen

Infolge ihrer geringen Länge hatten die Personenwagen in der Anfangszeit nur einen kurzen Achsstand von 3.500 mm, ab 1856 wurde dieser dann auf 4.500 mm gesteigert, obwohl in einigen Fällen (z.B. Höllentalbahn) noch bis 1888 Reisezugwagen mit einem Achsstand von 4.000 mm beschafft wurden. Mit Rücksicht auf die zahlreichen engen Bögen auf vielen badischen Strecken wurde schließlich 1860 ein maximaler Achsstand von 5.500 mm zugelassen. Höhere Fahrgeschwindigkeiten waren mit derartigen Wagen infolge der Schlingerneigung nicht möglich, obwohl die damit verbundenen kürzeren Reisezeiten durchaus im Interesse des Publikums gelegen hätten und der Verwaltung auch an einer Steigerung der Leistungsfähigkeit der Strecken gelegen war.

2.4.5.7.2 Lenkachsen

Ende der 80er Jahre des vorigen Jahrhunderts kam dann die sogenannte freie Lenkachse auf, diese unterscheidet sich von den bis dahin gebräuchlichen Radsätzen durch eine in gewissen Grenzen quer zur Wagenlängsachse mögliche Verschiebbarkeit in Verbindung mit einem konischen Profil der Lauffläche des Radreifens, wodurch der Radsatz in Kurven selbsttätig mit dem kleineren (inneren) Laufflächendurchmesser auf der Innenschiene und mit dem größeren (äußeren) Laufflächendurchmesser auf der Außenschiene läuft. In der Geraden pendelt sich der Radsatz wieder derart ein, daß sich die Laufflächendurchmesser beider Räder ständig in der Mittellage befinden. Erreicht wurde dies durch eine entsprechende Verschiebbarkeit der Achslager in den Achshaltern von höchsten 35 mm aus der Mittellage. Im Jahre 1888 wurden Reisezugwagen mit Lenkachsen und Bremse für eine unbeschränkte Geschwindigkeit zugelassen, wobei unter dieser damals eine solche von höchstens 80 km/h zu verstehen war. Im Jahre 1890 haben die badischen Staatsbahnen weitere

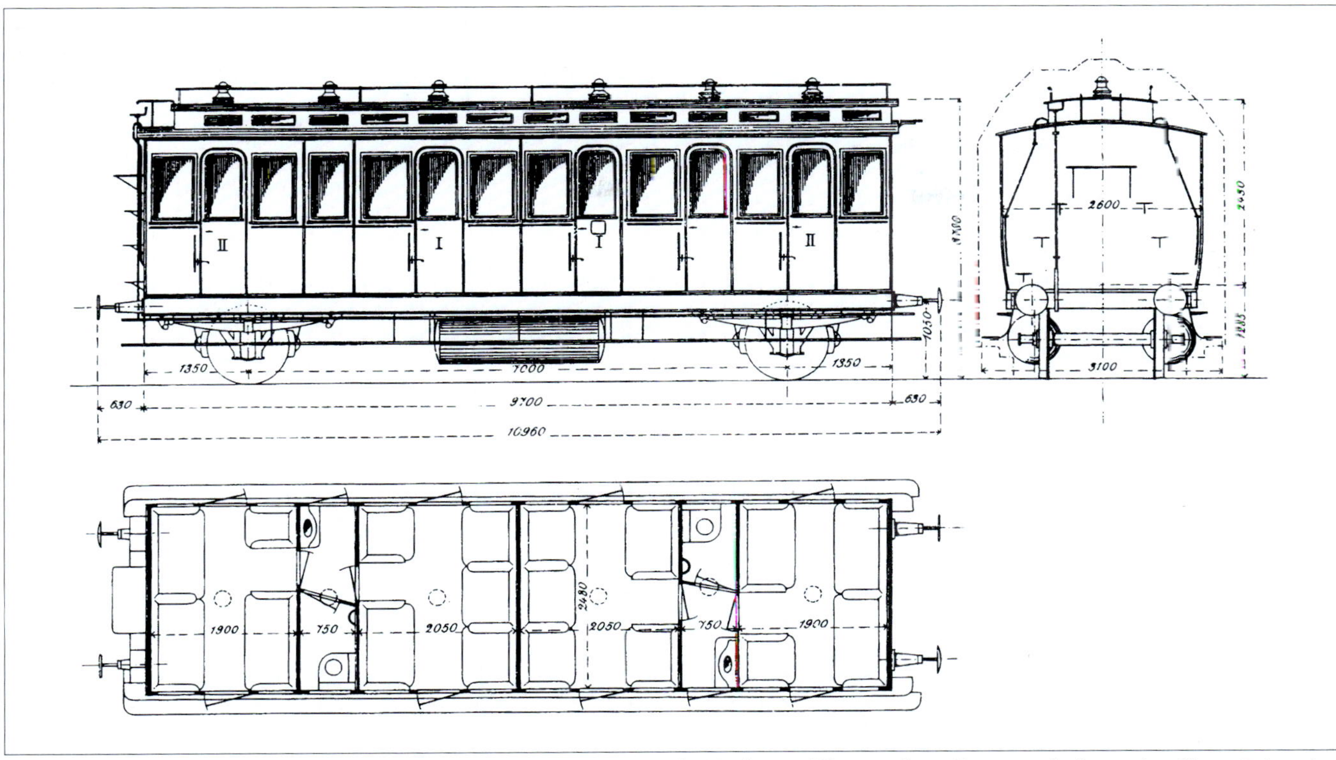

Die Abteilwagen I./II. Klasse von 1889 (Gruppe 18) waren dafür vorbereitet, ein Abteil erster Klasse auch zur Benutzung in der zweiten Klasse freizugeben. Hierzu diente ein Klapptäfelchen an der Abteiltür. Die Wagen besaßen Oberlichtaufbau (Laternendach), der mit einem Schutzgeländer für das Bahnpersonal versehen war. Die Bremsspindel wurde von einem offenen Bremsersitz bedient.

zehn zweiachsige Abteilwagen AB (Gruppe 18) mit einem Achsstand von 6.300 mm (die 1889 gelieferten Wagen der Gruppe 18 besaßen nur einen Achsstand von 5.500 mm) für den Schnellzugdienst auf den Strecken Basel – Frankfurt (M) – Berlin/Köln beschafft. Mit einigen dieser Wagen wurden in dem Zustand, wie sie vom Hersteller Schmieder & Mayer in diesem Jahr geliefert worden waren, auf den Strecken zwischen Karlsruhe und Offenburg und zwischen Offenburg und Triberg im Mai und Juni 1890 Versuche angestellt, um die Laufruhe bei hohen Geschwindigkeiten zu untersuchen. Dabei zeigte sich, daß der Lauf der Wagen auch bei hohen Geschwindigkeiten sehr ruhig war, auch wenn sich der Wagen am Zugschluß befand. Zur Steigerung der Fahrgeschwindigkeit wurden zu Beginn der 90er Jahre zweiachsige Reisezugwagen umgebaut, die ursprünglich einen Achsstand von 5.500 mm hatten. Sie erhielten zunächst einen Achsstand von 6.300 mm, der später dann auf 7.000 mm gesteigert wurde (Gruppe 18, 19, 20, 54, 130). Bei Versuchsfahrten in geschlossenen Zügen wurden damals 92 km/h erreicht und ein sehr ruhiger und sanfter Gang festgestellt. Bei anschließenden Neulieferungen kamen sogleich Lenkachsen mit vergrößertem Achsstand von 7.000 mm zur Anwendung. Im Jahre 1901 wurde der Achsstand der Lenkachswagen auf 8.000 mm gesteigert, den größten Achsstand in Baden erreichte dann der Bi (Gruppe 85b) im Jahre 1912 mit 8.500 mm. Mit diesem Achsstand wurden bei sonst unveränderten Abmessungen auch 15 in den Jahren 1920/21 gelieferte Di (Gruppe 94a) ausgerüstet. Als Lenkachsen wurde vereinzelt die Bauart B4 (bis 60 km/h) und zunächst die Bauart A3 und dann nur noch die Bauart A4 (beide für unbegrenzte Geschwindigkeiten im Rahmen der zulässigen Höchstgeschwindigkeit) benutzt. Die mit Lenkachsen versehenen Reisezugwagen wurden ab 1910 jeweils auf dem Langträger mit der Aufschrift „Vereinslenkachsen" gekennzeichnet.

2.4.5.7.3 Dreiachsige Wagen

Die ersten dreiachsigen Abteilwagen für Normalspur wurden ab 1854 beschafft, ob es bereits während der Breitspurzeit überhaupt dreiachsige Wagen gegeben hat, läßt sich nicht mehr nachweisen. Im Jahre 1856 kamen AB3 in den Bestand, die letzten drei wurden noch unter der Gruppe 12 geführt, jedoch 1903 ausgemustert. Im Jahre 1858 sollen 63 dreiachsige Abteilwagen und 19 dreiachsige Gepäckwagen vorhanden gewesen sein. Im Jahre 1890 befanden sich neben dem dreiachsigen Hofsalonwagen (Gruppe 2) von 1888 noch 27 dreiachsige Reisezugwagen im Bestand. Vermutlich wurden nach 1858 keine weiteren dreiachsigen Reisezugwagen mehr beschafft, sonst wären diese zumindest noch teilweise um die Jahrhundertwende vorhanden gewesen.

Erst ab 1902 kamen wieder neue dreiachsige Reisezugwagen in den Bestand und zwar hauptsächlich Abteilwagen, nachdem man sich in Baden für eine besondere Konstruktion des Untergestells entschieden hatte. Die mittlere Achse war nämlich in einem besonderen Gestell mit Achshalter, auch Schiebgestell genannt, gelagert, das quer zur Wagenlängsachse verschiebbar und mit einem geringeren Gewichtsanteil belastet war. Die Seitenverschiebbarkeit war allerdings begrenzt, weshalb diese Wagen nur für einen Gleisbogen mit einem Mindestradius von 225 m zugelassen waren. Folgende Bauarten wurden mit diesem Untergestell versehen:

Erstes Baujahr	Gattung	Gruppe	LüP
1902	AB3	21a	14.220 mm
	C3	55a	14.220 mm
1903	Pi3	133a	14.220 mm
	Pi3	133b	14.220 mm
1904	ABi3	72a	14.140 mm
1906	BC3	87a	14.220 mm
	AB3	21b	14.220 mm
1907	C3	55b	14.500 mm
1909	BC3	34'	13.730 mm
	P3	133e	14.220 mm
1910	Arztwagen	(69)*	14.140 mm
	Mannsch. Wg.	(70)*	14.140 mm
	Gerätewagen	?	14.200 mm
1911	AB3	21c	14.260 mm

* = Verzeichnis der Dienst- und Güterwagen

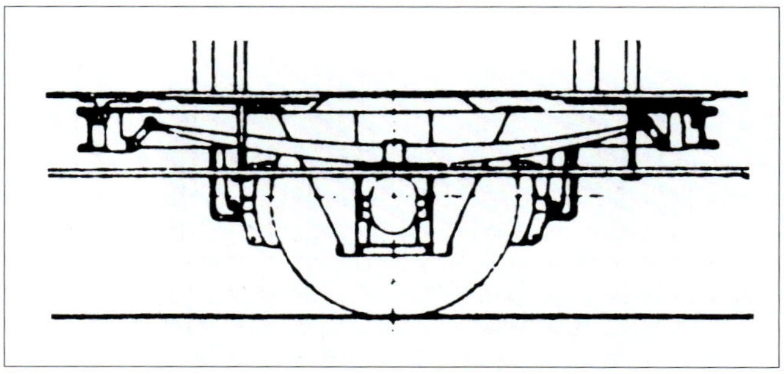

Sämtliche dreiachsige Reisezugwagen und auch die Wagen für Hilfszüge, die nach 1900 von den badischen Staatsbahnen beschafft wurden, besaßen ein sogenanntes Schiebgestell, in dem die mittlere Achse gelagert und das quer zur Längsachse des Wagens verschiebbar angebracht war. Auf diese Weise konnte ein relativ großer Achsstand erreicht werden, wobei das Durchfahren eines Gleisbogens mit einem Mindestradius von 225 m infolge der Seitenverschiebbarkeit der mittleren Achse möglich wurde.

Bei den C3 der Gruppe 55b betrug der Achsstand 9.100 mm bei einem Mindestradius von 235 m des zulässigen Gleisbogens, bei allen übrigen Bauarten betrug der Achsstand dagegen 8.900 mm (Mindestradius 225 m). Das verschiebbare Achshaltergestell wurde bei den Beschaffungen bis zum Ende der Länderbahnzeit in Baden beibehalten, obwohl es einen zusätzlichen Wartungsaufwand erforderte. Während in der benachbarten Schweiz ebenfalls vielfach Dreiachser mit einem derartigen Achshaltergestell beschafft wurden, das dort in einem Gleisbogen sogar über ein Gestänge auch die übrigen Achshalter entsprechend dem Kurvenradius verstellte, wurde bei den preußischen Dreiachsern der damaligen Zeit kein derartiges Achshaltergestell benötigt. Allerdings lag deren Gesamtachsstand von in der Regel mit 7.000 mm auch erheblich unter den badischen Werten. Bei den ersten 1902 beschafften dreiachsigen Wagen (Gruppe 21a, 55a) verdrehten sich sehr bald die Langträger des mittleren Achshaltergestells, so daß zusätzliche Querträger eingebaut werden mußten. Diese verstärkten Achshaltergestelle kamen dann auch bei späteren Lieferungen zur Anwendung. Bei sämtlichen dreiachsigen badischen Reisezugwagen war die mittlere Achse ebenfalls abgebremst. Die sächsische Staatsbahn beschaffte erstmalig in Deutschland Abteilwagen (B sa 13) mit einer Länge von 14.770 mm und einem Achsstand von 8.500 mm ohne Mittelachse, jedoch mit Sprengwerk. Dreiachsige Durchgangswagen mit Seitengang und geschlossener Übergangsbrücke hat es im Gegensatz zu Preußen und Bayern in Baden nicht gegeben.

2.4.5.7.4 Drehgestelle

Abgesehen von den beiden vierachsigen Personenwagen mit einem Drehgestellachsstand von 1.500 mm (Gruppe 93), die 1868 in den Bestand kamen, wurden erstmalig ab 1893 vierachsige Reisezugwagen beschafft. Es handelte sich hierbei um Abteilwagen ABB und

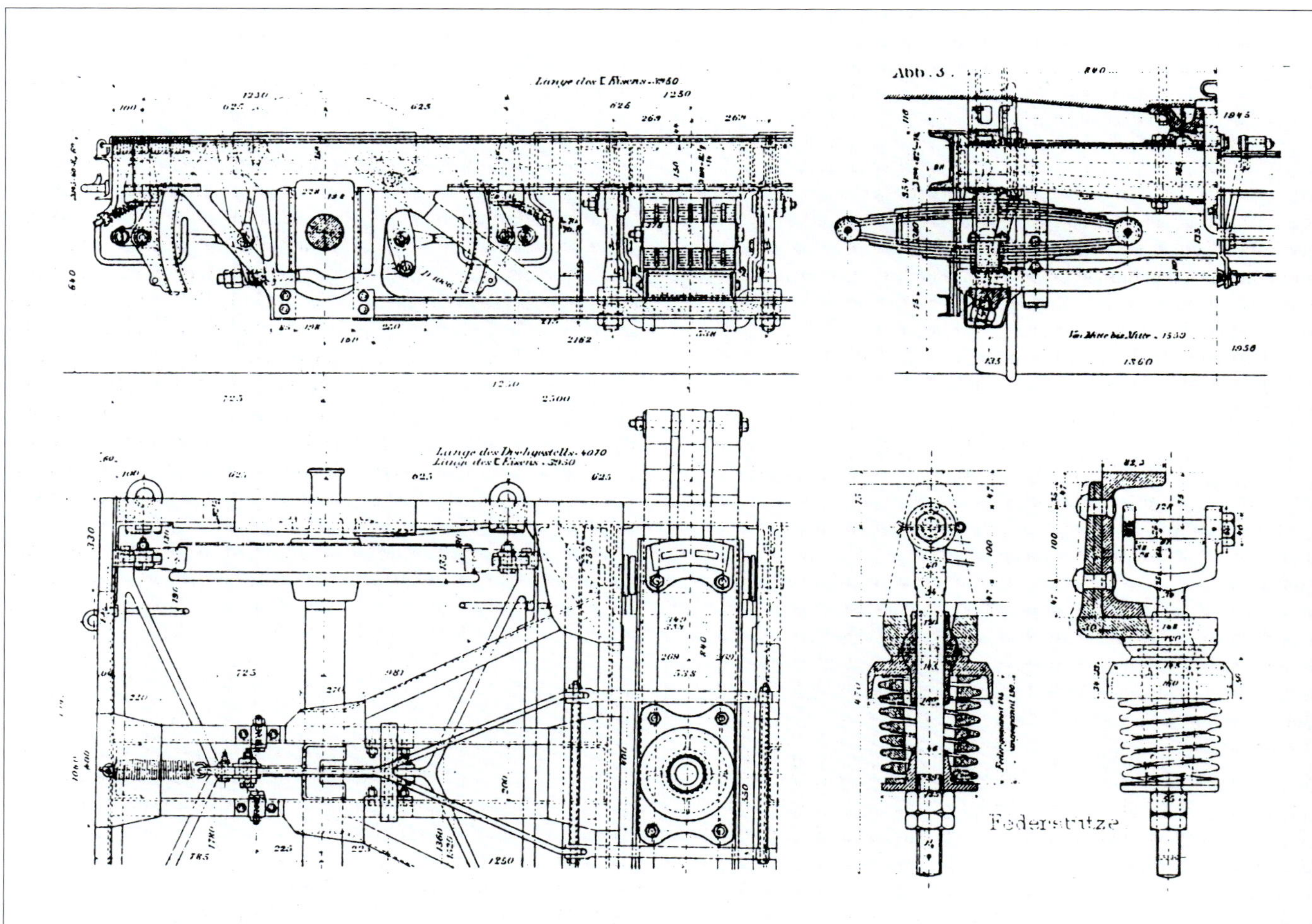

Das Drehgestell der Bauart Ib der badischen Staatsbahnen besteht aus kräftigen aus Formstahl gehörig versteiften Rahmen, an denen die aus Blech hergestellten Achshalter angenietet und mit dem Rahmen zu Gitterträgern verbunden sind. Auf den vier Achslagergehäusen befinden sich einfache Blattfedern gewöhnlicher Ausführung von 1.250 mm Länge aus Lagen von 90 x 13 mm Querschnitt. Die in den Federungen befestigten Haltestangen sind durch zwischen geschaltete kräftige Schraubenfedern gegen den Rahmen abermals abgefedert und erhalten durch eingefügte Kugelgelenke die notwendige Führung. An der mittleren, aus Doppel-T-Trägern gebildeten Querversteifung des Rahmens hängt in vier Zugstangen und schmiedeeisernen Lagern die aus Eichenholz mit Eisenbeschlag hergestellte Wiege, die an jedem Ende drei Doppelfedern von 920 mm Länge aus 2 x 6 Lagen von 10 x 90 mm Querschnitt trägt. Auf diesen Federn ruht ein kräftiges, ebenfalls aus Eichenholz mit Verstärkung aus Blech und Winkeleisen hergestelltes Querstück, das in der Mitte die Drehpfanne des Kugellagers für den Wagenkasten und beiderseits ein Gleitlager aufnimmt. Die dreifache Federung ergibt einen sanften und stoßfreien Gang.

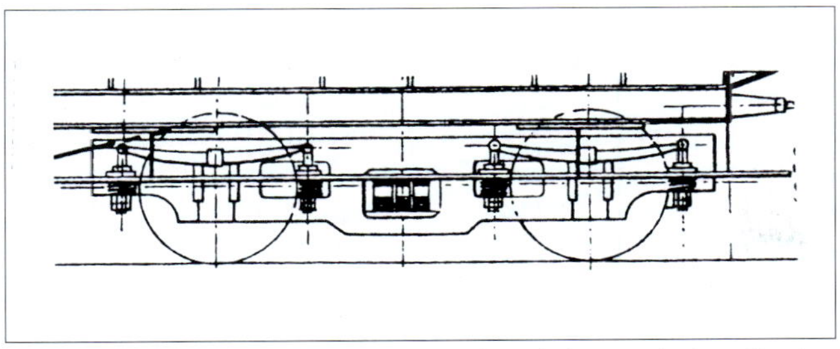

Das Drehgestell Bauart Ia der badischen Staatsbahnen, mit dem die vierachsigen Abteilwagen ABB und CC von 1893 ausgestattet wurden und das hinsichtlich der Laufruhe enttäuschte.

Das badische Drehgestell der Bauart Ib. Aufnahme: Jens Freese

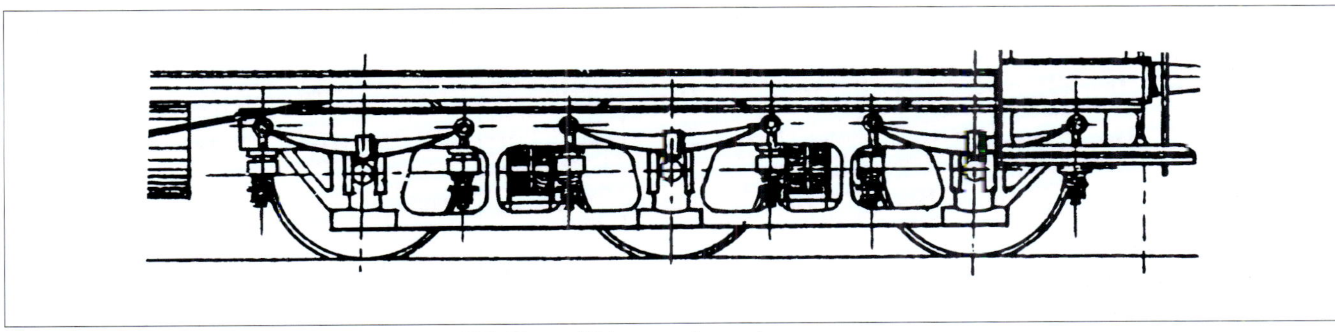

Das dreiachsige Drehgestell, das bei den ABBü von 1908 (Gruppe 76a) verwendet wurde.

CC, deren aus Stahlblech gefertigte Drehgestelle der Bauart 1a mit einem Achsstand von 2.500 mm jedoch nicht befriedigten (Gruppe 22, 23, 56). Die Laufruhe dieser Wagen war bei hohen Geschwindigkeiten schlechter als die der damaligen zweiachsigen Lenkachswagen! Die ein Jahr später von einer belgischen Firma gelieferten Durchgangswagen I./II. Klasse ABBü (Gruppe 75) hatten Fachwerkdrehgestelle, die aus Formstahl (damals Formeisen) zusammen genietet waren und ebenfalls einen Achsstand von 2.500 mm hatten. Die Achslagerhalter waren aus Blech. Die Wiege bestand ebenso wie das Querstück aus Eichenholz mit Blechbeschlag. Das Querstück trug in der Mitte die Drehpfanne des Kugellagers und auf beiden Seiten derselben jeweils ein Gleitlager. Diese Drehgestelle der Bauart 1b zeichneten sich durch einen ruhigen Lauf aus, und mit diesen Drehgestellen wurden dann sämtliche Vierachser der badischen Staatsbahnen bis 1914 ausgerüstet. Die ab 1918 gelieferten D-Zugwagen CCü der Gruppe 111b erhielten Drehgestelle der Bauart 1c, die sich jedoch nur geringfügig und zwar hinsichtlich der Anzahl der Blätter der Blatt-Tragfedern von der Bauart 1b unterschieden. Es ist erstaunlich, daß die Verwaltung in Baden an den Fachwerkdrehgestellen so lange festhielt, während andere Nachbarverwaltungen (Württemberg, Elsaß-Lothringen, Pfalz, Schweiz) schon bald auf die von Preußen eingeführten Regeldrehgestelle aus Preßblech übergingen, ganz zu schweigen von Preußen, das danach auch noch den Schritt zum amerikanischen Schwanenhalsdrehgestell wagte.

Dreiachsige Drehgestelle und zwar ebenfalls in Form von Fachwerkdrehgestellen hatten nur der Fürstl. Fürstenbergische Salonwagen (Gruppe 134), die 1908 gelieferten D-Zugwagen I./II. Klasse ABBü (Gruppe 76) und die Großh. Hofwagen von 1894 und 1918 (Gruppe 1 bzw. 2').

2.4.6 Signaleinrichtungen

Signaleinrichtungen dienten zum Geben von Zeichen sowohl innerhalb eines Reisezugwagen als nach außen, beispielsweise zur Lokomotive oder auch innerhalb des Zuges.

2.4.6.1 Zugleine

Auch noch nach Einführung der selbsttätigen durchgehenden Bremse, die auch durch Notbremsventile aus dem Innern der Reisezugwagen betätigt werden konnte, war an den Wagen eine durchlaufende Zugleine aus Leder oder aus Seilmaterial vorhanden, die an der Außenseite der Wagen oberhalb der Türen und Fenster entweder auf einer Seite oder auch auf beiden Seiten am ganzen Zug entlang lief und an dem Betätigungshebel der Dampfpfeife der Lokomotive endete. Durch Ziehen an der Leine konnten sowohl die Reisenden als auch das Zugpersonal Zeichen für den Lokführer geben. An beiden Wagenseiten waren jeweils mehrere Ösen an den Dachspriegeln angebracht, die oben offen und mit zueinander versetzten Ringenden versehen waren, so daß die Zugleine von oben und zwar quer zur Wagenlängsachse verschoben in die Ringe eingelegt werden konnte. Die Verbindung zwischen dem ersten Wagen und der Lokomotive erfolgte durch einen Karabinerhaken. Diese Art der Signalgebung war auch noch im Jahre 1906 im Gebrauch und war immer dann vorgeschrieben, wenn der letzte Wagen eines Zuges nicht an der Bremsleitung angeschlossen und mit Reisenden besetzt war.

Der Gepäckwagen, der immer hinter der Lokomotive und zwar mit dem Zugführerabteil zur Lokomotive gewandt in den Zügen laufen mußte, war bei Zügen mit nicht durchgehender Bremse über eine Zugleine bis zur Reichsbahnzeit mit der Dampfpfeife der Lokomotive verbunden, die durch die Stirnwand des Gepäckwagens geführt war und die vom Zugführerabteil betätigt werden konnte. Diese Vorrichtung war bei sämtlichen Gepäckwagen der badischen Staatsbahnen vorhanden und war vermutlich ein Grund dafür, daß das Zugführerabteil auch bei den vierachsigen Gepäckwagen nie in der Wagenmitte angeordnet wurde, wie dies in Württemberg seit 1903 und in Preußen seit 1907 der Fall war.

2.4.6.2 Elektrische Klingelleitung

Nach Einführung der durchgehenden Druckluftbremse im Zusammenhang mit den in den Wagen angebrachten Notbremsventilen wurde beispielsweise im Jahre 1895 bei der französischen Ostbahn ein elektrisches Notsignal eingeführt. Diejenigen badischen Reisezugwagen I./II. Klasse, die als Kurswagen auf diese benachbarte Bahn übergingen, wurden damals ebenfalls mit diesem Notsignal ausgerüstet.

Eine Reihe von gemischtklassigen vierachsigen Schnellzugwagen, die als Kurswagen auf Nachbarbahnen in Frankreich und Italien übergingen, und die Großh. Salonwagen waren ebenfalls mit Klingelleitungen ausgerüstet. An den Wagenstirnwänden und zwar jeweils auf der Seite des gewölbten Puffertellers war ein Stöpselanschluß in Form einer Steckdose angebracht, über die mittels Stecker eine Kabelverbindung zum nächsten Wagen hergestellt werden konnte. Der an der Klingelleitung ebenfalls angeschlossene Gepäckwagen war mit einer Klingel ausgerüstet, die dem Zugführer ein Zeichen geben konnte, wenn in einem Wagen ein Druckknopf betätigt wurde. In Baden kam hauptsächlich das System Rayl zur Anwendung. Im Jahre 1892 wurden bei einigen Gepäckwagen der Gruppe 123, die für den durchgehenden Verkehr nach Österreich eingesetzt wurden, mit in den Schlauchkupplungen der durchgehenden Bremse liegenden Rayl'schen Kontaktvorrichtungen und elektrischen Leitungen mit zugehöriger Signalscheibe mit Kontaktvorrichtung versehen, wobei letztere mit der für das Westinghouse'sche Intercommunicationssignal vorhandenen Zugvorrichtung derart verbunden wurde, daß durch diese auch das auf den österreichischen Bahnen eingeführte Intercommunicationssignal in Tätigkeit gesetzt werden konnte. In den Personenwagen verschwanden die Klingelleitungen später, während sie bei den Salonwagen beibehalten wurden.

2.4.6.3 Druckluftpfeife

Der 1918 in Dienst gestellte Großh. Salonwagen war zur Signalgabe mit einer Druckluftpfeife ausgerüstet, die ihre Druckluft vermutlich aus der Bremsleitung erhielt.

2.4.6.4 Laternenhalter

Der Zugschluß wurde bereits sehr früh bei Tage durch eine Schlußscheibe und bei Nacht durch eine Zugschlußlaterne oder Oberwagenlaterne gekennzeichnet, die an dem rechten Puffer des letzten Wagens eines Zuges gehängt wurde. Schon mindestens ab 1860 wurden die Zugschlußlaternen auf Lampenstützen gesteckt, die unterhalb des Daches in der Nähe der Außenwand an der Stirnwand oder auch auf dem Dach derart befestigt waren, daß das weiße Licht der Laterne vom Aufbau des Zugführerabteils aus sichtbar war. Nach hinten zeigte die Laterne ein rotes Licht. Anfänglich gab es unterschiedliche Ausführungen der Lampenstützen oder Signalstützen, die von Verwaltung zu Verwaltung unterschiedlich waren, dies betraf vor allem die Aufnahme der unterhalb der Zugschlußlaterne angebrachten Haltevorrichtung, die einen sicheren und verdrehungssicheren Sitz der Laterne gewährleisten sollte. Im Jahre 1905 wurden in Baden neue Oberwagenlaternen mit einer neuen Haltevorrichtung eingeführt, die von der bisherigen Haltevorrichtung abwich, dies brachte auch eine geänderte Aufnahme an der Lampenstütze mit sich. Bei den nach 1905 beschafften Wagen wurden die inzwischen in Deutschland genormten Lampenstützen oder Schlußscheibenhalter bereits werksseitig angebracht, und anschließend bei den bereits vorhandenen Reisezugwagen wurden nachträglich diese gegen die vorhandenen Lampenstützen ausgewechselt. Die Zugschlußsignale durften auch an der vorderen Stirnwand des letzten Wagens angebracht werden, wenn die hintere Stirnwand keine Lampenstützen aufwies, der letzte Wagen eines Zuges mußte jedoch immer mit Vorrichtungen ausgestattet sein, die ein Anbringen der Zugschlußsignale gestatteten. Die an der Stirnwand vorhandenen Leitern oder Trittstufen zum Besteigen des Daches konnten auch dem Zugpersonal zum Erreichen der Lampenstützen dienen. Bei Personenwagen mit Plattformen konnten die Lampenstützen oder Schlußscheibenhalter durch Besteigen des Bühnengeländers erreicht werden. Anfänglich wurden runde Schlußscheiben (grün mit weißem Rand) mit einem Durchmesser von 320 mm an den Puffer gehängt, im Jahre 1906 wurde dieser Anstrich in grün geändert. Auch die benachbarten Bahnen in der Schweiz führten Lampenstützen für Zugschlußsignale ein, die jedoch in ihrer Bauart von der der badischen Lampenstützen abwich, so daß damals auch einige badische Reisezugwagen für den Übergang in das Nachbarland zusätzlich mit Signalstützen Schweizer Bauart ausgestattet werden mußten. Im Jahre 1914 wurde in Baden eine neue Bauart der Oberwagenlaterne eingeführt, die während der Fahrt durch den Fahrtwind nicht mehr zum Erlöschen gebracht werden konnte. In der Reichsbahnzeit wurden in Baden dann die rechteckigen rot/weißen Schlußscheiben eingeführt, die auf die Lampenstützen bei Tage aufgesteckt wurden, bis dahin wurde der Zugschluß bei Tage durch die am Puffer angehängte Schlußscheibe gekennzeichnet, die inzwischen in eine rote Scheibe mit weißem Rand geändert worden war.

2.4.7 Einrichtungen für den Notfall

Werden Reisende in Unfälle verwickelt, so hat die Verwaltung der Eisenbahn die Pflicht, nicht nur schnellstens ärztliche Hilfe zu organisieren, sondern auch Vorsorge für diese Notfälle zu tragen, beispielsweise in der Bereithaltung von Hilfszügen, die schnell an den Unglücksort geschickt werden. Aber auch Hilfsmittel in den Reisezugwagen selbst, die von dem Zugpersonal oder auch von den Reisenden selbst im Notfall zur Rettung von Menschen benutzt werden konnten, waren in den badischen Reisezugwagen vorhanden.

Neben einer Notbeleuchtung in Form von Öllampen (bis 1905), Leucht- oder Lichtpatronen oder Laternen waren in den badischen D-Zugwagen eine Feuerspritze (Feuerlöscher), Beil und Säge vorhanden. Zu beiden Seiten war am Sprengwerk eine Leiter befestigt.

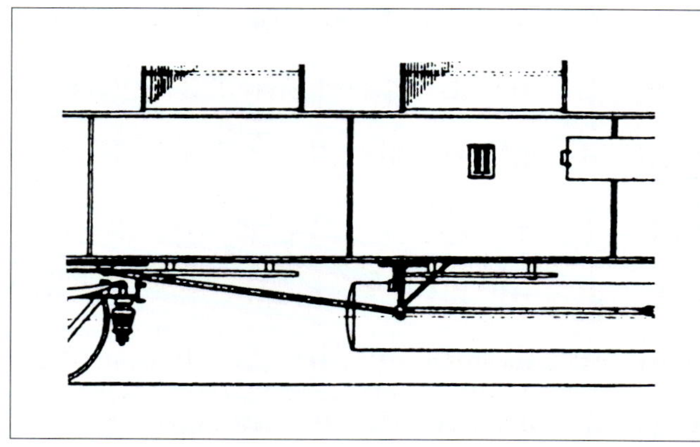

Bei sämtlichen nach 1903 gebauten badischen vierachsigen D-Zug- und Durchgangswagen mit offenen Übergängen, bei denen die Seitenwand bis zur Unterkante des Langträgers heruntergezogen war, wurden unterhalb der Fenster Trittstufen eingebaut, die den Reisenden bei einem Notfall das Verlassen des Wagens durch das Fenster erleichtern sollten.

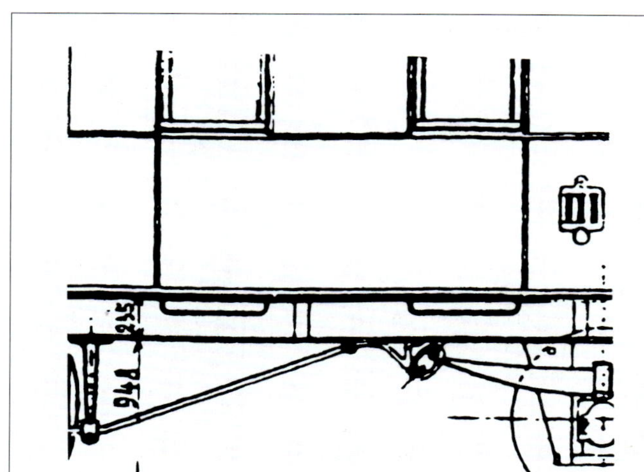

Bei den ab 1910 beschafften zweiachsigen Durchgangswagen war unter jedem Fenster unterhalb der Seitenwand ein Trittbügel am Wagenkasten angebracht.

Bei den bis zur Jahrhundertwende gebauten vierachsigen Durchgangswagen und dem CCi von 1902 (Gruppe 110a) konnte der untere Schenkel des „falschen“ Langträgers von den Reisenden als Trittstufe benutzt werden, wenn diese aus dem Fenster klettern mußten, um bei einem Notfall ins Freie zu gelangen. Dieser Fall konnte beispielsweise dann eintreten, wenn infolge eines Zusammenstoßes oder einer schweren Entgleisung die Stirnwände des Wagens mit dem Eingangstürbereich zertrümmert wurden. Das Verlassen des Wagens durch das Fenster wurde dadurch erleichtert, daß das Fenster fast bis zur Unterkante der Fensteröffnung herabgelassen werden konnte. Bei sämtlichen nach 1903 beschafften Durchgangswagen waren unterhalb der Fenster auf beiden Wagenseiten und zwar unterhalb der Seitenwand für jedes Fenster ein schmales Trittbrett (bei vierachsigen Wagen) oder ein Trittbügel (bei zweiachsigen Wagen) angebracht. Durchgehende Trittstangen wie beispielsweise in Preußen hat es in Baden mit Ausnahme des ABi3 von 1904 (Gruppe 72a) nicht gegeben. Auch besondere Haltebügel unterhalb der Fenster wie beispielsweise in Preußen, Elsaß-Lothringen und Württemberg waren an Wagen badischer Bauart nicht vorhanden. Bei älteren badischen zweiachsigen Durchgangswagen wurden diese Trittbretter oder Trittbügel nicht mehr nachträglich eingebaut.

Die Notbremse, mit der der fahrende Zug aus den Reisezugwagen auf kürzestem Weg zum Stehen gebracht werden konnte, wurde ab 1905 in Baden eingebaut. Ihre mit der Aufschrift „Notbremse“ gekennzeichneten Bremsventile waren mit den Einrichtungen der durchgehenden Bremse verbunden. Bis dahin wurde die Einrichtung als Notsignal bezeichnet, da durch deren Betätigung die Geschwindigkeit des Zuges nur verringert oder ein Pfeifsignal erzeugt werden konnte. Am Absinken des Bremsdruckes oder am Pfeifsignal konnte der Lokomotivführer die Auslösung des Notsignals im Zug erkennen. Die Betätigungsgriffe der Notbremsventile wurden ab 1907 durch Bleischnüre gegen Mißbrauch gesichert.

2.4.8 Bremsen

Seit der Anfangszeit der Eisenbahn wurden im Hinblick auf die Betriebssicherheit in die Züge Wagen eingestellt, die jeweils mit einem Bremser besetzt waren und auf Veranlassung des Lokomotivführers die Bewegung des Zuges bei Bedarf verlangsamen konnten. Wie auch auf anderen technischen Gebieten des Eisenbahnwesens stand die Postkutsche hinsichtlich der Bremse Pate, indem die auf die Räder wirkende Bremse übernommen wurde. So stand die wagenindividuelle und manuell betätigte Bremse am Anfang einer Entwicklung, die mit der durchgehenden selbsttätigen Bremse eines kompletten Zuges enden sollte.

2.4.8.1 Handbremse

Die Handbremse war die Urform der Bremse für Eisenbahnwagen, sie war ursprünglich von der Postkutsche übernommen worden. Wie auch bei der Kutsche war sie als Klotzbremse ausgebildet und wirkte auf den Radreifen, indem entsprechend der gewünschten Abbremsung ein Klotz, anfänglich aus Holz, dann aus Gußeisen und später aus Gußeisen mit einer Beimischung aus Stahlspähnen mehr oder weniger kräftig auf die Lauffläche des Rades gepreßt wurde. Da zum Abbremsen eines Zuges unter Berücksichtigung der Streckenverhältnisse jeweils eine bestimmte Anzahl von abgebremsten Wagen vorhanden sein mußte und nicht sämtliche Wagen mit einer Bremsvorrichtung ausgerüstet waren, wurde pro Wagen eine Bremskraft benötigt, die ein einzelner Mensch nur sehr schwer aufbringen konnte. Deshalb wurde bald eine Handspindelbremse eingebaut, die über eine Gewindespindel und über ein unter dem Wagenboden im Untergestell angebrachtes Hebelsystem auf die Bremsklötze wirkte. Die Spindel besaß an ihrem oberen Ende eine Kurbel, mit der der Bremser durch Rechtsdrehen die Bremskraft verstärkte und durch Linksdrehen dieselbe verringerte. Der Auftrag zum Bremsen und zum Lösen der Bremse kam vom Lokomotivführer, der mittels Pfeifsignale mit der Dampfpfeife die Bremser entsprechend informierte. Damit diese die Signale auch gut hören konnten, waren die Bremsersitze bei den Abteilwagen in Dachhöhe angebracht, sie waren zunächst noch offen, so daß die Bremser dem Fahrtwind und insbesondere den Unbilden der Witterung ausgesetzt waren. Es kam immer wieder vor, daß Bremser trotz ihrer dicken Kleidung vor allem im Winter jämmerlich froren. Ein Teil der ab 1860 beschafften Abteilwagen der Gattungen AB, B, BC und C erhielten deshalb ein geschlossenes Bremserhaus, das außen an einer Stirnwand des Wagenkastens seitlich verschoben zur Wagenlängsachse angebaut war und seitlich eine einzige Tür aufwies, die über Trittstufen nur von der einen Wagenseite erreichbar war. Im Bremserhaus befand sich eine Sitzbank in der Längsrichtung des Wagens. Die Bremsspindel lief an der Stirnwand des Wagens senkrecht nach unten. Bei den ABC von 1857 (BC in Gruppe 36) befand sich die Bremsspindel mit Kurbel in einem Abteil III. Klasse. Ein Salonwagen SalonAB (Gruppe 6) war mit einer Handbremse auf der Aussichtsplattform ausgerüstet, während bei den Durchgangswagen diese immer am Plattformgeländer der Einsteigbühne angebracht war. Für die Position der Bremsspindel auf der Plattform gab es bei den ersten Durchgangswagenbauarten in Baden offenbar keine Regel, sie befand sich in einigen Fällen links (ABi von 1879 bzw. 1878 – Gruppe 63, 65 und Bi von 1876 bzw. 1878 – Gruppe 83, 84) und in anderen Fällen rechts (Gruppe ABi von 1878 bzw. 1876 – Gruppe 64, 66 und Ci von 1873 bzw. 1878 – Gruppe 100 bzw.

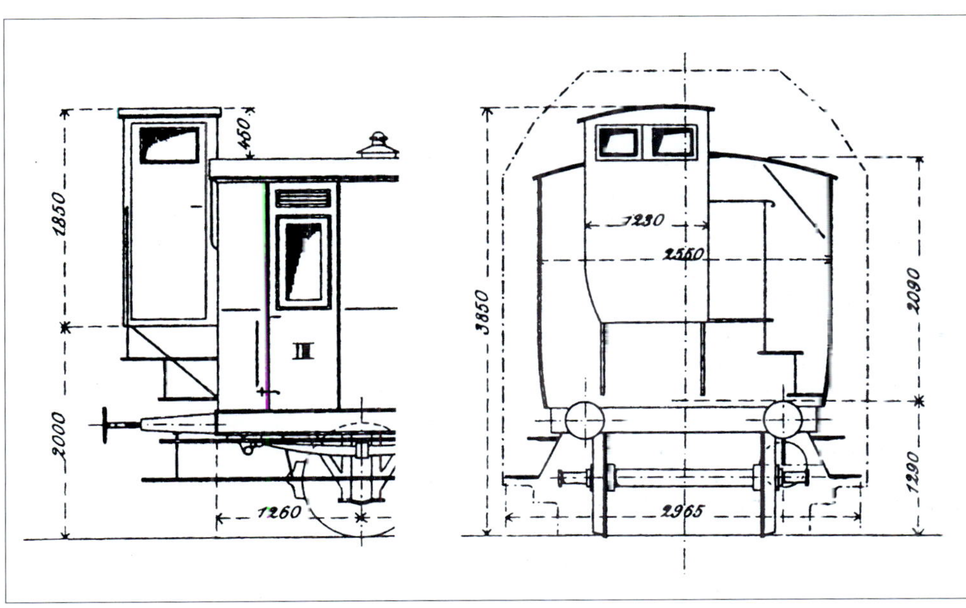

Das Bremserhaus kam erst ab 1859 auf, es war zunächst zur Wagenlängsachse etwas seitlich versetzt an der Stirnwand angebracht und nur von einer Wagenseite zugänglich. Da man an dem Untergestell der Abteilwagen damals nichts ändern wollte, wurden bei den Abteilwagen am Wagenende mit dem Bremserhaus längere Puffer mit einer Länge von 960 mm Länge eingebaut (die normale Länge lag bei 630 mm).

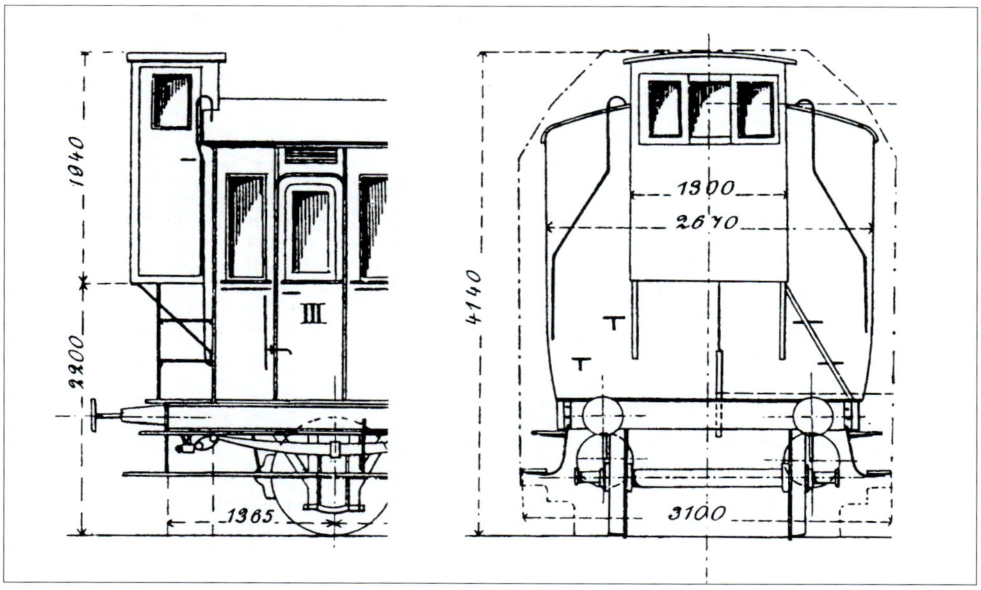

Die ab 1902 beschafften Abteilwagen waren sämtlich mit einem Bremserhaus ausgerüstet, das in der Längsrichtung des Wagenkastens auf beiden Seiten drei Fenster aufwies.

Die Abbildung zeigt das Bremserhaus des ehemaligen Abteilwagens zweiter Klasse B3 Bad 02 (23 149), der bei den Österreichischen Bundesbahnen (ÖBB) nach 1945 verblieben ist und dort als C3 43 890 eingesetzt wurde. Die Aufnahme entstand 1954 in Wien an der Donau-Uferbahn, wo der Wagen vorübergehend als Wahllokal diente.

Aufnahme: Hellmuth Fröhlich/ Sammlung Archiv Griebl

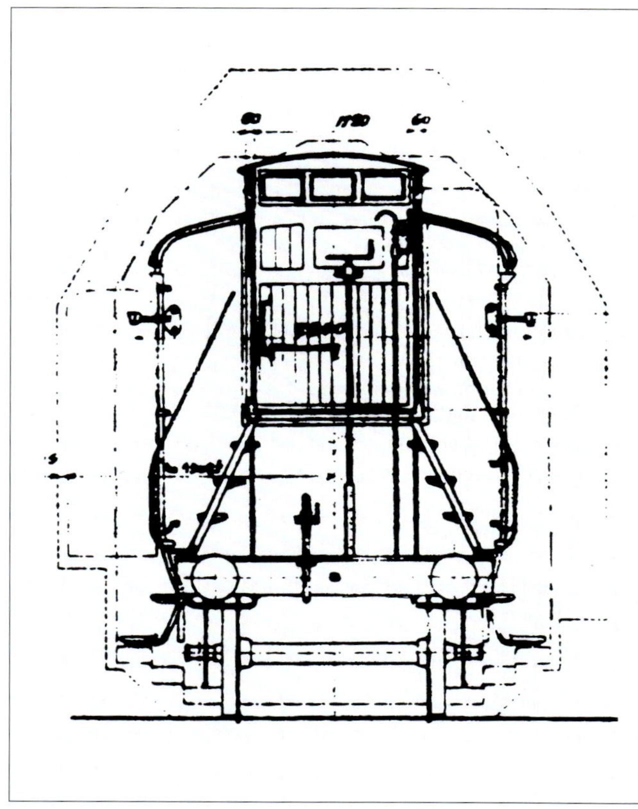

Die ab 1902 beschafften Abteilwagen waren sämtlich mit einem Bremserhaus ausgerüstet, das in der Längsrichtung des Wagenkastens auf beiden Seiten drei Fenster aufwies.

102) von dem Übergang zum nächsten Wagen, um dann schließlich ab 1880 endgültig auf der rechten Seite zu verbleiben. Bei den Vorortwagen (Gruppe 112 bis 120) war in der Blechschutzwand eine entsprechende Ausbeulung für die Drehbewegung der Bremskurbel vorhanden, wie sie später auch noch bei den stählernen Einheits-Abteilwagen mit Tonnendach der Deutschen Reichsbahn zu finden war. Die Gepäckwagen besaßen ebenfalls eine handbetätigte Spindelbremse und zwar im Zugführerabteil, die vom Zugführer vom erhöhten Sitz bedient werden konnte. Die vierachsigen Durchgangswagen mit offenen Übergängen erhielten für jede Einsteigbühne oder Plattform eine eigene Spindelbremse, wobei jeweils eine Spindelbremse auf die Bremsklötze des benachbarten Drehgestells wirkte. Die D-Zugwagen hatten ebenfalls an jedem Wagenende eine Handbremse, die an der Innenseite der Stirnwand angebracht war und durch ein parallel zur Stirnwand angebrachtes Handrad mit Kurbelgriff betätigt wurde. Der Antrieb der Spindel

selbst erfolgte über ein Winkelgetriebe. Ab 1885 befand sich das Bremserhaus bei den Abteilwagen in der Mitte der Wagenlängsachse an einer Stirnwand, der einseitige Zutritt wurde jedoch weiterhin beibehalten. Nur die Gefangenenwagen der Gruppen 59, 60 und 61 hatten schon ab 1859 ein Bremserhaus in der Mitte der Wagenlängsachse erhalten, das jedoch auch nur von einer Seite betreten werden konnte. Erst bei den nach 1902 beschafften Abteilwagen AB3 von 1906 bzw. 1911 (Gruppe 21b bzw. 21c), BC3 von 1909 (Gruppe 34) und C3 von 1907 (Gruppe 55b) konnte das Bremserhaus von beiden Wagenseiten erreicht werden, dabei wurde die Sitzbank an der Stirnwand des Wagenkastens angeordnet. Die Bremserhäuser hatten auf beiden Seiten jeweils ein Fenster und in der Stirnwand ein Doppel- oder Dreierfenster, von denen mindestens ein Fenster durch Herablassen oder seitliches Verschieben geöffnet werden konnte und zwei weitere Fenster zum Dach des Wagenkastens hin. Das Bremserhaus der Abteilwagen, die bereits werksseitig mit einer Dampfheizung ausgestattet waren, war ebenfalls mit Dampf beheizt. Ob das Bremserhaus derjenigen Abteilwagen auch dampfbeheizt wurde, die erst nachträglich mit einer Dampfheizung ausgestattet wurden, ist nicht sicher. Bei den meisten Abteilwagen badischer Bauart wurde Anfang der fünfziger Jahre das Bremserhaus entfernt.

2.4.8.2 Zahnradbremse

Bei der 1887 eröffneten Höllentalbahn wurde hinsichtlich des Zahnradbetriebes auf Vollbahnen technisches Neuland betreten. Im Gegensatz zu den bis dahin eröffneten Zahnradbahnen befand sich bei Bergfahrt die Zahnradlokomotive hier nicht am Zugende sondern an der Zugspitze. Dies hatte in erster Linie mit der Verwendung von gemischten Zügen zu tun, in denen auch Langholz befördert werden sollte. Zur Gewährleistung der Betriebssicherheit wurde deshalb eine Reihe von Wagen speziell für die Höllentalbahn beschafft, die mit einem zusätzlichen Bremszahnrad ausgerüstet waren: Bi (Aussichtswagen) von 1887 (Gruppe 80), Bi von 1887 (Gruppe 81), BCi von 1887 (Gruppe 86), Ci von 1887 (Gruppe 94), Ci von 1888 (Gruppe 95) und P von 1887 (Gruppe 127). Nach der Betriebsvorschrift mußte immer eine bestimmte Anzahl gleichmäßig über den Zug verteilte Wagen mit bedienter Zahnradbremse vorhanden sein. Auch der letzte Wagen eines Zugverbandes mußte mit einer Zahnradbremse ausgerüstet sein, damit bei der Bergfahrt im Notfall, beispielsweise bei einer Zugtrennung, die zu Tal rollenden Wagen sicher abgebremst werden konnten. Nicht nur Reisezugwagen waren mit der Zahnradbremse ausgestattet, sondern auch die beiden Postwagen und mehrere Güterwagen, darunter auch drei offene Güterwagen mit jeweils zwei Bremszahnrädern, die als spezielle Bremswagen eingesetzt werden konnten. Die Bedienung der Zahnradbremse erfolgte wie bei der handbetätigten Klotzbremse ebenfalls durch eine Spindel mit Handkurbel, über die die Bremsbacken an die Bremsscheibe des auf den Zahnstangenabschnitten frei mitlaufenden Bremszahnrads angedrückt bzw. gelöst wurden. Die Bremsspindeln der beiden Bremsen waren bei den Personenwagen und den Postwagen jeweils am Geländer der Einstiegs- oder Bremsbühnen (Plattformen) am gleichen Wagenende angeordnet und zwar diejenige der Zahnradbremse auf der Seite des abgerundeten Puffertellers (rechts) und die Bremsspindel der Klotz- oder Handbremse auf der Seite des flachen Puffertellers (links). Die Spindel der Handbremse trug am Ende die übliche Kurbel, während zur Unterscheidung (auch im Dunkeln) die Spindel der Zahnradbremse mit einem Handrad versehen war, das auch noch entsprechend beschriftet war. Sämtliche mit einer Zahnradbremse ausgerüsteten Reisezug-, Post- und Güterwagen durften außerhalb der Strecke Freiburg – Neustadt nicht verkehren, da das Bremszahnrad aus dem vorgeschriebenen Lichtraumprofil nach unten herausragte.

Als im Jahre 1900 auf der Höllentalbahn der Betrieb auf dem Zahnstangenabschnitt dahingehend geändert wurde, daß bei Bergfahrt die Reibungslokomotive an der Zugspitze verblieb, die den Zug von Freiburg gebracht hatte und die Zahnradlokomotiven nur noch auf der Steilstrecke zwischen Hirschsprung und Hinterzarten den Zug nachschoben, wurde die Zahnradbremse nicht mehr benötigt und sehr bald aus den Wagen ausgebaut.

2.4.8.3 Durchgehende Bremsen

Die Einführung durchgehender Bremsen, die hauptsächlich vom Lokführer, in Notfällen auch vom Zugführer oder den Reisenden ausgelöst werden konnten, ersparte nicht nur den Einsatz von Bremsern, sondern steigerte auch die Betriebssicherheit des Eisenbahnbetriebes, besonders im Hinblick auf die Steigerung der Fahrgeschwindigkeit der Züge.

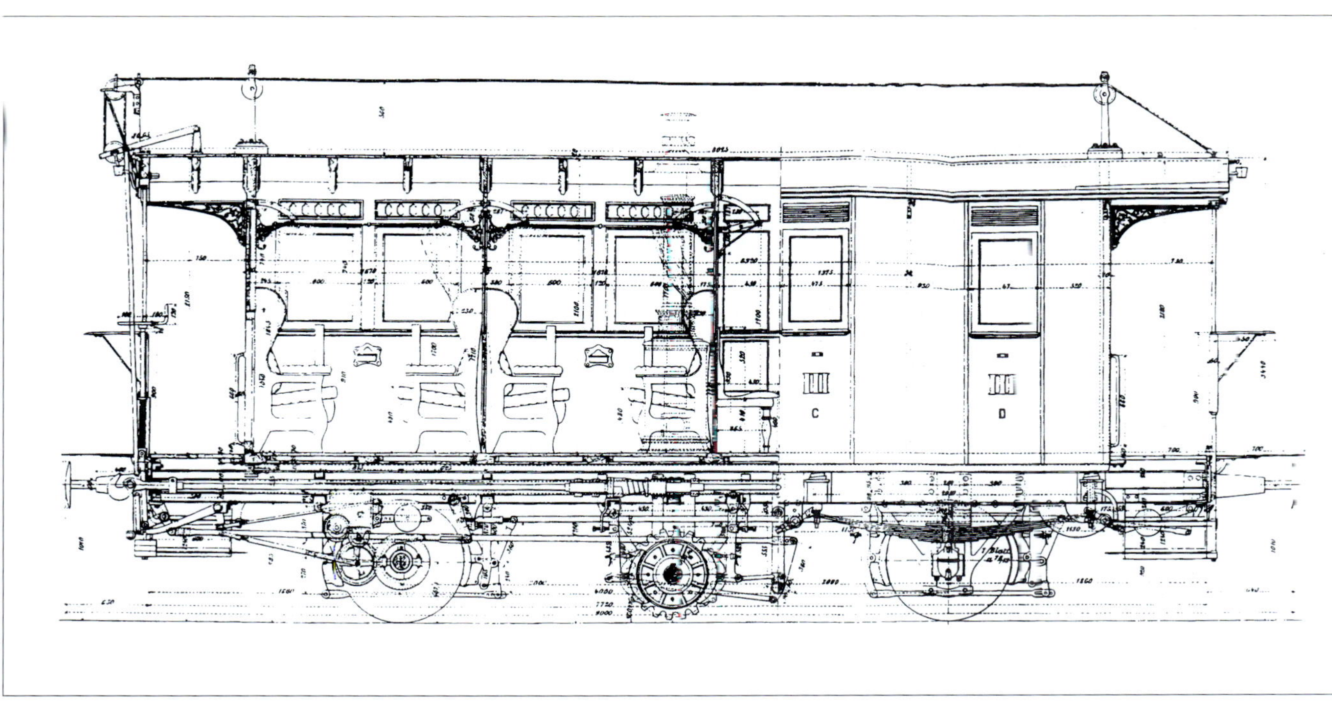

Die Zeichnung zeigt einen Wagen, der speziell zum Einsatz auf der Höllentalbahn vorgesehen war, in diesem Fall ein BCi von 1887 (Gruppe 86). In der Wagenmitte ist unterhalb des Untergestells das Bremszahnrad angeordnet, weiterhin ist auf dem Dach die Leine zur Auslösung der Schmid'schen Schraubenradbremse zu sehen, deren Antrieb an der linken Wagenachse angebracht ist.

2.4.8.3.1 Schraubenradbremse

Ein Kuriosum ist die Verwendung der Schmidt'schen Schraubenradbremse auf der Höllentalbahn im Jahre 1887, also zu einem Zeitpunkt, als die durchgehende Druckluftbremse in Baden bereits eingeführt war. Diese selbsttätige Friktionsbremse, eine verbesserte Ausführung der hauptsächlich bei Privatbahnen eingesetzten Heberlein'schen Schraubenradbremse, wurde durch eine über die Dächer des ganzen Zuges laufende Leine ausgelöst, wobei auch eine Abbremsung einer Gruppe von Wagen möglich war (Gruppenbremsung). Die Auslösung der Bremse war sowohl von der Lokomotive, vom Zugführerabteil des Gepäckwagens als auch von der Plattform der Wagen III. Klasse aus möglich, denn dort war jeweils ein Leinenhaspel angebracht, in den nach Bedarf das Ende der Leine eingehängt werden konnte. Die Schraubenradbremse verwendete die lebendige Kraft des sich in Bewegung befindlichen Zuges zum Bremsen. Der Grund für die Einführung dieser Bremse ist darin zu sehen, daß ursprünglich auf der Höllentalbahn auch gemischte Züge gefahren werden sollten, wobei sich Güterwagen hinter der Lokomotive und die Personenwagen am Zugende befanden. Da die zwischen der Lokomotive und den Personenwagen befindlichen Güterwagen ohne durchgehende Bremse ausgerüstet waren – es konnten auch normale Güterwagen auf die Höllentalbahn übergehen, solange deren Achsstand 4.500 mm nicht überschritt und diese auch keine Bremsleitung aufwiesen (man denke auch an die Langholzwagen) – verfiel man auf die Schmid'sche Schraubenradbremse, die durch die über die Güterwagen verlaufende Leine von der Lokomotive ausgelöst werden konnte. Spätestens mit der Aufgabe des reinen Zahnradbetriebes im Jahre 1900 wurde auch auf der Höllentalbahn die Druckluftbremse eingeführt.

2.4.8.3.2 Druckluftbremse

Bei der Druckluftbremse wird der Bremsvorgang dadurch eingeleitet, daß der Luftdruck im gesamten Bremssystem eines Zuges verringert wird. Sie war derart ausgebildet, daß die Bremse auch bei einer Zugtrennung durch Abreißen des jeweils zwei Wagen verbindenden Luftschlauches ausgelöst wurde. Die handgebremsten Reisezüge waren auf den badischen Flachlandstrecken für eine lange Zeit üblich. Ein Bedarf nach einer Steigerung der Reisegeschwindigkeit bestand zunächst noch nicht. Dies ließ auch der Oberbau, die Laufruhe des Rollmaterials, usw. damals nicht zu. Erst mit der ersten Gebirgsstrecke, der am 10. November 1873 eröffneten Schwarzwaldbahn, kam wohl zuerst in Baden das Bedürfnis auf, Züge mit einer durchgehenden Bremse auszurüsten, die von einer Stelle ausgelöst werden konnte. Bereits damals hatte es nicht an Vorschlägen und Versuchen im In- und Ausland gefehlt, das Problem der durchgehenden Bremse technisch zu lösen.

Das Bahnpolizeireglement vom 30. November 1885 bestimmte u.a. folgendes: „Die mit mehr als 60 km Geschwindigkeit in der Stunde oder 1000 m in der Minute fahrenden Personenzüge müssen mit durchgehenden Bremsen, d.h. mit solchen Bremsen versehen sein, die gleichzeitig vom Lokomotivführerstande aus in Thätigkeit gesetzt werden können. Die Bremsen eines mit durchgehenden Bremsen versehenen Zuges müssen in der erforderlichen Anzahl auch einzeln mit der Hand bedient werden können." Die letzte Forderung hatte zur Folge, daß auch diejenigen Wagen zusätzlich mit einer Spindelbremse ausgerüstet sein mußten, die mit einer durchgehenden Bremse ausgerüstet waren. Dabei wirkte die Spindelbremse und die durchgehende Bremse auf dieselben Bremsklötze.

2.4.8.3.2.1 Westinghouse-Bremse

Die Generaldirektion der Großh. badischen Staatseisenbahnen hatte die Entwicklung der durchgehenden Bremse aufmerksam verfolgt und führte dann am 12./13. April 1886 auf der Strecke Meckesheim – Neckarelz Versuche mit zwei Zügen durch, von denen der eine Zug bestehend aus Fahrzeugen, die mit der Westinghouse-Bremse ausgerüstet waren und der andere Zug bestehend aus Fahrzeugen, die mit der Schleifer-Bremse (in Österreich eingeführt) abgebremst wurden. Diese Versuche fielen damals in jeder Beziehung zu Gunsten der Westinghouse-Bremse aus. Diese Druckluftbremse wurde dann auch nicht nur in Baden, sondern auch gleichzeitig in Bayern, Württemberg, Elsaß-Lothringen und im Jahre 1888 bei der Main-Neckar-Bahn eingeführt, und bis zur Jahrhundertwende waren sämtliche badische Reisezugwagen damit ausgerüstet. Die Westinghouse-Bremse wurde auch als selbsttätige Westinghouse-Bremse bezeichnet. Die außen angebrachte Handauslösevorrichtung an den mit einer Westinghouse-Bremse ausgerüsteten Reisezugwagen wurde 1905 wie bei den Wagen der benachbarten Verwaltungen umgebaut. Die Stelle, an der der Griff des Drahtzuges unterhalb des Langträgers angebracht war, wurde durch einen gelben Kreis mit 50 mm Durchmesser gekennzeichnet. Gleichzeitig wurde der bisher rote Griff mit gelber Farbe gestrichen.

2.4.8.3.2.2 Westinghouse-Schnellbremse

Im Jahre 1889 kam die Westinghouse-Schnellbremse auf und mit ihr die in den Wagen vorgesehenen Einrichtungen für die Notbremse, mit der der fahrende Zug auf dem kürzesten Weg zum Stehen gebracht werden konnte. Die Westinghouse-Schnellbremse unterschied sich von der bisherigen Westinghouse –Bremse nur durch die unterschiedliche Ausbildung des Funktionsventils. Die Westinghouse-Schnellbremse kam nur bei den Reisezugwagen der schnell fahrenden Züge zur Anwendung, bis 1894 waren die Funktionsventile der betreffenden Reisezugwagen ausgewechselt worden. Am Wagendach im Bereich der Stirnwand bzw. der Plattform war ein Auslöseventil der Bremseinrichtung angebracht, dessen Auslösehebel mit einem Drahtseil verbunden war, das durch sämtliche Abteile des Wagens lief. In jedem Abteil befand sich eine Zugvorrichtung, durch die im Notfall durch das Zugpersonal oder die Reisenden über das Drahtseil das Auslöseventil betätigt werden konnte. Die Zugvorrichtung war mit der Beschriftung „Notbremse" versehen. Durch Herabziehen des Handgriffes der Zugvorrichtung wurde der Bremsvorgang ausgelöst. War der Handgriff einmal herabgezogen, so konnte er nicht mehr in seine ursprüngliche Lage zurückgeschoben werden. Dies war erst möglich, wenn der Schaffner das Auslöseventil mittels eines an der Stirnwand herunterhängenden Drahtzuges geschlossen hatte. Dann wurde das durch den Wagen laufende Drahtseil wieder gespannt, worauf der Handgriff wieder in seine ursprüngliche Lage zurückkehrte. Auf diese Weise konnte bereits damals leicht der Ort der Auslösung der Notbremse erkannt werden. Spätestens in der Reichsbahnzeit wurde bei einem Teil der Wagen diese Art der Notbremse durch Notbremsventile der Bremseinrichtung ersetzt, die in jedem Abteil angebracht waren. Im Zugführerabteil der Gepäckwagen befand sich neben dem Auslöseventil der Bremseinrichtung auch ein Manometer, an dem die Höhe des Luftdrucks in der Hauptleitung abgelesen werden konnte. Die Westinghouse-Schnellbremse kam jeweils bei einigen Reisezugwagen der Gattungen ABC4ü von 1904 (Gruppe 79b'), AB4i von 1896 (Gruppe 73), AB4i von 1899 (Gruppe 74), C4i von 1897 bzw. 1899 (Gruppe 109, 110) und Pw4ü von 1905 (Gruppe 133c') zum Einbau.

2.4.8.3.2.3 Westinghouse-Henry-Bremse

Die Westinghouse-Bremse erfüllte die an sie gestellten Erwartungen im Flachland vollkommen. Sie hatte nur einen Nachteil: War der Bremsvorgang einmal eingeleitet, dann kam der Zug zum Stehen und konnte erst dann wieder seine Fahrt fortsetzen, wenn in der Bremsleitung der Betriebsdruck durch die Luftpumpe der Lokomotive wieder hergestellt war. Ein Neufüllen der Hilfsbehälter während des Bremsvorgangs und damit eine ununterbrochene und wechselnde Bremswirkung auf Gefällestrecken war mit dieser Art von Bremse deshalb nicht möglich. Für ihre langen Gefällestrecken hatte damals die Gotthardtbahn eine Westinghouse-Bremse mit doppelter Luftleitung eingeführt, wobei die zweite Leitung dazu diente, die Preßluft zum Bremsen unmittelbar aus dem Luftbehälter der Lokomotive den Bremseinrichtungen der Wagen zuzuführen, um ein stetiges Bremsen zu ermöglichen. Die Main-Neckar-Bahn hatte 1887 ihre auf der Strecke Frankfurt am Main - Genua eingesetzten Reisezugwagen mit der zweiten Luftleitung ausgerüstet, damit diese in Zügen eingesetzt werden konnten, deren Wagen mit dieser Doppelbremse ausgerüstet waren. Es ist nicht sicher, ob die badischen Staatsbahnen ebenfalls einige Kurswagen mit der zweiten Luftleitung ausstatteten. Schon ein Jahr darauf wurde dann bei der Main-Neckar-Bahn ebenfalls die Westinghouse-Henry-Bremse oder wie sie auch genannt wurde, die Westinghouse-Doppelbremse eingeführt, nachdem dies bereits bei den badischen Staatsbahnen geschehen war. Auch andere Verwaltungen wie z.B. die PLM, die Gotthardbahn, die Schweizer Bundesbahnen führten die Westinghouse-Henry-Bremse (Westinghouse-Doppelbremse oder auch nichtselbsttätige Westinghouse-Bremse) ein. Diese ermöglichte dann auf Gefällestrecken die mehrmalige aufeinanderfolgende Auslösung des Bremsvorgangs, wodurch die Fahrgeschwindigkeit eines Zuges beliebig und ständig geregelt werden konnte. Der Einbau erfolgte in die Wagen (ganz oder teilweise*) folgender Gruppen: 1, 2, 2', 4, 5, 6, 7, 8, 10, 61a*, 62, 66*, 68, 70, 72a, 74*, 74a, 75, 76, 76a, 77, 78, 79, 79a, 79b, 79c, 79d, 80, 81, 82, 85a, 85b, 86, 94', 94a, 105*, 106*, 110a, 111, 111a, 111b, 122, 122a, 125, 133b, 133c, 133d, 134.

2.4.8.3.2.4 Kunze-Knorr-Bremse

Nachdem im Jahre 1908 in Preußen die Kunze-Knorr-Bremse eingeführt worden war, die für Gefällestrecken allerdings nicht geeignet war, entschloß man sich in Baden ebenfalls zur Einführung dieser Bremse, die jedoch zusätzlich zur Westinghouse-Bremse eingebaut wurde. Die 1918 gelieferten D-Zugwagen III. Klasse CCü (Gruppe 111b) und die damals gelieferten Abteilwagen III. Klasse C3 (Gruppe 55b) besaßen neben der Westinghouse-Bremse bereits eine werksseitig eingebaute Einkammerbremse Kunze-Knorr und eine entsprechende Umschaltmöglichkeit von der Westinghouse-Bremse auf die Kunze-Knorr-Bremse, die damals bei Güterzügen eingeführt wurde. Bei den Abteilwagen befand sich der Stellhebel am Langträger unterhalb des Abteils „F". In den 20er Jahren erhielten einige C4ü der Gruppe 111b zusätzlich eine Kunze-Knorr-Bremse S und einige Pw4ü der Gruppe 133d eine Kunze-Knorr-Bremse P.

2.4.8.3.3 Vakuum-Bremse

Die Luftsaugebremse nach dem System Hardy war um die Jahrhundertwende nur in wenigen Wagen (Gruppe 2, 2', 8, 79, 134) vorhanden, die damit auch auf solche Bahnen übergehen konnten, die mit diesem Bremssystem ausgerüstet waren (z.B. Österreich). Die Vakuum-Bremsen haben den Nachteil, daß sie bei einer Zugtrennung nicht sicher den Bremsvorgang selbsttätig auslösen. Eine Reihe von Salonwagen (Gruppe 3, 4, 5, 6, 7, 10) und Abteilwagen I./II. Klasse (Gruppe 20) wurde 1892 zum Übergang auf Bahnen, bei denen die Hardy-Bremse eingeführt war, mit einer entsprechenden Bremsleitung ausgestattet.

3 Betrieb

Sobald ein Reisezugwagen in den Wagenbestand einer Verwaltung übernommen ist, beginnt dessen Betreuung und in der Regel auch dessen Einsatz. Jeder Reisezugwagen stellt ein hochwertiges Wirtschaftsgut dar, dessen Beschaffungskosten sich im Laufe der Jahre amortisieren sollen. Hierzu ist während der gesamten Einsatzzeit ein möglichst dauernder Einsatz anzustreben. Um die Einsatzfähigkeit zu gewährleisten, ist eine ständige Betreuung notwendig.

3.1 Betreuung der Wagen

Der mehrere tausend Einheiten umfassende Wagenpark der badischen Staatsbahnen, erforderte eine Betreuung wie bei jeder Eisenbahnverwaltung, die mit der Beschaffung begann und mit der Ausmusterung endete.

3.2 Beschaffung

Sämtliche Reisezugwagen der badischen Staatsbahnen wurden ebenso wie auch deren Güterwagen mit Ausnahme der Privatwagen nach Entwürfen und Vorgaben hergestellt, die vom Maschinentechnischen Büro der Generaldirektion der Großh. Badischen Staatseisenbahnen in Karlsruhe ausgearbeitet wurden. Die Waggonbauindustrie und die Hersteller von Ausrüstungsgegenständen wie beispielsweise Bremsen, Beleuchtungen, Heizungen, etc. traten immer an das Maschinentechnische Büro heran und führten technische Neuerungen vor, die oftmals dann versuchsweise eingesetzt und bei Bewährung schließlich auch eingeführt wurden. Auch die badischen Staatsbahnen waren im Verein deutscher Eisenbahn-Verwaltungen vertreten, in dem sich die Mitglieder ständig über die Fortschritte auf dem Gebiet des Eisenbahnwesens informierten, Erfahrungen untereinander austauschten und auch die gemeinsame Einführung von technischen Verbesserungen vereinbarten. Zu einer Einführung von Reisezugwagen, die nach einheitlichen Grundsätzen verbindlich für sämtliche Länderbahnverwaltungen konzipiert waren, konnte man sich jedoch damals nicht entschließen. Für die Güterwagen hatte dagegen der Deutsche Staatsbahn-Wagenverband bereits seit dem 1. April 1909 für das gesamte Reichsgebiet elf einheitliche Grundbauarten festgelegt, während eine derartige Vereinheitlichung der Wagenbauarten der Reisezugwagen infolge des Festhaltens an den eigenen typischen Reisezugwagen auf Seiten der Länderbahnverwaltungen damals noch nicht gelang.

Nach dem Übergang der Länderbahnen auf das Deutsche Reich zum 1. April 1920 und der Gründung der Deutschen Reichsbahn setzte das Reichsverkehrsministerium mit Erlaß vom 19. November 1920 einen Ausschuß für Personen-, Post- und Gepäckwagen ein, in dem auch ein Vertreter der Reichsbahndirektion (RBD) Karlsruhe saß, die als Nachfolgerin der Generaldirektion der Großh. Badischen Staatseisenbahnen im Gegensatz zu den Reichsbahndirektionen in Preußen ebenso wie beispielsweise Württemberg und Bayern noch eine größere Selbstständigkeit besaß. Einen Monat später wurde ein „Ausschuß für die Vereinheitlichung der Personen- und Gepäckwagen" eingesetzt, der Ende 1920 zum ersten Mal zusammentrat. Eine derartige Vereinheitlichung war zwingend notwendig, befanden sich doch im Bestand der neuen Deutschen Reichsbahn 91 verschiedene Bauarten der Personenwagen mit über 200 unterschiedlichen Ausführungen. Die Reichsbahndirektionen der früheren Länderbahnverwaltungen wollten natürlich ihre Selbstständigkeit bei der Entscheidung über die neu zu beschaffenden Reisezugwagen weiterhin behalten und auch ihre bisherigen Lieferanten im gewohnten Umfang mit Aufträgen versorgen, dies ging jedoch schon aus wirtschaftlichen Gründen nicht, weshalb man sich für die ausschließliche Beschaffung von Einheitswagen für die gesamte Deutsche Reichsbahn entschloß. Der Wagenmangel und die benötigte Planungszeit für die Einführung der Einheitswagen zwang die Verwaltung der Deutschen Reichsbahn jedoch, für eine Übergangszeit bis 1923/24 noch Bauarten der Länderbahnzeit weiterhin zu beschaffen.

3.3 Untersuchungen

Sämtliche Einrichtungen der Eisenbahn, darunter fallen natürlich auch die Reisezugwagen, müssen zur Vermeidung von Unfällen sich stets in einem einwandfreien Zustand befinden. Zu diesem Zweck wurden auch die Reseizugwagen der badischen Staatsbahnen damals regelmäßig untersucht und gewartet. Die regelmäßigen Untersuchungen an den Reisezugwagen fanden bei den in Schnellzügen eingesetzten Wagen im Abstand von 6 Monaten und bei den übrigen Wagen im Abstand von zwei Jahren und zwar unabhängig von der Laufzeit statt, bzw. spätestens nach 3 Jahren nach der ersten Inbetriebnahme. Durchgeführt wurden diese Arbeiten in den Unterhaltungs- oder Betriebswerkstätten für Personenwagen und Gepäckwagen. An diesem Rhythmus wurde auch bei der Deutschen Reichsbahn weiterhin festgehalten. Die Unterhaltungswerkstätten der bad. Staatsbahnen befanden sich in:

Freiburg
Haltingen
Heidelberg
Karlsruhe (Hauptwerkstätte)
Konstanz
Lauda
Mannheim
Offenburg
Villingen

Der Untersuchungsvermerk bestehend aus dem Ortsnamen und dem Datum und wurde in gelber oder auch in weißer Farbe auf dem Langträger vermerkt. In der Hauptwerkstätte in Karlsruhe wurden neben den Umbauten auch Neubauten von Reisezugwagen durchgeführt.

3.4 Pflege

Die im Betrieb befindlichen Reisezugwagen wurden täglich einer Hauptreinigung unterzogen und zwar je nach Auslastungsgrad eines Zuges mindestens nach der Rückkehr jeweils in den Heimatbahnhof. Neben dieser Hauptreinigung wurde auch noch erforderlichenfalls eine Zwischenreinigung im Endbahnhof, also vor der Rückkehr eines Zuges zum Heimatbahnhof durchgeführt. Die nicht ständig benötigten Reisezugwagen wurden im Freien abgestellt und die infolge des schwächeren Verkehrsaufkommens nicht benötigten Personenwagen wurden jeweils im Winter in Wagenschuppen zum Schutz vor den Witterungseinflüssen untergestellt. Diese befanden sich in der Hauptwerkstätte in Karlsruhe und im Jahre 1907 in:

Baden-Oos
Freiburg
Heidelberg
Karlsruhe
Lahr-Stadt
Mannheim
Meckesheim
Neckarelz
Offenburg
Schaffhausen

und wurden zur Unterstellung von AB und ABi, gegebenenfalls auch von C und Ci verwendet. Die in Karlsruhe, Heidelberg und Baden-Baden stationierten A4ü wurden früher auch in den Wagenschuppen von Jagstfeld bzw. Baden-Oos untergestellt, ebenso wie die damals in Basel stationierten Speisewagen. Die in Konstanz beheimateten ABBi kamen im Wagenschuppen in Waldshut unter.

Im Jahre 1886 waren Wagenschuppen in folgenden Stationen vorhanden:

Lauda
Jagstfeld
Neckargemünd
Rastatt
Müllheim
Schwackenreuthe
Immendingen
Radolfzell
Würzburg

Die Unterhaltung der bad. Reisezugwagen erfolgte in der Hauptwerkstätte der badischen Staatsbahnen in Karlsruhe, die nach 1920 als Eisenbahnausbesserungswerk (EAW) und nach 1927 als Reichsbahnausbesserungswerk (RAW) weiterhin diese und die neu hinzugekommenen Reisezugwagen, im Jahre 1927 insgesamt 2857 Wagen, betreute. Das Ausbesserungswerk Schwetzingen hatte damals seine Unterhaltungsarbeiten an Reisezugwagen bereits während der Reichsbahnzeit eingestellt.

Einer der vier dreiachsigen Durchgangswagen AB3i von 1904 (Gruppe 72a) wurde schon in den zwanziger Jahren zu einem Bremsprüfungswagen umgebaut. Dabei wurden die Sitzbänke in den beiden Abteilräumen zweiter Klasse und die Trennwand zwischen beiden Abteilräumen entfernt. An der Wand im Hintergrund ist rechts noch eine gepolsterte Sitzbank und links die zum Seitengang führende Tür zu erkennen. Der Wagen diente offenbar auch als Unterrichtswagen, wie die Sitzbänke und Tische erkennen lassen. Aufnahme: Sammlung Jens Freese

Der Durchgangswagen III. Klasse Ci mit der Betriebsnummer „50 069 Karlsruhe" war zuletzt in Radolfzell stationiert und wurde im Jahre 1929 ausgemustert. Im Februar 1931 diente er in Karlsruhe-Durlach als Objekt für eine Rettungsübung, in deren Rahmen bei einem Unfall verletzte Reisende aus dem Wagen zu bergen waren. Aufnahme: Sammlung Jens Freese

Ein ehemaliger Durchgangswagen III. Klasse Ci wird nach seinem Ausscheiden aus dem Bestand der Reisezugwagen als Bauzugwagen weiter verwendet. Aufnahme: Sammlung Jens Freese

3.5 Umbauten

Veränderte betriebliche Anforderungen, Fortschritte in der technischen Entwicklung, Veränderungen im Verhalten der Reisenden im Hinblick auf die Benutzung der einzelnen Klassen, Tarifreformen, usw. erforderten immer wieder Umbauten der Reisezugwagen, die hauptsächlich von der Hauptwerkstätte in Karlsruhe jedoch auch von den Waggonfabriken durchgeführt wurden. Auf diese Weise wurde auch der materielle Wert des Wagenparks erhalten und oftmals Neuanschaffungen vermieden. Dies war besonders nach dem Ersten Weltkrieg der Fall, als die Deutsche Reichsbahn infolge der Reparationslasten kaum Geldmittel für eine grundlegende Erneuerung des Wagenparks zur Verfügung hatte.

3.6 Ausmusterung

Bei der Inbetriebhaltung der Reisezugwagen war bei sämtlichen Verwaltungen eine Regel-Lebensdauer von rund 40 Jahren üblich. Man konnte davon ausgehen, daß bei einem Wagen nach dieser Zeit dessen Anschaffungspreis und die Unterhaltungskosten sich durch die Betriebseinnahmen amortisiert hatten, zumal nach einer solchen Zeitspanne eine weitere Unterhaltung infolge der steigenden Aufwendungen sich auch nicht mehr lohnte und schließlich der Wagen von der weiteren technischen Entwicklung im Waggonbau auch überholt und damit nicht mehr zeitgemäß war, um nur einige Beispiele zu nennen. Am leichtesten war noch die rechtzeitige Ausmusterung von Salonwagen gefallen, während Personenwagen oftmals

Bei dem Eisenbahnunglück im Bahnhof Heidelberg-Karlstor, das am 17. Oktober 1900 geschah, wurde dieser Durchgangswagen III. Klasse Ci stark in Mitleidenschaft gezogen. Mit Hilfe eines Krans soll der Wagen wieder lauffähig gemacht werden, wobei allerdings nicht sicher ist, ob der Wagen wieder aufgearbeitet wurde. Im Hintergrund ist ein Wagen für den Vorortverkehr mit Schutzwand zu sehen. Aufnahme: Stadtarchiv Heidelberg

nach einem Umbau in eine niedrigere Klasse weiterhin im Dienst standen. Die Ausmusterung eines Reisezugwagens bedeutete nun nicht immer unbedingt auch sofort dessen Zerlegung. Viele alte Gepäckwagen (Gruppe 123) wurden in Personalwagen (Güterzuggepäckwagen) und Personenwagen wurden in Bahndienstwagen (z.B. Gruppe 62, 72a) umgebaut. Gepäckwagen wurden darüber hinaus oftmals weit über die vorgesehene Zeit im Betrieb gehalten. Es ist jedoch erstaunlich, wie oft bereits zur Länderbahnzeit in Baden, wie auch bei den anderen Verwaltungen, von diesem Grundsatz oftmals abgegangen wurde. Besonders nach dem Ersten Weltkrieg, der infolge der Ablieferungen von nahezu 1/7 des gesamten Wagenbestandes der badischen Staatsbahnen einen großen Wagenmangel hervorgerufen hatte und durch die nachfolgende allgemeine wirtschaftliche Situation, die die Beschaffung neuer Reisezugwagen verhinderte, wurden in Baden viele Reisezugwagen weit über die vorgesehene Lebensdauer im Einsatz gehalten. Die Lage der Eisenbahnen wurde durch die eisenbahnfeindliche Verkehrspolitik im Dritten Reich dann auch nicht besser. Von der Zeit nach dem Zweiten Weltkrieg ganz zu schweigen, in der diese Verkehrspolitik weiterhin fortgesetzt wurde. Schon während des Zweiten Weltkrieges konnte von einer planmäßigen Unterhaltung kaum noch die Rede sein. Durch die alliierten Luftangriffe wurden viele Reisezugwagen zerstört oder beschädigt. Kurz nach Ende des Zweiten Weltkrieges standen viele beschädigte oder ausgeplünderte Reisezugwagen in den Ausbesserungswerken und warteten auf die notwendigen Reparaturen. Da die Kapazität der Ausbesserungswerke oftmals nicht ausreichte, wurde auch die Waggonbauindustrie zu Reparaturarbeiten herangezogen. Oft nur notdürftig zusammengeflickt wurden die Wagen dann wieder auf die Reise geschickt. Infolge der geringen zulässigen Höchstgeschwindigkeit auf sämtlichen Strecken war das in den ersten Jahren kurz nach dem Krieg auch zu verantworten, denn es herrschte damals ein großer Mangel an Reisezugwagen. Dies war auch der Grund, weshalb nach dem zweiten Weltkrieg viele Reisezugwagen der früheren Länderbahnen weit über ihre vorgesehene Lebenszeit im Einsatz gehalten wurden. Große Reparaturen an den Wagen badischer Bauarten wurden insbesondere wegen des Holzaufbaus des Wagenkastens allerdings nicht mehr vorgenommen. Bei Reisezugwagen, die durch einen Unfall beschädigt wurden, wurde zunächst geprüft, ob die Reparaturkosten im Hinblick auf das Alter des Wagens sich überhaupt noch lohnten. Bei kleineren Schäden wurde wohl meistens eine Reparatur durchgeführt, während bei größeren Schäden in der Regel eine Zerlegung erfolgte, wobei sämtliche noch brauchbaren Teile wie beispielsweise Radsätze, Achshalter, Puffer, Lampen, usw. bei der Hauptwerkstätte eingelagert wurden und oftmals wieder verwendet wurden.

3.7 Heimatbahnhöfe

Jeder Reisezugwagen war einer Station fest zugeordnet, die die Reisezugwagen im Rahmen der Zugbildung im engeren oder auch weiteren Bereich einsetzte. Die Station war auch für die Reinigung der Wagen und für die Versorgung der Gasbeleuchtung mit Brennstoff zuständig. Es konnte jedoch auch der Fall sein, daß ein Wagen für eine kurze Zeit an eine andere Station verliehen wurde, z.B. für die saisonbedingte Bildung von Sonderzügen. Umstationierungen fanden je nach Bedarf statt, oftmals im Rahmen einer Hauptuntersuchung in der Hauptwerkstätte in Karlsruhe oder auch nach Umbauten.

Die Überführung der Wagen zur Hauptwerkstätte, bzw. zum neuen Heimatbahnhof, sollte dabei immer in Regelzügen erfolgen, um unnötige Kosten für Leerfahrten zu vermeiden. Mit dem weiteren Ausbau des Streckennetzes kamen weitere Heimatbahnhöfe hinzu, während andere aus betrieblichen Gründen wegfielen. Der Name des Heimatbahnhofs war auf dem Langträger vermerkt und wurde zunächst in weißer Schrift und ab 1920 in schwarzer Schrift auf einer weißen rechteckigen Fläche angeschrieben. Zur Information der betreffenden Stellen wurde regelmäßig eine sogenannte „Stationierungstabelle“ herausgegeben, die unter dem jeweiligen Heimatbahnhof die Gattungsbezeichnung und die Betriebsnummer der Reisezugwagen enthielt und die bis zum Erscheinen der nächsten Stationierungstabelle durch entsprechende Nachträge immer wieder ergänzt wurde.

Aufstellung der Heimatbahnhöfe:

Appenweier *
Baden-Baden (bis 1909) *
Baden-Oos (ab 1910)
Basel (bad. Bhf)*
Bruchsal *
Denzlingen
Durlach
Eberbach
Eppingen (ab 1910)
Freiburg *
Haltingen (ab 1920)
Hausach * (ab 1907)
Heidelberg *
Jagstfeld
Karlsruhe *
Konstanz *
Krauchenwies * (ab 1907)
Lahr (1906-1910)
Lahr Stadt * (ab 1911)
Lauda *(1937 zur RBD Stuttgart)
Lörrach * (ab 1913)
Mannheim *
Mimmenhausen-Neufrach *(1906)
Neckarelz *
Offenburg *
Osterburken *
Oberuhldingen-Mühlhofen (ab 1914)
Pforzheim *
Pfullendorf (ab 1905?)
Radolfzell *
Rastatt *
Schaffhausen *
Schopfheim *
Schwackenreuthe
Seckach * (ab 1912)
Singen *
Sinsheim *
Tauberbischofsheim * (ab 1914)
Villingen *
Waldshut * (ab 1911)
Waldürn * (ab 1911)
Würzburg

* Heimatbahnhöfe der RBD Karlsruhe (Stand: Mai 1929)

3.8 Einsatz

Die Verwendung der Reisezugwagen beschränkt sich nicht nur auf deren Bereitstellung durch die Verwaltung, diese muß auch den Einsatz der Wagen in den Zugläufen organisieren. Hierunter fallen nicht nur die regelmäßig nach Fahrplan verkehrenden Züge, sondern auch die Bereitstellung von Sonderzügen, Kurswagen, Verstärkungszügen, usw.

Grundlage für die Bildung von Zügen ist der Zugbildungsplan, der die Anzahl, Gattung und nach Möglichkeit auch die Nummer der Reisezugwagen enthält. Dabei wird je nach Lauf und Art der Benutzung folgende Unterscheidung getroffen:

1. Stammwagen
   Dies sind Wagen, die auf der gesamten Strecke regelmäßig verkehren.

2. Kurswagen
   Kurswagen sind solche Wagen, die von einem Zug abgetrennt werden und auf eine Anschlußstrecke übergehen, bzw. von einer solchen in einen Zug übernommen werden.

3. Beiwagen
   Wagen die außerhalb des Stamms täglich oder an bestimmten Tagen auf Teilstrecken verkehren, werden als Beiwagen bezeichnet.

4. Reservewagen
   Dies sind solche Wagen, die nicht als Stamm-, Kurs- oder Beiwagen im Zugbildungsplan regelmäßig zugeteilt sind. Sie dienen zur Verstärkung von Zügen oder auch als Ersatz für schadhafte oder untersuchungspflichtige Wagen.

In den ersten vierzig Jahren wurden in Baden die normalen Personenzüge und die sogenannten Schnellzüge aus den gleichen Reisezugwagen gebildet, wobei die Reisegeschwindigkeit der Schnellzüge in erster Linie wegen der geringeren Anzahl der Unterwegshalte entsprechend höher war. Erst mit Steigerung der zulässigen Höchstgeschwindigkeit im Zusammenhang mit der Einführung der Lenkachsen konnte die Reisegeschwindigkeit der Schnellzüge beträchtlich gesteigert werden. Ab Mitte der neunziger Jahre des vorigen Jahrhunderts wurden dann die sogenannten D-Zugwagen eingeführt, die meistens vierachsig oder außerhalb von Baden auch dreiachsig ausgeführt waren. Durch ihre große Laufruhe war eine weitere Steigerung der Reisegeschwindigkeit möglich, so daß bereits 1907 nur noch solche Wagen für Schnellzüge verwendet werden durften, die sich im besten Zustand befanden, eine durchgehende Bremse und Aborte besaßen. Zweiachsige Wagen durften damals schon überhaupt nicht mehr und dreiachsige Wagen sollten nach Möglichkeit nicht mehr in Schnellzüge eingestellt werden. Bei dreiachsigen Gepäckwagen waren Ausnahmen vorgesehen, solange vierachsige Gepäckwagen in noch nicht ausreichender Anzahl vorhanden waren. Wagen ohne Faltenbälge für die Übergänge durften nur am Anfang oder Ende eines Zuges, bestehend aus Reisezugwagen mit geschlossenen Übergängen, eingestellt werden. Fremde und leere Wagen, die nicht im Verband eines regelmäßigen Zuges verkehrten, waren unverzüglich der Heimatstation oder dem Heimatbezirk zurückzusenden. Leere Schlaf-, Salon- und Speisewagen, sowie für den durchgehenden Verkehr bestimmte Personenwagen sollten mit Personen- oder Eilgüterzügen und falls möglich auch mit Schnellzügen befördert werden. Leere Personen- und Gepäckwagen waren mit Personenzügen zu befördern, wenn geeignete Güterzüge nicht zur Verfügung standen. Der Beförderungsweg wurde mit unverkürztem Namen mit Kreide auf die Trittbretter geschrieben. Leere Reisezugwagen waren immer abgeschlossen zu halten, solange sie in Güterzügen befördert wurden oder auf Stationen ungenutzt standen.

3.9 Schutzwagen

Nach den bis 1933 gültigen Fahrdienstvorschriften war zur Sicherung der Reisenden die Einstellung eines Schutzwagens hinter der Lokomotive vorgeschrieben, da man der Meinung war, daß die Reisenden im ersten Wagen bei einem Unfall besonders gefährdet seien. Da ohnehin in der Regel der Gepäckwagen mit dem Zugführer hinter der Lokomotive lief, übernahm dieser die Funktion des Schutzwagens. Es konnte jedoch auch der Fall eintreten, daß beispielsweise bei durchgehenden Zügen auf dem Streckenabschnitt Heidelberg – Mannheim, wo sich nach zweimaligem Kopfmachen der Gepäckwagen nach einer kurzen Strecke erst wieder an der Zugspitze befand, der an der Zugspitze zwischen Heidelberg und Mannheim befindliche Personenwagen für die Reisenden gesperrt wurde.

Ab 1933 wurde es dann für ausreichend gehalten, wenn bei Reisezügen mit einer Geschwindigkeit von über 50 km/h das vorderste Abteil des ersten Wagens von Reisenden als sogenanntes Schutzabteil freigehalten wurde.

4 Besonderheiten des Wagenparks

Wie jede Eisenbahnverwaltung, so hatten auch die badischen Staatsbahnen eine Reihe von Reisezugwagen in ihrem Bestand, die für besondere Zwecke im Rahmen des Reiseverkehrs oder auch darüber hinaus gesehen, in besonderen Fällen im Rahmen der Beförderung von Menschen auf der Schiene benötigt wurden.

4.1 Schlafwagen

In den Nachtzügen zwischen Basel und Frankfurt (M) setzten die bad. Staatsbahnen und die Main-Neckar-Bahn (M-N-B) gemeinsam je zwei dreiachsige Schlafwagen (M-N-B Nr. 79 und 80) ab 30.

September 1877 ein, wobei die badischen Wagen in Basel stationiert waren. Die Wagen waren von Gastell, Mainz, geliefert worden und besaßen 12 Betten, die sich in zwei Abteilen mit jeweils 2 Betten (I. Klasse) und in zwei Abteilen mit jeweils 4 Betten (II. Klasse) befanden. Die Schlafwagen besaßen ein Laternendach, hatten einen Achsstand von 5,9 m und waren mit einem Waschraum (Cabinet), einem Abortraum und mit einer Dampfheizung ausgestattet. Weiterhin war ein Weißzeugschrank für die Bettwäsche und ein Sitz für den Wagenbegleiter (Wärter) vorhanden. Als in der Nacht vom 15./16. April 1894 dann die Eisenbahnschlafwagen-Gesellschaft erstmalig den Schlafwagenbetrieb mit eigenen Wagen auf der Strecke Basel – Frankfurt (M) übernahm, wurden die beiden Wagen mit den badischen Betriebsnummern 6606 und 6607 nicht mehr benötigt und im März 1895 in der Hauptwerkstätte in Karlsruhe in Abteilwagen I. Klasse mit Klappen zur Bezeichnung der II. Klasse (AB3) umgebaut und in Baden-Baden stationiert. Sie waren dann auch auf der französischen Ostbahn im Einsatz und waren hierfür mit einem erforderlichen elektrischen Notsignal ausgerüstet worden. Beide Wagen wurden noch vor 1902 ausgemustert.

4.2 Speisewagen

Zusammen mit den in Jahren 1896/97 beschafften D-Zugwagen I./II. Klasse ABBü (Gruppe 77) kamen auch drei D-Zugwagen I./II. Klasse ABBü mit Kücheneinrichtung (Gruppe 76), sogenannte „Buffetwagen“ in den Bestand der badischen Reisezugwagen,

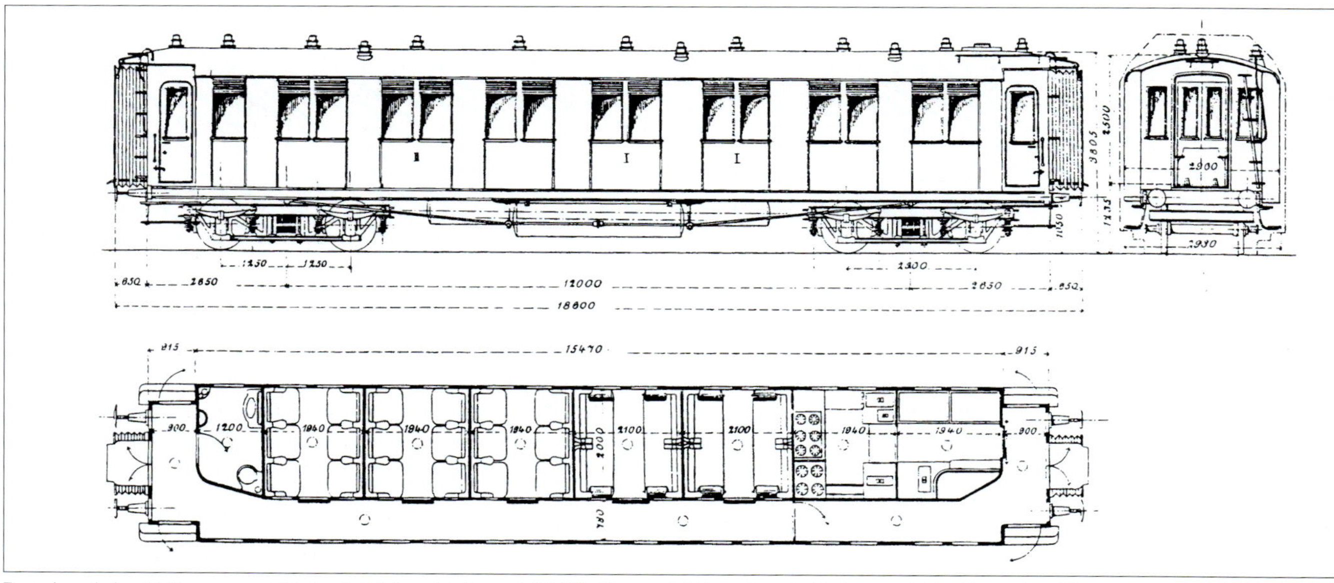

Der vierachsige D-Zugwagen ABBü mit Küchenabteil von 1896/97 (Gruppe 76) besaß an Stelle der zwei Abteile zweiter Klasse (siehe ABBü von 1896/98 der Gruppe 77) eine Küche, bestehend aus einem Küchenraum und einem Anrichtraum, der durch eine Tür vom Vorplatz zugänglich war. Die Tiefe beider Räume betrug jeweils 1.940 mm und entsprach damit ungefähr auch den Abmessungen bei den preuß. ABBü mit Küchenabteil von 1893 bzw. 1894. Die Flügeltür im Seitengang, die bei den ABBü von 1896-98 (Gruppe 77) zwischen den beiden Abteilen erster Klasse angeordnet war, befand sich bei den badischen ABBü mit Küchenabteil zwischen dem einen Abteil erster Klasse und dem Küchenabteil, eine Anordnung, die auch bei den genannten preuß. D-Zugwagen mit Küchenabteil zu finden war.

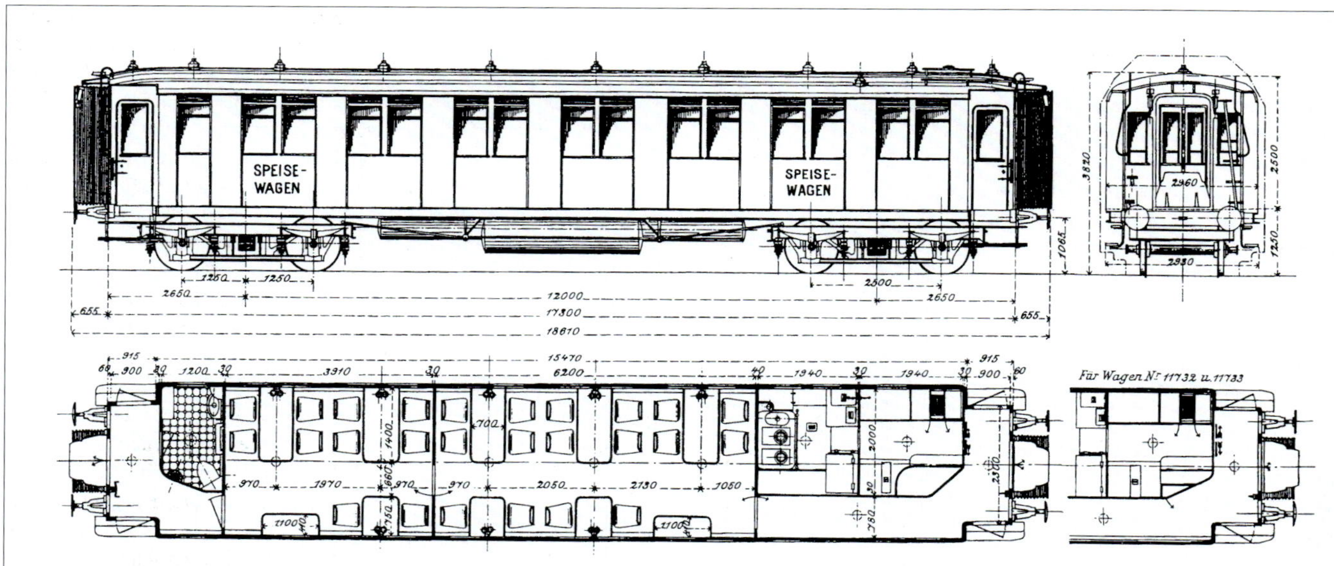

Im Rahmen des Umbaus vom D-Zugwagen mit Küchenabteil zum Speisewagen wurden nicht nur sämtliche Abteile mit ihrer Inneneinrichtung entfernt, sondern auch die Kücheneinrichtung modernisiert, die Flügeltür im Seitengang durch eine Pendeltür und die Tür vom Anrichtraum zum Vorplatz durch eine Schiebetür mit zwei Flügeln ersetzt. Der Speiseraum wurde durch eine Trennwand mit Pendeltür in zwei Räume geteilt, wobei der größere Raum 16 und der kleinere Raum 10 Plätze aufwies. Vom Fassungsvermögen und auch von den Abmessungen der Küche her gesehen, lagen die badischen Speisewagen damit unter dem Standard der damaligen Speisewagen. Der Umbau des Abortraums, bei dem das Urinal entfernt und der Fußboden mit Mettlacher Kacheln belegt wurde, erfolgte erst 1908/09. Nach dem Umbau im Jahre 1902 wurden die drei Wagen in der Gruppe 79b und ab 1904 in Gruppe 80' geführt.

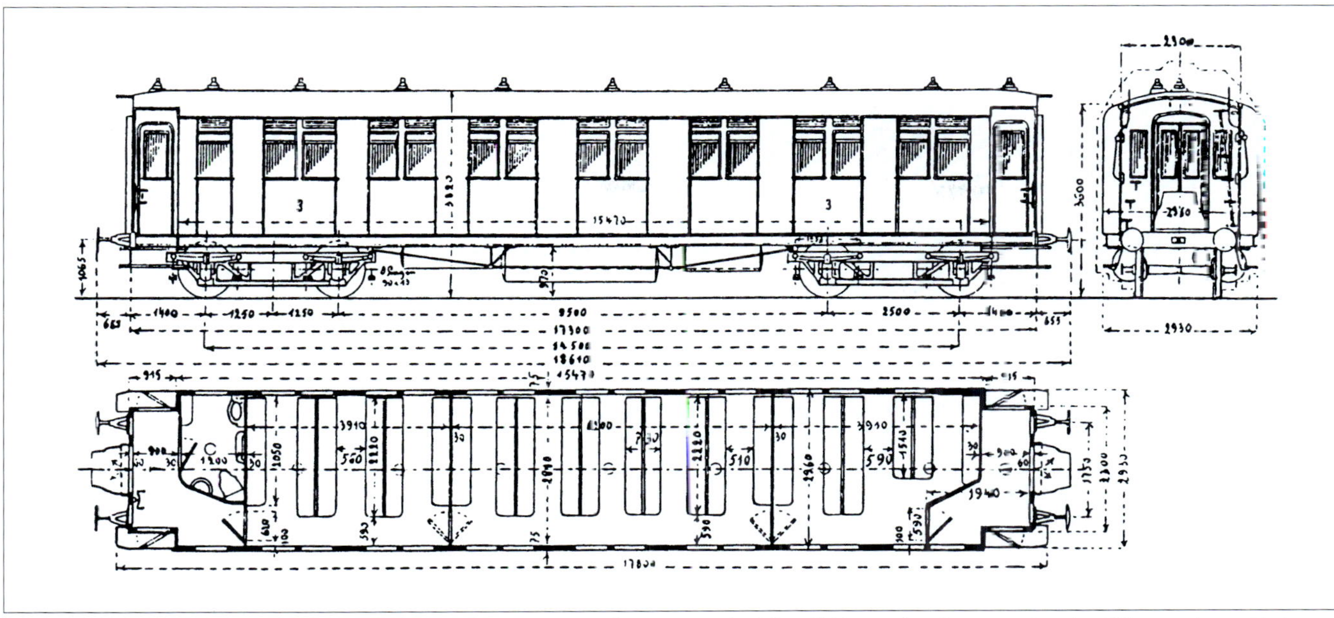

Nachdem die Lübeck-Büchener Eisenbahn (L-B-E) die drei badischen Speisewagen im Jahre 1919 erworben hatte, wurden sie völlig umgebaut, dabei wurde die gesamte Inneneinrichtung bis auf den Abortraum entfernt und 11 Abteile dritter Klasse in drei Abteilräumen eingebaut, die durch Trennwände mit Pendeltüren abgeteilt wurden, die Abteiltiefe betrug 1.300 mm. Die Abteile waren zum Seitengang offen, der eine Breite von 590 mm hatte. Die Wagen boten nach dem Umbau 104 Sitzplätze, hatten ein Gewicht von 33.700 kg und behielten ihre ursprüngliche Gasbeleuchtung, die Westinghouse Bremse und die Spindelbremse.
Skizze: Sammlung Hermann Hoyer

nachdem die preuß. Staatsbahn von Baden für die Bildung einer bewirtschafteten Wagengruppe mit Kurswagen anstelle des bisher von Riffelmann bewirtschafteten Büffetwagens zwischen Berlin und Frankfurt (M) im D-Zugpaar 12/1 gefordert hatte. So wurden diese dann erstmalig ab 1. März 1897 im D-Zugpaar 12/1 Basel – Friedrichsfeld – Frankfurt (M), dann als Zugpaar 2/1, Frankfurt (M) – Hanau – Bebra – Erfurt – Berlin (Anh. Bhf) in einer besonderen Abteilung des Zuges eingesetzt. Die drei Wagen unterschieden sich von den ABBü der Gruppe 77 nur darin, daß an dem einen Wagenende das Abteil mit fünf Plätzen II. Klasse und das benachbarte Abteil mit sechs Plätzen II. Klasse entfallen waren und statt dessen in den beiden Räumen die Küche und die Anrichte eingerichtet wurden. Die Anrichte war vom Vorplatz durch eine Schiebetür zugänglich. In der Küche der wiederum von Riffelmann (seit 1870 Pächter der Bahnhofswirtschaft in Halle an der Saale) bewirtschafteten badischen Büffetwagen wurden warme und kalte Speisen zubereitet, die zusammen mit Getränken in den Abteilen sämtlicher D-Zugwagen dann serviert wurden. Später erfolgte die Bewirtschaftung durch die Deutsche Eisenbahn-Speisewagen-Gesellschaft (DESG). Nachdem Speisewagen der (DESG) die Buffetwagen auf der Strekke Basel – Berlin ab 1. Juli 1899 abgelöst hatten, kamen die Buffetwagen auf der Strecke Mannheim – Berlin bis zum 1. Mai 1901 zum Einsatz. Schon bald zeigte sich aber, daß das Konzept der D-Zugwagen mit Küchenabteil sich nicht bewährt hatte, worauf im Jahre 1902 die drei Wagen in echte Speisewagen (Gruppe 80') umgebaut wurden und ab 1904 von der ISG gepachtet in einem Schnellzugpaar auf der Schwarzwaldbahn zwischen Karlsruhe und Konstanz bis 1914 im Einsatz standen. Als die Verwaltung der badischen Staatsbahnen 1905 mit der ISG einen Vertrag abschloß, nach dem diese das alleinige Recht zum Betreiben von Schlaf- und Speisewagen auf dem badischen Streckennetz erhielt, hatten auf längere Sicht die drei badischen Speisewagen keine Zukunft mehr, da die ISG ihre eigenen Fahrzeuge einsetzte. Mit der Gründung der MITROPA im Jahre 1916 sollten die drei badischen Speisewagen auf die neue deutsche Schlaf- und Speisewagengesellschaft übergehen, dies ist jedoch nicht erfolgt, worauf im Jahre 1919 die drei Speisewagen aus dem Wagenbestand der badischen Staatsbahnen ausschieden und an die Lübeck-Büchener Eisenbahn (L-B-E) verkauft wurden. Nach einem Umbau in der Zentralwerkstatt der L-B-E in C4ü waren diese dann noch jahrelang im Einsatz, befanden sich 1930 jedoch nicht mehr im Bestand.

WR4ü Baden 11 732 – C4ü LBE 451
WR4ü Baden 11 733 – C4ü LBE 452
WR4ü Baden 11 810 – C4ü LBE 453

4.3 Aussichtswagen

Aussichtswagen waren Personenwagen mit einem nicht mit Glasfenstern verschlossenen Raum, der sich an den geschlossenen Wagenteil anschloß und an einer Stirnseite und an beiden Seiten in Höhe der Fensterbrüstungen offen war. Derartige Aussichtswagen, auch Terrassenwagen genannt, hat es in Österreich und in Baden schon sehr früh gegeben, sie waren beim Publikum sehr beliebt und boten den Reisenden bei der damals noch geringen Geschwindigkeit der Züge die Gelegenheit, ungestört durch Fensterstege die schöne Landschaft in Baden, besonders des Schwarzwaldes zu genießen.

Zu den Aussichtswagen gehörten auch die Salonwagen I. Klasse von 1874 (Gruppen 6 und 7), die an einem Wagenende mit einer offenen und etwas längeren Plattform ausgestattet waren, über die auch der Zugang zum Innern des Wagens erfolgte.

Für die Höllentalbahn wurden zwei Aussichtswagen Bi im Jahre 1887 (Gruppe 80) beschafft, die ab September 1888 mit einem Billet zweiter Klasse und einem Zusatz-Billet für 80 Pfennige von den Reisenden benutzt werden konnten. Der eine der beiden Fahrgasträume war nur mit einer Sitzbankreihe zu beiden Seiten des Mittelgangs ausgestattet und mit Ausnahme der dort befindlichen Fenster seitlich bis zur Fensterbrüstung offen. Bei sämtlichen Sitzen bestanden Sitzfläche und Rückenlehne aus Rohrgeflecht (Rotan). Die beiden Aussichtswagen besaßen eine Zahnradbremse, und jeweils einer dieser Wagen lief am Zugschluß mit seiner Aussichtsplattform am Zugende. Sie sollen 1887/88 aus dem Umbau von Güterwagen entstanden sein. Mit dem Erscheinen der Sommerwagen Bi von 1902 (Gruppe 85a) wurden die beiden Aussichtswagen der Gruppe 80 schon bald nicht mehr benötigt, im Jahre 1903 waren sie mit ausgebauter Zahnradbremse noch vorhanden, gegen 1905 wurden sie zu normalen Durchgangswagen Ci umgebaut und in die Gruppe 93b eingereiht. Bei der Deutschen Reichsbahn trugen sie

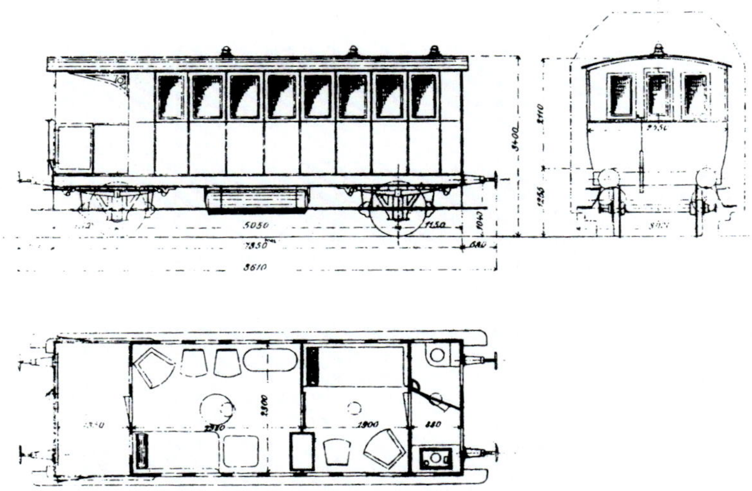

In vielen Merkmalen stimmte der Salonwagen I. Klasse von 1874 (Gruppe 6) mit dem der Gruppe 7 überein. Es fehlten aber der Oberlichtaufbau und der offene Bremsersitz auf dem Dach, stattdessen wurde die Spindelbremse von der Aussichtsplattform bedient.

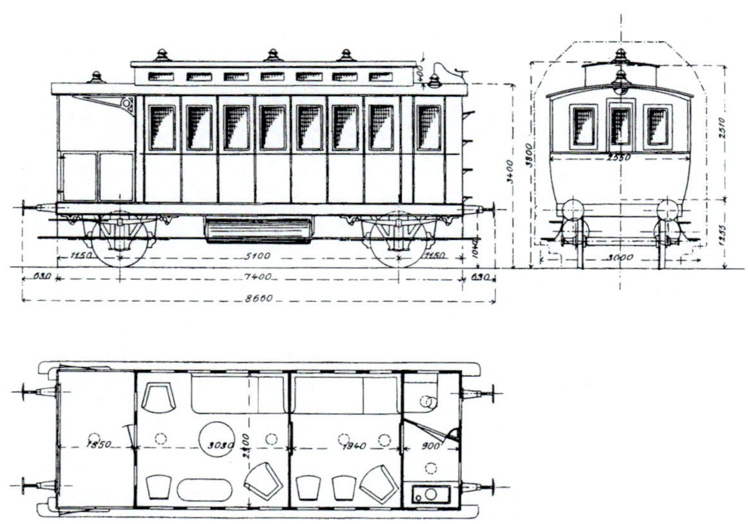

Der Salonwagen I. Klasse von 1874 (Gruppe 7, 1912 in Gruppe 3') besaß am einen Wagenende eine Aussichtsplattform, über die auch der Zutritt zum Innern des Wagens erfolgte. Die beiden Salonräume, über die sich ein Oberlichtaufbau erstreckte, waren mit Divan, Sesseln, Stühlen und einem Tisch ausgestattet. Am anderen Wagenende befand sich ein Abortraum, der von einem Vorraum mit Waschgelegenheit zugänglich war. In beiden Stirnwänden waren Fenster angeordnet, ebenso wies die Tür, die von der Aussichtsplattform zum ersten Salonraum führte, ein Fenster auf. Auf dem Dach auf der der Aussichtsplattform abgewandten Seite war ein offener Bremsersitz vorhanden. Mit dem Aufkommen der Lenkachse wurde der Achsstand auf 5.100 mm erhöht und Lenkachsen A4 eingebaut. Der Wagen hatte ursprünglich Ofenheizung, zu der später auch Dampfheizung hinzukam, ebenso wurde die Öllampenbeleuchtung später durch Gasbeleuchtung ersetzt. Neben Westinghouse- und Henry- Bremse wurde später auch eine Hardy-Bremsleitung eingebaut.

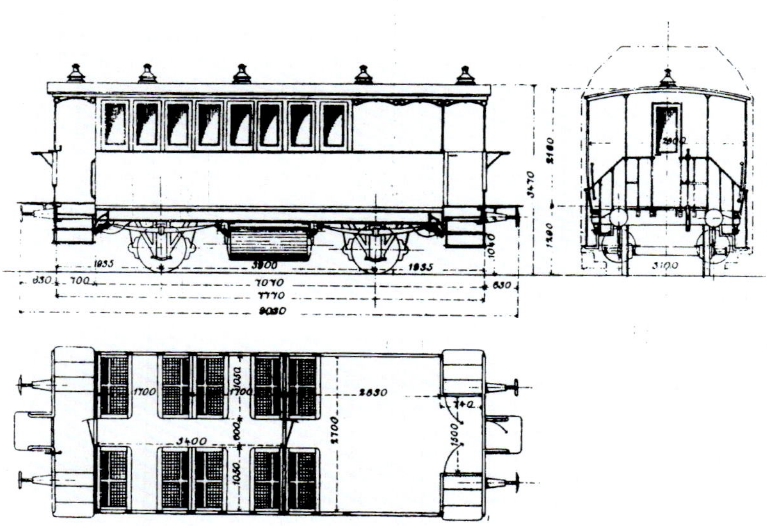

Aussichtswagen der Höllentalbahn von 1887, der ursprünglich mit Öllampenbeleuchtung, Bremszahnrad und Schmid'scher Schraubenradbremse ausgerüstet war. Nach 1900 erhielt diese Bauart Gasbeleuchtung (5 Flammen, 820 l, 42 Brennstunden) und Westinghouse Bremse und Henry Bremse (Gruppe 80).

dann die Bezeichnung Cid Bad 87 und wurden unter der Blattbezeichnung 46 geführt. Der eine Wagen wurde vor 1930 ausgemustert, während der andere Wagen noch in den zweiten Umzeichnungsplan mit der Nummer 89 759 aufgenommen wurde. Seine Ausmusterung Mitte der dreißiger Jahre bedeutete jedoch noch nicht das Ende, er diente weiter als Bauzugwagen.

4.4 Sommerwagen

Es muß bereits sehr früh sogenannte Sommerwagen in Baden gegeben haben, die (durchgehend?) keine geschlossenen Fenster hatten. Diese Wagen wurden auch als „Verandawagen" bezeichnet. Einer dieser Wagen (Baden 1384) wurde 1881 ausgemustert. Im Jahre 1876 wurden dann weitere Sommerwagen als Bi (Gruppe 85b) beschafft, bei denen die seitlichen Fenster nur durch sehr schmale Stege voneinander getrennt waren und in den Stirnwänden zu beiden Seiten der Tür ebenfalls je ein Fenster vorhanden war. Die Sitze waren nicht gepolstert, sondern Sitzfläche und Rückenlehne bestanden aus einem Rohrgeflecht (Rotan), wie dieses auch bei vielen Reisezugwagen in den Tropen bis in unsere Zeit zur Anwendung kam. Die beiden Plattformen waren seitlich durch hochklappbare Stangen gesichert und durften auch während der Fahrt betreten werden. Die drei Sommerwagen waren viele Jahre auf der Schwarzwaldbahn im Einsatz gewesen und wurden gegen 1909 in Ci (Gruppe 93g) umgebaut. Bei den genannten Wagen handelte es sich natürlich auch um Aussichtswagen, die eben nur im Sommer im Betrieb waren. Es gab jedoch auch Sommerwagen, die keine Aussichtswagen im herkömmlichen Sinne sondern normale zweiachsige Durchgangswagen II./III. Klasse waren. Es handelte sich dabei um zwei BCi mit zwei Abteilen II. Klasse und drei Abteilen III. Klasse (Gruppe: 88), bzw. um einen BCi mit drei Abteilen II. Klasse und zwei Abteilen III. Klasse (Gruppe: 89), bei denen im ersten Fall ein und im zweiten Fall zwei Abteile II. Klasse mit Rohrgeflecht versehenen Sitzen ausgestattet waren. Diese im Jahre 1880 erbauten Wagen waren im Aussehen und in den Abmessungen den 1881 erbauten BCi der Gruppe 90 sehr ähnlich, sie wurden vor 1930 ausgemustert (Gruppe: 88), bzw. in einen Ci im Jahre 1913 umgebaut (Gruppe: 93h). Ein Mittelding zwischen Aussichtswagen und Sommerwagen waren die zehn Bi von 1902 (Gruppe 85a), die zwar keine besondere Aussichtsplattform jedoch besonders breite Fenster (1.200 mm) hatten und ebenfalls nur im Sommer eingesetzt wurden. Sie waren als Großraumwagen mit Mittelgang ausgebildet. Wie manche Salonwagen hatten diese Wagen auch ein von unten belüftetes Doppeldach, eine Dampfheizung war nicht vorhanden.

Für den Einsatz auf der Schwarzwaldbahn beschafften die badischen Staatsbahnen 1876 drei Durchgangswagen II. Klasse Bi (Sommerwagen), die in die Gruppe 85b eingereiht wurden. Sie besaßen in den Stirnwänden und in der Trennwand zwischen den beiden Abteilräumen jeweils zwei Fenster beiderseits der Tür, die kein Fenster aufwies. Die Plattformen waren mit klappbaren Schutzstangen ausgestattet, weshalb der Aufenthalt dort während der Fahrt gestattet war. Die Sitze besaßen ein Rotan-Geflecht. Ursprünglich hatten die Wagen einen kurzen Achsstand, der mit dem Einbau von Lenkachsen auf 5.900 mm vergrößert wurde. Die Beleuchtung mit Öllampen wurde später durch eine Gasbeleuchtung ergänzt. Eine Heizung war nicht vorhanden. Im Jahre 1911 wurden die Wagen in Wagen dritter Klasse umgebaut (Gruppe 93g).

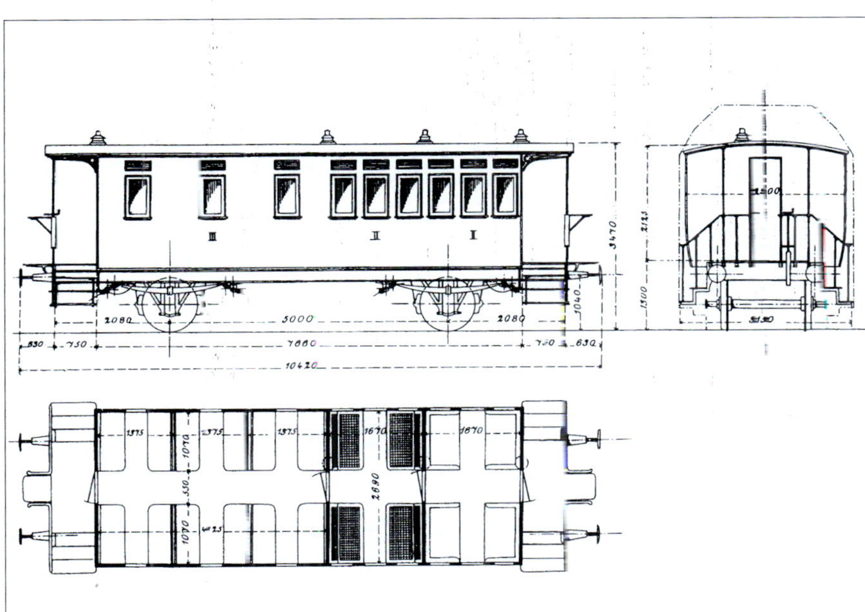

Im Jahre 1880 wurden drei Durchgangswagen II./III. Klasse BCi beschafft, die ein (Gruppe 88), bzw. zwei Abteile II. Klasse (Gruppe 89) mit Geflechtsitzen (Rotan) aufwiesen, daneben war jeweils auch noch ein Abteil II. Klasse mit Polstersitzen vorhanden. Es ist nicht bekannt, ob für die Benutzung der Abteile mit den Geflechtsitzen ein Zuschlag zum Fahrpreis zweiter Klasse erhoben wurde. Der BCi der Gruppe 89 wurde 1912 in einen Wagen III. Klasse umgebaut (Gruppe 93h).

4.5 Wagen für Zahnradstrecken

Die am 23. Mai 1887 eröffnete Höllentalbahn besaß als einzige Bahnstrecke in Baden Streckenabschnitte (Hirschsprung – Posthalde, Posthalde – Hinterzarten), deren große Steigung (max. 1:18) bis 1933 mittels Zahnstange der Bauart Riggenbach überwunden wurde. Da sich die Zahnradlokomotive auch bei der Bergfahrt an der Zugspitze befand, wurden einige Bauarten der speziell für die Höllentalbahn in den Jahren 1887 und 1888 beschafften Reisezugwagen mit einer Zahnradbremse ausgerüstet:

2 Bi (Gruppe 80)	Baden 8026 – 8027 (Aussichtwagen)
3 Bi (Gruppe 81)	Baden 8005 – 8007
3 BCi (Gruppe 86)	Baden 8008 – 8010
3 Ci (Gruppe 94)	Baden 8011 – 8013
3 Ci (Gruppe 95)	Baden 8612 – 8615
4 Pi (Gruppe 127)	Baden 8014 – 8016, 8611
2 Postwagen	(Reichspost)

Diese Wagen, die auch als „Wagen mit besonderer Verwendung" bezeichnet wurden, durften wegen des tief in das Lichtraumprofil herab reichenden Bremszahnrades nicht auf anderen Strecken außerhalb der Höllentalbahn eingesetzt werden. Umgekehrt dagegen durften andere Reisezug- und Güterwagen auf die Höllentalbahn übergehen, soweit es deren Achsstand (max. 4.500 mm) zuließ. Trotz des geringen Achsstandes von 3.900 mm bis 4.250 mm waren die Wagen mit einer Spurkranzschmiervorrichtung ausgerüstet. Neben den mit einer Zahnradbremse ausgerüsteten Reisezugwagen wurden auch noch weitere Wagen für den Einsatz auf der Höllentalbahn beschafft, die jedoch keine Zahnradbremse aufwiesen:

4 Bi (Gruppe 82)	Baden 8616 – 8619
5 Ci (Gruppe 96)	Baden 8620 – 8624

Nach den Betriebsvorschriften mußte nur eine bestimmte Anzahl der Wagen eines Zuges, darunter derjenige bei Bergfahrt am Zugende befindliche, mit einer von einem Bremser bedienten Zahnradbremse ausgerüstet sein. Der Wagenkasten der Reisezug- und Postwagen war ursprünglich nicht fest mit dem Untergestell verbunden,

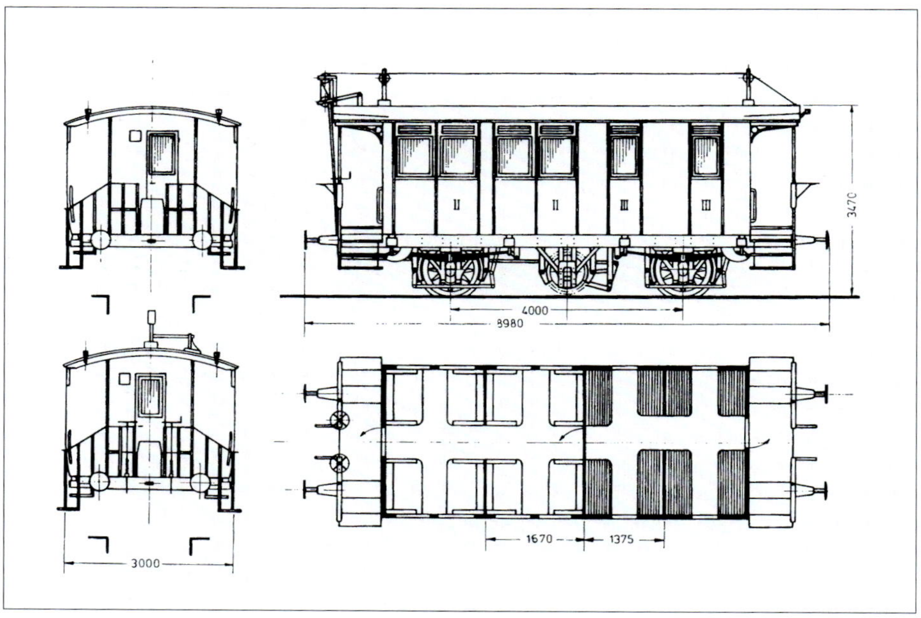

Die Durchgangswagen mit Zahnradbremse II./III. Klasse BCi (Gruppe 86) kamen 1887 in den Bestand für den Einsatz auf der Höllentalbahn. Die Wagen waren mit der Schmid'schen Schraubenradbremse, Ofenheizung und Ölbeleuchtung ausgerüstet. In jeweils zwei Abteilräumen waren je zwei Abteile zweiter, bzw. dritter Klasse untergebracht. Nach 1900 erfolgte der Ausbau der Zahnrad- und Schraubenradbremse und der Einbau der Westinghouse- und Henry-Bremse, der Dampfheizung und der Gasbeleuchtung.
Zeichnung: Jens Freese

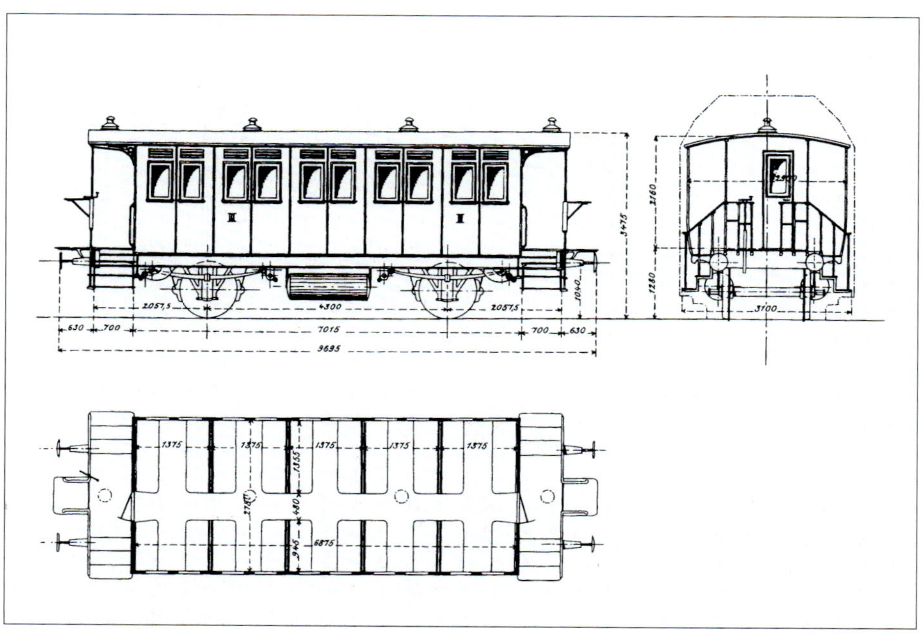

Im Jahre 1888 beschafften die badischen Staatsbahnen für die Höllentalbahn weitere Durchgangswagen dritter Klasse (Gruppe 96), die allerdings nicht mit einer Zahnradbremse ausgestattet waren, sondern lediglich die Schmid'sche Schraubenradbremse aufwiesen. Die Wagen bekamen im Winter eine Ofenheizung und besaßen zwei Öllampen, die in den Stirnwänden angebracht waren und so die Plattform und einen Teil des Abteilraums mit fünf Abteilen beleuchteten. Nach 1900 wurde die Schraubenradbremse ausgebaut, die Wagen erhielten Westinghouse- und Henry-Bremse, Dampfheizung und Gasbeleuchtung.

Für die Höllentalbahn wurden 1887 zweiachsige Durchgangswagen mit Zahnradbremse II. Klasse Bi (Gruppe 81) beschafft, die zwei Abteile und einen Abteilraum mit zwei weiteren Abteilen aufwiesen. Die Beleuchtung erfolgte durch Öllampen, die in den Stirnwänden und in den Trennwänden der Abteile eingebaut waren und das Licht nach beiden Seiten abstrahlten. Nach 1900 wurde die Zahnradbremse und die Schmid'sche Schraubenradbremse ausgebaut, die Wagen erhielten Gasbeleuchtung und Westinghouse- und Henry-Bremse. Im Jahre 1914 erfolgte der Umbau in Ci (Gruppe 93d). Im Jahre 1888 wurden weitere Durchgangswagen Bi (Gruppe 82) beschafft, die mit denen der Gruppe 81 bis auf die fehlenden Trennwände zwischen den Abteilen völlig identisch waren. Diese wurden 1914 ebenfalls in Ci umgebaut (Gruppe 93e).

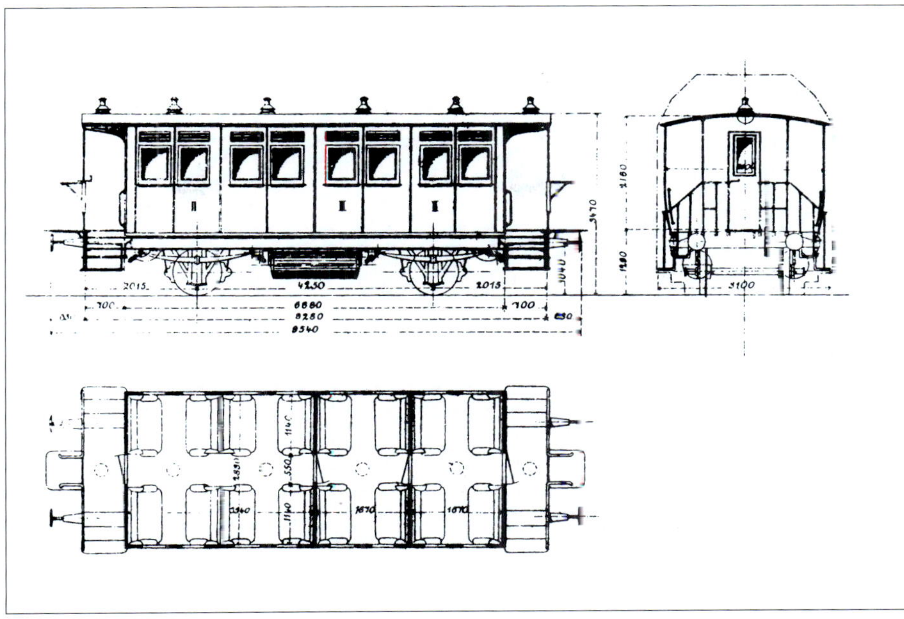

Die vier Gepäckwagen mit offenen Übergängen und mit Zahnradbremse Pi, die in den Jahren 1887/88 für den Einsatz auf der Höllentalbahn beschafft wurden (Gruppe 127), waren als einzige Wagen der Höllentalbahn mit einem Abort ausgestattet. Die Gepäckwagen dienten zur Beförderung von Expressgut, Eilgut und Kleinvieh. Der Radstand betrug 4.000 mm, die Gepäckwagen besaßen eine äußere Holzbeplankung, Ölbeleuchtung und Ofenheizung. Im Gegensatz zu den damaligen Gepäckwagen der badischen Staatsbahnen hatten die Gepäckwagen der Höllentalbahn keinen erhöhten Sitz für den Zugführer sondern am einen Wagenende seitliche Vorbauten, die mit ihrer Breite von 3.100 mm den lichten Raum voll ausnutzten. Da der übrige Wagenkasten nur eine Breite von 2.600 mm hatte, konnte durch die Fenster der Vorbauten seitlich am Gepäckwagen vorbei die Strecke beobachtet werden. Nach 1920 erfolgte der Umbau der Wagen zu PwPosti (Blatt 149).

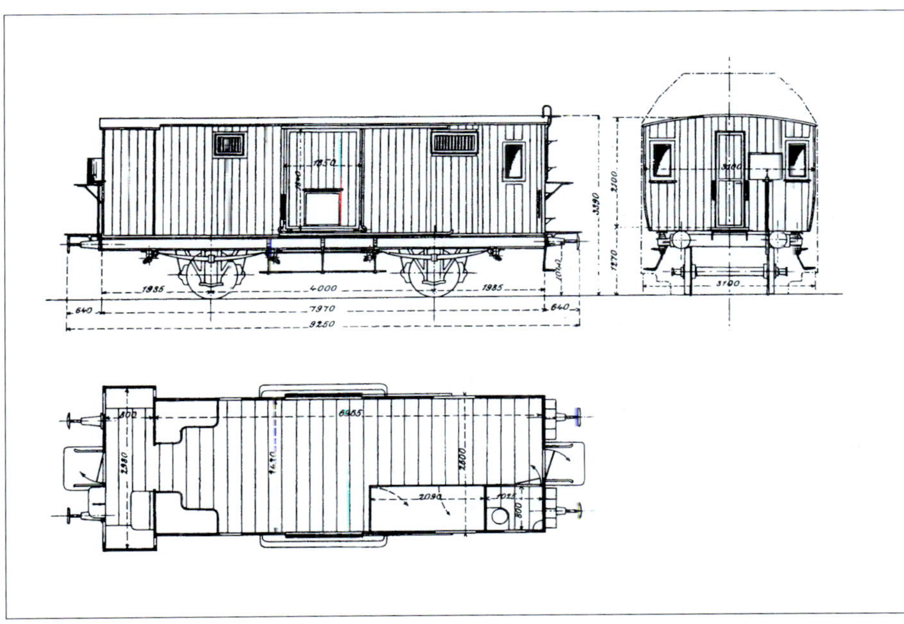

Die zweiachsigen Durchgangswagen III. Klasse Ci von 1888 (Gruppe 95) besaßen ebenfalls eine Zahnradbremse und eine Schmid'sche Schraubenradbremse und waren mit Ölbeleuchtung und mit Ofenheizung im Winter ausgestattet. An der Plattform mit den Bremskurbeln der Zahnradbremse und der Spindelbremse war auch ein Leinenhaspel der Schraubenradbremse angebracht, in den nach Bedarf das Ende der Leine eingehängt werden konnte. Es waren zwei Abteilräume mit 2 bzw. 2 1/2 Abteilen vorhanden, zur Beleuchtung dienten drei Öllampen, die in den Stirnwänden und in der Trennwand angebracht waren. Nach 1900 wurden Zahnrad- und Schraubenradbremse ausgebaut und die Westinghouse- und die Henry-Bremse, Dampfheizung und Gasbeleuchtung eingebaut. Die Durchgangswagen der Gruppe 95 entsprachen bis auf die fehlende Trennwand völlig den bereits 1887 beschafften Durchgangswagen III. Klasse Ci (Gruppe 94). Im Jahre 1907 wurde bei diesen die Trennwand mit Tür eingebaut, worauf die Wagen dann ebenfalls in der Gruppe 95 geführt wurden.

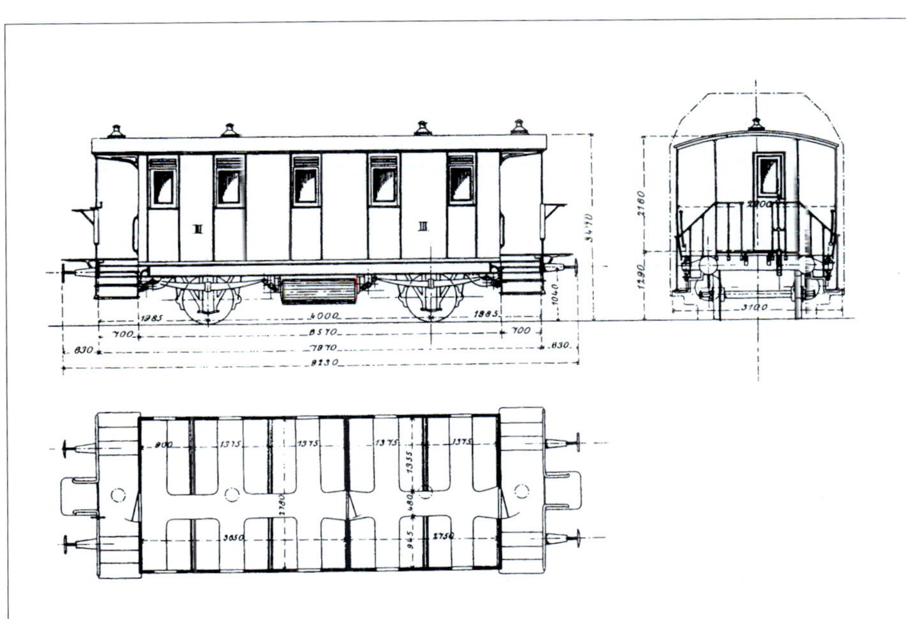

Ein ehemaliger Durchgangswagen III. Klasse von 1888 (Gruppe 96) hat die Zeiten überlebt und wurde bei der Deutschen Bundesbahn noch als Bauzugwagen eingesetzt. Bis auf die Scheibenräder und die Hülsenpuffer hat sich an seinem Äußeren wenig geändert. Aufnahme: Verkehrsmuseum Nürnberg

Der in Freiburg stationierte zweiachsige Durchgangswagen III. Klasse (Di Bad 11) „50 454 Karlsruhe" wurde im Jahre 1929 für die Beförderung von Schneeschuhen umgebaut. Dabei wurden die Sitzbänke an der einen Stirnwand und die nächsten Sitzbänke entfernt, so daß ein Raum an Stelle der ersten eineinhalb Abteile entstand. Unter Berücksichtigung der Kniefreiheit der nächsten Sitzbank wurde in der Mitte des Raumes ein Gestell aufgestellt, das am Boden und am Dachspriegel befestigt war und Halterungen für die senkrechte Lagerung der Wintersportgeräte aufwies. Ähnliche Halterungen waren auch zu beiden Seiten der Tür an der Innenseite der Stirnwand angebracht. Die Fächer der einzelnen Halterungen waren zum Wiederauffinden der abgelegten Schneeschuhe mit Nummern gekennzeichnet. Damit der seitliche Durchgang in Höhe des Gestells erhalten blieb, wurden die an dieser Stelle ursprünglich vorhandenen, zwischen den beiden Fenstern angebrachten Gepäckauflagen (eigentlich Gepäcknetze) entfernt und in gleicher Höhe an dem besagten Gestell befestigt. Es ist nicht bekannt, ob noch weitere Personenwagen in ähnlicher Weise umgebaut worden sind. Aufn.: Slg. Jens Freese

wie dies bei den normalen Reisezugwagen der Fall war. Vielmehr ruhte der Wagenkasten auf dem Untergestell durch dazwischen angebrachte Schneckenfedern, die in seitlich am Langträger angebrachten Töpfen gehalten und geführt wurden. Diese Maßnahme diente zum Erzielen eines genügend „sanften" Ganges der Wagen. Als es nun während der Bauzeit der Strecke der Höllentalbahn bereits zu vier und nach der Betriebsaufnahme zu weiteren drei Entgleisungen gekommen war, wurde vermutet, daß die Entgleisungen ihre Ursache in der unstarren Verbindung zwischen Wagenkasten und Untergestell hätten, wodurch eine Verwindung des Untergestells bei Gleisunebenheiten verhindert wurde. Nachdem diese Wagen dann mit einer zusätzlichen Hilfsfederung ausgestattet worden waren, bei der der Wagenkasten nicht mehr ganz so abgefedert auf dem Untergestell gelagert wurde, glaubte man die Entgleisungsgefahr gebannt zu haben. Nachdem die 1887 beschafften Wagen entsprechend umgebaut worden waren und die 1888 gelieferten Wagen bereits mit der Hilfsfederung versehen waren, traten keine Entgleisungen mehr auf. Anfänglich hatten die Reisezugwagen noch Öllampenbeleuchtung und Ofenheizung, da ursprünglich vorgesehen war, die Personenwagen am Zugschluß der als Güterzüge mit Personenbeförderung eingesetzten Züge einzustellen, deshalb war auch Beheizung der Personenwagen mit Dampf nicht möglich, da die zwischen der Lokomotive und den Reisezugwagen im Zugverband befindlichen Güterwagen über keine Dampfleitung verfügten. Als nach 1900 die Zahnradlokomotiven nur noch zum Nachschieben am Zugschluß eingesetzt wurden, wurde die Zahnradbremse nicht mehr benötigt und deshalb ausgebaut. Damals wurde auch spätestens der Wagenkasten fest mit dem Untergestell verbunden, wie es auch bei sämtlichen übrigen Reisezugwagen der badischen Staatsbahnen der Fall war. Mit dem Ausbau der Zahnrad- und der Schmidt'schen Schraubenradbremse erhielten sämtliche Reisezugwagen auch Dampfheizung, Gasbeleuchtung und die selbsttätige und die nichtselbsttätige Westinghousebremse.

4.6 Wagen für Wintersportler

Dem Aufkommen des Wintersports trug die Verwaltung der badischen Staatsbahnen schon bald nach der Jahrhundertwende Rechnung, indem sie den Reisenden die Möglichkeit des Mitführens von Wintersportgeräten wie Schlitten und Schi, damals Schneeschuhe genannt, bot. Im Januar 1904 wurde diese Möglichkeit insoweit eingeschränkt, daß die Schi wegen der Belästigung der Reisenden nicht mehr im Personenwagen sondern nur im Gepäckwagen befördert werden dürften. Im Winter 1905/06 wurde dann auf der Strecke

Aus zehn Abteilwagen III. Klasse C der Gruppe 37 entstanden 1905/06 sogenannte „Marktwagen“, bei denen bis auf die Sitzbänke an der Innenseite der Stirnwände die gesamte Inneneinrichtung entfernt wurde. Trennwände waren bei den Abteilwagen der Gruppe 37 ohnehin nicht vorhanden. Stattdessen wurden in der Wagenmitte vier gegeneinander versetzte Sitzbänke für jeweils vier Reisende eingebaut, wobei ein seitlicher Durchgang frei blieb. Außerdem wurden auf jeder Wagenseite zwei der ursprünglichen vorhandenen Türen fest eingebaut und zusätzliche oberhalb sämtlicher Sitzbänke und an freien Stellen der Innenseite der Seitenwand Ablagebretter für Gepäckstücke angebracht. Die so umgebauten Wagen boten gegenüber den Abteilwagen der Gruppe 37 mit 50 Sitzplätzen nur noch 26 Reisenden einen Sitzplatz, sie wurden unter der Gruppe 36' geführt. Sie besaßen Gasbeleuchtung, Dampfheizung und Westinghouse- und Henry-Bremse.

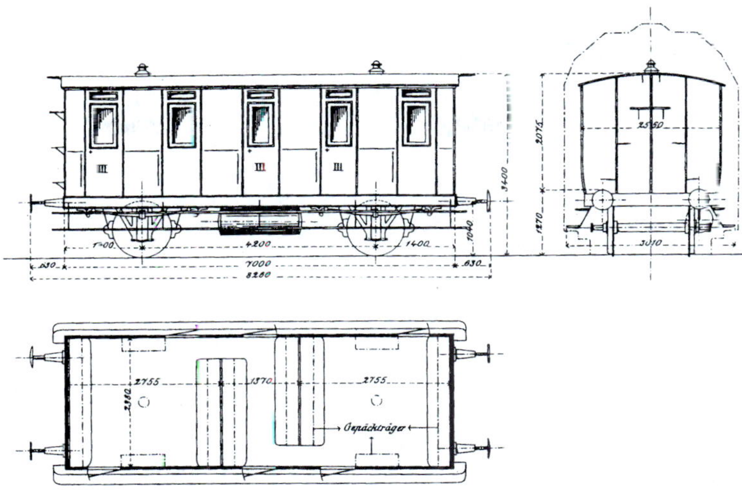

Karlsruhe – Offenburg erstmalig ein CCi für Schneeschuhläufer eingesetzt, in dem vermutlich nur ein oder mehrere Abteile zum Abstellen der Schneeschuhe reserviert waren. Damals wurden auch vier in Freiburg stationierte Abteilwagen der Gruppen 37, bzw. 42 zur Beförderung von Schneeschuhen auf der Höllentalbahn eingesetzt. In Offenburg wurde ebenfalls je ein entsprechend für Schneeschuhläufer reservierter Abteilwagen III. Klasse C (Gruppe 37, bzw. 42) für den Einsatz auf der Schwarzwaldbahn bereitgehalten. Im Winter 1908 wurden auch drei in Mannheim stationierte Abteilwagen III. Klasse C (Gruppe 37) ebenfalls zur Beförderung von Schneeschuhen vorgesehen. Die Abteilwagen waren sämtlich mit einer Einrichtung zur Aufbewahrung von Schneeschuhen versehen und wurden jeweils durch ein Richtungsschild (kleine Richtungstafel) mit der Aufschrift „Für Schneeschuhläufer“ gekennzeichnet. Auf der Höllentalbahn wurde im Winter 1905/06 auch ein mit einem besonderen Gestell für Schneeschuhe ausgerüsteter Gepäckwagen eingesetzt. Für den Einsatz auf der Höllentalbahn und der 1926 eröffneten Dreiseenbahn wurde ein Cid (Gruppe 94a) oder vielleicht auch noch weitere in Freiburg stationierte Wagen dieser Bauart im Jahre 1929 für Reisende mit Schi umgebaut, indem die Sitze eines Abteils im Bereich einer Stirnwand und die anschließenden Sitze des benachbarten halben Abteils entfernt wurden und statt dessen in der Querachse des Wagens ein vom Fußboden bis zur Decke reichendes Gestell eingebaut wurde, das zur Aufnahme und sicheren Halterung von Schi diente. An der Innenseite der betreffenden Stirnwand waren ähnliche Haltevorrichtungen angebracht. Zum leichteren Auffinden der Schier waren die einzelnen Fächer numeriert.

4.7 Marktwagen

Da es vor 1918 in Baden keine vierte Klasse und weder davor noch danach auch keine besonderen Personenwagen für Reisende mit Traglasten gab, wurden in einigen Zügen sogenannte Marktwagen bereitgestellt. Es handelte sich dabei um alte zweiachsige Abteilwagen III. Klasse C (Gruppe 37), bei denen in einigen Abteilen ein Teil der Sitzbänke entfernt worden war. Die Marktwagen waren auf der Außenseite durch entsprechend beschriftete Schilder (kleine Richtungstafel) mit der Aufschrift „Marktwagen“ gekennzeichnet. Die in Freiburg stationierten Marktwagen wurden im Winter 1907/1908 auf der Höllentalbahn auch zur Beförderung von verletzten Wintersportlern eingesetzt.

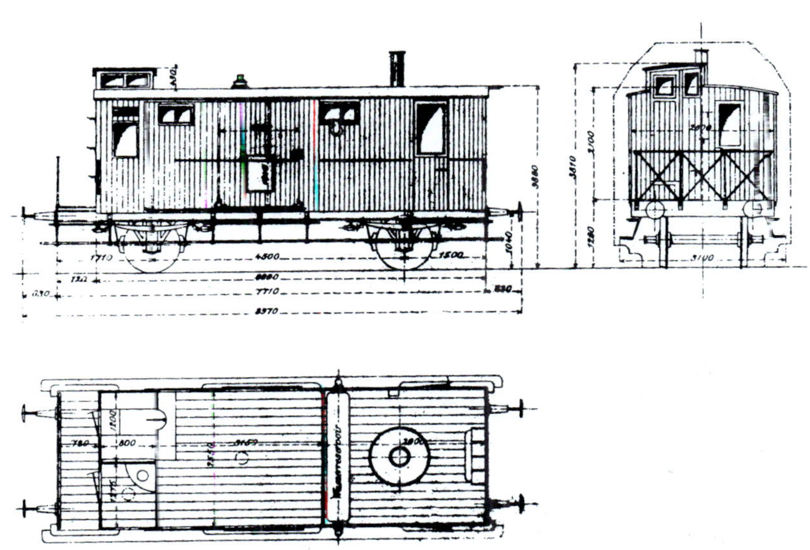

Der Gepäckwagen mit Gepäckraum und Raum mit Dampfkessel P von 1872/73 (Gruppe 125) war kein spezieller Heizwagen sondern ein Gepäckwagen, der bei Bedarf auch als Heizwagen dienen konnte. Der Dampfkessel wurde erst später eingebaut. Es ist nicht bekannt, ob neben den drei bekannten Wagen noch weitere derartige Heizwagen vor 1903 vorhanden waren. Damals besaßen die Gepäckwagen der Gruppe 125 die Westinghouse-Bremse, Ölbeleuchtung und eine Dampfleitung.

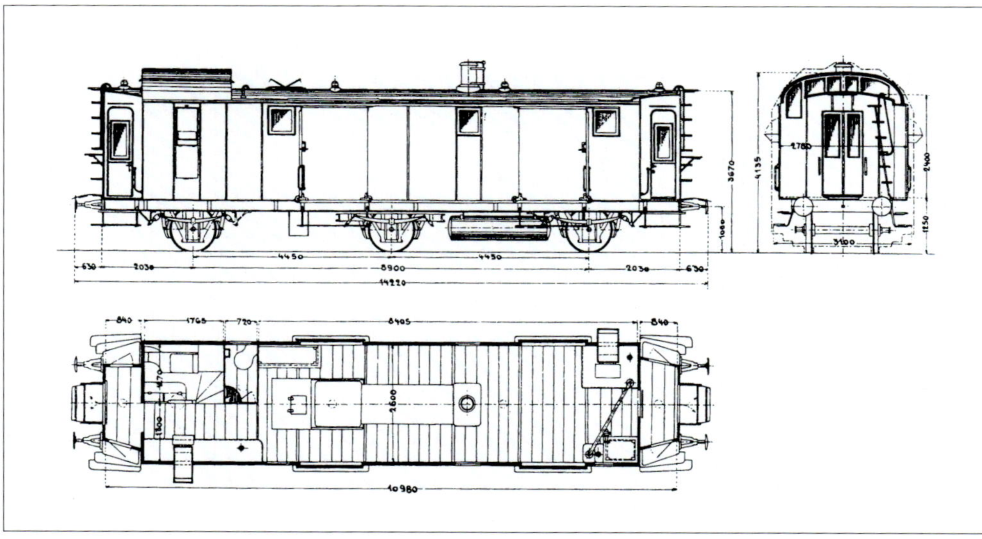

Die drei im Jahre 1916 in der Hauptwerkstätte in Karlsruhe zu Heizkesselwagen umgebauten dreiachsigen Gepäckwagen der Gruppe 133a wurden unter der Gruppe 125' geführt, nachdem diese Gruppe nach Ausmusterung der Gepäckwagen mit Dampfkessel im Jahre 1912 frei geworden war.

4.8 Heizwagen

Heizwagen wurden in der kalten Jahreszeit zur Heizung von Zügen mit dampfgeheizten Wagen benötigt, wenn infolge der niedrigen Außentemperaturen oder einer großen Zuglänge die Kesselleistung der Lokomotive nicht mehr zur Heizung des Zuges ausreichte. Bereits mit Einführung der Dampfheizung wurde eine Reihe von Gepäckwagen mit jeweils einem Heizkessel versehen, 1881 wurde von 15 derartigen Wagen der Heizkessel wieder ausgebaut und die Wagen dann wieder als Gepäckwagen eingesetzt, da inzwischen leistungsfähigere Lokomotiven mit einer größeren Kesselleistung vorhanden waren. Im Jahre 1903 gab es noch drei Gepäckwagen der Gruppe 125 (Baujahre 1872/73), die in einem, vom Gepäckraum abgetrennten Raum jeweils einen stehenden Dampfkessel besaßen, der in der Wagenmitte aufgestellt war. In diesem Raum befand sich auch das Wasserreservoir. Ob diese Gepäckwagen mit Heizkessel bereits damals für Lazarettzüge bereitgehalten werden mußten, ist nicht bekannt, denn sie wurden bis 1912 ausgemustert, ohne daß entsprechender Ersatz vorhanden war. Nachdem der Erste Weltkrieg ausgebrochen war, fehlten im Herbst 1914 Heizwagen für Lazarettzüge, so daß man sich zunächst mit dem Mitführen einer leichten Lokomotive behelfen mußte, die am Schluß des Zuges mitlief und deren Kessel ausschließlich für die Erzeugung des Heizdampfes diente. Im Jahre 1916 wurden dann in der Hauptwerkstätte Karlsruhe drei Gepäckwagen Pi der Gruppe 133b zu Heizwagen umgebaut. Sie erhielten einen liegenden Kessel und zwei Wasserbehälter, die durch in jeweils einem vorhandenen Seitenfenster angebrachte Füllstutzen gefüllt werden konnten. Diese Heizwagen, die von Schlossern der Hauptwerkstätte Karlsruhe bedient wurden, liefen im Lazarettzug Nr. 6 und im Hilfslazarettzug Nr. 9 und wurden im Jahre 1920 wieder in normale Gepäckwagen der ursprünglichen Bauart zurück gebaut.

4.9 Bahnpostwagen

Baden war eines der ersten Länder in Deutschland, die Bahnposten einrichteten. So verkehrten bereits ab 1. April 1848 in einigen von Heidelberg ausgehenden Zügen Reisezugwagen mit Postabteil. Dabei handelte es sich um Abteilwagen II. Klasse mit einem „Postbureaux", in dem neben einem Bureauxdiener ein Postbeamter arbeitete, der die Briefe von Ort zu Ort, wo sich die Postanstalten an der Eisenbahnlinie befanden, abfertigte. Es war also bereits schon damals nicht nur eine reine Beförderung des Postgutes, wie dies noch bei den Postkutschen der Fall gewesen war. Der geräumigere Eisenbahnwagen machte also das rollende Postbüro möglich, wenn es in der Anfangszeit in Baden auch noch keine reinen Bahnpostwagen gegeben hat. Neben diesen Wagen, die auch als Briefpostwagen bezeichnet wurden, gab es auch noch sogenannte Wagen für Fahrpost, die zur Beförderung von Paketen verwendet wurden. Bei Bedarf wurden auch immer wieder gedeckte Güterwagen zur Beförderung von Paketen herangezogen. Die Leitung des Bahnpostdienstes in Baden lag bei den Bezirkspostämtern. Bis 1868 wurden sämtliche Wagen der Anfangszeit, die noch vollständig aus Holz gebaut waren, durch reine Postwagen ersetzt, wobei der Bestand der Bahnpostwagen sich ständig vergrößerte, so daß mit der Übernahme der badischen Postverwaltung durch die neu gegründete Deutsche Reichspost zum 1. Januar 1872 in deren Bestand insgesamt 40 Bahnpostwagen übergingen, die dann die Betriebsnummern 762 bis 801 der Wagen der Reichspost erhielten. Obwohl die Bahnpostwagen sich immer im Besitz der badischen Postverwaltung befunden hatten, die Eisenbahn war nur für die Beförderung und Unterhaltung der Wagen zuständig, wurden diese in das Schema der Betriebsnummern der badischen Reisezugwagen eingereiht.

Aufstellung der badischen Bahnpostwagen:

4 - 9	BPost	1848 Voelker & Voegele, Dinglingen
26 - 34	BPost3	1848 Schmieder & Mayer, Karlsruhe
176 - 177	BPost3	1848 Schmieder & Mayer, Karlsruhe
359	BPost3	1848 Schmieder & Mayer, Karlsruhe
617	BPost	1848 Schmieder & Mayer, Karlsruhe
1390-1393	BPost3	1856 Schmieder & Mayer, Karlsruhe

Die 1848 beschafften Wagen wurden zwischen 1862 und 1864 ausgemustert, da das inzwischen gestiegene Postaufkommen von den vorhandenen Wagen nicht mehr bewältigt werden konnte und diese auch inzwischen technisch veraltet waren. Die Wagen 1390 und 1391 wurden 1864 von der Hauptwerkstätte Karlsruhe in Post3 und die Wagen 1392 (+ 1888) und 1393 (+ 1895) in AB3 umgebaut. Damals wurden dann neue Bahnpostwagen in den Wagenpark eingestellt, die ebenso wie die Personenwagen eine Blechverkleidung des Wagenkastens besaßen und teilweise die Betriebsnummern der ausgemusterten Wagen erhielten:

4 - 9	Post	1862	Hw Karlsruhe
26 - 34	Post	1864	Hw Karlsruhe
129, 177	Post	1864	Hw Karlsruhe
359, 494	Post	1864	Hw Karlsruhe
3677-3684	Post	1866	Schmieder & Mayer, Karlsruhe
3885-3894	Post	1868	Schmieder & Mayer, Karlsruhe

Hinzu kamen dann noch 6 Bahnpostwagen für Fahrpost, die in den Jahren 1864 bis 1866 beschafft wurden und die Betriebsnummern 129, 494, 505, 508, 3683 und 3684 erhalten hatten. Sämtliche

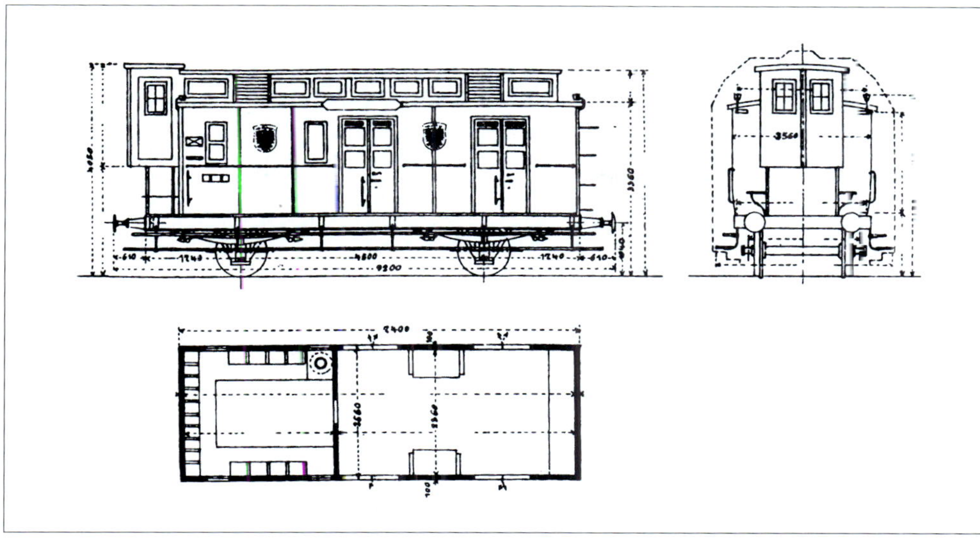

Nach der Übernahme durch die Reichspost lief der im Jahre 1867 von Schmieder & Mayer in Karlsruhe erbaute badische Postwagen unter der Betriebsnummer 786 (Gattung Ib) bei der kgl. Eisenbahndirektion (KED) Erfurt. Die badische Betriebsnummer ist nicht bekannt.

Bahnpostwagen besaßen Langträger aus Stahl und waren zweiachsig, einige waren auch mit einer Handbremse ausgestattet, die vom Bremserhaus bedient werden konnte.

Mit dem 31. Dezember 1871 hatte also die badische Postverwaltung ihren Betrieb beendet, deren Aufgaben wurden von nun an von der neu entstandenen Deutschen Reichspost übernommen (nur Bayern und Württemberg behielten bis 1920 ihre eigene Postverwaltung). Für die 1887 eröffnete Höllentalbahn beschaffte die Reichspost zwei besondere Postwagen, die, wie ein großer Teil der dort eingesetzten Reisezugwagen ebenfalls mit einer Zahnradbremse ausgerüstet waren. Außerdem erhielten diese die nur auf der Höllentalbahn damals eingeführte Schmidt'sche Schraubenradbremse. Die Zahnradbremse und die Handbremse wurden von einer Bremsbühne bedient, von der auch ein offener Übergang zum nächsten Wagen möglich war. Da der Postwagen nicht als Durchgangswagen ausgebildet war und am anderen Wagenende keine Übergangsmöglickeit besaß, konnte das Zugpersonal den Wagen während der Fahrt nur auf den seitlichen Laufbrettern passieren.

Da die Post eine schnelle und pünktliche Beförderung der Postsendungen sich zum Ziel gesetzt hatte, führte nahezu jeder Reisezug einen Postwagen oder einen Reisezugwagen mit Postabteil. Während des Ersten Weltkriegs wurden auf Nebenstrecken bedarfsweise auch Postsäcke in normalen Gepäckwagen befördert.

4.10 Wagen für den Transport von Verwundeten

Mit dem Ausbruch des deutsch-französischen Krieges mußte auch Baden 1870 einen Zug bereitstellen zum Transport kranker oder verwundeter Soldaten in die Heimat. Die Abteilwagen, aus denen sich der gesamte Park der Reisezugwagen zusammen setzte (die beiden vierachsigen Durchgangswagen ABCC ausgenommen), waren für die vorgesehene Aufgabe ungeeignet, und so mußten vierachsige Durchgangswagen von der Württembergischen Staatsbahn gemietet werden, die nach Entfernung der Inneneinrichtung als Großraumwagen für den Verwundetentransport eingesetzt wurden. Für die Beförderung verwundeter Offiziere stellte der Großherzog zwei Galawagen des Hofes zur Verfügung, die jeweils zwei Offizieren Platz boten.

Aufgrund der Erfahrungen des Krieges von 1870/71 wurde die Kriegssanitätsordnung des Deutschen Reichs vom 10. Januar 1878 erlassen, sie legte die Zusammenstellung und Einrichtung der Züge zur Beförderung von im Felde Verwundeten für den Kriegsfall fest. Danach hatte die Beschaffung von hierfür geeigneten Personenwagen durch die einzelnen Länderbahn-Verwaltungen zu erfolgen. Diese Durchgangswagen IV. (III.) Klasse unterschieden sich in erster Linie durch eine geteilte Stirnwandtür von den übrigen Durchgangswagen, die im normalen Betrieb nur in normaler Breite benutzt wurde. Die Türöffnung konnte jedoch auch durch Aufklappen einer weiteren Tür auf der gegenüberliegenden Seite vergrößert werden, um größere Einrichtungsgegenstände und auch Verwundete auf Tragbahren in den Wageninnenraum verbringen zu können. Außerdem erhielten eine Reihe von Wagen zusätzlich ein umlegbares Plattformgeländer.

In Baden waren bereits im Rahmen einer 1873 erlassenen Verfügung im selben Jahr sechzehn Ci der Gruppe 100 beschafft worden, bei deren die genannten Vorkehrungen getroffen worden waren. In den Jahren 1875 bis 1879 kamen danach dann dreißig Ci der Gruppe 103 ohne umlegbares Plattformgeländer und noch ein Ci der Gruppe 104 mit umlegbarem Plattformgeländer hinzu. Im Jahre 1881 folgten dann vierzehn Ci der Gruppe 98 und achtzehn Ci der Gruppe 99, von nun ab allerdings ohne umlegbares Plattformgeländer. Die in den Jahren 1893 bis 1899 beschafften 106 Wagen der Gruppe 105 (mit umlegbarem Plattformgeländer) fielen ebenfalls unter die Verwendungsfähigkeit zum Transport von Verwundeten. Erst ab 1910 wurden erneut in großen Stückzahlen geeignete Personenwagen Ci beschafft und zwar der Gruppen 94 und 94a, die nur die größere Türöffnung jedoch keine umlegbaren Plattformgeländer besaßen. Sämtliche genannten Bauarten waren zweiachsig und waren am Langträger für die Verwendungsfähigkeit zum Transport von Verwundeten entsprechend besonders gekennzeichnet.

Die Aufstellung von Lazarettzügen war bereits lange vor Beginn des Ausbruchs des Krieges in Europa genau vorbereitet worden. Bei Eintritt des Mobilmachungsfalles waren die Betriebsinspektionen angewiesen, die vorbezeichneten Wagen sofort an die Hauptwerkstätte in Karlsruhe zu überweisen, die unter Verwendung der im Garnison-Lazarett in Karlsruhe gelagerten Einrichtungen entsprechend der Anordnung vom 1. April 1908 nach genau festgelegten Anweisungen innerhalb von sieben Tagen entsprechend umzubauen und einzurichten waren. Die Einrichtungsgegenstände waren mit Anschriften versehen, aus denen der jeweilige Wagen hervorging, für den sie bestimmt waren. Die Wagen waren an den Seitenwänden mit dem roten Kreuz und der Anschrift „königl. preuß. Lazarettzug Nr. 6" zu kennzeichnen und mit den Nummern 1 bis 30 zu nummerieren.

Im Jahr 1907 oder auch bereits davor waren folgende Bauarten für diesen Zweck festgelegt worden, die einen vollständigen Lazarettzug bilden sollten:

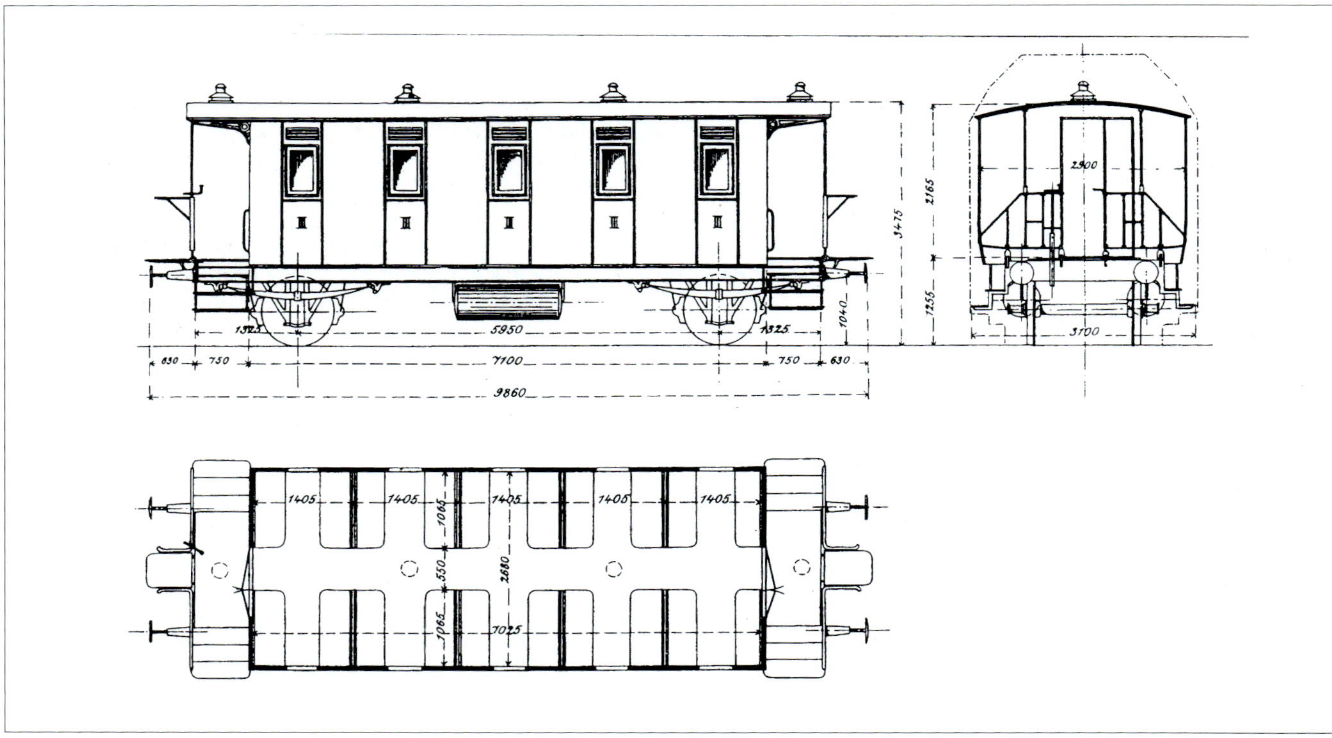

Der erste Durchgangswagen III. Klasse Ci von 1873 (Gruppe 100) war hinsichtlich des Wagenkastens im Aussehen und in dessen Abmessungen im Grunde genommen ein Abteilwagen III. Klasse (Gruppe 37), lediglich in der größeren Breite des Wagenkastens, in den fehlenden Abteiltüren, an deren Stelle jetzt Fenster getreten waren, und in den Plattformen bestand ein Unterschied zum Abteilwagen. Die größere Breite des Wagenkastens erhöhte jedoch nicht das Fassungsvermögen des Wagens, das ebenso bei 50 Personen lag, die in jedem Abteil auf einer Sitzbank mit zwei und einer Sitzbank mit drei Plätzen beiderseits des Mittelgangs untergebracht waren. Die Abteiltiefe lag mit 1.405 mm geringfügig über der der Abteilwagen III. Klasse, die bei diesen zwischen 1.360 und 1.395 mm betrug. Die Wagen der Gruppe 100 waren bereits zum Einsatz zur Beförderung von Verwundeten vorbereitet, die Stirnwandtüren waren doppelt zu öffnen, das Plattformgeländer war umlegbar. Die ursprüngliche Öllampenbeleuchtung wurde später durch eine Gasbeleuchtung ergänzt. Die Wagen waren mit einem Ofen oder mit Dampf beheizt, wobei die Wagen mit Ofenheizung eine Dampfleitung aufwiesen. Im Lieferzustand betrug der Achsstand 4.500 mm, der später bei einem Teil der Wagen im Zusammenhang mit dem Einbau von Lenkachsen auf 5.950 mm vergrößert wurde, ebenso erfolgte später in sämtlichen Wagen der Einbau der Westinghouse-Bremse.

Gepäckwagen (2 Stück) Gruppe 131
Magazinwagen (1 Stück) Gruppe 105
Krankenwagen (ca. 30 Stück) Gruppe 105
Wagen für Sanitätsmannschaften (2 Stück) Gruppe 105
Vorratswagen (2 Stück) Gruppe 105
Verwaltungs- und Apothekenwagen (1 Stück) Gruppe 105,
Arztwagen (1 Stück) Gruppe 71,
Chefarztwagen (1 Stück) Gruppe 71 oder 72,
Küchenwagen (2 Stück) Gruppe 99

Unter der Zuständigkeit des VII. Armeekorps in Karlsruhe erfolgte dort im Rahmen der Mobilmachung die Zusammenstellung des königl. preuß. (!) Lazarettzugs Nr. 6, bestehend aus über 30 Wagen badischer Bauart. Während der kalten Jahreszeit erhielt der Zug später noch ein oder auch zwei Heizwagen, die von abgestellten Personal und zwar von jeweils zwei Schlossern der Hauptwerkstätte betreut wurden, die auch kleinere Schäden am Zug zu beheben hatten. Der Lazarettzug Nr. 6 war neben einem weiteren, im Oktober 1914 in Karlsruhe aus hauptsächlich sächsischen Personenwagen gebildeten Hilfslazarettzug Nr. 9 ununterbrochen im Einsatz, seine Wagen wurden am 10. Dezember 1918 im Rahmen der Demobilmachung vollständig wieder der Verwaltung der badischen Staatsbahnen übergeben. Im Jahre 1916 liefen in einem Leichtkrankenzug Nr. 113 ebenfalls Wagen badischer Bauart zumindest als Küchenwagen und Vorratswagen. Ob darüber hinaus noch weitere badische Reisezugwagen während des Ersten Weltkrieges zur Bildung von Lazarettzügen

Nachdem es trotz intensiver Bemühungen nicht gelungen ist, ein Foto eines badischen Reisezugwagens in einem Lazarettzug des Ersten Weltkrieges zu finden, soll dieses Foto wenigstens die Beschriftung eines Lazarettwagens am Beispiel eines dreiachsigen Durchgangswagens preuß. Bauart zeigen. Aufnahme: Sammlung Jens Freese

herangezogen worden sind, läßt sich wegen des Fehlens entsprechender Unterlagen nicht mehr feststellen. Im Zweiten Weltkrieg sind Reisezugwagen badische Bauart für diesen Zweck wegen des Vorhandenseins einer ausreichenden Anzahl von modernen Reisezugwagen der Einheitsbauarten wohl nicht mehr zum Einsatz gekommen.

Wagenverzeichnis des Lazarettzuges Nr. 6 vom 10.11.1916

1.	Gepäckwagen	Baden 14 384	Mannheim (Feuerungsmittelwagen)
2.	Krankenwagen Nr. 2	Baden 10 709	Freiburg
3.	Krankenwagen Nr. 3	Baden 12 274	Heidelberg
4.	Krankenwagen Nr. 4	Baden 10 707	Freiburg (Abgang 1917)
5.	Krankenwagen Nr. 5	Baden 11 780	Freiburg
6.	Krankenwagen Nr. 6	Baden 11 771	Heidelberg
7.	Krankenwagen Nr. 7	Baden 12 278	Heidelberg
8.	Mannschaftswagen Nr. 1	Baden 10 714	Freiburg
9.	Krankenwagen Nr. 8	Baden 12 289	Freiburg
10.	Krankenwagen Nr. 9	Baden 11 770	Freiburg
11.	Krankenwagen Nr. 10	Baden 11 756	Heidelberg
12.	Krankenwagen Nr. 11	Baden 11 747	Heidelberg
13.	Krankenwagen Nr. 12	Baden 12 298	Freiburg
14.	Krankenwagen Nr. 13	Baden 12 284	Freiburg
15.	Verwaltungswagen	Baden 11 764	Freiburg
16.	Küchenwagen	Baden 6934	Bruchsal
17.	Heizwagen	Baden 503	Karlsruhe
18.	Offizierskrankenwagen	Baden 12 285	Freiburg
19.	Arztwagen	Baden 10 746	Heidelberg
20.	Chefarztwagen	Baden 1365	Offenburg
21.	Verwaltungswagen	Baden 12 296	Heidelberg
22.	Magazinwagen	Baden 10 705	Freiburg
23.	Küchenwagen	Baden 6935	Bruchsal
24.	Krankenwagen Nr. 14	Baden 11 767	Heidelberg
25.	Krankenwagen Nr. 15	Baden 11 761	Karlsruhe
26.	Krankenwagen Nr. 16	Baden 11 757	Karlsruhe
27.	Krankenwagen Nr. 17	Baden 11 777	Freiburg
28.	Krankenwagen Nr. 18	Baden 11 702	Freiburg
29.	Krankenwagen Nr. 19	Baden 12 277	Freiburg
30.	Mannschaftswagen	Baden 11 738	Heidelberg
31.	Krankenwagen Nr. 20	Baden 10 712	Freiburg (Abgang 1917)
32.	Krankenwagen Nr. 21	Baden 11 759	Karlsruhe
33.	Krankenwagen Nr. 22	Baden 11 743	Heidelberg
34.	Krankenwagen Nr. 23	Baden 10 704	Freiburg
35.	Krankenwagen Nr. 24	Baden 12 270	Heidelberg
36.	Krankenwagen Nr. 25	Baden 10 708	Freiburg (1917 Krankenwagen Nr. 4)
37.	Krankenwagen Nr. 26	Baden 11 774	Heidelberg (1917 Krankenw. Nr. 20)
38.	Gepäckwagen	Baden 14 509	Freiburg (Feuerungsmittelwagen)

Hinzu kam im Sommer noch der Kühlwagen Baden 933 hinzu. Einer Bestimmung zufolge mußte der Lazarettzug am 29. April 1917 um zwei Wagen verkürzt werden, der immerhin mit 75 Achsen auch dann noch eine respektable Länge von 426 m aufwies.

4.11 Versuchswagen

Obwohl diese Wagen eigentlich zu den Dienstwagen gehörten, wurden sie in Baden im Verzeichnis der Reisezugwagen geführt. Der erste Versuchswagen (Gruppe 121) entstand vermutlich in der zweiten Hälfte des vorigen Jahrhunderts durch Umbau eines Hofsalonwagens aus dem Jahr 1842, er wurde 1903 ausgemustert. Kurz vor der Jahrhundertwende genügte dieser Wagen nicht mehr den Ansprüchen, weshalb ein Ci der Gruppe 106 zu einem Versuchswagen (Gruppe 122) umgebaut wurde, dieser war bis 1909 im Einsatz und kam nach einem Umbau wieder zurück in die Gruppe 106. Die Versuchswagen waren entsprechend eingerichtet und dienten für Geschwindigkeits- und Zugkraftmessungen.

4.12 Begleitwagen für Munitionstransporte

Kurz vor dem Ersten Weltkrieg wurde ein besonderer Begleitwagen für Munitionstransporte des Militärs eingesetzt. Es handelte sich um einen zweiachsigen Ci (Gruppe 135), der in der Hauptwerkstätte 1914 umgebaut worden war.

4.13 Wagen für Hilfszüge

Hilfzüge sind in allen größeren Bahnhöfen stationiert, um im Falle eines Zugunglücks möglichst schnell an Ort und Stelle den Reisenden erste Hilfe leisten zu können. Wenn bei den badischen Staatsbahnen die Wagen für die Hilfszüge auch zu den Dienstwagen und nicht zu den Reisezugwagen gezählt wurden, so sollen diese trotzdem der Vollständigkeit halber im Rahmen dieser Arbeit mit erwähnt werden, da zumindest Arzt- und Mannschaftswagen in ihrem äußeren Aussehen den damaligen Reisezugwagen badischer Bauart angepaßt waren.

Ein derartiger Hilfszug bestand meistens aus einem Arztwagen, einem Mannschaftswagen und einem Gerätewagen. Arzt, Hilfskräfte und Mannschaften konnten innerhalb kürzester Zeit zusammengerufen werden, um mit dem Hilfszug, der von einer für diesen Zweck bereitgestellten angeheizten Lokomotive gezogen wurde, sofort an den Unglücksort zu fahren.

Ende 1910 waren in folgenden Betriebswerkstätten in Baden Hilfszüge beheimatet:

	Arzt- und Hilfswg.	Mannschaftswg.	Gerätewg
Mannheim	2627	916	917
Heidelberg	905	906	907
Lauda	2619	–	284
Karlsruhe	904	908	913
Offenburg	903	914	915
Villingen	2610	–	290
Freiburg	2615	–	283
Basel	902	912	911
Radolfzell	901	910	909

Aus einem Ci (Gruppe 97 bis 104) entstand in den zwanziger Jahren der Versuchswagen „700 303 Karlsruhe". Welchem Zweck dieser Wagen diente ist nicht bekannt. Auffallend sind die beiden Torpedo-Lüfter auf dem Dach, der sonst bei den Ci dieser Bauarten nicht vorhanden war. Aufnahme: Sammlung Jens Freese

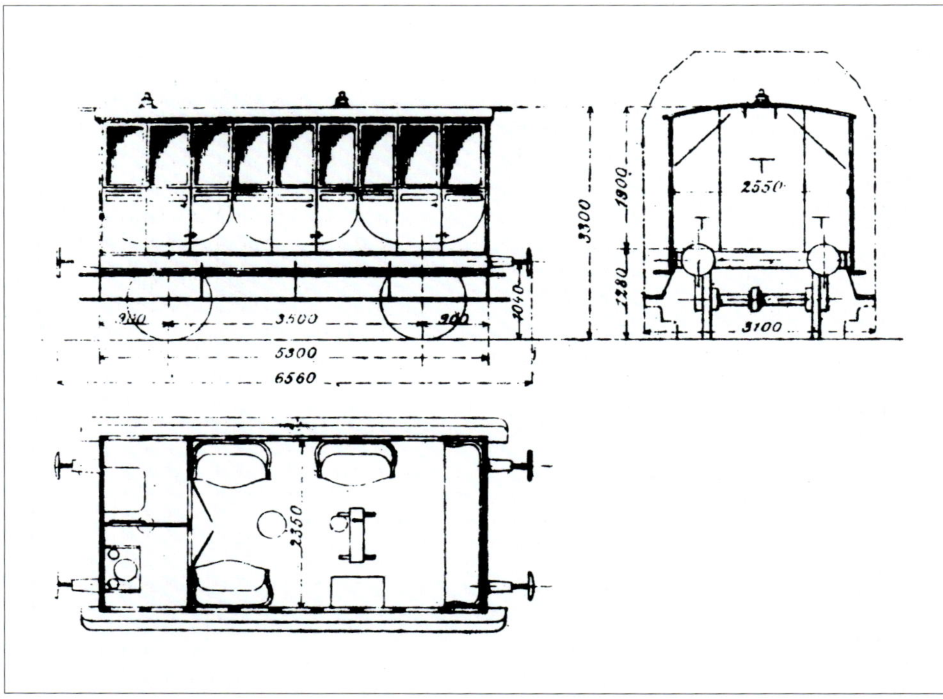

Links: Der Versuchswagen, der aus einem Salonwagen des Jahres 1842 durch einen späteren Umbau entstanden ist und noch unter der Gruppe 121 geführt wurde, kurz darauf wurde der Wagen im Jahre 1903 ausgemustert.

Unten: Der Versuchswagen Gruppe 122 entstand durch Umbau aus einem zweiachsigen Durchgangswagen III. Klasse Ci von 1893 (Gruppe 106), bei dem der eine Abteilraum mit drei Abteilen bis auf die Sitzbänke an der Stirnwand und an der Trennwand ausgeräumt wurde, um Platz für die Einrichtungen für Zugkraft- und Geschwindigkeitsmessungen zu schaffen. Im Abstand von 1.425 mm von der unterhalb des Abteilraums befindlichen Achse wurde eine zusätzliche, nicht abgefederte Achse eingebaut, die mit ihrem Rad oder Radsatz auf das Gleis abgesenkt werden konnte.

Im Jahre 1910 beschafften die badischen Staatsbahnen neue Bahndienstwagen für Hilfszüge. Es waren dreiachsige Wagen mit Plattformen an beiden Stirnseiten und offener Übergangsbrücke, bei den Arztwagen waren die Bühnengeländer der Plattformen umlegbar, um Tragbahren durch die doppelt zu öffnenden Stirnwandtüren in das Innere des Wagens bringen zu können. Das Untergestell und der Wagenkasten der Wagen entsprach in seinem Aufbau und in seinen Abmessungen genau denjenigen der vier Personenwagen ABi3 der Gruppe 72a, die von Fuchs, Heidelberg 1904 geliefert worden waren. Auch bei diesen Wagen war die mittlere Achse in einem besonderen Achshaltergestell seitlich verschiebbar gelagert.
Der Wagenkasten hatte ebenfalls das für die badischen Personenwagen der damaligen Zeit typische Korbbogendach mit den in Süddeutschland weit verbreiteten Torpedolüftern und war auch sonst in seinem Aussehen den badischen Personenwagen angepaßt, wie etwa bei den Dachstützen und Plattformgeländern. Die Fensterrahmen der Arztwagen waren aus Metall, diejenigen der Mannschafts- und der Gerätewagen aus Holz, die Abmessungen der Fenster entsprachen denjenigen der zweiachsigen Durchgangswagen II. bzw. III. Klasse der damaligen Zeit. An der unteren Trittstufe war jeweils in Höhe der Radachse eine weitere hochklappbare Trittstufe angebracht, damit die Wagen auch auf freier Strecke leichter zugänglich waren. Auf dem Dach befand sich bei den Arzt- und Mannschaftswagen ein Wasserbehälter für Waschwasser und die Wasserspülung des Leibstuhls im Abortraum, dessen Fußboden gekachelt war. Sämtliche Wagen waren mit Lenkachsen A4, einer Spindelbremse

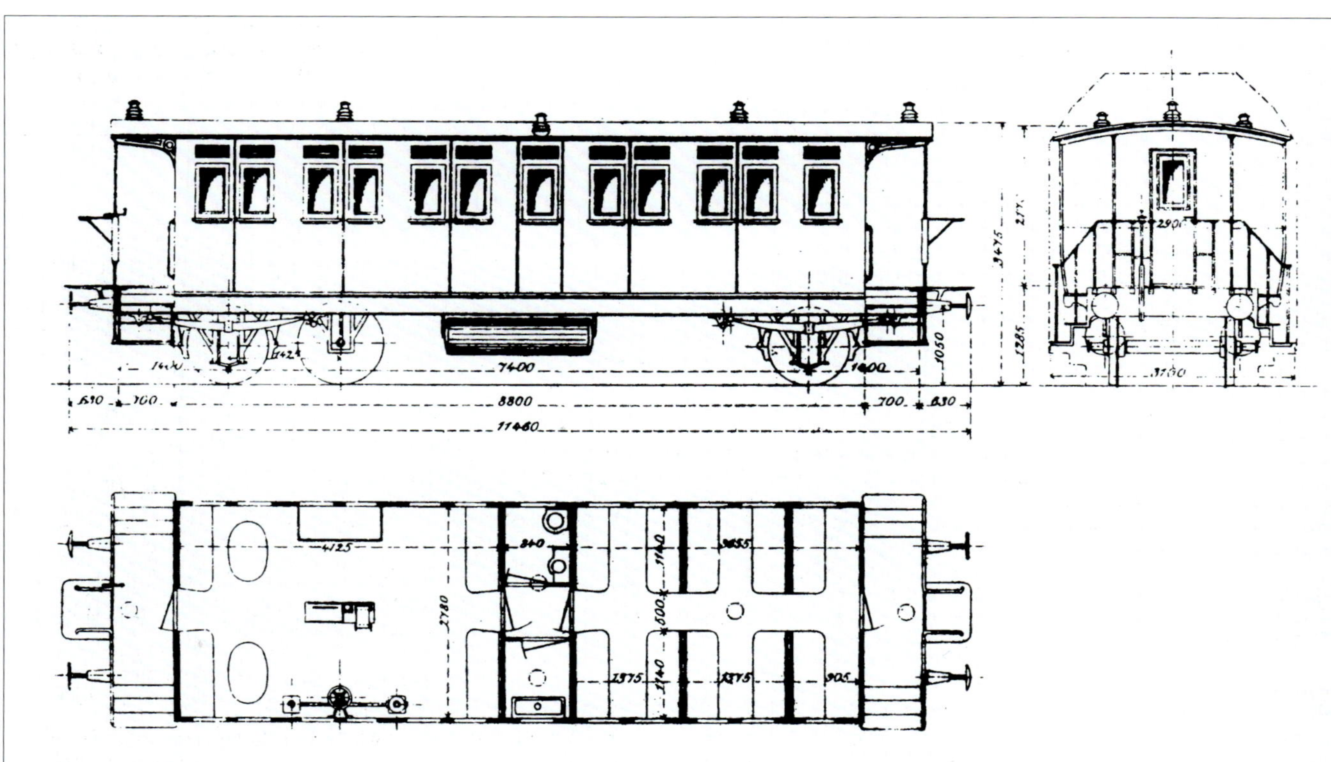

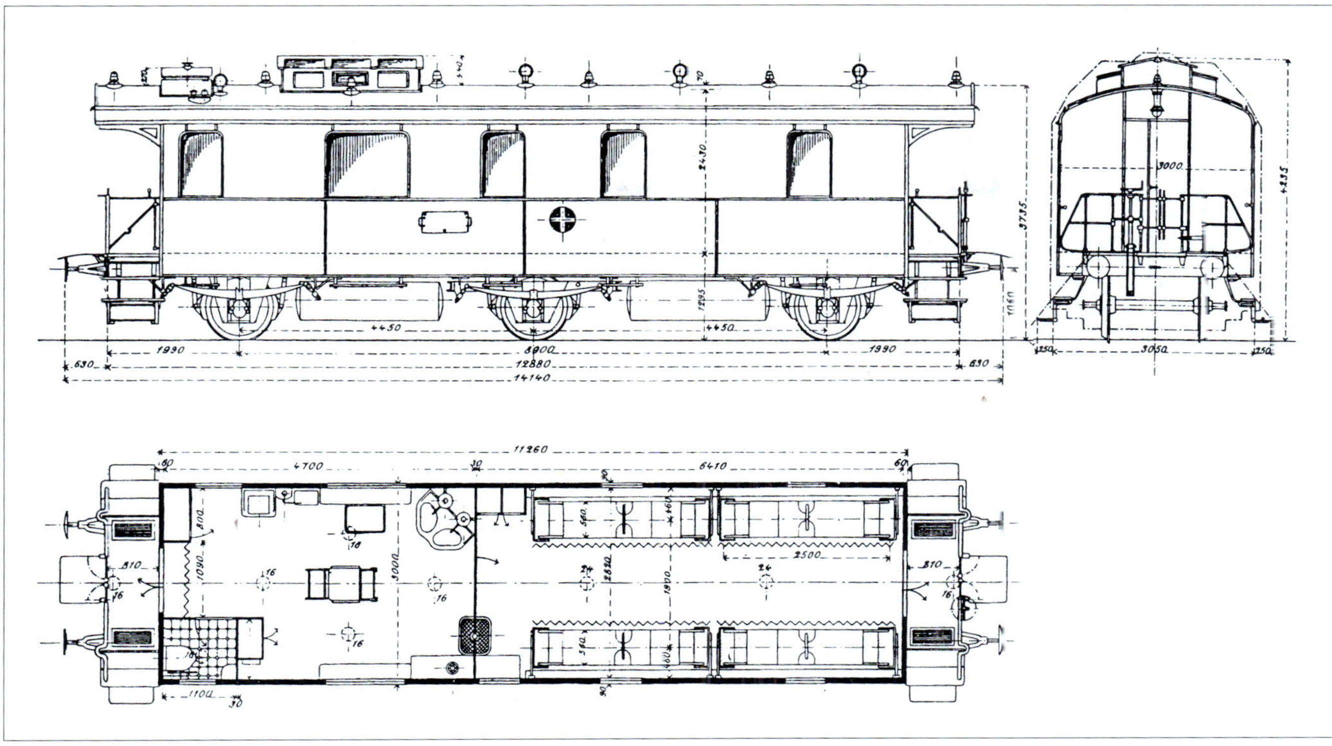

Die Pläne für die Wagen für Hilfszüge, die in den Jahre 1909/10 beschafft worden waren, waren offenbar auch bis in allen Einzelheiten vom maschinentechnischen Büro der badischen Staatsbahnen in Karlsruhe ausgearbeitet worden. Als Vorbild diente der ABi3 von 1904 (Gruppe 72a), der offenbar bei dem Aussehen des Wagenkastens Pate gestanden hatte, lediglich die Anordnung der Fenster nicht jedoch deren Abmessungen waren abweichend. Da die Bühnengeländer des Arztwagens umlegbar waren, bekamen sie eine andere Form als das Vorbild. Obwohl nicht für den öffentlichen Verkehr bestimmt, konnten die Plattformen durch klappbare Schutzstangen gesichert werden. Die Stirnwandtüren des Arztwagens waren doppelt zu öffnen, damit die Türöffnungen breit genug waren, um Tragbahren hindurch zu bringen.

und der selbsttätigen und nicht-selbsttätigen Westinghousebremse und Dampf- und Ofenheizung ausgestattet.

Der Wagenkasten des Arztwagens war in zwei Räume aufgeteilt, der kleinere Raum diente als Behandlungsraum und war nicht nur durch größere seitliche Fenster sondern auch noch durch einen zusätzlichen Oberlichtaufbau erhellt. In dem größeren Raum waren an beiden Seiten des Mittelgangs Aufhängevorrichtungen für jeweils vier, paarweise übereinander angeordnete Tragbaren vorhanden.
Die Waggonfabrik Gotha lieferte 1910 fünf Arztwagen mit den Nummern 901 bis 905. Sie hatten ein Eigengewicht von 22.650 kg, Gasglühlichtbeleuchtung mit neun Flammen und drei Kochstellen. Der Gasvorrat betrug 1.830 Liter und reichte für 25 Brennstunden. Als Anschaffungspreis werden 20 293 Mark genannt.

Der Mannschaftswagen hatte ebenfalls zwei Räume, von denen der kleinere für den Mannschaftsführer bestimmt war. Der größere Raum diente als Aufenthaltsraum für die Hilfsmannschaft. Es waren Sitzbänke für mindestens 32 Personen vorhanden. Der Abortraum mit gekacheltem Fußboden war von diesem Raum zugänglich.

Die Waggonfabrik Gotha lieferte 1910 sechs Mannschaftswagen mit den Nummern 906, 908, 910, 912, 914 und 916. Sie hatten bei

Die Aufnahme des Arztwagens „Baden 904“, der sich übrigens heute im Besitz von Eurovapor befindet, läßt leider nicht erkennen, ob die Arzt- und Mannschaftswagen für Hilfzüge grau oder dunkelgrün wie die Reisezugwagen gestrichen waren.
Aufnahme: Sammlung Jens Freese

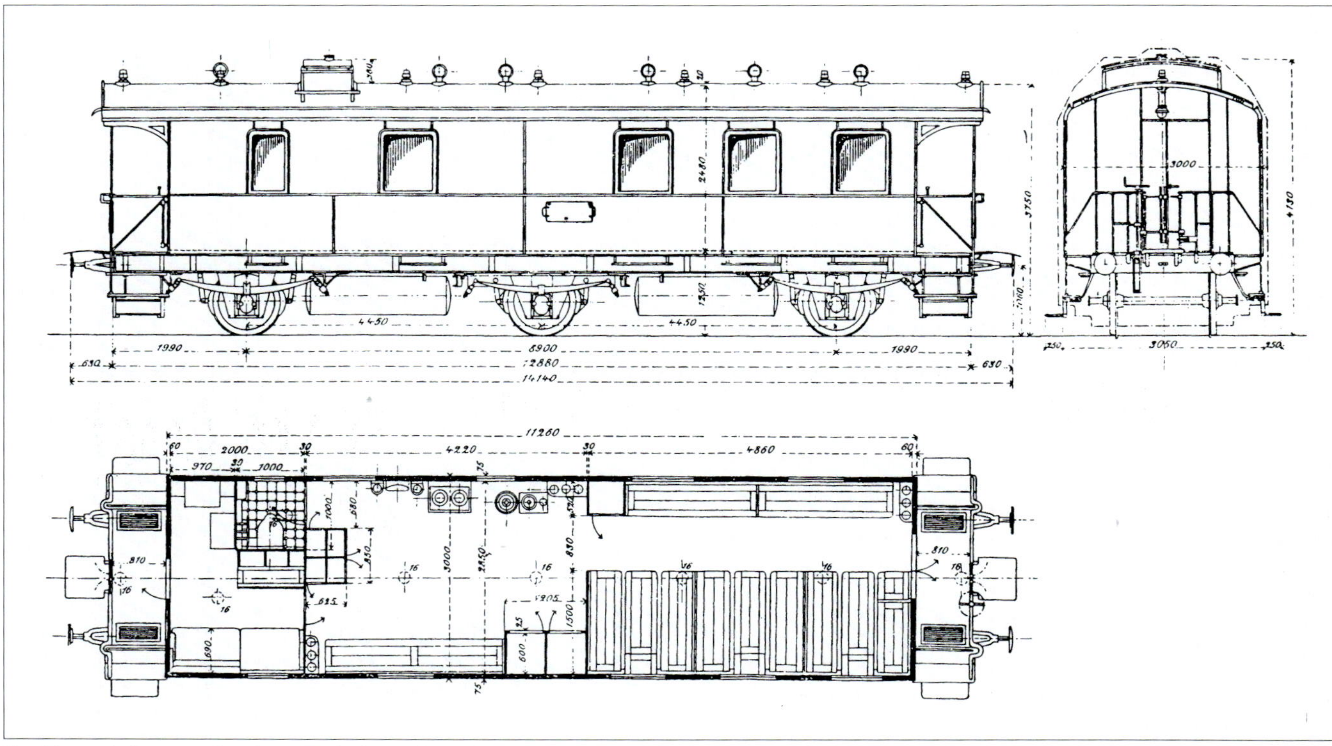

Der Mannschaftswagen besaß am Ende des Aufenthaltsraumes eine doppelt zu öffnende Tür und an der Plattform ein umlegbares Geländer, damit dieser Raum bedarfsweise auch noch zur Unterbringung von liegenden Verletzten benutzt werden konnte. Wie der Arztwagen, so hatte der Mannschaftswagen ebenfalls offene Übergänge, die Fenster hatten offenbar keine Metall- sondern Holzrahmen. Der Mannschaftswagen „Baden 912“ hat sich erhalten und befindet sich im Besitz von Eurovapor.

einem Eigengewicht von 21.130 kg ebenfalls Gasglühlichtbeleuchtung und zwar mit acht Flammen und einer Kochstelle. Der Gasvorrat betrug ebenfalls 1380 Liter und reichte für 53 Brennstunden. Der Anschaffungspreis war 16 368 Mark.

Bereits 1909 hatte die Waggonfabrik Gotha sechs sogenannte große Gerätewagen mit den Nummern 907, 909, 911, 913, 915 und 917 geliefert. Sie hatten ein Eigengewicht von 21.550 kg, ein Ladegewicht von 12.500 kg und kosteten 13.628 Mark pro Stück. Die Gasglühlichtbeleuchtung hatte 4 Flammen, der Gasvorrat von 560 Litern reichte für 38 Stunden. Die Gerätewagen waren zwar ebenfalls dreiachsig, hatten jedoch ein Kastengerippe aus Stahl in der Güterwagenbauart.

Der Anstrich des Arzt- und des Mannschaftswagens war offenbar in dem grünen Farbton der badischen Reisezugwagen gehalten, während der Gerätewagen ebenso wie die übrigen Dienstwagen der badischen Staatsbahnen auf der Außenseite mit einer Farbe gestrichen war, deren Farbton zwischen silbergrau (RAL 7001) und platingrau (RAL 7036) lag. Ab 1903 durften Dienstwagen gleich welcher Art in Personen- oder Lokalzügen nicht mehr auf einer Strecke befördert werden, auf der auch regelmäßig Güterzüge verkehrten.

Das Foto zeigt den Gerätewagen „Baden 915“ im Urzustand. Erfreulicherweise sind zwei dieser Wagen heute noch vorhanden, die sich im DGEG-Eisenbahnmuseum in Neustadt an der Weinstraße befinden, wobei allerdings ihre ursprüngliche Betriebsnummer nicht mit Sicherheit bestimmt werden kann.

Aufnahme: Sammlung Jens Freese

4.14 Wagen für Militärtransporte

Die Militärs hatten schon bald die Einsatzmöglichkeiten der Eisenbahnen zum schnellen Transport von Truppen und Material erkannt. In Friedenszeiten brachte die Eisenbahn die Soldaten zum Manöver. Die preußischen Einheiten, die zur Niederschlagung des Aufstandes von 1848/49 nach Baden gebracht wurden, werden schon die Eisenbahn benutzt haben, um zu ihren Einsatzorten gebracht zu werden. Auch im deutsch-französischen Krieg von 1870/1871 waren nicht nur die Güterwagen sondern auch schon Reisezugwagen zum Truppentransport eingesetzt worden.

Sämtliche Personenwagen der badischen Staatsbahnen mit Ausnahme der Hofwagen waren für Militärtransporte in Krieg und Frieden vorgesehen, dabei wurden die Offiziere in der I. oder II. Klasse und die Mannschaften in der III. Klasse befördert. Für jede Bauart war die Anzahl der zu befördernden Soldaten pro Wagen genau festgelegt, dabei wurde mit Rücksicht auf die mitzuführenden Waffen und Ausrüstungsgegenstände die Beförderungskapazität in der Regel etwas geringer angesetzt als die vorgesehene Zahl der Sitzplätze im Reiseverkehr. Ebenso wie die Güterwagen waren deshalb auch die Reisezugwagen mit der Zahl der jeweils zu befördernden Offiziere und/oder Mannschaften beschriftet. Bei den Reisezugwagen geschah dies am Langträger und zwar mit MT = Militärtransport mit der nachfolgenden Zahl der Personen und der die Bezeichnung O = Offiziere und/oder M = Mannschaften folgte. Reisezugwagen in Militärtransporten durften nur auf den Trittbrettern aus organisatorischen Gründen mit Kreide beschriftet werden. Gegen die Anbringung von patriotischen Anschriften durch die Soldaten an den Außenseiten der Wagen ihres Transportzuges bei Ausbruch des Ersten Weltkrieges konnte die Verwaltung nichts unternehmen, Gegenmaßnahmen wären damals auf Unverständnis gestoßen und ohnehin in den Wogen der großen Begeisterung untergegangen.

Nicht nur bei Ausbruch des Krieges rollten die Truppentransportzüge, auch noch nach dem August 1914 fuhren die Soldaten mit der Eisenbahn an die Front. Hier steht der ABCCü von 1906 (Gruppe 79c) „Baden 99“ wohl als einzelner Wagen auf einem Stumpfgleis im Hauptbahnhof Karlsruhe zur Abfahrt bereit, um Soldaten an ihren Bestimmungsort zu bringen. Sie werden von Schwestern des Roten Kreuzes gelabt und mit Liebesgaben versorgt. Der Zeitpunkt der Aufnahme ist nicht bekannt, der Krieg wird bereits schon einige Zeit gedauert haben, denn patriotische Anschriften an dem Wagen sucht man vergebens. Der Alltag hat die anfängliche Euphorie eingeholt. Aufnahme: Sammlung Wehrgeschichtliches Museum Rastatt

4.15 Güterzuggepäckwagen

Die Güterzuggepäckwagen wurden bei den badischen Staatsbahnen als Personalwagen bezeichnet und dienten nicht nur dem Zugführer als Arbeitsplatz während der Fahrt, sondern hier hielten sich bei längeren Aufenthalten auch die Bremser auf, da die Güterzüge erst zur Reichsbahnzeit mit durchgehenden Bremsen ausgerüstet wurden. Bei Unterwegshalten konnten sich im Winter die durchgefrorenen Bremser im Personalwagen aufwärmen, der wegen der fehlenden Dampfleitung bei den Güterwagen immer mit einem Kohleofen ausgestattet war.

Oftmals wurden als Güterzugbegleitwagen auch ausgemusterte Personenwagen verwendet, wie hier bei einem Güterzug mit einer Lokomotive der badischen Bauart IVd, der den noch nicht ganz fertiggestellten Bahnhof Markdorf im Oktober 1901 passiert. Bei dem Personenwagen hinter der Lokomotive handelt es sich um einen Durchgangswagen dritter Klasse Ci von 1893 oder 1898 (Gruppe 106 oder 107), der Wagen, dessen sämtliche Fenster geöffnet sind, trägt keine Klassenbezeichnung. Aufnahme: Sammlung Pfahlbaumuseum Uhldingen-Mühlhofen

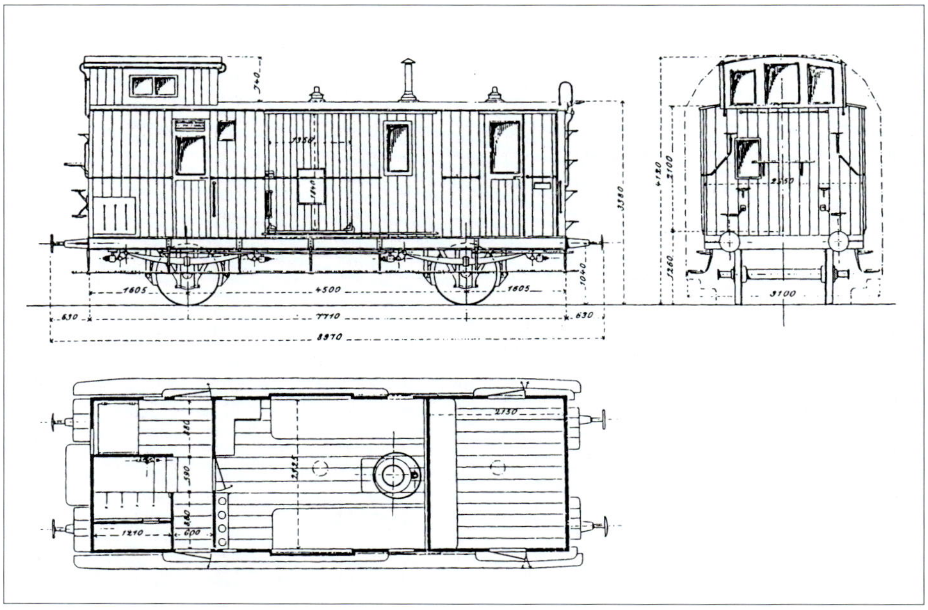

Speziell als Güterzuggepäck- oder besser gesagt Güterzugbegleitwagen gebaute Wagen hat es bei der badischen Staatsbahn nicht gegeben. Bereits vor und dann in großem Umfang nach 1900 wurden vorzugsweise die „gewöhnlichen" Gepäckwagen der Gruppe 123 zu Personalwagen umgebaut, sie erhielten dabei zwei Räume, die nur von außen zugänglich waren und untereinander keine Verbindung hatten. Im Gepäckraum, dessen Schiebetüren vermutlich verschlossen gehalten wurden, wurde ein großer Ofen aufgestellt, an dem sich die Bremser in der kalten Jahreszeit aufwärmen konnten. Als Sitzgelegenheit waren an beiden Seiten Bänke aufgestellt. Der andere Raum, der bei den Gepäckwagen der Gruppe 126 als Postabteil diente, erhielt eine von Seitenwand zu Seitenwand reichende Sitzbank. Der Abort wurde ausgebaut, die Trennwand zum Gang entfernt und in die Stirnwand ein Fenster eingebaut. Die so entstandenen Personalwagen behielten ihre Öllampenbeleuchtung.

Besondere Güterzuggepäck- oder besser gesagt Güterzugbegleitwagen gab es in Baden zunächst kaum, erst nach der Jahrhundertwende wurden zunehmend die Gepäckwagen der Gruppe 123 zu Personalwagen umgebaut, wie die Güterzuggepäckwagen damals in Baden genannt wurden.

Oftmals kamen auch ausgemusterte Personenwagen als Personalwagen zum Einsatz, wie z.B. die ABC mit den Betriebsnummern 1364, 1366, 1367 und 1371 bis 1375, die im Jahre 1893 in den Bestand der Güter- und Bahndienstwagen kamen, wobei der ursprünglichen Betriebsnummer eine „3" vorangesetzt wurde. Erst 1921 beschaffte die Reichsbahndirektion Karlsruhe 20 Güterzuggepäckwagen Pwg Bad 21, zu denen damals noch 30 fabrikneue Güterzuggepäckwagen der Bauart Pwg Pr 14 hinzukamen. Für die Pwg badischer Bauart war eine eigene Blattnummer im Wagenverzeichnis der Reisezugwagen vorbehalten, obwohl deren Betriebsnummerngruppe außerhalb des für die Reisezugwagen reservierten Betriebsnummernbereichs lag. Diese Güterzuggepäckwagen wurden zwar in das badische Nummernverzeichnis der Güterwagen eingereiht, sie erhielten im ersten Umzeichnungsplan von 1923 jedoch Betriebsnummern der Reisezugwagen.

4.16 Wagen für Schnellzüge

Die badischen Staatsbahnen hatten zwar schon mit dem 1.Mai 1853 ein erstes Schnellzugpaar (Mannheim – Haltingen) eingeführt, die Fahrzeit auf der Strecke Mannheim – Basel betrug 1855 dennoch über sieben Stunden. Dies sollte so für lange Jahre bleiben, da die kürzere Reisezeit gegenüber den Personenzügen nur durch den Fortfall einer Reihe von Unterwegshalten erreicht werden konnte. Sowohl die geringe Leistungsfähigkeit der Lokomotiven als auch die mangelnde Laufruhe der Reisezugwagen bei höheren Geschwindigkeiten ließ eine höhere Geschwindigkeit der Schnellzüge nicht zu. Mit der Einführung der Lenkachse und des Drehgestells bei den Reisezugwagen und der Beschaffung stärkerer Lokomotiven konnten ab 1885 echte Schnellzüge eingesetzt werden, deren Reisegeschwindigkeit beträchtlich über derjenigen der Personenzüge lag. So wurden für den Einsatz in Schnellzügen folgende Bauarten am Längsträger besonders bezeichnet:

AB (Gruppe 18, 19, 20)
C (Gruppe 54, 57)
ABB (Gruppe 22, 23)
CC (Gruppe 57)
ABi (Gruppe 72)
ABBü (Gruppe 78)
ABBü (Gruppe 74, 76, 79)
AAü (Gruppe 62)
ABCCü (Gruppe 79a, 79b, 79c)
AB3 (Gruppe 21a)
ABBi (Gruppe 74a)
ABBü (Gruppe 76a)
Ci (Gruppe 106, 107, 108)
CCi (Gruppe 109, 110, 110a)
CCü (Gruppe 111, 111a, 111b)
C3 (Gruppe 55a)
Pw (Gruppe 130, 131, 132, 133)
P3ü (Gruppe 133a, 133b)
PPü (Gruppe 133c, 133d)

Die besondere Kennzeichnung der für den Einsatz in Schnellzügen geeigneten Reisezugwagen entfiel im Jahre 1922.

5 Ausstattung der Wagen

Für die unterschiedlichen Ansprüche stellten die Eisenbahnverwaltungen von Anfang an entsprechend mehr oder minder komfortable Unterbringungsmöglichkeiten den Fahrgästen in den Reisezugwagen zur Verfügung, deren Benutzung durch gestaffelte Fahrpreise geregelt war. Die erste Klasse in der Anfangszeit entsprach dabei hinsichtlich Ausstattung und Fahrpreis derjenigen der Postkutschen, während die zweite Klasse zwar ebenfalls noch gepolsterte Sitze jedoch eine engere Belegung der Sitzbänke und einer einfachere Ausstattung gegenüber der ersten Klasse aufwies. Die Reisenden der dritten Klasse mußten mit Holzbänken vorliebnehmen und noch enger zusammenrücken und waren darüber hinaus in der Anfangszeit noch nicht einmal durch Glasfenster gegen Wind und Wetter geschützt. Die vierte Klasse in der Rangfolge des Reisekomforts, die es in Baden aber nur bis 1853 gegeben hatte, bot dem Reisenden den mit einem Dach geschlossenen „Stehwagen", dessen Fensteröffnungen allenfalls ebenso wie bei der dritten Klasse mit Vorhängen geschlossen werden konnten. Im letzten Jahr, in dem es noch vier Klassen in Baden gab, war das Benutzungs- und Einnahmeverhältnis folgendermaßen:

	I. Klasse	II. Klasse	III. Klasse	IV. Klasse
Benutzung	1,00 %	8,69 %	23,64 %	66,67 %
Einnahmen	5,88 %	25,24 %	31,89 %	36,99 %

Im Jahre 1882 lag der Fahrpreis für Schnellzüge bei 9,1/6,4/4,5 (I./II./III. Klasse) und für Personenzüge bei 8/5,3/3,4 Pfennigen pro Kilometer, dabei stand 1887 die Benutzung der einzelnen Klassen in folgendem Verhältnis zueinander: I. Klasse = 0,85 %, II. Klasse = 9,55 %, III. Klasse = 60,80 % und ermäßgte Fahrpreise = 28,80 %. Mit der Einführung der Fahrpreisreform in Deutschland im Jahre 1907 wurde in Baden der Fahrpreis in der dritten Klasse auf 2 Pfennige pro Kilometer gesenkt, um die vierte Klasse, die es auch bei den Nachbarbahnen mit Ausnahme der Schweiz und einigen Länderbahnen in Süddeutschland gab, nicht einführen zu müssen. Zur Einführung der 4. Klasse in Baden kam es dann erst im Jahre 1918.

Nicht nur die Ansprüche sondern auch das Verhalten der Reisenden hinsichtlich der Benutzung der einzelnen Wagenklassen hatte natürlich auch einen Einfluß auf die Beschaffung und schließlich auch auf den Umbau der Reisezugwagen. So wurden immer wieder Personenwagen oder auch nur die Abteile I. Klasse in solche der II. oder III. Klasse und Wagen I./II. Klasse in solche III. Klasse umgebaut, wenn beispielsweise bei einer Zuggattung (wie beispielsweise 1905 bei Personenzügen) die erste Klasse wegfiel, die Wagen inzwischen veraltet waren oder sich die Nachfrage geändert hatte. Daneben kam es auch im Laufe der Zeit zu einer Steigerung des Komforts in den Reisezugwagen, wie die Einführung der Heizung, der Beleuchtung, des Aborts, der Waschräume, des Fußbodenbelags mit Kacheln in den Aborträumen, des Einbau eines Wasservorratsbehälters für die Spülung des Leibstuhls, um nur einige Beispiele zu nennen. Im Jahre 1908 wurden in sämtlichen älteren Wagen Kleiderhaken angebracht, bei den neu beschafften Wagen waren diese bereits werksseitig vorhanden. Baden zeichnete 1918 sämtliche zweiachsige Personenwagen III. Klasse in IV.-Klasse-Wagen um, weshalb auf vielen Strecken dann nur noch Personenzüge mit Wagen 2. und 4. Klasse verkehrten. Im Jahre 1928 wurde die vierte Klasse bei der Deutschen Reichsbahn endgültig abgeschafft. Gepäcknetze waren bei den ab 1860 beschafften Abteilwagen nicht vorhanden, sie hätten allenfalls an der Innenseite der Stirnwand angebracht werden können, denn oberhalb der Türen befanden sich die Luftschieber. Zur Einführung der Gepäcknetze bei Abteil- und Durchgangswagen kam es offenbar erst in den achtziger Jahren des vorigen Jahrhunderts, wobei diese an der Innenseite der Stirnwand und an den Trennwänden angebaut wurden. Das niedrige Flachdach und die darunter angebrachten Luftschieber ließen den Einbau von Gepäcknetzen an der Innenseite der Wagenseitenwand nicht zu. Erst mit der Einführung des Korbbogendachs wurden dann die Gepäcknetze bei den zweiachsigen Durchgangswagen an der Innenseite der Wagenseitenwand angebracht. Nach der Jahrhundertwende befand sich über jeder Sitzbank in den Abteilwagen ein Gepäcknetz, wie dies bereits bei den D-Zugwagen und dann auch bei den vierachsigen Durchgangswagen der Fall war. Als in den dreißiger Jahren die zweiachsigen Durchgangswagen der Gruppe 94' und 94a umgebaut wurden, erhielten diese ebenfalls Gepäcknetze über den Sitzbänken.

5.1 Erste Klasse

Die erste Klasse bot dem Reisenden die größte Bequemlichkeit, die Sitzbank eines Abteils mußten sich drei, später nur noch zwei Personen teilen. Die Sitze waren stark gepolstert und mit Samt bespannt. In der Anfangszeit, als es ausschließlich Abteilwagen gab, lag das eine Abteil erster Klasse bei den Abteilwagen I./II. Klasse (Gruppe 15, 24) oder auch beide Abteile I. Klasse (1903 als BC3 in Gruppe 36') jeweils an den Wagenenden, sie waren als Halbabteile (Batard-Coupé) mit einer Tiefe von 1.215 bis 1.500 mm ausgebildet. An Stelle einer gegenüberliegenden Sitzbank hatten die Reisenden die mit Fenstern versehene Stirnwand vor sich. Wagen dieser Art gab es damals auch beispielsweise bei der benachbarten

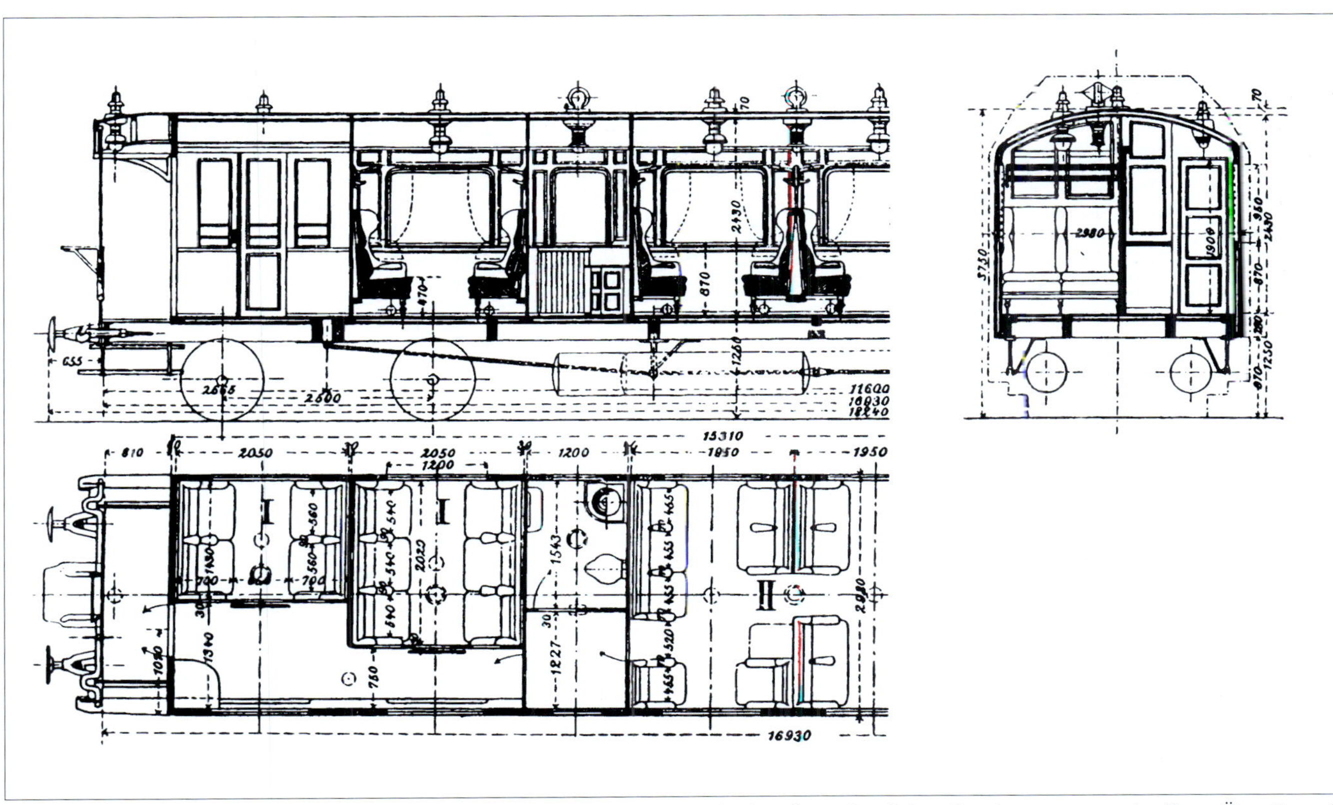

Die Schnittzeichnung des ABBi von 1903 (Gruppe 74a) zeigt die Innenaustattung der damaligen vierachsigen Durchgangswagen mit offenen Übergängen in der ersten und der zweiten Klasse. Der Querschnitt der Form der Sitze ist in beiden Klassen nahezu gleich, ein Unterschied besteht in erster Linie in der Sitzbreite und der Kniefreiheit zwischen den Sitzen, die durch die unterschiedliche Abteiltiefe bedingt ist.

Main-Neckar-Bahn (M-N-B). Später wurden die Abteile erster Klasse bei den Abteilwagen I./II. Klasse in der Wagenmitte angeordnet, dabei hatten immer drei Reisende nebeneinander Platz, zwischen ihnen waren (teilweise) feste Armlehnen vorhanden. Bei dieser Anordnung befanden sich die Sitzbänke gegenüber. Die Maße der Abteiltiefe lagen zunächst noch bei 1.980 bzw. 2.000 mm, wurden dann schließlich 1889 auf 2.050 mm (Gruppe 18 bis 20) bzw. 1.893 auf 2.110 mm (Gruppe 22) vergrößert. Die Wände der Abteile I. Klasse der ab 1885 beschafften Abteilwagen AB (Gruppe 18 bis 21) waren mit Lincrusta-Walton bezogen. Bei den Durchgangswagen I./II. Klasse waren auf der einen Seite des Mittelgangs ein und auf der anderen Seite zwei Sitzplätze vorhanden. Dabei lag die Abteiltiefe bei den Durchgangswagen in der I. Klasse zunächst im Jahre 1876 bei 1.800 mm (Gruppe 65), 1879 bei 1.900 mm (Gruppe 63), 1881 bei 1.950 mm (Gruppe 66) und schließlich 1902 bei 2.050 mm (Gruppe 79a). Die geschlossenen Abteile I. Klasse mit Seitengang in den Durchgangswagen I./II. Klasse wiesen immer eine Abteiltiefe von 2.050 mm (Gruppe 68, 72a, 74a) auf.

Erst bei den D-Zugwagen mit Seitengang standen einem Reisenden in der I. Klasse die halbe Abteilbreite pro Kopf zur Verfügung. Die Abteile der I. Klasse waren bei den D-Zugwagen immer in der Wagenmitte angeordnet, da dort die Geräuschentwicklung während der Fahrt innerhalb des Wagens wegen des Abstandes zu den Drehgestellen am geringsten war. In der I. Klasse gab es auf den mit rotem Samt bespannten Sitzbänken auch noch lose Armlehnen und zusätzliche Kissen, im Winter wurde mittels einer Friesdecke oder Fenstermantel vor dem Fenster der dort sitzende Reisende vor kalter Zugluft geschützt. Die Wände waren mit Holzfurnier verkleidet, die Decke oder Deckenverkleidung des Abteils war weiß lackiert. Eine Deckenverkleidung war bei sämtlichen D-Zugwagen und vermutlich bei den übrigen Wagen in der I. und II. Klasse erst nach der Jahrhundertwende vorhanden. Der Fußboden war mit unbedrucktem naturbraunem Linoleum belegt. Im Jahre 1905 war vorgesehen worden, bei dem nächsten Werkstattaufenthalt das naturbraune Linoleum durch bedrucktes Parkett-(Inlaid-)Linoleum zu ersetzen. Als nach kurzer Zeit sich herausgestellt hatte, daß es sich nicht bewährte, wurde von dem Vorhaben wieder abgegangen. Auf dem Linoleum-Fußboden lagen Wollteppiche. Bei den D-Zugwagen waren nicht nur im Abteil wie bei den Abteilwagen sondern auch im Seitengang auf dem Linoleum des Fußbodens ebenfalls Wollteppiche vorhanden, diese wurden allerdings im Mai herausgenommen und gereinigt im Oktober wieder hineingelegt. Ursprünglich wurden die Wollteppiche in der I. Klasse wie bei den Salonwagen am Fußboden festgeschraubt, nach 1905 lagen sie lose auf dem Fußboden, sie waren an ihrer Unterseite mit Ölfarbe mit der Eigentumsbezeichnung „Baden" versehen. Auch bei den Wagen mit Mittelgang befanden sich im Bereich der I. Klasse Wollteppiche auf dem mit Linoleum belegten Fußboden. Diese Wollteppiche wurden später durch Kokosteppiche ersetzt.

Als es während des Ersten Weltkrieges immer häufiger zu Entwendungen von Einrichtungsgegenständen kam, wurden 1915 die Kopfkissen für die Dauer des Krieges entnommen. Das gleiche geschah 1917 mit den Vorhängen, Fenstermänteln, Fußdecken, usw. in den Abteilen und Seitengängen. Im Jahre 1918 waren schließlich auch die Arm- und die Kopfpolster in den ABBü an der Reihe und in sämtlichen Abteilen I. und II. Klasse wurden die Armlehnen herausgenommen.

Der erste Durchgangswagen mit Seitengang und geschlossenem Abteil I. Klasse war der ABi von 1892 (G. 68). Der letzte zweiachsige Durchgangswagen mit Mittelgang ABi mit einem (Durchgangs-)Abteil I. Klasse wurde 1898 beschafft (Gruppe 72), der letzte dreiachsige Durchgangswagen AB3i mit einem geschlossenen Abteil I. Klasse (Gruppe 72a) kam im Jahre 1904 in den Bestand.

5.2 Zweite Klasse

In der zweiten Klasse war es gegenüber der ersten Klasse schon etwas weniger bequem. Für die Reisenden gab es jedoch immer noch gepolsterte Sitzbänke, die sich bei den älteren Abteilwagen jedoch schon vier Personen teilen mußten. Dabei lag die Abteiltiefe in der Regel bei 1.720 mm, mitunter jedoch auch bei 1.670 mm. Bei den späteren Abteilwagen AB (Gruppe 18 bis 21) wurde die Abteiltiefe ab 1885 auf 1.950 mm gesteigert, dadurch konnte nicht nur die Sitztiefe sondern auch die Kniefreiheit vergrößert werden. Bei diesen Wagen waren die Wände der Abteile II. Klasse mit Wachstuch in Holzumrahmung bekleidet. Die Abteiltiefe von 2.000 mm bei den vierachsigen Abteilwagen der Gruppen 22 und 23 wurde bei den später beschafften Abteilwagen nicht mehr erreicht, bei diesen es blieb es dann bei 1.950 mm. Bei den Durchgangswagen II. Klasse Bi lag die Abteiltiefe zunächst im Jahre 1876 bei 1.690 (Gruppe 84) und 1878 bei 1.800 mm (ABi der Gruppe 64). Bei diesem Maß blieb es dann bis zur Jahrhundertwende, wobei sich immer zwei Sitze zu beiden Seiten des Mittelganges befanden. Erst die ab 1903 beschafften ABBi (Gruppe 74a) hatten eine Abteiltiefe von 1.950 mm. Bei den D-Zugwagen lag in der zweiten Klasse die Abteiltiefe generell bei 1.940 bzw. 1.950 mm, lediglich bei dem ABBü von 1908 (Gruppe 76) betrug diese 2.000 mm. Der Fußboden war in der II. Klasse bei den Abteil-, Durchgangs- und D-Zugwagen mit naturbraunem Linoleum belegt, darauf lagen in der kalten Jahreszeit Kokosteppiche. Während des Ersten Weltkrieges wurden die Kokosteppiche aus den Wagen entfernt.

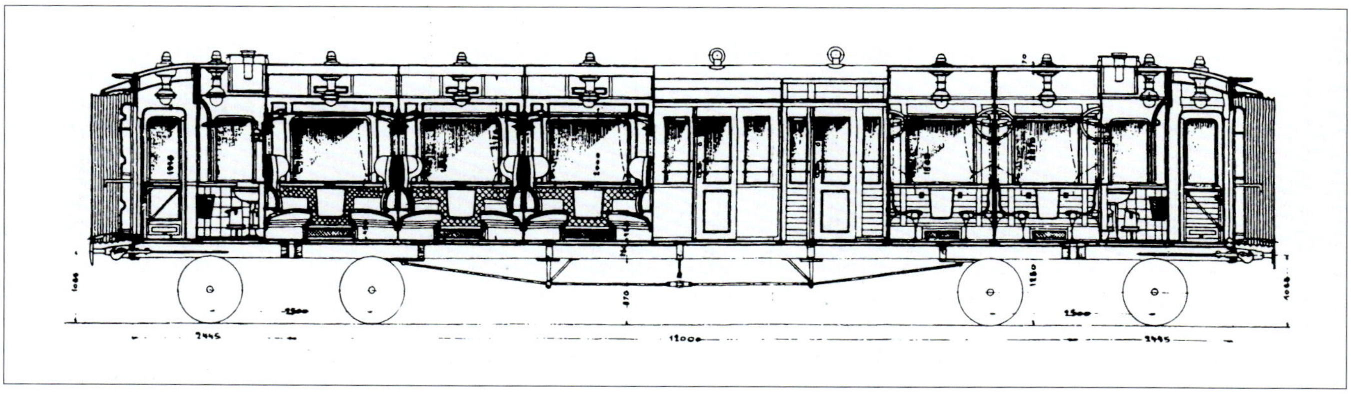

Die unterschiedliche Ausstattung in allen drei Klassen wird an diesem Schnittbild des ABCCü von 1911 (Gruppe 79d) deutlich: Ganz links das Abteil I. Klasse, dann folgen drei Abteile II. Klasse und anschließend die drei Abteile III. Klasse. Die Sitze in der ersten und in der zweiten Klasse weisen in der Seitenansicht die gleiche Form auf, sie unterscheiden sich nur durch die Breite der Sitze und den Abstand zwischen den Sitzen (Abteiltiefe). Deutlich sichtbar ist auch die unterschiedliche Dicke der Deckenverkleidung in der I./II. Klasse und in der III. Klasse. Die Heizkörper der Dampfheizung sind unterhalb der Fenster an der Seitenwand angebracht.

5.3 Dritte Klasse

In der dritten Klasse war die Ausstattung im Vergleich zur zweiten Klasse schon geradezu spartanisch. Bei den Abteilwagen BC (Gruppen 31 und 32) betrug die Abteiltiefe 1.465 bzw. 1.470 mm, hier hatten die Reisenden außerdem die Möglichkeit, innerhalb des Wagens in sämtliche drei Abteile zu gelangen. Bei diesen Wagen handelte es sich allerdings um ehemalige Abteilwagen II. Klasse B von 1859, bei denen zwei Abteile II. Klasse und die beiden dazwischen liegenden Aborträume entfernt und an deren Stelle ein Abteilraum mit drei Abteilen III. Klasse eingerichtet wurde. Bei den ab 1860 in großen Stückzahlen beschafften Abteilwagen C mit fünf Abteilen lag die Abteiltiefe bei 1.370 bzw. 1.375 mm (Gruppen 37 bis 47). Die Abteiltiefe wurde dann 1878 auf 1.555 bzw. 1.600 mm gesteigert (Gruppe 50), fiel dann 1891 aber wieder auf 1.500 mm zurück. Bei den später gebauten Abteilwagen blieb es dann bei 1.500 bzw. 1.550 mm. Bei den Durchgangswagen lag die Abteiltiefe im Jahre 1887 noch bei 1.370 mm (Ci der Gruppe 101) bzw. 1.375 mm (BCi der Gruppe 86), diese steigerte sich 1881 auf 1.405 mm (Gruppe 98), es sollte jedoch bei 1.375 mm für die Mehrzahl der auch danach noch beschafften zweiachsigen Durchgangswagen III. Klasse bleiben. Der Ci von 1901 (Gruppe 108) fiel mit seiner Abteiltiefe von 1.550 mm und auch seiner sonstigen Ausstattung völlig aus dem Rahmen, denn der Ci von 1910 (Gruppe 94') war mit seiner Abteiltiefe von 1.300 mm wieder ein arger Rückschritt. Wahrscheinlich war man hier doch ein wenig zu weit gegangen, denn der Ci von 1911 (Gruppe 94a), der schon ein Jahr später beschafft wurde, hatte wenigstens wieder eine Abteiltiefe von 1.400 mm. Dieses Maß wurde wohl damals als ausreichend angesehen und wurde dann auch bei den späteren zweiachsigen Einheitswagen der Deutschen Reichsbahn beibehalten. Die aus II. in die III. Klasse umgebauten Abteil- und Durchgangswagen boten dagegen den Reisenden mehr Kniefreiheit, da jetzt eine Abteiltiefe zur Verfügung stand, die bisher den Reisenden der zweiten Klasse vorbehalten gewesen war. Bei den vierachsigen Durchgangswagen sah die Sache etwas besser aus, hier wurde den Reisenden in der dritten Klasse 1897 eine Abteiltiefe von 1.500 mm geboten (CCi der Gruppe 109), die 1899

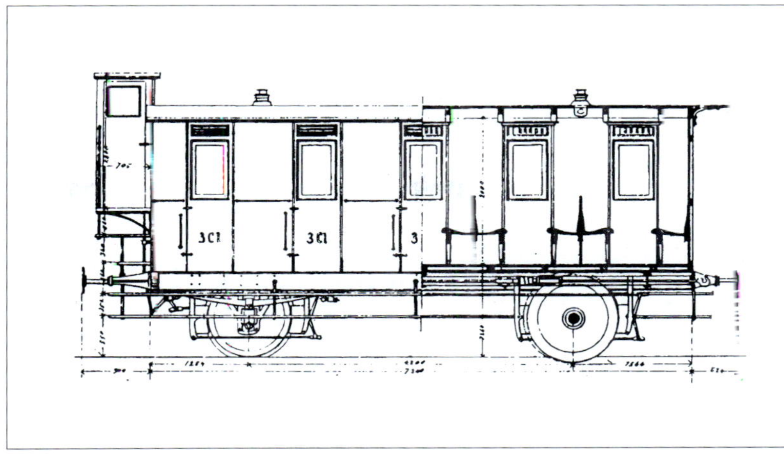

Ab 1860 wurden einheitlich aufgebaute Abteilwagen III. Klasse (Gruppe 42) beschafft, die sich kaum von denjenigen anderer Bahnverwaltungen unterschieden. Deutlich erkennbar ist, daß zwischen den einzelnen Abteilen keine Trennwände vorhanden sind, diese wurden erst später eingebaut. Die Holzsitze der badischen Abteilwagen sind bereits leicht der Körperform angepaßt, zur Beleuchtung des gesamten Wagens dienten damals lediglich zwei Öllampen.

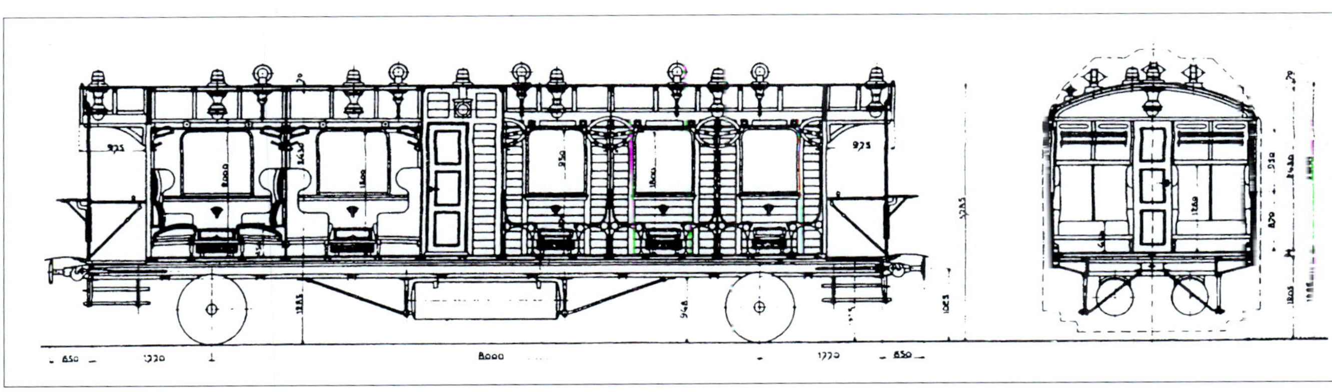

Der Schnitt durch den Wagenkasten des BCi von 1911 (Gruppe 92a) zeigt die Innenausstattung eines zweiachsigen Durchgangswagens. Die Deckenverkleidung in der zweiten Klasse ist auf der Unterseite der Dachspriegel angebracht, in der dritten Klasse fehlt diese, hier wird die Decke durch die Unterseite der Dachbeplankung gebildet, wie dies in der dritten Klasse üblich ist. Ebenso wie in der zweiten Klasse sind auch in der dritten Klasse oberhalb der Sitze Gepäcknetze vorhanden, die Holzsitze sind in einem Gestell untergebracht, an dem auch die Gepäcknetze befestigt sind. Unterhalb des Untergestells ist die schräge Abstützung der Stützen des Sprengwerks erkennbar. Die Heizkörper der Dampfheizung sind an der Seitenwand unterhalb der Fenster angeordnet.

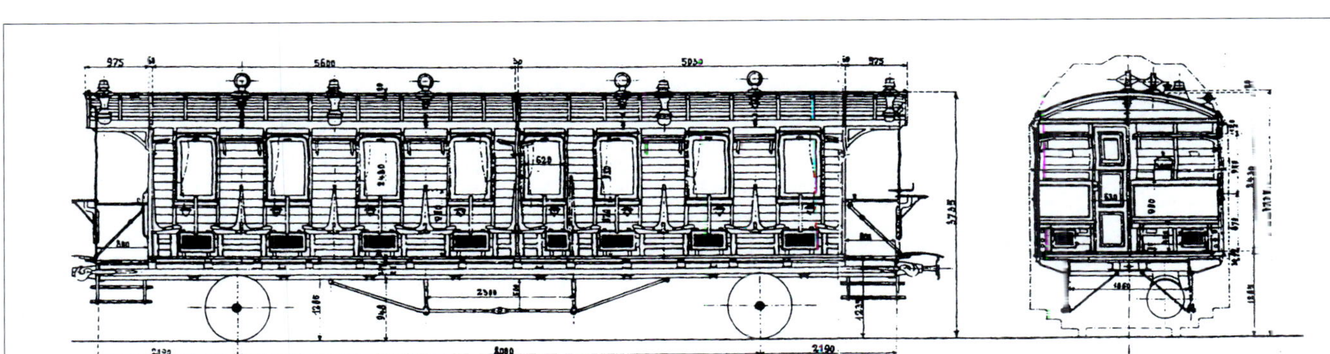

Bei den zweiachsigen Durchgangswagen von 1911 (Gruppe 94a) sind keine Gepäcknetze oberhalb der Sitzbänke angebracht, die Bretter der Gepäckablagen sind zwischen den Fenstern an der Seitenwand und auf beiden Seiten der Tür an der Trennwand und an der Innenseite der Stirnwand angeordnet. Die Sitzbänke bestehen vollständig aus Holz. Unterhalb der Fenster befinden sich die Heizkörper der Dampfheizung. Die Seiteninnenwand ist mit Brettern verschalt.

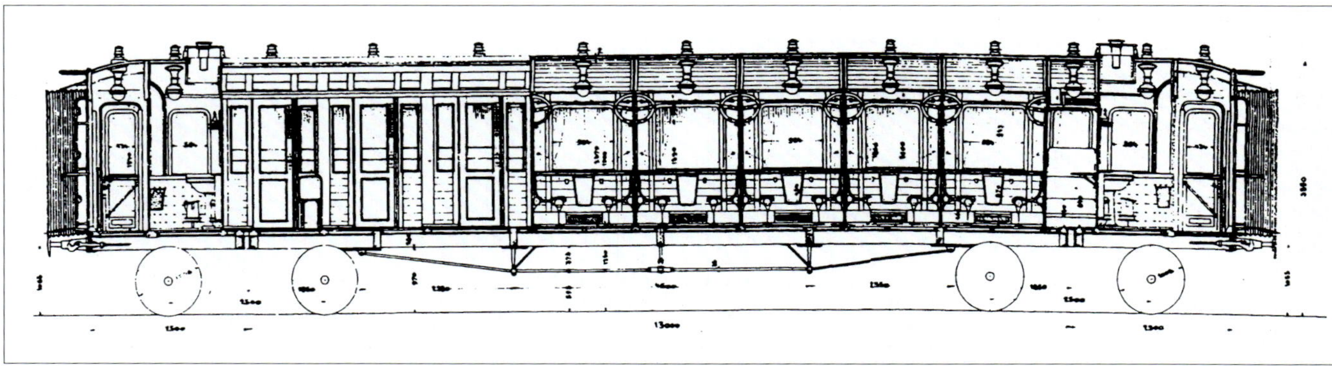

Die Innenansicht des vierachsigen D-Zugwagens III. Klasse von 1907 (Gruppe 111b) zeigt deutlich die Form des Sitzgestells aus Metall, das mit demjenigen in der dritten Klasse der zweiachsigen Durchgangswagen II./III. Klasse von 1911 (Gruppe 92a) übereinstimmt, die Sitzfläche wird aus Holzlatten gebildet.

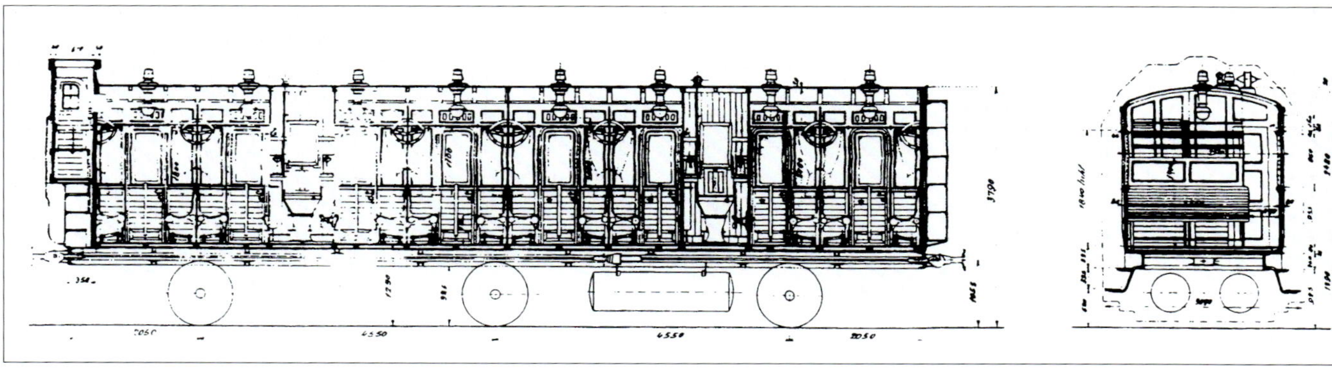

Auch bei den dreiachsigen Abteilwagen III. Klasse von 1907 (Gruppe 55b) sind Sitzgestelle aus Metall vorhanden, an denen oberhalb der Sitze Gepäcknetze angebracht sind. Die Sitzflächen bestehen aus Holzlatten. Die Heizkörper der Dampfheizung befinden sich unterhalb der Sitzbänke.

bei den CCi (Gruppe 110) schon wieder auf 1.480 mm zurückgenommen wurde. Bei den CCi der Gruppe 110a von 1902 lag diese dann wieder bei 1.550 mm. Dies entsprach auch generell der Abteiltiefe bei den D-Zugwagen, bei diesen machte nur der CCü von 1907 (Gruppe 111b) mit 1.590 mm eine Ausnahme. Bei den ersten D-Zugwagen III. Klasse (Gruppe 79b, 111, 111a) war die Mehrzahl der Abteile zum Seitengang hin noch nicht jeweils durch eine Wand mit Schiebetür abgeschlossen, wie dies damals auch bei den benachbarten Verwaltungen (beispielsweise Preußen, Pfalz, Gotthardbahn) der Fall war. Erst ab 1906 erhielten auch sämtliche Abteile III. Klasse in den D-Zugwagen ein durch eine Schiebetür abgeschlossenes Abteil.

Die Sitze bestanden lange aus einer Sitzbank mit Rückenlehne und zwar jeweils aus flachen Brettern, die im Bereich des Sitzes und der Rückenlehne leicht gerundet waren und das war bis zur Jahrhundertwende der Fall. Erst dann ging man zu dem der Körperform angepaßten Lattensitz über. Die in großen Stückzahlen ab 1910 beschafften Ci (Gruppe 94', 94a) hatten ebenfalls der Körperform angepaßte Sitze, deren Sitz- und Rückenfläche von einigen Waggonfabriken aus verleimtem Furnier gefertigt war. Ab 1930 wurden diese Sitze gegen die Lattensitze ausgetauscht und im Anschluß an die Rückenlehne eine über die gesamte Sitzbankbreite sich erstreckende bis über die Kopfhöhe reichende Windschutzwand eingebaut, die die Reisenden bei geöffneten Fenstern gegen Zugluft schützten. Diese Windschutzwände wurden im Jahre 1928 offenbar in der Schweiz bei vierachsigen Durchgangswagen III. Klasse C4ü mit Mittelgang eingeführt.

Die Abteil- und Durchgangswagen III. Klasse und die Abteilräume III. Klasse in mehrklassigen Wagen besaßen keine Deckenverkleidung, die Dachspriegel waren sichtbar, die Decke war weiß (ungefähr entsprechend RAL 1013) gestrichen. Die Wände waren mit Brettern verschalt, die mit sodafestem Lack (braunbeige ungefähr entsprechend RAL 1011 oder sandgelb ungefähr entsprechend RAL 1002) gestrichen waren. Die Bretterverschalung des Fußbodens war sichtbar und ebenfalls gestrichen. Allenfalls bei den gemischtklassigen Wagen und den D-Zugwagen war die Ausstattung etwas besser, damit der Unterschied zu den anderen Klassen innerhalb des Wagens etwas abgemildert wurde. Dies galt besonders für die Fenster, die in diesen Fällen nach der Jahrhundertwende gegenüber den sonstigen Gepflogenheiten in der dritten Klasse nicht als Holzrahmen- sondern als Metallrahmenfenster ausgebildet waren.

5.4 Vierte Klasse

Die ab 1910 beschafften zweiachsigen Durchgangswagen Ci (Gruppe 94', 94a) waren teilweise bereits ab Werk mit Klappschildern III./IV .Klasse versehen worden, obwohl die vierte Klasse damals in Baden nicht eingeführt war. Mit den Klappschildern konnten diese Wagen jedoch auch in Zügen auf die Strecken der Nachbarverwaltungen übergehen, bei denen es bereits die vierte Klasse gab (Reichseisenbahnen Elsaß-Lothringen, Preußen, Pfalz). Diese Wagen wurden ebenso wie die meisten C, BCi und Ci mit der Einführung der vierten Klasse in Baden im Jahre 1918 in Wagen vierter Klasse umgezeichnet. An der Inneneinrichtung wurde jedoch nichts geändert, so daß gegenüber den mit Bretterbänken ausgestatteten Wagen vierter Klasse der preuß. Staatsbahnen zumindest hinsichtlich der bequemeren Sitze ein höherer Komfort geboten wurde. Auch nach der Einführung der vierten Klasse wurden keine Reisezugwagen badischer Bauart für Reisende mit Traglasten während der Länderbahnzeit beschafft.

5.5 Besondere Abteile

Im Laufe der Entwicklung des Eisenbahnwesens stellte es sich heraus, daß für bestimmte Fälle im Betrieb besondere Abteile benötigt wurden, die entsprechend eingerichtet oder für besondere Reisende bereitgehalten wurden. Oftmals stand die Bequemlichkeit im Vordergrund, die den Reisenden die Fahrt mit der Eisenbahn besonders angenehm machen sollte. In anderen Fällen wurde dafür gesorgt, daß bestimmte Gruppen von Reisenden während der Fahrt unter sich bleiben konnten.

Bei den Schlafabteilen in den Abteilwagen der ersten und der zweiten Klasse wurde aus zwei gegenüberliegenden Sitzen eine Liegefläche als Schlafeinrichtung geschaffen. Als das Schlafabteil um 1870 eingeführt wurde, gab es eine Vielzahl von technischen Lösungen zur Bildung einer Liegefläche aus zwei Polstersitzen. Die Abbildung soll nur als Beispiel dienen, denn es ist nicht sicher, ob bei den Schlafabteilen badischer Abteilwagen die gezeigte Anordnung zur Anwendung gekommen ist. Abteilwagen mit Schlafeinrichtung wurden in Baden bis 1890 beschafft.

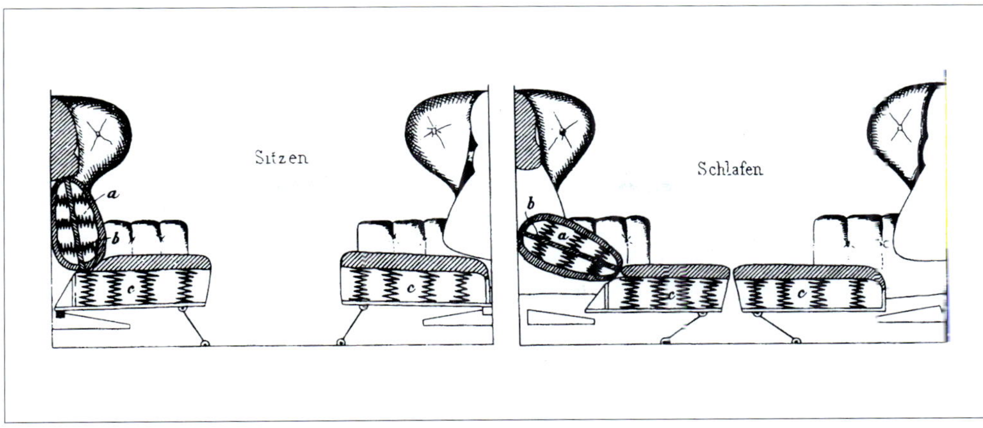

5.5.1 Abteile mit Schlafeinrichtung

Schon lange bevor die ersten Schlafwagen in den 80er Jahren des vorigen Jahrhunderts aufkamen, wurde den Reisenden bereits seit Anfang der 60er Jahre in der ersten Klasse eine Schlafgelegenheit während der langen Nachtfahrt geboten. So hatten die 1861/62 beschafften AB der Gruppen 13, 14, 16 und 17 in jeweils mindestens einem Abteil I. Klasse eine Schlafeinrichtung, wobei die Sitzfläche zweier gegenüberliegender Sitze derart verlängert werden konnte, daß zwischen den Sitzen eine durchgehende Liegefläche entstand. Durch diese Maßnahme verringerte sich die Beförderungskapazität eines Abteils auf drei Personen, die so nebeneinander ruhen konnten. Das Polsterteil, das zur Verlängerung eines Sitzes benötigt wurde, war unterhalb des Sitzes untergebracht und wurde nach oben geschwenkt. Wenn die Schlafeinrichtung auch nur ein Kompromiß war, man denke nur an die stark eingeschränkte Bewegungsmöglichkeit auf dem mittleren Schlafplatz, so war die Möglichkeit des Schlafens im Zug doch eine Annehmlichkeit für die Reisenden, von der anscheinend auch ausgiebig Gebrauch worden ist, denn insgesamt waren einundvierzig der genannten Wagen mit Schlafeinrichtungen ausgestattet. Bei den zwanzig AB der Gruppe 20, die 1885 zum Wagenpark der badischen Staatsbahn kamen, waren sämtliche Wagen in beiden Klassen mit Schlafeinrichtungen ausgestattet. Die Schlafeinrichtungen wurden anscheinend auch noch bis zur Jahrhundertwende benutzt, also auch noch nach Aufkommen der Schlafwagen. Die benachbarte Main-Neckar-Bahn besaß ebenfalls Abteilwagen mit Schlafeinrichtung, es waren dreiachsige Abteilwagen mit vier Abteilen I./II. Klasse (Betriebsnummern 81 bis 96).

5.5.2 Nichtraucherabteile

Schon kurz nach der Eröffnung des Eisenbahnbetriebes in Baden wurden bereits im Jahre 1841 in dreiklassigen Abteilwagen Nichtraucherabteile bereitgehalten. Ob diese Maßnahme sämtliche Klassen betraf und auf die Dauer Bestand hatte, ist nicht bekannt. Auf seiner Generalversammlung, die im Jahre 1855 zu Triest stattfand, hatte zwar der Verein Deutscher Eisenbahnverwaltungen einstimmig beschlossen, daß das Tabakrauchen in allen Klassen zu gestatten sei, doch mit der Zeit wurde für viele Menschen die tabakrauchproduzierenden Mitreisenden eine Belästigung. Im Jahre 1876 führte die Verwaltung der Großh. Badischen Staatseisenbahnen in Karlsruhe deshalb eine Umfrage bei Staats- und Privatbahnen hinsichtlich der Bereitstellung von Frauen- und Nichtraucherabteilen in der dritten Klasse durch. In der ersten und in der zweiten Klasse war das Rauchen nicht so verbreitet, obwohl deren Abteile schon früh mit Aschenbechern ausgestattet waren, denn damals wurde ja ausschließlich Pfeife und Zigarre geraucht. Die Zigarette kam ja erst Ende des 19. Jahrhundert auf. Die Umfrage von 1876 hatte folgendes ergeben: In Württemberg und in der Pfalz gibt es keine besonderen Frauen- und Nichtraucherabteile, es ist auch keine Einführung beabsichtigt. Bei der Main-Neckar-Bahn, der Main-Weser-Bahn und der Frankfurt-Bebraer Bahn gibt es derartige Abteile, sie sind auch gut besetzt. In der Schweiz gibt es Raucher- und Nichtraucher-Abteile, jedoch keine Frauenabteile. Bei den Reichseisenbahnen Elsaß-Lothringen gibt es Nichtraucherabteile, sie werden jedoch kaum benutzt. Auf Grund dieser Umfrage hatte man in Baden von der Einrichtung von Nichtraucherabteilen zunächst abgesehen, da eine große Anzahl von Abteilwagen nicht mit Zwischenwänden ausgerüstet war und die neueren auch nur niedrige Scheidewände aufwiesen. Der Einbau von Zwischenwänden erschwerte die Beheizung, die damals noch größtenteils mit Öfen durchgeführt wurde, und auch die Beleuchtung, da bei den Abteilwagen III. Klasse für fünf Abteile zwei Lampen ausreichten. Nur bei Nachtzügen wurde damals die Reservierung von Nichtraucherabteilen in Erwägung gezogen.

Erst bei dem 1877 eingerichteten Nachtschnellzugpaar 39/40 zwischen Basel und Frankfurt (M) wurden in Basel stationierte Abteilwagen III. Klasse mit getrennten Abteilen eingestellt, bei denen ein Abteil für Nichtraucher und je zwei Abteile für Frauen und für Raucher vorgesehen waren. Diese Trennung wurde in der zweiten Klasse erst 1879 eingeführt. Damals wurden die an der Strecke zwischen Basel und Mannheim liegenden Bahnämter aufgefordert, über die Benutzung dieser neuen Einrichtung regelmäßig zu berichten. Wenig später wurde die Einrichtung von Frauen- und Nichtraucherabteilen in Zügen auf die Strecken Mannheim – Konstanz und Mühlacker – Karlsruhe ausgedehnt. Hatte sich diese Maßnahme zunächst nur auf Schnellzüge beschränkt, die ausschließlich aus Abteilwagen gebildet wurden, so wurden im Jahre 1881 Nichtraucherabteile ebenfalls bei Durchgangswagen eingeführt. In diesem Jahr wurde in Baden auch durch eine Verordnung geregelt, daß in sämtlichen Personenzügen, die mehr als einen Abteilwagen III. Klasse führen, einer dieser Wagen zu 2/5 für Frauen und zu 3/5 für Nichtraucher zu bezeichnen ist. Dies geschah durch jeweils eine auf beiden Seiten angebrachte Blechtafel, die mit der Aufschrift „Frauen“, bzw. „Nichtraucher“ beschriftet war. In den betreffenden Abteilen wurde auch durch an der Innenseite der Abteiltüren angebrachte Schilder auf die Reservierung entsprechend hingewiesen.

Im Dezember 1887 führten die Züge Nichtraucherabteile in der dritten Klasse auf folgenden Strecken:

- Heidelberg – Eberbach – Würzburg
- Wertheim – Mergentheim
- Neckarelz – Meckesheim
- Neckarelz – Jagstfeld
- Heidelberg – Sinsheim – Jagstfeld
- Mannheim – Heidelberg – Bruchsal – Basel
- Mannheim – Schwetzingen – Karlsruhe
- Bruchsal – Germersheim
- Bruchsal – Bretten
- Eppingen – Karlsruhe
- Mühlacker – Pforzheim – Karlsruhe
- Karlsruhe – Maxau
- Appenweier – Oppenau
- Appenweier – Straßburg
- Offenburg – Triberg – Singen
- Hausach – Schiltach
- Freiburg – Colmar
- Müllheim – Mühlhausen (Elsaß)
- Basel – Zell
- Basel – Konstanz

Durch die inzwischen in vielen Abteilwagen eingebaute Dampfheizung konnte die Ofenheizung entfallen und durch Einbau von bis an die Decke reichenden Zwischenwänden gesonderte Abteile für Nichtraucher geschaffen werden. Auf der am 23. Mai 1887 eröffneten Höllentalbahn Freiburg – Neustadt im Schwarzwald wurden Nichtraucher- und Frauenabteile im Jahre 1888 eingeführt, allerdings ohne die Beistellung zusätzlicher Wagen, damit das Zuggewicht auf der Steilstrecke nicht erhöht wurde.

In Baden befanden sich in den Abteilen der D-Zugwagen ab 1907 verschließbare Rahmen zum Einstecken der Schilder „Raucher/Nichtraucher", die bisherige Markierung mittels Papptafeln, die mittels Klebestreifen befestigt wurden, wurde jedoch bei den übrigen Wagen beibehalten. Die badische Ausführungsform der Schilder „Raucher/Nichtraucher" in den D-Zugwagen wurde damals für sämtliche Länderbahnen empfohlen. Versuchsweise wurden auch Drehschilder verwendet, die mit Hilfe des Gas-Haupthahn-Schlüssels verstellt werden konnten. Damals wurde erstmalig in Baden verbindlich die Kennzeichnung der Wagen hinsichtlich der Benutzung durch Raucher/Nichtraucher geregelt. Wagen, die nicht vollständig oder zur Hälfte für Raucher oder Nichtraucher bezeichnet werden konnten, erhielten keine Tafeln. Die umwendbaren Schilder „Raucher/Nichtraucher" bzw. „Frauen" wurden bei den vierachsigen Wagen in die Richtungstafelhaken an den beiden Wagenenden eingehängt. Die zweiachsigen Durchgangswagen erhielten neben dem Aufgang zur Plattform ein entsprechend beschriftetes Schild aus Stahlblech. Bei den Abteilwagen wurden unter den Seitenwandfenstern eben solche Schilder angebracht, wenn keine Haken für die kleinere Ausführungsform des Richtungsschildes vorhanden waren, andernfalls wurden umwendbare Schilder wie bei den vierachsigen Wagen jedoch in der kleineren Ausführung angebracht (Gruppe 21a, 21b, 21c, 55a, 55b). Diese Abteilwagen erhielten in den Abteilen kleine einsteckbare Blechschilder, während die übrigen Abteilwagen und in sämtliche Durchgangswagen die einzelnen Abteile oder zusammenhängende aus mehreren Abteilen bestehende Räume im Innern entweder durch feste oder durch umwendbare Schilder gekennzeichnet wurden, wobei die letzteren als Stellschilder ausgebildet waren und mit einem Vierkant- oder Gashahn-Schlüssel bedient werden konnten. Die D-Zugwagen besaßen auf der Innenseite der festen Fenster des Seitengangs Rahmen zur Aufnahme von Kartentäfelchen mit der entsprechenden Aufschrift auf beiden Seiten, die von innen und von außen lesbar waren und ebenfalls mit dem Gashahnschlüssel verschlossen werden konnten. Die Raucherabteile wurden nur in der I. Klasse außen mit „Raucher" bezeichnet, die nicht bezeichneten Abteile waren für Nichtraucher bestimmt. Bei den Abteilwagen gab es in der ersten Klasse keine entsprechende Bezeichnung innerhalb des Abteils. Die Schaffner konnten auch während der Fahrt erforderlichenfalls die Papptäfelchen auswechseln und führten einen entsprechenden Vorrat in den Diensträumen der D-Zugwagen mit sich. Sie hatten auch verschmutzte oder unbrauchbare Täfelchen auszuwechseln. Damals wurden auch sämtliche Abteile, die nicht auf Dauer für Frauen oder Nichtraucher vorgesehen waren, mit Aschenbechern ausgestattet. Nur die zur baldigen Ausmusterung vorgesehenen älteren Abteilwagen III. Klasse (Gruppe 37 bis 49c) waren hiervon ausgenommen. Im Jahre 1913 wurde das Rauchen in den Seitengängen der D-Zugwagen grundsätzlich verboten, ebenso wie das Rauchen im Speisewagen.

5.5.3 Frauenabteile

Für Frauen reservierte Abteile wurden nach den Bestimmungen aus dem Jahre 1907 nur in sämtlichen vierachsigen Reisezugwagen (Ausnahme Gruppe 93) vorgesehen. Die Kennzeichnung erfolgte außen und innen ebenso wie bei den Nichtraucherabteilen. Als während des Ersten Weltkrieges immer mehr Frauen in der Industrie arbeiteten, wurden im Herbst 1917 in den Zügen des Berufsverkehrs die Arbeiter und die Arbeiterinnen in getrennten Wagen befördert, die auf der Außenseite durch entsprechend beschriftete Schilder gekennzeichnet waren.

5.5.4 Abteile für Schüler

Anfang 1910 wurden Abteile und auch ganze Wagen für Schüler reserviert, die auf der Außenseite durch Schilder mit der Aufschrift „für Schüler" gekennzeichnet waren.

An dem zweiachsigen Durchgangswagen II./III. Klasse von 1911 BCi (Gruppe 92a) sind bereits die Wechselschilder „Raucher/Nichtraucher" an der Außenseite unterhalb der Fenster angebracht und zwar für jedes geschlossene Abteil bzw. für jeden Abteilraum, wobei je nach Bedarf die Freigabe für Raucher oder für Nichtraucher durch das Zugpersonal erfolgen konnte. Auf der einen Seite trugen die Schilder den Schriftzug „Raucher" in weißer Schrift auf rotem Grund und auf der anderen Seite den Schriftzug „Nichtraucher" in schwarzer Schrift auf weißem Grund. Derartige Wechselschilder waren auch im Innern der Abteile bzw. Abteilräume angebracht und zwar jeweils oberhalb der Tür in der Trennwand und in der Stirnwand. Noch zur Länderbahnzeit wurden die meisten badischen Personenwagen mit diesen Wechselschildern ausgestattet.
Aufnahme: Sammlung v. Rotberg/DGEG-Archiv

5.5.5 Dienstabteile

Feste Dienstabteile als Aufenthaltsraum für Schaffner gab es zunächst nicht, bei Bedarf wurde in einem Abteilwagen hierzu in der Regel ein Abteil II. Klasse reserviert, das nur durch die Außentüren zugänglich war. Bei Durchgangswagen mit Mittelgang gab es vermutlich keine Dienstabteile.

In den D-Zugwagen ABBü der Gruppen 76', 76a und ABCCü der Gruppe 79c waren besondere Dienstabteile vorhanden (in denjenigen ABBü der Gruppen 77 und 78 wurden sie erst 1908/09 nachträglich eingebaut), die als Aufenthaltsraum für Schaffner und Dienstfrauen vorgesehen waren. Die Dienstfrauen hatten die Aufgabe, die Abort- und Waschräume während der Fahrt in Ordnung zu halten und den Damen nötigenfalls zur Hand zu gehen. Bei den ABBü war das Dienstabteil mit Flügeltür zum Vorplatz (Gruppe 76', 76a) oder mit Schiebetür zum Seitengang (Gruppe 77, 78) parallel zum Seitengang neben dem Abortraum angeordnet, während bei dem ABCCü der Gruppe 79c das Dienstabteil ebenso wie die übrigen Abteile quer zur Längsachse des Wagens lag und durch eine nach innen schlagende Flügeltür zugänglich war. Das Dienstabteil hatte je nach Bauart des Wagens eine Tiefe von 650 bis 780 mm und war mit einem harten Holzsitz, bei später beschafften Bauarten mit einem Polstersitz ausgestattet. Ein eigener Lüfter auf dem Dach und ein kleiner Klapptisch vervollständigten die Ausstattung. Ob die Tür des Dienstabteils mit einem Fenster versehen war, läßt sich leider nicht mehr feststellen.

5.5.6 Abteile für Krankentransport

Zum Transport von Kranken befand sich im Wagenpark der badischen Staatsbahn ein Durchgangswagen ABi (Gruppe 70), der dem ABi von 1885 (Gruppe 69) entsprach, jedoch anstelle von drei Abteilen nur ein Abteil II. Klasse hatte. Der geschlossene Raum anstelle der beiden anderen Abteile, der bei beiden Bauarten durch eine Zwischenwand mit Tür abgetrennt war, war zur Beförderung eines Kranken mit allen hierzu notwendigen Einrichtungen versehen. Der Wagen war seit Juli 1889 in Basel stationiert. Für die Benutzung des Krankenabteils wurde kein besonderer Zuschlag erhoben, die übrigen Abteile des Wagens standen den normalen Reisenden zur Verfügung. Der Wagen wurde 1913 ausgemustert. Von nun an erfolgte die Krankenbeförderung bei Bedarf in normalen AAü (Gruppe 62), die notwendige Ausrüstung wurde in der Betriebswerkmeisterei Karlsruhe bereitgehalten. Auch die in den Jahren 1895 und 1896 beschafften Salonwagen der Gruppe 8 waren zur Beförderung eines Kranken vorgesehen. Erst im Jahre 1930 wurden zwei C4 zum C4kr (Gruppe 56 und 57) zur Beförderung von Kranken in einem besonderen Abteil umgebaut.

5.5.7 Gepäckabteile

Aus wirtschaftlichen Gründen, und zwar in erster Linie zur Verringerung der Betriebskosten, wurden Personenwagen mit einem Gepäckabteil versehen, die dann in Zügen eingestellt wurden, wenn es das ge-

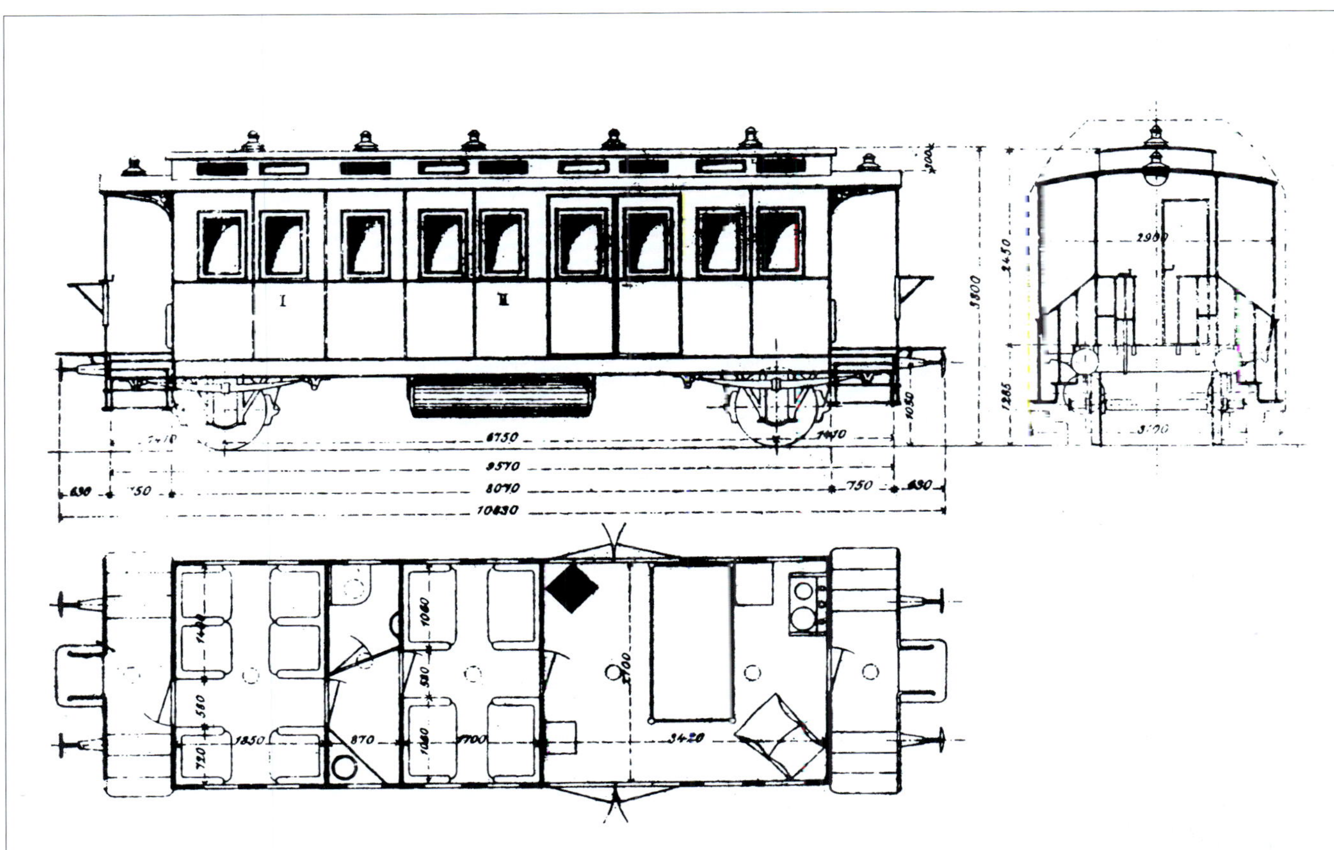

Die badischen Staatsbahnen hielten ebenso wie die anderen Verwaltungen Reisezugwagen zur Beförderung von Kranken vorzugsweise im liegenden Zustand bereit. Zu diesem Zweck wurde ein zweiachsiger Durchgangswagen mit offenen Übergängen ABi von 1885 (Gruppe 69) aus dem Baujahr 1889 bereits werksseitig entsprechend gebaut, wobei an Stelle des Abteilraums mit zwei Abteilen zweiter Klasse ein Abteil zur Beförderung von Kranken eingerichtet wurde. Zusätzlich waren auf jeder Wagenseite zwei Flügeltüren angebracht worden, die den bequemen Zugang zum Abteil zur Krankenbeförderung ermöglichten. Von diesem Abteil war kein direkter Zugang zum Abortraum möglich, da noch ein Abteil zweiter Klasse dazwischen lag. Der Wagen, der unter der Gruppe 70 geführt wurde, wurde bei der Beförderung von Kranken in fahrplanmäßigen Zügen geführt, wobei das nicht benutzte Abteil erster bzw. zweiter Klasse auch den normalen Reisenden zur Verfügung stand, wenn dieses nicht von dem begleitenden Arzt oder Angehörigen beansprucht wurde

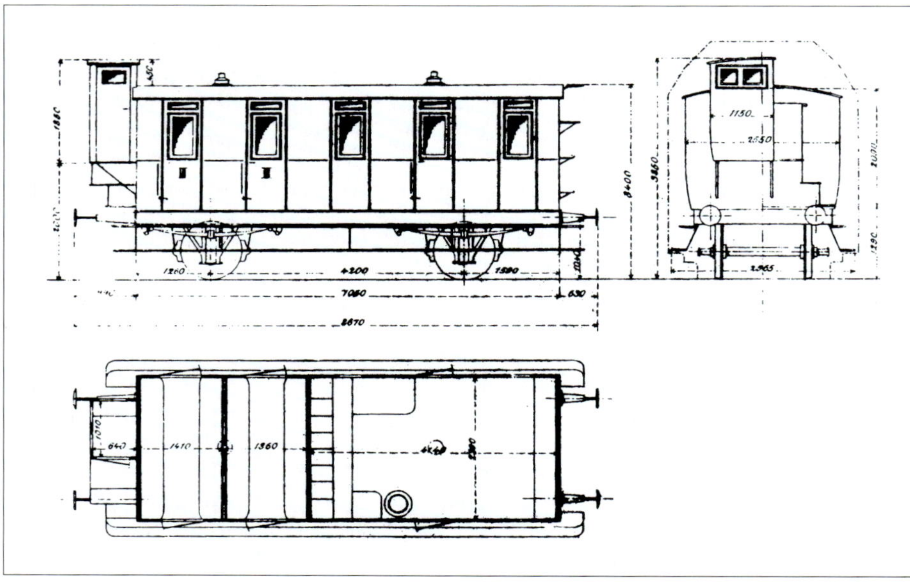

Im Jahre 1903 waren noch vier Abteilwagen III. Klasse mit Postabteil CPost (Gruppe 58) vorhanden, die den Abteilwagen III. Klasse der Gruppe 37 entsprachen, jedoch nur zwei und nicht fünf Abteile aufwiesen. An Stelle von drei Abteilen befand sich ein Postabteil (Postabtheilung), das durch die mittlere Tür zugänglich war. Dort wo bei den Abteilwagen der Gruppe 37 weitere Türen vorhanden waren, befanden sich bei den Abteilwagen mit Postabteil nur Fenster. Es ist erstaunlich, daß die normale Abteiltür für den Postbetrieb breit genug war, denn die sonst bekannten Postabteile waren immer mit zweiflügeligen Türen ausgestattet.

Ein zweiachsiger Durchgangswagen III. Klasse mit Schutzwänden von 1886 Ci (Gruppe 112) erhielt noch zur Länderbahnzeit an Stelle von drei Abteilen in der einen Wagenhälfte ein Postabteil, worauf der Wagen als Ci-Post in der Gruppe 112' geführt wurde. Die Aufnahme zeigt den „99 010 Karlsruhe" nach 1929 wieder als Wagen dritter Klasse. Links vom Postabteil mit Briefeinwurfschlitz befindet sich eine zweiflügelige Tür und darunter zwei Trittbretter. Die Fenster sind wie bei Postabteilen üblich vergittert.
Aufnahme: Sammlung Jens Freese

ringe Aufkommen von Gepäckstücken der Reisenden zuließ. So wiesen gerade die Vorortwagen der Gruppen 114 bis 120 Gepäckabteile auf, da in der Regel die Expreßgutbeförderung in Vorortzügen entfiel.

5.5.8 Postabteile

In der Anfangszeit der Eisenbahn in Baden gab es keine besonderen Bahnpostwagen sondern nur Abteilwagen mit einem Postabteil, die sich im Besitz der Postverwaltung befanden. Bis 1868 wurden diese Wagen durch reine Bahnpostwagen ersetzt. Auch danach gab es noch Reisezugwagen mit einem Postabteil, die zum Einsatz kamen, wenn infolge der geringen Menge der zu bearbeitenden Postsachen sich die Mitführung eines Postwagens nicht lohnte. So waren neben Vorortwagen (Gruppe 114, 116 bis 120) eine Reihe von Abteilwagen III. Klasse (Gruppe 58) ursprünglich mit einem Postabteil ausgestattet. Gepäckwagen mit einem Postabteil (PPost) hat es ebenfalls in Baden gegeben (Gruppe 126, 126a). Die meisten ursprünglich vorhandenen Postabteile wurden später in Abteile III. Klasse bzw. Gepäckabteile umgebaut. In den Jahren 1908 bis 1910 wurden die Postabteile bei einer Reihe von Abteilwagen entfernt, im Jahre 1915 waren immer noch 18 Personen- und Gepäckwagen mit einem Postabteil vorhanden, die hauptsächlich auf Nebenstrecken oder im Vorortverkehr im Einsatz waren.

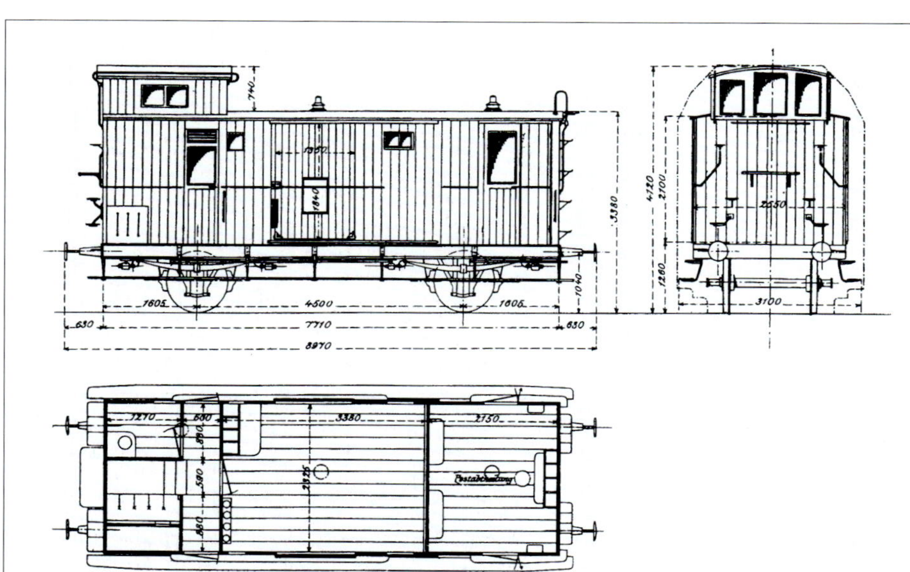

Im Jahre 1903 waren mindestens 14 „gewöhnliche" Gepäckwagen der Gruppe 123 vorhanden, die zusätzlich zum Gepäckraum ein Postabteil besaßen und unter der Gruppe 126 zusammengefaßt wurden. Im Jahre 1908 wurde bei sämtlichen Gepäckwagen das Postabteil entfernt.

5.5.9 Hundeabteile

Für die Beförderung von Hunden in Begleitung von Reisenden mußte nicht nur eine besondere Fahrkarte gelöst werden, diese durften mit Ausnahme von Schoßhunden in den D-Zügen auch nach 1905 nicht mehr im Abteil befördert werden. Erstmalig in den vierachsigen Gepäckwagen PPü der Gruppen 133c' und 133d', die ab 1905 beschafft wurden, waren auf jeder Wagenseite zwei Hundeabteile vorhanden, in denen die Hunde während der Reise untergebracht wurden. Die Hundeabteile waren teils von der Außenseite und teils vom Innern des Wagens zugänglich. Der Außentürverschluß hatte einen Kreuzgriff. Die Belüftung der Hundeabteile erfolgte durch in der Außenwand angebrachte Lüftungsschlitze, durch die jedoch leicht Ruß von außen in das Hundeabteil eindrang, weshalb vorgeschrieben wurde, daß die Hundeabteile täglich zu reinigen sind. Zwei benachbarte Hundeabteile hatten jeweils einen gemeinsamen Napf mit Wasser, der seinen Platz in einem Ausschnitt in der Zwischenwand hatte. Nachdem in mehreren Fällen wertvolle Hunde entlaufen waren, wurden 1916 in den Hundeabteilen noch Bindringe angebracht, an denen die Hunde während der Fahrt angeleint werden konnten. Die für Personenzüge bestimmten Gepäckwagen P (Gruppe 122, 122a), die ab 1911 bzw. 1916 beschafft wurden, besaßen ebenfalls ein Hundeabteil, das auch bei den Pwg bad 21 und bei den 1921/23 für Baden gelieferten Pw3i Wü 21 vorhanden war. Besondere, für Jäger mit Hunden reservierte Abteile in Wagen III. Klasse hatte es im Gegensatz zu den benachbarten Reichseisenbahnen Elsaß-Lothringen in Baden nicht gegeben.

6 Bezeichnung der Wagen

Schon sehr bald mit dem Anwachsen des Wagenparks ergab sich die Notwendigkeit, die einzelnen Wagenbauarten individuell ansprechen zu können und zwar nicht nur den einzelnen Wagen unter Verwendung der jeweiligen Wagennummer.

6.1 Gattung

Die Ansprache einer Wagengattung wurde im Betrieb zuerst bei der telegrafischen Übermittlung von Informationen über Zugzusammenstellungen, Verstärkungswagen, Kurswagen, usw. benötigt. Als Schlüssel bürgerte sich schon bald die Verwendung von Großbuchstaben zur Gattungsbezeichnung ein, da eine Klassenbezeichnung mit den damals für diesen Zweck benutzten römischen Ziffern beim Telegrafieren größere Schwierigkeiten bereitete, denn das Telegraphenalphabet verwendete nur arabische Ziffern. Die Zuordnung war zunächst folgende:

I. Klasse	=	A
II. Klasse	=	B
III. Klasse	=	C
Gepäckwagen	=	P

Erst im Jahre 1897 einigten sich die Verwaltungen der Länderbahnen in Deutschland auf die Einführung einer erweiterten Gattungsbezeichnung, die wiederum in erster Linie für die telegrafische Übermittlung von Wageninformationen und zwar hauptsächlich im länderüberschreitenden Verkehr verwendet wurde und die erst nach der Jahrhundertwende auch dann in den Wagenverzeichnissen als Gattungsbezeichnung Eingang fand:

Personenwagen	I. Klasse	mit zwei und drei Achsen	A
		mit vier Achsen	AA
	II. Klasse	mit zwei und drei Achsen	B
		mit vier Achsen	BB
	III. Klasse	mit zwei und drei Achsen	C
		mit vier Achsen	CC
	I./II. Klasse	mit zwei und drei Achsen	AB
		mit vier Achsen	ABB
	II./III. Klasse	mit zwei und drei Achsen	BC
		mit vier Achsen	BCC
	I./II./III. Klasse	mit zwei und drei Achsen	ABC
		mit vier Achsen	ABCC
Gepäckwagen		mit zwei und drei Achsen	P
		mit vier Achsen	PP
Bahnpostwagen		mit zwei bis vier Achsen	Post
Gepäckwagen mit Postraum		mit zwei und drei Achsen	PPost
Salonwagen		mit zwei bis vier Achsen	Salon
Schlafwagen		mit zwei bis vier Achsen	Schlaf
Gefangenenwagen			GF
Güterwagen für Schnell- und Personenzüge geeignet			Gn

Bei dieser Art der Bezeichnung wurde kein Unterschied zwischen vier- und sechsachsigen Wagen gemacht. Wagen mit Seitengang, Übergangsbrücken und Faltenbälgen wurden damals zusätzlich mit einem nachgestellten „ü" bezeichnet. Personenwagen mit einem Bremserhaus wurden anfänglich mit einem nachgestellten und hochgesetzten „f" gekennzeichnet. Daneben gab es noch Bezeichnungen für Nebeneinrichtungen wie beispielsweise Brems- und Heizeinrichtungen. Wagen mit Durchgang und offener Übergangsbrücke wurden damals schon mit einem nachgestellten „i" bezeichnet. Bei der Gattungsbezeichnung wurde zunächst noch nicht zwischen zwei- und dreiachsigen Reisezugwagen unterschieden, deshalb wurde noch um 1912 die Gattungsbezeichnung dahingehend modifiziert, daß die dreiachsigen Wagen entsprechend der Zahl ihrer Achsen eine nachgestellte und zunächst hochgestellte Ziffer „3" erhielten, wobei diese Ziffer an die letzte Stelle kam (z.B. Pi3). Die 1918 in Baden neu eingeführte vierte Klasse bei den Personenwagen hatte die Bezeichnung „D" zur Folge. Güterzuggepäckwagen wurden damals mit „Pg" bezeichnet.

Mit Beginn der Reichsbahnzeit wurde die Verwendung der bisherigen Hauptgattungszeichen beibehalten, nachdem diese auf der Konferenz in Salzburg vom 19. bis 22. Juli 1921 vereinbart und durch die europäische Wagenbeistellungskonferenz vom 9. bis 11. November 1921 in Bern endgültig angenommenen Abkürzungen für die Bezeichnung der Personen- und Gepäckwagen im telegrafischen Verkehr und in der Zusammenstellung über die internationalen Wagenkurse auch für die Anschriften an den Wagen verbindlich festgelegt worden waren. Das bisherige Eigentumsmerkmal auf dem Langträger oder auf den Schiebetüren der Gepäckwagen zusammen mit der badischen Wagennummer entfiel, statt dessen erhielten sämtliche Reisezugwagen in der Wagenmitte auf der Seitenwand in Höhe der Fenster bzw. die Gepäckwagen neben dem Türverschluß der Schiebetür den kreisrunden Reichsbahnadler und das darüber angebrachte Schild mit der Reichsbahn-Betriebsnummer und dem Namen der Reichsbahndirektion. Bei einigen Abteilwagenbauarten war der Steg zwischen den Abteilfenstern zu schmal für die Anbringung des Reichsbahnadlers, dieser wurde in einer verkleinerten Form auf einem entsprechenden kreisrunden Blechschild an dem Steg angebracht oder das Blechschild ganz weggelassen.

In der Reichsbahnzeit wurde die Bezeichnung für Gepäckwagen in „PW" (später „Pw") geändert. Infolge des Zusammenschlusses der Länderbahnen wurde eine zusätzliche differenzierende Bezeichnung eingeführt, die im Falle der badischen Reisezugwagen aus dem nachgesetzten „Bad" bestand und zusammen mit der zweistelligen Jahresbezeichnung des ersten Baujahres (z.B. C4i Bad 99) verwendet wurde. Zur Unterscheidung unterschiedlicher Bauarten mit demselben ersten Baujahr wurde der Bezeichnung des Baujahres ein Kleinbuchstabe beginnend mit „a" nachgestellt (z.B. B3 Pr 10, B3 Pr 10a, B3 Pr 10b), wie dies beispielsweise auch bei Reisezugwagen bayrischer Herkunft der Fall war. Bei der Reichsbahndirektion Karlsruhe verzichtete man auf diese Unterscheidung, obwohl es beispielsweise drei unterschiedliche Bauarten Cid Bad 93 gab, nämlich der Gruppe 105, 106 und 113. Die neue Bezeichnung der Bauart der Reisezugwagen der ehemaligen Länderbahnen wurde auch auf den Musterblättern verwendet. Nach Abschaffung der vierten Klasse im Jahre 1928 wurden die betreffenden Wagen badischer Bauart wieder in die dritte Klasse umgezeichnet, sie erhielten wieder die Bezeichnung „Ci“, allerdings mit einem nachgestellten „d“ (z.B. Cid).

6.2 Wagenverzeichnisse

Nachdem nun mit der Bezeichnung durch Buchstaben nur die Wagengattung jedoch keine bestimmte Bauart innerhalb einer Gattung angesprochen werden konnte, mußten Wege zur Kennzeichnung der einzelnen Wagenbauarten gefunden werden, da aus der Art und Weise der Vergabe der Betriebsnummern in Baden, wie übrigens auch bei vielen anderen Verwaltungen, die einzelnen Wagenbauarten in der Regel an der Betriebsnummer nicht erkennbar waren. Zur Information der einzelnen Stellen innerhalb der Verwaltung und des Betriebes wurden auch von der Verwaltung der badischen Staatsbahnen im Abstand von jeweils mehreren Jahren vollständige Wagenverzeichnisse (Verzeichnis der Personen-, Gepäck- und Eilgutwagen) in Buchform herausgegeben, die zwischenzeitlich immer wieder ergänzt wurden und zunächst nur Angaben über Hersteller, Baujahr, Ausstattung, Anschaffungspreis, usw. enthielten. Die Ansprache der einzelnen Wagenbauarten war jedoch auch im Jahre 1893 immer noch sehr umständlich. So mußte eine Wagenbauart (z.B. Abteilwagen ABC) über die betreffende Seitenzahl (z.B. 13) im Wagenverzeichnis und über die betreffende Unterabteilung (z.B. VII) angesprochen werden. Dort konnte der Wagen dann unter einer Ordnungszahl (z.B.1 – 8) mit der Betriebsnummer (z.B. 1364, 1366, 1367, 1371 – 1375) gefunden werden. Die Eilgutwagen wurden ab 1903 nicht mehr im Verzeichnis der Reisezugwagen sondern im Verzeichnis der Güterwagen geführt. Im Jahre 1895 wurde z.B. das „Verzeichnis der Personen-, Gepäck- und Zahnradwagen„ wieder neu herausgegeben, 1899 kam der V., 1900 der VI. Nachtrag heraus. Erst 1902 erschien dann das nächste vollständige „Verzeichnis der Personen- und Gepäckwagen“, das schon im darauffolgenden Jahr durch den einen ersten Nachtrag ergänzt werden mußte.

In dem Wagenverzeichnis von 1895 wurden die einzelnen Bauarten erstmalig durch eine Zeichnungsnummer gekennzeichnet, so erhielten beispielsweise die 1895/96 beschafften Salonwagen der späteren Gruppe 8 in der ersten Ergänzung des Wagenverzeichnisses damals die Zeichnungsnummer 13. Vermutlich war dies ein Verweis auf das betreffende Musterblatt, denn es ist nicht sicher, ob damals das Wagenverzeichnis auch bereits eine Zeichnung des Wagens enthalten hat. Spätestens jedoch in dem Wagenverzeichnis von 1902 wurde die Aufstellung der einzelnen Bauarten auch durch eine Zeichnung mit Ansichten von der Längsseite, von der Stirnseite und von oben im Schnitt zur Darstellung der Inneneinrichtung der betreffenden Wagenbauart ergänzt. Dabei wurden die Zeichnungen der zweiachsigen Wagen im Maßstab 1:75 und diejenigen der vierachsigen Wagen im Maßstab 1:60 wiedergegeben. Die einzelnen Zeichnungen enthielten keine Angaben über den betreffenden Wagen, sondern lediglich eine Seitenzahl, unter der die Zeichnung im Wagenverzeichnis zu finden war. Die Zuordnung von Zeichnung und zugehöriges Wagenverzeichnis war dem Inhaltsverzeichnis zu entnehmen, beide waren hintereinander angeordnet. Später wurde das Wagenverzeichnis in einem Band und die Zeichnungen in einem zweiten Band getrennt voneinander geführt. Die Darstellungen der Wagen, vor allem der älteren Wagen, waren jedoch nur ganz schematisch und nur mit Angabe der Hauptabmessungen ausgeführt. Für die ab 1902 gelieferten Wagen wurden dann die Wagenzeichnungen in der Regel maßstabsgetreu und einheitlich im Maßstab 1:60 wiedergegeben. Die Wagenverzeichnisse waren in Buchform im Querformat und zumindest nach der Jahrhundertwende als Loseblattsammlung ausgeführt, wodurch die Möglichkeit bestand, diese durch regelmäßig erscheinende Ergänzungsblätter und Nachträge immer wieder zu aktualisieren. Empfänger der Wagenverzeichnisse der Reisezugwagen und der Güterwagen waren

179

1	2	3	4	5	6	7	8	9	10	11	12	13	14	15	16	17	18	19	20	21	22	23	24	25
Gruppe und Ordnungszahl	Gattung und Unterart	Nummer	geliefert von	im Jahre	Beschaffungskosten Mk.	Durchschnittliches Eigengewicht kg	Zahl der Plätze I. Klasse	II.	III.	bei Militärtransport Off.	Mann	Art der Bremse Hand	Luftdruck	Luftsauge		Nur Leitung	Heizung	Beleuchtung Art	Flammenzahl	Inhalt der Gasbehälter l	Anzahl der Brennstunden	Ob Lenkachsen vorhanden, Art derselben	Material des Untergestells	Bemerkungen
118.	Durchgangs-																							
1	wagen	7946	Gebr. Gastell, Mainz	1887	7 795	11 900	—	—	40	—	27	Sp	Ws	—	—	—	D	Ggl	4	490	32	—	E	
2	III. Klasse	7947	"	"	7 795	11 900	—	—	40	—	27	Sp	Ws	—	—	—	D	Ggl	4	620	41	—	E	
3	mit Gepäck-	7948	"	"	7 795	11 900	—	—	40	—	27	Sp	Ws	—	—	—	D	Ggl	4	670	45	—	E	
4	abteilung	7949	"	"	7 795	11 900	—	—	40	—	27	Sp	Ws	—	—	—	D	Ggl	4	600	40	—	E	
5	für Vorortzüge	7950	"	"	7 795	11 900	—	—	40	—	27	Sp	Ws	—	—	—	D	Ggl	4	600	40	—	E	
6	(mit Schutz-	7951	"	"	7 795	11 900	—	—	40	—	27	Sp	Ws	—	—	—	D	Ggl	4	620	41	—	E	
7	wänden)	7952	"	"	7 795	11 900	—	—	40	—	27	Sp	Ws	—	—	—	D	Ggl	4	500	33	—	E	
	»CiP«																							

Eine Seite aus dem badischen Wagenverzeichnis

die Großh. Verwaltung der Eisenbahnmagazine
die Verwaltung der Hauptwerkstätte
die Betriebsinspektoren
die Bahnbauinspektoren
die Betriebswerkstätten und
die Stationsämter, bei denen Personen- und Gepäckwagen stationiert oder Züge zusammengestellt wurden, diese waren 1902:

Appenweier	Baden	Basel
Bruchsal	Donaueschingen	Eberbach
Freiburg	Heidelberg	Karlsruhe
Kehl	Konstanz	Lahr
Lauda	Mannheim	Mühlacker
Neckarelz	Offenburg	Pforzheim
Radolfzell	Schaffhausen	Sigmaringen
Singen	Villingen	Waldshut
Würzburg		

Die Großh. Güterverwaltungen erhielten das Wagenverzeichnis der Personen- und Gepäckwagen nicht.

Unter der Deutschen Reichsbahn wurden im Rahmen der Umnummerung der Personen- und Gepäckwagen im Jahre 1923 die bisherigen Wagenverzeichnisse der einzelnen Länderbahnverwaltungen abgeschafft und statt dessen eine sogenannte Personenwagenkartei eingeführt, in der für jeden einzelnen Reisezugwagen ein Aufnahmezettel in Form eines Vordruckes vorhanden war (Auflage 300.000 Stück vom Sept. 1923), der ebenfalls sämtliche Angaben wie das bisherige Wagenverzeichnis und darüber hinaus auch weitere Angaben wie beispielsweise die Länderbahn-Betriebsnummer, die Betriebsnummer von 1923, später die Betriebsnummer von 1930 Umbauten, Stationierung, usw. enthielt. Bei Neuanschaffungen von Wagen und durch Umbeheimatungen hinzukommenden Wagen

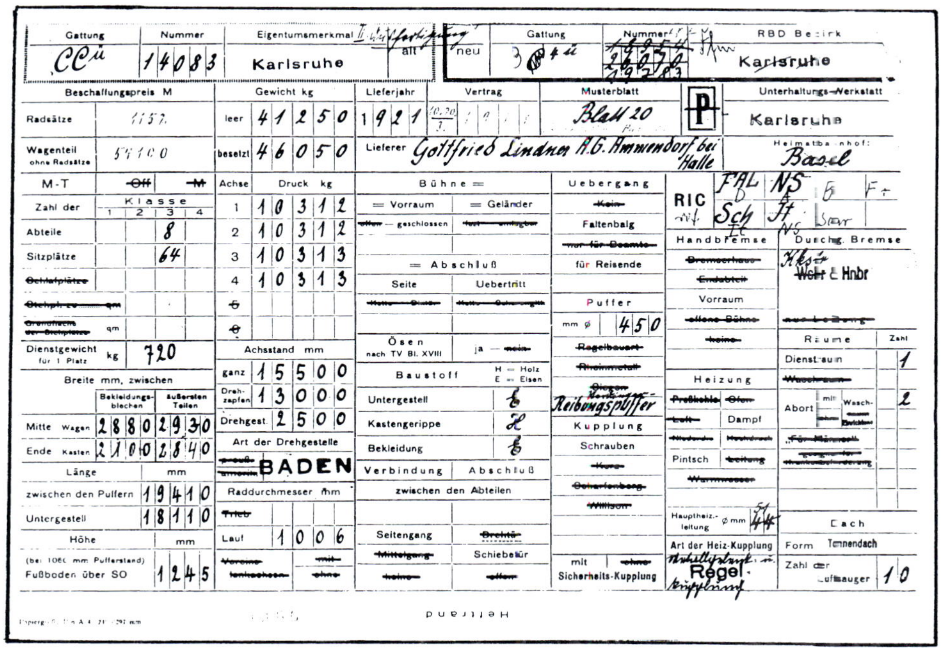
Gattung CCü · Nummer 14083 · Eigentumsmerkmal Karlsruhe · Gattung neu · Nummer · RBD Bezirk Karlsruhe
Beschaffungspreis M · Gewicht kg leer 41250, besetzt 46050 · Lieferjahr 1921 · Vertrag · Musterblatt Blatt 20 · Unterhaltungs-Werkstatt Karlsruhe
Lieferer Gottfried Lindner A.G. Ammendorf bei Halle · Heimatbahnhof: Basel
Zahl der Abteile 8 · Sitzplätze 64 · Dienstgewicht 720 kg
Achse Druck kg: 1: 10312, 2: 10312, 3: 10313, 4: 10313
Achsstand mm ganz 15500 · Drehzapfen 13000 · Drehgest. 2500
Art der Drehgestelle BADEN
Breite mm, zwischen Mitte Wagen 2880 2930 · Ende Kasten 2100 2840
Länge mm zwischen den Puffern 19410 · Untergestell 18110
Fußboden über SO 1245
Raddurchmesser mm Lauf 1006
Bühne · Vorraum · Geländer · Abschluß · Seite · Uebertritt · Ösen nach TV Bl. XVIII
Baustoff: Untergestell E · Kastengerippe H · Bekleidung E
Verbindung zwischen den Abteilen · Seitengang · Schiebetür
Uebergang Faltenbalg für Reisende · Puffer mm ø 450 · Reibungspuffer · Kupplung Schrauben · Sicherheits-Kupplung Regel
Handbremse · Durchg. Bremse Kkscr · Heizung Dampf · Pintsch · Art der Heiz-Kupplung
Räume: Dienstraum 1 · Abort 2 · Dach Form Tonnendach · Zahl der Luftsauger 10

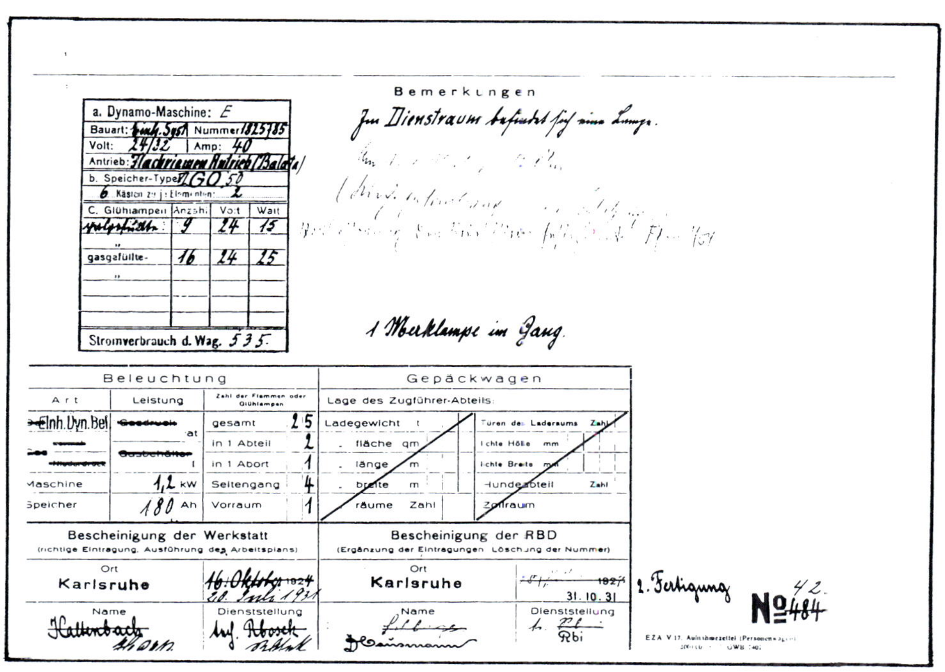
Bemerkungen
Im Dienstraum befindet sich eine Lampe.
1 Werklampe im Gang.
a. Dynamo-Maschine: E · Bauart · Nummer 1825785 · Volt: 24/32 · Amp: 40 · Antrieb
b. Speicher-Type 2GO 50 · 6 Kästen zu je 2 Elementen
c. Glühlampen Anzahl Volt Watt: 9 24 15; gasgefüllte 16 24 25
Stromverbrauch d. Wag. 535
Beleuchtung: Einh. Dyn. Bel. · gesamt 25 · in 1 Abteil 2 · in 1 Abort 1 · Seitengang 4 · Vorraum 1 · Maschine 1,2 kW · Speicher 180 Ah
Gepäckwagen: Lage des Zugführer-Abteils · Ladegewicht t · Ladefläche qm · Türen des Laderaums
Bescheinigung der Werkstatt: Ort Karlsruhe · 30. Juli 1924
Bescheinigung der RBD: Ort Karlsruhe · 31.10.31 · Rbi
1. Fertigung · 42 · No 484

Vorder- und Rückseite eines Aufnahmezettels

wurden der bei jeder Reichsbahndirektion (RBD) vorhandenen Personenwagenkartei entsprechend neue Aufnahmezettel hinzugefügt, während bei einer Umbeheimatung die neue RBD den Aufnahmezettel von der bisherigen RBD erhielt. Neben der Personenwagenkartei, die selbstverständlich auch die Aufnahmezettel der Gepäckwagen enthielt, war eine bildliche Darstellung jeder Wagengattung in Form eines Skizzenheftes vorhanden, in dem sämtliche Zeichnungen jeweils in einem einheitlichen Maßstab von 1:100 enthalten waren. Aus Kostengründen war es jedoch notwendig, die Zeichnungen der bisherigen Länderbahn-Wagenverzeichnisse wie im Falle von Baden in unverändertem Maßstab zu übernehmen.

Heft I	preußische Bauart	Länderkennzeichen: Pr
Heft II	bayrische Bauart	Länderkennzeichen: Bay
Heft III	sächsische Bauart	Länderkennzeichen: Sa
Heft IV	württembergische Bauart	Länderkennzeichen: Wü
Heft V	badische Bauart	Länderkennzeichen: Bad
Heft VI	mecklenburgische Bauart	Länderkennzeichen: Meck
Heft VII	oldenburgische Bauart	Länderkennzeichen: Old
Heft VIII	Triebwagen (sämtliche Bauarten)	
Heft IX	Einheitsbauart	

Jede Reichsbahndirektion führte ihre eigene Wagenkartei, die in eisernen Schränken untergebracht war, so daß auch davon ausgegangen werden kann, daß diejenigen Aufnahmezettel ausgemusterter Wagen zunächst dort ebenfalls dezentral aufbewahrt wurden. Erst mit der Einführung des zweiten Nummernplans von 1930 dürfte eventuell eine zentrale Aufbewahrung der Aufnahmezettel ausgemusterter Wagen vorgenommen worden sein, wobei jedoch wiederum die Aufnahmezettel der vorhandenen Reisezugwagen bei der jeweiligen Direktion verblieben. Die Erfassung der Reisezugwagen im Rahmen des ersten Nummernplans von 1923 war sehr aufwendig und zog sich bis in das Jahr 1927 hin.

6.2.1 Bezeichnung nach Gruppen

Um die Jahrhundertwende wurde in Baden dann die Bezeichnung nach „Gruppen" eingeführt und vermutlich mit dem komplett neu herausgegebenen Verzeichnis der Personen- und Gepäckwagen von 1902 eingeführt. Die fortlaufende Vergabe der Gruppennummern von 1 bis 134 erfolgte in der Reihenfolge (Stand 1. Oktober 1903):

Hofwagen	Gruppe 1 bis 2
Salonwagen I. Klasse	Gruppe 3 bis 8
Salonwagen I./II. Klasse	Gruppe 9 bis 11
Abteilwagen I./II. Klasse AB	Gruppe 12 bis 21a
Abteilwagen I./II. Klasse ABB	Gruppe 22 bis 23
Abteilwagen I./II./III. Klasse ABC	Gruppe 24
Abteilwagen II. Klasse B	Gruppe 25 bis 30
Abteilwagen II./III. Klasse BC	Gruppe 31 bis 36
Abteilwagen III. Klasse C	Gruppe 37 bis 55a
Abteilwagen III. Klasse CC	Gruppe 56 bis 57
Abteilwagen III. Klasse Cpost	Gruppe 58
Gefangenenwagen	Gruppe 59 bis 61
Salonwagen I. Klasse AAü	Gruppe 62
Durchgangswagen I./II. Klasse ABi	Gruppe 63 bis 72
Durchgangswagen I./II. Klasse ABBi	Gruppe 73 bis 74a
Durchgangswagen I./II. Klasse ABBü	Gruppe 75 bis 79
Durchgangswagen I./II./III. Klasse ABCCi	Gruppe 79a
Speisewagen	Gruppe 79b
Aussichtswagen A	Gruppe 80
Durchgangswagen II. Klasse Bi	Gruppe 81 bis 85b
Durchgangswagen II./III. Klasse BCi	Gruppe 86 bis 93
Durchgangswagen III. Klasse Ci	Gruppe 94 bis 108
Durchgangswagen III. Klasse CCi	Gruppe 109 bis 110a
Durchgangswagen III. Klasse CCü	Gruppe 111 bis 111a
Durchgangswagen III. Klasse* Ci	Gruppe 112 bis 113
Durchgangswagen III. Klasse* CPPost	Gruppe 114
Durchgangswagen III. Klasse* CP	Gruppe 115 bis 120
Versuchswagen	Gruppe 121 bis 122
Gepäckwagen (gewöhnliche) P	Gruppe 123 bis 129
Gepäckwagen (große) P	Gruppe 130 bis 133
Gepäckwagen Pü	Gruppe 133a bis 133b
Motorwagen	Gruppe 133c bis 133d
Fürstl. Fürstenbergischer Salonwagen	Gruppe 134

* für Lokalzüge

Später kam noch die Gruppe 135 hinzu, unter der der Begleitwagen für Munitionstransporte geführt wurde.

Die Vergabe der Gruppen-Nummern wurde dabei ohne Rücksicht auf später noch zu beschaffende Wagenbauarten geschlossen durchgeführt, mit der Folge, daß bereits die 1902/03 beschafften neuen Bauarten (ABCCi, CCi, AB3, C3, Bi und Pü) mit Ausnahme der AAü und natürlich dann auch viele später neu hinzukommende Wagenbauarten eine Gruppenziffer erhielten, die sich nur durch einen Kleinbuchstaben von einer bereits bestehenden Gruppenziffer unterschied. Es sind jedoch auch einige Fälle aufgetreten, in denen Gruppennummern ausgemusterter Bauarten erneut belegt wurden (z.B. Gruppe 1, 2, 34, 79b, 80, 85b, 94, 119, 122, 125, 133c, 133d). In der Auflistung nach Gruppen gemäß Anhang 1 ist die Zweitbesetzung mit „ ' " bezeichnet. Weiterhin wurde auch hinsichtlich des Vorhandenseins bzw. Fehlens eines Bremserhauses oder der seit der Beschaffung vorgenommenen Umbauten, wie beispielsweise das Einziehen von bis zur Decke reichenden Zwischenwänden zur Schaffung von Nichtraucher- und Frauenabteilen bei den alten Abteilwagen unterschieden. So wurden beispielsweise die Abteilwagen III. Klasse der Beschaffungszeit von 1860 bis 1872 in jeweils 5 (ohne Bremserhaus), bzw. 8 (mit Bremserhaus) verschiedene Gruppen aufgeteilt und zwar je nach Anzahl und Lage der Zwischenwände, dabei wiesen die Wagenkästen nahezu die gleichen Abmessungen auf. Bei der Zuordnung der einzelnen Bauarten einer Wagengattung zu den Gruppen wurde ursprünglich auch nicht immer nach der Regel vorgegangen, daß die jeweils älteste Bauart auch die niedrigste Gruppennummer erhielt. Es ist auch bemerkenswert, daß die nach Einführung der Gruppenbezeichnung ab 1905 umgebauten Abteilwagen III. Klasse, die ursprünglich als AB beschafft worden waren, nicht unter die Gruppen 52 und 53 der bereits vorher umgebauten derartigen Abteilwagen eingeordnet wurden, sie erhielten statt dessen eine neue Gruppenbezeichnung (siehe Gruppe 49a bis 49c). Die in Wagen III. Klasse umgebauten zweiachsigen Durchgangswagen höherer Klassen wurden ab 1912 in die Gruppen 93a bis 93n eingeordnet. Leider läßt sich wegen des Fehlens des Wagenverzeichnisses von 1924 nicht mehr ermitteln, welche älteren Wagen (vermutlich der Gruppen 66, 67, 69) von den Umbauten betroffen waren und nach dem Umbau in die Gruppen 93l und 93m eingeordnet wurden. Die Auflistung nach Gruppen geordnet befindet sich im Anhang 1.

6.2.2 Bezeichnung nach Blättern

Nach der Gründung der Deutschen Reichsbahn wurde schon bald ein für alle ehemaligen Länderbahnwagen und die neuen Einheitswagen gültiges Nummernschema eingeführt, das jedoch nur jeweils für die einzelnen Direktionen und nicht für sämtliche Wagen der Deutschen Reichsbahn insgesamt galt. Die Reichsbahndirektion Karlsruhe führte nun in Verbindung mit dem ersten Nummernplan für Personen- und Gepäckwagen von 1923 anstelle der bisherigen Bezeichnung nach „Gruppen" eine solche nach (Muster-)„Blättern" ein, wobei wiederum keine Lücken für später noch zu beschaffende, bzw. neu durch Umbauten geschaffene Wagenbauarten freigelassen wurden, so daß man sich erneut mit der Hinzufügung eines kleinen Buchstabens helfen mußte. Die Reihenfolge der Blatt-Nummern von 1 bis 150 orientierte sich dabei an dem Aufbau des Umzeichnungsplans von 1923:

Salonwagen
Durchgangswagen
Abteilwagen
Gepäckwagen.

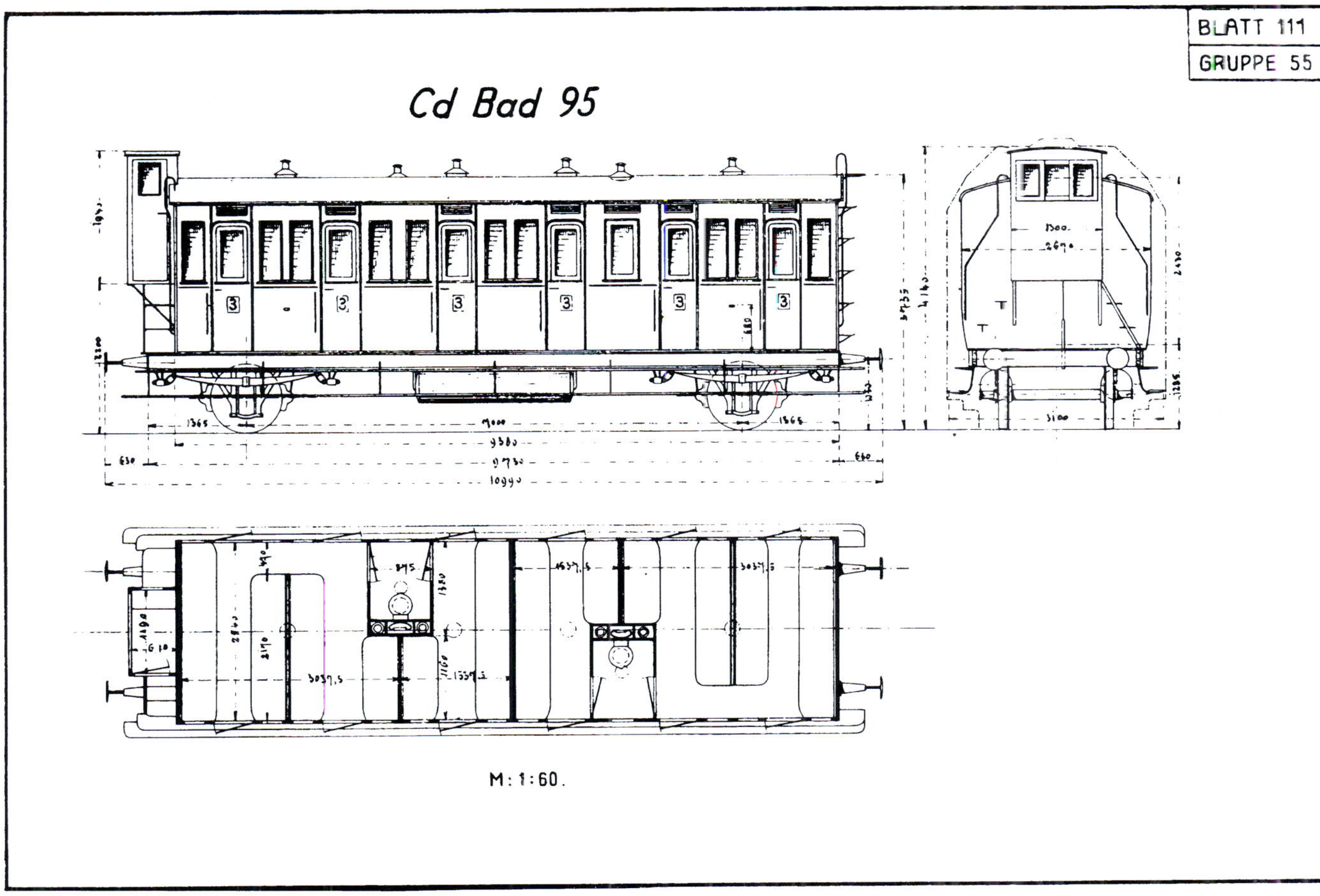

Eine Zeichnung aus dem Skizzenheft für die Personen- und Gepäckwagen der Reichsbahn (Regelspur) V. Badische Bauart. (Stand 1930)

Eine erneute Belegung der Blattnummer einer ausgemusterten Bauart mit einer neuen Bauart hat jedoch nicht mehr stattgefunden, da die Mehrzahl der in den Wagenpark der Reichsbahndirektion Karlsruhe hinzukommenden Wagen zu diesem Zeitpunkt preuß. Länderbahnwagen oder bereits Reisezugwagen der Einheitsbauarten waren, die bereits eine Musterblatt-Bezeichnung besaßen und diese auch beibehalten wurde. Im Skizzenheft der RBD Karlsruhe von 1924 wurden die Wagenzeichnungen des bisherigen Wagenverzeichnisses der Personen- und Gepäckwagen der badischen Staatsbahnen verwendet, jedes Blatt einer Bauart trug dabei sowohl die Gruppen- als auch die Blatt-Bezeichnung. Im Wagenverzeichnis von 1930 nach dem zweiten Nummernplan wurde dagegen für die Wagen badischer Bauart nur noch die „Blatt"-Bezeichnung verwendet. Im Anhang 2 befindet sich die Auflistung nach „Blättern geordnet", wobei nicht nur die Reisezugwagen badischer Bauart sondern sämtliche Reisezugwagen, also auch solche von Bauarten fremder Verwaltungen und Einheitswagen zusammen mit den Nummerngruppen des Umzeichnungsplanes von 1923 aufgeführt sind. Diese Aufstellung, die zur Verdeutlichung des Zusammenhangs zwischen dem Nummernplan und der neu eingeführten Bezeichnung nach Blättern auch die Betriebsnummerngruppen nach dem Nummernplan von 1923 enthält, ist unvollständig bezüglich der Zuordnung Blatt/Gruppe und zwar insoweit, wie es sich um Wagen handelt, die zwar noch eine Betriebsnummer des ersten Umzeichnungsplans erhalten hatten, jedoch vor 1930 ausgemustert wurden. Die Karteiblätter der bis 1930 ausgemusterten Wagen badischer Bauart der RBD Karlsruhe oder eine entsprechende Wagenliste nach dem Nummernplan von 1923 konnte trotz intensiver Suche bisher nicht gefunden werden. Deshalb ist in denjenigen Fällen, in denen eine eindeutige Zuordnung Blatt/Gruppe aus dem genannten Grund mit Sicherheit nicht möglich ist, die vermutete Gruppe in Klammern zusammen mit einem Fragezeichen angegeben. Ebenso fehlen deshalb bedauerlicherweise auch die Betriebsnummerngruppen des ersten Umzeichnungsplans von 1923 aller derjenigen Reisezugwagenbauarten, die bis 1930 ausgemustert wurden, bzw. deren Ausmusterung zu diesem Zeitpunkt bereits feststand.

6.3 Betriebsnummer

Ebenso wie die Lokomotiven mußten auch die einzelnen Reisezugwagen angesprochen werden können und zwar nicht nur für den Zweck der Inventarisierung sondern auch während des laufenden Betriebes. Trugen die Lokomotiven in den ersten Jahrzehnten noch Namen, so erhielten die Reisezugwagen von Anfang an in Baden bereits Betriebsnummern.

6.3.1 Zuteilung

Die Zuteilung der Betriebsnummern erfolgte bei den badischen Staatsbahnen im Gegensatz zu manchen anderen deutschen Länderbahnverwaltungen ohne Rücksicht auf die Gattung, und zwar wurden im Laufe der Jahre, teilweise auch in großen Sprüngen immer höhere Betriebsnummern vergeben, wobei oftmals auch ganze Nummerngruppen einzelnen Gattungen und Bauarten zugeteilt wurden. Bei den Abteilwagen und mit wenigen Ausnahmen auch bei Durchgangswagen wurden immer wieder die Nummern ausgemusterter Wagen verwendet, so daß auch Dreifachbelegungen nacheinander keine Seltenheit waren. Der AB von 1866 erhielt damals bereits als zweiter Wagen die Betriebsnummer 1. Für die Reisezugwagen waren die Nummern 1 bis 14 999 vorgesehen, diese wurden jedoch nie durchgehend und vollständig besetzt. Während die Abteilwagen immer im unteren Bereich angesiedelt waren, herrschte bei der Vergabe von bisher nicht verwendeten Betriebsnummern auf den ersten Blick ein unübersichtliches Durcheinander. Es ist jedoch zumindest teilweise ein Schema erkennbar, wenn nicht die Zuordnung von Bauart und Betriebsnummer sondern die Zuordnung von Lieferjahr/Lieferant und Betriebsnummer betrachtet wird. Schon bei der Auftragsvergabe wurden den Lieferfirmen ganze Numerngruppen zugeteilt und zwar scheinbar ohne Berücksichtigung der Bauart, die nach Gruppen geordnet ohnehin bekanntlich erstmalig um die Jahrhundertwende und bei den damals bereits vorhandenen Wagen ja auch erst nachträglich eingeführt wurde. Zieht man jedoch in Betracht, daß die Gruppenbezeichnung erst viel später eingeführt wurde und daß vor dieser Zeit bereits viele Umbauten und Klassenumzeichnungen stattgefunden hatten, dann wird schon wenigsten teilweise eine gewisse Systematik bei der Nummernvergabe erkennbar. So wurden beispielsweise folgende Betriebsnummern für Personenwagen vergeben, die von Schmieder & Mayer bzw. von Fuchs im Jahre 1869 geliefert wurden:

4405 – 4434	20	Abteilwagen III. Klasse mit Bremserhaus und Ofenheizung
4435 – 4442	8	Abteilwagen mit Salon I. Klasse und zwei Abteilen II. Klasse
4443 – 4446	4	Abteilwagen I./II. Klasse ohne Bremse

Von diesen verblieb als einziger SalonAB der 4440, der in die Gruppe 11 kam, die Wagen Nr. 4435 bis 4439 und 4441/4442 wurden in Wagen III. Klasse umgebaut und kamen als C in die Gruppen 51, 52 bzw. 53, während die III.-Klasse-Wagen 4405 bis 4434 unter der Gruppe 42 zusammengefaßt wurden. Die Wagen Nr. 4443 bis 4445 blieben AB und kamen in die Gruppe 13 und der in III. Klasse umgebaute 4446 in die Gruppe 49. Auf der Wagenzeichnung der Gruppe 49 ist allerdings ein Original III.-Klasse-Wagen mit fünf Abteilen dargestellt und nicht ein Abteilwagen mit nur vier Abteilen.

Die Güterwagen erhielten ebenfalls Betriebsnummern mit der Nummer eins beginnend, wobei die unteren Nummern den Dienstwagen vorbehalten waren. In den 90er Jahren wurden den Privatwagen Betriebsnummern ab 20 000 zugeteilt. Auch der Fürstl. Fürstenbergische Salonwagen erhielt im Jahre 1900 eine Nummer in dieser Nummerngruppe, die sonst nur von privaten Güterwagen besetzt war, nämlich die 20 125. Nachdem es offenbar immer wieder zu Verwechslungen zwischen Reisezugwagen und Güterwagen mit derselben Betriebsnummer gekommen war, wurden ab 1907 den Güterwagen die Betriebsnummern ab 15 000 zugeteilt, wobei jedoch die Dienstwagen ihre bisherige Betriebsnummer behielten (siehe beispielsweise die Wagen für Hilfszüge).

6.3.2 Auflistung der badischen Betriebsnummern

Die Liste in Anhang 3 (Seite 214) verwendet die Gattungsbezeichnung der einzelnen Bauarten in der Form, in der diese im Jahre 1903 benutzt, bzw. bei später beschafften Bauarten zum Zeitpunkt der Beschaffung bis zum Ende der Länderbahnzeit verwendet wurde. Die nach 1920 neu hinzugekommenen Wagen werden unter der dann von der Deutschen Reichsbahn eingeführten Gattungsbezeichnung geführt. Die badischen Betriebsnummern mußten auch unter der Deutschen Reichsbahn d.h. auch nach 1920 weiterhin vergeben werden, da der neue Nummernplan erst 1923 eingeführt wurde. Auch die zusätzliche Eigentumsbezeichnung „Baden" wurde zunächst noch beibehalten, dann jedoch durch die Bezeichnung „Karlsruhe" ersetzt, wobei die badische Betriebsnummer weiter benutzt wurde. Aber auch nach der Einführung des neuen Nummernplans von 1923 mußten weiterhin badische Betriebsnummern vergeben werden, da man vermutlich mit der Benummerung der Wagen nach dem neuen Nummernplan wohl nicht so schnell vorankam. Auch fabrikneue Wagen badischer oder württembergischer Bauart und sogar die bis 1927 beschafften Einheitswagen erhielten noch badische Betriebsnummern, wobei jedoch nicht sicher ist, ob die nach 1923 neu beschafften Reisezugwagen die badischen Betriebsnummern überhaupt noch getragen haben. In den Wagenverzeichnissen wurden diese jedoch noch geführt. Die in großer Zahl nach der RBD Karlsruhe umbeheimateten Reisezugwagen preußischer Bauart behielten dagegen ihre ursprüngliche preußische Betriebsnummer und erhielten keine badische Betriebsnummer (eine Ausnahme machen nur die vier Reisezugwagen der Reichseisenbahnen in Elsaß-Lothringen, die bei Kriegsende in Baden verblieben waren und die 1919 nicht zurückgegeben wurden).

6.3.3 Umzeichnung

Anscheinend waren bereits vor 1914 im Rahmen der geplanten Verreichlichung der Länderbahnen Überlegungen für ein einheitliches Nummernschema für sämtliche im Deutschen Reich befindliche Reisezugwagen angestellt worden, das jedoch infolge des Ersten Weltkrieges nicht mehr verwirklicht werden konnte. Eigentlich sollte dann auch nach der Gründung der Deutschen Reichsbahn ein einheitliches Nummernschema nicht nur für sämtliche Lokomotiven sondern auch für sämtliche Reisezugwagen und Güterwagen eingeführt werden, doch kam dieses bei den Reisezugwagen nicht zum Tragen, da im Verwaltungsrat der Deutschen Reichsbahn die Reichsbahndirektionen als Nachfolgerinnen einiger ehemaliger Länderbahnverwaltungen sich mit Erfolg dagegen wehrten. So einigte man sich für den Umzeichnungsplan von 1923 auf eine fünfstellige Betriebsnummer, die einen Bereich von 1 bis 99 999 ergab, der zwar theoretisch für die gesamte Anzahl der damals vorhandenen Reisezugwagen ausgereicht hätte, nicht jedoch für noch zukünftig zu beschaffende Reisezugwagen ausreichte, so daß jede Reichsbahndirektion ihren eigenen Nummernplan hatte und die Betriebsnummer jeweils zusammen mit dem Namen der betreffenden Direktion geführt werden mußte. So war die gleiche Betriebsnummer oft mehrmals belegt und nur durch die Direktionsbezeichnung war eine weitere Unterscheidung möglich.

Für die einzelnen Hauptgattungen war 1923 folgender Nummernplan vorgesehen worden:

Dampftriebwagen	DT	1	-	200*
Speichertriebwagen	AT	201	-	500
Elektrische Triebwagen	ET	501	-	5 000
Steuer- und Beiwagen		5 001	-	9 000
Gefangenenwagen, Lokalbahnwagen		9 001	-	10 000*
Salonwagen	Salon	10 001	-	20 000*
D-Zugwagen	A4ü	20 001	-	21 000*
	AB6ü, AB4ü, AB3ü	21 001	-	23 000*
	ABC6ü, ABC4ü	23 001	-	24 000*
	B4ü, B3ü	24 001	-	25 000
	BC4ü	25 001	-	26 000
	C6ü, C4ü, C3ü	26 001	-	30 000*
Durchgangswagen	B4i	30 001	-	31 000*
	BC4i	31 001	-	32 000*
	C4i	32 001	-	33 000*
	CD4i	33 001	-	34 000
	D4i	34 001	-	36 000
	B3i, Bi	36 001	-	37 000*
	BC3i, BCi	37 001	-	39 000*
	BCD3i, BCDi	39 001	-	39 500
	BDi	39 501	-	40 000
	C3i, Ci	40 001	-	49 000*
	CD3i, CDi	49 001	-	50 000*
	D3i, Di	50 001	-	60 000*
Abteilwagen	B4	60 001	-	61 000*
	BC4	61 001	-	62 000
	C4	62 001	-	63 000*
	D4	63 001	-	64 000
	B3, B	64 001	-	68 000*
	BC3, BC	68 001	-	69 000*
	BCD3, BCD	69 001	-	70 000
	C3, C	70 001	-	79 000*
	CD3, CD	79 001	-	80 000
	D3, D	80 001	-	90 000*
Gepäckwagen	Pw4ü, Pw3ü	90 001	-	91 000*

Mit dem zweiten Umzeichnungsplan von 1930 erhielten die Reisezugwagen badischer Bauart ihre dritte Betriebsnummer. Das Bild zeigt den Pw3 von 1909 (Gruppe 133e) als „110 237 Karlsruhe", der ursprünglich als „Baden 14 659" und als „93 531 Karlsruhe" im Einsatz war.

Aufnahme: Verkehrsmuseum Nürnberg

	Pw3i, Pwi	91 001 - 93 000*
	Pw4	93 000 - 93 200
	Pw4i	93 201 - 93 500
	Pw3, Pw	93 501 - 95 000*
	Pwg	95 001 - 99 000*
Personenwagen m. Postabteil	BPost, CPost	99 001 - 99 200*
Personenwagen m. Gepäckabt.	BPw, CPw	99 201 - 99 500*
Gepäckwagen mit Postabteil	PwPost	99 501 - 99 999*

Die von der RBD Karlsruhe belegten Nummerngruppen sind mit einem „*" bezeichnet.

Die Anbringung der neuen Betriebsnummer nach dem ersten Umzeichnungsplan an den Reisezugwagen war wohl in Baden schließlich bis zum Ende der zwanziger Jahre abgeschlossen, da die neuen Betriebsnummern nicht systematisch sondern vermutlich immer erst jeweils im Rahmen eines Aufenthalts im Reichsbahnausbesserungswerk am Wagen selbst angebracht wurden.

Erst mit dem zweiten Umzeichnungsplan von 1930 wurden sämtliche im Bestand der Deutschen Reichsbahn befindliche Reisezugwagen einem einheitlichen Nummernschema unterworfen, bei dem die Bezeichnung der Reichsbahndirektion, zu der der Wagen gehörte, zur Unterscheidung der Betriebsnummer wegfallen konnte, da diese jetzt nur noch einmal belegt war. Das Nummernschema war sechsstellig, hatte genügend Platz für sämtliche vorhandenen und noch zu beschaffenden Wagen und wurde bei der Deutschen Bundesbahn, wenn auch mit einigen Modifikationen noch bis 1966, und bei der Deutschen Reichsbahn Ost (DR-O) bis 1958 verwendet.

6.3.4 Änderung

Da in Baden zur Länderbahnzeit jeder Reisezugwagen infolge der gattungs- oder bauartfreien Vergabe auch nach einem Umbau in eine andere Gattung seine Betriebsnummer behalten konnte und auch behielt, sind Änderungen der Betriebsnummern bei der badischen Staatsbahn innerhalb des Wagenbestandes nicht bekannt geworden. Eine Ausnahme bestand nur, wenn ein ehemaliger Reisezugwagen zu einem Dienst- oder Personalwagen wurde und dann eine Betriebsnummer aus dem Nummernbereich der Dienst- und Güterwagen erhielt.

Das 1923 eingeführte gattungs- und bauartbezogene Betriebsnummernschema für die Personen- und Gepäckwagen machte eine Änderung der Betriebsnummer notwendig, sobald infolge eines Umbaus ein Reisezugwagen dann einer anderen Gattung angehörte. Dies war beispielsweise bei den AB3 der Gruppen 21a, 21b und 21c der Fall, die in den Jahren 1925 und 1926 in BC3 umgebaut wurden. Im Nummernplan von 1923 waren ursprünglich die Nummern 64 006 bis 029 vorgesehen, nach dem Umbau wurden dann die Betriebsnummern 68 033 bis 054 zugeteilt, wobei nicht unbedingt davon ausgegangen werden kann, daß die Wagen vor dem Umbau überhaupt noch ihre alte Reichsbahnnummer getragen haben. Der Umzeichnungsplan von 1923 brachte jedoch auch Schwierigkeiten mit sich, wenn ein Wagen von einer Reichsbahndirektion zu einer anderen wechselte. Seine bisherige Betriebsnummer konnte er wohl nur in den seltensten Fällen behalten, da diese bei der neuen Reichsbahndirektion in der Regel bereits von einem anderen Wagen belegt war. Es mußte also eine neue Betriebsnummer zugeteilt werden. Dies war beispielsweise der Fall, als 1924 zehn Ci Bad 01 zur RBD Kassel kamen, wo sie zunächst noch eine preußische Länderbahnnummer und dann eine neue Betriebsnummer nach dem Umzeichnungsplan von 1923 erhielten, die natürlich nicht mehr derjenigen entsprach, die bei der RBD Karlsruhe ursprünglich vorgesehen war, und diese Wagen wurden dann auch noch als Ci pr (!) 01 bezeichnet.

Erst mit dem zweiten Umzeichnungsplan von 1930 wurde die direktionsbezogene Zuordnung der Betriebsnummern aufgegeben, so daß bei einem Wechsel von einer Direktion zu einer anderen keine Änderung der Betriebsnummer mehr notwendig war. Bei dem ebenfalls gattungs- und bauartbezogenen Nummernplan von 1930 gab es jedoch wiederum die gleichen Schwierigkeiten, wenn ein Reisezugwagen infolge eines Umbaus seine Gattung wechselte. Später behalf man sich bei der Deutschen Reichsbahn/Deutschen

Der BC4i Bad 99/27 im Jahre 1958 mit seiner letzten Betriebsnummer 035 823 Stg. Ursprünglich als ABBi (Gruppe 74) Baden 13 074 bezeichnet, erhielt der Wagen nach 1920 als B4i die Nummer 30 022 Kar, dann 1927 als BC4i die Nummer 31 027 Kar und 1930 schließlich die Nummer 35 823, diese wurde auch nach 1945 beibehalten, als der Wagen als B4i bezeichnet wurde.
Aufnahme: Gerhard Krauth

Bundesbahn nach dem Zweiten Weltkrieg nach einem Umbau in eine andere Gattung zur Beibehaltung der eigentlich nicht mehr in den betreffenden Nummernbereich passenden Betriebsnummer und kennzeichnete diese Wagen durch Hinzufügung eines nachgestellten kleinen „x“ zur Betriebsnummer. Reisezugwagen, deren Alter bei über 40 Jahren lag, sollten ab 1939 durch Hinzufügung einer „0“ gekennzeichnet werden, die dann der Betriebsnummer vorangestellt wurde. Diese Maßnahme kam jedoch erst richtig nach dem Krieg zum Tragen. In der Mitte der 50er Jahre erfolgte bei der Deutschen Bundesbahn noch eine Änderung der Betriebsnummern bei einer Reihe von D-Zugwagen, unter denen sich auch einige solche badischer Bauart (Gruppe 79, 79d, 111, 111b) befanden, als diese beispielsweise infolge des Umbaus in eine niedrigere Klasse freie, bzw. frei gewordene Betriebsnummern erhielten.

6.4 Äußere Wagenbeschriftung

Die Beschriftung der Reisezugwagen diente in erster Linie zur Information der Reisenden über die Wagenklasse, über besondere Abteile, das Reiseziel, usw. Andere Anschriften, wie beispielsweise die Betriebsnummer, wurden vom Betrieb benötigt.

6.4.1 Wagenklasse

Die Wagenklasse wurde ebenso wie bei sämtlichen Verwaltungen in Deutschland auch in Baden in Form von römischen Ziffern angegeben. Die Ziffern der betreffenden Wagenklasse wurden bei den Abteilwagen auf den Türen angebracht und zwar ungefähr in Augenhöhe der auf den damals niedrigen Bahnsteigen stehenden Reisenden. Bei den Durchgangswagen wurden die Ziffern der Wagenklasse an den Seitenwänden und an den Stirnwänden angebracht und zwar bei beiden Wagengattungen in weißer oder gelber Schrift. Bei dreiklassigen Wagen wurden die Ziffern zusätzlich auch noch in der Wagenmitte vorgesehen. Für kurze Zeit wurde versuchsweise an den vierachsigen Durchgangswagen III. Klasse CCi von 1902 (Gruppe 110a) die Klassenbezeichnung und die Abteilbezeichnung, wie sie an der Wagenseitenwand angebracht war, an den beiden Stirnwandtüren wiederholt. Nach 1905 wurde die Wagenklasse nicht mehr aufgemalt sondern durch aufgeschraubte, entsprechend beschriftete Emaille-Täfelchen (weiße Schrift auf schwarzem Grund) gekennzeichnet. Personenwagen mit Abteilen I. und II. Klasse, bei denen die Abteile I. Klasse auch zur Benutzung als II. Klasse freigegeben werden konnten, waren mit entsprechenden Klapptäfelchen ausgestattet, ebenso solche Personenwagen, die auf die benachbarten Bahnen wie die Pfalzbahn oder die Reichseisenbahnen Elsaß-Lothringen übergingen, waren mit Klapptäfelchen ausgerüstet, die wahlweise auf die III. oder IV. Klasse umstellbar waren. Die spätere vor 1918 durchgeführte Umrüstung mit diesen Klapptäfelchen betraf schließlich sämtliche bis dahin gelieferte Durchgangswagen der Gruppen 94’ und 94a, soweit diese nicht schon mit diesen Klapptäfelchen versehen waren. Mit der Einführung der vierten Klasse in Baden im Jahre 1918 wurden Emaille-Täfelchen der betreffenden vorhandenen Wagen III. Klasse zunächst schwarz übermalt und mit einer arabischen „4“ beschriftet, die Hauptwerkstätte stellte entsprechende Muster zur Verfügung. Die damals gelieferten Wagen 4. Klasse wurden jedoch auch noch einige Zeit werksseitig mit der römischen „IV“ in Weiß gekennzeichnet. Die Umzeichnung von der III. Klasse auf die 4. Klasse im Jahre 1918 betraf die Reisezugwagen folgender Gruppen:

C	-	36 bis 55
Ci	-	93b bis 93i
		95 bis 107
		112 und 113
BCi	-	87 bis 92a

Nach Gründung der Deutschen Reichsbahn wurde damit begonnen, im Rahmen einer Untersuchung oder Instandsetzung an den Personenwagen die Täfelchen mit den römischen Ziffern gegen solche mit arabischen Ziffern auszutauschen, wie dies inzwischen für sämtliche Reisezugwagen festgelegt worden war. Dies betraf auch die Klassenbezeichnung im Innern der Wagen. Die Anbringung der Klassenbezeichnung bei neuen Personenwagen erfolgte in der Regel bereits in der Waggonfabrik. Die vorhandenen Reisezugwagen erhielten bei einer größeren Instandsetzung die neuen Emaille-Täfelchen mit arabischen Ziffern durch die diejenige Stelle, die die Arbeiten durchgeführt hatte, so durch die Hauptwerkstätte in Karlsruhe oder auch durch die Waggonfabrik.

6.4.2 Abteilbezeichnung

Zum leichteren Auffinden eines Abteils erhielten seit der Anfangszeit sämtliche Abteilwagen und später auch die drei- und vierachsigen Durchgangswagen (und wenige Zweiachser) mit offenen Übergängen eine Abteilbezeichnung durch Großbuchstaben des Alphabets beginnend mit „A“, wobei bei den Abteilwagen das dem Bremserhaus am nächsten liegende Abteil mit „A“ bezeichnet wurde. Auch diese Bezeichnung wurde bis 1905 auf die Türen der Abteilwagen und auf die Seitenwände der Durchgangswagen zunächst durch Aufmalen mit weißer Farbe aufgebracht. Später wurde die Bezeichnung durch kleine Emaille-Täfelchen angebracht. In beiden Fällen befand sich die Abteilbezeichnung direkt unterhalb der Klassenbezeichnung. Die Abteilbezeichnung wurde bereits vom Hersteller angebracht. Die Durchgangswagen besaßen nur bis zur Jahrhundertwende eine Abteilbezeichnung, bzw. eine Abteilraumbezeichnung mit Großbuchstaben, während bei den D-Zugwagen nur die einzelnen Sitzplätze im

Die Werksaufnahme zeigt einen zweiachsigen Durchgangswagen III. Klasse Ci von 1911 (Gruppe 94a) einer späteren Lieferung, bei der die Wagen mit Klapptäfelchen III./IV. Klasse ausgestattet waren. Die Klapptafel mit der Aufschrift „IV" konnte heruntergeklappt werden, dann wurde die von dieser verdeckte Aufschrift „III" sichtbar. Der Wagen trägt noch keine weiteren Aufschriften, auch fehlt noch das Wechselschild „Raucher/Nichtraucher" am linken Wagenende.
Aufnahme: Sammlung v. Rotberg/DGEG-Archiv

Abteil mit arabischen Ziffern bezeichnet waren. In der Reichsbahnzeit kamen dann die Abteilbezeichnungen an der Wagenaußenseite in Wegfall. Bei den D-Zugwagen wurden die jeweiligen Platznummern des betreffenden Abteils auf einem länglichen Emailleschild in weißer Schrift auf schwarzem Grund unterhalb des Fensters an der Außenseite des Wagens angebracht.

6.4.3 Raucher/Nichtraucher/Frauen

Es sind nur wenige Fälle bekannt geworden, daß die Schrift der Bezeichnung „Raucher/Nichtraucher" auf den Seitenwänden fest angebracht war (z.B. Gruppe 72a). Diese Bezeichnung wurde ab 1907 sonst nur bei den vierachsigen D-Zugwagen auf abnehmbaren Tafeln verwendet, die die Abmessungen der großen Richtungstafeln hatten. Die Tafeln waren auf beiden Seiten weiß mit schwarzem Rand und trugen auf der einen Seite in schwarz den Schriftzug „Nichtraucher", bzw. „Frauen" und auf der anderen Seite den roten Schriftzug „Raucher". Ab 1910 wurden dann kleinere Wechseltafeln Raucher/Nichtraucher an der Längsseite fest angebracht (weiße Schrift auf rotem Grund – Raucher/schwarze Schrift auf weißem Grund – Nichtraucher) und zwar bei den Abteilwagen pro Abteil und bei den Durchgangswagen an den beiden Wagenenden. Diese Wechseltafeln befanden sich auch im Innern der Wagen, bei Durchgangswagen jeweils über der Tür der Stirn- und Zwischenwände.

6.4.4 Richtungstafeln

Mit der Steigerung des Eisenbahnverkehrs und mit dem Ausbau der größeren Stationen entstand das Bedürfnis, die einzelnen Wagen eines Zuges und besonders die Kurswagen auf der Außenseite durch ein abnehmbares Richtungsschild, auch Richtungstafel genannt, zu kennzeichnen. Zunächst geschah dies durch ein schmales längliches Schild. In den 90er Jahren wurde zuerst bei den Schnellzügen ein genormtes Richtungsschild eingeführt, das in der Wagenmitte an der Außenwand in drei kleine Haken eingehängt wurde, die mit etwas Abstand an der Blechverkleidung angebracht waren. Das aus Stahlblech bestehende Richtungsschild mit schwarzer Schrift auf weißem Grund war mit drei entsprechenden Bohrungen versehen und zwar im Bereich der Oberkante in der Mitte und im Bereich der Unterkante im Bereich der beiden Ecken. Zur leichteren Handhabung war das Richtungsschild mit jeweils einem Handgriff auf beiden Seiten ausgestattet. In einer Reihe von Packwagen (Gruppe 122, 133a, 133b, 133e) waren Kästen zur Aufbewahrung von Richtungstafeln vorhanden, die damals übrigens nicht nur an den Personenwagen sondern auch an den Gepäckwagen angebracht wurden. Die beschriftbare Tafel der normalen Richtungstafeln hatte die Abmessungen 320 x 700 mm (Gesamtbreite einschließlich Handgriffe: 820 mm), es gab aber auch solche mit einer oder zwei Klapptafeln mit roter oder weißer Schrift zur Kennzeichnung Raucher/Nichtraucher. Im Jahre 1905 wurde die Höhe der Haken mit ca. 1.920 mm über der Schienenoberkante festgelegt, die bereits vorhandenen Haken, die nicht diesem Maß entsprachen, wurden jedoch so belassen. Da die Abteilwagen zwischen zwei Türen nur einen Abstand von 780 mm hatten, wurden damals für diese kleinere Richtungstafeln mit den Abmessungen 270 x 400 mm vorgesehen. An den Abteilwagen III. Klasse der Gruppen 37 bis 47 und 49 bis 51 wurden 1905 keine Haken mehr für die kleine Richtungstafel angebracht. Im Gegensatz zu den großen Richtungstafeln, deren Abmessungen und Befestigung an der Wagenseitenwand allgemein

Die Werksaufnahme eines dreiachsigen Abteilwagens I./II. Klasse von 1906 (Gruppe 21b) zeigt die Abteilbezeichnung mit Großbuchstaben beginnend mit „A" am Wagenende mit dem Bremserhaus, wobei diese in Form von kleinen Emaille-Täfelchen unterhalb der Schilder der Klassenbezeichnung angebracht ist. Außer den Wechselschildern „Raucher/Nichtraucher" fehlt noch jede weitere Beschriftung.
Aufnahme: Sammlung Jens Freese

verbindlich für sämtliche Länderbahnen in Deutschland damals festgelegt worden waren, wurde bei den älteren Abteil- und Durchgangswagen, die nicht den Bereich der badischen Staatsbahnen im normalen Verkehr verließen, kleinere Richtungstafeln angebracht, die neben den Angaben über Richtung oder Ziel auch zur Kennzeichnung beispielsweise von Wagen für Schneeschuhläufer, Arbeiterinnen, Schülern, usw. verwendet wurden.

6.4.5 Betriebsnummer

Für die Anbringung der Betriebsnummer an den Reisezugwagen gab es anfangs keine Richtlinien, sie wurde jedoch mindestens einmal auf jeder Wagenseite und zusätzlich auf beiden Seiten an den Stirnwänden und zwar jeweils im Bereich des Daches und der Wagenseitenwand mit weißer oder anfänglich auch in gelber Farbe angebracht. Manchmal erschien sie noch zusätzlich unterhalb der Fenster an den Enden der Seitenwände. Später erfolgte dann die Anbringung einer Blechtafel mit der Betriebsnummer an beiden Seitenwänden in Dachhöhe. Bei den D-Zugwagen wurde die Betriebsnummer unterhalb des Daches in der Wagenmitte angeschrieben. Nach dem Ersten Weltkrieg entfiel dann die Betriebsnummer an den Stirnwänden. Die Anbringung der neuen Betriebsnummer nach dem Nummernplan von 1923 erfolgte auf einer Blechtafel an Stelle der bisherigen badischen Betriebsnummer. Anfang der 30er Jahre wurde die Betriebsnummer nach dem Nummernplan von 1930 in der linken oberen Ecke der Wagenseitenwand zusammen mit weiteren Angaben angebracht, die z.T. bis dahin auf dem Langträger angeschrieben waren.

Die Gepäckwagen, die den Bereich der badischen Staatsbahnen regelmäßig verließen, waren auf den Schiebetüren mit der Betriebsnummer und dem Eigentumsmerkmal gekennzeichnet. Die Kennzeichnung der neuen Reisezugwagen mit der Betriebsnummer erfolgte in der Regel bis zur Reichsbahnzeit bereits in der Waggonfabrik, obwohl auf Werksaufnahmen diese oftmals fehlt.

6.4.6 Sonstige Beschriftungen

An den beiden Stirnwänden wurde jeweils ein Lackiervermerk angebracht. Im Jahre 1910 wurde an den Wagentüren außen eine Kennzeichnung der Heizungsart angebracht: „O“ = Ofenheizung, „D“ = Dampfheizung, „OD“ = Ofen-/Dampfheizung.

6.4.7 Beschriftung des Langträgers

Auf dem Langträger wurden diejenigen Informationen über einen Reisezugwagen angebracht, die für das Personal wichtig waren. Hierunter fielen folgende Angaben, die in weißer Schrift auf dem flaschengrün und später bei der Reichsbahn schwarz lackierten Langträger aufgetragen waren (war der Langträger wegen der bis zu dessen Unterkante heruntergezogenen Seitenwandverkleidung nicht von der Seite sichtbar, so wurden diese Angaben auf dem, den Langträger verdeckenden Bereich der Seitenwand eingetragen):

1. Eigentumsmerkmale „Baden“ (bei neueren D-Zugwagen zusätzlich mit dem bad. Staatswappen)*
2. Betriebsnummer*
3. Eigengewicht
4. Personenzahl (Sitzplätze insgesamt)*
5. Personenzahl bei Militärtransporten*
6. Verwendbarkeit für Verwundetentransport
7. Achsstand, bzw. Drehzapfenabstand (ab 1910)*
8. Verschiebbarkeit der Mittelachse (1920 entfallen)
9. Art der Achsen („Vereinslenkachsen“)*
10. Untersuchungsvermerk
11. Heimatstation
12. Art der Bremse*
13. Inhalt des Gasbehälters*
14. Eignung zum Einsatz in Schnellzügen „Für Schnellzüge“ (1922 entfallen)
15. Bauart der Heizung (1924 entfallen)*

* Diese Anschriften wurden in der Regel bereits in der Waggonfabrik angebracht.

Der Name der Heimatstation wurde bei Neulieferungen in der Hauptwerkstätte und bei Umstationierungen in der zuständigen Betriebswerkstätte angebracht. Das Fabrikschild wurde nach der endgültigen Lackierung am Langträger und das Lieferschild wurde jeweils an die Drehgestelle vom Hersteller angenietet. Gasfüllventile, Gas-Füllstutzen, Haupthähne und die gesamte Gasleitung waren mit gelber Farbe gestrichen.

Die Reisezugwagen wurden nach der Abnahme durch besondere Abnahmebeamte der badischen Staatsbahnen bei dem Hersteller von dort mit Güterzügen, ab 1907 von den Waggonfabriken in Heidelberg und Rastatt auch mit Personenzügen zur Hauptwerkstätte nach Karlsruhe überführt, wo die endgültige Abnahme und immer die Anbringung der übrigen Anschriften und der Angabe des Gewichts auf dem Langträger erfolgte.

Von der alliierten Abnahmekommission zurückgewiesene Reisezugwagen, die im Rahmen der Waffenstillstandsbedingungen 1919 an die Feindmächte abgeliefert worden waren, wurden von dieser mit einem „U“ (usagé = abgenutzt?) am Langträger gekennzeichnet, das die doppelte Höhe des Eigentumsmerkmals (Baden) hatte.

An dem dreiachsigen Durchgangswagen mit offenen Übergängen I./II. Klasse ABi3 (Gruppe 72a) „Baden 19“ wurde im Jahre 1904 die Anschrift „Raucher/Nichtraucher“ direkt auf die Außenseite angeschrieben, eine Lösung des Problems der Kennzeichnung der Abteile bzw. Abteilräume, die keinerlei Flexibilität hinsichtlich der Freigabe der Abteile für eine unterschiedliche Benutzung zuließ. Deshalb kam man schon bald von dieser Art der Kennzeichnung wieder ab. Bemerkenswert ist die Abteil-, bzw. Abteilraumbezeichnung mit Großbuchstaben unterhalb der Klassenbezeichnung, auch hier handelt es sich um eine Maßnahme, die sich im Gegensatz zu den Abteilwagen bei Durchgangswagen nicht durchsetzen konnte.
Aufnahme: Sammlung Jens Freese

Ein dreiachsiger Abteilwagen III. Klasse C3 von 1907 (Gruppe 55b). Hier der „70 073 Karlsruhe“ ohne Reichsbahnadler, für dessen Anbringung bei den Abteilwagen III. Klasse kein Platz vorhanden war. Der Wagen war im Jahre 1908 von der Waggonfabrik Rastatt an die badischen Staatsbahnen geliefert worden und erhielt die Betriebsnummer „Baden 290“. Nach 1930 lief der Wagen unter der Betriebsnummer „54 497“ bis zu seiner Ausmusterung im Jahre 1954. Aufnahme: Verkehrsmuseum Nürnberg

Als während des Zweiten Weltkrieges zunehmend auch Reisezugwagen durch Feindeinwirkung beschädigt oder vernichtet wurden, wurde von der Hauptverwaltung der Deutschen Reichsbahn unter dem Zeichen „30 Fen 131“ vom 28. Oktober 1943 angeordnet, ab sofort an sämtlichen Reisezug-, Trieb- und Güterwagen die Betriebsnummer des jeweiligen Wagens in mindestens 10 mm hohen Buchstaben/Ziffern neben oder unter dem Fabrikschild in den Langträger einzuschlagen. Zur schnelleren Durchführung wurden nicht nur die RAW sondern auch Bw, Bww und andere Dienststellen mit dieser Arbeit betraut. Es kann also davon ausgegangen werden, daß auch an den Reisezugwagen badischer Bauart, soweit sie heute noch vorhanden sind, deren Betriebsnummer am Langträger an der betreffenden Stelle noch lesbar sein dürfte, sofern diese nicht bereits vor dem genannten Datum schon als Dienstwagen weiterhin im Einsatz waren.

7 Beschreibung der einzelnen Wagenbauarten

In der folgenden Beschreibung der einzelnen Wagenbauarten sind nicht sämtliche Bauarten erfaßt, die im Wagenverzeichnis von 1903 und in den darauffolgenden Wagenverzeichnissen aufgeführt sind, vielmehr werden nur diejenigen Bauarten eingehend beschrieben, die – von wenigen Ausnahmen abgesehen – auch noch in den zweiten Umzeichnungsplan von 1930 aufgenommen worden sind. Es werden jedoch auch die meisten derjenigen Bauarten kurz erwähnt, bis 1930 ausgemustert wurden, dabei wird jedoch auf die Angabe der technischen Daten derselben verzichtet. Zur Ansprache dient wie bisher die Bezeichnung nach Gruppen, die von der Jahrhundertwende bis in die zwanziger Jahre bei den badischen Staatsbahnen bzw. auch noch anfänglich bei der Deutschen Reichsbahn benutzt wurde. Die Beschreibung der einzelnen Wagenbauarten und besonders die Angabe der technischen Daten bezieht sich, soweit nicht besonders erwähnt, auf den Stand von 1903 bei den zu diesem Datum bereits vorhandenen Wagen bzw. auf den jeweiligen Beschaffungszeitpunkt der danach beschafften Wagenbauarten. Umbauten an Wagen, die bereits vor 1903 durchdurchgeführt worden sind, werden mangels entsprechender Unterlagen kaum erwähnt. Der Zustand, in dem sich eine Wagenbauart infolge späterer Umbauten befand, wird hinsichtlich der technischen Daten normalerweise nicht berücksichtigt, dies gilt besonders für Umbauten während der Reichsbahnzeit. Die Angaben über Stationierungen beziehen sich in der Regel auf den Zeitraum zwischen 1905 und 1920, dabei werden nur die bedeutendsten Heimatbahnhöfe benannt, bei denen die Mehrzahl der Wagen stationiert waren und zwar hinsichtlich der 1903 bereits vorhandenen bzw. der danach beschafften Wagen.

In der Kopfleiste der Einzelbeschreibungen der einzelnen Wagenbauarten ist neben der allgemeinen Bezeichnung die damals übliche Gattungsbezeichnung der bad. Staatsbahnen, die Nummer der betreffenden Gruppe, die spätere Blatt-Nummer und die Gattungsbezeichnung der Deutschen Reichsbahn nach 1923 angegeben. Dabei kann durchaus der Fall auftreten, daß durch Umbauten oder durch Umzeichnungen noch zu Zeiten der Länderbahn als auch zu Zeiten der Deutschen Reichsbahn eine abweichende Gattungsbezeichnung benutzt wurde.

Zur Unterscheidung zur Wagenkastenbreite wird in der Längsrichtung des Wagens die Entfernung von Abteilwand zu Abteilwand mit Abteiltiefe bezeichnet, dies gilt bei Abteilräumen auch für den Abstand der Trennlinie zwischen zwei aneinander gebauten Rückenlehnen zur nächsten derartigen Trennlinie bzw. zur Abteilwand. Ein Abteil ist entweder ein geschlossenes Abteil oder eines von mehreren (offenen) Abteilen in einem gemeinsamen Abteilraum und zwar unabhängig davon, ob das Abteil an einem Seitengang oder an einem Mittelgang liegt.

In den Einzelbeschreibungen wird fast jede Wagenbauart mit einem Foto vorgestellt, in einigen Fällen war die Beschaffung eines geeigneten Fotos in besserer Qualität jedoch nicht möglich. Die Zeichnung jeder Wagenbauart zeigt die Seitenansicht, die Stirnansicht und die Draufsicht, letztere im Schnitt zur Darstellung der Inneneinrichtung. Unterhalb der Stirnansicht wird – falls notwendig – ein Ausschnitt aus der Draufsicht der betreffenden Wagenbauart nach einem Umbau wiedergegeben. Nahezu sämtliche Zeichnungen stammen mehrheitlich aus dem bad. Wagenverzeichnis von 1903, einige auch aus einer späteren Ausgabe. Dies gilt auch für die techn. Angaben, bei denen in einigen Fällen hinsichtlich der Betriebsnummern und der Hersteller auf den Einzelnachweis verwiesen wird, dieser befindet sich in Anhang 4 (Einzelnachweis der Betriebsnummern). Das Aussehen der Wagen der einzelnen Bauarten nach der Mitte der zwanziger Jahre ist dem Skizzenheft „Baden“ der Deutschen Reichsbahn zu entnehmen, das sich beispielsweise im Archiv des Verkehrsmuseums in Nürnberg befindet

7.1 Hofwagen

Der erste Salonwagen für den Hof des badischen Großherzogs, damals auch als „Gala"-Wagen bezeichnet, wurde 1842 erbaut und lief unter der Nummer 228. Er war in der Mode der damaligen Zeit gehalten, als das Aussehen noch an die Postkutschen erinnerte. Außen in einem leuchtenden Blau gehalten und innen im Stil des Biedermeier eingerichtet, wurde er seinerzeit viel bewundert. Der Wagen bestand vollständig aus Holz und besaß eine von einem offenen Bremsersitz betätigbare Handbremse. Der damalige Großherzog von Baden, Leopold (der Gütige) war von Anfang an für den Bau von Eisenbahnen in seinem Land höchst aufgeschlossen und förderte diesen durch nachhelfendes Eingreifen. Zur Eröffnung der vorderen Wiesentalbahn Basel – Schopfheim im Jahr 1862 erschien sein Nachfolger, Großherzog Friedrich I., in einem „spiegelblanken Bahnzug", wie die Zeitungen damals berichteten. Vielleicht war ein neu erbauter Hofsalonwagen darunter, denn im Lauf der Zeit wurden weitere Hofsalonwagen angeschafft. So betrug der Bestand um 1858 drei Stück, diese Zahl verringerte sich dann auf zwei bis ca. 1871. Bei zwei Hofsalonwagen blieb es dann, auch als 1888 ein neuer Hofsalonwagen angeschafft und gleichzeitig wieder ein alter ausgemustert wurde. Dieser erste Hofsalonwagen von 1842, also ursprünglich noch ein Breitspurwagen, wurde 1888 zu einem Versuchswagen mit Kraft- und Geschwindigkeitsmesser umgebaut; im Wagenverzeichnis von 1903 wurde er noch unter der Gruppe 121 geführt. Seine Ausmusterung erfolgte kurz darauf.

Dieser neue Wagen von 1888, ein Dreiachser, besaß am Wagenende mit dem Bremserhaus einen Vorplatz mit größerer Tiefe, der mit einer gepolsterten Sitzbank ausgestattet war und so als Aufenthaltsraum für die begleitenden Diener fungierte. Am anderen Ende befand sich ein kleiner Salon, der sich auch auf den dortigen Vorplatz erstreckte und damit gerade eine Tiefe von 2.810 mm erreichte. Zwischen dem Vorplatz am einen Wagenende und dem Salon am anderen Wagenende, der sich über die gesamte Wagenbreite erstreckte, befand sich der Seitengang, von dem aus zwei mit jeweils zwei Sitzbänken versehenen Abteile und ein zwischen beiden Abteilen angeordneter Abortraum mit Waschgelegenheit betreten werden konnte. Ob die beiden Abteile, die in ihrer Tiefe nur geringfügig größer waren als die damaligen Abteile I. Klasse, auch zum Schlafen eingerichtet werden konnten, ist nicht bekannt. Der 1888 von Gastell gebaute Wagen mit der Nummer 10 001 besaß ein Laternendach, eine Gasbeleuchtung, eine Westinghouse-Bremse, eine Henry-Bremse, eine Hardy-Bremse und eine Dampfheizung. Die mittlere Achse war nicht abgebremst. Eine Gasbeleuchtung dürfte wohl von Anfang an vorhanden gewesen sein. Obwohl der Wagen nur an den beiden Wagenenden seitliche Eingangstüren aufwies, war wie bei einem Abteilwagen ein auf der gesamten Wagenlänge durchlaufendes Trittbrett vorhanden. Damit konnte das Zugpersonal den Wagen an der Außenseite passieren, wenn der Salonwagen in normalen Reisezügen befördert wurde. Am Salonende des Wagens war der Vorplatz in seiner Breite auf 1.480 mm verringert, um eine bequemere Anordnung der Trittstufen zu erreichen. Im Bereich dieser Trittstufen waren weitere Fenster in der Stirnseite angeordnet. Der Wagen, der im Wagenverzeichnis unter der Gruppe 2 zu finden war, wurde vor 1916 ausgemustert.

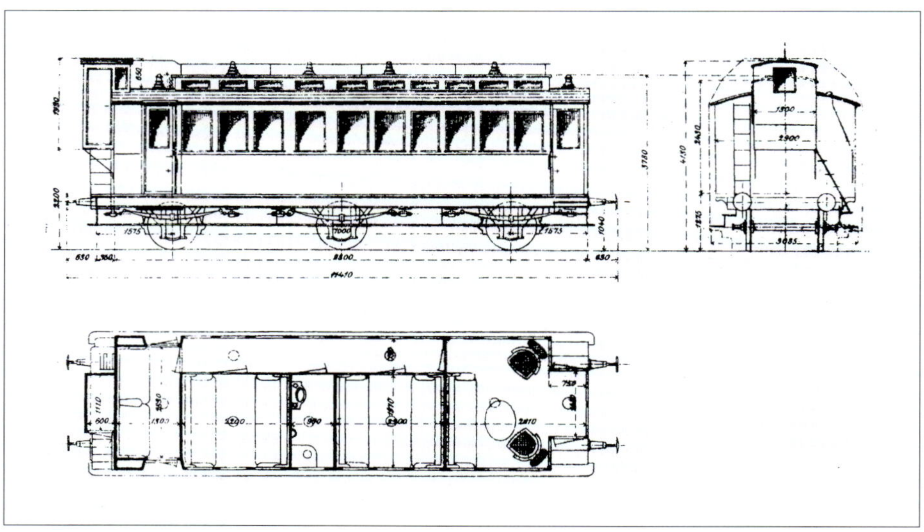

Der dreiachsige Hofwagen des großherzoglichen Hauses von 1888 (Gruppe 2).

Der erste Galawagen für den badischen Großherzog wurde im Jahre 1842 von Schmieder & Mayer in Karlsruhe erbaut.

7.1.1 Sechsachsiger Hofsalonwagen von 1894, Gruppe: 1, Blatt: 5, (Salon6 Bad 94)

Der zweiachsige Hofsalonwagen von 1888 entsprach schon bald nicht mehr den Ansprüchen des großherzoglichen Hauses, nachdem bereits 1889 der erste sechsachsige und ein Jahr später der erste vierachsige Hofsalonwagen des Hofzuges des deutschen Kaisers aus den Werkshallen der Breslauer Aktiengesellschaft gerollt waren. So lag es nahe, einen neuen Hofsalonwagen mit Drehgestellen zu beschaffen. Dies geschah dann bereits im Jahre 1894.

Der Salon mit einem Tisch und vier Sesseln war in der Wagenmitte angeordnet und erstreckte sich über die gesamte Wagenbreite. Er besaß je einen besonderen seitlichen Eingang mit zweiflügeligen Türen auf jeder Wagenseite. Durch je eine weitere Tür im Salon betrat man die beiden Seitengänge von 740 mm Breite, die zu den Vorplätzen an den beiden Wagenenden führten. Die Anordnung der Abteile auf beiden Seiten des Salons war spiegelbildlich, wobei die Abteile gleiche Abmessungen aufwiesen. Dem Salon am nächsten befanden sich zwei Abteile mit einem dazwischen liegenden Abortraum mit Wascheinrichtung und eine Trennwand mit einer Flügeltür, wobei der Abortraum durch eine Flügeltür direkt von dem am Salon am nächsten angeordneten größeren Abteil mit einer Tiefe von 1.948 mm zugänglich war, das kleinere Abteil besaß eine Abteiltiefe von 1.612 mm und war ebenso wie das größere Abteil durch eine Flügeltür vom Seitengang betretbar. Diese Abteile waren vermutlich für den Großherzog und seine Familie bestimmt. An das kleinere Abteil schloß sich jeweils ein weiteres Abteil mit einer Tiefe von 1.230 mm an, das für die Begleitung des Großherzogs vorgesehen war. Zu den Wagenenden hin folgte dann je ein weiterer Abortraum, auch dieser besaß ebenso wie das zuvor genannte Abteil eine Flügeltür zum Seitengang. Schließlich bildeten ein kleines Abteil mit einer Sitzbank für Diener bzw. ein kleines Abteil mit dem Heizkessel für die Warmwasserheizung nebst Sitz für den Wagenwärter den Schluß, diese Räume waren zum Vorplatz mit jeweils einer Schiebetür abgeschlossen. Der Vorplatz, der mit zwei Klappsitzen ausgestattet war und von dem kein Übergang zum nächsten Wagen möglich war, besaß je ein Fenster auf beiden Seiten der Stirnwand. Die beiden Seitengänge waren zum Vorplatz mit Flügeltüren verschließbar. Der Langträger war aus Stahl, die Pufferbohle und die Querverbindungen aus Holz gefertigt. Zum Erzielen einer besonderen Laufruhe erhielt der Wagen sechsachsige Drehgestelle. Im Jahre 1913 wurde angeordnet, daß das von der Bahnverwaltung gestellte Begleitpersonal während der Fahrt des Hofwagens die Dienstmütze zu tragen hätte. Die Anordnung des Salons in der Wagenmitte war in Deutschland eigentlich nicht üblich, insofern fällt der Wagen schon aus dem Rahmen der üblichen Salonwagen, von denen er sich auch noch hinsichtlich der einfachen Ausstattung unterschied. Für den König von Württemberg wurde im Jahre 1904 ein Salonwagen beschafft, bei dem ebenfalls der Salon in der Wagenmitte angeordnet war. Der badische Hofwagen gehörte auch noch 1931 zum Bestand der RBD Karlsruhe, er hat als Salonwagen der Landesregierung zur Verfügung gestanden und wird vermutlich spätestens während des Krieges oder kurz danach ausgemustert worden sein.

Technische Daten

Beschaffungsjahr:	1894
Hersteller:	Rathgeber, München
Betriebsnummer:	Baden 10 000
Sitzplätze I. Klasse:	-
Sitzplätze II. Klasse:	-
Sitzplätze III. Klasse:	-
Anzahl der Abteile:	8 + 1 Salon
Platzteilung:	-
Aborte:	4
Waschräume:	-
Länge über Puffer:	19.260 mm
Wagenkastenlänge:	18.000 mm
Wagenkastenbreite:	2.900 mm
Achsstand:	3.500 mm
Drehzapfenabstand:	12.500 mm
Anzahl der Achsen:	6
Drehgestellbauart:	?
Bremse:	Westinghouse, Henry, Spindelbremse
Heizung:	Warmwasser
Beleuchtung:	Gas, 19 später 21 Flammen, 2.800 l
Gewicht:	41.600 kg
Beschaffungspreis:	56.200 Mark

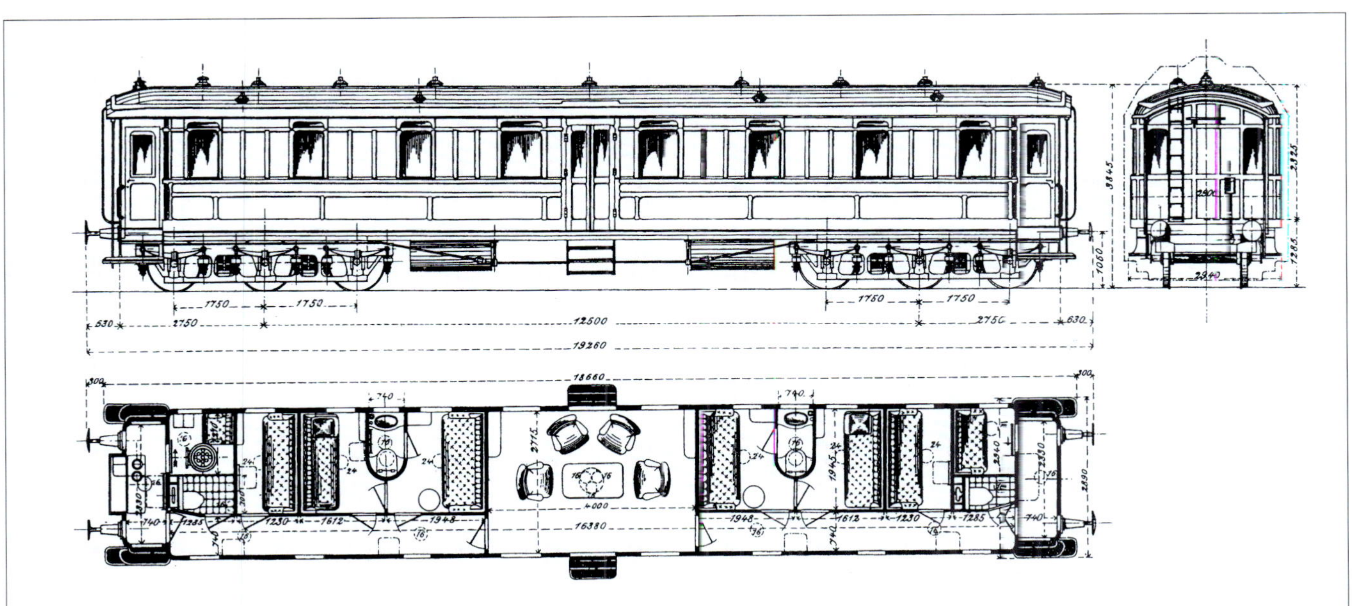

Der Hofsalonwagen von 1894 (Gruppe 1)

Aufnahme: Sammlung Jens Freese

7.1.2 Sechsachsiger Hofsalonwagen von 1918, Gruppe: 2', Blatt: 6, (Salon6ü Bad 18)

Der sechsachsige Hofsalonwagen von 1894 (Gruppe 1) hatte bereits ein Alter von 20 Jahren, als im Herbst 1914 ein neuer Hofsalonwagen in Auftrag gegeben wurde. Dabei wurde der Grundriß hinsichtlich der Anordnung der einzelnen Räume des Vorgängers beibehalten. Der Salon (I) hatte eine eben solche Länge von 4.000 mm, die zu beiden Seiten desselben angeordneten Abteile (II, IV, VI, VII) waren jedoch nicht mehr als Doppelabteile ausgebildet, nur den etwas größeren, an den Salon anschließenden Abteilen (II, IV) war jeweils ein Abort mit Waschgelegenheit (III, V) zugeordnet. Daran schloß sich jeweils ein Abteil (VIII, IX) an, das die gleiche Größe wie die nächsten beiden Abteile (VI, VII) aufwies. Am einen Wagenende war wieder ein vom Vorplatz (XIVb) zugängliches Abteil (X) mit einer Sitzbank für die Dienerschaft und ein Abort (XIb), während am anderen Wagenende ein Dienstraum (XIII) für den Wagenwärter vorhanden war, in dem sich auch der Heizkessel für die Warmwasserheizung befand, der nicht nur durch Kohle sondern auch durch Heizdampf beheizt werden konnte und der vom Vorplatz (XIVa) zugänglich war. Neben dem dort vorhandenen Abort (XI) befand sich auch ein Raum (XII) mit einer Teeküche mit Gasherd, Spültisch, Geschirr- und Eisschränken. Die vom Seitengang (XVa bzw. XVb) zugänglichen Abteile besaßen Schiebetüren. Sämtliche Wascheinrichtungen waren an Warm- und Kaltwasserleitungen angeschlossen, darunter auch die herausklappbaren Waschbecken der Abteile VI bis IX. Die Wasserleitungen und die Wasserspülung der Leibstühle waren an einem gemeinsamen Wasservorratsbehälter angeschlossen, der im Deckenbereich des Dienstraums (XIII) eingebaut war. Da durch die Türöffnungen der Salontüren die Seitenwände des Wagenkastens unterbrochen und nicht durchgehend mit Blechen beplankt werden konnten, mußten besondere Vorkehrungen zur besonderen Versteifung der Seitenwände getroffen werden. Die Ausstattung des Wagens war dem Auftreten des Großherzogs entsprechend einfach und gediegen unter Verwendung wertvoller Hölzer und Verkleidungsstoffe. Ein schalldämpfender Bodenbelag vervollständigte die Ausstattung. Der Salon und die Abteile waren mit einer Telefon- und einer Klingeleinrichtung und mit Ventilatoren ausgestattet. Das Dach besaß eine von einer Glasscheibe abgedeckte ovale Öffnung in der Mitte des Salons und oberhalb der Dachverschalung ein zusätzliches Sonnendach im Bereich des Salons und der vom Seitengang zugänglichen Abteile. Außerdem war auf dem Dach eine Vorrichtung zur Berieselung der Dachfläche mit kaltem Wasser vorhanden. Zusätzliche Trittstufen unterhalb der Flügeltüren in der Wagenmitte konnten bei Nichtgebrauch unter den Langträger des Wagens geschoben werden. Der Wagen besaß von Anfang an eine elektrische Dynamobeleuchtung. Am Langträger waren mehrere Ösen angebracht, so daß der Hofsalonwagen auch auf Fährschiffen nach Skandinavien übergehen konnte. Mit einer Länge über Puffer von 21.660 mm war er der längste badische Reiszugwagen. Infolge der Kriegsereignisse konnte der Wagen erst 1918 angeliefert werden, der damalige Großherzog von Baden, Friedrich II., mußte im Herbst 1918 abdanken und hatte vermutlich keine Gelegenheit mehr gehabt, den Wagen noch zu benutzen. Zunächst blieb der Salonwagen bei der RBD Karlsruhe. Auf der deutschen Verkehrsausstellung in München im Jahre 1925 wurde er von der Herstellerfirma ausgestellt und kam dann im Jahre 1927 nach Berlin, wo er der Reichsregierung dann zur Verfügung stand. Die badische Landesregierung hatte sich vergeblich um den Verbleib des Salonwagens in Baden bemüht. Während des Zweiten Weltkrieges war er weiterhin im Einsatz und wurde dann auch von den US-Streitkräften von 1945 bis 1949 als Salonwagen benutzt.

Technische Daten	
Beschaffungsjahr:	1918
Hersteller:	Fuchs, Heidelberg
Betriebsnummer:	Baden 1
Beschaffte Stückzahl:	1
Sitzplätze I. Klasse:	-
Sitzplätze II. Klasse:	-
Sitzplätze III. Klasse:	-
Anzahl der Abteile:	8 + 1 Salon
Platzteilung:	-
Aborte:	4
Waschräume:	-
Länge über Puffer:	21.660 mm
Wagenkastenlänge:	20.350 mm
Wagenkastenbreite:	2.890 mm
Achsstand:	3.500 mm
Drehzapfenabstand:	14.400 mm
Drehgestellbauart:	?
Anzahl der Achsen:	6
Bremse:	Westinghouse, Henry, Hardy, Spindelbremse
Heizung:	Warmwasser, Dampfleitung
Beleuchtung:	elektrisch, Dynamo + Batterien, Gas für Kocher, 795 l
Signaleinrichtungen:	Druckluft-Pfeife, Prudhomme Signal
Gewicht:	74.910 kg
Beschaffungspreis:	119.424 Mark

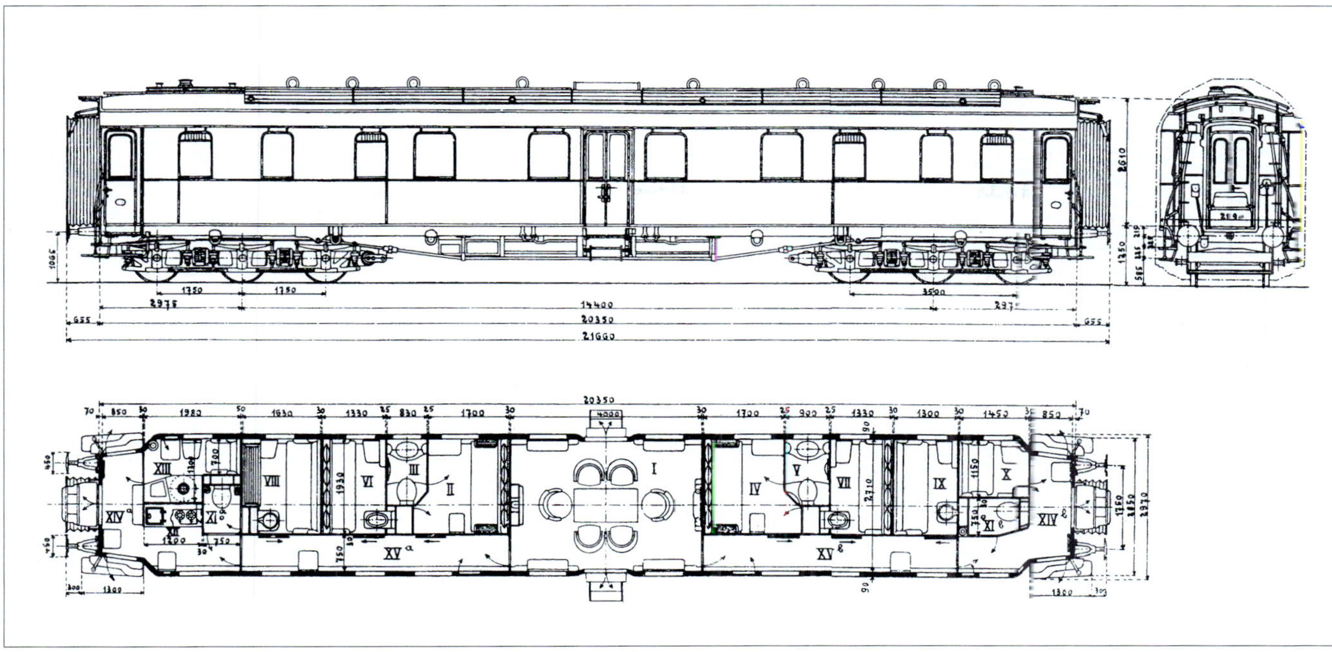

Hofsalonwagen von 1918 (Gruppe 2')

7.2 Salonwagen

Die badischen Staatsbahnen beschafften schon früh Salonwagen, die von zahlungskräftigen Reisenden gemietet werden konnten. Der weltberühmte Badeort Baden-Baden zog im vorigen Jahrhundert ein internationales Publikum an, das hauptsächlich aus dem Adel und begüterten Kreisen des In- und Auslandes stammte. Zur An- und Abreise, jedoch auch für Ausflugsfahrten in die nähere und weitere Umgebung wurde eine Reihe von SalonA und SalonAB für die Gäste des Weltbades bereitgestellt. Diese Wagen waren immer in Baden-Baden stationiert und wurden in der Regel in fahrplanmäßigen Zügen befördert. Äußerlich waren sie in ihrem Aussehen den damaligen Abteilwagen I./II. Klasse angepaßt.

SalonAB, Gruppe 9	Baden 81	1863 Hauptwerkstätte Karlsruhe
SalonA, Gruppe 3	Baden 199, 201, 202	1869 Schmieder & Mayer
SalonAB, Gruppe 11	Baden 4440	1869 Schmieder & Mayer
SalonA, Gruppe 4	Baden 549	1874 Schmieder & Mayer
SalonA, Gruppe 5	Baden 855	1874 Schmieder & Mayer
SalonA*, Gruppe 6	Baden 6545	1874 Schmieder & Mayer
SalonA*, Gruppe 7	Baden 6546	1874 Schmieder & Mayer
SalonAB, Gruppe 10	Baden 362, 363	1874 Schmieder & Mayer

* Aussichtswagen

Die Wagen der Gruppe 3 besaßen nur zwei gleich große Abteile mit Sitzplätzen für jeweils 10 Personen, während die Wagen der Gruppe 9 und 11 ein derartiges Abteil I. Klasse und daran anschließend jeweils ein Abteil II. Klasse für die mitreisende Dienerschaft aufwiesen. Erst die 1874 beschafften Wagen waren mit Toilette und Waschgelegenheit ausgestattet. Diese hatten neben dem Salon teilweise wiederum ein oder auch zwei Abteile für die Dienerschaft. Die Wagen der Gruppe 5 und 11 besaßen ein Bremserhaus, der Wagen der Gruppe 7 einen offenen Bremsersitz, auch der Wagen der Gruppe 6

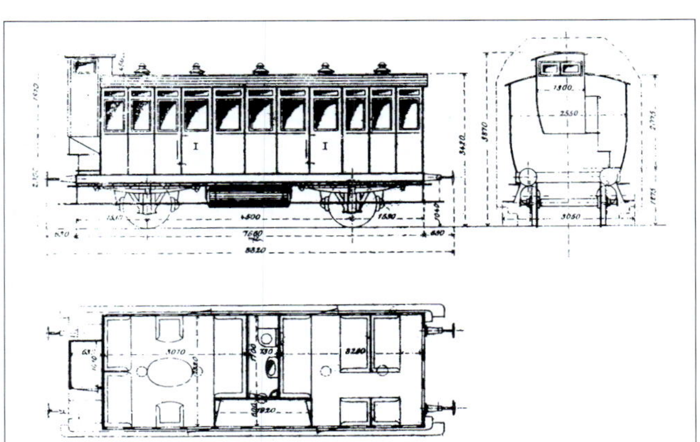

Der Salonwagen I. Klasse von 1874 (Gruppe 5) besaß einen Salon und eineinhalb Abteile in einem Abteilraum, zwischen denen ein Abortraum mit Leibstuhl und Waschgelegenheit mit Zugang über einen den Salon und Abteilraum verbindenden Seitengang angeordnet war. Das halbe Abteil war am äußersten Ende des Wagens gelegen, die dortige Stirnwand war mit drei Fenstern versehen. Der Wagen hatte ursprünglich Öllampenbeleuchtung und Ofenheizung, später kam eine Dampfheizung hinzu, die Öllampenbeleuchtung wurde durch eine Gasbeleuchtung ersetzt. Außerdem erhielt der Wagen eine Westinghouse- und eine Henry-Bremse und eine Bremsleitung für die Hardy-Bremse.

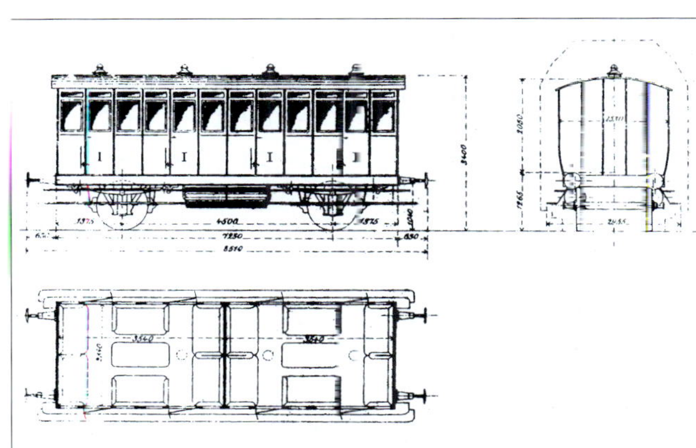

Die drei Salonwagen I. Klasse von 1869 (Gruppe 3) besaßen zwei identisch ausgestattete Salons mit jeweils sechs gepolsterten Sitzbänken, auf denen bis zu zwölf Personen Platz fanden. Der Wagen entsprach in seinen Abmessungen und in seinem Aussehen dem Abteilwagen I./II. Klasse AB (Gruppe 13). Die Salonwagen der Gruppe 3 besaßen ursprünglich Öllampenbeleuchtung und Ofenheizung, die später durch eine Dampfheizung ergänzt wurde. Die Öllampenbeleuchtung wurde durch eine Gasbeleuchtung ersetzt. Der Wagen, der keine Spindelbremse besaß, wurde später mit einer Westinghouse-Bremse und einer Hardy-Bremsleitung ausgerüstet.

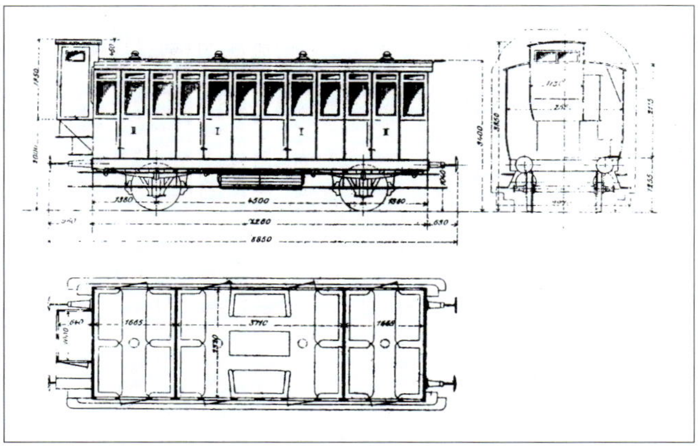

Der Salonwagen I./II. Klasse SalonAB von 1869 (Gruppe 11) unterschied sich von dem SalonAB der Gruppe 9 nur durch das Vorhandensein eines Bremserhauses.

war mit einer in einem Abteil angebrachten Spindelbremse ausgerüstet, später wurden sämtliche Wagen mit der selbsttätigen und der nichtselbsttätigen Westinghouse-Bremse und mit einer Bremsleitung für die Hardy-Bremse ausgestattet, damit konnten sie auch auf andere Bahnen übergehen, weiterhin erhielten die Wagen zu ihrer Ofenheizung eine Dampfheizung, und die Beleuchtung mit Öllampen wurde durch die Gasbeleuchtung ersetzt. Eine Besonderheit wiesen die Wagen der Gruppe 6 und 7 auf, sie waren mit einer seitlich und an der Stirnwand offenen Aussichtsplattform versehen, von der auch der Zugang zum Wageninnern erfolgte. Nach der Jahrhundertwende genügten die Wagen nicht mehr den technischen Anforderungen und dem gebotenen Komfort, sie schieden sämtlich bis zum Ersten Weltkrieg aus dem Bestand, der Wagen der Gruppe 7 war zuvor noch in die inzwischen frei gewordene Gruppe 3 eingereiht worden.

Auch noch gegen Ende des Jahrhunderts bestand auf Seiten fürstlicher und anderer hochgestellter Personen, die hauptsächlich das Weltbad Baden-Baden aufsuchten, das Bedürfnis nach bequem eingerichteten und ruhig laufenden Salonwagen. Deshalb beschaffte die bad. Staatsbahn in den Jahren 1895 einen und im darauffolgenden Jahr noch zwei weitere Salonwagen mit großem Radstand und Lenkachsen. Der Wagen war als Abteilwagen konzipiert und besaß am Ende des Bremserhauses ein Abteil I. Klasse, daran schloß sich ein Waschraum an, der auch als Vorraum für den Abortraum diente. Vom Waschraum führte eine Flügeltür zu dem in der Mitte des Wagens befindlichen Salon, der von außen auch durch seitliche Doppeltüren betreten werden konnte, damit waren diese Wagen auch zur Beförderung von Kranken geeignet. Bei diesem Einsatz wurden die beweglichen Einrichtungsgegenstände wie Tisch und Sessel durch die Betriebswerkstätte entfernt, um Platz für ein Bett oder den Fahrstuhl (Rollstuhl) zu schaffen. Dabei war das Personal angewiesen, dafür zu

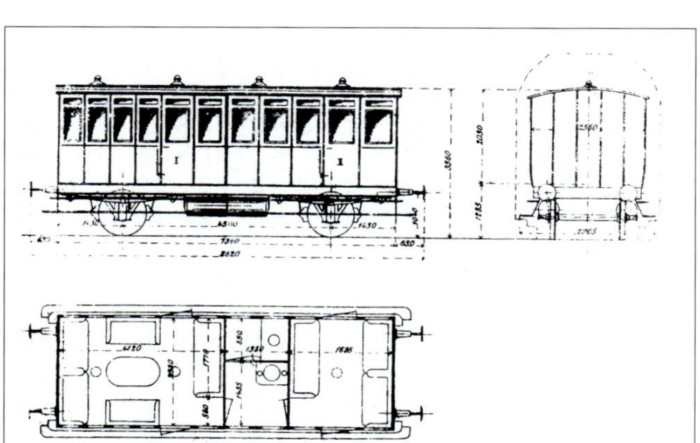

Gruppe 10

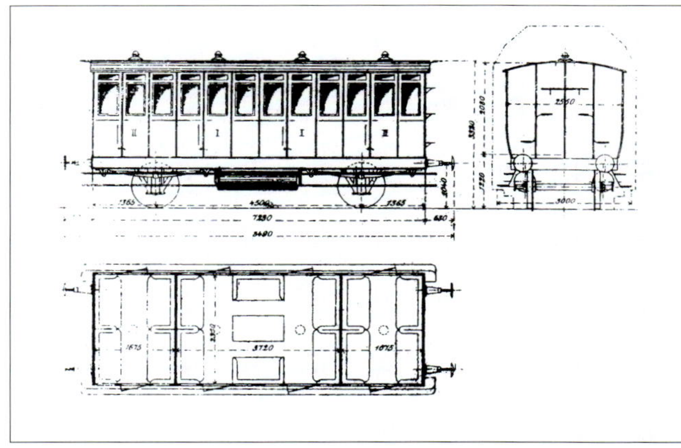

Der Salonwagen I./II. Klasse SalonAB von 1863 (Gruppe 9) mit jeweils einem abgeschlossenen Abteil zweiter Klasse an beiden Wagenenden und einem dazwischen angeordneten Salon erster Klasse mit sechs gepolsterten Sitzbänken für maximal zwölf Reisende. Ob der Wagen ursprünglich eine Ofenheizung besaß, ist nicht bekannt. Eine Spindelbremse war nicht vorhanden, die Westinghouse-Bremse wurde später eingebaut, ebenso eine die frühere Öllampenbeleuchtung ersetzende Gasbeleuchtung.

sorgen, daß die Doppeltüren während der Fahrt sicher verschlossen waren, da diese im geöffneten Zustand über das Lichtraumprofil hinausragten. Die Wagen besaßen unterhalb der Doppeltüren neben dem durchlaufenden Trittbrett besondere Trittstufen, die während der Fahrt hoch geklappt werden mußten. Diese wurden später ausgebaut. In einem Abteil befand sich ein Schränkchen, das zur Aufbewahrung von Erfrischungen, Medikamenten, usw. benutzt werden konnte. Am anderen Wagenende befand sich ein Abortraum und ein Waschraum, von letzterem führte eine Flügeltür in ein weiteres Abteil mit einem zusätzlichen Sessel, das ebenso wie das davor liegende Abteil eine Tiefe von 1.950 mm hatte. Von diesem Abteil führte eine Flügeltür zum Salon. An der Außenseite waren die Abteiltüren und die Tür des Salons als I. Klasse gekennzeichnet. Der Salon besaß 2 Lampen, jedes Abteil jeweils eine Lampe, während in der Trennwand zwischen Abortraum und Waschraum jeweils eine gemeinsame Lampe angeordnet war. Oberhalb der Außentüren und der Fenster von Abortraum und Waschraum waren jeweils Lüftungsschlitze angebracht.

Technische Daten

Beschaffungsjahre:	1895 - 1896
Hersteller:	Hauptwerkstätte Karlsruhe
Betriebsnummern:	Baden 10 002 - 10 004
Beschaffte Stückzahl:	3
Sitzplätze I. Klasse:	16 (14 Offiziere)
Sitzplätze II. Klasse:	-
Sitzplätze III. Klasse:	-
Anzahl der Abteile:	2 + 1 Salon
Platzteilung:	-
Aborte:	2
Waschräume:	2
Länge über Puffer:	11.610 mm
Wagenkastenlänge:	10.000 mm
Wagenkastenbreite:	2.670 mm
Achsstand:	7.400 mm
Drehzapfenabstand:	-
Drehgestellbauart:	-
Anzahl der Achsen:	2 (Lenkachsen A4)
Fußbodenh. ü. Schienenoberkante:	1.285 mm
Bremse:	Westinghouse, Henry, Hardy, Spindelbremse
Heizung:	Dampf
Beleuchtung:	Gas, 6 Flammen, 760 l, 31 Brennstunden
Gewicht:	16.200 kg
Beschaffungspreis:	15.870 M

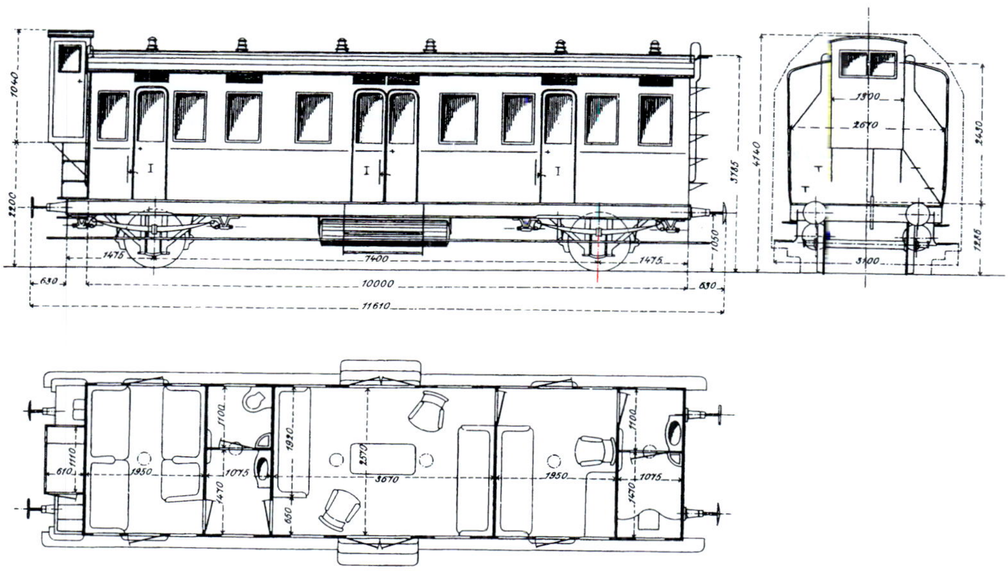

Salon A von 1895 (Gruppe 8)

Diese Wagen, die in die Gruppe 8 eingereiht wurden, besaßen ein Untergestell, das vollständig aus Holz bestand. Die Spindelbremse konnte vom Bremserhaus bedient werden. Die Wagen waren ebenfalls in Baden-Baden stationiert. Der Wagen Baden 10 002 wurde 1920 ausgemustert, das Schicksal der beiden anderen Wagen ist nicht bekannt, sie könnten in den 20er Jahren aber noch zum Bestand der RBD Karlsruhe gezählt haben.

7.2.1 Sechsachsiger Fürstl. Fürstenbergischer Salonwagen von 1900, Gruppe: 134, Blatt: ?

Als die Donaueschinger Linie des Hauses zu Fürstenberg durch das Ableben des Fürsten Karl Egon IV. im Jahre 1896 ausstarb, übernahm Max Egon II. (1863-1941), der Inhaber der Fürstenbergischen Sekundogenitur-Linie, die in Böhmen seit 1723 über große Ländereien verfügte, den Besitz in Donaueschingen und vereinigte so wieder sämtliche Linien in seiner Hand, er war auch Chef des Hauses. Sein Schloß, auf dem er bisher gelebt hatte, lag in Lana in Böhmen an der Strecke Prag – Rakonitz (KSB 506h – 1944) der damaligen Buschtehrader Eisenbahn.

Im Besitz des fürstlichen Hauses in Donaueschingen befanden sich noch zu diesem Zeitpunkt ein Salonwagen und ein Gepäckwagen mit den badischen Betriebsnummern 654 und 655 (Baujahr und Hersteller sind nicht bekannt). Max Egon II. hatte ebenfalls in Böhmen einen Salonwagen besessen, der die Betriebsnummer 1208 trug und vermutlich bei der Buschtehrader Eisenbahn in deren Wagenverzeichnis geführt wurde. Dieser Wagen war für Schnellzüge nicht zugelassen und die Verwaltung der badischen Staatsbahnen lehnte auch die Übernahme des Wagens in deren Wagenbestand ab. Vielmehr wurde von dieser dem Fürsten die Anschaffung eines vierachsigen Salonwagen vorgeschlagen und in Aussicht gestellt, daß dieser in den Wagenbestand übernommen, mit dem Eigentumsmerkmal „Baden„ versehen und unter einer Betriebsnummer in deren Wagenregistern geführt werden würde. Weiterhin wurde vereinbart, daß für die Beförderung des Privatwagens die tarifmäßige Taxe zu zahlen sei und die Eigentümerin keine Lauf- oder Zeitmiete im Verkehr des Wagens erhalten werde. Dagegen würde die Verwaltung der badischen Staatsbahnen kostenlos die gesetzliche Revision des Wagens und den Transport desselben vom Stationierungsort zur Hauptwerkstätte und zurück übernehmen. Alle übrigen Unterhaltungsarbeiten und Änderungen, die nicht zu den regelmäßigen Revisionsarbeiten gehörten, würden jedoch von der Bahnverwaltung auf Kosten der Eigentümerin vorgenommen werden. Das Fürstliche Haus war unter den genannten Bedingungen zur Anschaffung eines neuen Salonwagens bereit und so erfolgte bereits im September 1897 die erste Kontaktaufnahme mit der AG für die Fabrikation von Eisenbahnmaterial in Görlitz, die bereits eine Anzahl von Salonwagen für den Hofzug des Deutschen Kaisers geliefert hatte und bei der Herstellung von Salonwagen in Deutschland sich eines guten Rufes erfreute.

Bestellt wurde dann ein vierachsiger Salonwagen, der in seinem Grundriß und in seiner Raumaufteilung den damaligen Salonwagen in Deutschland entsprach. Allerdings war der Salon mit einer Tiefe von 3.000 mm (verlängerbar auf 4.630 mm) am einen Wagenende relativ klein, daran schlossen sich das Abteil des Fürsten und ein weiteres an (beide hatten eine Abteiltiefe von 1.900 mm), dann kamen vier Abteile mit einer Abteiltiefe von 1.275 mm mit einer gepolsterten Sitzbank, die zusammen mit einem darüber angeordneten, herausklappbaren Bett wie in einem Schlafwagen als Bett für die Nacht hergerichtet werden konnte, dann folgten noch eine kleine Küche mit Gaskochherd und Eiskasten und zum Schluß kam ein kleines Abteil für Gepäck. Die genannten Abteile waren jeweils durch Schiebetüren abgeschlossen und vom Seitengang zugänglich. Der einzige Abortraum konnte vom Vorplatz am anderen Wagenende betreten werden. Im Vergleich mit den Abmessungen der Abteile anderer Salonwagen, die damals vorhanden waren, waren sämtliche Abteile des neuen Salonwagen in ihren Abmessungen schon fast spartanisch zu nennen. Aber der Salonwagen hatte auf diese Weise Schlafplätze für zehn Personen. In jedem Abteil befand sich eine Auslösevorrichtung für die Notbremse. Der Wagen besaß einen Oberlichtaufbau, der im Bereich des Salons verbreitert und auf der gesamten Länge des Wagenkastens mit einem zusätzlichen Sonnendach versehen war. Nachdem die Werkszeichnungen vom Hersteller fertiggestellt und die Zustimmung des Auftraggebers gefunden hatten, mußten sie zur Genehmigung der Verwaltung der badischen Staatsbahnen vorgelegt werden. Der Wagen sollte auch auf die Strecken der Eisenbahnen Österreichs, Italiens, der Schweiz, Hollands, Belgiens und Frankreichs übergehen können. Das bedeutete, daß auch deren Vorschriften hinsichtlich des Lichtraumprofils, der Bremsleitungen, der Bremseinrichtungen, der

Aufnahme: Sammlung Wolfgang Theurich

Die Aufnahme zeigt den Salon mit Blick zum Wagenende, der Tisch ist für ca. 10 Personen gedeckt. Der eigentliche Salon mit einer Länge von 3.000 mm reicht nicht aus für den langen Tisch, deshalb muß die faltbare Wand geöffnet werden, die den Salon zu einem weiteren Raum mit einer Länge von 1.700 mm abteilt, der gleichzeitig den Vorplatz für den Eingang zum Wagen bildet, der auf beiden Wagenseiten mit einer herausklappbaren dritten Stufe versehen ist. Wie der Vergleich mit der anderen Aufnahme des Salons zeigt, die vermutlich erst in den zwanziger Jahren entstanden ist, ist diese Aufnahme wohl in der Anfangszeit gemacht worden.
Aufnahme: Sammlung Wolfgang Theurich

Blick in den Salon des sechsachsigen Salonwagens des Fürsten von Fürstenberg von 1900 (Gruppe 134). Aufnahme: Sammlung Jens Freese

Aufhängevorrichtungen für die Zugschlußlaternen und Schlußscheiben, der Anschlüsse für die Signalleitungen, usw. beachtet werden mußten. Die genehmigende Verwaltung der badischen Staatsbahnen hatte bestimmte Vorstellungen bezüglich der Außenmaße des Wagens wie Länge und Breite, so daß die Werkszeichnungen noch einmal entsprechend überarbeitet werden mußten. Dies hatte bereits Verzögerungen bei dem Bau des Wagens zur Folge. Weitere Verzögerungen traten auf, als vom Fürstlichen Hause in Donaueschingen später noch nachträglich der Einbau dreiachsiger Drehgestelle an Stelle der bisher geplanten zweiachsigen Drehgestelle gefordert wurde. Diese Änderung hatte natürlich auch den entsprechenden Umbau des vollständig aus Holz, nämlich aus Pitchpine und Eiche bestehenden Untergestells zur Folge. Das hölzerne Untergestell verlieh dem Wagen einen besonders ruhigen Lauf. Der Auftrag an die Waggonfabrik in Görlitz erging am 29. August 1898, als Preis waren 65.800 Mark vereinbart worden. Am 15. Januar 1900 stand dann der ganz in Blau gehaltene, frisch lackierte Salonwagen auf dem Fabrikhof in Görlitz, nachdem er von einer Dampfspeicherlokomotive aus den Werkshallen gezogen worden war. Von der Hauptwerkstätte der badischen Staatsbahnen in

Technische Daten

Beschaffungsjahr:	1900
Hersteller:	AG für Eisenbahnbedarf in Görlitz
Betriebsnummer:	Baden 20 125, ab 1907: 220 125
Beschaffte Stückzahl:	1
Sitzplätze I. Klasse:	-
Sitzplätze II. Klasse:	-
Sitzplätze III. Klasse	-
Anzahl der Abteile:	6 + 1 Salon + 1 Küche
Platzteilung:	-
Abort:	1 (mit Waschbecken)
Waschräume:	-
Länge über Puffer:	19.440 mm
Wagenkastenlänge:	18.150 mm
Wagenkastenbreite:	2.870 mm
Achsstand:	3.600 mm
Drehzapfenabstand:	12.900 mm
Drehgestellbauart:	?
Anzahl der Achsen:	6
Fußbodenh. ü. Schienenoberkante:	1.270 mm
Bremse:	Westinghouse, Henry, Hardy, Spindelbremse
Heizung:	Warmwasser, Dampfleitung
Beleuchtung:	elektrisch und Kerzen
Gewicht:	48.600 kg
Beschaffungspreis:	67.797 Mark

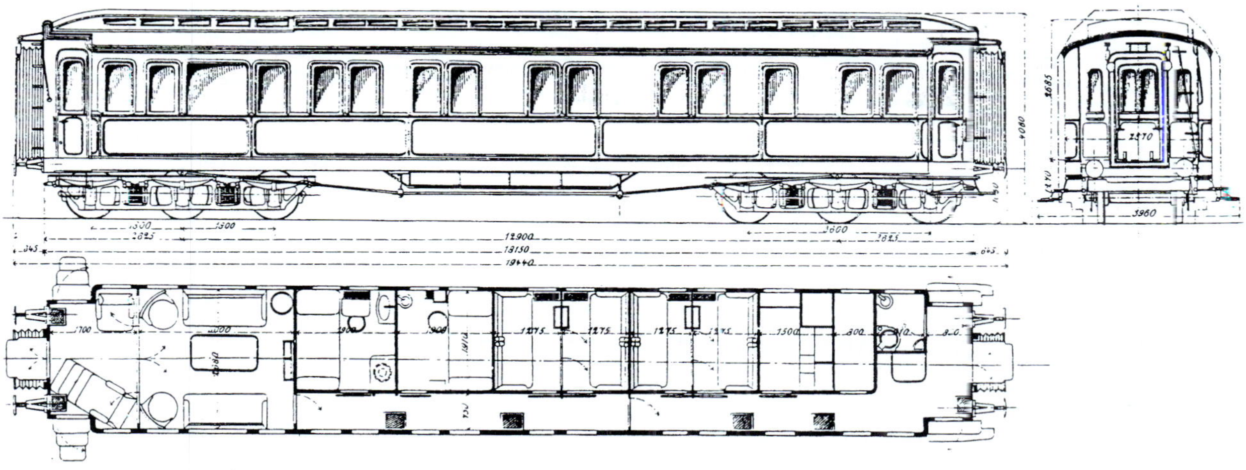

Fürstl. Fürstenbergischer Salonwagen von 1900 (Gruppe 134)

Karlsruhe war eigens ein Abnahmebeamter ins Werk gekommen, da die Lieferfrist schon weit überschritten war und der Fürst den Wagen so bald wie möglich in Benutzung nehmen wollte. Der Wagenmeister Albert, der die Betreuung des Wagens zu übernehmen hatte, war inzwischen bereits vom Werk ausreichend unterwiesen worden. Er begleitete den Salonwagen auf seiner Fahrt nach Prag, von dort benutzte ihn Max Egon II. zum ersten Mal und zwar zu einer Fahrt nach Lana. Die private Buschtehrader Eisenbahn, auf deren Strecken der Salonwagen zu einem ermäßigten Tarif befördert wurde, der Fürst war Mitglied des Aufsichtsrates, setzte sogleich die Wagenremise im Bahnhof Prag-Bubna zum Unterstellen des Salonwagens instand. Wie vereinbart, gehörte der Fürstlich Fürstenbergische Salonwagen zum Wagenbestand der badischen Staatsbahnen und wurde zunächst unter der Betriebsnummer 20 125 geführt, die im Bereich der den privaten Güterwagen zugeordneten Betriebsnummern lag. Der Fürst war mit dem Salonwagen oftmals unterwegs, er benutzte ihn hauptsächlich zu Fahrten zu den Ländereien des fürstlichen Hauses in Böhmen und in Niederösterreich. Der deutsche Kaiser, Wilhelm II., kam des öfteren zur Jagd und war von dem Salonwagen sehr beeindruckt. Besonders angetan hatte es ihm die Duschvorrichtung im Abteil des Fürsten. Diese bestand aus einer Dusche an der Decke mit einem herablaßbaren Duschvorhang und einer im Fußboden versenkten Zinkwanne, die nach Hochklappen der Fußbodenabdeckung freigegeben wurde. Da es im Abteil mit einer Tiefe von 1.900 mm doch recht eng war, konnte die gepolsterte Sitzbank hoch geklappt werden. Mindestens bis 1906 war der fürstliche Salonwagen während des Winters in einem Wagenschuppen in Wien Westbf. untergestellt. In der übrigen Zeit, wenn er sich nicht gerade auf einer Reise befand, stand der Salonwagen im Bahnhof von Donaueschingen. Der ungeschützte Aufenthalt im Freien hatte jedoch zur Folge, daß schon nach zwei Jahren der Anstrich gelitten hatte. Auch war bis dahin noch keine Revision durchgeführt worden, außerdem wurde die Laufruhe bemängelt. So kam der Salonwagen schon im Jahre 1902 wieder in das Herstellerwerk zurück, wo die Mängel behoben und eine neue Lackierung angebracht wurde. Von da an kam der Salonwagen jeweils im Frühjahr für vier Tage in die Hauptwerkstatt nach Karlsruhe, wo die Revision durchgeführt wurde. Schon bald wurde in Donaueschingen und zwar am Ende des Schloßparks ein Wagenschuppen zum Unterstellen des Salonwagens errichtet. Am östlichen Ende des Bahnhofs neben dem Gleis nach Immendingen und zwar ungefähr in Höhe der Abzweigung der Höllentalbahn war über eine Weiche das Schuppengleis erreichbar, das als Ausziehgleis entsprechend verlängert war, damit eine Lokomotive den Wagen aus dem Schuppen ziehen und über die Weiche in den Bahnhof schieben konnte. Im Rahmen der Umnummerung der privaten Güterwagen erhielt der Salonwagen im Jahre 1907 die Betriebsnummer 220 125. Nachdem im Jahre 1911 die Konzession der Buschtehrader Eisenbahn erlosch und die Bahn in Staatsbesitz übergegangen war, mußte auch der Fürst von Fürstenberg auf deren ehemaligen Strecken den vollen Tarif bezahlen. Nach dem Ersten Weltkrieg war es in Folge der gesellschaftlichen Umwälzungen nicht mehr zeitgemäß, mit dem eigenen Salonwagen zu reisen, und so stand dann der Salonwagen viele Jahre ungenutzt in seinem Wagenschuppen in Donaueschingen. Dann begannen ab 1927 Verhandlungen über den Verkauf des Wagens, auch der Fürst von Thurn und Taxis wollte sich damals von seinem Salonwagen trennen. Die Deutsche Reichsbahn hatte kein Interesse, ebenso die Waggonfabrik Görlitz, als Nachfolgerin der Herstellerfirma. Es war damals schwer, einen Käufer zu finden. Schon im Jahre 1928 wurde das Geschirr aus dem Wagen geräumt. Schließlich wurde der Salonwagen im Jahre 1931 von der Firma Schollmeyer & Witten, Eisenbahnbedarf GmbH in Witten an der Ruhr, für 3.500 Reichsmark erworben, er blieb jedoch zunächst in Donaueschingen, kam jedoch noch im gleichen Jahr nach Berlin-Grunewald, wo er dann mit weiteren Salonwagen zum Verkauf stand. Hier verliert sich seine Spur. Es ist nicht sicher, ob der Salonwagen noch im Rahmen des ersten Umzeichnungsplans von 1923 eine neue Betriebsnummer erhalten hat, ebenso ist nicht bekannt, ob dem Wagen noch eine Blatt-Nummer zugeteilt worden ist.

Der ehemalige zweiachsige Durchgangswagen I./II. Klasse ABi von 1892 (Gruppe 68) nach dem Umbau in einen Durchgangswagen III. Klasse als Cid „50 035 Karlsruhe“ (Gruppe 93k). Aufnahme: Sammlung Jens Freese

7.3 Durchgangswagen mit Seitengang (D-Zugwagen)

Obwohl bereits seit Anfang der siebziger Jahre der von Heusinger von Waldegg vorgeschlagene Abteilwagen mit Seitengang bekannt war, bei dem die Abgeschlossenheit des Abteils mit der Möglichkeit des Durchgangs durch den Wagen vereint war, erfolgte die Beschaffung derartiger Wagen in Deutschland nur sehr zögernd. In den Bestand der badischen Staatsbahnen kam erst 1892 ein derartiger Wagen als ABi, bei welchem jedoch nur die Abteile I. Klasse geschlossen waren und der Seitengang mit einer Breite von 740 mm auf diesen Wagenteil beschränkt blieb, während die beiden Abteile II. Klasse einen Mittelgang mit einer Breite von 580 mm aufwiesen. Da der Seitengang am einen Wagenende an der Stirnwand endete, gab es Schwierigkeiten mit der Plazierung der Tür in der Stirnwand, da einerseits die Abteilbreite der dort befindlichen Abteils I. Klasse und andererseits die Breite des Fußbodens der Plattform die Konstrukteure vor eine schwere Aufgabe stellen. So entschloß man sich, das erste Abteil I. Klasse als Halbabteil auszubilden, um auf diese Weise die Stirnwandtür näher zur Wagenlängsachse zu verschieben. Im Bereich der Tür mußte der Fußboden der Plattform dennoch verbreitert werden. Das Problem hätte sich auch derart lösen lassen, wenn man anschließend an der Stirnwand den Abortraum angeordnet hätte, wie dies beispielsweise bei dem dreiachsigen Durchgangswagen I./II. Klasse ABi3 von 1904 (Gruppe 72a) der Fall war, denn dort konnte wegen der geringeren Breite des Abortraums die Stirnwandtür mehr zur Wagenlängsachse hin verschoben werden. Das halbe Abteil I. Klasse besaß zusätzlich drei Fenster in der Stirnwand und hatte eine Tiefe von 1.629 mm. Das anschließende Abteil I. Klasse, das ebenso mit einer Schiebetür zum Seitengang abgeschlossen war, hatte eine Abteiltiefe von 2.050 mm. Vom Seitengang gelangte man in einen Waschraum, von dem eine Flügeltür in den Abortraum und eine weitere Flügeltür in ein Abteil II. Klasse führte. Dieses Abteil war durch eine Trennwand mit Flügeltür von einem weiteren Abteil II. Klasse abgeschlossen. Die Abteiltiefe betrug jeweils 1.900 mm. Jedes Abteil besaß ein größeres Fenster und beiderseits angeordnet noch je ein kleineres Fenster. Das größere Fenster mit einer Breite von 580 mm besaß einen Metallrahmen. Oberhalb sämtlicher Fenster waren in den Seitenwänden Lüftungsschlitze angebracht. Beide Plattformen und sämtliche Abteile besaßen je eine Lampe, während Waschraum und Abortraum von einer gemeinsamen Lampe beleuchtet wurden. Der Wagen blieb ein Einzelstück, und es hat den Anschein, als handelt es sich hier um sozusagen ein Muster, an dem einige Neuerungen zur Anwendung kamen. So finden wir hier zum ersten Mal das Korbbogendach und die schlichte Dachstütze, die einmal zum typischen Merkmal badischer Durchgangswagen werden sollte. Leider ist nicht mehr mit Sicherheit zu sagen, ob die Konstruktion des Wagens im Maschinenamt der badischen Staatsbahnen oder bei der Herstellerfirma Schmieder & Mayer in Karlsruhe entstanden ist, vielleicht ist der Wagen auch das Ergebnis einer Zusammenarbeit beider Stellen. Jedenfalls kam wenige

Technische Daten		
Beschaffungsjahr:	1892	
Hersteller:	Schmieder & Mayer, Karlsruhe	
Betriebsnummer:	Baden 1365	
Beschaffte Stückzahl:	1	
Sitzplätze I. Klasse:	9	14 Offiziere
Sitzplätze II. Klasse:	16	
Sitzplätze III. Klasse:	später 32	
Anzahl der Abteile:	4	
Platzteilung:	1 + 3, 3	
Aborte:	1	
Waschräume:	1	
Länge über Puffer:	11.160 mm	
Wagenkastenlänge:	8.560 mm	
Wagenkastenbreite:	3.000 mm	
Achsstand:	2.500 mm	
Drehzapfenabstand:	6.500 mm	
Drehgestellbauart:	-	
Anzahl der Achsen:	2 (Lenkachsen A4)	
Fußbodenh. ü. Schienenoberkante:	1.305 mm	
Bremse:	Westinghouse, Henry, Spindelbremse	
Heizung:	Dampf	
Beleuchtung:	Gas, 7 Flammen, 760 l, 28 Brennstunden	
Gewicht:	15.300 kg	
Beschaffungspreis:	13.500 Mark	

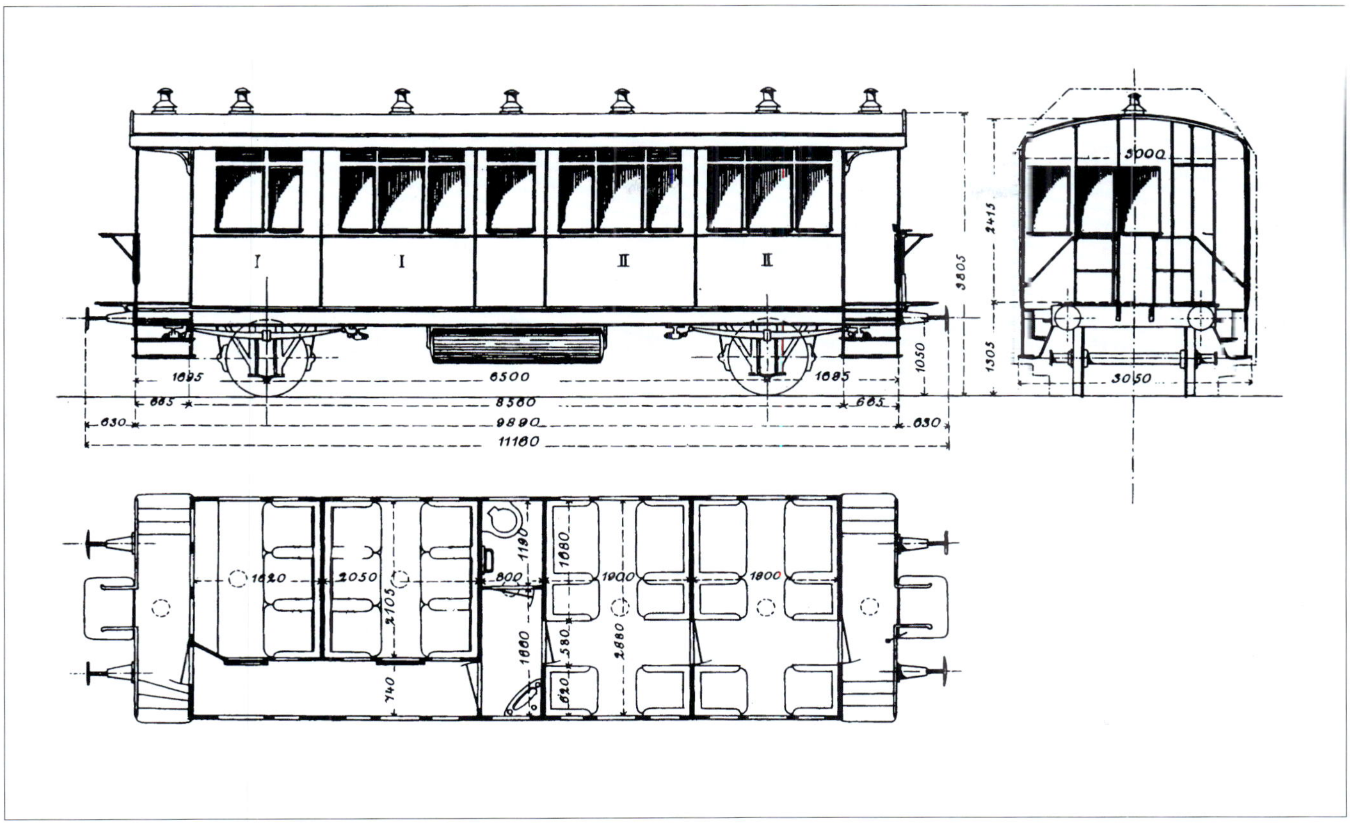

ABi von 1892 (Gruppe 68)

Jahre später der vierachsige Durchgangswagen I./II. Klasse mit offenen Übergängen ABBi von 1896 (Gruppe 73) mit Korbbogendach und den einfachen Dachstützen, dabei dürfte der Musterwagen Pate gestanden haben, auch das Korbbogendach war maßgebend für den Hersteller des ABBü von 1894 (Gruppe 75), denn die damals beschafften Wagen beider Bauarten sollten nach Aussage der badischen Staatsbahnen auch als Muster für zukünftige Wagenbauarten dienen.

Der Wagen mit der Betriebsnummer „Baden 1365" wurde in die Gruppe 68 eingereiht und war nach der Jahrhundertwende in Singen und Schopfheim stationiert, zu diesem Zeitpunkt lief er bereits als Bi. Im Jahre 1912 erfolgte der Umbau zum Ci (Gruppe 93k). Während des Weltkrieges war der Wagen als Chefarztwagen im preuß. Lazarettzug Nr. 6. eingesetzt. Seine Ausmusterung erfolgte vor 1930.

7.3.1 Vierachsiger Durchgangswagen mit Salon, Mittelgang und geschlossenen Übergängen (D-Zugwagen) Salonwagen I. Klasse AAü von 1902, Gruppe: 62, Blatt: 8, (A4ü Bad 02)

Zur Steigerung der Attraktivität des Reisens auf den badischen Strecken, besonders auf Hauptbahn im Hinblick auf die linksrheinische Konkurrenz beschafften die badischen Staatsbahnen im Jahre 1902 erstmalig reine D-Zugwagen I. Klasse, die einen über die halbe Wagenkastenlänge erstreckenden Salon aufwiesen, der mit einer in der Längsachse des Wagens angeordneten langen Sitzbank ausgestattet war. Damit die Reisenden die Fahrt durch die schönen Landschaften auch richtig genießen konnten, waren im Bereich der Sitzbank besonders große Fenster mit einer Breite von 1.200 mm zwischen je zwei kleineren Fenstern mit einer Breite von 700 mm vorgesehen. Offiziell wurden diese Wagen als Salonwagen bezeichnet, für die Benutzung des Salons wurde jedoch kein Zuschlag erhoben. Jeweils zwei im Bereich weiterer großer Fenster zu beiden Seiten eines Tischchens angeordnete Sessel vervollständigten die Einrichtung des Salons. Weiterhin waren noch Klappstühle vorhanden. In der Wagenmitte war auf der einen Seite des Mittelgangs ein Abortraum und auf der anderen Seite ein Waschraum angeordnet. Auch die daran angeordneten Abteile, ebenfalls mit großen Fenstern mit einer Breite von 1.200 mm ausgestattet, besaßen einen Mittelgang (Sitzanordnung 1 + 2). Sämtliche Fenster waren in Metallrahmen mit Gewichtsausgleich gefaßt. Der Zugang zu den Vorplätzen erfolgte durch Schiebetüren. Die in den Vorplätzen angebrachten Klappsitze wurden 1908 entfernt. Ursprünglich besaßen die Wagen auf dem Dach über den Fenstern spitzbogenförmig angebrachte Regenleisten, diese wurden jedoch schon bald entfernt

Aufnahme: Sammlung Jens Freese

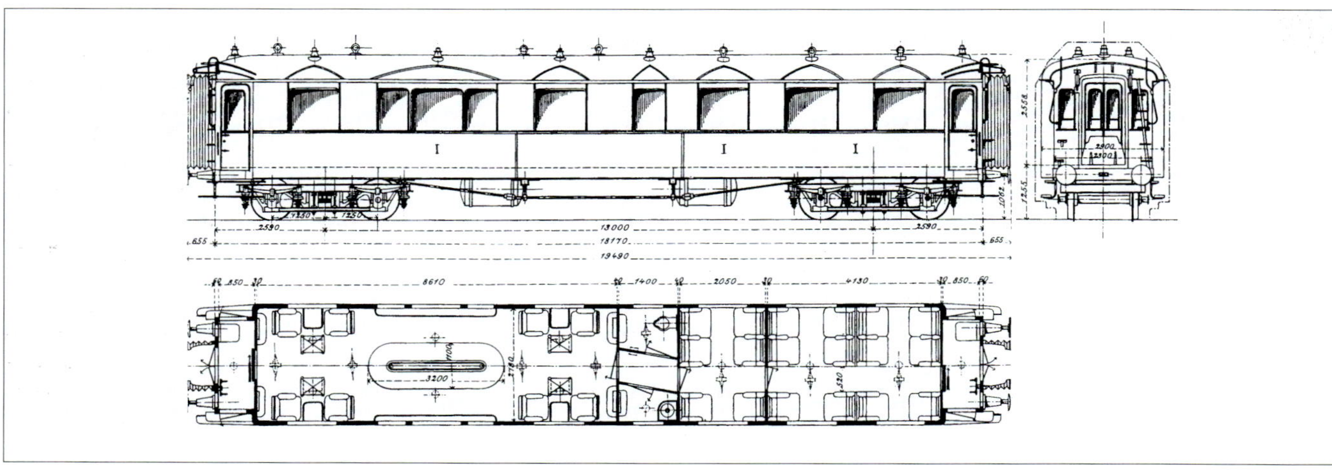

und durch waagerecht verlaufende durchgehende Regenleisten ersetzt. Drei der Wagen waren in Basel und die anderen drei Wagen waren 1905 in Konstanz stationiert, letztere kamen demnach auf der Schwarzwaldbahn zum Einsatz. Bei den Einsätzen auf der badischen Hauptbahn blieb es auch weiterhin, jedoch wurde bald der Einsatz auf der Schwarzwaldbahn aufgegeben, denn schon nach wenigen Jahren wurden sie auch in Heidelberg, Karlsruhe und Baden-Oos stationiert. Zunächst wurden die Wagen zwar noch mit Klappschildern I./II. Klasse versehen, sie konnten somit auch als Wagen zweiter Klasse eingesetzt werden, außerdem wurde später die lange Sitzbank im Salon durch einen Tisch mit 8 Stühlen ersetzt. Bereits im Jahre 1913 hatte offenbar die Nachfrage nach dem Einsatz der Salonwagen bereits nachgelassen, denn nun wurden diese auch zur Beförderung von kranken Privatpersonen vorgesehen, wobei die hierfür benötigte besondere Ausrüstung für den Salon in der Betriebswerkmeisterei in Karlsruhe bereitgehalten wurde. Nach dem Ersten Weltkrieg und dessen wirtschaftlichen Folgen bestand kein Interesse mehr an dem Einsatz derartiger komfortabler Wagen, aber das konnte das baldige Ende nicht aufhalten. Schon 1926 wurde ein Wagen zum Dienstwagen (Psychotechnischer Prüfwagen 700 757 München), ein weiterer fristete sein Dasein als Beratungswagen der RBD Karlsruhe, während es einen weiteren Wagen in den Norden zur RBD Altona verschlug, wo der Wagen in Cuxhaven stationiert war und in den Zügen des Sonderverkehrs für die Beförderung der Überseereisenden zum Einsatz kam. Die restlichen drei Wagen schieden bereits vor 1930 aus dem Bestand.

Technische Daten

Beschaffungsjahr:	1902
Hersteller:	Rathgeber, München
Betriebsnummer:	Baden 14 398 – 14 403
Beschaffte Stückzahl:	6
Sitzplätze I. Klasse:	36
Sitzplätze II. Klasse:	-
Sitzplätze III. Klasse:	-
Anzahl der Abteile:	3 + 1 Salon
Platzteilung:	1 + 2 (Mittelgang)
Aborte:	1
Waschräume:	1
Länge über Puffer:	19.490 mm
Wagenkastenlänge:	18.170 mm
Wagenkastenbreite:	2.900 mm
Achsstand:	2.500 mm
Drehzapfenabstand:	13.000 mm
Drehgestellbauart:	1b
Anzahl der Achsen:	4
Fußbodenh. ü. Schienenoberkante:	1.255 mm
Bremse:	Westinghouse, Henry, Spindelbremse
Heizung:	Dampf
Beleuchtung:	Gas, 13 Flammen, 3.200 l, 34 Brennstunden
Gewicht:	35.930 kg
Beschaffungspreis:	51.818 Mark

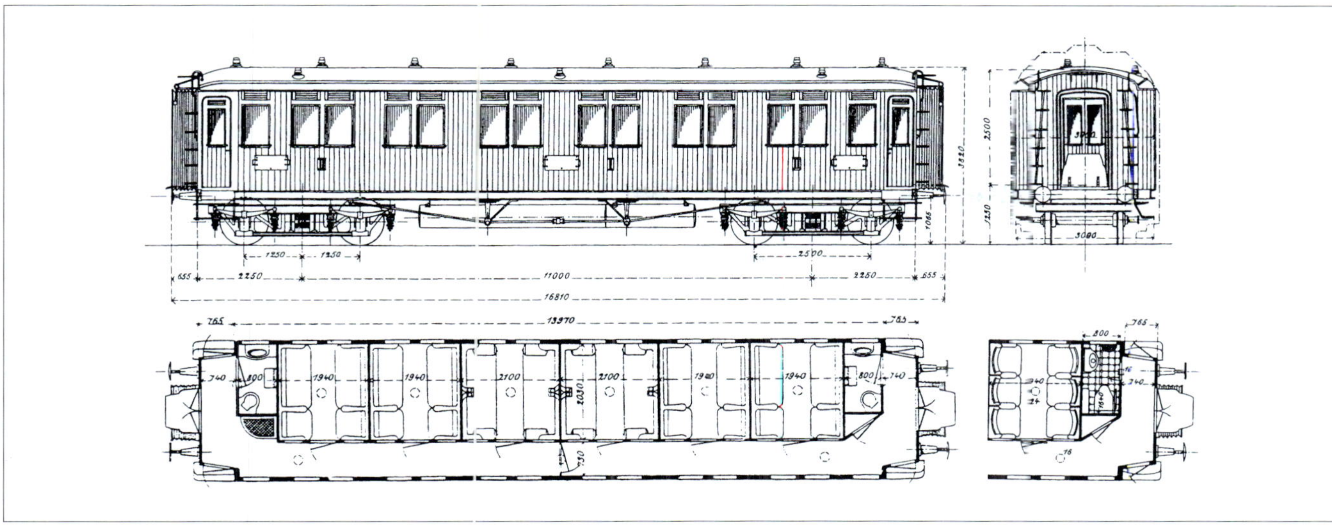

7.3.2 Vierachsiger Durchgangswagen mit Seitengang und geschlossenen Übergängen (D-Zugwagen) I./II. Klasse ABBü von 1894, Gruppe: 75, Blatt: 9?, (AB4ü Bad 94 ?)

Nachdem nun die preuß. Staatsbahn im Jahre 1891 mit der Beschaffung von vierachsigen D-Zugwagen begonnen hatte, die ab 1. Mai 1892 auf der Strecke Berlin – Köln zum Einsatz kamen, folgte als nächste Verwaltung im Jahre 1894 Baden. Die vier badischen Wagen liefen zusammen mit preußischen D-Zugwagen ab Sommerfahrplan 1894 in einem D-Zugpaar auf der Strecke Basel – Berlin Anh. Bhf. Die Durchgangswagen waren in erster Linie für direkte Reisende bestimmt, die Fahrkarten bis Frankfurt (M) und darüber hinaus besaßen. Für die Benutzung der D-Zugwagen wurde ein Zuschlag erhoben, außerdem war eine Platzkarte vorgeschrieben. In der Anfangszeit wurden die Garnituren des Zugpaares nicht nur aus D-Zugwagen gebildet, vermutlich liefen in dem Zugverband auch ein oder mehrere Abteilwagen auf dem Abschnitt Basel – Frankfurt(M). Die schlechten Erfahrungen, die man hinsichtlich der Laufeigenschaften der ersten von der badischen Staatsbahn in Auftrag gegebenen Vierachsern (Abteilwagen ABB und CC der Gruppen 22, 23, 56) gemacht hatte, bewogen die Verwaltung, für die Beschaffung der ersten vierachsigen D-Zugwagen einen ausländischen Hersteller heranzuziehen. La Metallurgique in Brüssel war auch Hersteller von im Jahre 1894 an die Main-Neckar-Bahn gelieferten Güterwagen. Der Entschluß sollte sich als richtig erweisen, denn die Wagen befriedigten auch hinsichtlich des ruhigen Laufes im hohen Grade. Untergestell und Wagenkasten der belgischen Ausführung sollte deshalb auch als Muster für weitere Bauarten dienen, weshalb anzunehmen ist, daß die Pläne für den Aufbau der Wagen wohl aus dem maschinentechnischen Büro der Generaldirektion der badischen Staatsbahnen stammten, wobei die Herstellerfirma ihre Erfahrungen im Bau vierachsiger Reisezugwagen einbringen konnte. Schon rein äußerlich fielen die Wagen durch ihre Teakholz-Verkleidung aus dem Rahmen. Zur Lüftung dienten über sämtlichen Fenstern und den seitlichen Türen angebrachte Lüftungsgitter, die von den Abteilwagen her seit langem bekannt waren. Die beiden Abteile I. Klasse mit einer Tiefe von jeweils 2.100 mm waren in der Wagenmitte angeordnet. Die Abteile der II. Klasse besaßen eine Tiefe von 1.940 mm. Der Seitengang war mit drei Lampen ausgestattet, von denen eine in der Mitte des Seitengangs und die beiden anderen in der Nähe der Vorplätze im Seitengang angeordnet waren. Durch diese Anordnung konnte auf eine Lampe für den Vorplatz verzichtet werden. Zur Ausstattung der Abteile gehörte auch eine Klingeleinrichtung. Der Seitengang mit einer Breite von 600 mm war zu den Vorplätzen nicht durch eine Flügeltür abgeschlossen, eine solche war nur in der Mitte des Seitengangs vorhanden. Die Abteiltüren waren als Flügeltüren ausgebildet, eine Anordnung, die zwar bei Schlafwagen auch heute noch üblich ist, die sich jedoch bei normalen Sitzwagen infolge der Behinderung der Reisenden im Seitengang nicht bewährte. Die Flügeltüren wurden bis 1912 durch Schiebetüren ersetzt. Als Drehgestelle kamen genietete, aus Profileisen bestehende Drehgestelle erstmalig zum Einbau, ähnlich der Bauart, wie sie seit 1893 auch in Preußen verwendet wurde. Die Fenster besaßen einen Metallrahmen und hatten eine Breite von 650 mm. Die Wagen, von denen nur vier Stück beschafft worden waren, waren in Basel, Freiburg und Mannheim stationiert. Um 1908 wurden die Aborträume umgebaut und der Fußboden mit Mettlacher Kacheln belegt. Außerdem wurde ein kleiner Wasservorratsbehälter unter der Decke eingebaut, an denen die Wasserspülung für den Leibstuhl und das Waschbecken angeschlossen wurde. Gleichzeitig mit dem Umbau der Aborträume wurden auch neue Sitze in die Abteile II. Klasse eingebaut. Die Wagen wurden bereits in den zwanziger Jahren ausgemustert. Zwei dieser Wagen könnten noch eine Aufnahme in den ersten Nummernplan von 1923 Aufnahme gefunden haben (21 001, 21 002 Kar).

Technische Daten

Beschaffungsjahr:	1894
Hersteller:	La Metallurgique, Brüssel
Betriebsnummer:	Baden 10 810 – 10 813
Beschaffte Stückzahl:	4
Sitzplätze I. Klasse:	8 } 24 Offiziere
Sitzplätze II. Klasse:	24
Sitzplätze III. Klasse:	-
Anzahl der Abteile:	6
Platzteilung:	2 bzw. 3 (Seitengang)
Aborte:	2 (mit Wascheinrichtung)
Waschräume:	-
Länge über Puffer:	16.800 mm
Wagenkastenlänge:	15.500 mm
Wagenkastenbreite:	3.400 mm
Achsstand:	2.500 mm
Drehzapfenabstand:	11.000 mm
Drehgestellbauart:	1)
Anzahl der Achsen:	4
Fußbodenh. ü. Schienenoberkante:	1.235 mm
Bremse:	Westinghouse, Henry, Spindelbremse
Heizung:	Dampf
Beleuchtung:	Gas, 11 Flammen, 2.340 l, 35 Brennstunden
Gewicht:	30.200 kg
Beschaffungspreis:	28.486 Mark

7.3.3 Vierachsiger Durchgangswagen mit Seitengang und geschlossenen Übergängen (D-Zugwagen) I./II. Klasse ABBü von 1896, Gruppe: 77, Blatt: 10, (AB4ü Bad 96)

Nachdem sich die wenigen D-Zugwagen I./II. Klasse der Gruppe 75 hinsichtlich Laufruhe und Ausstattung im Einsatz bewährt hatten, begannen die badischen Staatsbahnen schon bald mit der Beschaffung weiterer D-Zugwagen ab 1896. Erst später wurde auch ein bewährter badischer Lieferant herangezogen, denn diesmal wurde zunächst eine deutsche Waggonfabrik außerhalb Badens beauftragt, die unter Beibehaltung der Drehgestellbauart und unter Berücksichtigung einiger Verbesserungen die Wagen herstellte. Diese Wagen hatten gegenüber den Vorgängern von 1894 (Gruppe 75) an Stelle von sechs jetzt sieben Abteile, allerdings hatte das neu hinzugekommene Abteil II. Klasse nur 5 Sitzplätze, da an diesem Wagenende der Abortraum gegenüber den Vorgängern entfallen war und wegen des Übergangs vom Seitengang zum Vorplatz dieses Abteil im Bereich der einen Sitzbank nicht in voller Breite ausgestaltet werden konnte. Auch äußerlich wichen die Wagen von den 1894 beschafften D-Zugwagen ab. Neben der Blechbeplankung an Stelle der äußeren Holzverkleidung waren die eingezogenen Seitenwände im Bereich der Vorplätze jetzt nicht mehr schräg sondern parallel zur Seitenwand angeordnet und der Dachrand, der bisher von der Seitenwand zur Stirnwand im Bereich der Türen vermittelnd verlief, folgte der Einschnürung im Türbereich. Diese Maßnahme, wie ebenso die paarweise Anordnung der Abteilfenster (Zwillingsfenster mit Metallrahmen, Breite 650 mm), die schon bei den Wagen der Gruppe 75 angewandt worden war, findet sich als modische Erscheinung auch bei einigen der damaligen preußischen D-Zugwagen wieder. Drei D-Zugwagen der Gruppe 77 erhielten eine Kücheneinrichtung (Gruppe: 76). Oberhalb der Fenster waren Lüftungsschlitze angebracht. Mit diesen Wagen waren die badischen Staatsbahnen in der Lage, erstmalig vollständige Zuggarnituren der neuartigen Durchgangs-Züge, D-Züge genannt, ab 1. März 1897 in den Schnellzügen 12/1 (Basel – Berlin Anh.Bf) zur Verfügung zu stellen. Als sich während des Betriebes zeigte, daß ein Abort in der Regel nicht ausreichte, wurden die Wagen in den Jahren 1908/09 umgebaut. Dabei entfiel das Abteil an einem Wagenende, das ohnehin nur 5 Reisenden Platz bot. An seine Stelle kam ein Abortraum, dessen Tiefe der bisherigen Abteiltiefe entsprach und der damit, eine Besonderheit im gesamten Wagenpark, zwei nebeneinander liegende Fenster wie die übrigen Abteile aufwies. Auch wurde zwischen dem Abortraum und dem Seitengang noch ein Dienstabteil angeordnet, das durch einen Torpedo-Lüfter entlüftet wurde. Im Rahmen des Umbaus erhielt auch der bisherige Abortraum einen Fußbodenbelag mit Mettlacher Kacheln. Ob im Rahmen des Umbaus auch Wasservorratsbehälter in die Decke der beiden Aborträume eingebaut worden sind, läßt sich leider nicht mehr feststellen. Auf der Gangseite erhielten sämtliche Fenster eine Schutzstange. Auch äußerlich wurden die Wagen verändert und zwar das Dach im Türbereich, das jetzt in einem Bogen von der Seitenwand zur Stirnwand überging und damit dem Wagen in Verbindung mit einer durchgehenden Regenleiste ein gefälligeres Aussehen gab. Es ist leider nicht bekannt, ob die umfangreichen Umbauten in der Zentralwerkstätte in Karlsruhe oder von einer Waggonfabrik durchgeführt wurden. Die Wagen der Gruppe 77 waren ursprünglich in Basel, dann auch in Konstanz, Karlsruhe und Mannheim stationiert, später sind sie auch in Heidelberg und Baden-Baden zu finden. Sämtliche Wagen wurden bis Mitte der dreißiger Jahre ausgemustert.

Technische Daten	
Beschaffungsjahre:	1896 – 1898
Hersteller:	siehe Einzelnachweis
Betriebsnummer:	siehe Einzelnachweis
Beschaffte Stückzahl:	15
Sitzplätze I. Klasse:	8 } 24 Offiziere
Sitzplätze II. Klasse:	29
Sitzplätze III. Klasse:	-
Anzahl der Abteile:	7, später 6 + Dienstabteil
Platzteilung:	2 bzw. 3 (Seitengang)
Abort:	1 (mit Waschgelegenheit) später 2
Waschräume:	-
Länge über Puffer:	18.600 mm
Wagenkastenlänge:	17.300 mm
Wagenkastenbreite:	2.960 mm
Achsstand:	2.500 mm
Drehzapfenabstand:	12.000 mm
Drehgestellbauart:	1b
Anzahl der Achsen:	4
Fußbodenh. ü. Schienenoberkante:	1.235 mm
Bremse:	Westinghouse, Henry, Spindelbremse
Heizung:	Dampf
Beleuchtung:	Gas, 13 Flammen, 2.775 l, 35 Brennstunden
Gewicht:	33.000 – 33.600 kg
Beschaffungspreis:	28.000 – 34.935 Mark

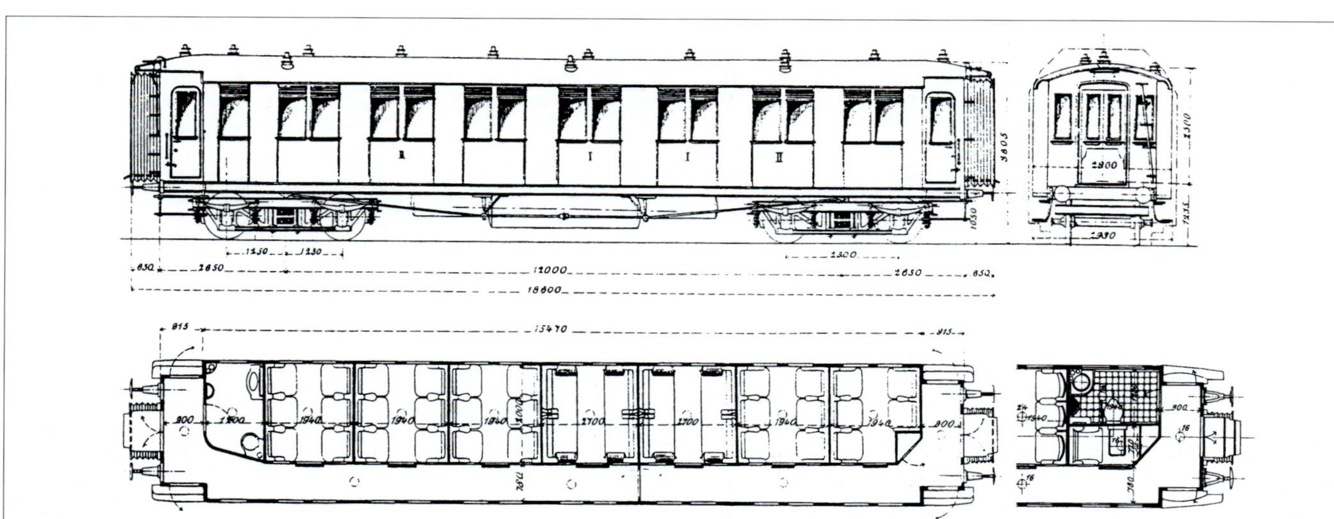

ABBü von 1896 (Gruppe 77) nach dem Umbau — Aufnahme: Sammlung Jens Freese

7.3.4 Vierachsiger Durchgangswagen mit Seitengang und geschlossenen Übergängen (D-Zugwagen) I./II. Klasse ABBü von 1899, Gruppe: 78, Blatt: 11, (AB4ü Bad 99)

Im Jahre 1899 wurden nicht nur die ersten D-Zugwagen III. Klasse von den badischen Staatseisenbahnen beschafft, sondern auch weitere D-Zugwagen I./II. Klasse. Die beiden Abteile I. Klasse mit einer Tiefe von 2.100 mm waren in der Wagenmitte angeordnet, auf der einen Seite befanden sich zwei Abteile II. Klasse und der Abortraum, auf der anderen Seite drei Abteile II. Klasse mit einer Abteiltiefe von jeweils 1.940 mm. Das letzte Abteil II. Klasse konnte teilweise nicht auf volle Breite gebracht werden, da es sonst in den Seitengang und in den Vorplatz hinein geragt hätte. Deshalb erhielt es an der Trennwand zum Vorplatz nur zwei Sitzplätze. Der Seitengang mit einer Breite von 780 mm war gegen die Vorplätze nicht mit einer Tür abgeschlossen, es gab eine solche nur als Flügeltür im Seitengang und zwar zwischen den beiden Abteilen I. Klasse. Die Abteiltüren waren als Schiebetüren ausgebildet. Die Fenster mit einer Breite von 750 mm und mit Metallrahmen mit Gewichtsausgleich waren pro Abteil paarweise angeordnet, sie waren im oberen Bereich nicht mehr eckig wie bei dem ABBü von 1896 sondern leicht gerundet. Oberhalb der Fenster waren Lüftungsschlitze angebracht. Im Jahre 1905 wurde der Wagen „Baden 13 009" versuchsweise mit einem Fußbodenbelag aus Linoleum versehen. Im Betrieb hatte sich herausgestellt, daß ein Abortraum nicht ausreichend war, deshalb wurde 1908/09 das letzte Abteil II. Klasse mit nur fünf Sitzplätzen entfernt und an dessen Stelle ein Abortraum und daneben ein Dienstabteil mit Klapptisch eingebaut, das zum Seitengang mit einer Schiebetür abgeschlossen war. Bei dem Umbau erhielt nicht nur der neu hinzugekommene Abortraum sondern auch der bereits vorhandene Abortraum einen gefliesten Fußboden mit Mettlacher Kacheln. Es ist nicht sicher, ob im Rahmen des Umbaus in die Decke der Aborträume Wasservorratsbehälter für die Spülung des Leibstuhls und das Waschbecken zum Einbau kamen. Der Dienstraum erhielt einen auf dem Dach montierten Torpedo-Lüfter. Vor sämtlichen Fenstern auf der Gangseite wurden im unteren Drittel auf der Innenseite außerdem waagerechte Schutzstangen angebracht. Die Wagen waren hauptsächlich in Basel und Konstanz stationiert, ein Teil wurde bereits in den zwanziger Jahren und der Rest bis Mitte der dreißiger Jahre ausgemustert.

Technische Daten

Beschaffungsjahre:	1899 – 1900	
Hersteller:	Schmieder & Mayer, Karlsruhe	
Betriebsnummern:	Baden 13 007 – 13 016, 13 480 – 13 484	
Beschaffte Stückzahl:	15	
Sitzplätze I. Klasse:	8	24 Offiziere
Sitzplätze II. Klasse:	29	
Sitzplätze III. Klasse:	-	
Anzahl der Abteile:	7	
Platzteilung:	2 bzw. 3 (Seitengang)	
Aborte:	1 (mit Waschgelegenheit)	
Waschräume:	-	
Länge über Puffer:	18.610 mm	
Wagenkastenlänge:	17.300 mm	
Wagenkastenbreite:	2.960 mm	
Achsstand:	2.500 mm	
Drehzapfenabstand:	11.900 mm	
Drehgestellbauart:	1b	
Anzahl der Achsen:	4	
Fußbodenh. ü. Schienenoberkante:	1.235 mm	
Bremse:	Westinghouse, Henry, Spindelbremse	
Heizung:	Dampf	
Beleuchtung:	Gas, 13 Flammen, 2.680 l, 34 Brennstunden	
Gewicht:	34.600 – 35.100 kg	
Beschaffungspreis:	35.008 – 35. 570 Mark	
Signaleinrichtungen:	System Rayl, elektr. Klingelwerke	

Ein AB4ü Bad 99 (Gruppe 78) am Ende seiner Laufbahn als Bauzugwagen.
Aufnahme: Sammlung Jens Freese

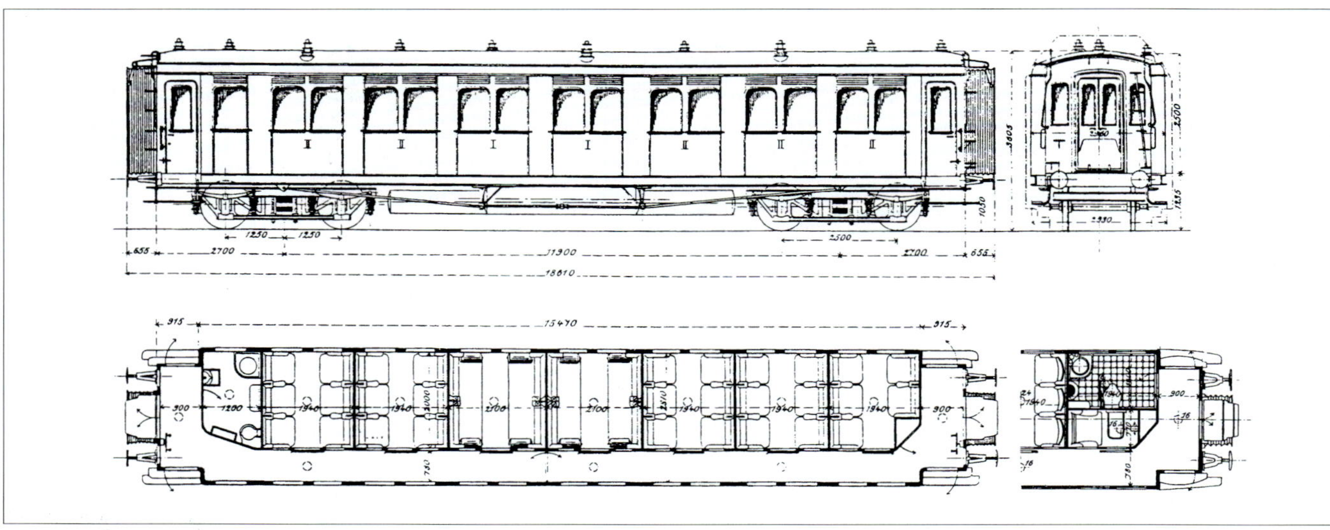

7.3.5 Vierachsiger Durchgangswagen mit Seitengang und geschlossenen Übergängen (D-Zugwagen) I./II. Klasse ABBü von 1901, Gruppe: 79, Blatt: 12, (AB4ü Bad 01)

Der steigende Bedarf an D-Zugwagen blieb auch nach der Jahrhundertwende bestehen, und so kam es im Jahre 1901 zur Bestellung von entsprechenden Wagen, bei denen auch diejenigen Mängel berücksichtigt wurden, die sich bei den früheren Bauarten ABBü von 1896 und 1899 (Gruppe 77, 78) herausgestellt hatten. In erster Linie war es das Fehlen eines zweiten Aborts, das sich erst mit der Zeit gezeigt hatte, da zumindest in der Anfangszeit die Wagen wohl nicht so stark mit Reisenden besetzt waren, denn bei der alten Anordnung mit nur einem Abort war es ja bis zur Jahrhundertwende geblieben.

Die beiden Abteile I. Klasse mit einer Tiefe von 2.050 mm waren in der Wagenmitte angeordnet, auf der einen Seite schlossen sich daran zwei Abteile II. Klasse und auf der anderen Seite drei Abteile II. Klasse mit jeweils einer Abteiltiefe von 1.950 mm an. Sämtliche Abteile besaßen Schiebetüren zum Seitengang (Breite: 780 mm). An beiden Wagenenden befand sich je ein Abortraum mit Waschbecken, der vom Vorplatz zugänglich war. Der Seitengang war nicht durch Türen im Bereich der Vorplätze abgeschlossen, es war lediglich in Höhe der Trennwand zwischen den beiden Abteilen I. Klasse im Seitengang eine nach beiden Seiten schwingende Flügeltür vorhanden. Sämtliche Abteile besaßen große Fenster mit Metallrahmen und Gewichtsausgleich, deren Breite betrug 1.200 mm. Oberhalb der großen Fenster waren paarweise Lüftungsschlitze angeordnet. Neu bei diesen Wagen war auch die bis zur Unterkante des Langträgers heruntergezogene Seitenverkleidung. Außerdem war erstmals die auf der Gangseite hinter den Fenstern im unteren Drittel vorhandene Schutzstange bereits werksseitig angebracht worden. Dem damaligen Trend entsprechend waren oberhalb der Fenster auf dem Dach die Regenleisten spitzbogenförmig angebracht, diese wurden jedoch schon bald durch je eine waagerecht durchlaufende Regenleiste ersetzt. Die vier im Jahre 1902 noch von der Main-Neckar-Bahn beschafften ABBü (AB4ü Pr 02c) hatten die gleiche Raumaufteilung und Form des Wagenkastens einschließlich der Fenster und fast identische Abmessungen, auch sie besaßen die eigenartige Form der Anbringung der Regenleisten. Stationiert waren die Wagen hauptsächlich in Basel.

Im Jahre 1905 wurde der Wagen „Baden 13 893“ versuchsweise mit einer neuartigen Spülvorrichtung für den Leibstuhl versehen, ob es sich dabei bereits um einen in der Decke des Abortraums eingebauten Wasservorratsbehälter handelte, ist nicht bekannt. In den Jahren 1908/09 wurden sämtliche Wagen der Gruppe 79 mit in die Decke der Aborträume eingebauten Wasservorratsbehältern versehen, die an der Wasserspülung des Leibstuhls und am Waschbecken angeschlossen waren. Bei dieser Gelegenheit wurde auch der Fußboden mit Mettlacher Kacheln

Aufnahme:
Verkehrsmuseum Nürnberg

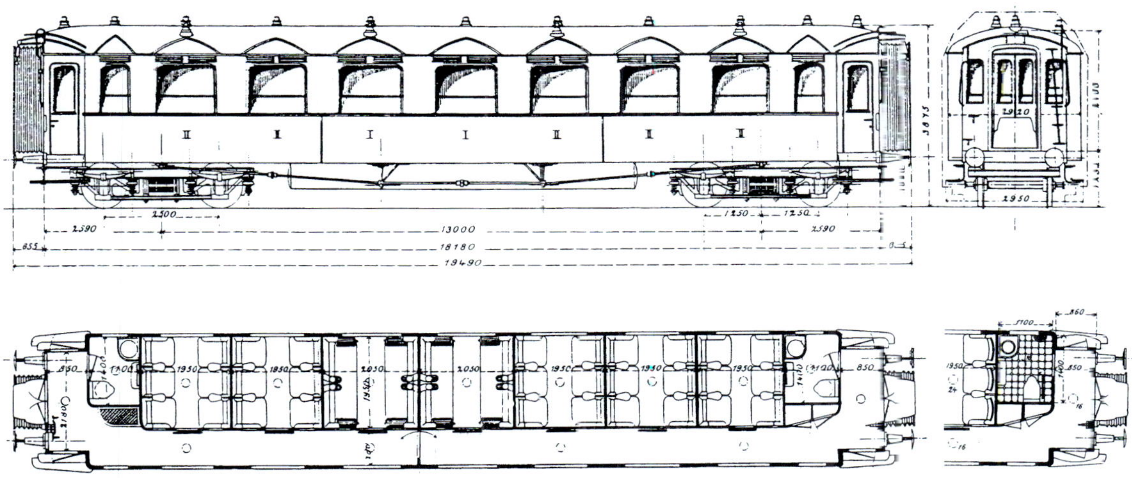

belegt. In der Reichsbahnzeit war ein Wagen der Gruppe 79 in einen Unfall verwickelt, der weitreichende Folgen haben sollte. Im April 1924 befand sich im Nachtschnellzug 51b von Mailand hinter dem Schutzwagen (C3 SBB 8187) der Wagen „Baden 13 897" als Kurswagen Mailand – Basel – Berlin Anh.Bf., als es nach der Ausfahrt aus dem Bahnhof Bellinzona (Schweiz) zu einem Zusammenstoß mit dem von Norden kommenden Nachtschnellzug 70 Basel – Mailand kam. Der Gasvorrat des badischen Wagens stand sofort in Flammen, sämtliche zehn Reisenden, darunter der deutsche Staatsminister a.D. Karl Helfferich, kamen in den Flammen um, bevor Rettungsmannschaften am Unglücksort eintrafen. Diesen Unfall nahm die Verwaltung der Schweizerischen Bundesbahnen (SBB) sofort zum Anlaß, den Einsatz von Reisezugwagen mit Gasbeleuchtung auf ihrem Streckennetz nicht länger zu gestatten. Ein ähnlicher Unfall hatte damals auch die Französischen Eisenbahnen veranlaßt, ebenfalls keine ausländischen Reisezugwagen mit Gasbeleuchtung auf ihren Streckennetzen mehr zu zu lassen. Die Wagen der Gruppe 79 erhielten dann sehr schnell eine elektrische Dynamobeleuchtung. Bei dieser Gelegenheit wurden auch die Polstersitze in den Abteilen der I. Klasse umgebaut, an Stelle der durchgehenden Sitze trat eine Aufteilung der Sitzfläche durch den Einbau jeweils einer Armlehne, wodurch die Sitzbreite eines Sitzes derjenigen der Sitze der II. Klasse entsprach. Gleichzeitig wurden Klapptäfelchen 1./2. Klasse angebracht, so daß die beiden Abteile I. Klasse auch zur Benutzung als II. Klasse bei Bedarf freigegeben werden konnten.

Technische Daten

Beschaffungsjahr:	1901
Hersteller:	Schmieder & Mayer, Karlsruhe
Betriebsnummern:	Baden 13 883 - 13 897
Beschaffte Stückzahl:	15
Sitzplätze I. Klasse:	8 } 28 Offiziere
Sitzplätze II. Klasse:	30
Sitzplätze III. Klasse:	-
Anzahl der Abteile:	7
Platzteilung:	2 bzw. 3 (Seitengang)
Aborte:	2 (mit Waschbecken)
Waschräume:	-
Länge über Puffer:	19 490 mm
Wagenkastenlänge:	18 180 mm
Wagenkastenbreite:	2 920 mm
Achsstand:	2 500 mm
Drehzapfenabstand:	13 000 mm
Drehgestellbauart:	1b
Anzahl der Achsen:	4
Fußbodenh. ü. Schienenoberkante:	1 235 mm
Bremse:	Westinghouse, Henry, Harcy Spindelbremse
Heizung:	Dampf
Beleuchtung:	Gas, 15 Flammen, 3.060 l, 35 Brennstunden
Gewicht:	39.250 kg
Beschaffungspreis:	45. 40 Mark
Signaleinrichtungen:	System Rayl, elektr. Klingelwerke,

Aufnahme: Sammlung Jens Freese

7.3.6 Vierachsiger Durchgangswagen mit Seitengang und geschlossenen Übergängen (D-Zugwagen) I./II. Klasse ABBü von 1907, Gruppe: 76', Blatt: 13, (AB4ü Bad 07)

Es sollten sechs Jahre vergehen, bis es erneut im Jahre 1907 zur Beschaffung weiterer D-Zugwagen I./II. Klasse ABBü kommen sollte. Vielleicht hatte der bis dahin vorhandene Wagenpark für die Bereitstellung einer ausreichenden Anzahl derartiger Wagen ausgereicht, es ist jedoch auch durchaus denkbar, daß man bei der Verwaltung der badischen Staatsbahnen die weitere technische Entwicklung auf dem Gebiet des Aufbaus von Reisezugwagen abwarten wollte, denn die im Jahre 1907, wenn auch nur in geringer Stückzahl beschafften D-Zugwagen I./II. Klasse wiesen eine Reihe von Neuerungen auf, in denen sie sich von ihren Vorgängern, nämlich den ABBü von 1896, 1899 und 1901 (Gruppe 77, 78, 79) unterschieden.

Die beiden Abteile I. Klasse (Abteiltiefe: 2.040 mm) waren wieder in der Wagenmitte angeordnet, auf der einen Seite schlossen sich zwei Abteile II. Klasse und auf der anderen Seite drei Abteile II. Klasse mit einer Abteiltiefe von 1.940 mm an. Am einen Wagenende befand sich ein Abortraum und am anderen Wagenende ein weiterer Abortraum und ein Dienstabteil, das ebenso wie die Aborträume mit einer Flügeltür zum betreffenden Vorplatz abgeschlossen war. Die beiden Aborträume mit gefliesten Fußböden (Mettlacher Kacheln) waren mit Waschtischen ausgestattet, die ebenso wie die Spüleinrichtung des Leibstuhls an einem Wasservorratsbehälter angeschlossen waren, der in der Decke im Abortraum angebracht war. Sämtliche Abteile waren mit einem Klapptisch unterhalb des Fensters ausgestattet, der Zutritt zu den Abteilen erfolgte durch Schiebetüren. Der Seitengang mit einer Breite von 830 mm besaß nur eine Schwingtür in Höhe der Trennwand zwischen den beiden Abteilen I. Klasse, zu den Vorplätzen hin war der Seitengang offen. An Stelle der Lüftungsschlitze über den Fenstern, die eine Breite von 1.200 mm aufwiesen und in einen Metallrahmen mit Gewichtsausgleich gefaßt waren, waren jetzt auf dem Dach montierte Torpedo-Lüfter getreten. Die Fenster des Seitengangs waren durch auf der Innenseite angebrachte Schutzstangen gesichert. Die Seitenwände waren bis zur Unterkante des Langträgers heruntergezogen. Unterhalb der Unterkante der Seitenwände war unter jedem Fenster eine Trittstufe angebracht, die im Notfall ein Verlassen des Wagens durch das Fenster erleichterte. Die geringe Stückzahl der beschafften Wagen läßt vermuten, daß man erst einmal im Betrieb herausfinden wollte, wie sich die Neuerungen bewähren. Im Wagenverzeichnis wurden diese Wagen unter der Gruppe 76 geführt, die bis 1903 durch die D-Zugwagen I./II. Klasse ABBü mit Küchenabteil belegt war. Die Wagen kamen nach ihrer Auslieferung sofort nach Baden-Baden und Basel. Anfang der zwanziger Jahre wurden die Sitze der Abteile I. Klasse umgebaut, an Stelle der durchgehenden Polstersitzbank wurde eine solche mit einer Armlehne eingebaut, wodurch sich für einen Sitzplatz eine Breite ergab, die derjenigen der Sitze der zweiten Klasse entsprach. Dementsprechend wurden auch Klapptäfelchen angebracht, die bedarfsweise die Benutzung dieser Abteile auch als zweite Klasse ermöglichte. Bis auf einen Wagen, der im Rahmen der Waffenstillstandsbedingungen im Jahre 1919 an die Entente abgeliefert werden mußte, waren sämtliche Wagen noch 1931 vorhanden. In den zwanziger Jahren erhielten sämtliche Wagen eine elektrische Dynamo-Beleuchtung, einige wurden auch mit einer elektrischen Heizung ausgestattet. Einige von ihnen überlebten auch noch den Zweiten Weltkrieg.

Technische Daten	
Beschaffungsjahr:	1907
Hersteller:	Fuchs, Heidelberg
Betriebsnummern:	Baden 13 898 - 13 904
Beschaffte Stückzahl:	7
Sitzplätze I. Klasse:	8 } 28 Offiziere
Sitzplätze II. Klasse:	30 } 28 Offiziere
Sitzplätze III. Klasse:	-
Anzahl der Abteile:	7 + 1 Dienstabteil
Platzteilung:	2 bzw. 3 (Seitengang)
Aborte:	2 (mit Wascheinrichtung)
Waschräume:	-
Länge über Puffer:	19.610 mm
Wagenkastenlänge:	18.300 mm
Wagenkastenbreite:	2.870 mm
Achsstand:	2.500 mm
Drehzapfenabstand:	13.200 mm
Drehgestellbauart:	1b
Anzahl der Achsen:	4
Fußbodenh. ü. Schienenoberkante:	1.250 mm
Bremse:	Westinghouse, Henry, Spindelbremse
Heizung:	Dampf
Beleuchtung:	Gas, 16 Flammen, 3.140 l, 32 Brennstunden
Gewicht:	40.100 kg
Beschaffungspreis:	45.140 Mark
Signaleinrichtungen:	elektrische Klingelleitung

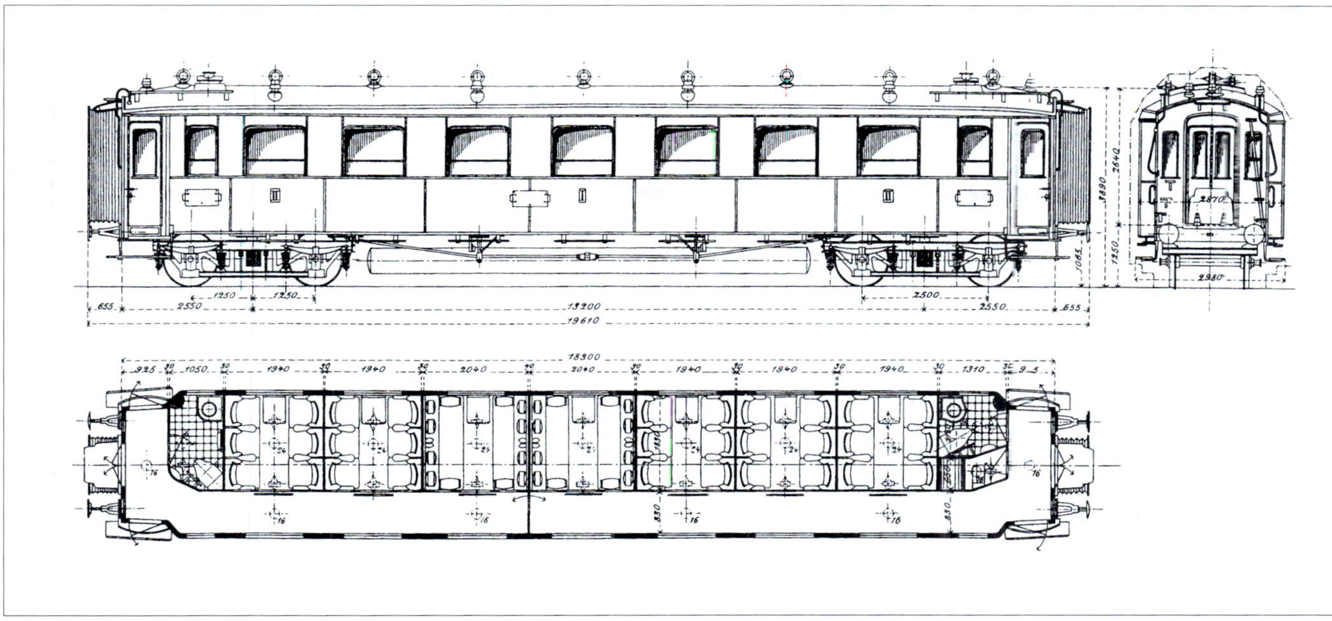

ABBü von 1907 (Gruppe 76')

7.3.7 Sechsachsiger Durchgangswagen mit Seitengang und geschlossenen Übergängen (D-Zugwagen) I./II. Klasse ABBü von 1908, Gruppe: 76a, Blatt: 14, (AB6ü Bad 08)

Die D-Zugwagen I./II. Klasse der Gruppe 76 hatten sich im Betrieb offenbar bewährt, dennoch kam es zu keinen weiteren Nachbestellungen. Stattdessen wurde unter Beibehaltung der Anordnung und Ausstattung der Abteile und auch des äußeren Aussehens der auf 18.640 mm verlängerte Wagenkasten auf dreiachsige Drehgestelle gesetzt. Von den dreiachsigen Drehgestellen, die im Jahr zuvor in Preußen erstmalig bei D-Zugwagen (ABC6ü Pr 07) und inzwischen auch bei Schlaf- und Speisewagen ihre Anwendung gefunden hatten, versprach man sich eine noch bessere Laufruhe. Die Verlängerung des Wagenkastens gegenüber den D-Zugwagen der Gruppe 75 war notwendig geworden, um den Abteilen eine größere Tiefe geben zu können. Weitere sechsachsige D-Zugwagen sollte es in Baden nicht geben, übrigens endete auch mit dieser Bauart die Beschaffung von weiteren D-Zugwagen I./II. Klasse ABBü in Baden überhaupt.

Aufnahme: Dr. Günther Scheingraber, Archiv Carl Bellingrodt

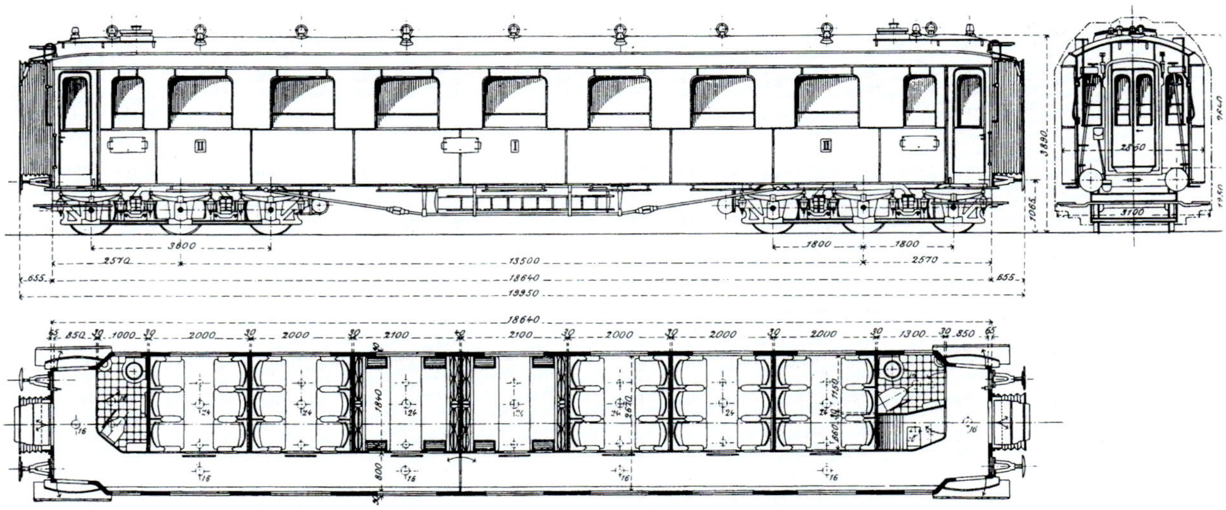

Technische Daten	
Beschaffungsjahr:	1908
Hersteller:	Rathgeber, München
Betriebsnummern:	Baden 13 905 - 13 914
Beschaffte Stückzahl:	10
Sitzplätze I. Klasse:	8 } 28 Offiziere
Sitzplätze II. Klasse:	30 } 28 Offiziere
Sitzplätze III. Klasse:	-
Anzahl der Abteile:	7 + 1 Dienstabteil
Platzteilung:	2 bzw. 3 (Seitengang)
Abort:	2 (mit Waschvorrichtung)
Waschräume:	-
Länge über Puffer:	19.950 mm
Wagenkastenlänge:	18.640 mm
Wagenkastenbreite:	2.850 mm
Achsstand:	3.600 mm
Drehzapfenabstand:	13.500 mm
Drehgestellbauart:	35.565 und 35.566
Anzahl der Achsen:	6
Fußbodenh. ü. Schienenoberkante:	1.250 mm
Bremse:	Westinghouse, Henry, Spindelbremse
Heizung:	Dampf
Beleuchtung:	Gas, 16 Flammen, 2.400 l, 35 Brennstunden
Gewicht:	51.000 kg
Beschaffungspreis:	58.508 Mark

Die beiden Abteile erster Klasse mit einer Abteiltiefe von 2.100 mm waren in der Wagenmitte angeordnet, daran schlossen sich auf der einen Seite zwei und auf der anderen Seite drei Abteile zweiter Klasse an (Abteiltiefe 2.000 mm). An den beiden Enden des Seitengangs mit einer Breite von 800 mm befanden sich ein Abortraum, bzw. ein weiterer Abortraum und ein Dienstabteil, diese Räume waren mit jeweils einer Flügeltür zu dem Vorplatz abgeschlossen. In den Aborträumen, die mit Mettlacher Kacheln gefliest waren, befand sich eine Wascheinrichtung, die ebenso wie die Spüleinrichtung des Leibstuhls an einem unter der Decke angebrachten Wasserversorgungsbehälter angeschlossen war. Der Seitengang war zu den Vorplätzen hin offen, in Höhe der Trennwand zwischen den beiden Abteilen erster Klasse befand sich eine Pendeltür. Die Abteile wiesen Schiebetüren auf. Für jedes Abteil waren je zwei, für die Aborträume und das Dienstabteil war je ein Torpedo-Lüfter vorhanden. Die Seitenwände waren außen bis zur Unterkante des Langträger heruntergezogen, darunter befand sich unter jedem Abteilfenster auf beiden Wagenseiten je eine Trittstufe zum leichteren Verlassen des Wagens bei Notfällen. Die Fenster hatten eine Breite von 1.200 mm, waren in einem Metallrahmen eingefaßt, unterhalb des Fensters befand sich der Gewichtsausgleich. Sämtliche Fenster der Abteile und des Seitengangs waren mit Rollvorhängen ausgestattet. Jedes Fenster war auf der Gangseite innen mit einer Schutzstange im unteren Drittel versehen, die Fenster der Vorplätze an der Stirnseite und in den beiden Flügeltüren waren durch zwei übereinander angebrachte Schutzstangen gesichert. Die badischen sechsachsigen D-Zugwagen waren die einzigen ihrer Art in ganz Süddeutschland und gehörten mit einer Länge über Puffer von 19.950 mm dort zu den längsten Reisezugwagen. Die Wagen waren in Baden-Baden und in Basel stationiert. In den zwanziger Jahren wurde die Gasbeleuchtung durch eine elektrische Dynamo-Beleuchtung ersetzt. Bei diesem Umbau wurden die Abteile erster Klasse auch mit einer Polstersitzbank ausgestattet, bei der eine Armlehne einen Sitzplatz abteilte, dessen Breite derjenigen der zweiten Klasse entsprach. Durch Anbringen von Klapptäfelchen konnten die Wagen bedarfsweise auch als reine Wagen zweiter Klasse eingesetzt werden. Zwei der Wagen verließen 1925 die RBD Karlsruhe und kamen zur RBD Altona. Ein weiterer Wagen wurde während des Zweiten Weltkrieges als Dienstwagen eingesetzt. Ein Teil der Wagen, die den Zweiten Weltkrieg überstanden hatten, liefen in den letzten Dienstjahren noch als C6ü, wobei die Polstersitze in den Abteilen nicht mehr verändert wurden.

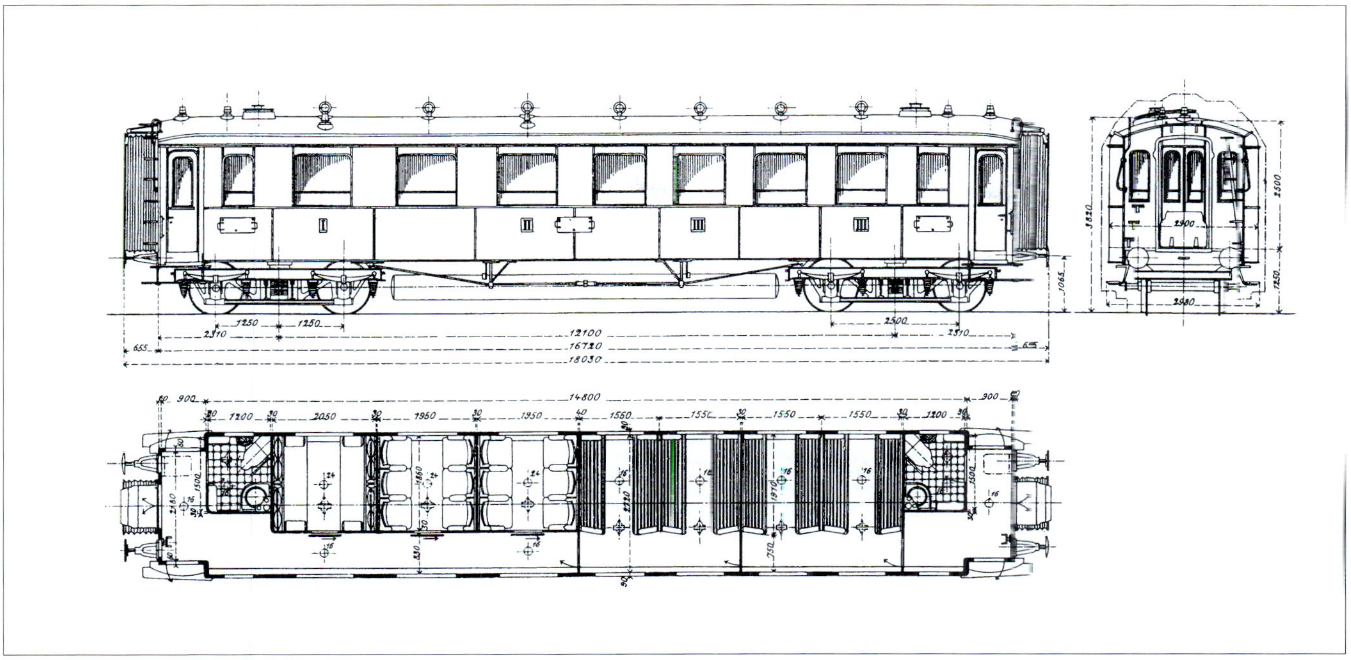

7.3.8 Vierachsiger Durchgangswagen mit Seitengang und geschlossenen Übergängen (D-Zugwagen) I./II./III. Klasse ABCCü von 1904, Gruppe: 79b', Blatt: 15, (ABC4ü Bad 04)

Seit der Einführung des D-Zugwagen I./II. Klasse ABBü im Jahre 1894 sollten zehn Jahre ins Land gehen, bis sich die Verwaltung der badischen Staatsbahnen entschloß, erstmals dreiklassige D-Zugwagen in ihren Wagenpark einzuführen. Die dritte Klasse wurde zwar seit 1899 in den D-Zügen in Baden angeboten, aber offenbar zeigte sich während bestimmter verkehrsschwacher Zeiten, daß ein einziger derartiger Wagen neben dem Kurswagen, der nicht nur ein Platzangebot in der ersten und in der zweiten Klasse hatte, ausreichte, wenn dieser auch noch Abteile dritter Klasse aufwies. Auf Grund der Struktur des Wagenparks bezüglich der D-Zugwagen hatten bis dahin zwei Kurswagen bereitgestellt werden müssen, um Plätze in sämtlichen drei Klassen anzubieten, die dann oftmals nur wenig besetzt waren. Der dreiklassige D-Zugwagen stellte also eine wirtschaftlichere Lösung für bestimmte Verkehrszeiten dar. Bei der Beschaffung dreiklassiger D-Zugwagen war in Deutschland die badische Staatsbahn im Jahre 1904 sozusagen das Schlußlicht, denn derartige Wagen gab es damals bereits schon in Preußen, Sachsen, Bayern und Württemberg, lediglich die Reichseisenbahnen in Elsaß-Lothringen zogen mit Baden gleich.

Die eine Wagenhälfte besaß ein Abteil I. und zwei Abteile II. Klasse mit einer Abteiltiefe von 2.050, bzw. 1.950 mm, wobei das Abteil I. Klasse direkt über dem einen Drehgestell angeordnet war. Bei den D-Zugwagen I./II. Klasse waren diese Abteile immer in der Wagenmitte angeordnet, denn dort waren die Laufgeräusche innerhalb des Wagenkastens am geringsten. Die jetzt gewählte Anordnung garantierte jedoch einen größeren Abstand zu den Abteilen der III. Klasse, die sich in der anderen Wagenhälfte befanden. Es waren vier derartige Abteile mit einer Abteiltiefe von 1.550 mm vorhanden, die paarweise durch eine Trennwand und durch eine Flügeltür im Seitengang voneinander getrennt waren. Zum Seitengang hin waren die Abteile offen, eine Anordnung, die damals auch bei reinen D-Zugwagen III. Klasse in Baden und auch bei Nachbarverwaltungen anzutreffen war. Im Bereich der Abteile der ersten und der zweiten Klasse hatte der Seitengang eine Breite von 830 mm, er war zur dritten Klasse hin mit einer Flügeltür abgeschlossen. Da die 1.970 mm breiten Holzsitze, die vier Personen Platz boten, in den Seitengang hinein ragten, stand im Seitengang im Bereich der dritten Klasse nur eine Breite von 750 mm zur Verfügung. Die beiden Aborträume an den Wagenenden hatten identische Abmessungen, die Einrichtungen waren spiegelbildlich angeordnet. Es ist nicht sicher, ob sich bereits von Anfang an unterhalb des Daches in jedem der beiden Aborträume ein Wasservorratsbehälter für das Waschbecken und die Spülung des Leibstuhls befunden haben, vermutlich handelt es sich um einen späteren Einbau in den Jahren 1908/09, bei diesem Umbau wurde der Fußboden der Aborträume auch mit Mettlacher Kacheln belegt und in die Wagen eine Dampfheizung der Bauart „Gadewitz" eingebaut. Die Lüftung der Abteile und Aborträume erfolgte durch auf dem Dach angebrachte Torpedo-Lüfter. Jeder Vorplatz besaß einen Klappsitz, der später entfernt wurde. In der ersten und der zweiten Klasse hatten die Fenster eine

Technische Daten

Beschaffungsjahr:	1904
Hersteller:	Waggonfabrik Rastatt
Betriebsnummern:	Baden 22, 41 - 46, 68 - 70
Beschaffte Stückzahl:	10
Sitzplätze I. Klasse:	4 } 12 Offiziere
Sitzplätze II. Klasse:	12 }
Sitzplätze III. Klasse	32 (24 Mann)
Anzahl der Abteile:	7
Platzteilung:	2, 3 bzw. 4 (Seitengang)
Abort:	2 (mit Waschbecken)
Waschräume:	-
Länge über Puffer:	18.030 mm
Wagenkastenlänge:	16.720 mm
Wagenkastenbreite:	2.900 mm
Achsstand:	2.500 mm
Drehzapfenabstand:	12.100 mm
Drehgestellbauart:	1b
Anzahl der Achsen:	4
Fußbodenh. ü. Schienenoberkante:	1.250 mm
Bremse:	Westinghouse, Henry, Spindelbremse
Heizung:	Dampf
Beleuchtung:	Gas, 13 Flammen, 2.500 l, 47 Brennstunden
Gewicht:	34.000 kg
Beschaffungspreis:	26.137 - 26.411 Mark

Aufnahme: Signatur I-302 005, Wirtschaftsarchiv Baden-Württemberg, Stuttgart

Breite von 1.200 mm, in der dritten Klasse eine solche von 900 mm. Sämtliche Fenster hatten einen Metallrahmen mit Gewichtsausgleich. Auf der Seite des Seitengangs erhielten die Fenster später eine auf der Innenseite angebrachte Schutzstange, ebenso die Fenster der Vorplätze und der dort vorhandenen Flügeltüren in der Stirnwand. Die Seitenwände waren bis zur Unterkante des Langträgers heruntergezogen. Die D-Zugwagen wurden unter der Gruppe 79b' geführt, die Gruppe 79b war bisher durch die D-Zugwagen I./II. Klasse ABBü mit Kücheneinrichtung von 1896 belegt gewesen, die jedoch 1903 in Speisewagen umgebaut und dann in die Gruppe 80' eingereiht wurden. Die Wagen der Gruppe 79b' erhielten Betriebsnummern ausgemusterter Abteilwagen, also keine hohen sondern ganz niedrige Nummern, die damit wohl zum dritten Mal besetzt wurden. Stationiert waren die Wagen in Basel und Konstanz. Ab Mitte der zwanziger Jahre wurde die Gasbeleuchtung durch eine elektrische Dynamo-Beleuchtung ersetzt. Damals wurde auch die Polstersitzbank des Abteils erster Klasse mit einer Armlehne versehen, wodurch ein Sitz mit einer Breite entstand, die auch in der zweiten Klasse vorhanden war. Durch ein Klapptäfelchen konnte das Abteil erster Klasse bedarfsweise auch für die Benutzung in der zweiten Klasse freigegeben werden.

7.3.9 Vierachsiger Durchgangswagen mit Seitengang und geschlossenen Übergängen (D-Zugwagen) I./II./III. Klasse ABCCü von 1906, Gruppe: 79c, Blatt: 16, (ABC4ü Bad 06)

Die im Jahre 1904 beschafften D-Zugwagen I./II./III. Klasse (Gruppe 79b) wiesen einige Mängel auf, die sich im Betrieb im Laufe des ersten Einsatzjahres ergeben hatten. So war inzwischen beispielsweise ein Wasservorratsbehälter im Jahre 1905 in einen ABBü von 1901 (Gruppe 79) in die Decke eines Abortraums eingebaut worden, der zur Spülung des Leibstuhles und für die Versorgung des Waschbeckens mit Waschwasser diente. Diese Einrichtung hatte sich sehr bewährt und kam vermutlich bei den ABCCü im Jahre 1906 erstmals bereits werksseitig zum Einbau. Ebenso wurde zum ersten Mal der Fußboden des Abortraums mit Mettlacher Kacheln belegt. Die älteren D-Zugwagen wurden später entsprechend nachgerüstet. Mit dem ABCCü von 1906 (Gruppe 79c) wird gewissermaßen hinsichtlich der komfortablen Ausstattung eine Entwicklungsstufe erreicht, die von nun ab als Standard für sämtliche noch zu beschaffenden D-Zugwagen gelten sollte. Die Raumaufteilung wurde vom ABCCü von 1904 (Gruppe 79b) übernommen, lediglich die Abteiltiefe in der ersten und der zweiten Klasse war jeweils um 10 mm gegenüber dem Vorgänger zurückgenommen, während die Abteiltiefe in der dritten Klasse etwas erhöht wurde. Das Abteil erster Klasse mit einer Tiefe von 2.040 mm befand sich wieder über dem einen Drehgestell, daran schlossen sich drei Abteile zweiter Klasse (Abteiltiefe 1.940 mm) an. Die folgenden drei Abteile dritter Klasse mit einer Abteiltiefe von 1.590 mm waren jetzt ebenfalls als abgeschlossene Abteile ausgebildet, sie besaßen ebenso, wie die übrigen Abteile eine Schiebetür zum 780 mm breiten Seitengang, in dem sich eine Pendeltür zwischen der zweiten und der dritten Klasse befand. Sämtliche Abteile waren mit einem Klapptisch unterhalb des Fensters versehen. Zwischen dem letzten Abteil dritter Klasse und dem Abortraum war ein Dienstabteil mit einer Tiefe von 780

Aufnahme: Sammlung Jens Freese

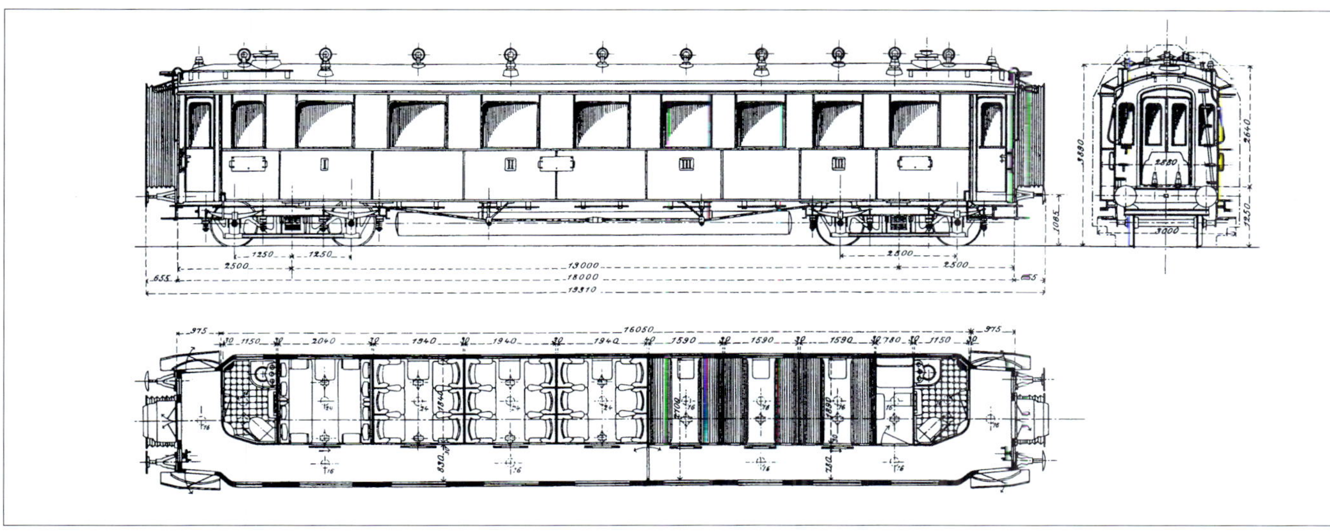

mm angeordnet, das mit einem Sitz und einem Klapptisch ausgestattet war. Der Zugang zu den Aborträumen erfolgte vom Vorplatz. Die Anordnung der Einrichtungen der gleich großen Aborträume war spiegelbildlich. Die Fensterbreite in der ersten und der zweiten Klasse betrug 1.200 mm, in der dritten Klasse 1.000 mm. Sämtliche Fenster besaßen einen Metallrahmen mit Gewichtsausgleich. Schutzstangen an den Fenstern auf der Gangseite waren ursprünglich nicht vorhanden, vermutlich wurden sie auch nicht mehr nachträglich eingebaut.

Die Seitenwände waren bis auf die Unterkante des Langträgers heruntergezogen, darunter waren erstmals Trittstufen für das Verlassen des Wagens bei Notfällen angebracht. Sämtliche Abteile und Aborträume wurden durch auf dem Dach eingebaute Torpedo-Lüfter entlüftet.

Als Betriebsnummern wurden den Wagen solche von ausgemusterten Abteilwagen zugeteilt (Drittbelegung). Im Jahre 1908 wurde in sämtliche Wagen der Gruppe 79c eine Dampfheizung der Bauart „Gadewitz" eingebaut, anschließend kamen die Wagen in dem Verkehr mit Holland zum Einsatz. Stationiert waren die Wagen zunächst in Basel und Mannheim, später kamen sie nach Konstanz, Offenburg und Villingen. Mitte der zwanziger Jahre wurde die Gasbeleuchtung durch eine elektrische Dynamo-Beleuchtung ersetzt und die Sitze im Abteil erster Klasse umgebaut, da dann auch als Abteil zweiter Klasse bei Bedarf verwendet werden konnte. Entsprechende Klapptäfelchen gaben die nötigen Hinweise.

Technische Daten

Beschaffungsjahr:	1906
Hersteller:	Waggonfabrik Rastatt
Betriebsnummern:	Baden 71 - 73, 99 - 101
Beschaffte Stückzahl:	6
Sitzplätze I. Klasse:	4 } 16 Offiziere
Sitzplätze II. Klasse:	18 }
Sitzplätze III. Klasse	24 (18 Mann)
Anzahl der Abteile:	7 + 1 Dienstabteil
Platzteilung:	2, 3 bzw. 4 (Seitengang)
Aborte:	2 (mit Waschbecken)
Waschräume:	-
Länge über Puffer:	19.310 mm
Wagenkastenlänge:	18.000 mm
Wagenkastenbreite:	2.880 mm
Achsstand:	2.500 mm
Drehzapfenabstand:	13.000 mm
Drehgestellbauart:	1b
Anzahl der Achsen:	4
Fußbodenh. ü. Schienenoberkante:	1.250 mm
Bremse:	Westinghouse, Henry, Spindelbremse
Heizung:	Dampf
Beleuchtung:	Gas, 16 Flammen, 3.270 l, 50 Brennstunden
Gewicht:	38.860 kg
Beschaffungspreis:	45.735 Mark

Aufnahme: Sammlung Jens Freese

7.3.10 Vierachsiger Durchgangswagen mit Seitengang und geschlossenen Übergängen (D-Zugwagen) I./II./III. Klasse ABCCü von 1911, Gruppe: 79d, Blatt: 17, (ABC4ü Bad 11)

In den Jahren 1911 und 1914 wurden weitere D-Zugwagen I./II./III. Klasse in den Wagenpark der badischen Staatsbahnen eingestellt, die sich in einigen Merkmalen von den ABCCü von 1906 der Gruppe 79c unterschieden. An der Raumaufteilung gegenüber dem Vorgänger hatte sich nichts geändert, lediglich das Dienstabteil war entfallen. Das Abteil erster Klasse befand sich wieder über dem einen Drehgestell, daran schlossen sich drei Abteile zweiter Klasse an. Das Abteil der ersten Klasse wies eine Abteiltiefe von 2.040 mm auf, die Abteile der zweiten Klasse hatten eine solche von 1.940 mm. Gegenüber den bisherigen Gepflogenheiten erhielt das Abteil erster Klasse auf jeder Seite zwei breite Polstersitze und keine gepolsterte durchgehende Sitzbank. Hinter einer Pendeltür lagen die drei Abteile dritter Klasse (Abteiltiefe: 1.590 mm). Die Breite des Seitengangs betrug in der ersten und in der zweiten Klasse 830 und in der dritten Klasse 820 mm. Sämtliche Abteile besaßen unter dem Fenster Klapptische und eine Schiebetür zum Seitengang. Beide Aborträume waren von den Vorplätzen durch eine Flügeltür zugänglich, sie waren mit einem Wasservorratsbehälter unter dem Dach ausgestattet, der an dem Waschbecken und an der Spülung des Leibstuhls angeschlossen war, und besaßen einen Fußbodenbelag aus Mettlacher Kacheln. Sämtliche Einrichtungen der Aborträume waren spiegelbildlich angeordnet. Die Tiefe der Aborträume war gegenüber den Wagen der Gruppe 79c von 1.150 auf 1.000 mm verringert, obwohl kein Dienstraum vorhanden war, dabei hätte sich die Wagenkastenlänge nur geringfügig vergrößert, wenn das ursprüngliche Maß beibehalten worden wäre. Die Abteile der ersten Klasse und der zweiten Klasse besaßen jeweils zwei, die Abteile dritter Klasse und die Aborträume besaßen jeweils einen auf dem Dach angebrachten Torpedo-Lüfter. Die Fensterbreite in der ersten und in der zweiten Klasse betrug 1.200 mm, in der dritten Klasse 1.000 mm. Auf der Gangseite waren die Fenster jeweils durch eine Schutzstange gesichert. Die Seitenwand war bis zur Unterkante des Langträgers heruntergezogen, darunter waren Trittstufen unterhalb jedes Fensters zum Verlassen des Wagens bei Notfällen angebracht. Auch die Wagen der Gruppe 79d erhielten Betriebsnummern ausgemusterter Abteilwagen, damit wurden die betreffenden Nummern zum dritten Mal belegt. Ihre Heimatbahnhöfe waren Baden-Baden, Basel, Karlsruhe, Konstanz und Mannheim. In den zwanziger Jahren wurde die Gasbeleuchtung durch eine elektrische Dynamo-Beleuchtung ersetzt und in das Abteil erster Klasse eine andere Sitzanordnung eingebaut, wonach das Abteil auch als Abteil zweiter Klasse verwendet werden konnte. Dies wurde mit Hilfe von Klapptäfelchen bedarfsweise angezeigt.

Technische Daten	
Beschaffungsjahre:	1911 und 1914
Hersteller:	Waggonfabrik Hannover, Fuchs, Heidelberg
Betriebsnummern:	Baden 102 - 107, 130, 146, 152, 169
Beschaffte Stückzahl:	10
Sitzplätze I. Klasse:	4 } 16 Offiziere
Sitzplätze II. Klasse:	18 } 16 Offiziere
Sitzplätze III. Klasse	24 (18 Mann)
Anzahl der Abteile:	7
Platzteilung:	2, 3 bzw. 4 (Seitengang)
Abort:	2 (mit Waschbecken)
Waschräume:	-
Länge über Puffer:	18.200 mm
Wagenkastenlänge:	16.890 mm
Wagenkastenbreite:	2.920 mm
Achsstand:	2.500 mm
Drehzapfenabstand:	12.000 mm
Drehgestellbauart:	1b
Anzahl der Achsen:	4
Fußbodenh. ü. Schienenoberkante:	1250 mm
Bremse:	Westinghouse, Henry, Spindelbremse
Heizung:	Dampf
Beleuchtung:	Gas, 14 Flammen, 2.140 l, 37 Brennstunden
Gewicht:	38.500 kg
Beschaffungspreis:	37.387 - 40.090 Mark

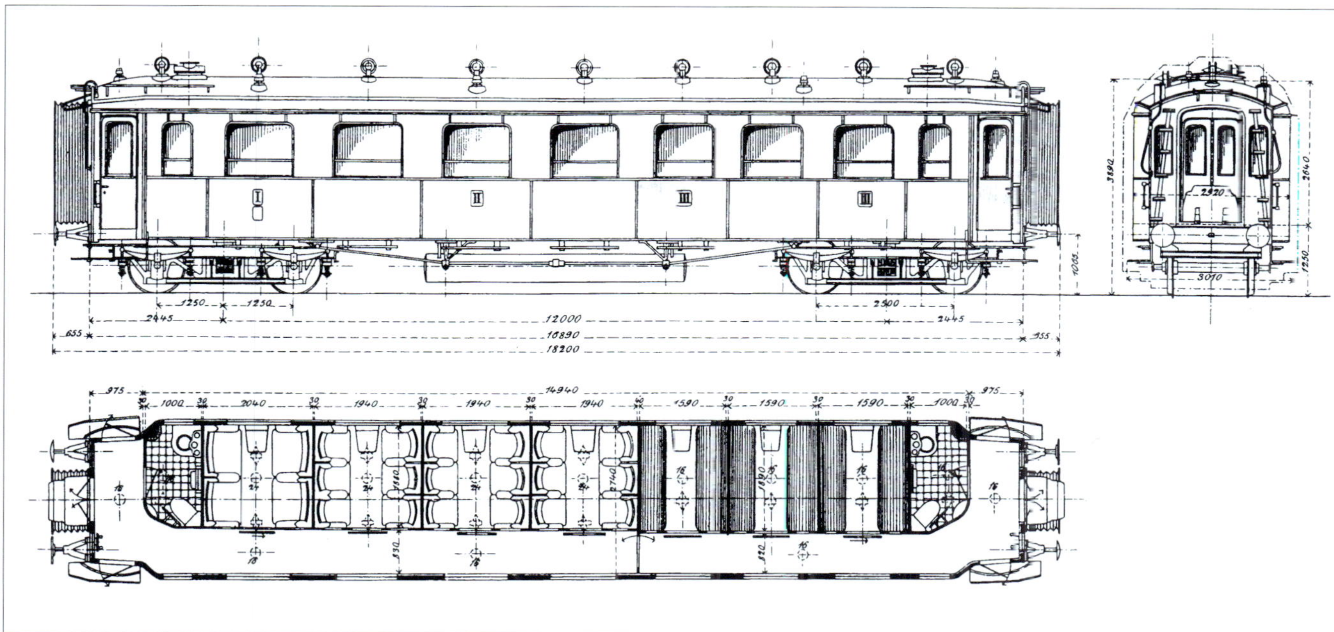

ABCCü von 1911 (Gruppe 79d)

7.3.11 Vierachsiger Durchgangswagen III. Klasse mit Seitengang und geschlossenen Übergängen (D-Zugwagen) CCü von 1899, Gruppe: 111, Blatt: 18, (C4ü Bad 99)

Im Jahre 1899 wurden erstmalig in Baden auch D-Zugwagen III. Klasse beschafft, nachdem die preuß. Staatsbahn Wagen dieser Art schon ab 1894 in ihrem Wagenpark geführt hatte. Bayern und Elsaß-Lothringen folgten mit dem CCü im Jahre 1898. Wenn mit der Einführung der dritten Klasse in den D-Zügen die Zuggewichte auch stiegen, so waren damals doch schon bald leistungsfähigere Schnellzuglokomotiven vorhanden, die eine Doppelbespannung der schwerer gewordenen Züge nicht mehr nötig machten. So kamen die badischen D-Zugwagen III. Klasse erstmalig in einigen D-Zügen ab 1. Mai 1900 zum Einsatz. Äußerlich unterschieden sie sich nicht von den ebenfalls 1899 beschafften ABBü der Gruppe 78. Sie besaßen ebenfalls pro Abteil ein Fensterpaar (Zwillingsfenster) mit Metallrahmen und mit über den Fenstern angebrachten Lüftungsschlitzen. Am einen Ende des Seitengangs befand sich der einzige Abortraum, daran schlossen sich zwei Abteile mit einer Tiefe von 1.565 mm an. Sie waren zum Seitengang mit Schiebetüren abgeschlossen. In diesem Bereich hatte der Seitengang eine Breite von 780 mm. Es folgten zwei Abteilräume mit drei, bzw. vier Abteilen (Abteiltiefe 1.550 mm), diese Abteile waren zum Seitengang hin offen, der im Bereich der beiden Abteilräume nur eine Breite von 700 mm aufwies. Die Sitzbänke aus Holz waren zum Seitengang mit einer Armlehne abgeschlossen. In Höhe der Trennwand zwischen den beiden Abteilräumen und der Trennwand zwischen den beiden geschlossenen Abteilen befand sich im Seitengang jeweils eine Flügeltür. Ebenso war eine Flügeltür am Ende des Seitengangs vorhanden, die den zweiten Abteilraum zum Vorplatz abschloß. Aus Platzgründen konnte die Sitzbank an dieser Stelle nur eine Breite für drei Sitzplätze aufweisen. Der Abortraum war mit Waschbecken, Pissoir und Leibstuhl ausgestattet. Sämtliche

Aufnahme: Verkehrsmuseum Nürnberg

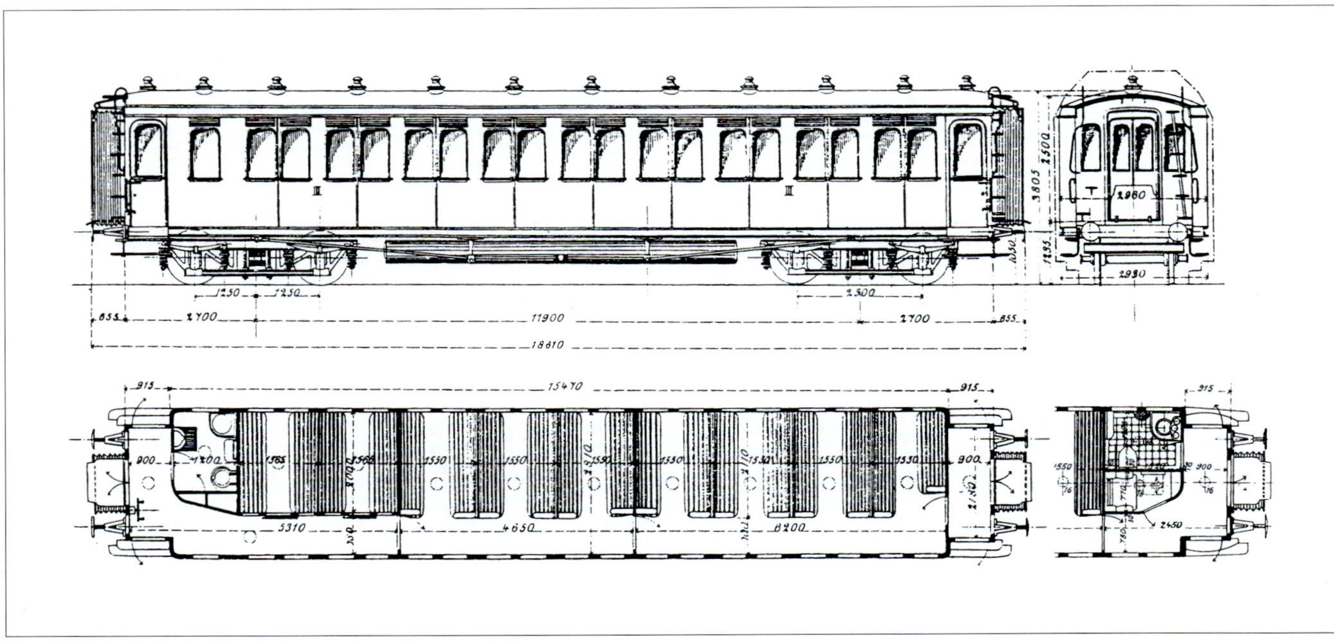

Abteile besaßen jeweils eine Lampe, dabei waren diese wie üblich bei den geschlossenen Abteilen in der Abteilmitte und in den Abteilräumen in der Mitte des Wagenkastens angeordnet. Im Betrieb erwies sich das Vorhandensein nur eines Abortes schon bald als unzureichend, weshalb an Stelle des letzten Abteils ein Abort und ein daneben liegendes Dienstabteil eingebaut wurden. Bei dieser Gelegenheit wurde auch der Fußboden des ursprünglichen Abortraumes ebenso wie der neu geschaffene Abortraum mit Mettlacher Kacheln belegt und das Urinal entfernt. Ob im Rahmen des Umbaus auch ein Wasservorratsbehälter in die Decke des Abortraums eingebaut wurde, ist nicht bekannt. Außerdem wurden die geschlossenen Abteile, die beiden Abteilräume und das Dienstabteil mit Torpedo-Lüftern versehen und die Lüftungsschlitze über den Fenstern mit Ausnahme derjenigen der beiden Aborträume geschlossen. Der Seitengang besaß weiterhin eine Pendeltür am Ende des zweiten Abteilraumes. Die Wagen, die nur in geringer Stückzahl beschafft worden waren, waren in Basel, Karlsruhe und Würzburg stationiert. Der größte Teil der Wagen wurde 1919 im Rahmen der Waffenstillstandsvereinbarungen an die Entente abgeliefert. Die beiden übrig gebliebenen Wagen erhielten Mitte der zwanziger Jahre eine elektrische Dynamo-Beleuchtung an Stelle der bisherigen Gasbeleuchtung. Einer der beiden Wagen wurde Anfang der zwanziger Jahre zusätzlich mit der Kunze-Knorr-Bremse P ausgestattet.

Technische Daten	
Beschaffungsjahr:	1899
Hersteller:	Waggonfabrik Rastatt
Betriebsnummern:	Baden 13 032 - 13 037
Beschaffte Stückzahl:	6
Sitzplätze III. Klasse	71 (63 Mann) später 64 (53 Mann)
Anzahl der Abteile:	9 später 8 + Dienstabteil
Platzteilung:	3, 4 (Seitengang)
Aborte:	1 später 2
Waschräume:	-
Länge über Puffer:	18.610 mm
Wagenkastenlänge:	17.300 mm
Wagenkastenbreite:	2.960 mm
Achsstand:	2.500 mm
Drehzapfenabstand:	11.900 mm
Drehgestellbauart:	1b
Anzahl der Achsen:	4
Fußbodenh. ü. Schienenoberkante:	1.235 mm
Bremse:	Westinghouse, Henry, Spindelbremse
Heizung:	Dampf
Beleuchtung:	Gas, 13 Flammen, 1.750 l, 35 Brennstunden
Gewicht:	32.000 kg
Beschaffungspreis:	26.500 Mark

7.3.12 Vierachsiger Durchgangswagen III. Klasse mit Seitengang und geschlossenen Übergängen (D-Zugwagen) CCü von 1903, Gruppe: 111a, Blatt: 19, (C4ü Bad 03)

Die Nachfrage nach Beförderungsmöglichkeiten in der III. Klasse in D-Zügen war offenbar nicht besonders groß, denn vier Jahre nach den ersten D-Zugwagen III. Klasse CCü von 1899 (Gruppe 111) wurden nur weitere neun derartige Wagen beschafft. Äußerlich waren sie den im Jahre 1901 eingeführten D-Zugwagen I./II. Klasse der Gruppe 79 angepaßt, mit denen sie auch die über den Fenstern auf dem Dach spitzbogenförmig angebrachten Regenleisten gemeinsam hatten. Auf der rechten Seite des Seitengangs war zunächst der einzige Abortraum des Wagens angeordnet, daran schlossen sich zwei geschlossene Abteile an, hinter einer Flügeltür im Seitengang waren zwei Abteilräume mit drei, bzw. vier offenen Abteilen vorhanden. Die Holzsitze in den Abteilräumen waren jeweils mit einer Armlehne zum Seitengang abgeschlossen. In Höhe der Trennwand zwischen beiden Abteilräumen und am Ende des zweiten Abteilraumes war je eine weitere Flügeltür vorhanden. Die Abteiltiefe betrug in sämtlichen Abteilen 1.550 mm, die Breite des Seitengangs im Bereich der beiden geschlossenen Abteile lag bei 830 mm, bei den beiden Abteilräumen betrug sie 750 mm. Im letzten Abteil war an der Trennwand zum Vorplatz nur eine Sitzbank mit drei Sitzen eingebaut, um den nötigen Platz für die dortige Flügeltür zu schaffen. Der Abortraum war mit Leibstuhl und Waschbecken ausgestattet. Die Abteilfenster mit Metallrahmen und Ausgleichsvorrichtung besaßen eine Breite von 1.000 mm. Die Lampen der Abteile waren in der Mittelachse der Abteile angebracht. Zur Lüftung sorgten Torpedo-Lüfter, die pro ge-

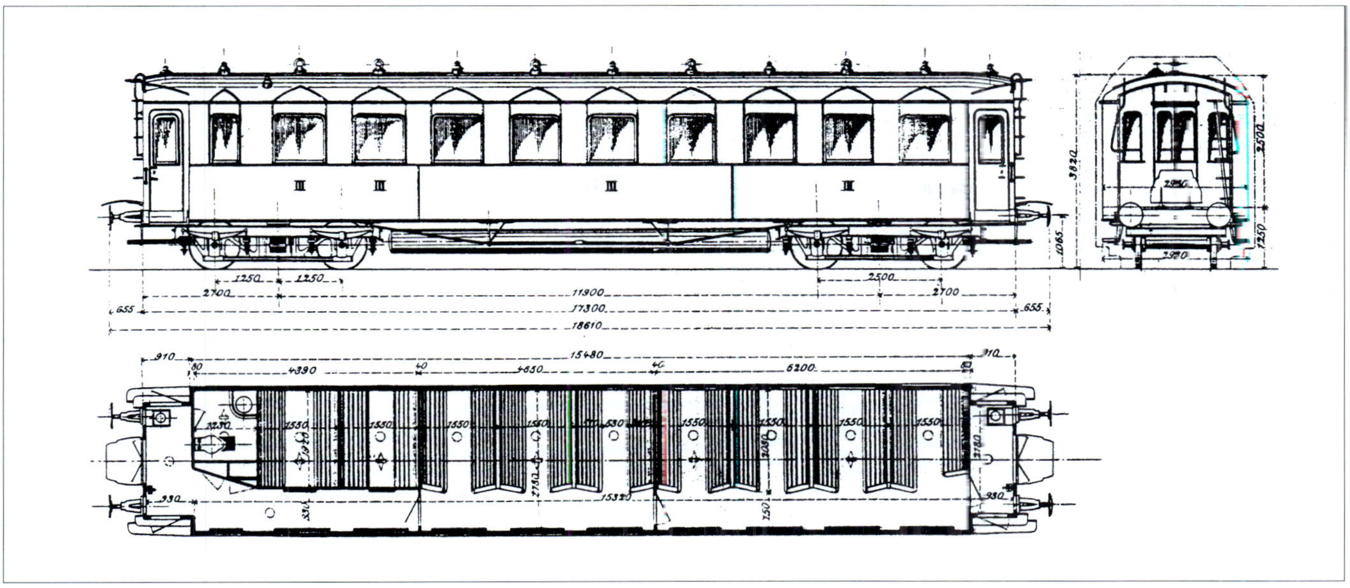

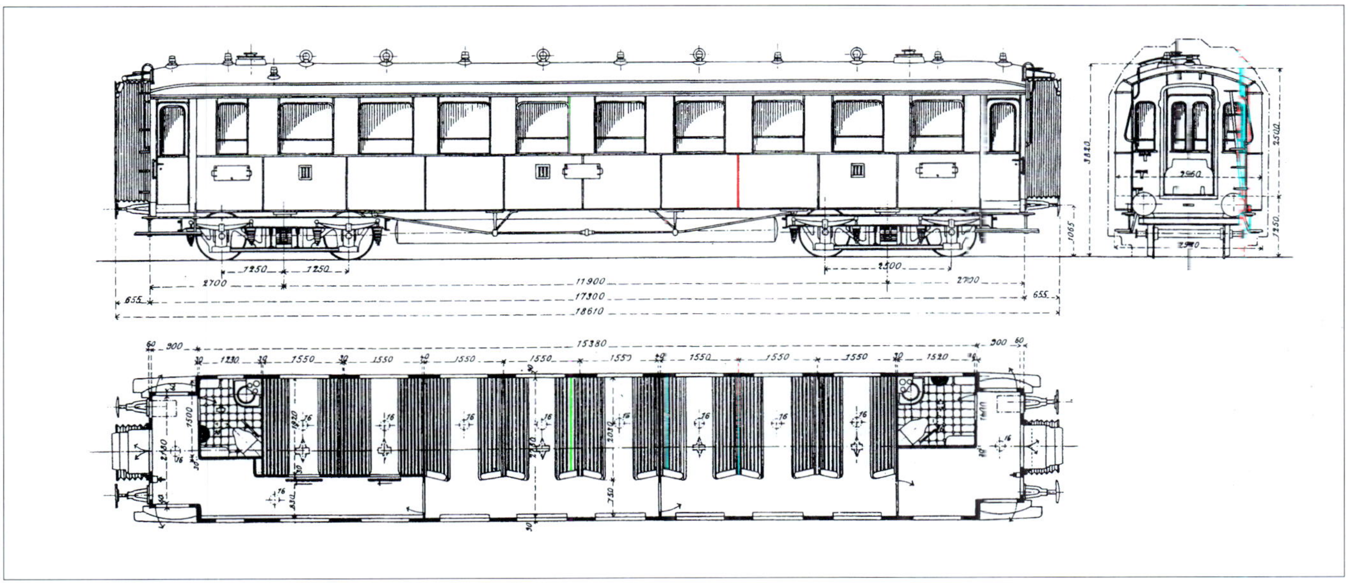

CCü von 1903 nach dem Umbau 1908

schlossenes Abteil und für den kleineren Abteilraum einmal und für den größeren Abteilraum zweimal und ebenfalls für den Abortraum einmal vorhanden waren. Die Seitenwände waren bis zur Unterkante des Langträgers heruntergezogen. Die Wagen waren in Appenweier und Basel stationiert, später auch in Freiburg und Karlsruhe. Um 1908 wurden die Wagen umgebaut, das Abteil mit den sieben Sitzplätzen entfiel, stattdessen kam ein weiterer Abortraum kam hinzu, da der bisherige einzige Abortraum offenbar nicht ausreichte. Im Rahmen des Umbaus erhielten beide Aborträume jeweils einen Wasservorratsbehälter, der in die Decke eingebaut und an der Spülung des Leibstuhls und an dem Waschbecken angeschlossen war. Die Fußböden der Aborträume erhielten einen Belag aus Mettlacher Kacheln. Außerdem wurden die spitzbogenförmig angebrachten Regenleisten über den Fenstern entfernt und stattdessen eine durchgehende waagerechte Regenleiste montiert. Der Klappsitz in jedem Vorplatz kam in Wegfall und auf der Gangseite erhielten die Fenster auf der Innenseite jeweils eine Schutzstange. Der Wagen hatte jetzt nur noch drei Abteile in jedem der beiden Abteilräume, wobei der Seitengang im zweiten Abteilraum in Höhe der Trennwand zum Vorplatz mit einer Flügeltür abgeschlossen wurde. In der Mitte der zwanziger Jahren wurde die Gasbeleuchtung durch eine elektrische Dynamo-Beleuchtung ersetzt.

Technische Daten

Beschaffungsjahr:	1903
Hersteller:	Fuchs, Heidelberg
Betriebsnummern:	Baden 14 458 - 14 466
Beschaffte Stückzahl:	6
Sitzplätze III. Klasse	71 (64 Mann) später 64 (53 Mann)
Anzahl der Abteile:	9 später 8
Platzteilung:	4 (Seitengang)
Abort:	1 später 2 (mit Waschbecken)
Waschräume:	-
Länge über Puffer:	18.610 mm
Wagenkastenlänge:	17.300 mm
Wagenkastenbreite:	2.960 mm
Achsstand:	2.500 mm
Drehzapfenabstand:	11.900 mm
Drehgestellbauart:	1b
Anzahl der Achsen:	4
Fußbodenh. ü. Schienenoberkante:	1.250 mm
Bremse:	Westinghouse, Henry, Spindelbremse
Heizung:	Dampf
Beleuchtung:	Gas, 13 Flammen, 1.860 l, 35 Brennstunden
Gewicht:	32.550 kg
Beschaffungspreis:	25.860 Mark

Aufnahme: Sammlung Wolfgang Theurich

7.3.13 Vierachsiger Durchgangswagen III. Klasse mit Seitengang und geschlossenen Übergängen (D-Zugwagen) CCü von 1907, Gruppe: 111b, Blatt: 20, (C4ü Bad 07)

Ab 1907 kam es dann zur Beschaffung von D-Zugwagen III. Klasse in größerem Umfang. Hinsichtlich der Ausstattung und des Aussehens waren sie im Rahmen des in der dritten Klasse gebotenen geringeren Komforts den im gleichen Jahr beschafften D-Zugwagen I./II. Klasse angepaßt. Im Anschluß an die beiden Vorplätze befanden sich die beiden Aborträume, zwischen diesen waren die acht geschlossenen Abteile III. Klasse mit einer Abteiltiefe von 1.590 mm und das Dienstabteil mit einer Tiefe von 760 mm angeordnet. Jedes Abteil war durch eine Schiebetür vom Seitengang zugänglich, dessen Breite 780 mm betrug. Sämtliche Abteile waren mit einem Klapptisch unterhalb des Fensters ausgestattet, wie dies auch bei den D-Zugwagen I./II. Klasse üblich war. Die Fenster mit einer Breite von 1.000 mm besaßen Metallrahmen mit Gewichtsausgleich. In der Mitte zwischen den jeweils vier Abteilen war im Seitengang eine Pendeltür vorhanden. Das Dienstabteil war mit einem Sessel und einem Klapptisch ausgestattet, zum Seitengang war eine nach innen aufschlagende Flügeltür eingebaut. Die Tiefe der Vorplätze war gegenüber den Vorgängern von 1903 (Gruppe 111a) von 900 mm auf 850 mm verringert worden. Beide Aborträume waren mit einem Waschbecken und einem Leibstuhl versehen, wobei das Waschbecken und die Spülung des Leibstuhls an einem unter dem Dach angebrachten Wasservorratsbehälter angeschlossen waren. Die Anordnung der einzelnen Einrichtungen der Aborträume, deren Fußboden mit Mettlacher Kacheln belegt war, war spiegelbildlich. Für sämtliche Abteile einschließlich Dienstabteil und die Aborträume waren individuelle Torpedo-Lüfter auf dem Dach eingebaut. Bei den ab 1918 gebauten Wagen wurde die Tiefe der Vorplätze auf 905 mm vergrößert, dies hatte auch eine Verlängerung des Wagenkastens zur Folge, die sonstigen Abmessungen wurden beibehalten. Die Seitenwand war bis zur Unterkante des Langträgers herunter gezogen, darunter waren Trittstufen angebracht, die das Verlassen des Wagens im Notfall erleichtern sollten. Der Erste Weltkrieg unterbrach die Beschaffung weiterer Wagen, erst 1918 und dann noch einmal 1921 kamen weitere D–Zugwagen III. Klasse in den Bestand, der durch die Ablieferungen an die Feindmächte von mindestens 21 Stück im Jahre 1919 arg dezimiert worden war. Stationiert waren die Wagen hauptsächlich in Basel, vereinzelt auch in Karlsruhe, Konstanz und Heidelberg. Sämtliche Wagen waren übergangsfähig nach Italien. Ein Teil der in Basel stationierten Wagen wurde in den zwanziger Jahren mit der Kunze-Knorr-Bremse S ausgerüstet, damals wurde auch die Gasbeleuchtung durch eine elektrische Dynamo-Beleuchtung ersetzt.

Technische Daten	
Beschaffungsjahre:	1907 - 1921
Hersteller:	siehe Einzelnachweis
Betriebsnummern:	Baden 14 000 - 14 085
Beschaffte Stückzahl:	86
Sitzplätze III. Klasse:	64 (48 Mann)
Anzahl der Abteile:	8 + Dienstabteil
Platzteilung:	4 (Seitengang)
Abort:	2
Waschräume:	-
Länge über Puffer:	19.300, 1918: 19.410 mm
Wagenkastenlänge:	18.000, 1918: 18.110 mm
Wagenkastenbreite:	2.880 mm
Achsstand:	2.500 mm
Drehzapfenabstand:	11.900 mm
Drehgestellbauart:	1b (1921: 1c)
Anzahl der Achsen:	4
Fußbodenh. ü. Schienenoberkante:	1.250 mm
Bremse:	Westinghouse, Henry, Spindelbremse
Heizung:	Dampf
Beleuchtung:	Gas, 17 Flammen, 2.450 l, 39 Brennstunden
Gewicht:	38.050 - 41.240 kg
Beschaffungspreis:	35.744 - 56.272 Mark

7.4 Abteilwagen

Mit Ausnahme von Württemberg und der Schweiz hatte sich der Abteilwagen in ganz Süddeutschland als Standardwagen durchgesetzt. Die ursprünglich als Zweiachser und seltener als Dreiachser ausgebildeten Wagen der badischen Staatsbahnen unterschieden sich in den ersten dreißig Jahren so gut wie überhaupt nicht von denen der Nachbarverwaltungen einschließlich der französischen Ostbahn.

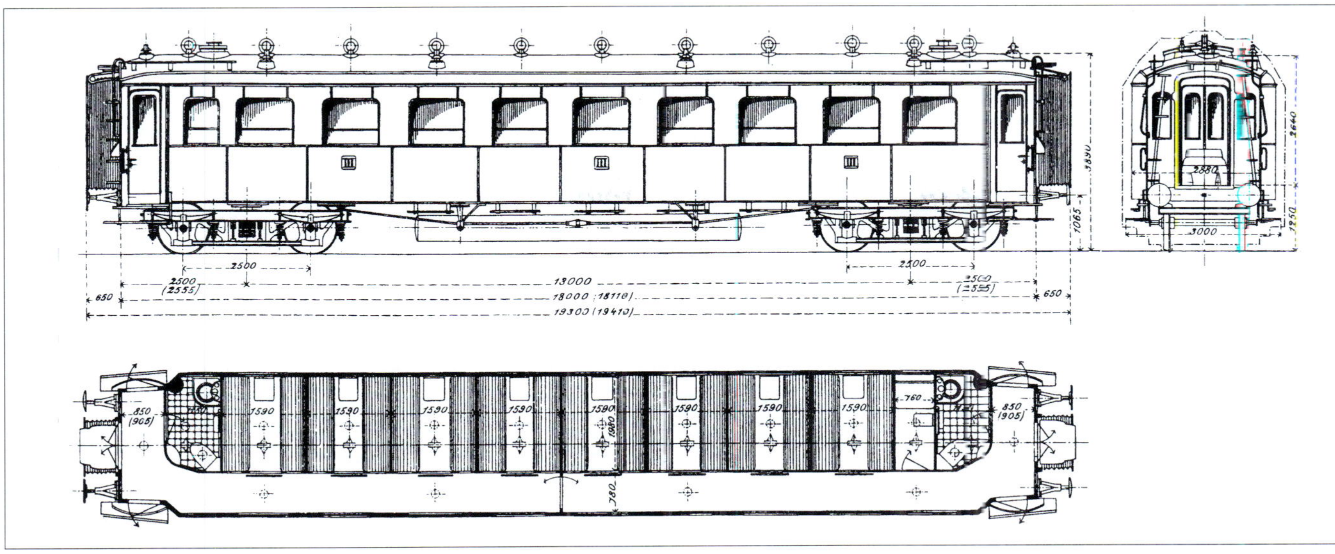

CCü von 1907 (Gruppe 111b)

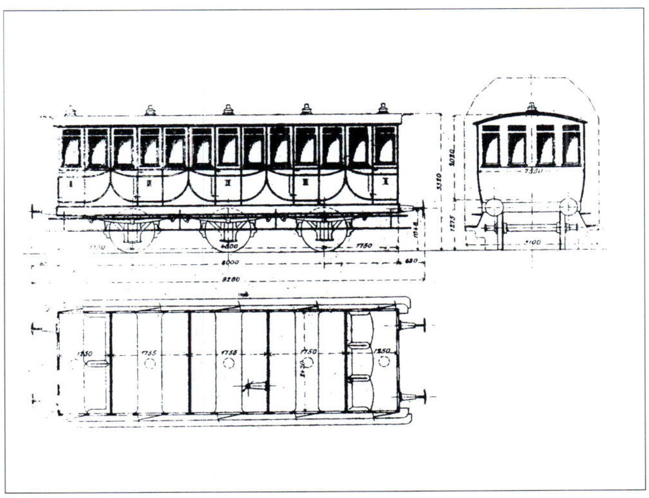

Der Abteilwagen I./II./III. Klasse ABC3 von 1857 (Gruppe 36) besaß an den beiden Wagenenden Halbabteile (Batard-Coupés) erster bzw. zweiter Klasse mit zusätzlichen Fenstern in der Stirnwand. Die drei Abteile dritter Klasse lagen dazwischen. Die Wagen waren mit Öllampenbeleuchtung und Dampfheizung ausgestattet.

7.4.1 Vier- und dreiachsige Abteilwagen

Die Verwaltung der badischen Staatsbahnen war die zweite Bahnverwaltung in Deutschland, die sich im Jahre 1893 zur Beschaffung von vierachsigen Abteilwagen für den Einsatz in Schnellzügen entschloß, nachdem die ersten Wagen dieser Art von Preußen schon 1890 in Betrieb genommen worden waren. Erstaunlicherweise hielt sich die Beschaffung dieser Wagen in Baden in engen Grenzen, sie wurde schon vor der Jahrhundertwende wieder aufgegeben, während zu diesem Zeitpunkt die Beschaffung vierachsiger Abteilwagen bei den Verwaltungen der benachbarten Bahnen erst richtig begonnen hatte (Reichseisenbahnen Elsaß/Lothringen, Pfalzbahn, Main-Neckar-Bahn und Bayern) oder bereits in größerem Umfang fortgesetzt wurde, wie in Preußen. Der Grund für die Zurückhaltung mag wohl darin liegen, daß zu diesem Zeitpunkt die ersten vierachsigen Durchgangswagen mit offenen Übergängen in den Wagenbestand der badischen Staatsbahnen gekommen waren, die ebenfalls für den Einsatz in Schnellzügen geeignet waren und die sich offenbar ebenso wie in Württemberg, der Schweiz und später auch in Elsaß/Lothringen großer Beliebtheit bei den Reisenden erfreuen sollten. Im Gegensatz zu den wenig später beschafften vierachsigen D-Zugwagen besaßen die vierachsigen Abteilwagen der

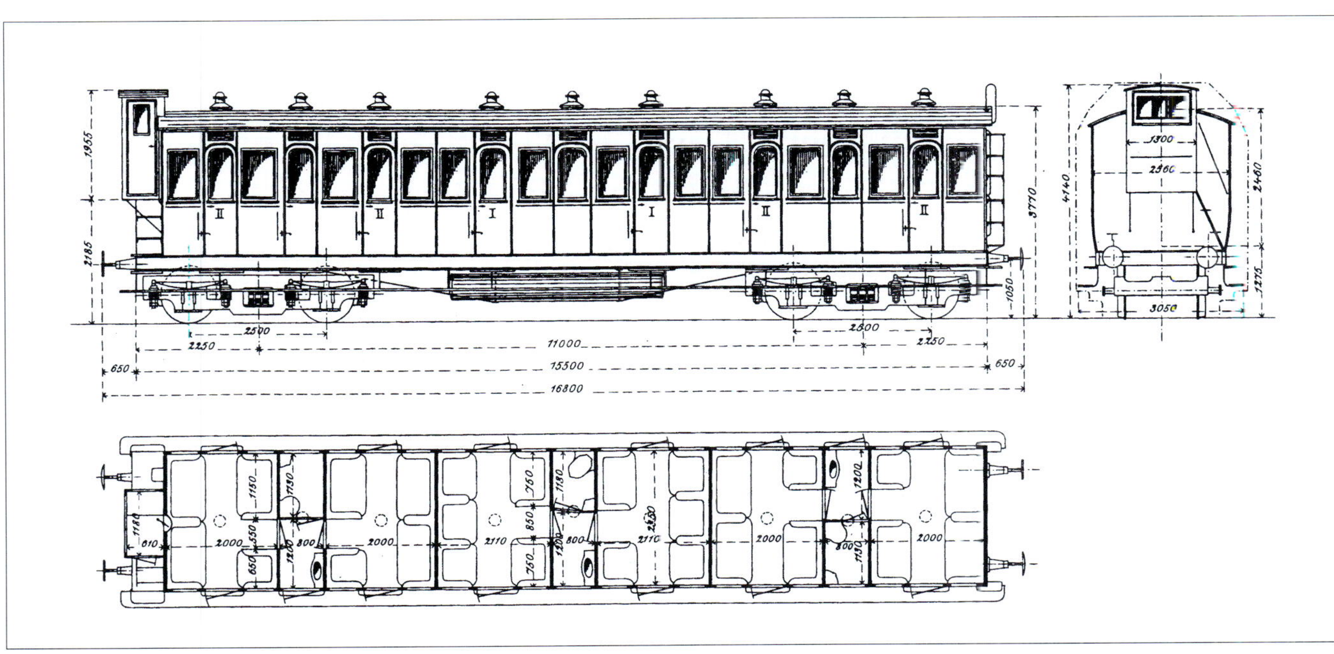

Der vierachsige Abteilwagen I./II. Klasse ABB von 1893 (Gruppe 23)

badischen Staatsbahnen ein vollständig aus Stahl bestehendes Untergestell.

Bereits in den Jahren 1856/57 wurden wohl erstmalig in Baden dreiachsige Personenwagen beschafft, es waren Abteilwagen I./II. Klasse mit einem Achsstand von 4.500 mm und einer Wagenkastenlänge von 7540 bzw. 8.000 mm. Untergestell und Wagenkasten waren vollständig aus Holz erbaut, es waren auch die letzten Personenwagen, bei denen die Postkutschenform der Abteile durch eine entsprechende Außenverkleidung angedeutet wurde. Eine Handbremse war nicht bei allen Wagen vorhanden, Lieferant war Schmieder & Mayer. Die 1856 beschafften Wagen (Gruppe 12) besaßen ein Abteil I. Klasse, auf der einen Seite war ein Abteil und auf der anderen Seite waren zwei Abteile II. Klasse angeordnet, während die 1857 beschafften Wagen (Gruppe 36) an den beiden Wagenenden jeweils ein Halbabteil I. Klasse (Batard-Coupé) und zwischen diesen drei Abteile II. Klasse aufwiesen. Die Stirnseiten dieser Wagen waren mit Fenstern versehen. Derartige Wagen liefen auch bei der Main-Neckar-Bahn. Später wurden die Wagen in BC3 umgebaut und kamen in die Gruppe 36. Die Zahl der ursprünglich beschafften Wagen läßt sich nicht mehr ermitteln. Diejenigen Wagen, die im Wagenverzeichnis von 1902 noch unter der Gruppe 12 (3 Stück, Baden 383, 385, 387), bzw. unter der Gruppe 36 (1 Stück, Baden 1378) aufgeführt wurden, wurden bis 1902/03 ausgemustert.

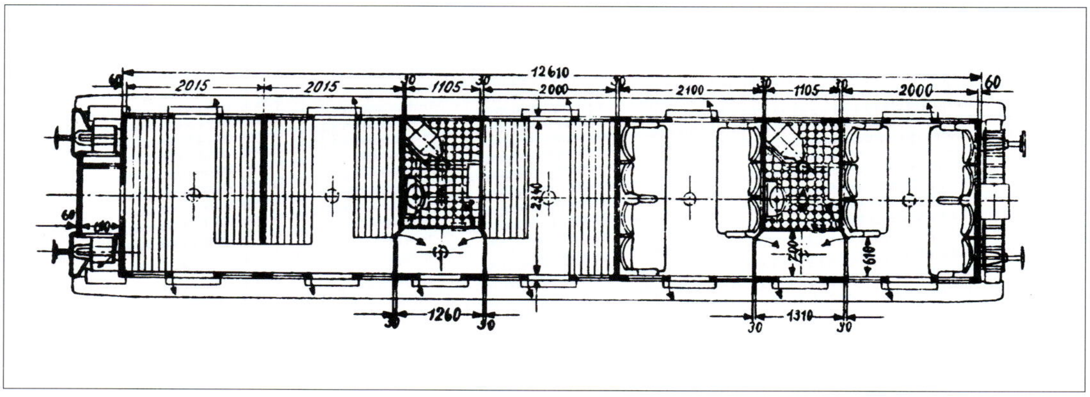

Der ehemalige dreiachsige Abteilwagen I./II. Klasse von 1911 (Gruppe 21c) nach dem Umbau in BC3 (Blatt 87b).

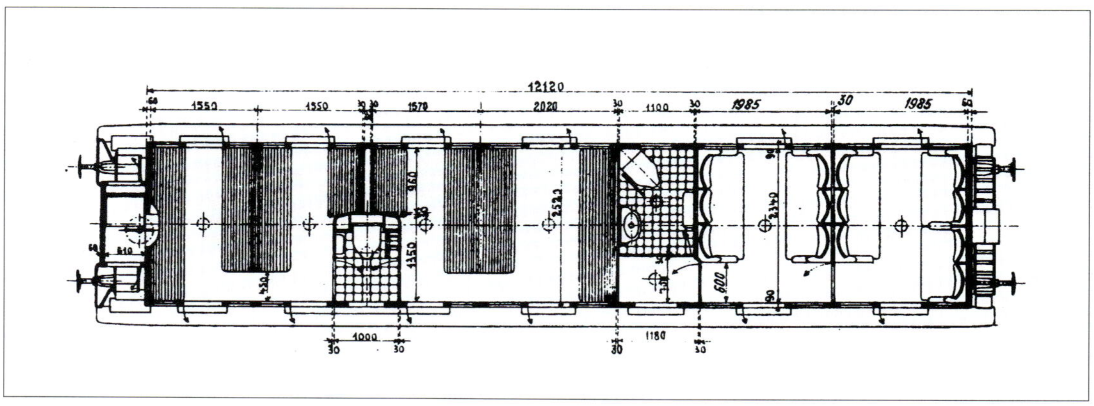

Der dreiachsige Abteilwagen II./III. Klasse BC3 von 1909 (Gruppe 34') nach dem Umbau im Jahre 1925. Das ehemalige Abteil zweiter Klasse in der Wagenmitte ist zu einem Abteil dritter Klasse umgebaut worden, die von diesem zum Seitengang führende Tür ist ausgebaut und die Türöffnung verschlossen.

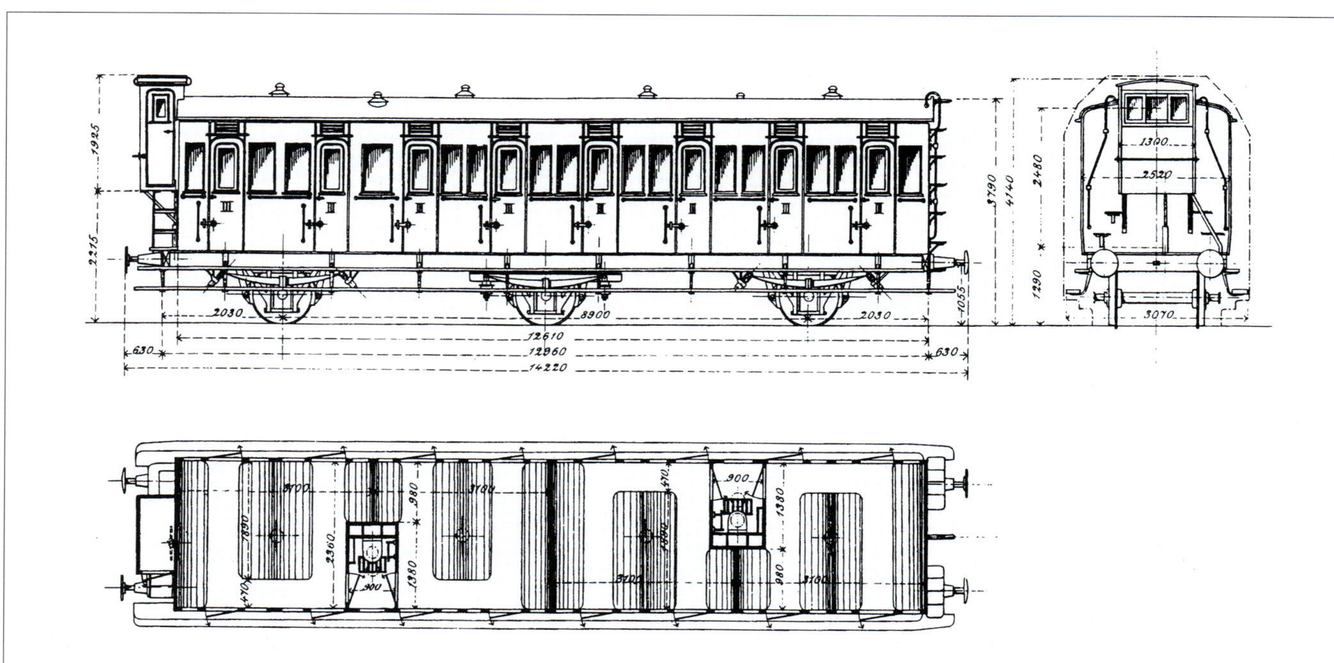

Der dreiachsige Abteilwagen III. Klasse C3 von 1902 (Gruppe 55a).

7.4.1.1 Vierachsiger Abteilwagen I./II. Klasse ABB von 1893, Gruppe: 22, Blatt: 75, (B4 Bad 93)

Nachdem die preuß. Staatsbahn im Jahre 1890 erstmals vierachsige Abteilwagen beschafft hatte, diese kamen zur KED Cöln (rechtsrheinisch), folgten die badischen Staatsbahnen drei Jahre später mit zehn derartigen Wagen, die ebenfalls für den Schnellzugdienst gedacht waren. Hersteller war in beiden Fällen v.d.Zypen & Charlier. Die preußischen und die badischen Wagen hatten die gleiche Abteilanordnung, ein etwas stärker gewölbtes Flachdach und Drehgestelle gleicher Bauart, äußerlich unterschieden sich die Wagen lediglich in den Fenstern der Abteiltüren (Preußen: eckig, Baden: oben abgerundet). Die beiden Abteile I. Klasse waren in der Mitte des Wagenkastens angeordnet, auf beiden Seiten lagen jeweils die beiden Abteile II. Klasse. Zwischen je zwei Abteilen war ein Abortraum und ein Waschraum angeordnet, wobei der Waschraum mit Waschbecken von den beiden benachbarten Abteilen zugänglich war und mit einer Tür zum Abortraum abgeschlossen war. Der Waschraum diente gleichzeitig als Geruchsschleuse, er besaß eine Flügeltür zu jedem Abteil. Die Abteiltiefe betrug in der ersten Klasse 2.110 mm, in der zweiten Klasse lag sie bei 2.000 mm. Ein Teil der Abteile war mit einer Schlafeinrichtung versehen. Über den Abteiltüren und den Fenstern der Abort- und Waschräume waren Lüftungsschlitze angebracht. Für jedes Abteil war eine Lampe vorgesehen, während in der Trennwand zwischen Abortraum und Waschraum eine für beide Räume gemeinsame Lampe vorhanden war. Fünf Wagen waren ohne Bremserhaus (Gruppe 22), die anderen fünf Wagen (Gruppe 23) besaßen dagegen ein solches. Das lauftechnische Verhalten der Wagen war alles andere als zufriedenstellend, besonders im Vergleich mit demjenigen der Lenkachswagen. Dies lag an der unausgereiften Konstruktion der Drehgestelle (Bauart 1a). Erst nachdem diese im Jahre 1895 gegen Drehgestelle der Bauart 1b ausgewechselt worden waren, die sich inzwischen bei den badischen D-Zugwagen bewährt hatten, war dieser Mangel behoben. Die Wagen waren im Schnellzugdienst auf der badischen Hauptbahn im Einsatz und gehörten zu den Heimatbahnhöfen Basel, Karlsruhe und Mannheim, später auch Appenweier und Freiburg. Bei der Deutschen Reichsbahn liefen die Wagen als II. Klasse-Wagen (B4), sie wurden bis Mitte der dreißiger ausgemustert.

Technische Daten

Beschaffungsjahr:	1893	
Hersteller:	v.d.Zypen & Charlier, Deutz	
Betriebsnummern:	Baden 10 752 - 10 756 bzw. 10 757 - 10 761	
Beschaffte Stückzahl:	10	
Sitzplätze I. Klasse:	10	(26 Offiziere), später 42
Sitzplätze II. Klasse:	28	
Anzahl der Abteile:	6	
Platzteilung:	1, 2, 3, 4	
Aborte:	3	
Waschräume:	3	
Länge über Puffer:	16.300 bzw. 16.800 mm	
Wagenkastenlänge:	15.000 mm	
Wagenkastenbreite:	2.560 mm	
Achsstand:	2.500 mm	
Drehzapfenabstand:	10.500 bzw. 11.000 mm	
Drehgestellbauart:	1a später 1b	
Anzahl der Achsen:	4	
Fußbodenh. ü. Schienenoberkante:	1.275 mm	
Bremse:	Westinghouse, Spindelbremse bei Gruppe 23	
Heizung:	Dampf	
Beleuchtung:	Gas, 9 Flammen, 1.670 l, 46 Brennstunden	
Gewicht:	30.000 bzw. 31.000 kg	
Beschaffungspreis:	21.050 bzw. 21.200 Mark	

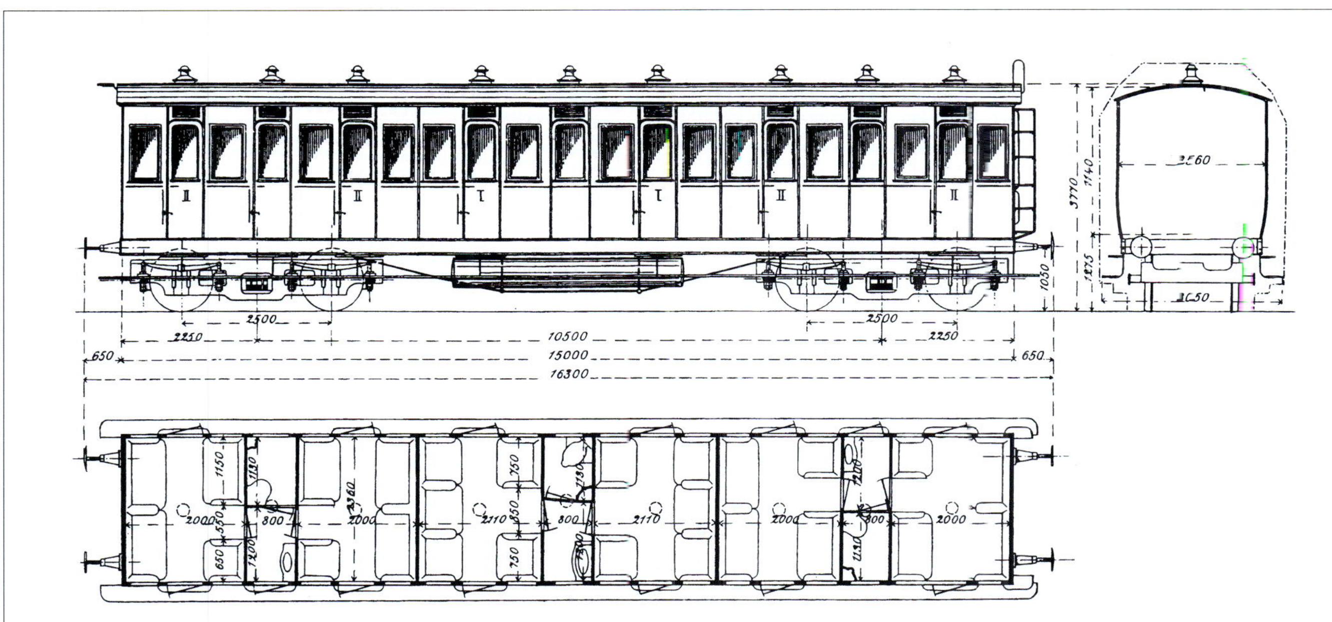

7.4.1.2 Vierachsiger Abteilwagen III. Klasse CC von 1898, Gruppe: 57, Blatt: 78, (C4 Bad 98)

Gleichzeitig mit den vierachsigen Abteilwagen I./II. Klasse wurden im Jahre 1893 auch vierachsige Abteilwagen III. Klasse beschafft, jedoch lediglich vier Stück. Es waren die ersten Reisezugwagen dieser Art in Deutschland, Preußen folgte erst ein Jahr später. Die vierachsigen Abteilwagen III. Klasse von 1893 (Gruppe 56) waren mit den gleichen Drehgestellen ausgerüstet wie die vierachsigen Abteilwagen I./II. Klasse, deren schlechte Laufeigenschaften sie teilten. An beiden Wagenenden waren jeweils zwei Abteilräume mit zwei Abteilen und mit einem zwischen den beiden Abteilräumen liegenden Abortraum angeordnet, zwischen zwei Abteilen befand sich ein Seitengang mit einer Breite von 400 mm. Durch den Seitengang bedingt, besaßen die beiden Abteile dort nur zwei Sitzbänke mit je vier Sitzplätzen. Da der Abortraum in die beiden Abteilräume bis zur Längsachse des Wagenkastens hinein ragte, besaß das eine Abteil 2+4 und das andere Abteil 4+5 Sitze. Die Abteiltiefe der mit flachen Holzsitzen und geraden Rückenlehnen ausgestat-

Abteilwagen CC von 1898 (Gruppe 57) mit Krankenabteil | Aufnahme: Stadtarchiv Heildelberg

teten Abteile betrug 1.500 mm und war damit, verglichen mit den Maßen der damaligen badischen zweiachsigen Abteilwagen etwas großzügiger bemessen. In der Wagenmitte waren zwei weitere Abteile vorhanden, die auch als Frauenabteile verwendet werden konnten, zwischen diesen befand sich ein Abortraum, der ebenfalls in die beiden Abteile bis zur Längsachse des Wagenkastens hinein ragte, er war auf der gegenüberliegenden Seite der beiden anderen Aborträume angeordnet. In den Türen der Abteile und in den Aborträumen waren bewegliche Fenster mit Holzrahmen vorhanden, alle übrigen Fenster des Wagens waren fest eingebaut. Für die beiden Abteile in der Wagenmitte war je eine Lampe vorhanden, ebenso besaß jeder Abortraum eine eigene Lampe, in den übrigen Abteilräumen mußten sich jeweils zwei Abteile eine Lampe teilen. Die Aborträume waren mit einem Leibstuhl ausgestattet und besaßen zwei Flügeltüren. Über den Abteiltüren waren Lüftungsschlitze angebracht, ebenso oberhalb der Fenster der Aborträume. Das Bremserhaus mit Spindelbremse war nur von einer Wagenseite zugänglich. Die Wagen kamen auf der badischen Hauptbahn im Zugverband mit den vierachsigen Abteilwagen I./II. Klasse ABB zum Einsatz und waren in Mannheim und Bruchsal stationiert. Allerdings zeigten sich auch bei ihnen schon bald Mängel hinsichtlich der Laufruhe, die erst nach Austausch der ursprünglichen Drehgestelle (Bauart 1a) gegen diejenigen der inzwischen beschafften ABBü und ABBi (Bauart 1b) behoben wurden. Um 1900 wurden die Wagen in die Gruppe 56 eingereiht. Im Jahre 1931 erhielt ein Wagen (62 002 Karlsruhe) anstelle der beiden Abteile in der Wagenmitte ein großes Abteil zur Beförderung von Kranken (C4kr Bad 93/31). Diesem Umbau fielen teilweise auch noch die Sitzbänke der benachbarten Abteile zum Opfer, da für das Krankenabteil auch noch ein eigener Abort eingebaut werden mußte. Das Krankenabteil war durch jeweils ein Flügeltürenpaar von beiden Wagenseiten zugänglich.

Die vier im Jahre 1893 beschafften vierachsigen Abteilwagen III. Klasse reichten natürlich auf die Dauer zur Bildung von mehreren vollständigen Zuggarnituren nicht aus und so wurden 1898 sechs weitere derartige Wagen in Auftrag gegeben, allerdings bei einem anderen Hersteller, da die Qualität der Laufeigenschaften der Drehgestelle von v.d. Zypen & Charlier nicht überzeugend gewesen

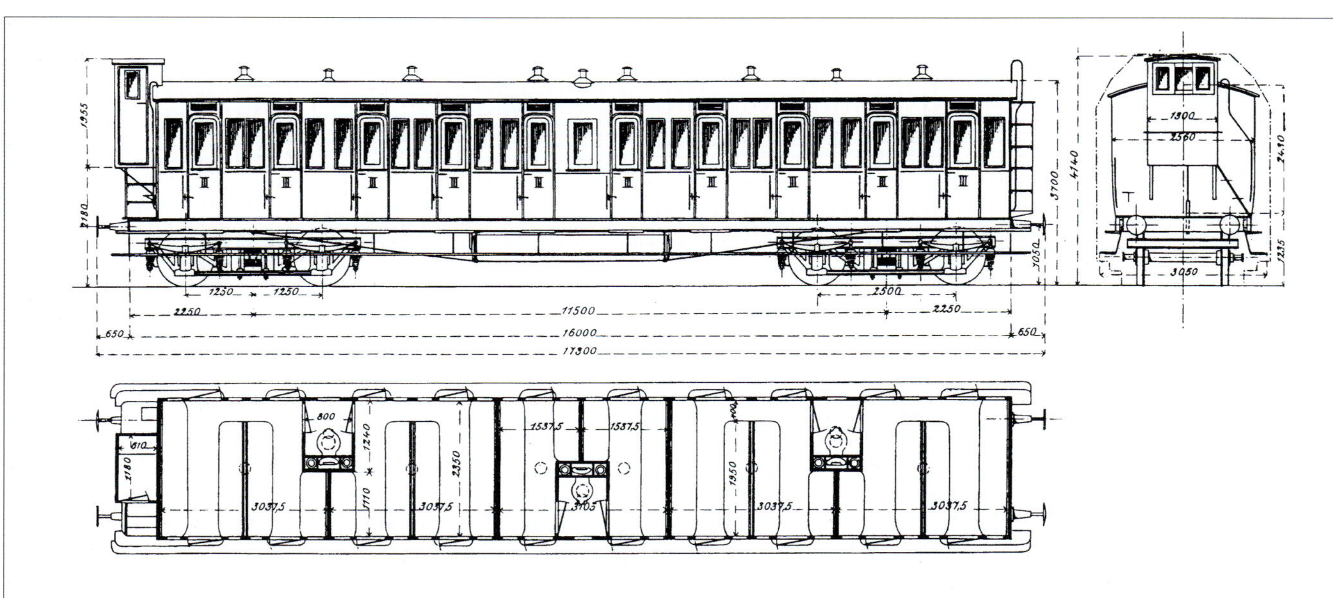

Abteilwagen CC von 1898 (Gruppe 57)

Technische Daten

Beschaffungsjahr:	1898
Hersteller:	MAN, Nürnberg
Betriebsnummern:	Baden 11 817 - 11 822
Beschaffte Stückzahl:	6
Sitzplätze I. Klasse:	-
Sitzplätze II. Klasse:	-
Sitzplätze III. Klasse:	74 (60 Mann)
Anzahl der Abteile:	10
Platzteilung:	2, 4, 5
Aborte:	3
Waschräume:	-
Länge über Puffer:	17.300 mm
Wagenkastenlänge:	16.000 mm
Wagenkastenbreite:	2.560 mm
Achsstand:	2.500 mm
Drehzapfenabstand:	11.500 mm
Drehgestellbauart:	1b
Anzahl der Achsen:	4
Fußbodenh. ü. Schienenoberkante:	1.235 mm
Bremse:	Westinghouse, Spindelbremse
Heizung:	Dampf
Beleuchtung:	Gas, 9 Flammen, 1.380 l, 41 Brennstunden
Gewicht:	26.940 kg
Beschaffungspreis:	25.220 Mark

waren. Mit den Drehgestellen der badischen Bauart 1b ausgestattet, gaben die von MAN Nürnberg hergestellten Wagen keinerlei Anlaß zu Beanstandungen hinsichtlich der Laufeigenschaften. Die Raumaufteilung der vierachsigen Abteilwagen III. Klasse der Gruppe 56 hatte sich offenbar bewährt, denn sie wurde unverändert übernommen. Die Fenster der Abteiltüren und der Aborträume besaßen Holzrahmen, die übrigen Fenster waren fest eingebaut. Oberhalb der Abteiltüren und nicht oberhalb der Fenster der Aborträume wie bei den Wagen der Gruppe 56, waren Lüftungsschlitze eingebaut. Für jedes der beiden Abteile in der Wagenmitte, für die Aborträume und jeden Abteilraum war je eine Lampe vorhanden. Im Bremserhaus war die Spindelbremse untergebracht. Das Dach war etwas stärker gewölbt als bei den CC von 1893 der Gruppe 56. Unter den Fenstern mit Ausnahme der Türen waren waagerechte Griffstangen für die Schaffner vorhanden, die auf dem durchgehenden langen Trittbrett auch während der Fahrt Zugang zu sämtlichen Abteilen hatten. Die vierachsigen Abteilwagen der Gruppe 57 waren ursprünglich in Karlsruhe und Mannheim stationiert. Vier Wagen mußten aufgrund der Waffenstillstandsvereinbarungen im Jahre 1919 an die Feindmächte abgeliefert werden, in einen Wagen wurde im Jahre 1930 anstelle der beiden mittleren Abteile ein Krankenabteil eingebaut, der Wagen erhielt dann die Bauartbezeichnung C4 Bad 98/30, die Blatt-Bezeichnung wurde beibehalten, während der andere Wagen zur Unterscheidung dann unter Blatt: 78a geführt wurde.

Aufnahme Hellmuth Fröhlich, Archiv Helmut Grieb

7.4.1.3 Dreiachsiger Abteilwagen I./II. Klasse AB3 von 1902, Gruppe: 21a, Blatt: 79, (B3 Bad 02)

Die guten Erfahrungen, die die Verwaltung der badischen Staatseisenbahnen mit den im Jahre 1898 beschafften vierachsigen Abteilwagen III. Klasse CC (Gruppe 57) gemacht hatte, hatte vermutlich diese auch bewogen, im Jahre 1902 wiederum MAN in Nürnberg mit der Herstellung einer neuen Bauart von Abteilwagen zu beauftragen und zwar sowohl von dreiachsigen Abteilwagen I./II. Klasse AB3 als auch von solchen III. Klasse C3. Die Entwicklung der dreiachsigen Abteilwagen bei anderen Länderbahn-Verwaltungen hatte man wohl in Karlsruhe aufmerksam verfolgt, man konnte sich jedoch zu einer Beschaffung um die Jahrhundertwende noch nicht entschließen. Andererseits waren seit der letzten Lieferung von zweiachsigen Abteilwagen AB (Gruppe 21) und C (Gruppe 55) im Jahre 1897 schon einige Zeit vergangen, weshalb der Betrieb Abteilwagen neuer Bauart verlangte. Preußen und Sachsen hatten zwar schon seit 1884 dreiachsige Abteilwagen in ihrem Bestand, Bayern folgte drei Jahre später, die Reichseisenbahnen Elsaß/Lothringen 1892 und ein Jahr später auch die Pfalzbahn. Sämtliche Bauarten hatten gemeinsam, daß der Achsstand, von wenigen Ausnahmen abgesehen, 8.000 mm nicht überschritt. Die Verwaltung der badischen Staatsbahnen hatte sich nun zu einer Konstruktion entschieden, bei der anstelle der festen Achshalter des mittleren Radsatzes der Radsatz in einem quer zur Längsachse des Wagens verschiebbaren Rahmen (Schiebegestell) gelagert war und damit einen größeren Achsstand zuließ. Dennoch war der kleinste befahrbare Gleisbogen auf einen Radius von 225 m begrenzt. Die Wagen besaßen zwei Abteile I. Klasse in der Mitte des Wagens (Abteiltiefe: 2.050 mm) und zu beiden Seiten von diesen ein,

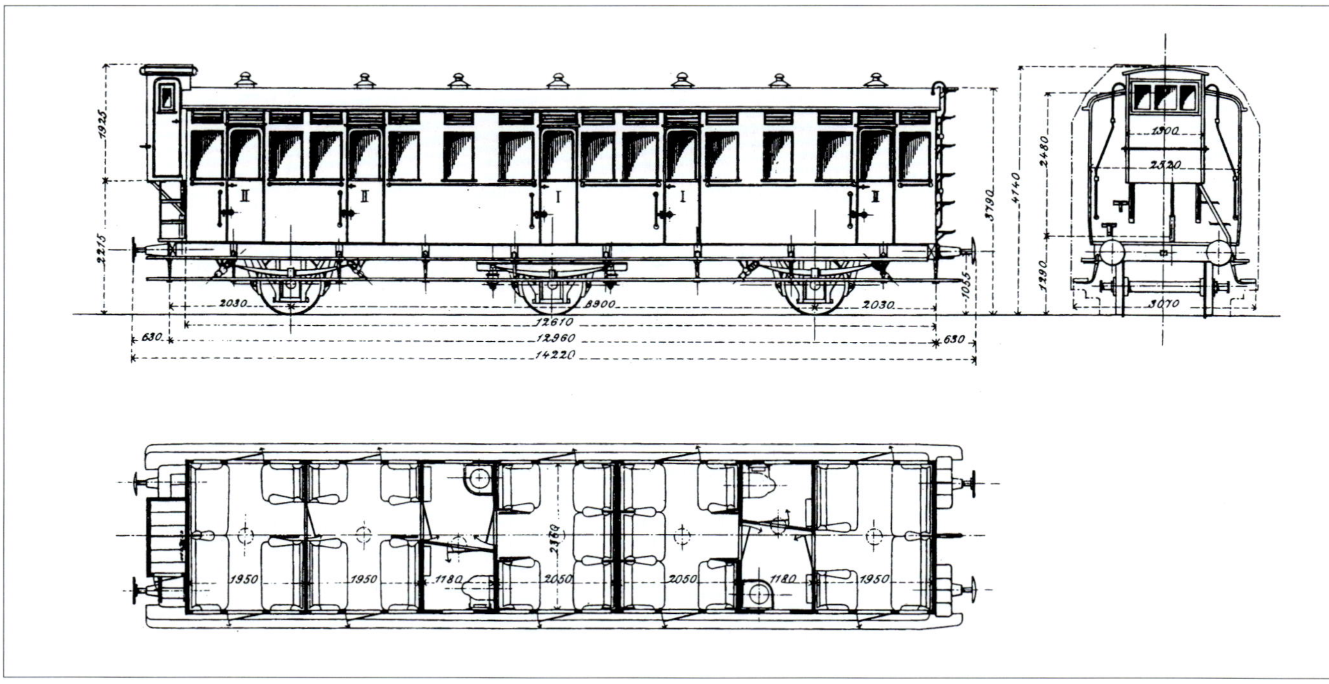

bzw. zwei mit einem Mittelgang verbundene Abteile II. Klasse mit jeweils einer Abteiltiefe von 1.950 mm. Die beiden zueinander versetzten Aborträume waren jeweils über einen Vorraum zugänglich, der als Waschraum mit Waschbecken ausgebildet war. Interessant ist wiederum die Anordnung von Abteil I. Klasse – Abortraum – Abteil zweiter Klasse, die ja auch bei den zweiachsigen Abteilwagen I./II. Klasse der Gruppen 18 bis 21 zu finden ist. Diese Anordnung kam denjenigen Reisenden entgegen, die mit Dienerschaft verreisten, die dann im Abteil II. Klasse untergebracht war und dennoch jederzeit zu Handreichungen zur Verfügung stand. Die Fenster in den Türen besaßen Metallrahmen, oberhalb der Türen waren Lüftungsschlitze vorhanden. Jedes Abteil war mit einer Lampe ausgestattet, während für Abortraum und Vorraum eine gemeinsame Lampe vorhanden war. Das Dach war als Korbbogendach mit schwachen äußeren Rundungen ausgebildet. Die Wagen besaßen ein Bremserhaus. Die fünf Wagen wurden zunächst in Appenweier und Karlsruhe stationiert. Anfang der zwanziger Jahre wurden die Wagen ohne Veränderung der Sitze in der ersten Klasse zu reinen II. Klasse-Wagen umgezeichnet. Bei der Deutschen Bundesbahn wurden die Untergestelle der verbliebenen Abteilwagen nach deren Ausmusterung für den Bau von 3yg-Wagen weiter verwendet. Ein Abteilwagen B3 der Gruppe 21a war bei den Österreichischen Bundesbahnen verblieben. Nach dessen Ausmusterung wurde das Untergestell im Jahre 1955 für den Bi 39 797 (Spantenwagen) erneut verwendet. Im Jahre 1956 erfolgte die Umnummerung in Bi 39 927, im Jahre 1965 erhielt der Wagen die Nummer Bi 39 790.

Technische Daten

Beschaffungsjahr:	1902
Hersteller:	MAN, Nürnberg
Betriebsnummern:	Baden 14 404 - 14 408
Beschaffte Stückzahl:	5
Sitzplätze I. Klasse:	10 } 22 Offiziere
Sitzplätze II. Klasse:	20 }
Sitzplätze III. Klasse:	-
Anzahl der Abteile:	5
Platzteilung:	1, 2
Aborte:	2
Waschräume:	2
Länge über Puffer:	14.220 mm
Wagenkastenlänge:	12.610 mm
Wagenkastenbreite:	2.520 mm
Achsstand:	8.900 mm
Drehzapfenabstand:	-
Drehgestellbauart:	-
Anzahl der Achsen:	3 (Lenkachsen A4)
Fußbodenh. ü. Schienenoberkante:	1290 mm
Bremse:	Westinghouse, Spindelbremse
Heizung:	Dampf
Beleuchtung:	Gas, 7 Flammen, 1.080 l, 34 Brennstunden
Gewicht:	21.570 kg
Beschaffungspreis:	18.970 Mark

7.4.1.4 Dreiachsiger Abteilwagen I./II. Klasse AB3 von 1906, Gruppe: 21b, Blatt: 80, (B3 Bad 06, später BC3 Bad 06/26 – Blatt: 87a).

Nachdem sich die im Jahre 1902 erstmalig beschafften dreiachsigen Abteilwagen I./II. AB3 (Gruppe 21a) im Betrieb bewährt hatten, wurden 1906 weitere dreizehn Wagen in den Wagenpark übernommen, die sich in einigen Merkmalen von diesen unterschieden. Am einen Wagenende befand sich wieder die Anordnung Abteil II. Klasse – Vorraum (Abortraum) – Abteil I. Klasse, die von Reisenden mit Dienerschaft geschätzt wurde. Offenbar war jedoch die Nachfrage inzwischen nicht mehr so groß, weshalb eine dieser Anordnungen pro Wagen von der Verwaltung der badischen Staatsbahnen damals für ausreichend angesehen wurde, denn im übrigen Wagen befanden sich jetzt drei Abteile II. Klasse, von denen zwei durch einen Seitengang von 600 mm Breite miteinander verbunden waren. Zwischen zwei Abteilen war ebenso wie zwischen dem Abteil I. Klasse (Abteiltiefe: 2.100 mm) und dem anschließenden Abteil II. Klasse (Abteiltiefe: 2.000 mm) jeweils ein Vorraum vorhanden, der zu den benachbarten Abteilen mit je einer Flügeltür abgeschlossen war. Von hier führte eine Tür zum Abortraum, der einen Leibstuhl und ein Waschbecken aufwies und dessen Fußboden mit Mettlacher Kacheln belegt war. Der Vorraum diente als Durchgang und als Geruchsschleuse und besaß ebenso wie die Abteile eine Flügeltür an der Außenseite des Wagens. Sämtliche Abteile, die Aborträume und

Aufnahme:
Sammlung v. Rotberg, DGEG-Archiv

die Vorräume waren mit jeweils einer Lampe ausgestattet. Die Fenster der Abteiltüren, der Vorräume und der Aborträume waren in Metallrahmen gefaßt, die übrigen Fenster waren fest eingebaut, oberhalb sämtlicher Fenster waren Lüftungsschlitze eingebaut, die Aborträume besaßen darüber hinaus jeweils einen eigenen Torpedo-Lüfter, der im Dach eingebaut war. Das Dach war als Korbbogendach mit kleinen Rundungen an den beiden Rändern ausgebildet. Die Wagen besaßen ein Bremserhaus und kamen nach ihrer Anlieferung nach Heidelberg, Karlsruhe und Mannheim. Im Jahre 1908 erfolgte der Einbau einer Dampfheizung der Bauart „Wilhelm". Bei der Deutschen Reichsbahn wurden die dreiachsigen Abteilwagen nicht mehr in Schnellzügen eingesetzt, weshalb auch keine Abteile erster Klasse mehr benötigt wurden. Deshalb erfolgte im Jahre 1926 der Umbau in BC3, dabei wurde das Abteil I. Klasse in ein solches II. Klasse umgebaut und bildete mit dem daneben liegenden Abteil II. Klasse zusammen eine Einheit, während die übrigen drei Abteile II. Klasse in Abteile III. Klasse umgebaut wurden, die mit einer Abteiltiefe von 2.000 mm verglichen mit einer solchen von 1.550 mm bei den übrigen badischen C3 (Gruppe 55a, 55b) doch recht bequem waren. Der Umbau in BC3 hatte auch eine Umnummerung im ersten Umzeichnungsplan und die neue Bezeichnung BC3 Bad 06/26 zur Folge, die Wagen wurden dann unter der Bezeichnung Blatt: 87a geführt. Nach der Ausmusterung der Abteilwagen bei der Deutschen Bundesbahn wurden deren Untergestelle für den Bau der 3yg-Wagen weiter verwendet.

Technische Daten

Beschaffungsjahr:	1906
Hersteller:	Fuchs, Heidelberg
Betriebsnummern:	Baden 86 – 98
Beschaffte Stückzahl:	13
Sitzplätze I. Klasse:	5, später 0
Sitzplätze II. Klasse:	27 (22 Offiziere) später 14
Sitzplätze III. Klasse:	später 26
Anzahl der Abteile:	5
Platzteilung:	2, 3, 4
Aborte:	2
Waschräume:	-
Länge über Puffer:	14.220 mm
Wagenkastenlänge:	12.610 mm
Wagenkastenbreite:	2.520 mm
Achsstand:	8.900 mm
Drehzapfenabstand:	-
Drehgestellbauart:	-
Anzahl der Achsen:	3 (Lenkachsen A4)
Fußbodenh. ü. Schienenoberkante:	1.290 mm
Bremse:	Westinghouse, Spindelbremse
Heizung:	Dampf
Beleuchtung:	Gas, 9 Flammen, 1.300 l, 32 Brennstunden
Gewicht:	23.100 kg
Beschaffungspreis:	27.660 Mark

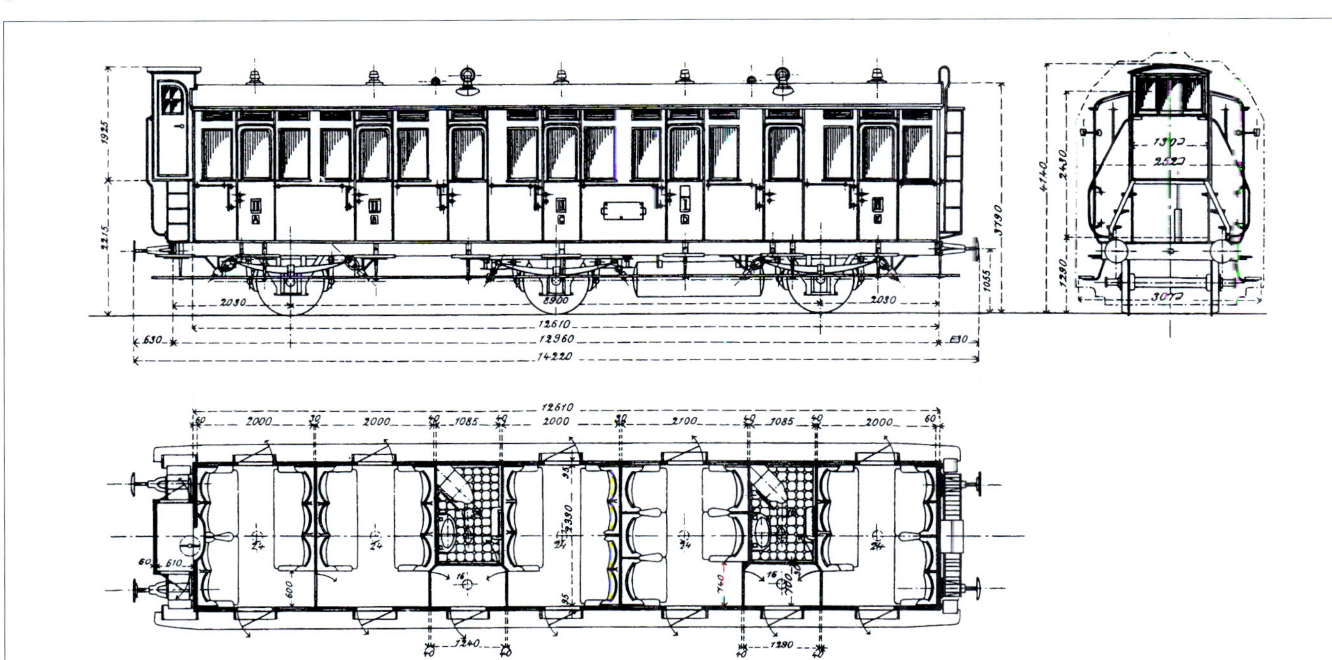

Aufnahme: Sammlung Jens Freese

7.4.1.5 Dreiachsiger Abteilwagen I./II. Klasse AB3 von 1911, Gruppe: 21c, Blatt: 81, (B3 Bad 11, später BC3 Bad 11/26 – Blatt: 87b).

Der Bedarf an dreiachsigen Abteilwagen I./II. Klasse stieg weiter und so wurden in den Jahren 1911 bis 1913 noch fünfzehn derartige Abteilwagen beschafft, weitere Bestellungen hat vermutlich der inzwischen ausgebrochene Erste Weltkrieg verhindert. Am Wagenende mit dem Bremserhaus befanden sich zwei Abteile zweiter Klasse, die zu einem Seitengang hin offen im Seitengang jedoch durch eine Flügeltür voneinander getrennt waren. Der Seitengang führte durch eine Flügeltür zum einen Vorraum, von dem der Abortraum durch eine Flügeltür zugänglich war. Durch eine weitere Flügeltür gelangte man in ein drittes Abteil zweiter Klasse. Hinter einer durchgehenden Trennwand befand sich das einzige Abteil erster Klasse mit einer Abteiltiefe von 2.100 mm. Von diesem führte eine Flügeltür zum Vorraum des dortigen Abortraums. Von dort konnte durch eine Flügeltür das vierte Abteil zweiter Klasse betreten werden, das sich am anderen Wagenende befand. Die Abteiltiefe der Abteile zweiter Klasse betrug 2.000 mm. Die Vorräume dienten als Durchgang zwischen den zwei benachbarten Abteilen und als Geruchsschleuse für den Abortraum. Beide Vorräume, die auf der gleichen Wagenseite angeordnet waren, besaßen eine nach außen führende Flügeltür, die in ihren Abmessungen den Abteiltüren entsprach. Die Aborträume, deren Tiefe gegenüber 1.085 mm bei den dreiachsigen Abteilwagen der Gruppe 21b auf 1.105 mm vergrößert worden war, waren mit Leibstuhl und Waschbecken ausgestattet, der Fußboden war mit Mettlacher Kacheln belegt. Das Abteil erster Klasse konnte bei Bedarf auch als Abteil zweiter Klasse benutzt werden. An der Abteiltür war ein entsprechendes Klapptäfelchen angebracht. Sämtliche Abteile und Aborträume, nicht jedoch die Vorräume waren mit jeweils einer Lampe ausgestattet. Oberhalb der Türen der Abteile und der Vorräume waren Lüftungsschlitze angebracht, die Fenster der genannten Türen besaßen Metallrahmen, alle übrigen Fenster waren fest eingebaut. Die beiden Aborträume besaßen auf dem Dach montierte Torpedo-Lüfter. Die Wagen waren ursprünglich in Appenweier, Freiburg und Karlsruhe stationiert, einige kamen später auch nach Mannheim. Auch die Abteilwagen I./II. Klasse der Bauart 1911 wurden Mitte der zwanziger Jahre in BC3 umgebaut und zwar ebenso wie diejenigen der AB3 von 1906 (Gruppe 21b). Dabei wurden die Polstersitzbänke in dem Abteil erster Klasse entfernt und an deren Stelle eine Polstersitzbank mit vier Sitzen, bzw. eine solche mit drei Sitzen aus einem Abteil zweiter Klasse eingebaut. Die drei zusammenhängenden bisherigen Abteile zweiter Klasse wurden zu Abteilen III. Klasse und mit Bänken mit Lattensitzen versehen, das Abteil zweiter Klasse am anderen Wagenende blieb unverändert. Dies machte auch hier eine Umnummerierung im ersten Umzeichnungsplan notwendig. Die umgebauten Abteilwagen erhielten die Bezeichnung BC3 Bad 11/26 (Blatt 87b). Die Untergestelle der bei der Deutschen Bundesbahn verbliebenen Abteilwagen wurden nach deren Ausmusterung für den Bau der 3yg-Wagen verwendet.

Technische Daten		
Beschaffungsjahre:		1911 - 1913
Hersteller:		Fuchs, Heidelberg
Betriebsnummern:		Baden 562 - 576
Beschaffte Stückzahl:		15
Sitzplätze I. Klasse:	5 } 22 Offiziere	später 0
Sitzplätze II. Klasse:	27 }	später 14
Sitzplätze III.		-, später 26
Anzahl der Abteile:		5
Platzteilung:		2, 3, 4
Aborte:		2
Waschräume:		-
Länge über Puffer:		14.260 mm
Wagenkastenlänge:		12.610 mm
Wagenkastenbreite:		2.520 mm
Achsstand:		8.900 mm
Drehzapfenabstand:		-
Drehgestellbauart:		-
Anzahl der Achsen:		3 (Lenkachsen A4)
Fußbodenh. ü. Schienenoberkante:		1.290 mm
Bremse:		Westinghouse, Spindelbremse
Heizung:		Dampf
Beleuchtung:		Gas, 7 Flammen, 1.300 l, 39 Brennstunden
Gewicht:		22.500 kg
Beschaffungspreis:		21.891 - 23.081 Mark

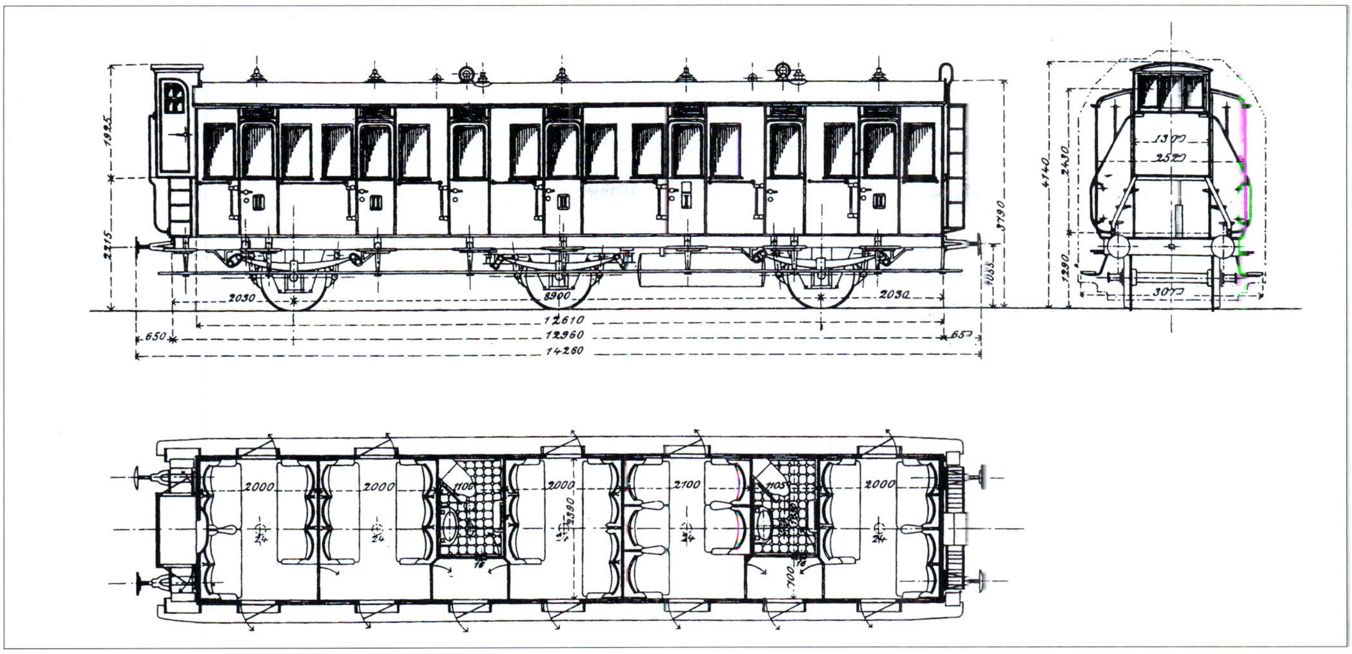

AB3 von 1911 (Gruppe 21c

7.4.1.6 Dreiachsiger Abteilwagen II./III. Klasse BC3 von 1909, Gruppe: 34', Blatt: 87, (BC3 Bad 09, später BC3 Bad 09/25).

In den Jahren von 1909 bis 1914 wurden auch dreiachsige Abteilwagen II./III. Klasse angeschafft, die Beschaffung weiterer Wagen wurde vermutlich durch den Ersten Weltkrieg verhindert. An dem dem Bremserhaus gegenüberliegenden Wagenende befand sich ein Abteilraum mit zwei Abteilen (E, F) zweiter Klasse, die durch einen Seitengang mit einer Breite von 600 mm miteinander verbunden waren. Die beiden Abteile waren ursprünglich nicht durch eine bis an die Decke reichende Trennwand mit Flügeltür von einander getrennt, wie dies bei den dreiachsigen Abteilwagen I./II. Klasse (Gruppe 21b und 21c) der Fall war. An den Abteilraum schloß sich ein Vorraum für den Abortraum an, der Vorraum war zum Abteilraum und zum Abortraum mit jeweils einer Flügeltür abgeschlossen, er diente auch als Geruchsschleuse. Der Abortraum war mit einem Waschbecken und einem Leibstuhl ausgestattet, der Fußboden hatte einen Belag aus Mettlacher Kacheln. Vom Vorraum, der auch durch eine Flügeltür von der Außenseite des Wagens zu betreten war, gelangte man durch eine weitere Flügeltür in das dritte Abteil (D) zweiter Klasse. Die Abteiltiefe sämtlicher Abteile zweiter Klasse betrug 2.000 mm. An das dritte Abteil zweiter Klasse schloß sich das erste Abteil (C) dritter Klasse an, daran folgte ein Abteilraum mit zwei weiteren Abteilen (A, B) dritter Klasse. Ein weiterer Abortraum war in dem ersten Abteil dritter Klasse und in dem Abteilraum dritter Klasse angeordnet. In dem Abteilraum waren die beiden Abteile durch einen Seitengang von 450 mm Breite miteinander verbunden. Der zweite Abortraum war nur mit einem Leibstuhl ausgestattet, der Fußboden war mit Mettlacher Kacheln belegt. Der Abortraum besaß drei Flügeltüren, jeweils eine führte in das benachbarte Abteil, bzw. in den benachbarten Abteilraum dritter Klasse und die dritte war als Flügeltür an der Außenseite des Wagens ausgebildet. Die mit Holzlattensitzen ausgestatteten Abteile dritter Klasse besaßen eine Abteiltiefe von 1.550 mm. Oberhalb sämtlicher Außentüren, deren Fenster in Metallrahmen gefaßt waren, waren Lüftungsschlitze angebracht, die beiden Aborträume besaßen Torpedo-Lüfter. Alle übrigen Fenster waren fest eingebaut. Jedes Abteil, der Vorraum und die Aborträume waren mit je einer Lampe versehen. Ab 1910 besaßen der Abortraum und der Vorraum nur noch eine gemeinsame Lampe. Die Wagen waren im Schnellzugdienst eingesetzt und in Basel, Freiburg, Karlsruhe, Konstanz und Mannheim stationiert. Der kleinste zulässige Gleisbogen hatte einen Radius von 225 m. Im Jahre 1925 wurden sämtliche Wagen umgebaut, dabei entfiel das Abteil „D" der zweiten Klasse, stattdessen wurde ein weiteres Abteil dritter Klasse eingebaut und mit dem Abteil (C) durch einen Seitengang verbunden. Die bisherige Blattbezeichnung wurde beibehalten und die Wagen als BC3 Bad 09/25 bezeichnet.

Technische Daten	
Beschaffungsjahre:	1909 - 14
Hersteller:	siehe Einzelnachweis
Betriebsnummern:	siehe Einzelnachweis
Beschaffte Stückzahl:	36
Sitzplätze I. Klasse:	-
Sitzplätze II. Klasse:	20 (14 Offiziere), später 13
Sitzplätze III. Klasse:	24 (14 Mann), später 30
Anzahl der Abteile:	6
Platzteilung:	2, 3, 4, 5
Aborte:	2
Waschräume:	-
Länge über Puffer:	13.730 mm
Wagenkastenlänge:	12.120 mm
Wagenkastenbreite:	2.520 mm
Achsstand:	8.900 mm
Drehgestellbauart:	-
Drehzapfenabstand:	-
Anzahl der Achsen:	3 (Lenkachsen A4)
Fußbodenh. ü. Schienenoberkante:	1.290 mm
Bremse:	Westinghouse, Spindelbremse
Heizung:	Dampf
Beleuchtung:	Gas, 9/8 Flammen, 1.060 l, 28 Brennstunden
Gewicht:	22.000 - 22.690 kg
Beschaffungspreis:	21.286 Mark

Aufnahme:
Signatur I-301 027,
Wirtschaftsarchiv
Baden-Württemberg, Stuttgart

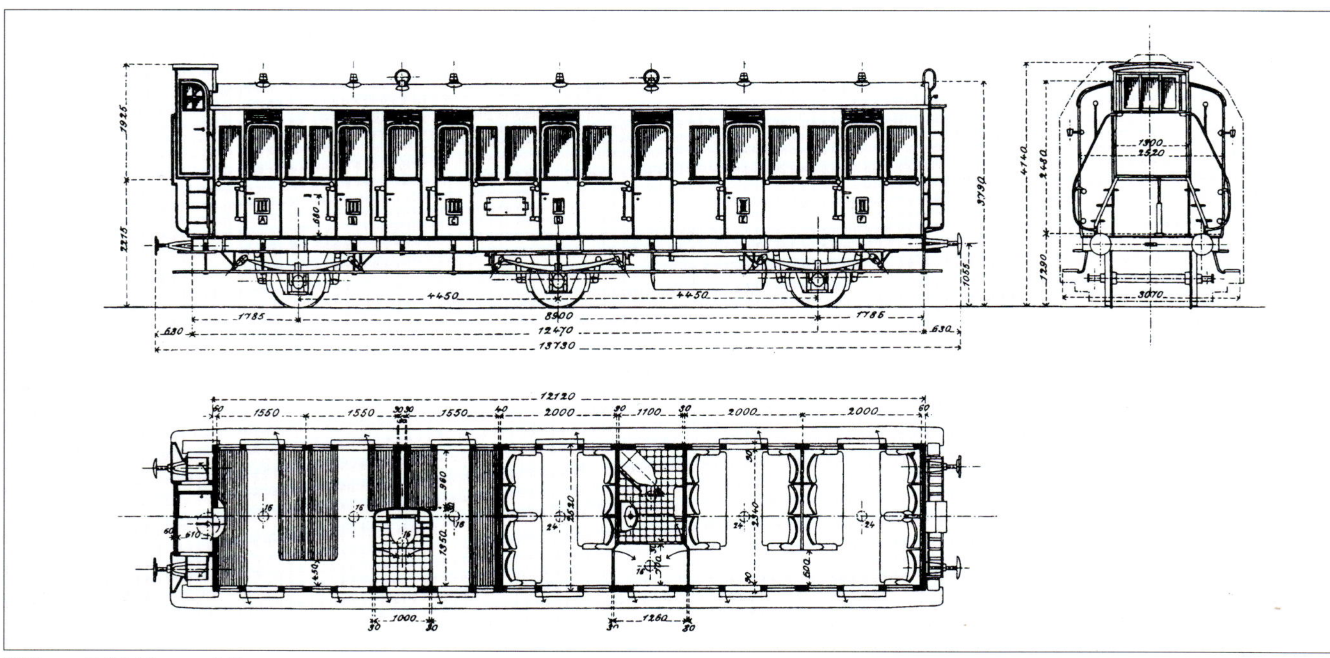

BC3 von 1909 (Gruppe 34')

7.4.1.7 Dreiachsiger Abteilwagen III. Klasse C3 von 1907, Gruppe: 55b, Blatt: 89, (C3 Bad 07).

Gleichzeitig mit den dreiachsigen Abteilwagen I./II. Klasse bestellten die badischen Staatsbahnen im Jahre 1902 ebenfalls bei MAN in Nürnberg dreiachsige Abteilwagen dritter Klasse C3 und zwar ebenfalls fünf Stück. Auf beiden Seiten einer in der Wagenmitte von einer zur anderen Innenseite reichenden Trennwand waren jeweils zwei Abteilräume mit je zwei Abteilen angeordnet, wobei der Abortraum in die beiden benachbarten Abteilräume hinein ragte und zusammen mit einer Wand zur anderen Wageninnenseite die beiden Abteilräume voneinander trennte. Je zwei Abteile waren mit einem Seitengang mit einer Breite von 470 mm verbunden. Die Abteiltiefe betrug 1.550 mm. Lüftungsschlitze waren nur oberhalb der Abteiltüren angebracht. Die Aborträume waren versetzt zur Wagenlängsachse angeordnet und waren durch Flügeltüren von beiden Abteilräumen im Zuge der Seitengänge zugänglich. Beide Aborträume hatten keine Außentüren und auch keine Lüftungsschlitze über dem Fenster. Jeder Abteilraum und die beiden Aborträume waren mit je einer Lampe ausgestattet. Zur die Bedienung der Spindelbremse war ein Bremserhaus vorhanden. Die Wagen waren für den Einsatz in Schnellzügen vorgesehen und waren mit dem seitlich verschiebbaren Gestell für den Achshalter der mittleren Achse versehen, deshalb hatte der kleinste zulässige Gleisbogen einen Radius von 225 m. Mit acht Abteilen für insgesamt 60 Reisende übertrafen sie hinsichtlich des Fassungsvermögens damit die damaligen preußischen Abteilwagen III. Klasse, die nur sechs Abteile aufwiesen. Stationiert waren diese ersten dreiachsigen Abteilwagen III. Klasse, die in die Gruppe 55a eingereiht wurden, zuerst in Basel.

Die im Jahre 1902 beschafften dreiachsigen Abteilwagen III. Klasse hatten sich offenbar bewährt, denn ab 1907 wurden diese in kaum veränderter Form bei gleicher Raumaufteilung und nahezu gleichen Abmessungen in großen Stückzahlen bestellt. Auf beiden Seiten einer in der Wagenmitte angebrachten Trennwand waren je zwei Abteilräume mit je zwei Abteilen angeordnet. Zwischen zwei Abteilräumen war ein Abortraum und eine kurze Trennwand vorhanden. Der Durchgang zwischen zwei benachbarten Abteilen mit einer Abteiltiefe von

1.550 mm war durch einen Seitengang mit einer Breite von 470 mm möglich. Fluchtend mit den beiden Seitengängen waren die Türen des Abortraums angeordnet, der durch eine dritte Tür auch von außen zugänglich war. Oberhalb der Außentüren der Abteile und der Aborträume, die sich beide auf der gleichen Wagenseite befanden, waren Lüftungsschlitze angebracht, zusätzlich besaß jeder Abortraum auch noch einen Torpedo-Lüfter auf dem Dach. Jedes Abteil und die Aborträume waren mit einer eigenen Lampe ausgestattet. Die Aborträume besaßen einen Leibstuhl und einen Fußboden mit einem Belag aus Mettlacher Kacheln, die Tiefe des Abortraums war gegenüber derjenigen der Wagen der Gruppe 55a auf 1.000 mm gesteigert worden. Im Bremserhaus war die Spindelbremse untergebracht. Die Achshalter für die mittlere Achse waren wiederum an dem seitlich verschiebbaren Gestell befestigt, weshalb der kleinste zulässige befahrbare Gleisbogen auch bei diesen Wagen mit einem Radius von nicht unter 225 m lag. Die ersten Wagen wurden in Appenweier, Basel und Karlsruhe stationiert, sie wurden im Schnellzugdienst eingesetzt. Im Jahre 1908 erhielten die im Jahr zuvor beschafften Wagen nachträglich eine Dampfheizung Bauart Wilhelm. Die im Jahre 1918 gelieferten Wagen wurden werksseitig neben der (Einkammer-)Westinghouse-Bremse mit der Kuntze-Knorr-Bremse Bauart G (Zweikammerbremse) ausgestattet. Der Stellhebel für die Umschalteinrichtung befand sich am Langträger unterhalb des Abteils „F". Im Rahmen der Waffenstillstandsvereinbarungen mußten im Jahre 1919 insgesamt 62 Wagen an die Feindmächte abgeliefert werden, darunter viele, die erst 1918 aus den Toren der Waggonfabriken gerollt waren, also fast fabrikneu waren. Zum Ausgleich der Verluste kamen damals nicht nur dreiachsige Abteilwagen preußischer Bauart nach Baden, es wurden 1921 auch weitere dreiachsige Abteilwagen der Gruppe 55b beschafft. Nach 1945 wurden an den bei der Deutschen Bundesbahn verbliebenen Abteilwagen der Gruppe 55b das Bremserhaus entfernt. Nach der Ausmusterung wurden die Untergestelle vieler dieser Wagen noch für den Bau der 3yg-Wagen weiter verwendet.

Technische Daten

Beschaffungsjahre:	1907 - 1921
Hersteller:	siehe Einzelnachweis
Betriebsnummern:	siehe Einzelnachweis
Beschaffte Stückzahl:	378
Sitzplätze I. Klasse:	-
Sitzplätze II. Klasse:	-
Sitzplätze III. Klasse:	60 (44 Mann)
Anzahl der Abteile:	8
Platzteilung:	2, 4, 5
Aborte:	2
Waschräume:	-
Länge über Puffer:	14.500 mm
Wagenkastenlänge:	12.850 mm
Wagenkastenbreite:	2.520 mm
Achsstand:	8.900 mm
Drehzapfenabstand:	-
Drehgestellbauart:	-
Anzahl der Achsen:	3 (Lenkachsen A4)
Fußbodenh. ü. Schienenoberkante:	1.290 mm
Bremse:	Westinghouse, Spindelbremse
Heizung:	Dampf
Beleuchtung:	Gas, 10 Flammen, 1.300 l, 35 Brennstunden
Gewicht:	21.800 kg
Beschaffungspreis:	17.689 - 33.267 Mark

Rechts: Abteilwagen C3 von 1907
Aufnahme:
Signatur I-301 024,
Wirtschaftsarchiv Baden-Württemberg, Stuttgart

Unten: Abteilwagen C3 von 1907 (Gruppe 55b)

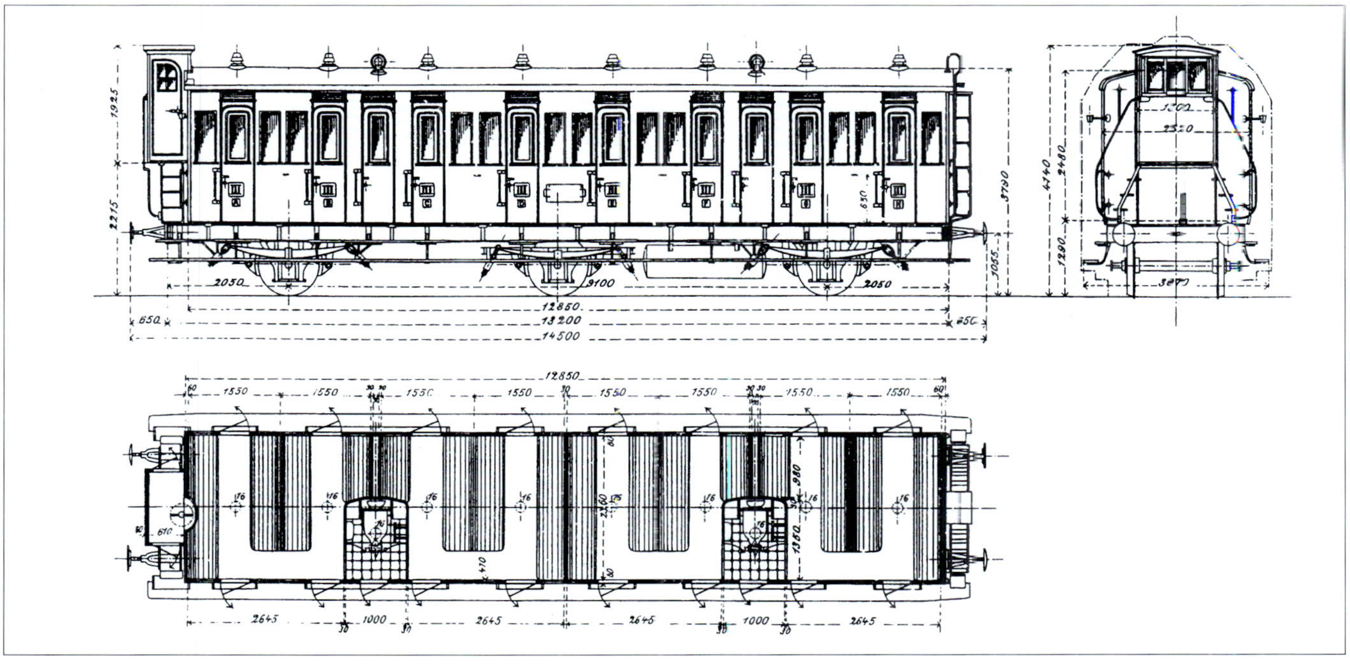

7.4.2 Zweiachsige Abteilwagen

Da sich die Verwaltung der Großh. Badischen Staatseisenbahnen bei der Einführung der Eisenbahn in Baden für das englische System entschieden hatte, bestand über einen Zeitraum von über 30 Jahren der Wagenpark fast ausschließlich aus zweiachsigen Abteilwagen.

Nachdem die Umspurung auf der Strecke der badischen Hauptbahn abgeschlossen war und der weitere Ausbau des Streckennetzes in Angriff genommen wurde, stellte sich in Kürze auch ein großer Wagenbedarf ein, der die Beschaffung von großen Stückzahlen von Personenwagen zur Folge hatte, wobei über einen Zeitraum von über 10 Jahren dieselben Wagenbauarten sowohl als AB als auch als C in den Wagenpark der badischen Staatseisenbahnen eingestellt wurden.

Bis diese Maßnahmen ab 1861 begannen, wurden noch ABC der Gruppe 24 im Jahre 1860 in Auftrag gegeben. Diese besaßen an einem Wagenende ein Halbabteil I. Klasse mit Fenstern in der Stirnwand (Batard-Coupé), am anderen Wagenende befanden sich das Bremserhaus und die beiden Abteile III. Klasse, und dazwischen lag das Abteil II. Klasse. Einige Wagen wurden später zu BC umgebaut und dann in die Gruppen 34 eingereiht. Ebenfalls im Jahr 1860 wurden auch reine Abteilwagen II. Klasse beschafft, die später unter der Gruppe 25 geführt wurden, diese Wagen besaßen kein Bremserhaus. Sämtliche hier genannten Wagen waren zwar vollständig aus Holz gebaut, waren jedoch bereits mit Blech beplankt, auf dem die Postkutschenform durch Bemalung oder aufgeschraubte Holzleisten angedeutet war.

Im Jahre 1861 wurden noch AB beschafft mit einem halben und einem ganzen Abteil I. Klasse und zwei Abteilen II. Klasse (Gruppe 15), wobei das Halbabteil wiederum an einem Ende des Wagenkastens lag, dessen Stirnseite mit Fenstern versehen war. Im gleichen Jahr begann dann auch die Beschaffung der einheitlich aufgebauten AB in großen Stückzahlen bis 1873, mit je einem Abteil II. Klasse an beiden Wagenenden und je einem dazwischen angeordneten Abteil I. Klasse und II. Klasse. Diese Wagen mit einer Wagenkastenlänge von 7.260 mm kamen in die Gruppe 13 und 14, bzw. 16 und 17 (mit Bremserhaus). Die später zu reinen Abteilwagen II. Klasse umgebauten ehemaligen Wagen I./II. Klasse wurden unter den Gruppen 28, 29 und 30 (mit Bremserhaus), bzw. 34 (ohne Bremserhaus) geführt. Die ab 1895 in Abteilwagen III. Klasse umgebauten AB kamen in die Gruppe 52 (ohne Bremserhaus), bzw. 53 (mit Bremserhaus). Bereits im Jahre 1859 wurden Abteilwagen II. Klasse B mit einer Wagenkastenlänge von 6.600 mm beschafft, die drei Abteile und zwei Aborträume besaßen, von denen jeweils einer von einem Abteil (Damen-, bzw. Herrencoupé) zugänglich war. Das dritte Abteil diente als Dienstabteil. Um 1890 wurden diese Wagen in BC umgebaut, wobei die Aborträume und die daran anschließenden Abteile entfernt und an deren Stelle drei Abteile III. Klasse eingebaut wurden, dabei wurde die Anordnung der beiden Außentüren in diesem Bereich beibehalten. Der Zutritt zu dem mittleren Abteil III. Klasse, das über keine Außentür verfügte, war dadurch möglich, daß die Sitzbänke auf der einen Seite nicht bis an die Innenwand heran geführt wurden. Der auf diese Weise gebildete Durchgang war versetzt angeordnet. Die umgebauten Wagen wurden in die Gruppen 31 und 32 eingereiht. Im Jahre 1861 waren auch wenige B (Gruppe 26) mit einer Abteiltiefe von 1.700 mm in den Bestand gekommen. Der einzige B in Gruppe 27 von 1863 stellte wohl ein Einzelstück dar, denn dieser hatte ursprünglich in der Wagenmitte zwei Abteile I. Klasse, deren Tiefe mit 1.840 mm

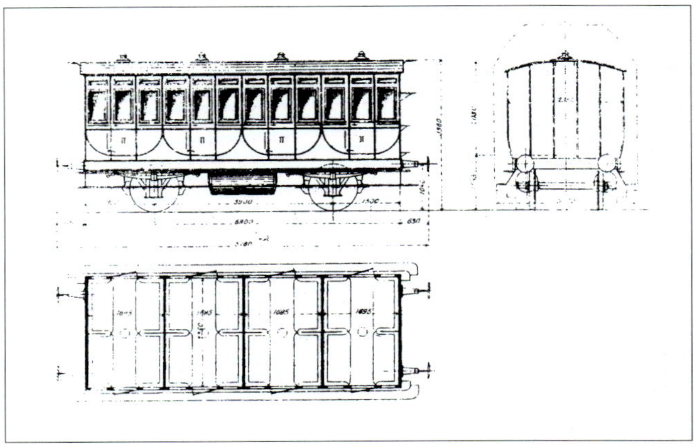

Die zweiachsigen Abteilwagen II. Klasse B von 1860 (Gruppe 25) besaßen vier Abteile mit jeweils einer Abteiltiefe von 1695 mm. Sie waren ursprünglich Mit Öllampenbeleuchtung und eventuell mit einer Warmluftheizung ausgestattet, später erhielten die Wagen Gasbeleuchtung, Dampfheizung und Westinghouse-Bremse.

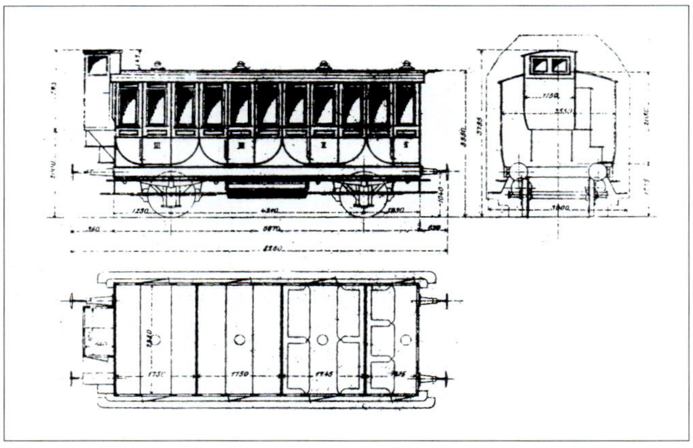

Die zweiachsigen Abteilwagen I./II./III. Klasse ABC von 1860 (Gruppe 24) besaßen beginnend am Wagenende mit dem Bremserhaus zwei Abteile dritter Klasse, dann folgte ein Abteil zweiter Klasse, und am anderen Wagenende befand sich dann das Abteil erster Klasse, das als Halbabteil (Batard-Coupé) ausgebildet war, wobei die Stirnwand vier zusätzliche Fenster hatte. Ursprünglich mit Öllampenbeleuchtung und vielleicht auch mit einer Ofenheizung oder Warmluftheizung ausgestattet, erhielten die Wagen später Gasbeleuchtung, Dampfheizung und Westinghouse-Bremse. Im Jahre 1903 waren noch drei Stück vorhanden.

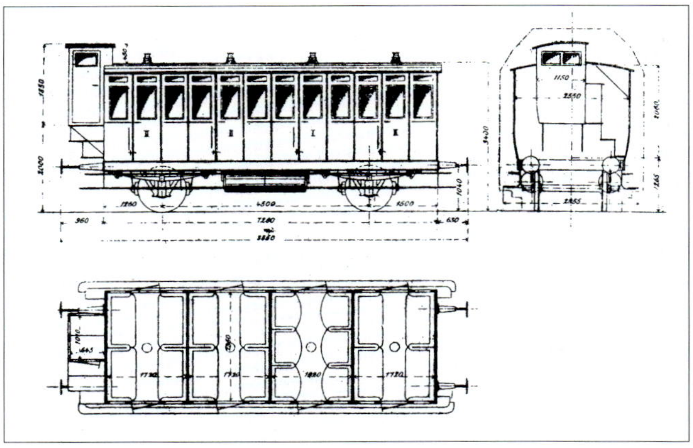

Der zweiachsige Abteilwagen I./II. Klasse AB von 1861 (Gruppe 13, 14, 16, 17) war sozusagen ein Einheitswagen, der in großen Stückzahlen bis 1873 beschafft wurde. Auf der einen Seite des Abteils erster Klasse (Abteiltiefe 1.920 bis 1.980 mm) waren zwei und auf der anderen Seite war ein Abteil zweiter Klasse (Abteiltiefe 1.710 bis 1.740 mm) angeordnet. Das Abteil erster Klasse war bei einigen Wagen mit einer Schlafeinrichtung ausgestattet. Die Wagen besaßen ursprünglich Öllampenbeleuchtung und erhielten 1876/77 eine Warmluftheizung, die später durch Dampfheizung ersetzt wurde. An die Stelle der Öllampenbeleuchtung trat später die Gasbeleuchtung, außerdem wurde später die Westinghouse-Bremse eingebaut. Ab 1895 und dann wieder ab 1905 wurden die Wagen in Abteilwagen dritter Klasse umgebaut, diese kamen dann in die Gruppe 52 bzw. 53 (mit Bremserhaus) bzw. in die Gruppen 49a und 49b, bzw. 49c (mit Bremserhaus). Der Umbau sämtlicher Wagen war gegen 1910 abgeschlossen.

Der im Jahre 1861 von Schmieder & Mayer in Karlsruhe erbaute zweiachsige Abteilwagen AB (Gruppe 14) „Baden 1635" erhielt im Jahre 1876 bei der Schweizerischen Industriegesellschaft in Neuhausen eine Warmluftheizung Bauart Maey-Pape. Die Betriebsnummer ist auf einem Blechschild an der Dachkante in der Wagenmitte angebracht. Unterhalb der Klassenbezeichnung auf jeder Abteiltür ist auch die Abteilbezeichnung in Großbuchstaben mit Farbe direkt auf der Blechverkleidung angeschrieben. Der Langträger weist außer dem Eigentumsmerkmal und der Betriebsnummer keinerlei weitere Anschriften auf.

Aufnahme: Werkfoto FIAT-SIG Neuhausen

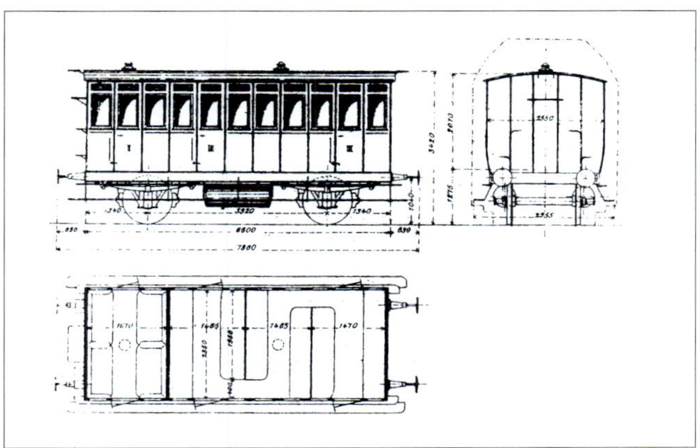

Die Abteilwagen II. Klasse B von 1859 mit drei Abteilen und zwei Aborträumen wurden noch vor 1900 in Abteilwagen II./III. Klasse BC (Gruppe 31, 32) umgebaut, wobei das eine Abteil zweiter Klasse erhalten blieb und an Stelle der beiden anderen Abteile und der beiden Aborträume ein Abteilraum mit drei Abteilen dritter Klasse eingerichtet wurde. Bemerkenswert ist der Einbau von vier kürzeren Sitzbänken in zueinander versetzter Form, wodurch ein Zugang zu sämtlichen Abteilen dritter Klasse möglich war, ähnlich wie bei den Marktwagen (Gruppe 36). Bei dem Umbau wurden auch einige Abteiltüren fest eingebaut. Im Jahre 1903 waren noch acht Wagen vorhanden, die damals mit Gasbeleuchtung, Dampfheizung und Westinghouse-Bremse ausgestattet waren.

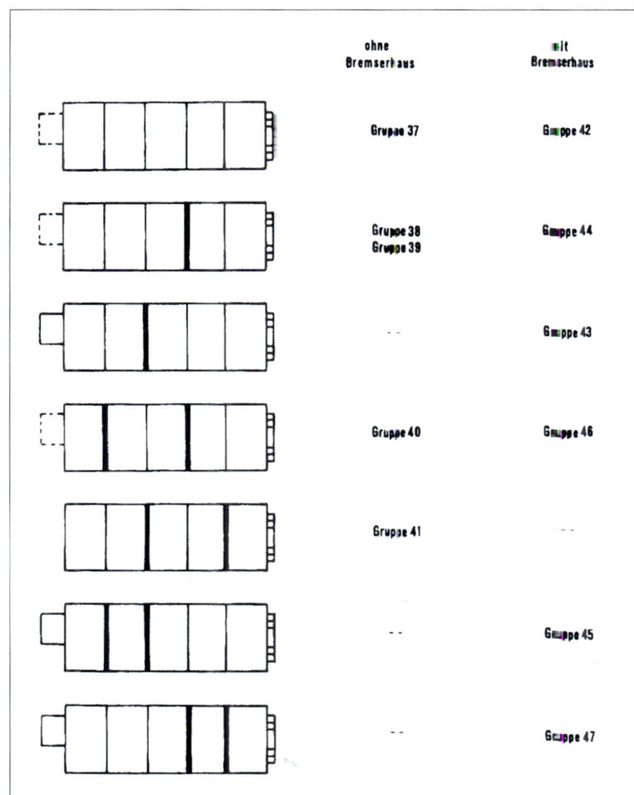

Im Laufe der Jahre wurden in den Abteilraum mit den fünf Abteilen der Abteilwagen III. Klasse, die bis 1874 beschafft wurden, Zwischenwände zur Bildung von geschlossenen Abteilen wie beispielsweise für Nichtraucher, Frauen, usw. eingezogen, womit oftmals der Einbau zusätzlicher Lampen verbunden war. Auch die Heizung sämtlicher Abteile mit einem gemeinsamen Ofen stieß auf Schwierigkeiten, weshalb anzunehmen sein dürfte, daß ein großer Teil der umgebauten Wagen gleichzeitig mit einer Dampfheizung ausgestattet wurde. Die Zeichnung macht deutlich, wie in Abhängigkeit von der Anordnung der Zwischenwände um 1900 Wagen in die einzelnen Gruppen eingeordnet wurden. Zeichnung Jens Freese

etwas unter dem üblichen Maß der damaligen Abteile erster Klasse lag. Mit der Abschaffung der I. Klasse in Personenzügen wurden ab 1905 erneut AB in C umgebaut, diese wurden dann unter den Gruppen 49a und 49b (ohne Bremserhaus) und 49c (mit Bremserhaus) geführt.

Ebenfalls in den Jahren 1861 bis 1873 wurden zweiachsige Abteilwagen III. Klasse in großer Stückzahl beschafft. Diese besaßen bei einer Wagenkastenlänge von 7.000 bzw. 7.070 mm fünf Abteile mit je einer Abteiltiefe von 1.370 bis 1.385 mm, wobei in jedem Abteil 10 Personen auf zwei Sitzbänken Platz fanden. Die Zwischenwände wurden erst später eingebaut, um geschlossene Raucher- und Frauenabteile zu schaffen. Entsprechend der Anordnung der Zwischenwände wurden die umgebauten Wagen in die Gruppen 37 bis 41 (ohne Bremserhaus), bzw. 42 bis 47 (mit Bremserhaus) eingereiht. Im Winter wurde ein Teil der gemeinsamen Sitzbank zweier nebeneinander liegender Abteile herausgenommen und an deren Stelle der Ofen der Wagenheizung aufgestellt.

Ein großer Teil der zweiachsigen Abteilwagen III. Klasse und zwar die ursprünglichen C als auch die in C umgebauten AB kam noch in den Bestand der DRG und wurden auch noch in den ersten Umzeichnungsplan aufgenommen, die Ausmusterung sämtlicher Wagen erfolgte jedoch bis Mitte der zwanziger Jahre.

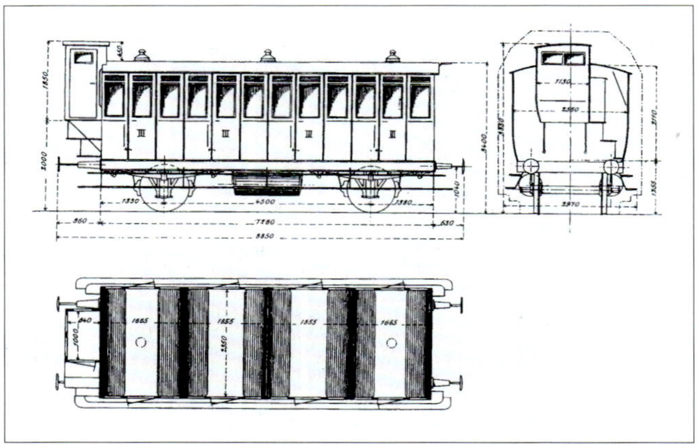

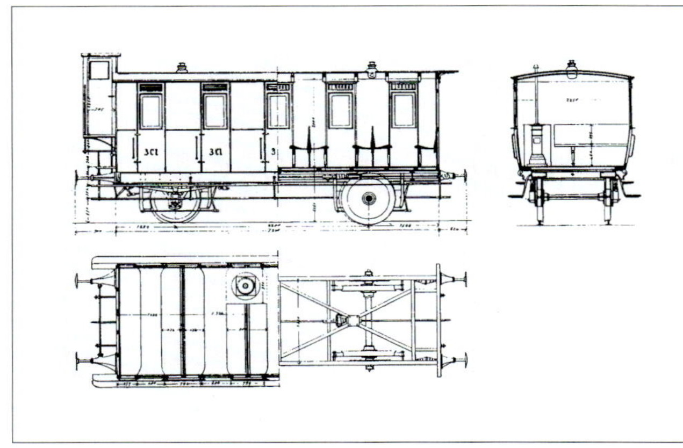

Links oben: Die Abteilwagen I./II. Klasse von 1860 (Gruppe 13, 14, 16, 17) entsprachen gegen Ende des Jahrhunderts technisch und ausstattungsmäßig nicht mehr den Ansprüchen, zumal auch inzwischen genügend moderne Abteilwagen zur Verfügung standen, die mit Lenkachsen ausgerüstet waren. So begann bereits ab 1895 der Umbau der Abteilwagen I./II. Klasse in Abteilwagen III. Klasse, wobei die Polstersitze gegen Holzsitze ausgetauscht wurden. Die damals umgebauten Wagen kamen später in die Gruppe 52 (ohne Bremserhaus) und 53 (mit Bremserhaus). Als im Jahre 1905 die erste Klasse bei Personenzügen entfiel, wurden die restlichen Abteilwagen I./II. Klasse umgebaut und in die Gruppen 49a und 49b (beide ohne Bremserhaus) und 49c (mit Bremserhaus) eingereiht. Bei den Wagen der Gruppe 49b war in der Wagenmitte eine Trennwand vorhanden.

Rechts oben: Der Abteilwagen III. Klasse von 1860 (Gruppe 42).

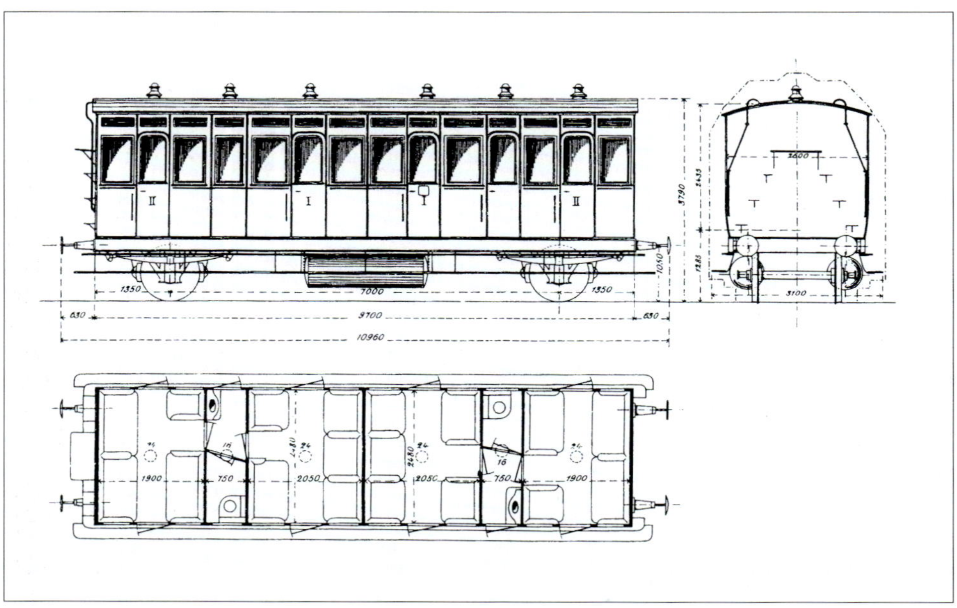

Bei dem zweiachsigen Abteilwagen I./II. Klasse AB von 1891 (Gruppe 19) konnte das eine Abteil erster Klasse auch zur Benutzung in der zweiten Klasse freigegeben werden. Der Wagen besaß in sämtlichen Abteilen eine Schlafeinrichtung und war mit Gasbeleuchtung, Dampfheizung und Westinghouse-Bremse ausgestattet.

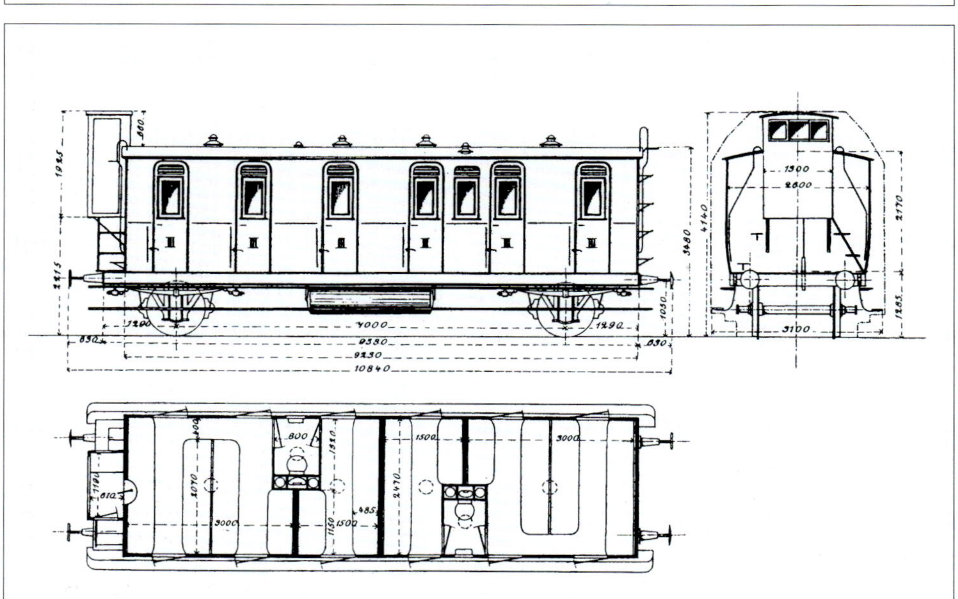

Im Jahre 1891 beschafften die badischen Staatsbahnen zwanzig zweiachsige Abteilwagen III. Klasse C (Gruppe 54), mit denen die im Jahre 1895 von Gastell an die Main-Neckar-Bahn gelieferten Abteilwagen III. Klasse bis auf die auf dem Dach angebrachten Gasbehälter für die Beleuchtung völlig übereinstimmten.

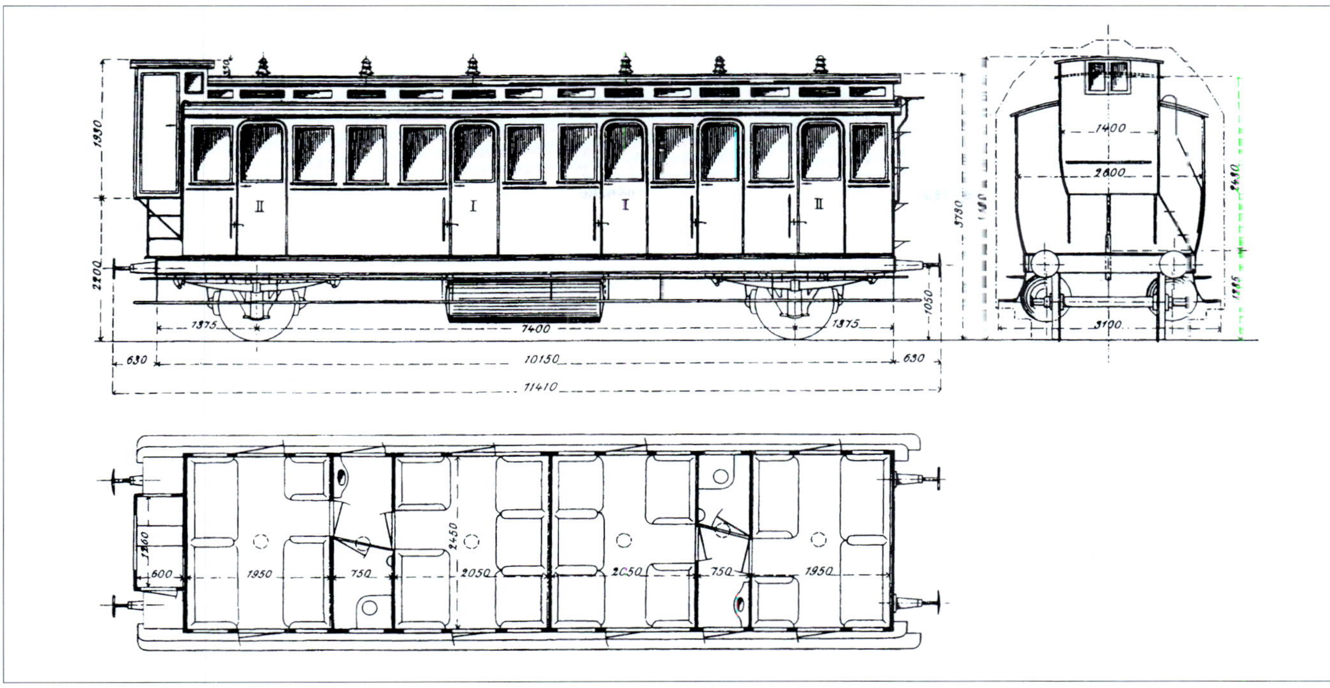

AB von 1885 (Gruppe 20)

7.4.2.1 Zweiachsiger Abteilwagen I./II. Klasse AB von 1895, Gruppe: 21, Blatt: 86, (B Bad 95).

Nachdem im Jahre 1874 die letzten Abteilwagen I./II. Klasse AB (Gruppe: 13) in den Bestand der badischen Staatsbahnen gekommen waren, war für die Zugbildung für längere Zeit ein ausreichender Wagenpark hinsichtlich der Abteilwagen I./II. Klasse vorhanden. Erst im Jahre 1885 wurden wieder Abteilwagen I./II. Klasse beschafft. Diese Wagen waren natürlich den gestiegenen Anforderungen hinsichtlich der Ausstattung angepaßt, auch hinsichtlich der Raumaufteilung wurde den zeitgemäßen Erfordernissen Rechnung getragen, indem besonders die Ansprüche derjenigen Reisenden berücksichtigt wurden, die mit der Dienerschaft zu reisen pflegten. Auf beiden Seiten einer in der Mitte des Wagenkastens angebrachten Trennwand waren je ein Abteil I. Klasse mit einer Abteiltiefe von 2.050 mm und ein Abteil II. Klasse (Abteiltiefe 1.950 mm) mit einem dazwischen liegenden Abortraum und Waschraum angeordnet. Der Waschraum mit einem Waschbecken diente als Vorraum und als Geruchsschleuse für den Abortraum und war zu den beiden benachbarten Abteilen mit je einer Tür abgeschlossen. Eine weitere Tür führte vom Waschraum nach außen. Die Anordnung Abteil I. Klasse – Abortraum/Waschraum – Abteil II. Klasse war deshalb gewählt worden, damit der Herrschaft im Abteil I. Klasse die im benachbarten Abteil II. Klasse reisende Dienerschaft jederzeit zur Verfügung stand. Diese Anordnung wurde bei den Lieferungen von zweiachsigen Abteilwagen I./II. Klasse bis 1897 beibehalten, erst bei den vierachsigen Abteilwagen I./II. Klasse wurde den Abteilen I. Klasse erstmals ein eigener Abortraum zugeordnet. Die Wagen der Gruppe 20 hatten ein dem damaligen Geschmack entsprechendes Laternendach, in dem oberhalb der Außentüren Lüftungsschlitze angebracht waren. Jedes Abteil besaß eine eigene Lampe, während zur Beleuchtung von Waschraum und Abortraum eine gemeinsame Lampe vorhanden war. Die Spindelbremse war in einem Bremserhaus untergebracht. Die Wagen hatten ursprünglich einen Achsstand von 5.500 mm, als dann die Lenkachse in Verbindung mit einem entsprechend großen Radstand aufkam, durch die eine bessere Laufruhe der Wagen auch bei höheren Geschwindigkeiten erzielt wurde, wurden Lenkachsen eingebaut und der Achsstand von 5.500 mm zunächst auf 6.300 mm und schließlich auf 7.400 mm vergrößert. Bereits im Jahre 1906 wurden diese Wagen zu reinen II.-Klasse-Wagen umgebaut. Stationiert waren die Wagen in Heidelberg, Karlsruhe, Lauda und Mannheim, später auch in Appenweier. Einige Wagen wurden noch in den zweiten Umzeichnungsplan aufgenommen, sie wurden jedoch kurz darauf ausgemustert.

In den Jahren 1889/90 erfolgte eine weitere Beschaffung von Abteilwagen I./II. Klasse AB (Gruppe: 18). Bei diesen Wagen wurde die Raumaufteilung einschließlich der Abmessungen übernommen, lediglich die Tiefe der Abteile II. Klasse wurde auf 1.900 mm verringert gegenüber derjenigen bei den Wagen der Gruppe 20 (1.950 mm). Das Bremserhaus entfiel, und an seine Stelle trat ein offener Bremsersitz offenbar aus Kostengründen, denn die Wagen waren bereits mit der Westinghouse-Bremse ausgerüstet. Das Laternendach wurde ebenfalls beibehalten. Ein Abteil I. Klasse konnte bedarfsweise auch als Abteil II. Klasse benutzt werden, als Hinweis diente ein entsprechend beschriftetes Klapptäfelchen. In den Abteilen war diesmal eine

Technische Daten	
Beschaffungsjahre:	1895 und 1897
Hersteller:	siehe Einzelnachweis
Betriebsnummern:	Baden 11 116 – 11 121, 11 823 - 11 827
Beschaffte Stückzahl:	11
Sitzplätze I. Klasse:	10
Sitzplätze II. Klasse:	14 (18 Offiziere)
Sitzplätze III. Klasse:	-
Anzahl der Abteile:	4
Platzteilung:	1, 2, 3, 4,
Aborte:	2
Waschräume:	2
Länge über Puffer:	11. 610 mm
Wagenkastenlänge:	10.350 mm
Wagenkastenbreite:	2.670 mm
Achsstand:	7.400 mm
Drehgestellbauart:	-
Drehzapfenabstand:	-
Anzahl der Achsen:	2 (Lenkachsen A4)
Fußbodenh. ü. Schienenoberkante:	1.285 mm
Bremse:	Westinghouse, Spindelbremse
Heizung:	Dampf
Beleuchtung:	Gas, 3 Flammen, 760 - 850 l, 31 – 35 Brennstunden
Gewicht:	16 100 kg
Beschaffungspreis:	13.560 - 15.770 Mark

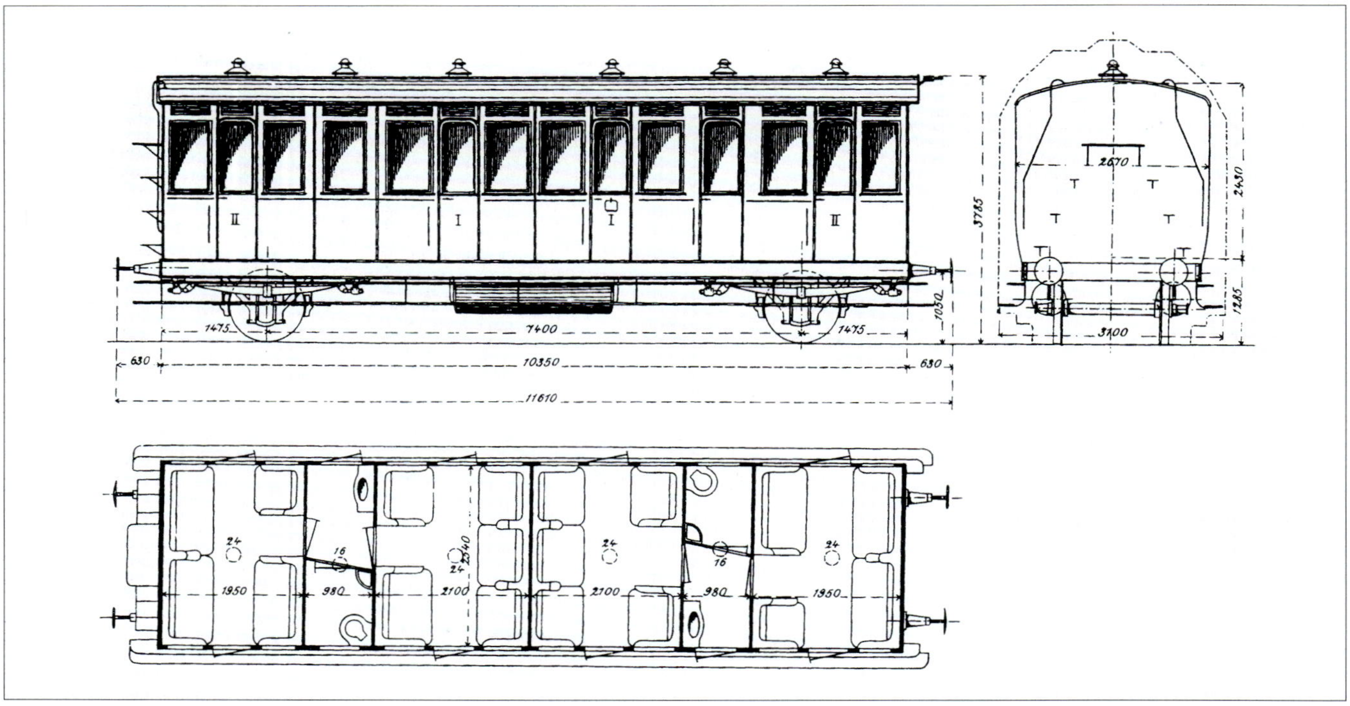

AB von 1895 (Gruppe 21)

Schlafeinrichtung vorhanden. Auf dem Dach des Oberlichtaufbaus war auf beiden Seiten ein Schutzgeländer für das Bahnpersonal angebracht, das die Lampen auf dem Dach anzünden konnte, ohne dabei die Abteile betreten zu müssen. Die im Jahre 1889 beschafften Wagen waren ab Werk mit einem Achsstand von 5.500 mm geliefert worden, später wurde dieser auf 7.000 mm verlängert. Die im Jahre 1890 gelieferten Wagen besaßen bereits einen Achsstand von 6.300 mm, dieser wurde später ebenfalls auf 7.000 mm verlängert. Stationiert waren die Wagen, die 1906 zu reinen II.-Klasse-Wagen wurden, in Appenweier, Freiburg, Heidelberg, Karlsruhe, Konstanz und Mannheim. Nur zwei Wagen wurden noch in den zweiten Umzeichnungsplan aufgenommen, jedoch kurz darauf bereits ausgemustert (siehe Seite 43).

Im Jahre 1891 wurden weitere zehn Abteilwagen I./II. Klasse (Gruppe: 19) für Schnellzüge beschafft, die in der Raumaufteilung und in deren Maßen mit den Abteilwagen I./II. Klasse von 1885 völlig übereinstimmten. Lediglich das Laternendach war durch das leicht gewölbte Flachdach ersetzt worden. Die Abteile wiesen eine Schlafeinrichtung auf. Das eine Abteil I. Klasse konnte auch zur Benutzung als Abteil II. Klasse freigegeben werden, hierzu diente ein Klapptäfelchen an der betreffenden Abteiltür. Der Bremsersitz war wieder offen, wie bei den 1889/90 gelieferten Abteilwagen I./II. Klasse AB(Gruppe: 18). Ursprünglich hatten die Wagen einen Achsstand von 6.300 mm, der durch Umbau auf 7.000 mm vergrößert wurde. Die Wagen waren in Appenweier, Freiburg, Heidelberg, Karlsruhe, Neckarelz und Pforzheim stationiert. Im Jahre 1906 wurden die Abteilwagen I./II. Klasse zu reinen Abteilwagen II. Klasse umgebaut.

Schließlich wurden in den Jahren 1895 und 1897 noch einmal Abteilwagen I./II. Klasse AB (Gruppe 21) für Schnellzüge beschafft. In der Raumaufteilung und in den Abmessungen der Räume entsprachen sie genau denjenigen Abteilwagen I./II. Klasse AB, die im Jahre 1885 in den Bestand kamen (Gruppe: 20). Bereits ab Werk hatten sie einen Achsstand von 7.400 mm erhalten. Die Abteile wiesen eine Schlafeinrichtung auf, ein Abteil I. Klasse konnte auch zur Benutzung in der zweiten Klasse freigegeben werden, hierzu diente ein Klapptäfelchen an der betreffenden Abteiltür. Es war ein offener Bremsersitz vorhanden. Das Dach war als schwach gewölbtes Flachdach ausgebildet, das in einer Rundung in die Seitenwand überging. Zur Entlüftung dienten Lüftungsschlitze, die oberhalb jedes Fensters angebracht waren. Sämtliche Wagen wurden bereits 1906 in reine II.-Klasse-Wagen umgebaut. Die Abteilwagen waren in Baden-Baden, Karlsruhe, Konstanz und Mannheim stationiert.

C von 1895 (Gruppe 55)
Aufnahme:
Sammlung Jens Freese

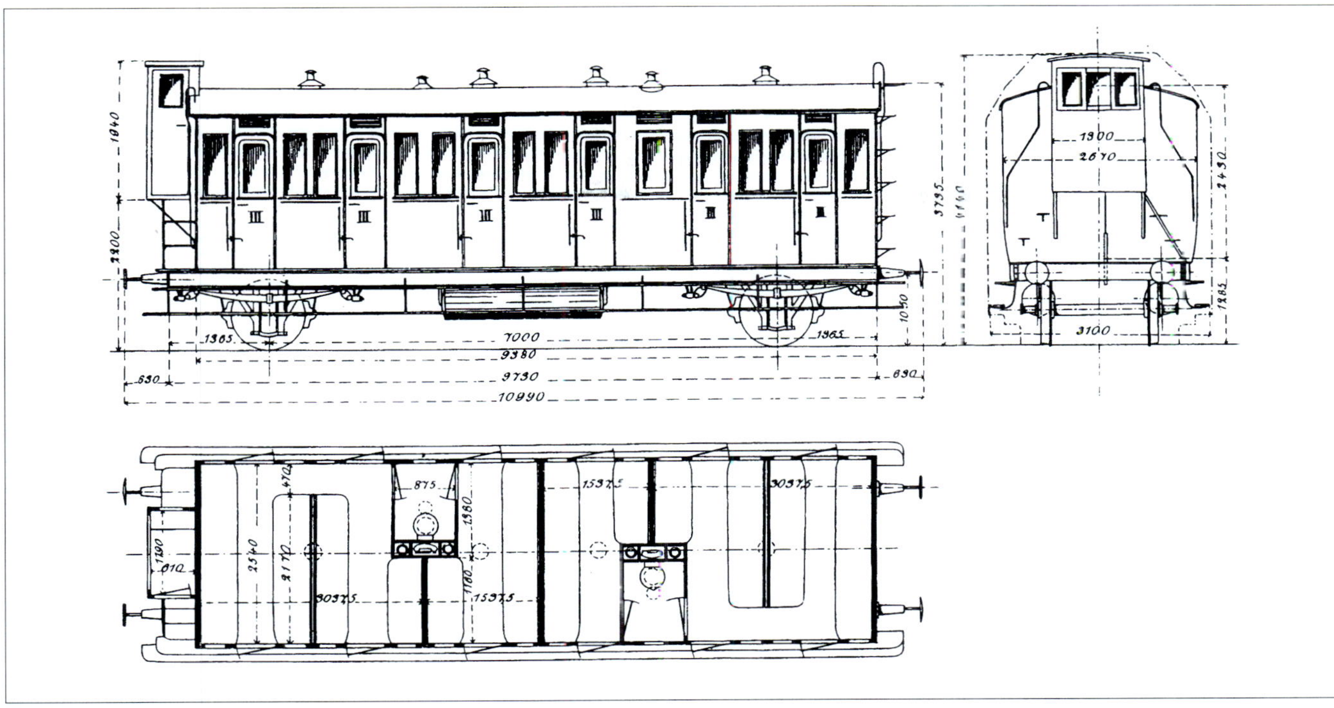

7.4.2.2 Zweiachsiger Abteilwagen III. Klasse C von 1895, Gruppe: 55, Blatt: 111, (C Bad 95).

Nachdem im Jahre 1874 die letzten Abteilwagen III. Klasse C in den Wagenbestand der badischen Staatsbahnen gekommen waren, sollte es bis 1891 dauern, daß neue derartige Abteilwagen beschafft wurden. Offenbar reichte der Bestand für die Zugbildung bis dahin aus, die inzwischen eingeführten Lenkachsen erlaubten jedoch eine höhere Geschwindigkeit, ohne daß die Laufruhe darunter litt, so daß zum Einsatz in Schnellzügen, die bis dahin nur aus Abteilwagen I./II. Klasse AB mit Lenkachsen gebildet wurden, nun auch derartige Abteilwagen III. Klasse C benötigt wurden. Neu war die Einrichtung von zwei Aborträumen, die jeweils drei Abteilen zugeordnet waren. Die Abteiltiefe lag zwar jetzt bei 1.500 mm, aber wie bei den bisherigen Abteilwagen III. Klasse, die seit 1860 beschafft worden waren, konnte das Tageslicht nur durch das Fenster in der Abteiltür in das Innere des Abteils dringen. Die Lüftungsschlitze waren oberhalb der Fenster, jedoch innerhalb der Abteiltür angeordnet. Die Wagen besaßen das übliche leicht gewölbte Flachdach und hatten ursprünglich ab Werk nur einen Achsstand von 6.300 mm erhalten, der später dann im Rahmen eines Umbaus auf 7.000 mm verlängert wurde. Es ist noch bemerkenswert, daß die Main-Neckar-Bahn in den Jahren 1891 bis 1895 dreißig identische Abteilwagen III. Klasse C von Gastell in Mainz beschaffte, bei denen lediglich im Unterschied zu den badischen Abteilwagen aus Gründen der Sicherheit die Gasbehälter auf dem Dach untergebracht waren, wie dies damals auch bei der Paris-Lyon-Mittelmeer-Bahn (PLM) der Fall war. Stationiert waren die badischen Abteilwagen III. Klasse der Gruppe 54 in Baden-Baden, Bruchsal, Freiburg und Karlsruhe. Sämtliche Wagen befanden sich Ende der zwanziger Jahre nicht mehr im Bestand der Reisezugwagen der Deutschen Reichsbahn (siehe Seite 132).

Die zwanzig im Jahre 1891 beschafften Abteilwagen III. Klasse C (Gruppe 54) mit Lenkachsen reichten offenbar auf die Dauer nicht aus, andererseits wollte man erst einmal mehr Erfahrung mit den Lenkachsen und dem größeren Radstand sammeln, deshalb kam es erst ab 1895 zu weiteren Bestellungen. Die neuen Wagen stimmten in der Raumaufteilung völlig und in den Abmessungen nahezu völlig mit den im Jahre 1891 beschafften Abteilwagen III. Klasse (Gruppe 54) überein. Eine erfreuliche Verbesserung stellten die zusätzlichen Fenster dar, die beiderseits der Abteiltür angeordnet waren, wie dies schon immer in der ersten und zweiten Klasse der Fall gewesen war. Oberhalb der Abteiltüren und der Abortfenster waren Lüftungsschlitze angebracht, da sich offenbar deren Anordnung in der Tür bei der Bauart von 1891 nicht bewährt hat. Zur Vergrößerung des Luftraumes erhielten die Wagen ein stärker gewölbtes Dach, wodurch die Dachhöhe um 30 mm erhöht wurde. Das Dach ging in einem kurzen Bogen in die Seitenwand über, wobei von einem echten Korbbogendach noch nicht gesprochen werden konnte. Ob die Wagen schon im Werk einen Achsstand von 7.000 mm erhalten haben oder ob dieser erst später im Rahmen eines Umbaus von 6.300 mm auf 7.000 mm verlängert wurde, läßt sich nicht mehr feststellen. Stationiert waren die Wagen in Appenweier, Karlsruhe und Lauda. Vier Wagen wurden bereits zwischen 1935 und 1940 ausgemustert, ein Wagen hatte dagegen eine ausgesprochene lange Lebensdauer, er schied erst 1953 aus dem Bestand

Technische Daten

Beschaffungsjahre:	1895 - 1897
Hersteller:	siehe Einzelnachweis
Betriebsnummern:	siehe Einzelnachweis
Beschaffte Stückzahl:	26
Sitzplätze I. Klasse:	-
Sitzplätze II. Klasse:	-
Sitzplätze III. Klasse:	44 (36 Mann)
Anzahl der Abteile:	6
Platzteilung:	2, 4, 5
Aborte:	2
Waschräume:	-
Länge über Puffer:	10.990 mm
Wagenkastenlänge:	9.730 mm
Wagenkastenbreite:	2.670 mm
Achsstand:	7.000 mm
Drehgestellbauart:	-
Drehzapfenabstand:	-
Anzahl der Achsen:	2 (Lenkachsen A4)
Fußbodenh. ü. Schienenoberkante:	1.285 mm
Bremse:	Westinghouse, Spindelbremse
Heizung:	Dampf
Beleuchtung:	Gas, 6 Flammen, 760 l, 34 Brennstunden
Gewicht:	14.200 kg
Beschaffungspreis:	9.360 - 10.040 Mark

7.5 Durchgangswagen mit offenen Übergängen

Es lag wohl in erster Linie an der geographischen Lage Badens, daß der Fernverkehr auf der badischen Hauptbahn eine viel größere Rolle als bei anderen Verwaltungen spielte, bei der Main-Neckar-Bahn lagen die Verhältnisse ähnlich. Für den Fernverkehr war in der Anfangszeit der Eisenbahn der Abteilwagen nun einmal das ideale Beförderungsmittel, die Reisenden waren im Abteil ungestört unter sich. So ist auch zu verstehen, daß der Durchgangswagen sich in diesem Teil Süddeutschlands erst nach 1870 und dann anfänglich nur auf Nebenstrecken durchsetzte.

7.5.1 Vier- und dreiachsige Durchgangswagen mit offenen Übergängen

Es sollte bis fast zum Ende des 19. Jahrhunderts dauern, bis auch in Baden vierachsige Durchgangswagen mit offenen Übergängen eingeführt wurden, die bei den Bahnen Württembergs und der Schweiz schon seit Beginn des Eisenbahnzeitalters im Betrieb waren und sich offenbar trotz ihrer Nachteile auch bei den Reisenden großer Beliebtheit erfreuten. Die badischen Staatsbahnen hatten zwar seit 1868 auch zwei vierachsige Durchgangswagen in ihrem Wagenpark, aber weitere kamen nicht hinzu. Der Grund für deren Beschaffung ist nicht bekannt, ebensowenig ihr ursprünglicher Einsatz. Wenn man sich auf die Angaben der Wagenverzeichnisse verlassen kann, so wurden diese bereits 1866 von Schmieder & Mayer erbaut, aber erst zwei Jahre später von den badischen Staatsbahnen übernommen. Denn zu diesem Zeitpunkt erscheinen sie erstmals in der Wagenstatistik. Um Spekulationsbauten oder Versuchswagen der bekannten Waggonbaufirma kann es sich wohl auch nicht gehandelt haben, da zwei Wagen erbaut wurden. Die Mehrklassigkeit der Wagen spricht auch gegen einen gemeinsamen Einsatz im selben Zugverband. So bleibt nur die Vermutung, daß die Wagen eventuell von einer anderen Verwaltung oder einer Privatbahn bestellt und dann jedoch nicht von dieser übernommen wurden. Die Wagen besaßen zwar offene Plattformen, eine Übergangsmöglichkeit zum nächsten Wagen war jedoch ursprünglich nicht vorhanden, es waren deshalb ABCC. Die stählernen Langträger des Untergestells besaßen zur Wagenmitte hin eine Verstärkung gegen das Durchbiegen in Form einer fischbauchartigen Auswölbung, ein Sprengwerk war nicht vorhanden, die Pufferbohlen und sonstigen Verstrebungen des Untergestells bestanden aus Holz. Der Wagenkasten mit Mittelgang war in vier Abschnitte aufgeteilt, am einen Wagenende befand sich ein Abteil II. Klasse mit 8 Plätzen (Abteiltiefe: 1.740 mm), daran schloß sich ein halbes Abteil I. Klasse mit 2 Plätzen (Abteiltiefe: 1.340 mm) an, in der Wagenmitte war ein erster Abteilraum III. Klasse mit 2 Abteilen mit jeweils einer Abteiltiefe von 1.500 mm, und zum anderen Wagenende hin war ein weiterer Abteilraum III. Klasse mit 4 Abteilen vorhanden, deren Abteiltiefe zwischen 1.290 und 1.320 mm lag. Durch den Mittelgang bedingt waren auch hier die Sitzplätze pro Bank auf zwei beschränkt. Oberhalb der Fenster waren Lüftungsschlitze angebracht. Die ursprüngliche Beleuchtung war spärlich, die Öllampen waren sämtlich in den Stirnwänden und in den Trennwänden angebracht und beleuchteten so jeweils die angrenzenden Räume. Beim Einbau der Gasbeleuchtung in einem der beiden Wagen erhielten die beiden Plattformen, die Abteile I. und II. Klasse und der kleinere Abteilraum III. Klasse je eine Lampe, während der größere Abteilraum III. Klasse mit zwei Lampen beleuchtet wurde. An beiden Wagenenden befand sich auf der Plattform eine Spindelbremse. Im Jahre 1873 wurde der kleinere Abteilraum III. Klasse zu einem Gepäckabteil umgebaut, dieser Zustand blieb bis 1899 erhalten, dann wurde an dessen Stelle wieder ein Abteilraum III. Klasse eingerichtet. Im Wagenverzeichnis von 1902 sind die Wagen unter der Gruppe 93 eingereiht. Das Abteil I. Klasse wurde spätestens kurz nach der Jahrhundertwende zu einem solchen II. Klasse, 1913 wurden die Wagen dann zu reinen III.-Klasse-Wagen CCi (Gruppe 108a) umgebaut, wobei inzwischen wohl auch Übergangsmöglichkeiten zum nächsten Wagen eingebaut worden sind. Bis zu Ihrer Ausmusterung im Jahre 1917 waren die beiden Wagen in Walldürn, Sinsheim und Radolfzell stationiert.

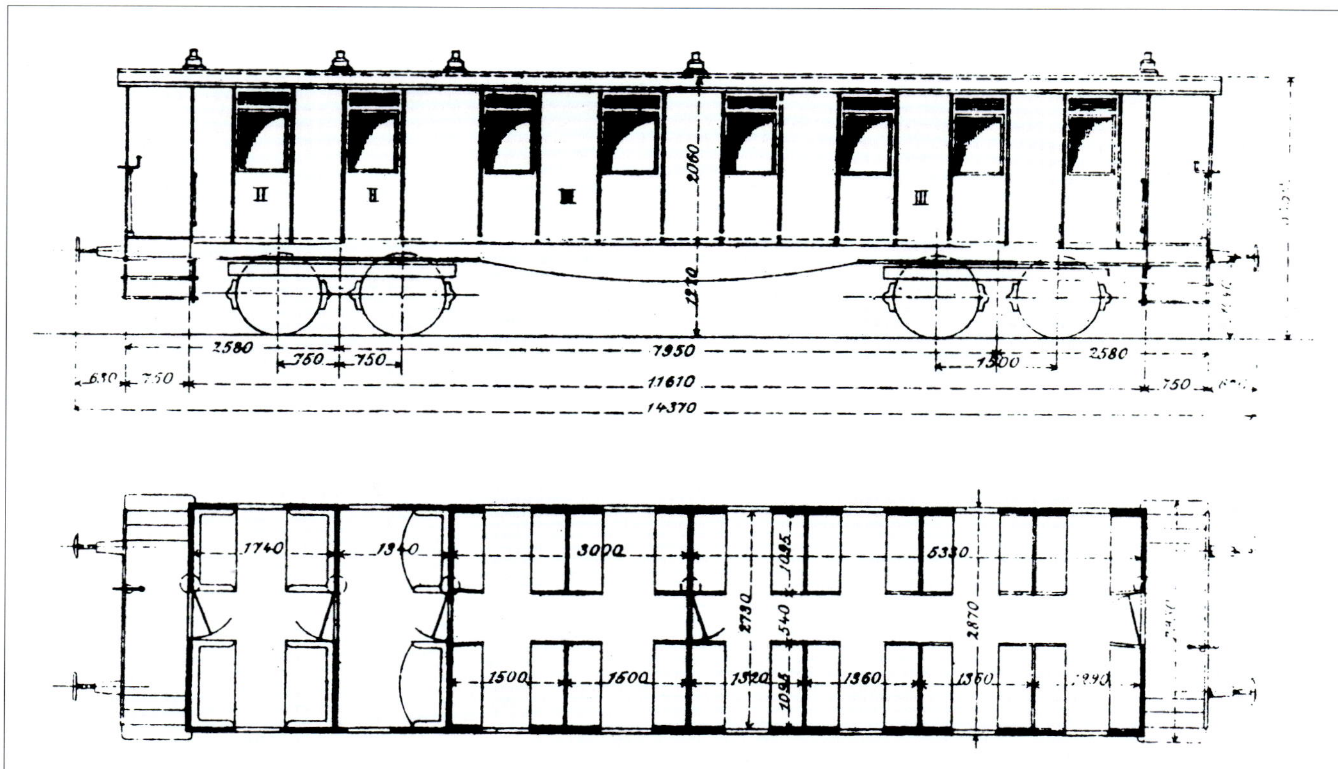

Bei den benachbarten Reichseisenbahnen Elsaß-Lothringen entschloß man sich erst spät zur Einführung vierachsiger Durchgangswagen mit offenen Übergängen. Die Abbildung zeigt den Wagen Nr. 988 als letzten einer Serie von zehn ABBi, die im Jahre 1907 von Gastell geliefert wurden. Aufnahme: Sammlung Jens Freese

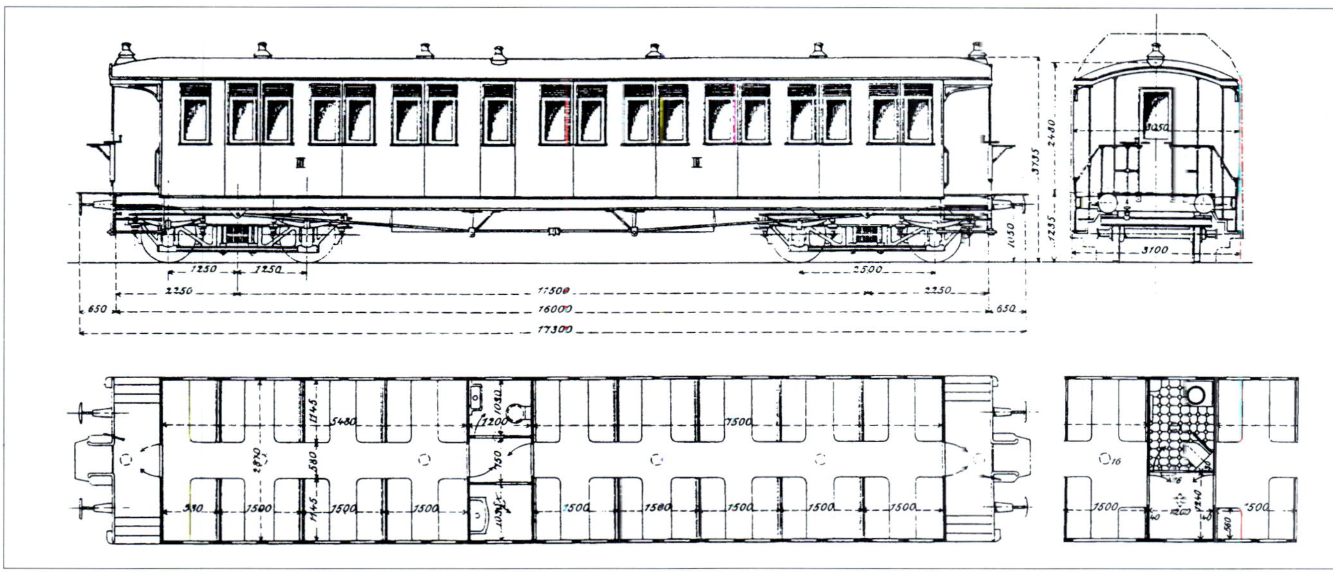

CCi von 1897 (Gruppe 109)

7.5.1.1 Vierachsiger Durchgangswagen mit offenen Übergängen I./II. Klasse ABBi von 1896, Gruppe: 73, Blatt: 21, (B4i Bad 96).

Nachdem die Erwartungen der Verwaltung der badischen Staatsbahnen hinsichtlich der Laufeigenschaften der ersten im Jahre 1893 bestellten vierachsigen Reisezugwagen in Form der vierachsigen Abteilwagen I./II. Klasse ABB von 1893 (Gruppe 22 und 23) und III. Klasse CC (Gruppe 56) so bitter enttäuscht worden waren, ging nicht nur der Auftrag für die ersten D-Zugwagen I./II. Klasse ABBü (Gruppe 77) im Jahre 1894, sondern im Jahre 1896 auch der Auftrag für die ersten vierachsigen Durchgangswagen mit offenen Übergängen an einen ausländischen Hersteller.

Diese Wagen wiesen zum ersten Mal die äußeren Merkmale auf, die für die Zukunft den badischen Durchgangswagen ein eigenes Gepräge geben sollten, nämlich das Korbbogendach und die typische Form der Dachstütze. Die paarweise Anordnung der Abteilfenster (Zwillingsfenster mit Metallrahmen mit jeweils einer Breite von 650 mm) entsprach dem damaligen Geschmack. Über den 600 mm breiten Mittelgang waren an einem Wagenende zwei Abteile I. Klasse mit einer Abteiltiefe von 1.950 mm und in zwei durch eine Zwischenwand getrennte Abteilräume mit zwei bzw. drei Abteilen II. Klasse (Abteiltiefe: 1.800 mm) erreichbar. Zwischen dem einen Abteil I. Klasse und dem Abteilraum mit 2 Abteilen II. Klasse lag ein Vorraum mit Waschbecken, der auch als Geruchsschleuse wirkte und von dem der Abortraum erreichbar war. Oberhalb der Fenster

Technische Daten

Beschaffungsjahr:	1896
Hersteller:	La Métallurgique, Brüssel
Betriebsnummern:	11 110 - 11 115
Beschaffte Stückzahl:	6
Sitzplätze I. Klasse:	12 } 32 Offiziere später 11
Sitzplätze II. Klasse:	40
Sitzplätze III. Klasse:	-
Anzahl der Abteile:	6
Platzteilung:	1+2, 2+2, später 0+2, 1+2, 2+2, 1+3
Aborte:	1
Waschräume:	1, später entfallen
Länge über Puffer:	17.310 mm
Wagenkastenlänge:	14.380 mm
Wagenkastenbreite:	3.050 mm
Achsstand:	2.500 mm
Drehgestellbauart:	1b
Drehzapfenabstand:	11.500 mm
Anzahl der Achsen:	4
Fußbodenh. ü. Schienenoberkante:	1.250 mm
Bremse:	Westinghouse, Spindelbremse
Heizung:	Dampf
Beleuchtung:	Gas, 10 Flammen, 1.650 l, 40 Brennstunden
Gewicht:	30.600 kg
Beschaffungspreis:	28.940 Mark

Aufnahme: Sammlung Jens Freese

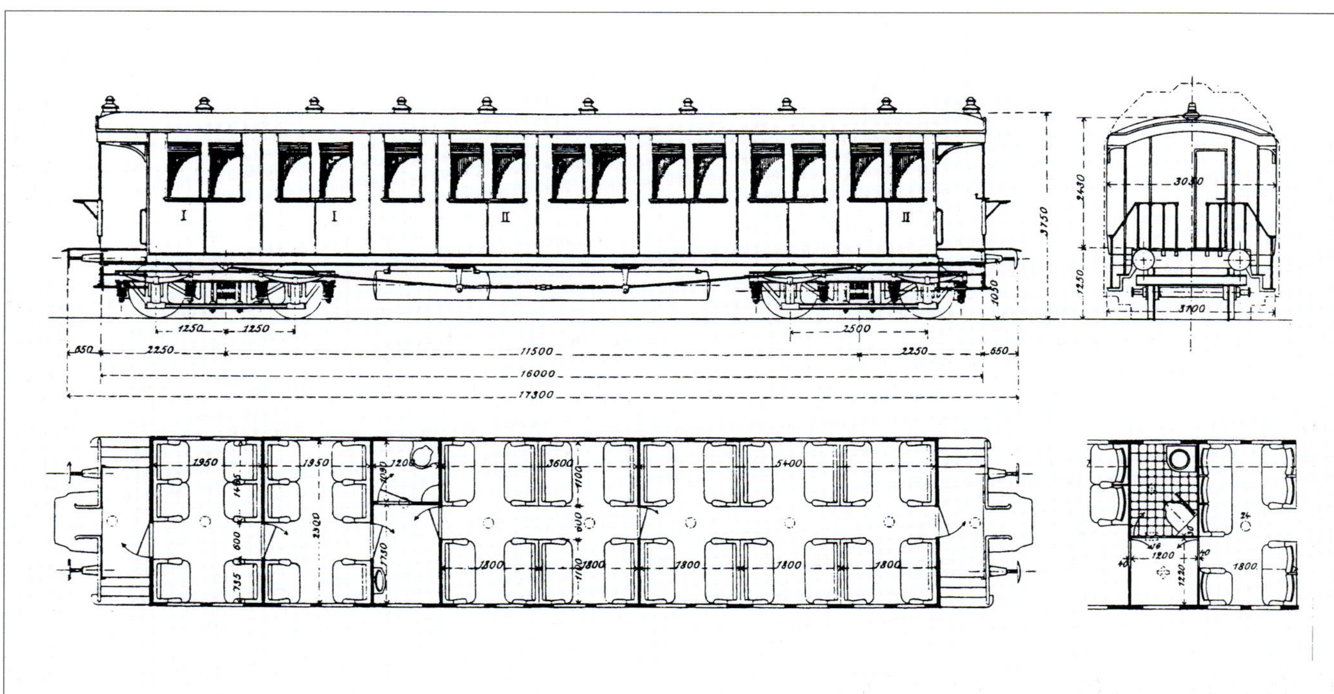

waren Lüftungsschlitze angebracht. Der Abortraum wurde gegen 1908 umgebaut, dabei wurde die Breite von 1.090 mm auf 1.200 mm vergrößert und das Waschbecken in den Abortraum verlegt, dessen Fußboden mit Mettlacher Kacheln belegt wurde. Außerdem wurde ein Wasservorratsbehälter, der am Waschbecken angeschlossen war und auch das Wasser zum Spülen des Leibstuhls lieferte, eingebaut. Die durch die Vergrößerung des Abortraumes verursachte entsprechende Verkleinerung des Vorraumes machte auch ein Versetzen der beiden Türen zum Mittelgang notwendig, dadurch entfiel in dem angrenzenden Abteil I. Klasse ein Sitzplatz, während die eine zweisitzige Bank im angrenzenden Abteil II. Klasse durch eine dreisitzige und die andere durch einen Einzelsitz ersetzt wurde.

Die Laufeigenschaften der Drehgestelle der Bauart 1b erfüllten ebenso wie bei den D-Zugwagen ABBü von 1894 (Gruppe 75) auch bei den vierachsigen Durchgangswagen die Erwartungen der Verwaltung der badischen Staatsbahnen. Die Wagen waren in Appenweier, Baden-Baden, Basel, Mannheim und Radolfzell stationiert. Anfang der zwanziger Jahre wurden die Wagen zu reinen II. Klasse-Wagen umgebaut und bis Mitte der dreißiger Jahre ausgemustert.

Aufnahme: Verkehrsmuseum Nürnberg

7.5.1.2 Vierachsiger Durchgangswagen mit offenen Übergängen I./II. Klasse ABBi von 1899, Gruppe: 74, Blatt: 22, (B4i Bad 99) später Blatt: 24a, (BC4i Bad 99/27).

Nachdem sich die ersten vierachsigen Durchgangswagen I./II. Klasse ABBi von 1896 (Gruppe 73) im Betrieb bewährt hatten, wurden 1899/1900 weitere 22 vierachsige Durchgangswagen mit offenen Übergängen I./II. Klasse beschafft, die, von ganz geringen Abweichungen in einigen Abmessungen abgesehen, völlig mit den Vorgängern übereinstimmten. Am einen Wagenende befanden sich zwei Abteile I. Klasse mit einer Abteiltiefe von 1.950 mm, die durch eine Zwischenwand mit einer Flügeltür voneinander getrennt waren. Der Mittelgang hatte eine Breite von 600 mm. Daran schloß sich ein Vorraum an, der durch eine Flügeltür betreten wurde. Vom Vorraum, in dem ein Waschbecken angebracht war, erfolgte der Zugang zum Abortraum durch eine Flügeltür, der Vorraum diente gleichzeitig als Geruchsschleuse. Der Abortraum war mit einem Leibstuhl und einem Urinal ausgestattet. Vom Vorraum führte eine weitere Flügeltür zu dem kleineren Abteilraum II. Klasse mit zwei Abteilen und gelangte man durch eine weitere Tür zu einem größeren Abteilraum mit vier Abteilen II. Klasse, die jeweils eine Abteiltiefe von 1800 aufwiesen. Die Breite des Mittelgangs im Bereich der Abteilräume II. Klasse betrug 575 mm. Oberhalb der Fenster, die Metallrahmen besaßen, waren Lüftungsschlitze angebracht. Jedes Abteil besaß eine eigene Lampe, für den Vorraum und den Abortraum war eine gemeinsame Lampe vorhanden. In den Jahren 1908/09 wurde der Abortraum in seiner Breite von 1.110 mm auf 1590 mm vergrößert, der Fußboden mit Mettlacher Kacheln belegt und mit einem unter dem Dach angebrachten Wasservorratsbehälter versehen, der an dem in den Abortraum verlegten Waschbecken und an der Spülung des Leibstuhls angeschlossen war. Das Urinal im Abortraum wurde entfernt. Für jedes Abteil I. Klasse, für den Vorraum, für den Abortraum, und für den kleineren Abteilraum II. Klasse wurde auf dem Dach ein Torpedo-Lüfter eingebaut, der größere Abteilraum II. Klasse erhielt zwei derartige Lüfter. Obwohl dies nicht aus der Zeichnung hervorgeht, dürften damals in diesem Zusammenhang auch die Lüftungsschlitze oberhalb der Fenster verschlossen und die Luftschieber entfernt worden sein. Die Vergrößerung des Abortraumes und die damit verbundene Verkleinerung des Vorraumes hatte eine Verschiebung der zu den beiden Mittelgängen führenden Flügeltüren zur Folge, dadurch entfiel in dem angrenzenden Abteil I. Klasse der Einzelsitz, während im angrenzenden Abteil II. Klasse an Stelle der Sitzanordnung 2+2 eine solche 1+3 eingebaut wurde. Die Wagen waren in Appenweier, Ba-

Technische Daten		
Beschaffungsjahre:		1899 - 1900
Hersteller:		Schmieder & Mayer, Karlsruhe
Betriebsnummern:		13 017 - 13 031, 13 073 - 13 079
Beschaffte Stückzahl:		22
Sitzplätze I. Klasse:	12 } 32 Offiziere	dann 11, später 0
Sitzplätze II. Klasse:	40 } 32 Offiziere	dann 51, später 11
Sitzplätze III. Klasse:		später 40
Anzahl der Abteile:		7
Platzteilung:		1+2, 2+2, später 0+2, 1+2, 2+2, 1+3
Aborte:		1
Waschräume:		1 später entfallen
Länge über Puffer:		17.310 mm
Wagenkastenlänge:		14.380 mm
Wagenkastenbreite:		3.000 mm
Achsstand:		2.500 mm
Drehgestellbauart:		1b
Drehzapfenabstand:		11.000 mm
Anzahl der Achsen:		4
Fußbodenh. über Schienenoberkante:		1.250 mm
Bremse:		Westinghouse, teilweise zusätzl. Henry, 2 Spindelbremsen
Heizung:		Dampf
Beleuchtung:		Gas, 10 Flammen, 1.640 l, 40 Brennstunden
Gewicht:		30.720 kg
Beschaffungspreis:		27.830 Mark

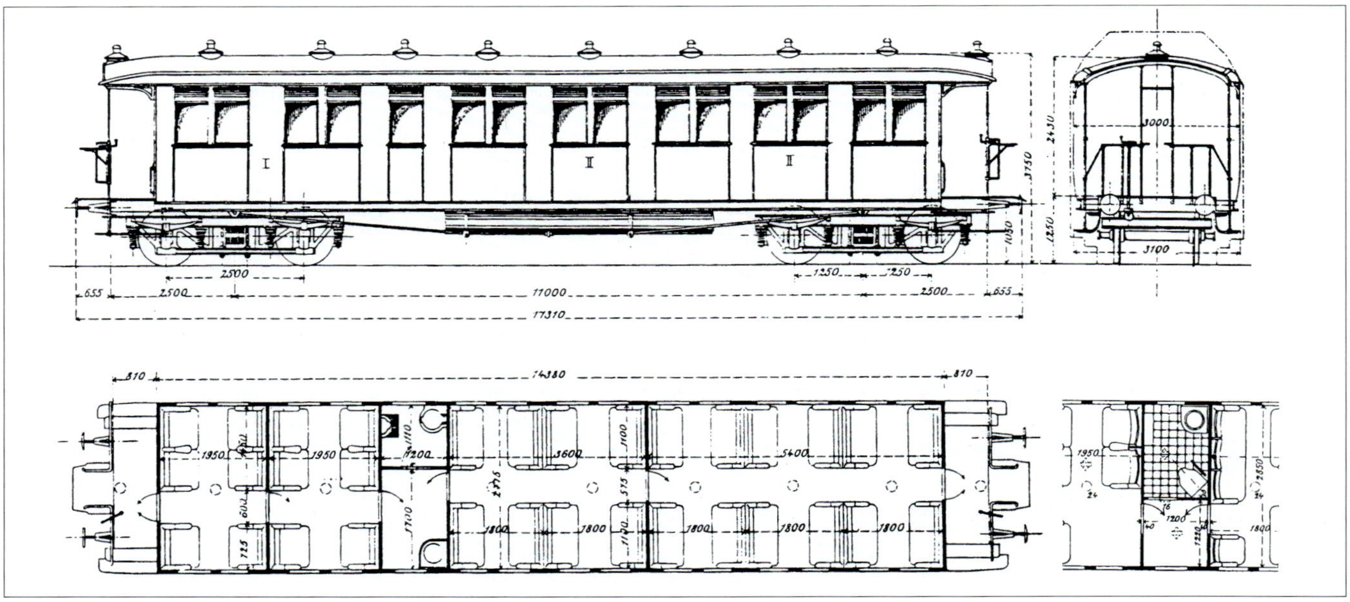

den-Baden, Basel, Freiburg, Heidelberg, Karlsruhe, Mannheim und Offenburg stationiert. Anfang der zwanziger Jahre erfolgte der Umbau zu reinen II. Klasse-Wagen. Im Jahre 1927 wurden die Wagen erneut umgebaut, wobei in die bisherigen beiden Abteilräume II. Klasse Holzsitze für die III. Klasse eingebaut wurden. Der Umbau in BC4i hatte auch eine Umnummerierung im ersten Umzeichnungsplan zur Folge. Die Mehrzahl der Wagen wurde erst in den fünfziger Jahren ausgemustert.

Aufnahme: Sammlung Jens Freese

7.5.1.3 Vierachsiger Durchgangswagen mit offenen Übergängen I./II. Klasse ABBi von 1903, Gruppe: 74a, Blatt: 23, (B4i Bad 03).

Erst im Jahre 1903 wurden weitere vierachsige Durchgangswagen I./II. Klasse mit offenen Übergängen beschafft, die sich etwas von den Vorgängern der Gruppe 73 und 74 unterschieden. Die Wagen hatten große Fenster wie bei den D-Zugwagen und besaßen erstmalig schon werksseitig eingebaute Torpedo-Lüfter. Die Seitenwand war bis zur Unterkante des Langträgers heruntergezogen. Den Mittelgang durch die Abteile I. Klasse hatten offenbar die dort sitzenden Reisenden bei den Vorgängerbauarten als störend empfunden, weshalb bei den 1903 beschafften vierachsigen Durchgangswagen I./II. Klasse ABBi im Bereich der ersten Klasse der Seitengang eingeführt wurde, von dem ein vollwertiges und ein kleineres Abteil I. Klasse mit jeweils Schiebetür und einer Abteiltiefe von 2.050 mm erreichbar war. Zu diesem Kompromiss mußten sich die Konstrukteure entschließen, da der Seitengang mit seiner Tür in der Stirnwand sonst teilweise außerhalb der offenen Plattform geendet hätte. Deshalb erhielt das am Wagenende liegende Abteil I. Klasse nur eine Breite von 1.430 mm, wodurch sich nur zwei und nicht drei Sitze unterbringen ließen. Auch die Verlegung des Abortraumes an dessen Stelle war ebenfalls nicht möglich, da dieser eine Breite von 1.543 mm gegenüber der Breite von 1.430 mm des kleineren Abteils I. Klasse aufwies. An den beiden Abteilräumen zweiter Klasse und deren Sitzanordnung hatte sich gegenüber den Vorgängern nichts geändert. Der kleinere Abteilraum wies zwei und der größere Abteilraum drei Abteile II. Klasse auf (Abteiltiefe: 1.950 mm). Der Mittelgang mit einer Breite von 550 mm besaß in der Trennwand zwischen beiden Abteilräumen eine Flügeltür. Für die Abteile erster Klasse, den Abortraum und den kleineren Abteilraum war jeweils ein Torpedo-Lüfter vorhanden, der größere Abteilraum besaß deren zwei. Jedes Abteil war mit einer eigenen Lampe ausgestattet, Vorraum und Abortraum besaßen eine gemeinsame Lampe. Die Fenster mit Metallrahmen besaßen eine Breite von 1.200 mm. Württemberg hatte bereits im Jahr zuvor vierachsige Durchgangswagen I./II. Klasse mit offenen Übergängen ABBi beschafft, bei denen ebenfalls die Abteile I. Klasse mit Seitengang angeordnet waren (Zeichnungs-Nr. 20 691.1). Im Jahre 1908 wurde unter dem Dach im Abortraum ein Wasservorratsbehälter eingebaut und am Wasch-

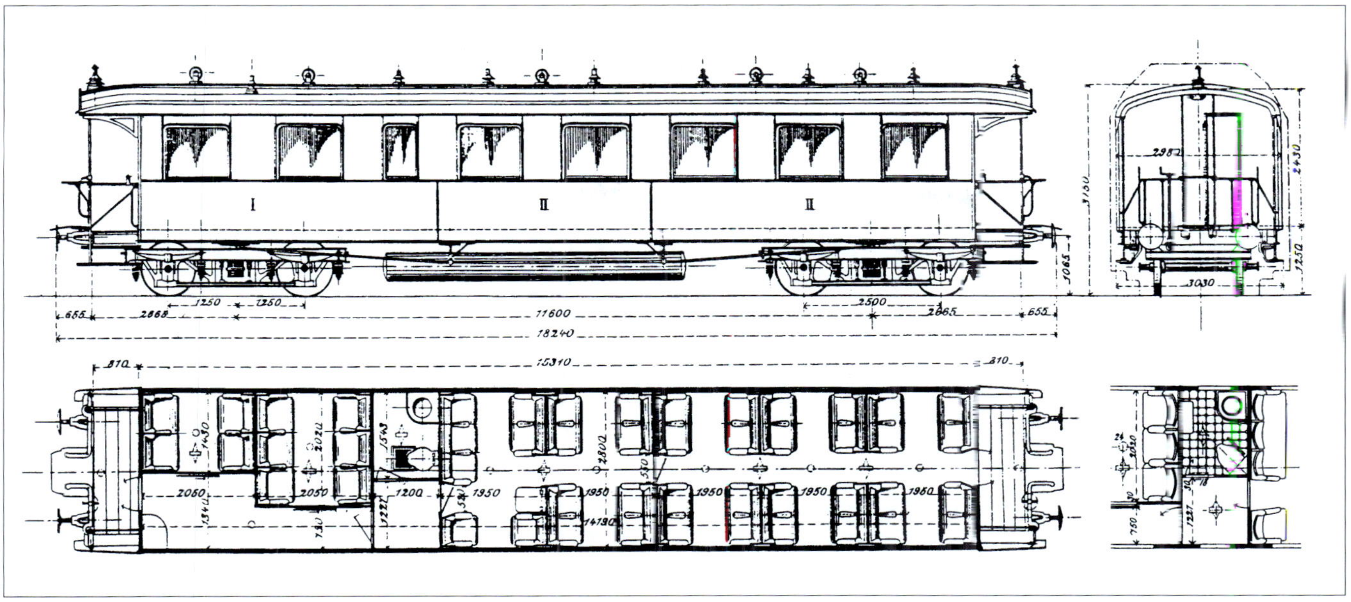

ABBi von 1903 (Gruppe 74a)

becken und an der Spülung für den Leibstuhl angeschlossen, der Fußboden des Abortraumes wurde bei dieser Gelegenheit mit Mettlacher Kacheln belegt. Die Wagen waren in Basel, Heidelberg, Karlsruhe, Konstanz, Mannheim und Offenburg stationiert. Die Wagen, deren I.-Klasse-Abteile bei Bedarf auch zur Benutzung als II. Klasse freigegeben werden konnten (Klapptäfelchen), wurden Anfang der zwanziger Jahre in reine II.-Klasse-Wagen umgebaut. Ein Wagenkasten mit Untergestell jedoch ohne Drehgestelle hat die Verschrottung überstanden, er diente bis 1996 als Clubheim auf einem Sportplatz. Der Wagen lief zuletzt als 26 967 Stg und wurde 1956 ausgemustert, er befindet jetzt sich im Eisenbahnmuseum der DGEG in Neustadt an der Weinstraße. Die beiden Abteile I. Klasse und der Abortraum sind noch vorhanden, allerdings fehlt die Inneneinrichtung. Nach seiner Aufarbeitung soll er wieder in Museumszügen zum Einsatz kommen, allerdings werden die Original-Drehgestelle badischer Bauart wohl kaum noch zu beschaffen sein, weshalb vermutlich preußische Regel-Drehgestelle zum Einbau kommen werden.

Technische Daten

Beschaffungsjahr:	1903
Hersteller:	Schmieder & Mayer, Karlsruhe
Betriebsnummern:	14 424 - 14 447
Beschaffte Stückzahl:	24
Sitzplätze I. Klasse:	10 } 32 Offiziere
Sitzplätze II. Klasse:	39 } später 49
Sitzplätze III. Klasse:	-
Anzahl der Abteile:	7
Platzteilung:	2, 3, später 1+2, 2+2, 1+3
Aborte:	1
Waschräume:	-
Länge über Puffer:	18.240 mm
Wagenkastenlänge:	15.310 mm
Wagenkastenbreite:	2.980 mm
Achsstand:	2.500 mm
Drehgestellbauart:	1b
Drehzapfenabstand:	11.600 mm
Anzahl der Achsen:	4
Fußbodenh. ü. Schienenoberkante:	1.250 mm
Bremse:	Westinghouse, Henry, Spindelbremse
Heizung:	Dampf
Beleuchtung:	Gas, 11 Flammen, 1.600 l, 35 Brennstunden
Gewicht:	33.860 kg
Beschaffungspreis:	30.240 Mark

7.5.1.4 Vierachsiger Durchgangswagen mit offenen Übergängen I./II./III. Klasse ABCCi von 1902, Gruppe: 79a, Blatt: 24, BC4i Bad 02.

Vierachsige Durchgangswagen I./II./III. Klasse mit offenen Übergängen wurden in Süddeutschland erstmalig durch die badischen Staatsbahnen eingeführt, in Württemberg gab es sie überhaupt nicht und die Reichseisenbahnen Elsaß/Lothringen beschafften sie erst im Jahre 1908. Am einen Wagenende befanden sich zwei Abteile II. Klasse mit einer Abteiltiefe von 1.950 mm, im Mittelgang war zwischen den beiden Abteilen eine Flügeltür angeordnet, eine weitere führte in einer Vorraum, von dem der Waschraum und der Abortraum zugänglich waren. Durch eine weitere Flügeltür gelangte man in das einzige Abteil I. Klasse mit einer Abteiltiefe von 2.050 mm. Der Mittelgang führte weiter zu einer Flügeltür in der Trennwand, die den anschließenden Abteilraum mit zwei Abteilen III. Klasse abschloß. Über den Mittelgang gelangte man durch eine Flügeltür in einen weiteren Vorraum, an den sich ein Waschraum und ein Abort-

Technische Daten

Beschaffungsjahr:	1902
Hersteller:	Fuchs, Heidelberg
Betriebsnummern:	14 448 - 14 457
Beschaffte Stückzahl:	10
Sitzplätze I. Klasse:	6 } 12 Offiziere
Sitzplätze II. Klasse:	16 } später 24
Sitzplätze III. Klasse:	30 (29 Mann)
Anzahl der Abteile:	7
Platzteilung:	1+2, 2+2, 1+3
Aborte:	2
Waschräume:	2 (später entfallen)
Länge über Puffer:	17.830 mm
Wagenkastenlänge:	14.900 mm
Wagenkastenbreite:	2.980 mm
Achsstand:	2.500 mm
Drehzapfenabstand:	11.400 mm
Drehgestellbauart:	1b
Anzahl der Achsen:	4
Fußbodenh. ü. Schienenoberkante:	1.250 mm
Bremse:	Westinghouse, Henry, 2 Spindelbremse
Heizung:	Dampf
Beleuchtung:	Gas, 11 Flammen, 1.590 l, 34 Brennstunden
Gewicht:	31.550 kg
Beschaffungspreis:	29.220 Mark

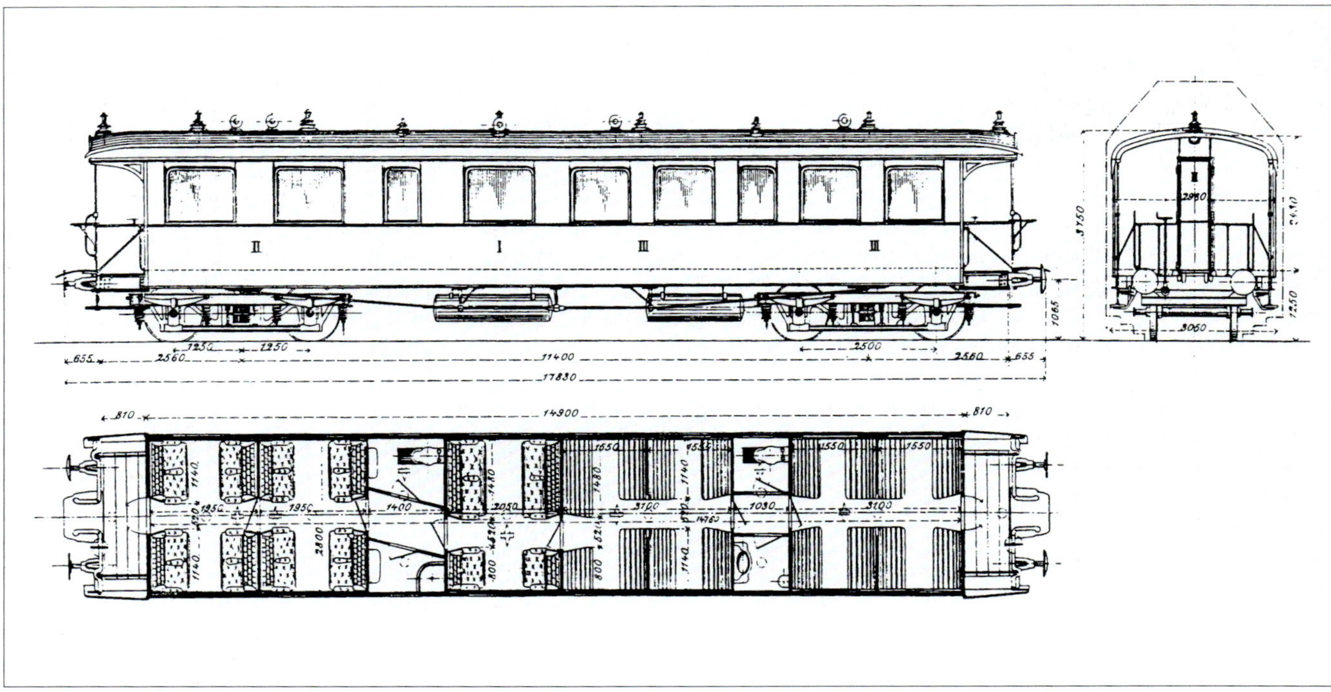

Die vierachsige Durchgangswagen I./II./III. Klasse ABCCi von 1902 (Gruppe 79a) wurden 1908/09 umgebaut, die Zeichnung zeigt den Zustand nach dem Umbau.

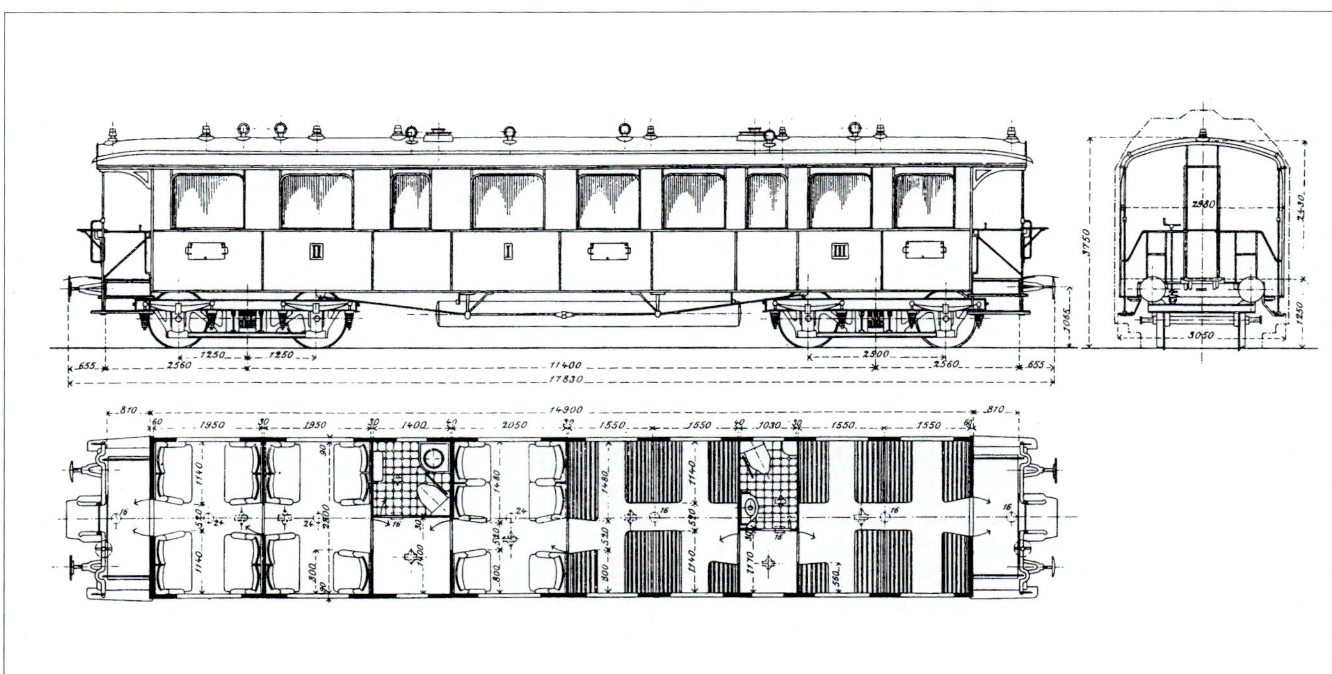

raum anschlossen. Vom Vorraum, der auch als Geruchsschleuse diente, führte eine Flügeltür in den zweiten Abteilraum III. Klasse, der ebenfalls zwei Abteile mit einer Abteiltiefe von 1.550 mm aufwies. Der Mittelgang hatte durchgehend durch sämtliche Abteile eine Breite von 520 mm. Jedes Abteil I. und II. Klasse, die beiden Aborträume und die beiden Abteilräume III. Klasse besaßen je einen Torpedo-Lüfter. Ebenso waren die Abteile I. und II. Klasse, die beiden Abteilräume III. Klasse, die beiden Waschräume und die beiden Plattformen mit jeweils einer Lampe ausgestattet, während der Abortraum und der dazugehörige Vorraum eine gemeinsame Lampe aufwiesen. Die Breite der Fenster in der ersten und in der zweiten Klasse betrug 1.200 mm und in der dritten Klasse 1.000 mm, sämtliche Fenster besaßen Metallrahmen mit Gewichtsausgleich. Abort- und Waschräume wurden 1908/09 umgebaut, dabei wurde der Abortraum vergrößert und der Waschraum entfiel, an seine Stelle trat ein Vorraum, in den der Mittelgang mündete. Die Wascheinrichtung kam in den Abortraum, der einen mit Mettlacher Kacheln belegten Fußboden und einen Wasservorratsbehälter unter dem Dach erhielt, der an dem Waschbecken und an der Spüleinrichtung des Leibstuhls angeschlossen wurde. Infolge der Vergrößerung beider Aborträume waren die Waschräume entfallen und die Vorräume entsprechend vergrößert worden. Durch den Umbau ging in dem angrenzenden Abteil II. Klasse ein Sitzplatz verloren. Die Vorräume erhielten eigene Torpedo-Lüfter. Die Wagen waren in Basel, Karlsruhe, Konstanz und Mannheim stationiert. In den zwanziger Jahren konnte das Abteil I. Klasse bei Bedarf auch zur Benutzung in der zweiten Klasse freigegeben werden (Klapptäfelchen), später liefen die Wagen als II./III.-Klasse-Wagen BC4i.

Aufnahme: Signatur I-301 001, Wirtschaftsarchiv Baden-Württemberg, Stuttgart

7.5.1.5 Vierachsiger Durchgangswagen mit offenen Übergängen III. Klasse CCi von 1899, Gruppe: 110, Blatt: 26, (C4i Bad 99).

Im Jahre 1897 wurden auch die ersten vierachsigen Durchgangswagen mit offenen Übergängen III. Klasse CCi in den Bestand der Reisezugwagen in Baden aufgenommen. Sie besaßen einen größeren Abteilraum mit fünf und einen kleineren Abteilraum mit dreieinhalb Abteilen mit jeweils einer Abteiltiefe von 1.500 mm, zwischen beiden Abteilräumen war im Bereich der Wagenmitte beiderseits eines Vorraums ein Abortraum und ein Waschraum angeordnet, auch der Waschraum war zum Mittelgang durch eine Tür abgeschlossen. Die geringe Abteiltiefe von nur 1.500 mm war bei badischen Vierachsern damals nicht üblich. Der Vorraum diente auch als Geruchsschleuse. Jeder der beiden Abteilräume besaß zwei Lampen, jede Plattform und der Waschraum eine Lampe, während eine weitere Lampe zur Beleuchtung von Vorraum und Abortraum diente. Die Fenster besaßen Holzrahmen, ihre paarweise Anordnung (Zwillingsfenster) entsprach dem damaligen Zeitgeschmack. Die Wagen wurden unter der Gruppe 109 geführt und besaßen in der Stirnwandtür ein Fenster. Im Jahre 1908 wurde der Abortraum vergrößert, er erhielt ein Waschbecken, einen mit Mettlacher Kacheln belegten Fußboden und unter dem Dach einen Wasservorratsbehälter, der am Waschbecken und an der Spülung für den Leibstuhl angeschlossen war. Der separate Waschraum war infolge der Vergrößerung des Abortraums entfallen, an seine Stelle trat ein vergrößerter Vorraum, der einen Torpedo-Lüfter erhielt. Eine eigene Lampe erhielt dieser offenbar nicht, während der Abortraum mit einer solchen ausgestattet wurde. Die Vergrößerung des Abortraumes machte auch ein Versetzen der Türen des Mittelganges im Vorraum notwendig. Dieser Maßnahme fiel je ein Sitzplatz in den angrenzenden Abteilen zum Opfer. Stationiert waren die Wagen in Karlsruhe (siehe Seite 137).

Nachdem sich die sechs vierachsigen Durchgangswagen III. Klasse CCi (Gruppe 109) der ersten Beschaffung von 1897 im Betrieb bewährt hatten, wurden in den Jahren 1899 bis 1900 erstmals derartige Wagen in einer größeren Stückzahl geliefert, eine Praxis, die man bei vielen Bahnverwaltungen beobachten kann. Gegenüber den vierachsigen Durchgangswagen III. Klasse CCi von 1897 (Gruppe 109) wichen die Nachfolger nur wenig ab. Äußerlich unterschieden sie sich nur durch das fehlende einzelne Abteilfenster, das durch ein Fensterpaar ersetzt worden war, als Folge der Erweiterung des Halbabteils zu einem weiteren Vollabteil. Es waren nun zwei Abteilräume III. Klasse vorhanden, von denen der eine nun vier und der andere wie bei dem Vorgänger fünf Abteile aufwies. Die Breite des Mittelgangs betrug 540 mm. Auch war der abgeschlossene Waschraum entfallen, die Wascheinrichtung befand sich nun im Vorraum zum Abortraum. Die Wagenkastenlänge blieb trotz der Erweiterung des einen halben Abteils zu einem ganzen Abteil nahezu gleich, aber dies ging auf Kosten der Abteiltiefe, die gegenüber den Vorgängern von 1.500 auf 1.480 mm, und der Tiefe des Abortraumes, die von 1.200 auf 860 mm, verringert werden mußte. Die paar-

Technische Daten

Beschaffungsjahre:	1899 - 1900
Hersteller:	siehe Einzelnachweis
Betriebsnummern:	13 038 - 13 072
Beschaffte Stückzahl:	35
Sitzplätze I. Klasse:	-
Sitzplätze II. Klasse:	-
Sitzplätze III. Klasse:	72 (72 Mann), später 68
Anzahl der Abteile:	9
Platzteilung:	2+2 später 2, 2+2
Aborte:	1
Waschräume:	1, (später entfallen)
Länge über Puffer:	17.300 mm
Wagenkastenlänge:	14.380 mm
Wagenkastenbreite:	3.000 mm
Achsstand:	2.500 mm
Drehgestellbauart:	1b
Drehzapfenabstand:	11.000 mm
Anzahl der Achsen:	4
Fußbodenh. ü. Schienenoberkante:	1.235 mm
Bremse:	Westinghouse, 2 Spindelbremsen
Heizung:	Dampf
Beleuchtung:	Gas, 7 Flammen, 960 l, 39 Brennstunden
Gewicht:	27.400 kg
Beschaffungspreis:	23.620 Mark

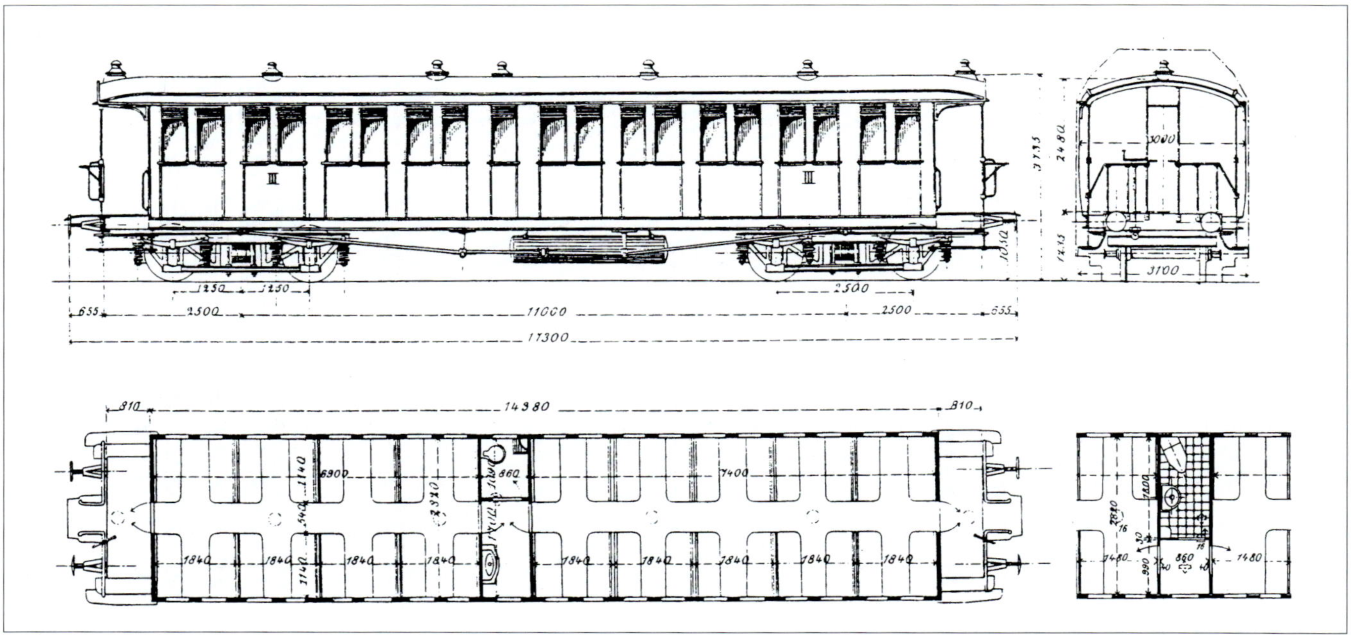

weise angeordneten Fenster mit den darüber angeordneten Lüftungsschlitzen besaßen Metallrahmen. Für jede Plattform war eine Lampe, für Waschraum und Abortraum war eine gemeinsame Lampe und für die beiden Abteilräume waren je zwei Lampen vorgesehen. Im Jahre 1908 wurde der Abortraum in seiner Breite von 1.090 auf 1.800 mm verlängert, mit einem gekachelten Fußboden und mit einem unter dem Dach angebrachten Wasservorratsbehälter versehen, dabei wurde auch die Wascheinrichtung in den Abortraum verlegt und ebenso wie die Spülung des Leibstuhls an dem Wasservorratsbehälter angeschlossen. Der Vorraum zum Abortraum wurde damit zum Seitengang. Beide Räume wurden außerdem mit jeweils einem Torpedo-Lüfter ausgestattet. Durch den Umbau des Abortraumes gingen in den benachbarten Abteilen jeweils zwei Sitzplätze verloren. Die Wagen waren in Appenweier, Basel, Heidelberg, Karlsruhe und Mannheim stationiert. Glücklicherweise ist der Wagen „Baden 13 056" der Nachwelt erhalten geblieben, er befindet sich im Eisenbahnmuseum Darmstadt-Kranichstein und wartet dort seit vielen Jahren auf eine Wiederherstellung. Ein weiterer Wagen (Baden 13 039) wurde im Jahre 1953 an den Eisenbahnclub Heilbronn verkauft, über sein weiteres Schicksal ist leider nichts bekannt.

Aufnahme Dr. Günther Scheingraber, Archiv Carl Bellingrodt

7.5.1.6 Vierachsiger Durchgangswagen mit offenen Übergängen III. Klasse CCi von 1902, Gruppe: 110a, Blatt: 27, (C4i Bad 02)

Bereits in den Jahren 1902 bis 1903 erfolgte eine weitere Beschaffung vierachsiger Durchgangswagen III. Klasse CCi, bei denen gegenüber der Bauart von 1899 einige Änderungen vorgenommen worden waren. Die Raumaufteilung war zwar die gleiche, am einen Wagenende lag ein kleinerer Abteilraum mit vier Abteilen und am anderen Wagenende ein größerer Abteilraum mit fünf Abteilen. Die Abteiltiefe von 1.480 mm war offenbar doch zu gering gewesen, sie war jetzt auf 1.550 mm gesteigert worden. Waschraum und Abortraum waren zwischen beiden Abteilräumen angeordnet und lagen ebenso wie ursprünglich bei den Vorgängern auf beiden Seiten eines Vorraums, der sich im Zuge des Mittelgangs mit einer Breite von 520 mm befand. Waschraum und Abortraum waren durch jeweils eine Flügeltür vom Vorraum zugänglich, der auch als Ge-

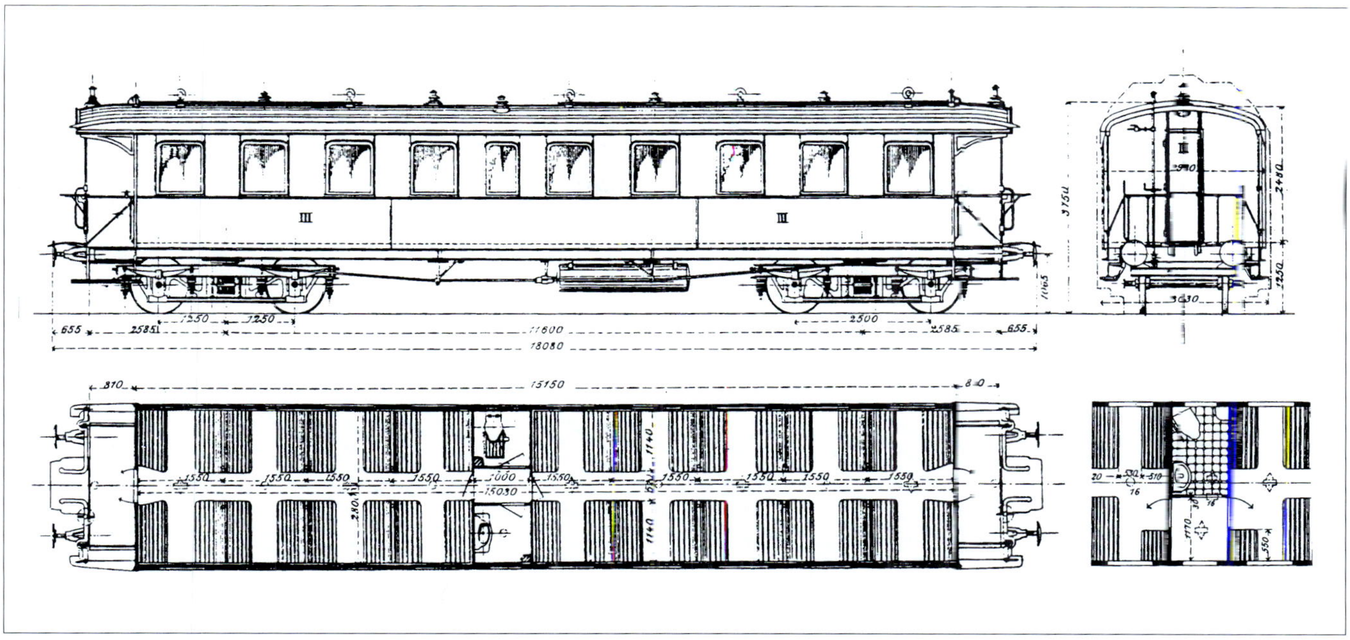

Technische Daten	
Beschaffungsjahre:	1902 - 1903
Hersteller:	siehe Einzelnachweis
Betriebsnummern:	14 467 - 14 500
Beschaffte Stückzahl:	34
Sitzplätze I. Klasse:	-
Sitzplätze II. Klasse:	-
Sitzplätze III. Klasse:	72 (72 Mann), später 70
Anzahl der Abteile:	9
Platzteilung:	2+2, später 1+2, 2+2
Aborte:	1
Waschräume:	1, (später entfallen)
Länge über Puffer:	18.080 mm
Wagenkastenlänge:	15.150 mm
Wagenkastenbreite:	2.980 mm
Achsstand:	2.500 mm
Drehgestellbauart:	1b
Drehzapfenabstand:	11.600 mm
Anzahl der Achsen:	4
Fußbodenh. ü. Schienenoberkante:	1.250 mm
Bremse:	Westinghouse, Henry, 2 Spindelbremsen
Heizung:	Dampf
Beleuchtung:	Gas, 8 Flammen, 980 l, 35 Brennstunden
Gewicht:	28.600 - 29.260 kg
Beschaffungspreis:	23.335 Mark

ruchsschleuse diente. Vom Vorraum gelangte man durch je eine weitere Tür in die beiden Abteilräume. Jede der beiden Plattformen und der Waschraum besaßen eine eigene Lampe, je zwei Lampen waren in den beiden Abteilräumen vorhanden, und Abort und Vorraum besaßen eine gemeinsame Lampe. Der Abortraum war mit einem Torpedo-Lüfter ausgestattet, der kleinere Abteilraum besaß zwei, der größere Abteilraum besaß drei derartige Lüfter. Äußerlich waren die Wagen hinsichtlich der Fensterform den anderen Vierachsern der badischen Staatsbahnen angepaßt, sie erhielten jedoch im Gegensatz zu den vierachsigen D-Zugwagen III. Klasse CCi der Gruppe 111a keine Metallrahmenfenster sondern in Holzrahmen eingefaßte Fenster mit einer Breite von 800 mm. Im Jahre 1908 wurde der Abortraum vergrößert, er erhielt einen Fußbodenbelag aus Mettlacher Kacheln und einen Wasservorratsbehälter unter dem Dach, an dem das in den Abortraum verlegte Waschbecken und die Spüleinrichtung des Leibstuhls angeschlossen war. Durch den Umbau entfiel der Waschraum, an seine Stelle trat ein vergrößerter Vorraum. Der Umbau des Abortraums hatte den Verlust von je einem Sitzplatz in den benachbarten Abteilen zur Folge. Bemerkenswert ist noch, daß bei diesen vierachsigen Durchgangswagen III. Klasse CCi die Seitenwand nicht bis zur Unterkante des Langträgers heruntergezogen war, wie dies bei dem ABBi von 1902 (Gruppe: 79a) der Fall war. Weitere CCi wurden nicht mehr beschafft. Die Wagen waren in Appenweier, Basel, Heidelberg, Karlsruhe, Konstanz und Mannheim stationiert.

7.5.1.7 Dreiachsiger Durchgangswagen mit offenen Übergängen I./II. Klasse ABi3 von 1904, Gruppe: 72a, Blatt: 28, (B3i Bad 04).

Nachdem die Badischen Staatsbahnen 1902 jeweils fünf Abteilwagen (AB3 – Gruppe 21a und C3 – Gruppe 55a) beschafft hatten, es waren übrigens die ersten Dreiachser seit 1856, lieferte Fuchs in Heidelberg 1904 vier dreiachsige Durchgangswagen I./II. Klasse mit offenen Übergängen, mit denen offenbar auch in verkehrsschwachen Zeiten auf den Hauptstrecken in den höheren Wagenklassen ein ausreichendes Zugangebot unter gleichzeitiger Verminderung des Zuggewichts ermöglicht werden sollte. So wurden die Wagen zunächst in Offenburg, Villingen und Radolfzell stationiert und wurden wohl hauptsächlich auf der Schwarzwaldbahn eingesetzt. Später kamen sie dann nach Karlsruhe und Mannheim. Diese Bauart sollte der einzige dreiachsige Durchgangswagen der badischen Staatsbahn in nur vier Exemplaren bleiben, denn weitere wurden nicht beschafft. Denn entweder hatten die Wagen sich im Betrieb nicht bewährt oder es gab keine weiteren Einsatzmöglichkeiten. Schon in den 20er Jahren wurde einer dieser Wagen zum Bremsprüfungswagen 700 301 Karlsruhe umgebaut, und in dieser Eigenschaft blieb der Wagen vermutlich bis nach dem Zweiten Weltkrieg auch bei der RBD Karlsruhe. Die übrigen Wagen wurden bis 1950 ausgemustert, bzw. verkauft.

Die Wagen der Gruppe 72a besaßen am Handbremsende einen Abortraum mit Waschbecken, an diesen schloß sich das geschlossene Abteil I. Klasse (6 Sitzplätze) an, über den Seitengang führte der Weg durch eine Flügeltür zur II. Klasse in einen ersten Abteilraum für Nichtraucher (Platzteilung 3 bzw. 2+2) mit insgesamt 15 Sitzplätzen, hier begann auch der Mittelgang. Durch eine weitere Flü-

Aufnahme: Sammlung Jens Freese

geltür kam man dann in den zweiten Abteilraum, der den Rauchern vorbehalten wurde und 16 Sitzplätze (2+2) aufwies. Die erste Klasse war durch Klappschilder gekennzeichnet, so daß bei Bedarf diese auch zur Benutzung als II. Klasse freigegeben werden konnte. Neben dem Zweiachser ABi von 1892 (Gruppe 68) und dem 1903 beschafften ABBi (Gruppe 74a) war dies der letzte Durchgangswagen mit offenen Übergängen, der im Bereich des Seitengangs mit einem geschlossenen Abteil erster Klasse ausgestattet war. Der von der II. Klasse nur über den Seitengang erreichbare Abortraum besaß ursprünglich keine Wasserversorgung für das Waschbecken und zum Spülen des Leibstuhls, diese wurde später nachträglich eingebaut. Da der Seitengang durch eine mit diesem fluchtende Stirnwandtür nicht direkt zur offenen Plattform wegen deren fehlender Breite der Plattform geführt werden konnte, wurde am betreffenden Wagenende der nur 1.460 mm breite Abortraum angeordnet. Damit konnte die Stirnwandtür entsprechend weiter zur Mitte der Wagenachse gerückt werden, wodurch diese im Bereich der Plattform in ausreichender Entfernung zum Trittbrett angeordnet werden konnte. Die Wagen behielten die ursprüngliche Gasbeleuchtung bis zu deren Ausmusterung. Die Seitenwandverkleidung war bis zur Unterkante des Längsträgers heruntergezogen, die Fensterbreite betrug 1.200 mm. Bei Anlieferung hatten die Wagen an der Außenwand die Beschriftung der betreffenden Räume mit „Raucher/Nichtraucher" erhalten. Im Jahre 1906 wurde in den Wagen „Baden 18" eine Fensterausgleichsvorrichtung Bauart Pintsch eingebaut. Zwei Jahre später erhielten sämtliche Wagen eine Dampfheizung Bauart „Wilhelm". Die Wagen liefen später als reine II.-Klasse-Wagen.

Technische Daten

Beschaffungsjahr:	1904
Hersteller:	Fuchs, Heidelberg
Betriebsnummern:	Baden 18 - 21
Beschaffte Stückzahl:	4
Sitzplätze I. Klasse:	6 } 20 Offiziere
Sitzplätze II. Klasse:	30 } später 36
Sitzplätze III. Klasse:	-
Anzahl der Abteile:	5
Platzteilung:	3, 2+2
Aborte:	1
Waschräume:	-
Länge über Puffer:	14.140 mm
Wagenkastenlänge:	11.260 mm
Wagenkastenbreite:	3.010 mm
Achsstand:	8.900 mm
Drehzapfenabstand:	-
Drehgestellbauart:	-
Anzahl der Achsen:	3 (Lenkachsen A4)
Fußbodenh. ü. Schienenoberkante:	1.300 mm
Bremse:	Westinghouse, Henry, Spindelbremse
Heizung:	Dampf
Beleuchtung:	Gas, 9 Flammen, 1.250 l, 31 Brennstunden
Gewicht:	22.440 kg
Beschaffungspreis:	19.015 Mark

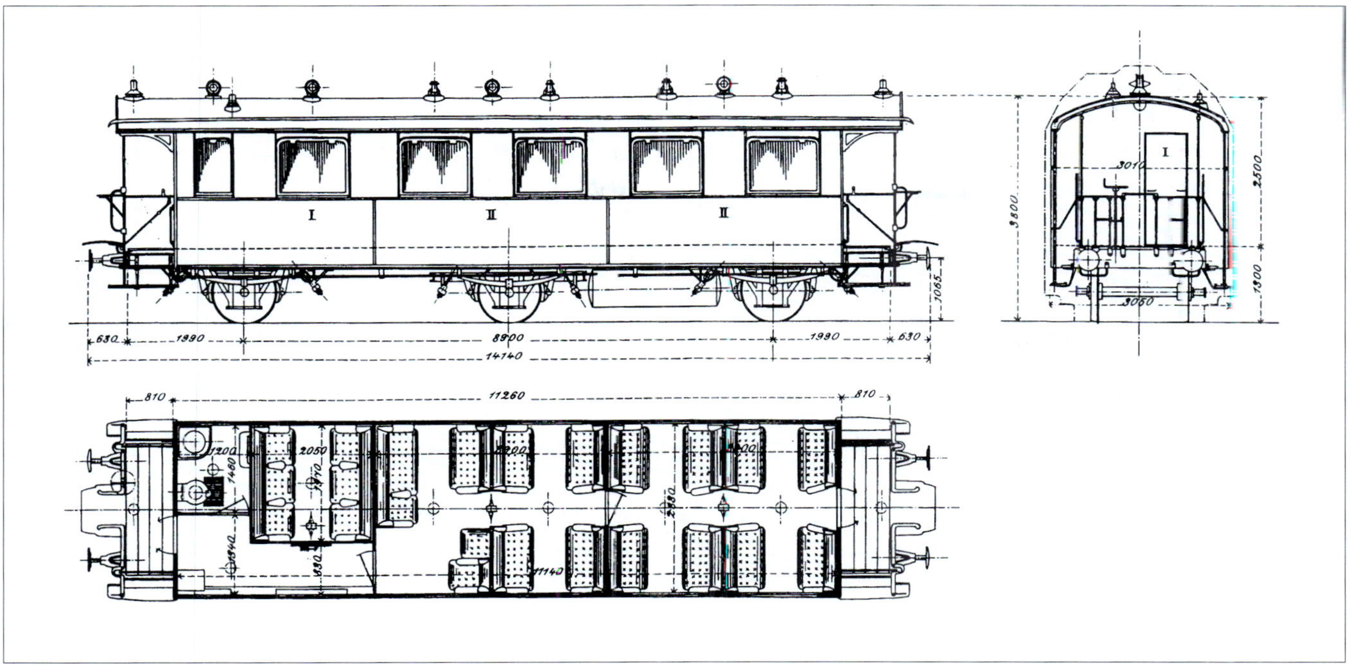

AB3 von 1904 (Gruppe 72a)

7.5.2 Zweiachsige Durchgangswagen mit offenen Übergängen

Die zweiachsigen Durchgangswagen mit offenen Übergängen wurden anfänglich in Baden ausdrücklich für den Einsatz auf „Secundair-Bahnen" beschafft. Bei den ersten Wagen handelte es sich um wenige ABi (später als Bi in Gruppe 83) und Ci (Gruppe 100), die bereits 1873 in den Wagenpark kamen. Die Wagenkästen hatten ungefähr die gleichen Abmessungen wie die bis dahin beschafften Abteilwagen, wenn auch das Fassungsvermögen besonders bei den Ci mit symmetrischem Mittelgang etwas geringer war. Lediglich der ursprüngliche Achsstand von 4.500 mm wurde 1904 im Zusammenhang mit dem Einbau von Lenkachsen auf 5.950 mm vergrößert. Auch äußerlich und zwar bezüglich der Dachform und der Fensteranordnung glichen die ersten Durchgangswagen den damaligen Abteilwagen. Die Ci von 1875 (Gruppe 103) wurden schon in größerer Stückzahl beschafft, sie unterschieden sich jedoch kaum von denen der Gruppe 100. Das gleiche gilt für die ein Jahr später in den Bestand gekommenen ABi (Gruppe 65, teilweise auch als Bi in Gruppe 84). Auch die Ci von 1878 (Gruppe 102) waren nahezu identisch mit denen der Gruppe 103, während die im selben Jahr beschafften ABi (Gruppe 64) mit ihrem Laternendach, Abort und Waschraum eine Verbesserung gegenüber den Vorgängern darstellten. Bei fast gleicher Wagenkastenlänge gab es jedoch Schwierigkeiten mit der Aufteilung der Abteile,

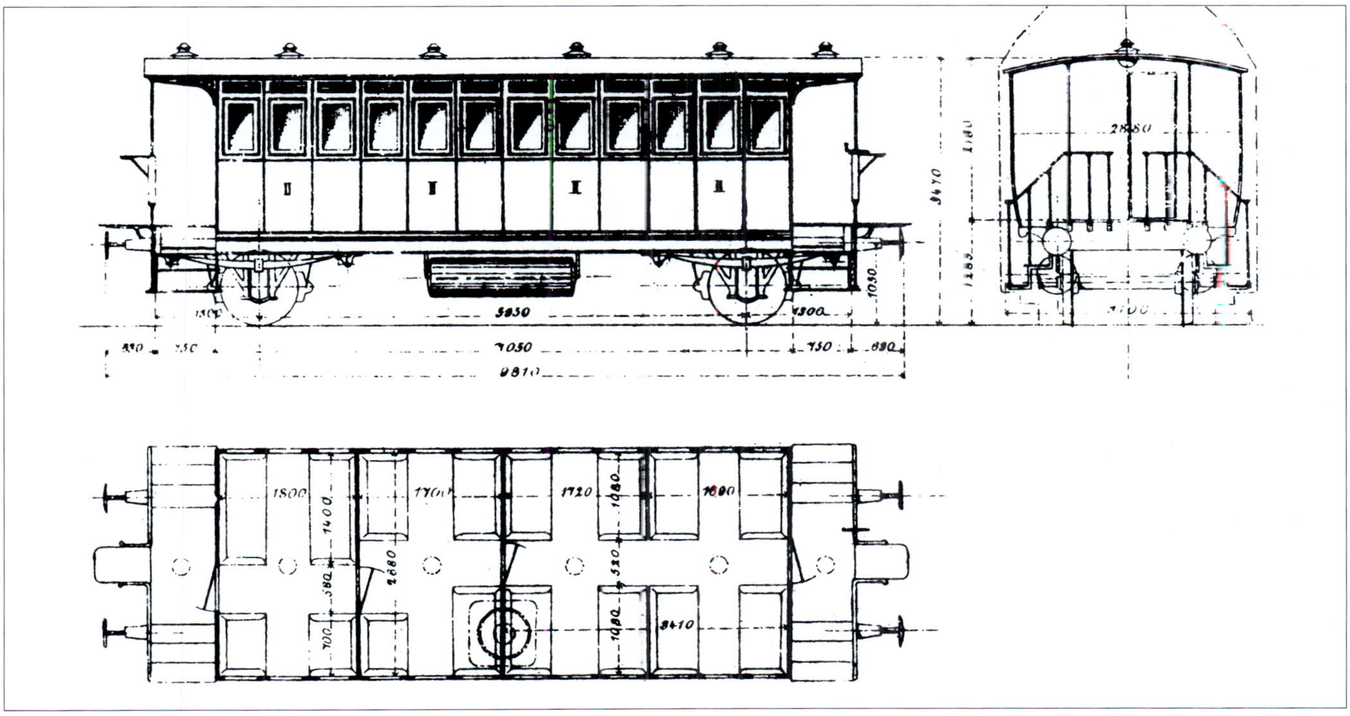

ABi von 1873 (Gruppe 83)

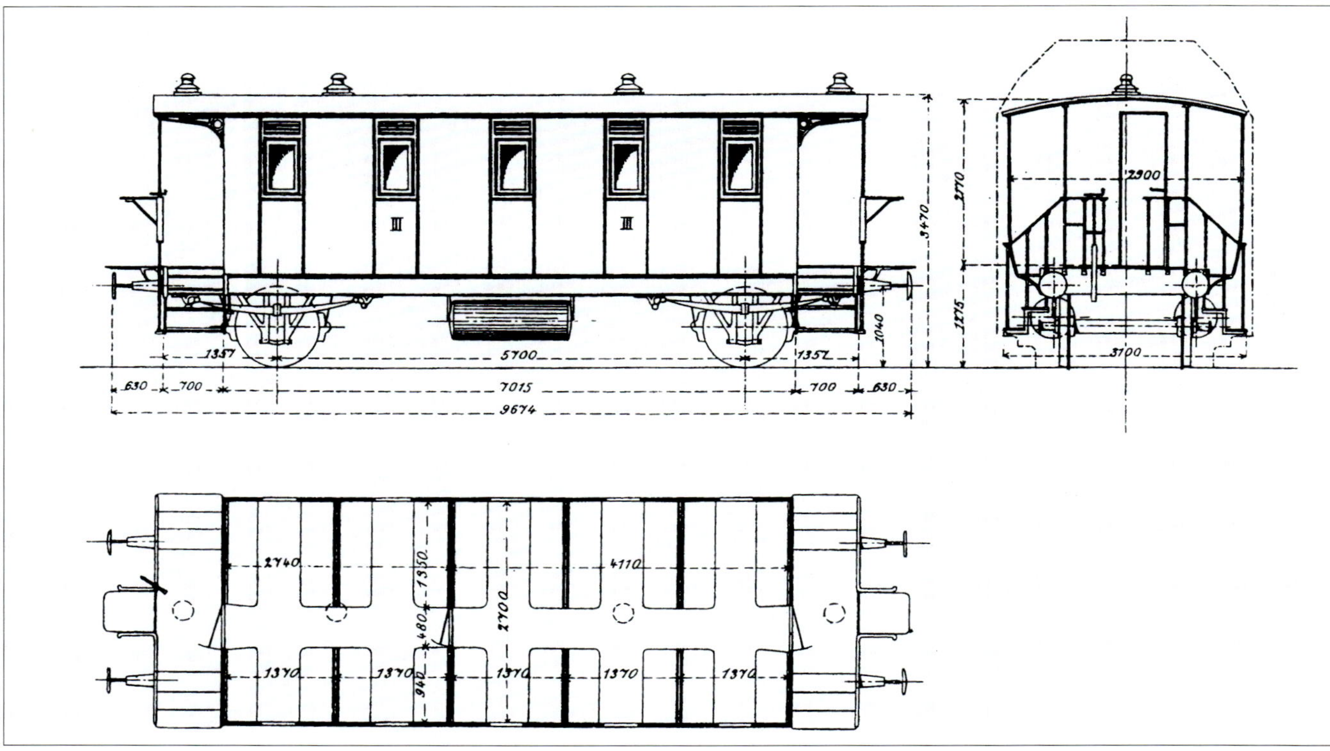

Ci von 1887 (Gruppe 101)

so daß ein Abteil II. Klasse mit vier Sitzen für jeweils zwei Personen und zwei Sitzen für jeweils eine Person mit dem Rücken zum Fenster ausgestattet werden mußte. Für ein zusätzliches Halbabteil hätte der zur Verfügung stehende Platz nicht ausgereicht. Bei den 1879 erbauten ABi (Gruppe 67) kam dann bei einem leicht verlängerten Wagenkasten ein Halbabteil II. Klasse hinzu, wobei jedoch keine zusätzlichen Fenster in der betreffenden Stirnwand zum Einbau kamen. Außerdem gab es noch eine weitere Version mit verkürztem Wagenkasten, die bei den ebenfalls im Jahre 1879 erbauten ABi (Gruppe 63) zum Einsatz kam, hier waren nur noch zwei normale Abteile II. Klasse neben dem Abteil I. Klasse vorhanden. Auch diese Wagen erhielten ein Laternendach, während die in diesem Jahr beschafften Ci (Gruppe 104) sich wiederum kaum von den in den zurückliegenden Jahren beschafften Ci unterschieden. Nachdem schon 1879 insgesamt

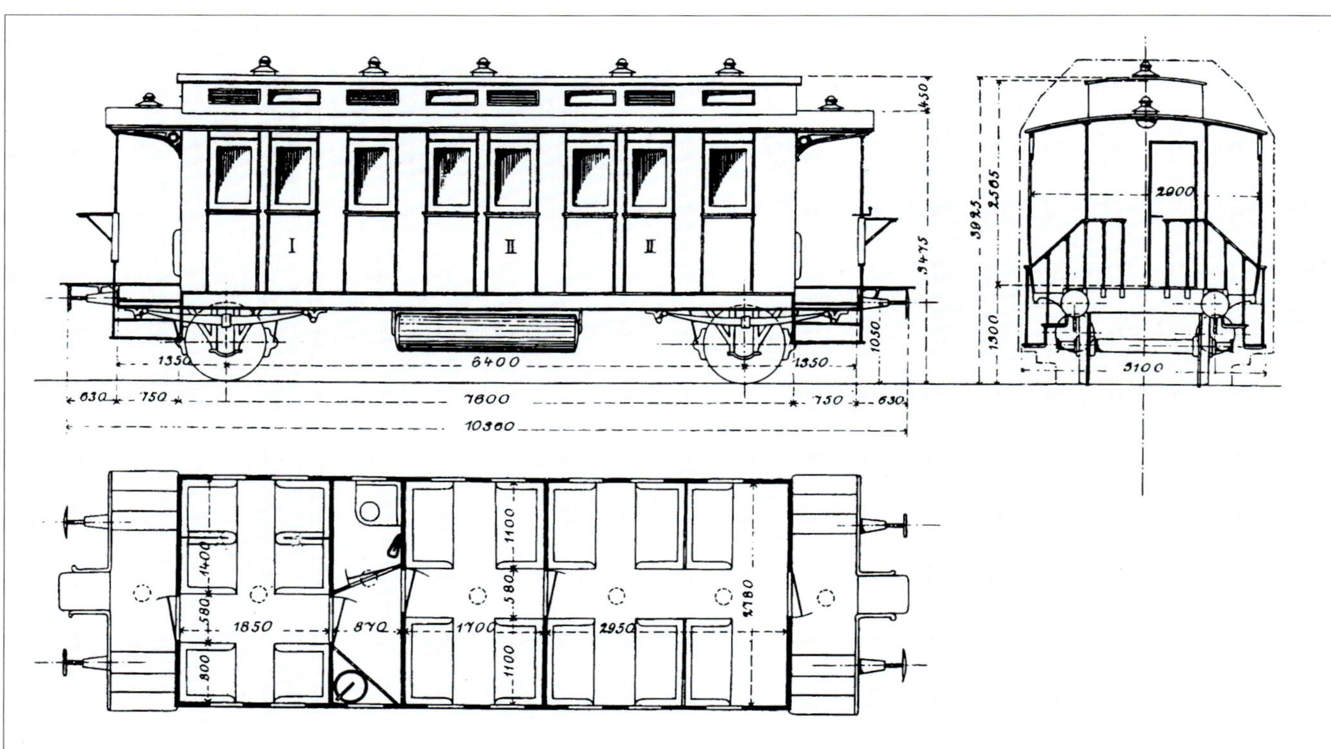

Von den zweiachsigen Durchgangswagen I./II. Klasse von 1879 (Gruppe 67) waren acht Stück vorhanden. Sie besaßen Öllampenbeleuchtung, die später durch eine Gasbeleuchtung ergänzt wurde und Dampfheizung. Mit dem Einbau von Lenkachsen wurde der Achsstand vergrößert. Außerdem wurde später die Westinghouse-Bremse eingebaut.

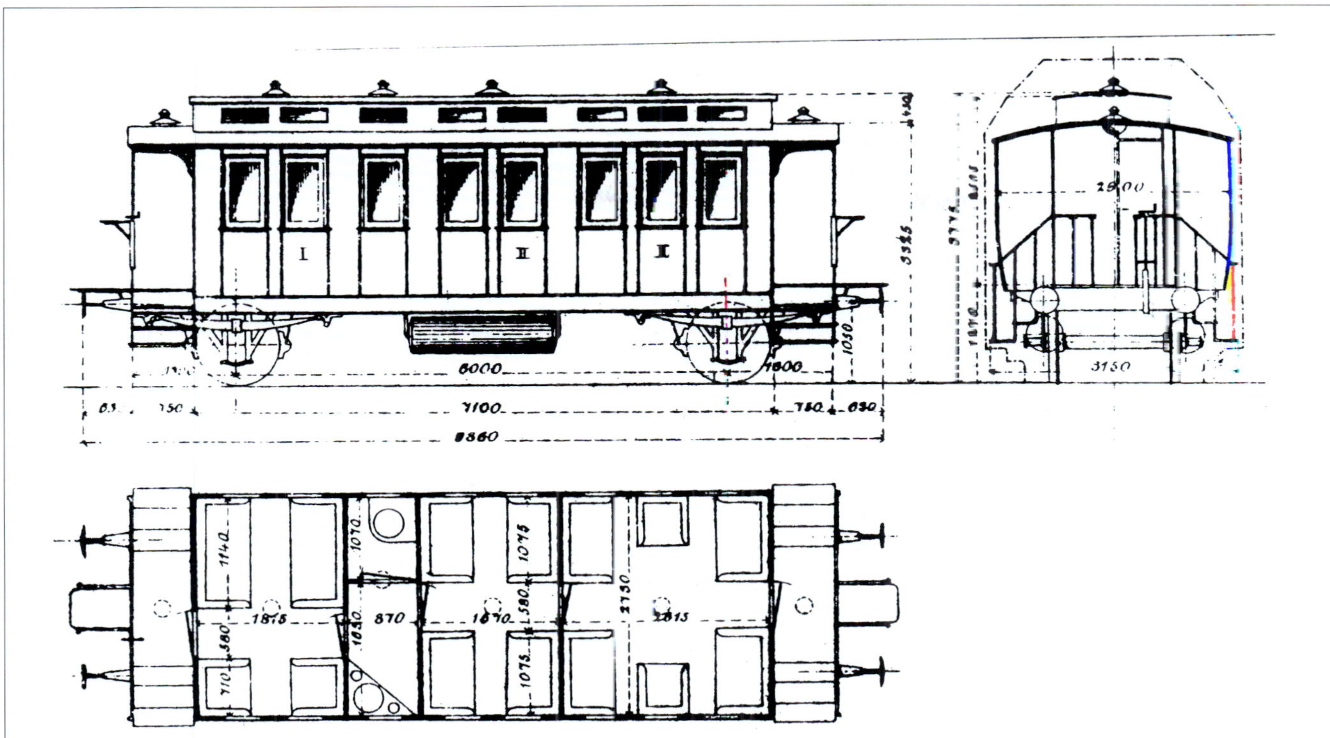

Der zweiachsige Durchgangswagen I./II. Klasse ABi von 1878 (Gruppe 64i) war der erste Durchgangswagen, der mit einem Abort ausgestattet war. Der Wagen besaß Öllampenbeleuchtung, die später durch eine Gasbeleuchtung ergänzt wurde und Dampfheizung. Später wurde im Zusammenhang mit dem Einbau von Lenkachsen der Achsstand von 4.500 mm auf 6.000 mm erhöht. Neben der Westinghouse-Bremse erhielten die Wagen später eine Hardy-Bremsleitung. Ein Wagen wurde 1909 ausgemustert, ein weiterer Wagen wurde zu einem Durchgangswagen III. Klasse Ci (Gruppe 93i) umgebaut.

acht zweiachsige Durchgangswagen I./II. Klasse ABi (Gruppe 67) in den Wagenbestand der badischen Staatsbahnen gekommen waren, die erstmalig mit einem Abort ausgestattet waren, wurden in den Jahren 1885 und 1889 weitere zwölf Wagen I./II. Klasse ABi (Gruppe 69) beschafft, die sich nur wenig von den Vorgängern unterschieden. Auch sie besaßen ein Laternendach. An einem Wagenende befand sich das Abteil I. Klasse mit einer Abteiltiefe von 1.850 mm, daran schloß sich ein Waschraum an, der als Vorraum zum Abortraum dien-

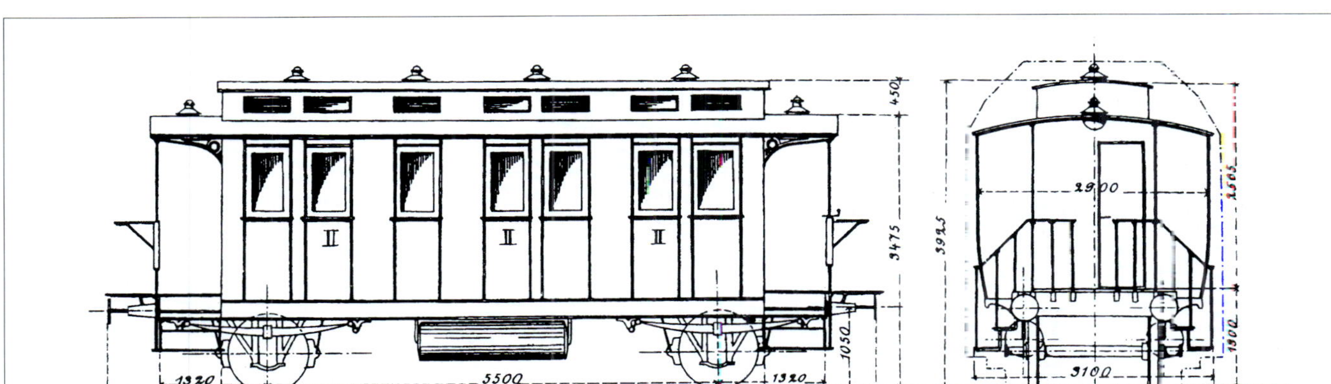

Im Jahre 1879 wurden sechs weitere zweiachsige Durchgangswagen I./II. Klasse ABi (Gruppe 63) beschafft, auch sie besaßen Öllampenbeleuchtung, die später durch Gasbeleuchtung ergänzt wurde, und Dampfheizung. Der Achsstand wurde später bei dem Einbau von Lenkachsen vergrößert, ebenso erfolgte später der Einbau der Westinghouse-Bremse.

Der Durchgangswagen II./III. Klasse mit offenen Übergängen BCi Nr. 1161 wurde im Jahre 1911 von Fuchs, Heidelberg, an die Süddeutsche Eisenbahngesellschaft (SEG) geliefert.
Aufnahme: Sammlung v. Rotberg, DGEG-Archiv

te und auch die Aufgabe als Geruchsschleuse hatte. Je eine Tür führte zum Mittelgang des Abteils I. Klasse, bzw. zum Mittelgang des anschließenden Abteils II. Klasse, das durch eine Trennwand mit einer Tür des Mittelgangs von dem Abteilraum II. Klasse abgeschlossen war. Der Mittelgang besaß durchgehend eine Breite von 580 mm. Die zum Vorraum gerichtete Wand des Abortraums war schräg angeordnet, dabei richtete sich die Schräge nach der unterschiedlichen Breite der Doppelsitze der ersten und der zweiten Klasse der beiden benachbarten Abteile. In dem Abteilraum befanden sich zwei Abteile II. Klasse (bei den 1879 beschafften Wagen I./II. Klasse ABi (Gruppe: 67) waren in dem Abteilraum ein ganzes und ein halbes Abteil II. Klasse vorhanden). Die Abteiltiefe in der zweiten Klasse betrug 1.710 mm. Da bei der Lieferung der zweiachsigen Durchgangswagen I./II. Klasse der Gruppe 69 die Lenkachse noch nicht eingeführt war, hatten die Wagen einen ursprünglichen Achsstand von 4.500 oder 5.000 mm. Im Rahmen eines späteren Umbaus wurde der Achsstand auf 6.750 mm erhöht bei gleichzeitigem Einbau von Lenkachsen. Die Wagen waren u.a. in Basel, Freiburg und Villingen stationiert. Seit Anfang der zwanziger Jahre liefen die Wagen als reine II.-Klasse-Wagen. Der letzte Wagen der Lieferung von 1889 (Baden 8630) besaß

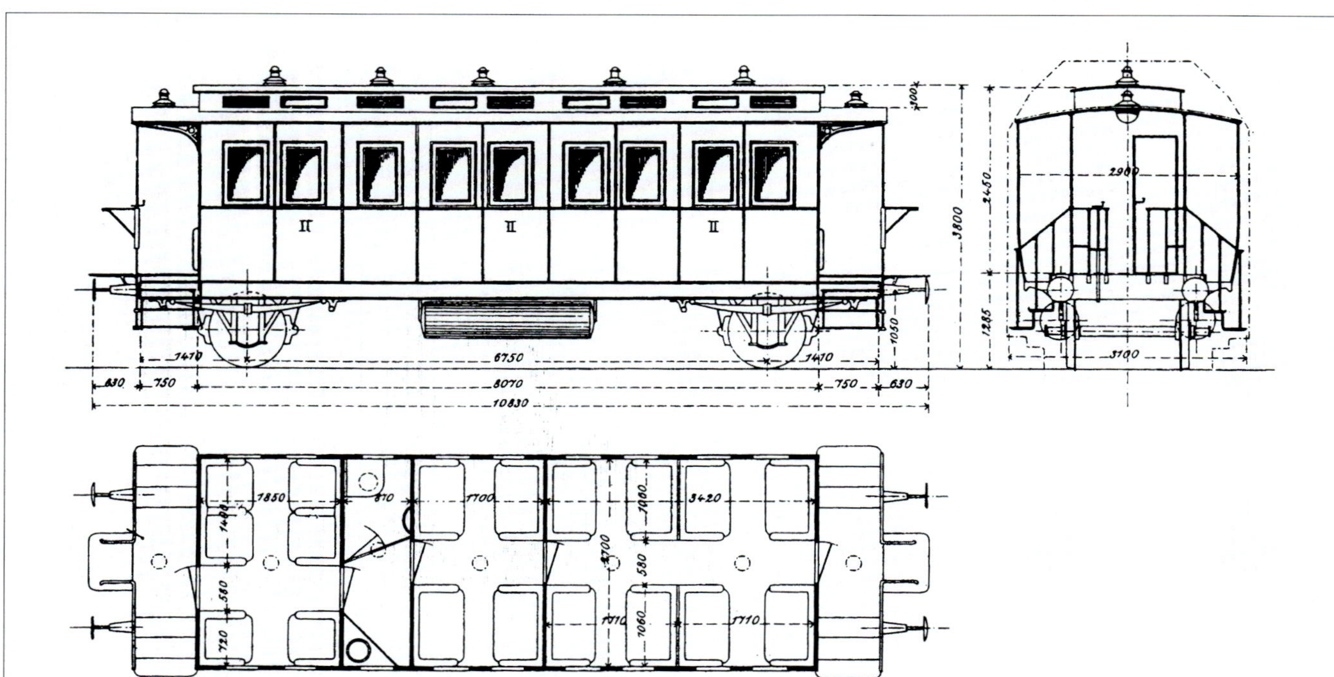

Der zweiachsige Durchgangswagen I./II. Klasse ABi von 1885 (Gruppe 69) besaß Öllampenbeleuchtung, die später durch eine Gasbeleuchtung ergänzt wurde, und Dampfheizung. Der Achsstand wurde später bei gleichzeitigem Einbau von Lenkachsen vergrößert, ebenso erfolgte nachträglich der Einbau der Westinghouse-Bremse, einige Wagen erhielten zusätzlich die Henry-Bremse. Einer der Wagen, von denen insgesamt zwölf Stück beschafft wurden, wurde bereits werksseitig mit einem Abteil zur Krankenbeförderung ausgestattet.

Diesen zweiachsigen Durchgangswagen II. Klasse Bi von 1893 (ursprünglich ABi in Gruppe 71) hat es offenbar nach Berlin verschlagen, wie der im Hintergrund fahrende S-Bahnzug zeigt. Dem Wagen fehlt das typische badische Bühnengeländer, das jedoch noch an der Art seiner Verschraubung mit der Pufferbohle erkennbar ist. Auf dem Dach sind die abgedeckten Öffnungen der Gaslampen zu erkennen. Aufnahme: Sammlung Jens Freese

ein Abteil zur Beförderung eines Kranken, das an Stelle der beiden Abteile des Abteilraums II. Klasse entweder bereits ab Werk oder später eingebaut worden ist (Gruppe 70).

Im Jahre 1912 lieferte Fuchs in Heidelberg einen mit der Gruppe 92a fast identischen Wagen BCi an die Süddeutsche Eisenbahn-Gesellschaft (SEG), der die Betriebsnummer 1161 erhielt. Es ist nicht bekannt, ob noch weitere Wagen dieser Art von der SEG beschafft worden sind. Abweichend von den Wagen der Gruppe 92a besaß der Wagen keinen Abortraum und Waschraum, stattdessen befand sich an dieser Stelle ein Halbabteil III. Klasse. Der Wagen besaß weiterhin eine Öllampen-Beleuchtung und auf dem Dach die Seilstützen für die Heberlein-Bremse. Im Laufe der Zeit wurde der Wagen mehrmals umgebaut, dabei fiel nicht nur fast die gesamte Inneneinrichtung dem Lauf der Zeit zum Opfer. Auch äußerlich ist der Wagen wegen der veränderten Fenster und der fehlenden Torpedolüftern nur noch an den typisch badischen Dachstützen und an den badischen Achslagern als Wagen badischer Bauart zu erkennen. Es ist geplant, den Wagen, der zur Zeit als Barwagen im Museumsdampfzug „Rebenbummler“ der Eisenbahnfreunde Breisgau im Einsatz ist, wieder in den Ursprungszustand zu versetzen.

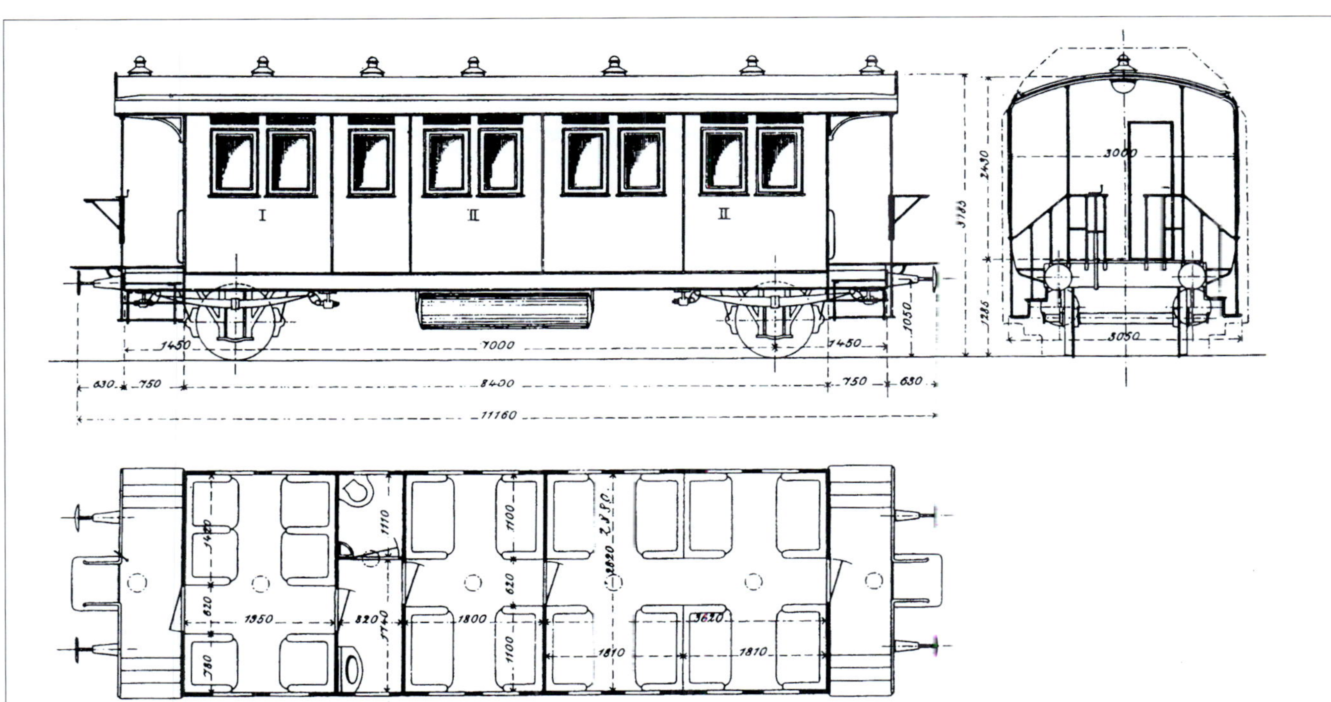

Der zweiachsige Durchgangswagen I./II. Klasse von 1893 (Gruppe 71).

Aufnahme: Sammlung Jens Freese

7.5.2.1 Zweiachsiger Durchgangswagen mit offenen Übergängen I./II. Klasse ABi von 1898, Gruppe: 72, Blatt: 36, (Bi Bad 98).

Erst im Jahre 1893 wurden erneut zweiachsige Durchgangswagen I./II. Klasse (Gruppe 71) beschafft, vier Jahre waren seit der Lieferung der letzten ABi von 1885 (Gruppe 69) vergangen. Gegenüber diesen waren die neuen Wagen äußerlich stark verändert. So war das Laternendach dem Korbbogendach gewichen, das bei diesen Wagen erstmalig im Rahmen einer größeren Wagenbeschaffung zur Anwendung kam. Über den Fenstern, deren paarweise Anordnung gegenüber den Vorgängern gleich geblieben war, befanden sich Lüftungsschlitze. An der Raumaufteilung hatte sich nichts geändert. Am einen Wagenende befand sich das Abteil I. Klasse, dessen Abteiltiefe auf 1.950 mm erhöht worden war. Daran schloß sich ein durch eine Flügeltür betretbarer Waschraum an, der als Vorraum zum Abortraum und als Geruchsschleuse diente. Die Wand zwischen Waschraum und Abortraum war im Gegensatz zu dieser bei den Wagen der Gruppe 69 nicht mehr schräg sondern gerade, hierdurch wurde der Abortraum etwas kleiner und der Waschraum etwas größer. Die beiden Plattformen und jedes Abteil besaßen eine eigene Lampe, Waschraum und Abortraum wurden durch eine gemeinsame Lampe beleuchtet. Ursprünglich besaßen die Wagen einen Achsstand von 5.000 mm, ab Mitte der neunziger Jahre wurde der Achsstand auf 7.000 mm erhöht bei gleichzeitigem Einbau von Lenkachsen. Die Wagen waren in Basel, Freiburg, Heidelberg, Offenburg und Radolfzell stationiert. Anfang der zwanziger Jahre wurden die Wagen in reine II.-Klasse-Wagen umgebaut, dabei trat anstelle der zweisitzigen Polstersitzbank an der Trennwand zum Abortraum/Waschraum im ehemaligen Abteil I. Klasse eine dreisitzige Polstersitzbank. Drei Wagen wurden noch in den zweiten Umzeichnungsplan von 1930 aufgenommen, jedoch bereits bis 1931 ausgemustert.

Im Jahre 1898 kam es dann noch einmal zur Beschaffung von zweiachsigen Durchgangswagen I./II. Klasse ABi (Gruppe 72), es sollten die letzten dieser Wagengattung sein, denn schon bald bestand kein Bedarf mehr an derartigen Wagen, nachdem 1905 in Baden die erste Klasse in Personenzügen weggefallen war. Diese Wagen unterschieden sich nur geringfügig von den im Jahre 1893 beschafften zweiachsigen Durchgangswagen I./II. Klasse ABi (Gruppe 71), in der Raumaufteilung bestand völlige Übereinstimmung, lediglich in den Abmessungen der einzelnen Räume gab es einige Unterschiede. An das Abteil I. Klasse mit jetzt einer Abteiltiefe von 1.980 mm schloß sich der Waschraum und der Abortraum an. Der durch eine Flügeltür betretbare Waschraum war der Vorraum zum Abortraum und diente als Geruchsschleuse. Auch der Abortraum wurde wohl bei den Vorgängern als zu eng empfunden, seine Tiefe wurde

Technische Daten

Beschaffungsjahr:	1898
Hersteller:	Schmieder & Mayer, Karlsruhe
Betriebsnummern:	Baden 12 305 - 12 314
Beschaffte Stückzahl:	10
Sitzplätze I. Klasse:	6 } 20 Offiziere später entfallen
Sitzplätze II. Klasse:	24 } später 31
Sitzplätze III. Klasse:	-
Anzahl der Abteile:	4
Platzteilung:	1+2, 2+2, Mittelgang, (später auch 1+3)
Aborte:	1
Waschräume:	1
Länge über Puffer:	11.610 mm
Wagenkastenlänge:	8.850 mm
Wagenkastenbreite:	3.000 mm
Achsstand:	7.400 mm
Drehzapfenabstand:	-
Drehgestellbauart:	-
Anzahl der Achsen:	2 (Lenkachsen A4)
Fußbodenh. ü. Schienenoberkante:	1.285 mm
Bremse:	Westinghouse, Spindelbremse
Heizung:	Dampf
Beleuchtung:	Gas, 7 Flammen, 980 l, 31 Brennstunden
Gewicht:	15.360 kg
Beschaffungspreis:	12.492 Mark

von 820 auf 1.200 mm bei gleicher Breite erhöht. Diese Maßnahmen hatten natürlich eine Verlängerung des Wagenkastens zur Folge. Durch eine weitere Flügeltür gelangte man vom Waschraum zum Abteil II. Klasse und von diesem durch eine weitere Flügeltür zu einem Abteilraum mit zwei Abteilen II. Klasse. Die Abteiltiefe in der zweiten Klasse betrug 1.820 mm. Der Mittelgang hatte in der ersten Klasse eine Breite von 580 mm und in der zweiten Klasse eine solche von 540 mm. Oberhalb der 600 mm breiten Fenster waren Lüftungsschlitze angeordnet. Die beiden Plattformen und jedes Abteil war mit einer eigenen Lampe ausgestattet, Waschraum und Abortraum besaßen eine gemeinsame Lampe. Im unteren Bereich war der Wagenkasten wie bei den Vorgängern auf den Längsseiten etwas eingezogen. Die Wagen, die von Anfang an einen Achsstand von 7.400 mm aufwiesen, waren in Basel, Heidelberg, Karlsruhe, Neckarelz, Offenburg, Radolfzell und Schaffhausen stationiert. Anfang der zwanziger Jahre wurden die Wagen zu reinen II.-Klasse-Wagen umgebaut. Dabei wurde die zweisitzige Polstersitzbank an der Trennwand zum Abortraum/Waschraum durch eine dreisitzige Polstersitzbank ersetzt, wodurch auch eine Verschiebung der Flügeltür zum Waschraum notwendig wurde.

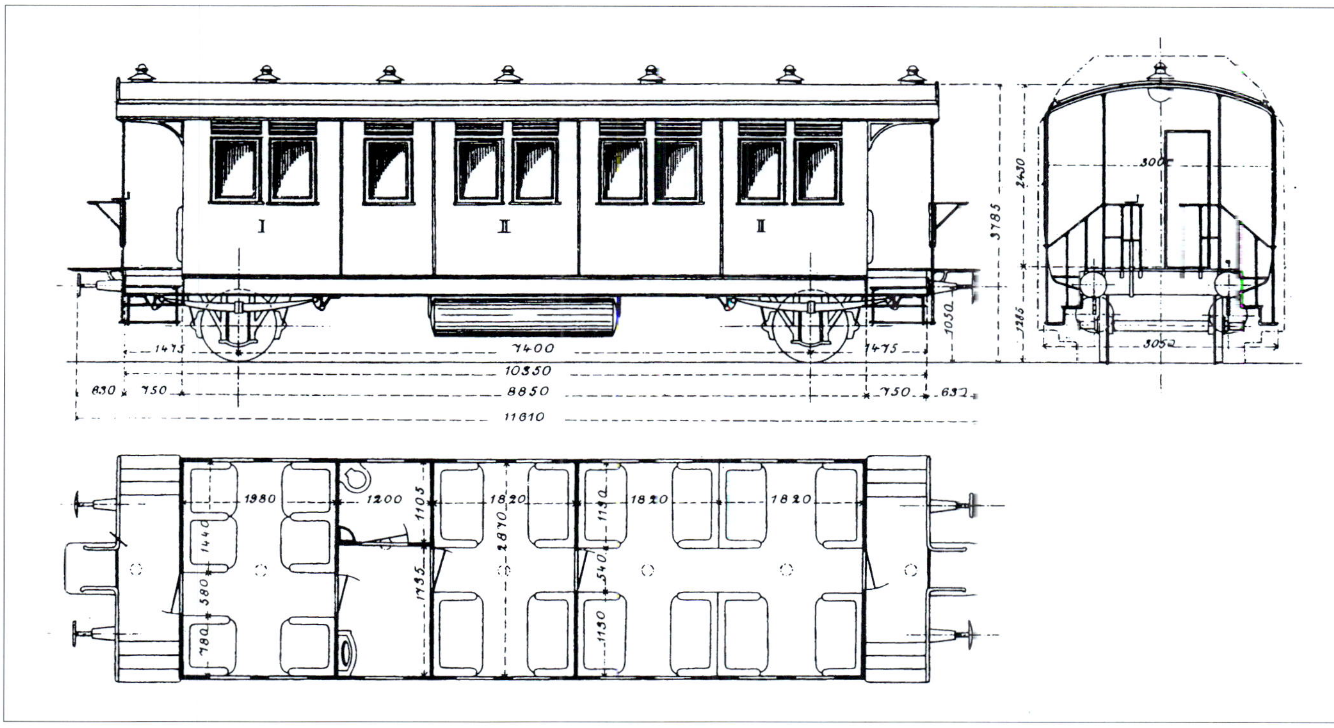

ABi von 1898 (Gruppe 72)

7.5.2.2 Zweiachsiger Durchgangswagen mit offenen Übergängen I./II./III. Klasse ABCi von 1895, Gruppe: 91, Blatt: 42, (BCi Bad 95).

Offenbar für den Einsatz in Schnellzügen beschafften die badischen Staatsbahnen im Jahre 1895 drei zweiachsige Durchgangswagen I./II./III. Klasse ABCi, sie hatten einen Achsstand von 7.400 mm und waren mit Lenkachsen ausgestattet. Erstaunlicherweise besaßen diese Wagen jedoch keinen Abort, obwohl dies damals auch bei reinen III.-Klasse-Wagen bereits üblich war (Ci von 1893 – Gruppe 106). An einem Wagenende befand sich das Abteil I. Klasse, es war als Halbabteil mit einer Abteiltiefe von 1.400 mm ausgebildet und besaß nur drei Sitze. Daran schlossen sich zwei Abteile II. Klasse an, die mittels durchgehender Trennwände voneinander abgeteilt waren und im 580 mm breiten Mittelgang jeweils eine Tür aufwiesen. Die Abteiltiefe in der zweiten Klasse betrug 1.800 mm. Es folgte ein abgeschlossenes Abteil III. Klasse, zwischen diesem und dem folgenden Abteilraum mit zwei Abteilen III. Klasse war eine Trennwand mit Tür. Die Abteiltiefe in der dritten Klasse entsprach mit 1.375 mm der Abteiltiefe bei sämtlichen davor und auch bis zur Jahrhundertwende beschafften zweiachsigen Durchgangswagen III. Klasse. Die Fenstergröße (Breite: 430 mm) der paarweise angeordneten Fenster in der dritten Klasse entsprach auch derjenigen der Fenster des Halbabteils I. Klasse, während die paarweise angeordneten Fenster in der zweiten Klasse mit 600 mm etwas breiter waren. Die Beleuchtung des Wagens war verglichen mit anderen Wagen I./II. Klasse dürftig.

Technische Daten

Beschaffungsjahr:	1895
Hersteller:	Schmieder & Mayer, Karlsruhe
Betriebsnummern:	Baden 1397 - 1399
Beschaffte Stückzahl:	3
Sitzplätze I. Klasse:	3 } 11 Offiziere
Sitzplätze II. Klasse:	15 } später 18
Sitzplätze III. Klasse:	24 (24 Mann)
Anzahl der Abteile:	5 1/2
Platzteilung:	1+2, 2-2, Mittelgang
Aborte:	-
Waschräume:	-
Länge über Puffer:	12.030 mm
Wagenkastenlänge:	9.370 mm
Wagenkastenbreite:	3.000 mm
Achsstand:	7.400 mm
Drehzapfenabstand:	-
Drehgestellbauart:	-
Anzahl der Achsen:	2 (Lenkachsen A4)
Fußbodenh. ü. Schienenoberkante:	1.285 mm
Bremse:	Westinghouse, Spindelbremse
Heizung:	Dampf
Beleuchtung:	Gas + Öl, 6/7 Flammen, 1.000 l, 37 Brennstunden
Gewicht:	14.100 kg
Beschaffungspreis:	10.600 Mark

Die Lampen waren jeweils in Ausschnitten in den beiden Stirnwänden und in sämtlichen Trennwänden angebracht, auf diese Weise wurden nur sechs Lampen und nicht acht Lampen bei einer Anordnung in der Mitte der Plattform, bzw. in der Abteilmitte benötigt. Da es sich bei den drei Exemplaren um die einzigen zweiachsigen Durchgangswagen mit drei Klassen in Baden handelt, auf den Nebenstrecken gab es nur Züge mit der zweiten und dritten Klasse, liegt die Vermutung nahe, daß diese Wagen vielleicht als Kurswagen eingesetzt wurden. Ein derartiger Einsatz wäre damals im Schnellzugpaar Stuttgart – Horb – Immendingen – Schaffhausen – Zürich denkbar gewesen, wobei der badische ABCi ab Immendingen oder Singen bis Zürich im Einsatz war. Lange wird dieser Einsatz als Kurswagen nicht gedauert haben, denn schon bald standen für diesen Zweck komfortablere vierachsige Durchgangswagen mit Mittelgang und offenen Übergängen zur Verfügung. Im Jahre 1902 waren die Wagen als BCi auf Nebenstrecken im Einsatz, dabei waren Plattform und sämtliche Abteile mit eigenen Lampen ausgestattet. Die Wagen waren in Offenburg und Schaffhausen stationiert. Ein Wagen wurde vor 1912 zu einem Wagen III. Klasse umgebaut (Gruppe: 93n), und ein Wagen wurde bereits 1931 ausgemustert, während der dritte Wagen sogar noch in den zweiten Umzeichnungsplan aufgenommen wurde, seine Ausmusterung erfolgte erst nach 1945.

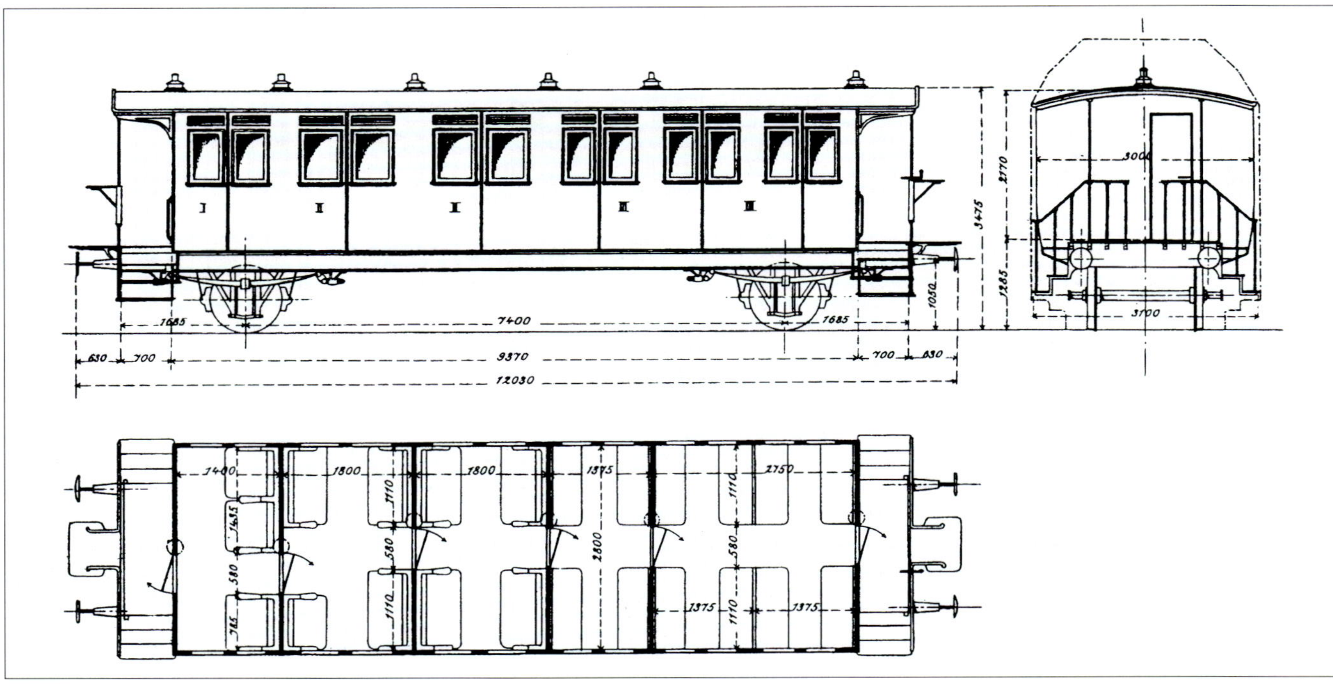

ABCi von 1895 (Gruppe 91)

7.5.2.3 Zweiachsiger Durchgangswagen mit offenen Übergängen II. Klasse Bi von 1902, Gruppe: 85a, Blatt: 37, (Bi Bad 02).

Speziell für den Einsatz auf der landschaftlich schön gelegenen und technisch interessanten Höllentalbahn wurden im Jahre 1902 zehn Aussichtswagen beschafft, die sich durch besonders große Fenster (Breite: 1.200 mm), durch keine die Sicht behindernden Trennwände und mit einem Schutz für heiße Sommertage in Form eines zusätzlichen Sonnendaches auszeichneten. Auch die Anordnung von Abortraum und Waschraum an einem Wagenende und nicht wie sonst üblich in der Wagenmitte, diente der freien Sicht. Die Stirnwand am anderen Wagenende besaß jedoch keine Fenster, ebenso nicht die dort befindliche Tür. Zu beiden Seiten eines Vorraumes, der auch als Geruchsschleuse diente und der sich im Zuge des Mittelgangs (Breite: 520 mm) befand, waren der Abortraum und der Waschraum angeordnet, auch letzterer besaß eine Tür. Der Großraum mit fünf Abteilen (Abteiltiefe: 1.800 mm) besaß fünf Torpedo-Lüfter, die auf dem Sonnendach montiert waren und durch dieses und das darunterliegende Dach hindurch geführt waren. Das Sonnendach erstreckte sich über den gesamten Wagenkasten. Der Abortraum besaß jedoch erstaunlicherweise keinen Torpedo-Lüfter. Da der Einsatz nur in der warmen Jahreszeit vorgesehen war, waren die Wagen auch nicht mit einer Heizung ausgestattet, es war auch keine Dampfleitung vorhanden. Jede der beiden Plattformen, jedes Abteil und der Waschraum besaßen eine eigene Lampe, für Vor-

Technische Daten	
Beschaffungsjahr:	1902
Hersteller:	Gebr. Gastell, Mainz
Betriebsnummern:	Baden 14 414 - 14 423
Beschaffte Stückzahl:	10
Sitzplätze I. Klasse:	-
Sitzplätze II. Klasse:	40 (20 Offiziere). später 39
Sitzplätze III. Klasse:	-
Anzahl der Abteile:	5
Platzteilung:	2+2, später 1+2, 2+2
Aborte:	1
Waschräume:	1
Länge über Puffer:	13.030 mm
Wagenkastenlänge:	10.150 mm
Wagenkastenbreite:	3.000 mm
Achsstand:	8.000 mm
Drehzapfenabstand:	-
Drehgestellbauart:	-
Anzahl der Achsen:	2 (Lenkachsen A4)
Fußbodenh. ü. Schienenoberkante:	1.295 mm
Bremse:	Westinghouse, Henry, Spindelbremse
Heizung:	-
Beleuchtung:	Gas, 9 Flammen, 1.100 l, 23 Brennstunden
Gewicht:	16.350 kg
Beschaffungspreis:	16.980 Mark

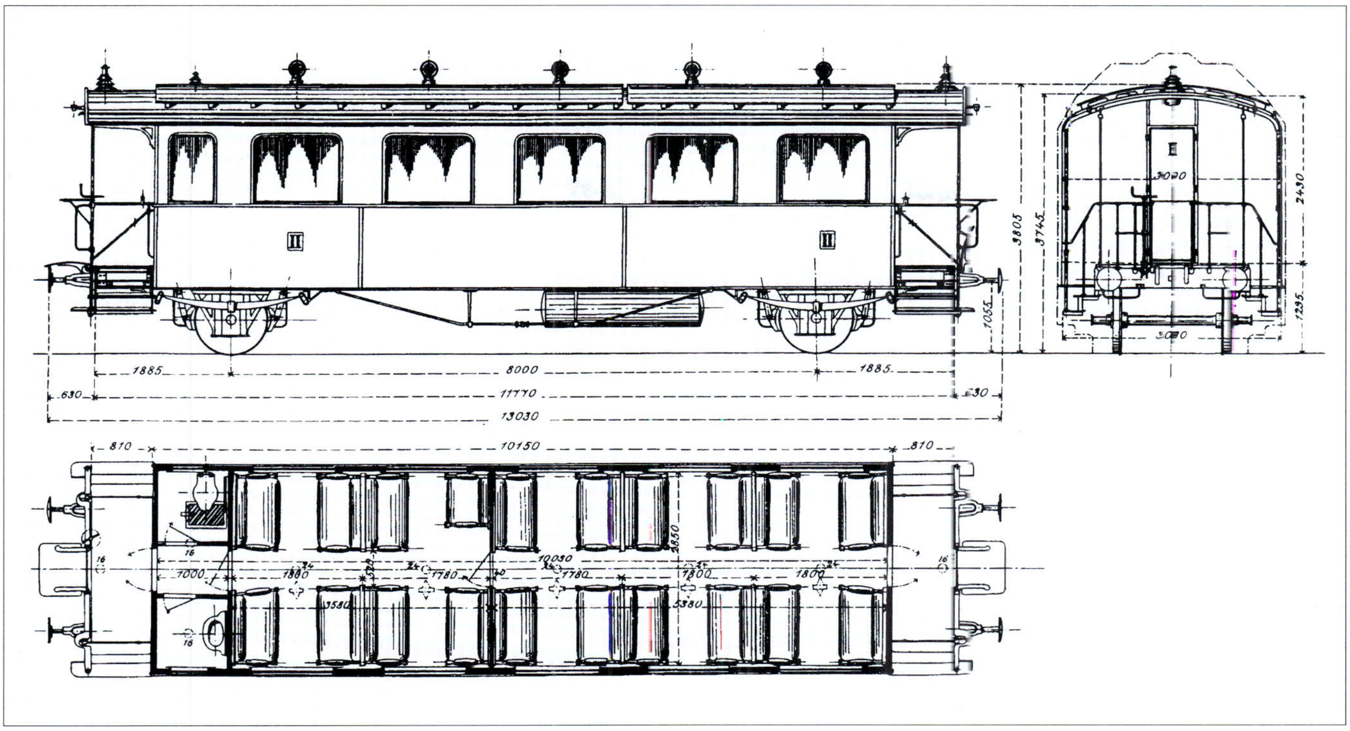

raum und Abortraum war eine gemeinsame Lampe vorhanden. Offenbar machte sich im Betrieb das Fehlen eines Abteilraums für Raucher bemerkbar, weshalb der durchgehende Großraum später durch Einziehen einer Trennwand aus Glas und einer eben solchen Tür in zwei Abteilräume aufgeteilt wurde, wobei der kleinere Abteilraum mit zwei Abteilen zum Wagenende mit Abortraum/Waschraum lag und vermutlich als Raucherabteil benutzt werden konnte. Durch diese Maßnahme ging ein Sitzplatz verloren, der im Schwenkbereich der Tür in der Trennwand lag. Die Wagen ersetzten die beiden Aussichtswagen mit Zahnradbremse von 1888 (Gruppe 80) und waren zunächst vollständig in Freiburg für den Einsatz auf der Höllentalbahn stationiert, später waren auch einige Wagen in Offenburg zum Einsatz auf der Schwarzwaldbahn beheimatet.

Aufnahme Günter Meyer, Sammlung Hermann Hoyer

Aufnahme:
Signatur I-301 035,
Wirtschaftsarchiv Baden-Württemberg,
Stuttgart

7.5.2.4 Zweiachsiger Durchgangswagen mit offenen Übergängen II. Klasse Bi von 1912, Gruppe: 85b, Blatt: 38, (Bi Bad 12).

Technische Daten	
Beschaffungsjahre:	1912 - 1915
Hersteller:	siehe Einzelnachweis
Betriebsnummern:	Baden 1200 - 236
Beschaffte Stückzahl:	37
Sitzplätze I. Klasse:	-
Sitzplätze II. Klasse:	40 (20 Offiziere)
Sitzplätze III. Klasse:	-
Anzahl der Abteile:	5
Platzteilung:	2+2, Mittelgang
Aborte:	1
Waschräume:	1
Länge über Puffer:	13.930 mm
Wagenkastenlänge:	11.030 mm
Wagenkastenbreite:	3.000 mm
Achsstand:	8.500 mm
Drehzapfenabstand:	-
Drehgestellbauart:	-
Anzahl der Achsen:	2 (Lenkachsen A4)
Fußbodenh. ü. Schienenoberkante:	1.285 mm
Bremse:	Westinghouse, Henry, Spindelbremse
Heizung:	Dampf
Beleuchtung:	Gas, 8 Flammen, 1.080 l, 26 Brennstunden
Gewicht:	18.000 - 18.600 kg
Beschaffungspreis:	19.370 - 19.866 Mark

Passend zu den in großen Stückzahlen ab 1911 beschafften zweiachsigen Durchgangswagen III. Klasse (Gruppe: 94a) wurden auch solche II. Klasse benötigt. Die Lieferungen begannen im Jahre 1912 und zogen sich bis in den Ersten Weltkrieg hin, durch den weitere Beschaffungen dann unterbunden wurden. Die Wagen besaßen zwei Abteilräume mit drei, bzw. zwei Abteilen mit jeweils einer Abteiltiefe von 1.950 mm, wobei zwischen den beiden Abteilräumen der Abortraum und der Waschraum angeordnet waren. Der Waschraum diente auch als Geruchsschleuse und war durch je eine Tür zu dem Mittelgang (Breite: 550 mm) der beiden Abteilräume abgeschlossen. Der Fußboden des Waschraums des Wagens „Baden 1222" hatte versuchsweise einen Belag aus Mettlacher Kacheln erhalten. Diese Maßnahme hatte sich offenbar bewährt, denn die Wagen, die dann ab 1914 geliefert wurden, erhielten dann ebenfalls im Waschraum einen mit Mettlacher Kacheln belegten Fußboden. Die Wagen besaßen 1.000 mm breite Metallrahmen-Fenster mit Gewichtsausgleich. Jede der beiden Plattformen und jedes Abteil besaßen eine eigene Lampe, während Abortraum und Waschraum von einer gemeinsamen Lampe erhellt wurden. Für jedes Abteil und den Abortraum war auch jeweils ein Torpedo-Lüfter vorhanden. Stationiert waren die Wagen in Basel, Heidelberg, Karlsruhe, Neckarelz, Offenburg und Villingen. Für den Einsatz auf der elektrifizierten Wehra- und Wiesentalbahn wurden Ende der zwanziger Jahre einige Wagen mit einer elektrischen Heizung ausgestattet. Im Jahre 1952 erhielten die Wagen Stahlrohrgestellsitze. Ein Wagen ist erhalten geblieben, er befindet sich bei den Eisenbahnfreunden Zollernbahn.

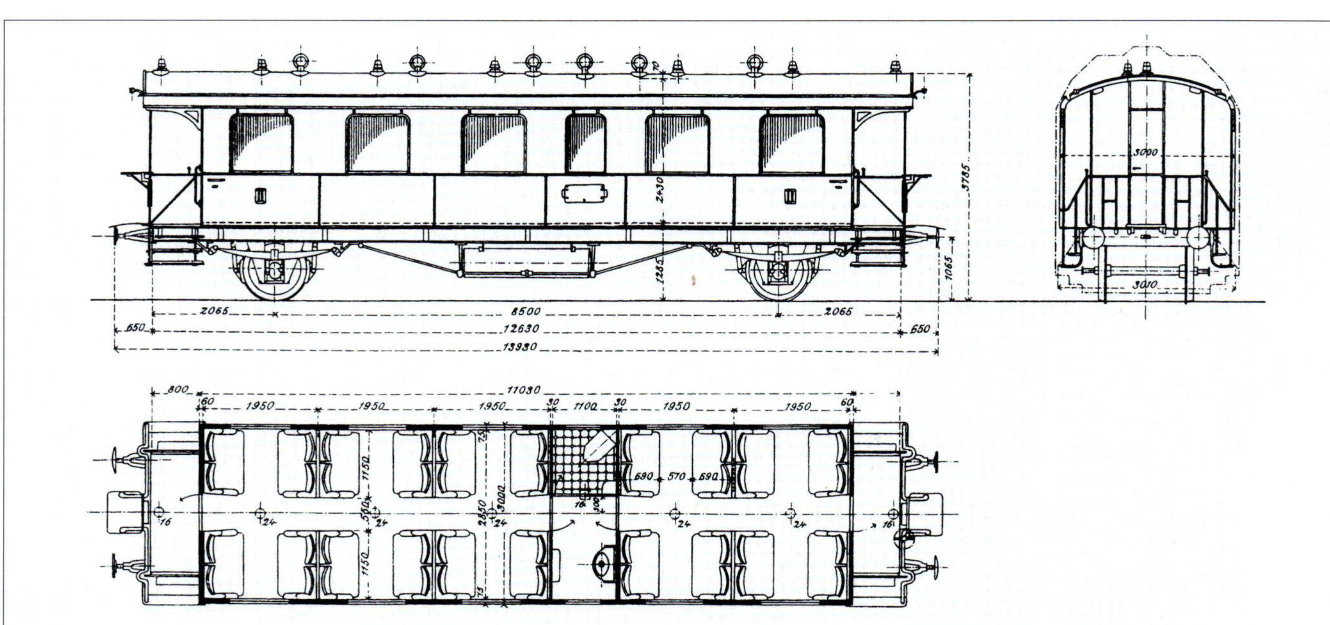

Aufnahme:
Signatur I-301 029,
Wirtschaftsarchiv Baden-Württemberg,
Stuttgart

7.5.2.5 Zweiachsiger Durchgangswagen mit offenen Übergängen II./III. Klasse BCi von 1911, Gruppe: 92a, Blatt: 43, (BCi Bad 11).

Technische Daten	
Beschaffungsjahre:	1911 - 1915
Hersteller:	siehe Einzelnachweis
Betriebsnummern:	Baden 1400 - 1424
Beschaffte Stückzahl:	25
Sitzplätze I. Klasse:	-
Sitzplätze II. Klasse:	16 (20 Offiziere)
Sitzplätze III. Klasse:	24 (24 Mann)
Anzahl der Abteile:	5
Platzteilung:	2+2, Mittelgang
Aborte:	1
Waschräume:	1
Länge über Puffer:	12.840 mm
Wagenkastenlänge:	9.940 mm
Wagenkastenbreite:	3.000 mm
Achsstand:	8.000 mm
Drehzapfenabstand:	-
Drehgestellbauart:	-
Anzahl der Achsen:	2 (Lenkachsen A4)
Fußbodenh. ü. Schienenoberkante:	1.285 mm
Bremse:	Westinghouse, Spindelbremse
Heizung:	Dampf
Beleuchtung:	Gas, 7 Flammen, 1.080 l, 37 Brennstunden
Gewicht:	16.730 - 17.250 kg
Beschaffungspreis:	13.719 - 15.334 Mark

Im Rahmen der Beschaffung von zweiachsigen Durchgangswagen III. Klasse (Gruppe 94a) ab 1911 wurden damals auch zweiachsige Durchgangswagen II./III. Klasse BCi in Auftrag gegeben. Diese besaßen zwei durch eine Trennwand mit Tür abgeteilte Abteile II. Klasse mit einer Abteiltiefe von 1.950 mm, daran schloß sich der Abortraum an, der von dem als Geruchsschleuse wirkender Waschraum betreten werden konnte. Der Waschraum war zum Mittelgang mit jeweils einer Tür abgeschlossen. An den Abortraum/Waschraum schloß sich ein Abteil III. Klasse an, das durch eine Trennwand mit Tür von dem folgenden Abteilraum mit zwei Abteilen III. Klasse abgeschlossen war. Sämtliche Fenster hatten Metallrahmen, dabei lag die Breite der Fenster der zweiten Klasse bei 1.000 mm. Sowohl die Breite der Fenster (850 mm) als auch die Abteiltiefe in der dritten Klasse mit 1.550 mm waren gegenüber den zur selben Zeit beschafften Durchgangswagen III. Klasse der Gruppe 94a geradezu großzügig bemessen, aber entsprechend kleinere Fenster und engere Sitze hätten doch das Erscheinungsbild der Wagen gestört. Bei späteren Lieferungen erhielt der Fußboden des Waschraums einen Belag aus Mettlacher Kacheln. Beide Plattformen, die Abteile II. Klasse und das eine Abteil III. Klasse besaßen jeweils eine Lampe, für den Abteilraum dritter Klasse war ebenso wie für Abortraum und Waschraum eine gemeinsame Lampe vorhanden. Ebenso war jedes Abteil, Abortraum und Waschraum mit einem Torpedo-Lüfter ausgestattet. Die Wagen waren in Basel, Freiburg, Heidelberg, Karlsruhe, Lauda, Radolfzell, Seckach und Waldshut stationiert. Im Jahre 1918 wurden die Wagen in BDi umgezeichnet. Nach dem Zweiten Weltkrieg erhielten einige in Basel stationierte Wagen eine elektrische Heizung, auch wurde ein Teil der Wagen nach 1948 in III.-Klasse-Wagen umgebaut.

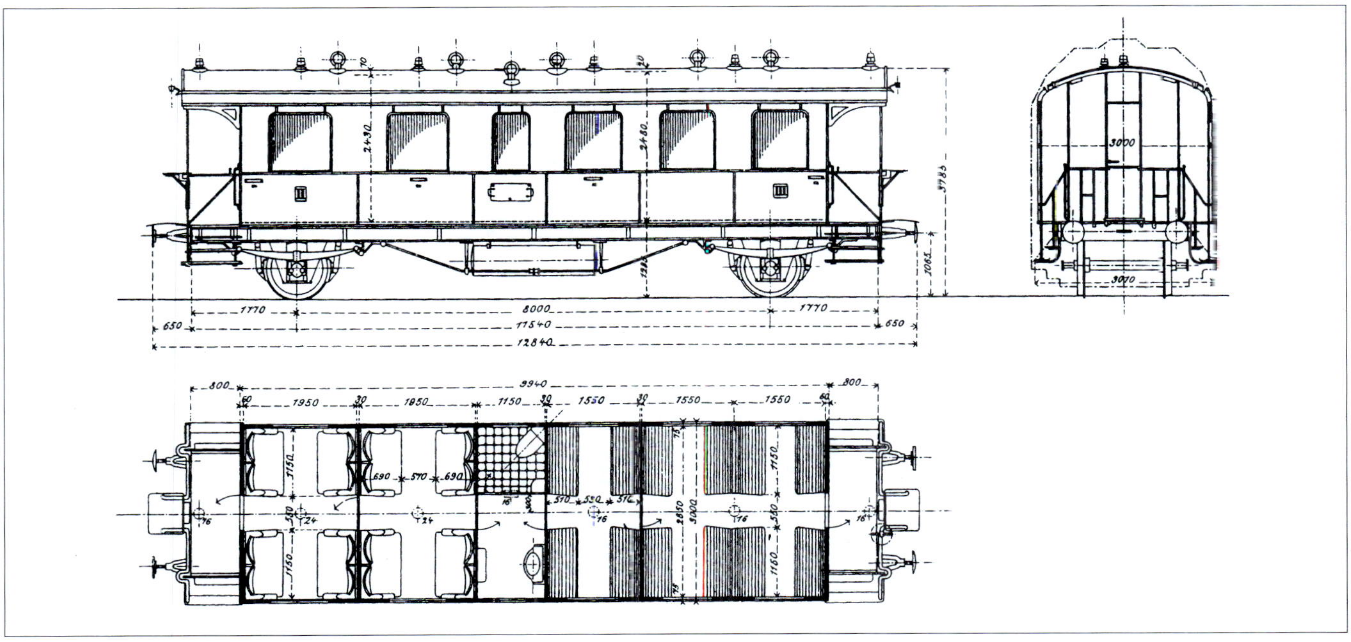

7.5.2.6 Zweiachsiger Durchgangswagen mit offenen Übergängen III. Klasse Ci von 1893, Gruppe: 105, Blatt: 68, (Cid Bad 93).

Die Inbetriebnahme neuer Nebenstrecken und der zunehmende Verkehr machte die Beschaffung weiterer zweiachsiger Durchgangswagen III. Klasse Ci notwendig, deshalb kamen in den Jahren 1893 bis 1899 106 Stück dieser Bauart in den Bestand. Der auf der Außenseite nach unten eingezogene Wagenkasten war in zwei Abteilräume mit jeweils drei Abteilen unterteilt, die dazwischen liegende Trennwand besaß im Bereich des gegenüber der Mittellinie des Wagenkasten versetzten Mittelgangs (Breite: 480 mm) eine Tür. Die Abteiltiefe lag bei dem damals üblichen Wert von 1.375 mm. Auf jeder Wagenseite waren pro Abteil paarweise angeordnete Fenster mit Holzrahmen vorhanden. Die Tür in den Stirnwänden war mit einem Fenster versehen. Die Plattformen und die beiden Abteilräume waren mit je einer Lampe beleuchtet. Oberhalb der

Aufnahme: Sammlung Jens Freese

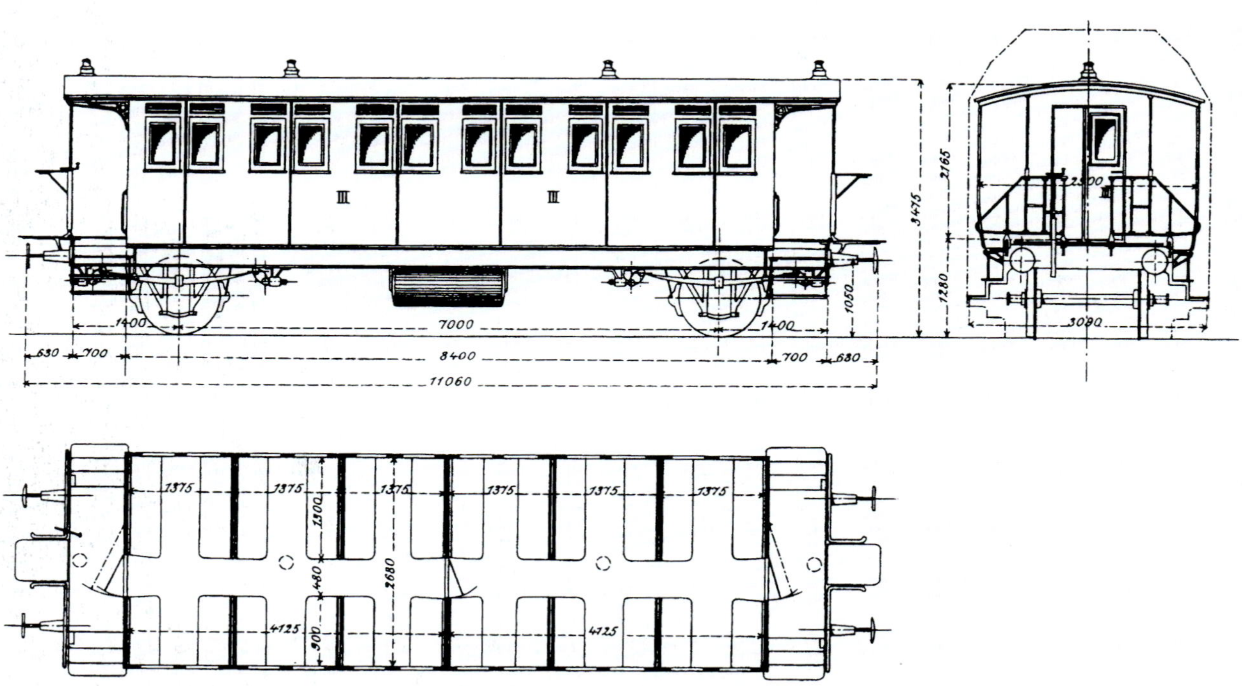

Fenster waren Lüftungsschlitze angeordnet. Für die Verwendung der Wagen in Lazarettzügen waren die Türen in den Stirnwänden doppelt klappbar ausgeführt, wobei der vordere Flügelteil im normalen Betrieb benutzt wurde und der hintere Flügelteil mit der Stirnwand durch entsprechende Riegel fest verbunden blieb. Es war jedoch auch möglich, beide Flügelteile fest miteinander zu verbinden, wobei die feste Verbindung des hinteren Flügelteils mit der Stirnwand gelöst werden mußte, damit eine größere Türöffnung zur Verfügung stand. Weiterhin war das Plattformgeländer umlegbar eingerichtet, wodurch im umgelegten Zustand desselben sperrige Gegenstände bei der Umrüstung in Lazarettwagen und im späteren Betrieb auch Tragbahren leichter sich in das Innere des Wagen bringen ließen. Für die Verwendung als Krankenwagen wurde die in der Mitte des Wagens befindliche Trennwand entfernt. Der Achsstand betrug ursprünglich nur 5.000 mm, er wurde später auf 7.000 mm vergrößert bei gleichzeitigem Einbau von Lenkachsen. Im Laufe der Jahre waren die Wagen in fast sämtlichen Heimatbahnhöfen der badischen Staatsbahnen zu finden gewesen. Während des Ersten Weltkrieges waren mindestens 34 dieser Wagen entsprechend ihrem vorgesehenen zusätzlichen Zweck in Lazarettzügen im Einsatz gewesen. Im Jahre 1919 wurden die umgebauten Wagen wieder in ihren ursprünglichen Zustand zurück versetzt, d.h. die Zwischenwand und die Sitzbänke wurden wieder eingebaut. Mit der Einführung der vierten Klasse in Baden im Jahre 1918 wurden sämtliche Wagen in 4.-Klasse-Wagen umgezeichnet.

Technische Daten

Beschaffungsjahre:	1893 - 1899
Hersteller:	siehe Einzelnachweis
Betriebsnummern:	siehe Einzelnachweis
Beschaffte Stückzahl:	106
Sitzplätze I. Klasse:	-
Sitzplätze II. Klasse:	-
Sitzplätze III. Klasse:	60 (36 Mann)
Anzahl der Abteile:	6
Platzteilung:	2+3, Mittelgang
Aborte:	-
Waschräume:	-
Länge über Puffer:	11.060 mm
Wagenkastenlänge:	8.400 mm
Wagenkastenbreite:	2.900 mm
Achsstand:	7.000 mm
Drehzapfenabstand:	-
Drehgestellbauart:	-
Anzahl der Achsen:	2 (Lenkachsen A4)
Fußbodenh. ü. Schienenoberkante:	1.280 mm
Bremse:	Westinghouse, teilw. Henry, Spindelbremse
Heizung:	Dampf
Beleuchtung:	Gas 4 Flammen, 500 l, 36 Brennstunden
Gewicht:	12.300 - 12.700 kg
Beschaffungspreis:	7.700 - 8.665 Mark

7.5.2.7 Zweiachsiger Durchgangswagen mit offenen Übergängen III. Klasse Ci von 1893, Gruppe: 106, Blatt: 69, (Cid Bad 93).

Zusätzlich zu den zweiachsigen Durchgangswagen III. Klasse der Gruppe 105 kamen im Jahre 1893 auch 20 weitere in den Bestand, die sich jedoch von diesen in einigen Merkmalen unterschieden. Sie waren nicht für den Einsatz in Lazarettzügen vorgesehen und erstmalig bei Durchgangswagen III. Klasse mit einem Abort und sogar mit einem separaten Waschraum ausgestattet. Beide Räume waren in der Wagenmitte angeordnet und zwar beiderseits eines Vorraums, der als Geruchsschleuse diente und zum Mittelgang der auf beiden Seiten angeordneten Abteilräume mit je einer Tür abgeschlossen war. Die beiden Abteilräume wiesen drei bzw. 2 1/2 Abteile auf. Durch den in der Wagenmitte angeordneten Mittelgang mit einer Breite von 500 mm war die Sitzteilung mit 2+2 bestimmt, dies war gegenüber den Wagen der Gruppe 105 eine Ver-

Aufnahme: Sammlung Jens Freese

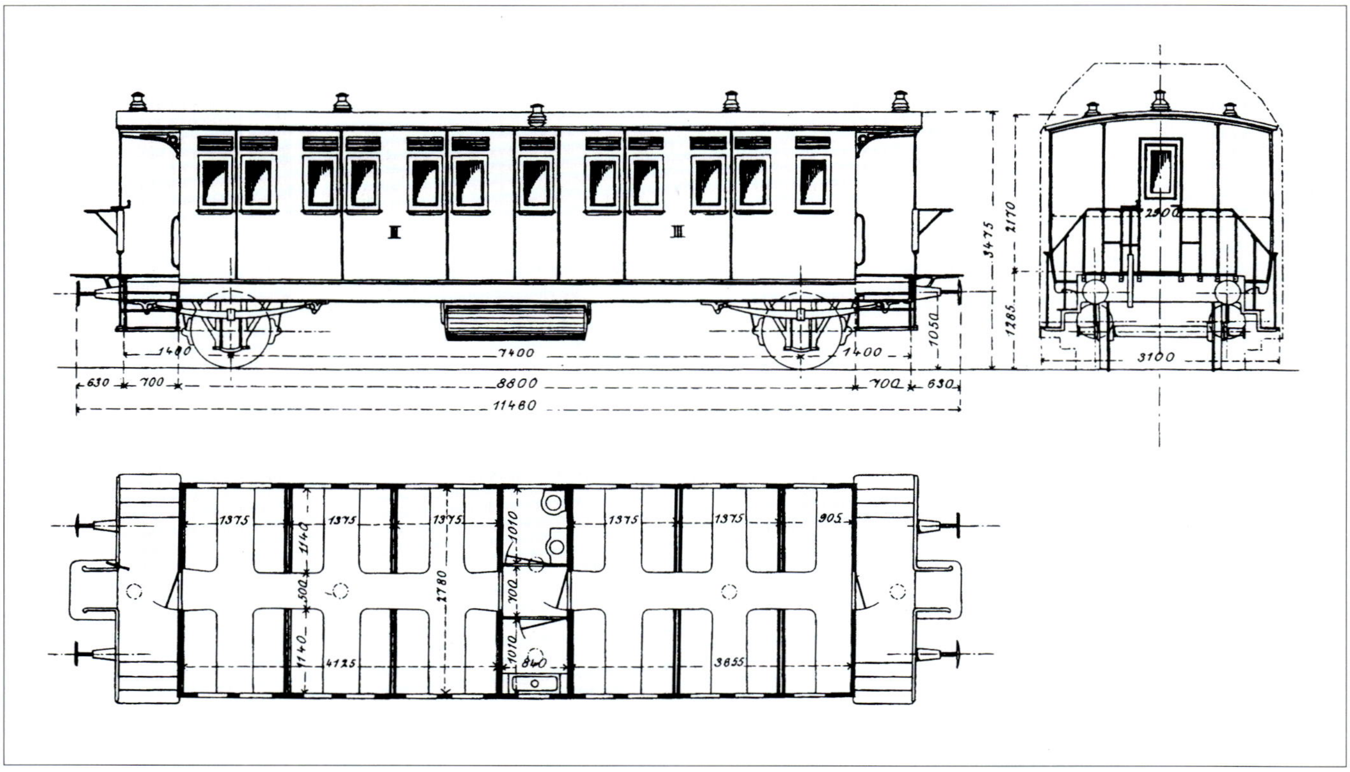

besserung, da dort bei gleicher Wagenbreite eine Sitzteilung von 2+3 vorhanden war. Abortraum und Waschraum hatten jeweils eine Tiefe 840 mm und eine Breite von 1.010 mm. Die Abteile hatten bis auf das halbe Abteil paarweise angeordnete Fenster mit Holzrahmen, oberhalb derselben waren Lüftungsschlitze angebracht. Je eine Lampe erhellte die beiden Plattformen, die beiden Abteilräume und den Waschraum, während Abortraum und Vorraum sich eine Lampe teilen mußten. Die Wagen waren in Freiburg, Radolfzell, Rastatt, Villingen und Waldshut stationiert. Mit der Einführung der vierten Klasse 1918 in Baden wurden die Wagen in 4.-Klasse-Wagen umgezeichnet. Anfang der dreißiger Jahre wurden die Lüftungsschlitze verschlossen und die Luftschieber entfernt, stattdessen erhielten die Wagen Torpedo-Lüfter.

Noch vor der Jahrhundertwende, vielleicht auch schon im Lieferjahr, wurde ein Wagen (Baden 10723) zum Versuchswagen für Zugkraft- und Geschwindigkeitsmessungen umgebaut, dabei wurdne in dem Abteilraum mit den drei Abteilen die Sitze bis auf die an der Innenseite der Stirnwand und die an der Trennwand befindlichen Sitze entfernt und dort Meßeinrichtungen eingebaut, die mit einer zusätzlichen dritten Achse mechanisch in Verbindung standen, die genau in der Mitte und unterhalb des Abteilraums eingebaut worden war. Dieser Wagen wurde im Wagenverzeichnis unter der Gruppe 122' geführt. Nach 1920 wurde der Wagen wieder zu einem normalen Personenwagen der Gruppe 106 umgebaut (siehe Seite 68).

Technische Daten	
Beschaffungsjahr:	1893
Hersteller:	Fuchs, Heidelberg
Betriebsnummern:	Baden 10 717 - 10 736
Beschaffte Stückzahl:	20
Sitzplätze I. Klasse:	-
Sitzplätze II. Klasse:	-
Sitzplätze III. Klasse:	44 (44 Mann)
Anzahl der Abteile:	5 1/2
Platzteilung:	2+2, Mittelgang
Aborte:	1
Waschräume:	1
Länge über Puffer:	11.460 mm
Wagenkastenlänge:	8.800 mm
Wagenkastenbreite:	2.900 mm
Achsstand:	7.400 mm
Drehzapfenabstand:	-
Drehgestellbauart:	-
Anzahl der Achsen:	2 (Lenkachsen A4)
Fußbodenh. ü. Schienenoberkante:	1.285 mm
Bremse:	Westinghouse, teilw. Henry, Spindelbremse
Heizung:	Dampf
Beleuchtung:	Gas 6 Flammen, 620 l, 32 Brennstunden
Gewicht:	12.900 kg (Versuchswagen: 14.170 kg)
Beschaffungspreis:	7.750 Mark

7.5.2.8 Zweiachsiger Durchgangswagen mit offenen Übergängen III. Klasse Ci von 1898, Gruppe: 107, Blatt: 70, (Cid Bad 98).

Die zwanzig im Jahre 1893 beschafften zweiachsigen Durchgangswagen III. Klasse (Gruppe: 106) mit Abort und Waschraum reichten offenbar nicht aus, deshalb wurden im Jahre 1897 weitere dreißig bestellt. Sie unterschieden sich in der Raumaufteilung nicht und in den Abmessungen nur geringfügig von den zweiachsigen Durchgangswagen III. Klasse Ci von 1893 (Gruppe 106). Es waren zwei Abteilräume mit drei bzw. 2 1/2 Abteilen (Abteiltiefe: 1.375 mm) vorhanden, zwischen denen Abortraum und Waschraum angeordnet waren. Zwischen dem kleineren Abteilraum und dem Abortraum/Waschraum befand sich eine Trennwand mit einer Flügeltür, während die Trennwand zwischen dem größeren Abteilraum und dem Abortraum/Waschraum einen offenen Durchgang aufwies. Ein geschlossener Vorraum und damit auch eine Geruchsschleuse für den Abortraum war damit nicht mehr unbedingt vorhanden. Die beiden Plattformen, die beiden Abteilräume, der Abortraum und

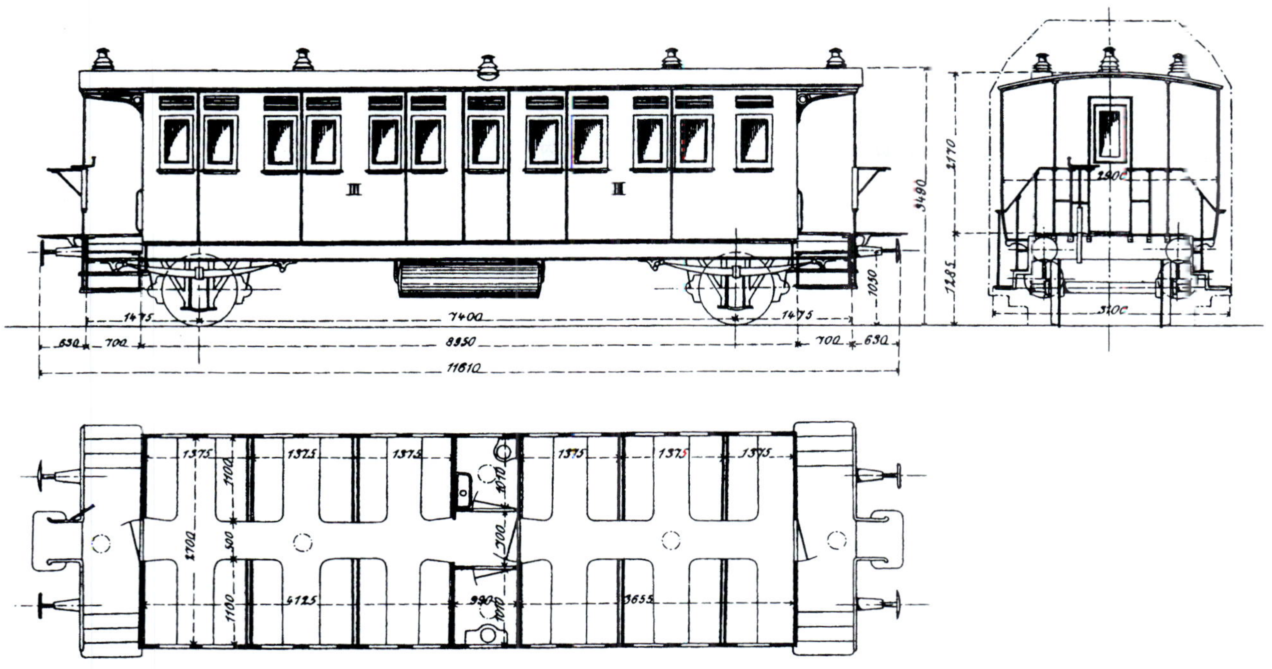

Technische Daten

Beschaffungsjahr:	1898
Hersteller:	siehe Einzelnachweis
Betriebsnummern:	Baden 12 240 - 12 269
Beschaffte Stückzahl:	30
Sitzplätze I. Klasse:	-
Sitzplätze II. Klasse:	-
Sitzplätze III. Klasse:	44 (44 Mann)
Anzahl der Abteile:	5 1/2
Platzteilung:	2+2, Mittelgang
Aborte:	1
Waschräume:	1
Länge über Puffer:	11.610 mm
Wagenkastenlänge:	8.950 mm
Wagenkastenbreite:	2.900 mm
Achsstand:	7.400 mm
Drehzapfenabstand:	-
Drehgestellbauart:	-
Anzahl der Achsen:	2 (Lenkachsen A4)
Fußbodenh. ü. Schienenoberkante:	1.285 mm
Bremse:	Westinghouse, Spindelbremse
Heizung:	Dampf
Beleuchtung:	Gas 6 Flammen, 620 l, 32 Brennstunden
Gewicht:	13.300 kg
Beschaffungspreis:	8.844 Mark

der Waschraum waren mit einer eigenen Lampe versehen. Der offene Vorraum wurde von der Lampe des größeren Abteilraums mit beleuchtet, deshalb war in der betreffenden Trennwand auch keine Tür vorhanden. Auch bei diesen Wagen war der Wagenkasten im unteren Bereich eingezogen, es waren die letzten Wagen, die die badischen Staatsbahnen mit diesem Merkmal beschafften, ein Merkmal, das nahezu seit Beginn der Eisenbahn in Baden bei fast sämtlichen Personenwagen zu finden war war. Die Wagen waren in Appenweier, Basel, Bruchsal, Freiburg, Karlsruhe, Konstanz, Mannheim, Offenburg, Radolfzell, Rastatt und Singen stationiert. Mit der Einführung der 4. Klasse in Baden im Jahre 1918 wurden die Wagen entsprechend umgezeichnet. Ein Wagen der Gruppe 107 ist der Nachwelt erhalten geblieben, allerdings konnte noch keine seiner Betriebsnummern herausgefunden werden. Bei seiner Übernahme durch das Eisenbahnmuseum der DGEG in Neustadt an der Weinstraße trug der Wagen die Anschrift: 60 50 99-61 470-9 Erfurt, Starkstrommeisterei Bereich Saalfeld. Der Wagen befindet sich in der Aufarbeitung, die bereits weit fortgeschritten ist.

Ci von 1893 (Gruppe 106)
Aufnahme: Sammlung Jens Freese

Aufnahme: Richard Schatz (†), Sammlung Hermann Hoyer

7.5.2.9 Zweiachsiger Durchgangswagen mit offenen Übergängen III. Klasse Ci von 1901, Gruppe: 108, Blatt: 45, (Ci Bad 01).

Die einhundert zweiachsigen Durchgangswagen III. Klasse Ci, die die badischen Staatsbahnen zur Auslieferung im Jahre 1901 bestellten, waren, was die Bequemlichkeit für die Reisenden betrifft, eine rühmliche Ausnahme, bei der es, bei Betrachtung der weiteren Entwicklung, jedoch auch bleiben sollte. Der auch im unteren Bereich gerade durchgezogene Wagenkasten besaß in der Wagenmitte Abortraum und Waschraum, die zu beiden Seiten des Mittelgangs (Breite: 540 mm) angeordnet waren. Der zwischen beiden Abteilräumen liegende offene Vorraum war nur zu einer Seite durch eine Tür abgeschlossen, während zum anderen Abteilraum der Vorraum offen war, so daß man von einer Geruchsschleuse nur bedingt sprechen konnte. Beide Abteilräume besaßen jeweils drei Abteile, wobei die Abteiltiefe bei erstaunlichen 1.550 mm lag. Beide Plattformen, beide Abteilräume, Abortraum und Waschraum besaßen eine eigene Lampe, der Vorraum wurde von der Lampe des benachbarten Abteilraumes mit beleuchtet. Die Wagen besaßen ebenso wie ihre Vorgänger paarweise angeordnete Fenster mit Holzrahmen für jedes Abteil. Zur Lüftung dienten oberhalb der Fenster angebrachte Lüftungsschlitze. Es waren die ersten Durchgangswagen in Baden mit einem Achsstand von 8.000 mm. Bezüglich der Stationierung ist zu sagen, daß diese Wagen bei fast sämtlichen Heimatbahnhöfen in Baden zu finden waren. Als in Baden im Jahre 1918 die 4. Klasse eingeführt wurde, blieben die Wagen der Gruppe 108 als einzige Bauart badischer zweiachsiger Durchgangswagen III. Klasse von der entsprechenden Umzeichnung verschont. Mitte der zwanziger Jahre kamen zehn Wagen zur RBD Kassel, wo sie zunächst noch unter einer preußischen Betriebsnummer und „Cassel" als Ci Pr 01 (!) liefen. Der Grund für die Umstationierung ist nicht bekannt, zumal die Wagen nicht geschlossen einem einzigen Heimatbahnhof zugeteilt wurden, sie waren im Bereich des Harzes im Einsatz. Bereits in den zwanziger Jahren wurden die Wagen mit Torpedolüftern ausgestattet, gleichzeitig wurden die Lüftungsschlitze oberhalb der Fenster überflüssig, sie wurden deshalb entfernt, die Öffnung wurde durch eine Abdeckung verschlossen. Ob diese Maßnahme auch

Technische Daten	
Beschaffungsjahr:	1901
Hersteller:	siehe Einzelnachweis
Betriebsnummern:	Baden 13 685 - 13 784
Beschaffte Stückzahl:	100
Sitzplätze I. Klasse:	-
Sitzplätze II. Klasse:	-
Sitzplätze III. Klasse:	48 (48 Mann)
Anzahl der Abteile:	6
Platzteilung:	2+2, Mittelgang
Aborte:	1
Waschräume:	1
Länge über Puffer:	13.130 mm
Wagenkastenlänge:	10.470 mm
Wagenkastenbreite:	3.000 mm
Achsstand:	8.000 mm
Drehzapfenabstand:	-
Drehgestellbauart:	-
Anzahl der Achsen:	2 (Lenkachsen A4)
Fußbodenh. ü. Schienenoberkante:	1.285 mm
Bremse:	Westinghouse, Spindelbremse
Heizung:	Dampf
Beleuchtung:	Gas 6 Flammen, 670 l, 35 Brennstunden
Gewicht:	15.300 kg
Beschaffungspreis:	11.470 - 11.820 Mark

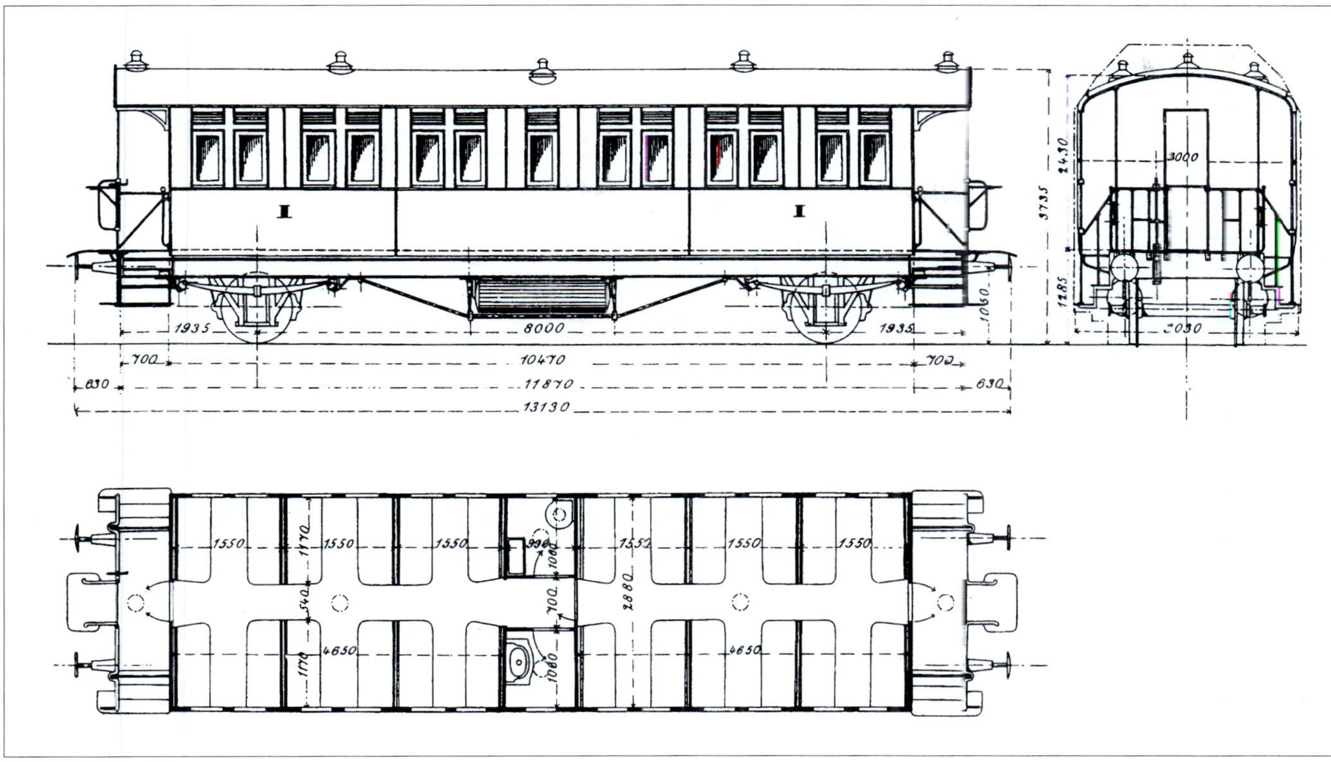

bei den zehn preußischen Wagen durchgeführt wurde, ist nicht bekannt. Einen oder vielleicht auch mehrere der Wagen verschlug es im Zweiten Weltkrieg nach dem Osten. Fotografisch ist ein solcher Wagen mit Torpedolüftern und geschlossenen Lüftungsöffnungen nachgewiesen. Er trägt weder eine Betriebsnummer noch einen Eigentumshinweis, lediglich die Kreideanschrift „Nur für Zivilisten". Infolge der Kriegswirren verschlug es einen Wagen auch zur RED Nürnberg, wo der Wagen nach 1945 als Lokalbahnwagen eine entsprechende Betriebsnummer erhielt (siehe Seite 17).

7.5.2.10 Zweiachsiger Durchgangswagen mit offenen Übergängen III. Klasse Ci von 1910, Gruppe: 94', Blatt: 73, (Cid Bad 10).

Erst im Jahre 1910 wurden wieder zweiachsige Durchgangswagen III. Klasse von der Verwaltung der badischen Staatsbahnen beschafft, um dem steigenden Bedarf gerecht zu werden, der offenbar sehr groß gewesen sein mußte, denn es wurden sofort sechzig Stück bestellt. Die Wagen, die in die Gruppe 94' eingereiht wurden, die ursprünglich von den Ci von 1887 belegt war, stellten jedoch hinsichtlich des gebotenen Komforts einen großen Rückschritt dar. Dies betraf vor allem die Abteiltiefe mit einem Maß von 1.300 mm. Dieser Wert war noch nicht einmal bei den Abteilwagen III. Klasse vorhanden, die in den Jahren 1860 bis 1873 beschafft worden sind, denn bei diesen hatte die Abteiltiefe wenigstens 1.370 mm betragen, und bei den zweiachsigen Durchgangswagen III. Klasse der Jahre 1887 bis 1898 hatte der Wert zwischen 1.375 und 1.400 mm gelegen. Offenbar hatte der württembergische zweiachsige Durchgangswagen III. Klasse Ci von 1908 (Zeichnungs-Nr. 20411A) Pate gestanden, denn von diesem wurde nicht nur die Raumaufteilung einschließlich der Sitzanordnung sondern auch fast sämtliche Abmessungen übernommen. Der Mittelgang mit einer Breite von 455 mm war zur Längsachse des Wagenkastens versetzt angeordnet und zwar wegen der Sitzteilung 2+3. Die beiden Abteilräume mit 4, bzw. 3 Abteilen waren zu beiden Seiten einer Trennwand mit Tür angeordnet, dabei befand sich der Abortraum in dem Abteilraum mit 3 Abteilen. Gegenüber dem

Technische Daten

Beschaffungsjahr:	1910
Hersteller:	siehe Einzelnachweis
Betriebsnummern:	Baden 13 625 - 13 684
Beschaffte Stückzahl:	60
Sitzplätze I. Klasse:	-
Sitzplätze II. Klasse:	-
Sitzplätze III. Klasse:	70 (60 Mann)
Anzahl der Abteile:	7
Platzteilung:	2+2, 2+3 Mittelgang
Aborte:	1
Waschräume:	-
Länge über Puffer:	12.940 mm
Wagenkastenlänge:	10.080 mm
Wagenkastenbreite:	3.000 mm
Achsstand:	8.000 mm
Drehzapfenabstand:	-
Drehgestellbauart:	-
Anzahl der Achsen:	2 (Lenkachsen A4)
Fußbodenh. ü. Schienenoberkante:	1.285 mm
Bremse:	Westinghouse, Henry, Spindelbremse
Heizung:	Dampf
Beleuchtung:	Gas 5 Flammen, 580 l, 31 Brennstunden
Gewicht:	14.700 kg
Beschaffungspreis:	10.680 Mark

Aufnahme: Signatur 301 025, Wirtschaftsarchiv Baden-Württemberg, Stuttgart

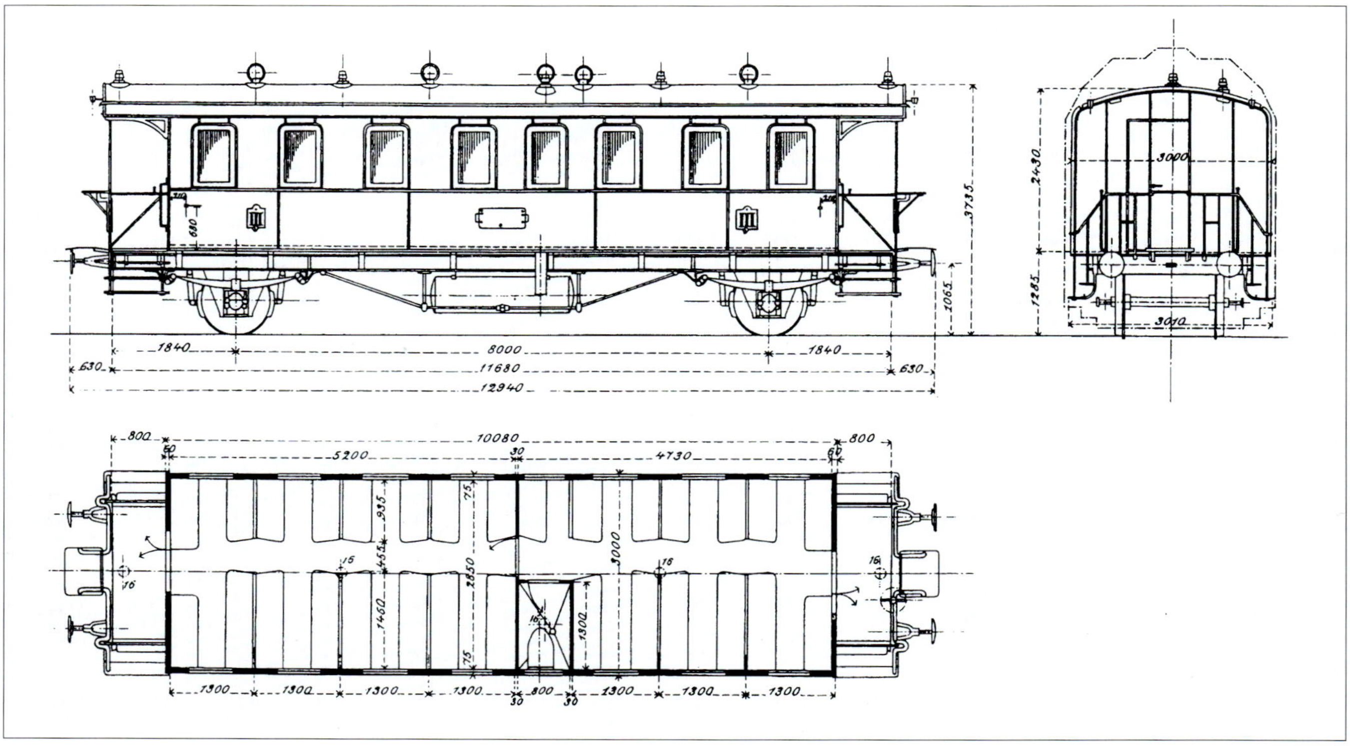

Abortraum befand sich eine Sitzbank mit zwei Sitzen. Die Stirnwandtüren besaßen jeweils zwei Flügel, von denen der eine Flügel die normale Tür bildete und der schmalere Flügel im normalen Betrieb fest verriegelt war und nur bei Bedarf geöffnet werden konnte. Auf diese Weise konnten die Wagen in Lazarettzügen eingesetzt werden. Die Breite der Fenster mit Holzrahmen betrug 620 mm. Die beiden Plattformen, die beiden Abteilräume und der Abortraum besaßen jeweils eine Lampe. Zur Lüftung waren die beiden Abteilräume mit zwei und der Abortraum mit einem Torpedo-Lüfter ausgestattet. Die ersten Wagen waren in Heidelberg, Karlsruhe, Neckarelz und Villingen stationiert. Die Wagen erhielten später Klappschilder III./IV. Klasse, deshalb war eine besondere Kennzeichnung der Wagen als Wagen vierter Klasse nicht mehr notwendig, als im Jahre 1918 in Baden die 4. Klasse eingeführt wurde. Im Jahre 1930 wurden die Wagen 94 016 - 062 umgebaut, sie erhielten die Bezeichnung Cid Bad 10/30 und wurden unter Blatt: 73a geführt. Dabei erhielten sie Lattensitze an Stelle der bisherigen körperformgerechten Sperrholzsitze, über die gesamte Sitzbankbreite reichende Winschutzwände, die den Kopf der Reisenden vor der Zugluft schützen sollten und über den Sitzbänken angebrachte Gepäcknetze. Nach dem Zweiten Weltkrieg wurde eine Reihe von Wagen erneut umgebaut, dabei wurde die Gasbeleuchtung entfernt und durch eine elektrische Dynamobeleuchtung ersetzt und Polstersitze eingebaut. Die Bezeichnung lautete dann Cid Bad 10/51 bzw. Cid Bad 10/52. Die bei der Deutschen Reichsbahn (Ost) verbliebenen Wagen wurden damals einem ähnlichen Umbau unterzogen.

Aufnahme: Sammlung Jens Freese

7.5.2.11 Zweiachsiger Durchgangswagen mit offenen Übergängen III. Klasse Ci von 1911, Gruppe: 94a, Blatt: 74, (Cid Bad 11).

Offenbar während die Lieferung der zweiachsigen Durchgangswagen III. Klasse Ci (Gruppe: 94') im Jahre 1910 noch im Gange war, mußten der Verwaltung der badischen Staatsbahnen, vielleicht auch auf Grund von Klagen aus dem Publikum, Zweifel an der geringen Abteiltiefe gekommen sein, denn weitere zweiachsige Durchgangswagen III. Klasse Ci der Gruppe 94' wurden nach 1910 nicht mehr geliefert. Darüber hinaus gehende bestehende Verträge mit der Waggonbauindustrie werden wohl storniert worden sein. Der vermutlich für die zweiachsigen Durchgangswagen III. Klasse der Gruppe 94' als Vorbild dienende württembergische zweiachsige Durchgangswagen III. Klasse Ci von 1908 wurde dagegen weiterhin beschafft und zwar bis 1912. So kam es zu einer neuen Bauart eines zweiachsigen Durchgangswagens III. Klasse in Baden, die dann ab 1911 bis 1922 in großen Stückzahlen geliefert wurde und bei der die Abteiltiefe auf immerhin 1.400 mm erhöht worden war. Raumaufteilung und Sitzanordnung wurden dabei von der Bauart von 1910 (Gruppe 94') übernommen. Es war ein größerer Abteilraum mit vier und ein kleinerer Abteilraum mit drei Abteilen vorhanden. Der Mittelgang hatte eine Breite von 455 mm. Innerhalb des kleineren Abteilraumes war auch der Abortraum angeordnet. Diesem gegenüber befand sich eine Sitzbank mit zwei Sitzen. Die beiden Plattformen, die beiden Abteilräume und der Abortraum waren jeweils mit einer eigenen Lampe ausgestattet. Die Fenster mit einer Breite von 620 mm besaßen Holzrahmen. Auch äußerlich unterschieden sie sich so gut wie überhaupt nicht. Der einzige Unterschied bestand nur in der unterschiedlichen Anordnung des einen Torpedo-Lüfters im Abteilraum mit den drei Abteilen. War bei den Wagen von 1910 dieser näher zu dem Torpedo-Lüfter des Abortraumes angebracht, so befand sich dieser bei den Wagen der Bauart 1911 genau oberhalb des ersten Abteils nach dem Abortraum. Die von Fuchs im Jahre 1911 gelieferten, besaßen bereits werksseitig angebrachte Klapptäfelchen an der Außenseite, um diese entweder als Wagen III. bzw. IV. Klasse zu kennzeichnen (stationiert in Heidelberg, Karlsruhe und Mannhein). Dies war dann der Fall, wenn der Zugverband in den Bereich einer anderen Verwaltung überging, in dem auch die vierte Klasse eingeführt war, wie beispielsweise Preußen, Pfalzbahn, Reichseisenbahnen Elsaß/Lothringen, Württemberg. Nach und nach wurden auch die übrigen vor 1918 beschafften Wagen mit diesen Klapptäfelchen ausgerüstet, so daß bei Einführung der vierten Klasse in Baden im Jahre 1918 keine entsprechende Änderung der Klassenbezeichnung mehr notwendig war. Nach Einführung der vierten Klasse in Baden im Jahre 1918 wurden die Wagen bereits werksseitig mit Schildern IV. Klasse versehen. Im Jahre 1915 erhielten die Wagen „Baden 13 536 bis 540" eine Preßgas-Glühlichtbeleuchtung. Die Wagen waren in fast sämtlichen Heimatbahnhöfen in Baden stationiert. Im Jahre 1921 nahm ein Wagen mit 8.000 mm Achstand (Baden 13 237) an einer Versuchsfahrt nach Breslau teil, bei der die Laufeigenschaften von zwei- und dreiachsigen Lenkachswagen untersucht wurden. Vielleicht führte das Ergebnis dieser Versuchsfahrt dazu, daß die in den Jahren 1921/22 gelieferten Wagen einen Achsstand von 8.500 mm erhalten haben. In den Jahren 1921/22 beschafften die württembergischen Staatsbahnen sechzig Stück Di Wü 21, die mit den badischen Durchgangswagen III. Klasse der Gruppe 94a der Baujahre 1921/22 bis auf die württembergischen Bühnengeländer

Technische Daten	
Beschaffungsjahre:	1911 - 1922
Hersteller:	siehe Einzelnachweis
Betriebsnummern:	siehe Einzelnachweis
Beschaffte Stückzahl:	347
Sitzplätze III. Klasse:	70 (60 Mann)
Anzahl der Abteile:	7
Platzteilung:	2+2 2+3 Mittelgang
Aborte:	1
Waschräume:	-
Länge über Puffer:	13.680 mm
Wagenkastenlänge:	10.780 mm
Wagenkastenbreite:	3.000 mm
Achsstand:	8.000 bzw. 8.500 mm
Drehzapfenabstand:	-
Drehgestellbauart:	-
Anzahl der Achsen:	2 (Lenkachsen A4)
Fußbodenh. ü. Schienenoberkante:	1.285 mm
Bremse:	Westinghouse, Henry, Spindelbremse
Heizung:	Dampf
Beleuchtung:	Gas 5 Flammen, 580 l, 31 Brennstunden
Gewicht:	14.500 kg
Beschaffungspreis:	1[illegible].950 - 15.900 M

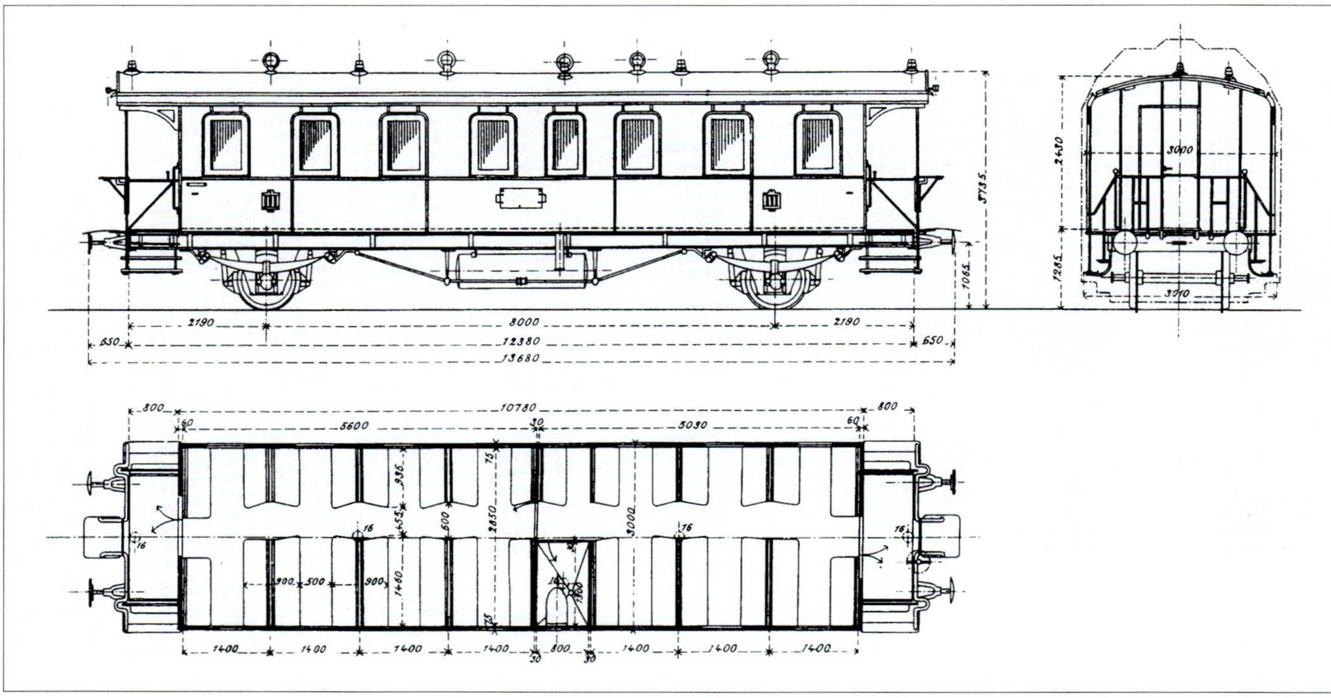

völlig identisch waren, Lieferant war Fuchs, Heidelberg, und die Waggonfabrik Rastatt. Sie erhielten die württembergischen Betriebsnummern 11 401 bis 11 460. Ende der zwanziger Jahre erhielten die in Basel stationierten Wagen für den Einsatz auf der elektrifizierten Wehra- und Wiesentalbahn eine elektrische Heizung und Beleuchtung. Ab 1930 wurden die badischen Wagen einem Umbau unterzogen, der vermutlich in erster Linie die Sitze betraf. Die Wagen erhielten dann die Bezeichnung Cid Bad 11/30 und wurden unter Blatt: 74a geführt. Die Wagen des Baujahres 1922 waren von dem Umbau nicht betroffen, da bei ihnen schon ab Werk die entsprechenden Maßnahmen hinsichtlich der Sitze berücksichtigt worden waren (Lattensitze, Windschutzwände, Gepäcknetze über den Sitzen). Ab 1951 wurden einige Wagen einem weiteren Umbau unterzogen, im Rahmen dessen die Gasbeleuchtung durch eine elektrische Dynamo-Beleuchtung ersetzt und das Sprengwerk entfernt wurde. Die Wagen erhielten dann die Bezeichnung Cid Bad 11/51.

7.5.3 Zweiachsige Durchgangswagen mit offenen Übergängen für Lokalzüge

Der wirtschaftliche Aufschwung in Deutschland im letzten Viertel des neunzehnten Jahrhunderts hatte auch ein Wachstum der großen Städte wie Mannheim, Karlsruhe, Freiburg und Heidelberg zur Folge. Mit der Einrichtung zusätzlicher Haltestellen wurden die Voraussetzungen für einen besonderen Vorortverkehr geschaffen, bereits ab 15. Juli 1884 hatten die badischen Staatsbahnen auf den Strecken Karlsruhe – Bruchsal und Karlsruhe – Ettlingen die ersten sogenannten Lokal(Sekundär)-Züge eingeführt, die die zweite und die dritte Wagenklasse führten und aus zweiachsigen Durchgangswagen gebildet wurden. Zwischen 1886 und 1896 wurden dann über 40 besondere Wagen für Lokalzüge beschafft, die im Vorortverkehr eingesetzt wurden. Es handelte sich dabei um Durchgangswagen II./III. Klasse BCi (Gruppe 92), Wagen III. Klasse Ci (Gruppe 112, 113), Wagen III. Klasse mit Gepäck- und Postabteil CPPost (Gruppe 114) und Wagen III. Klasse mit einem Gepäckabteil CP (Gruppe 115, 116, 117, 118, 119, 120) jeweils mit offener Übergangsbrücke, bei denen mit Ausnahme der BCi (Gruppe 92), CPPost (Gruppe 114) und der CP (Gruppe 115) die Stirnseite der Plattform nicht durch ein offenes Geländer sondern durch eine Schutzwand abgeschlossen war. Die Schutzwand hatte die Aufgabe, die auf der Plattform stehenden Fahrgäste, die beispielsweise wegen des kurzen Haltestellenabstandes nicht das Innere des Wagens aufsuchten, vor den Unbilden der Witterung und vor dem Fahrtwind zu schützen, denn die Plattform war durch ein klappbares Gitter gesichert und durfte deshalb auch während der Fahrt betreten werden. Außerdem war die Tiefe der Plattform meistens mit 840 mm größer bemessen als bei den normalen zweiachsigen Durchgangswagen. In der Schutzwand befand sich in der Mitte eine Tür mit Fenster zum Betreten der Übergangsbrücke, und zu beiden Seiten derselben war jeweils ein fest eingebautes Fenster vorhanden. Die Schutzwand reichte bis zu den Trittstufen der Plattform hinunter. Derartige Wagen hat es in Deutschland nur in Baden gegeben. Mit den Lokalzügen wurde dann der Vorortverkehr in der Umgebung der Städte Mannheim, Heidelberg, Karlsruhe, Freiburg und Basel abgewickelt. Als Fahrpreis für die Lokalzüge galt ein ermäßigter Fahrpreis III. Klasse, für die Benutzung der zweiten Klasse wurde der doppelte Fahrpreis III. Klasse erhoben, weshalb die Abteile zweiter Klasse auch als „Doppelpreisabteile" bezeichnet wurden.

Lokalzüge wurden auf folgenden Strecken eingesetzt:

1885	Karlsruhe – Jöhlingen (Strecke nach Bretten) Karsluhe – Maxau Karlsruhe – Ettlingen (Stadt)
1886	Mannheim – Neckarau/Schwetzingen
1892	Leopoldshöhe – Efringen Efringen – Basel
1904	Mannheim – Waghäusl Heidelberg – Neckargemünd – Meckesheim Heidelberg – Wiesloch/Walldorf Heidelberg – Neckarsteinach

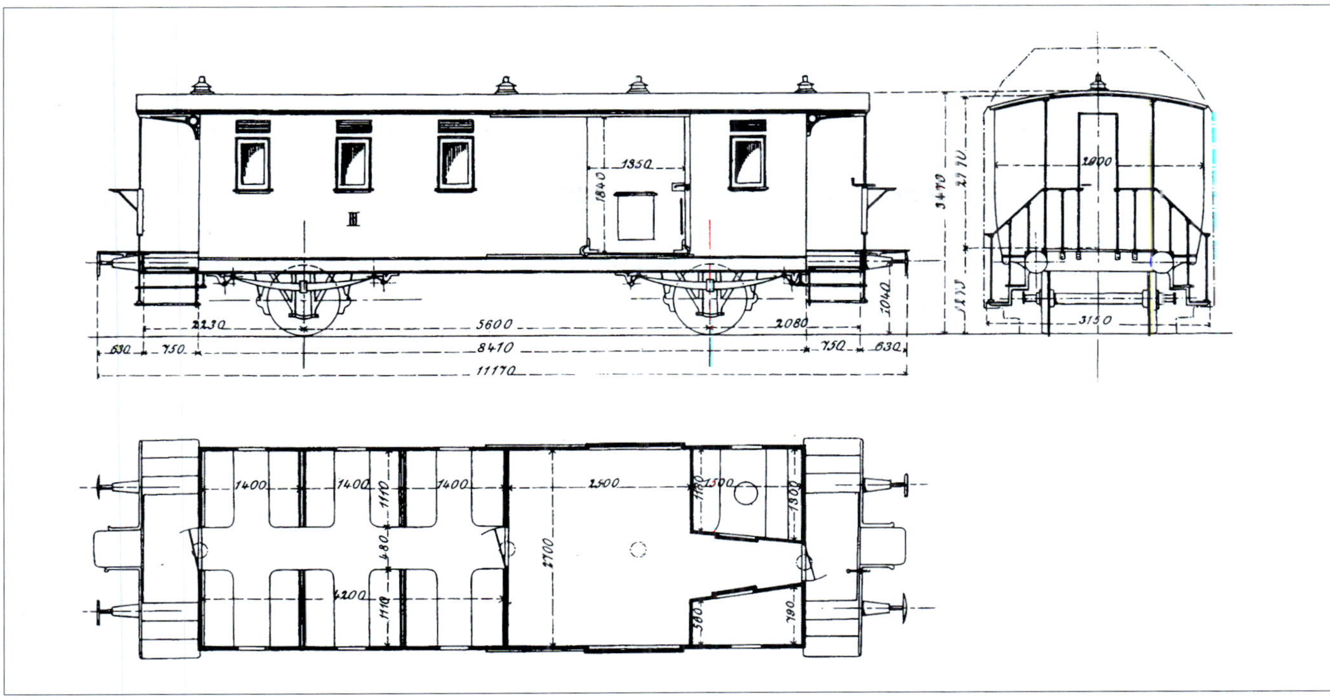

Im Bestand von 1903 befand sich nur ein Durchgangswagen III. Klasse für Lokalzüge mit Gepäck- und Postabteilung CPPost von 1880 (Gruppe 114), der keine Blechschutzwand an den Plattformen besaß. An der einen Plattform schloß sich ein Abteilraum mit drei Abteilen dritter Klasse an (Abteiltiefe 1.400 mm), dann folgte der Gepäckraum mit Durchgang zur anderen Plattform, wobei zu beiden Seiten der Tür in der Stirnwand im Gepäckraum jeweils ein Raum angeordnet war. Der größere der beiden Räume diente dabei als eigentliches Postabteil und der kleinere der beiden Räume offenbar zur Aufbewahrung von Postsäcken. Beide Räume besaßen Schiebetüren und waren nur über den Gepäckraum zugänglich. Dies ist ein Sonderfall, da sonst der Zugang zu den Postabteilen in der Regel immer direkt von der Außenseite erfolgte. Der Wagen besaß Öllampenbeleuchtung (die später durch Gasbeleuchtung ergänzt wurde), Dampfheizung und Westinghouse-Bremse.

Heidelberg – Mannheim
Mannheim – Schwetzingen – Hockenheim – Waghäusel
Karlsruhe – Graben-Neudorf
Freiburg – Riegel
Freiburg – Himmelreich
Freiburg – Heitersheim/Müllheim
Basel – Efringen/Kirchen
Basel – Schopfheim

Im Laufe der Jahre erfolgten immer wieder Umbauten besonders der Durchgangswagen mit Gepäck- oder Postabteil, indem je nach den Bedürfnissen ein Postabteil hinzugefügt, bzw. entfernt wurde. Besonders nach der Jahrhundertwende reichten die damals vorhandenen 44 besonders für den Einsatz in Vorortzügen beschafften Durchgangswagen für das reichhaltige Angebot an derartigen Zügen natürlich nicht aus, weshalb auch andere zweiachsige Durchgangswagen mit offenen Übergängen, ja sogar in Abteilwagen III.

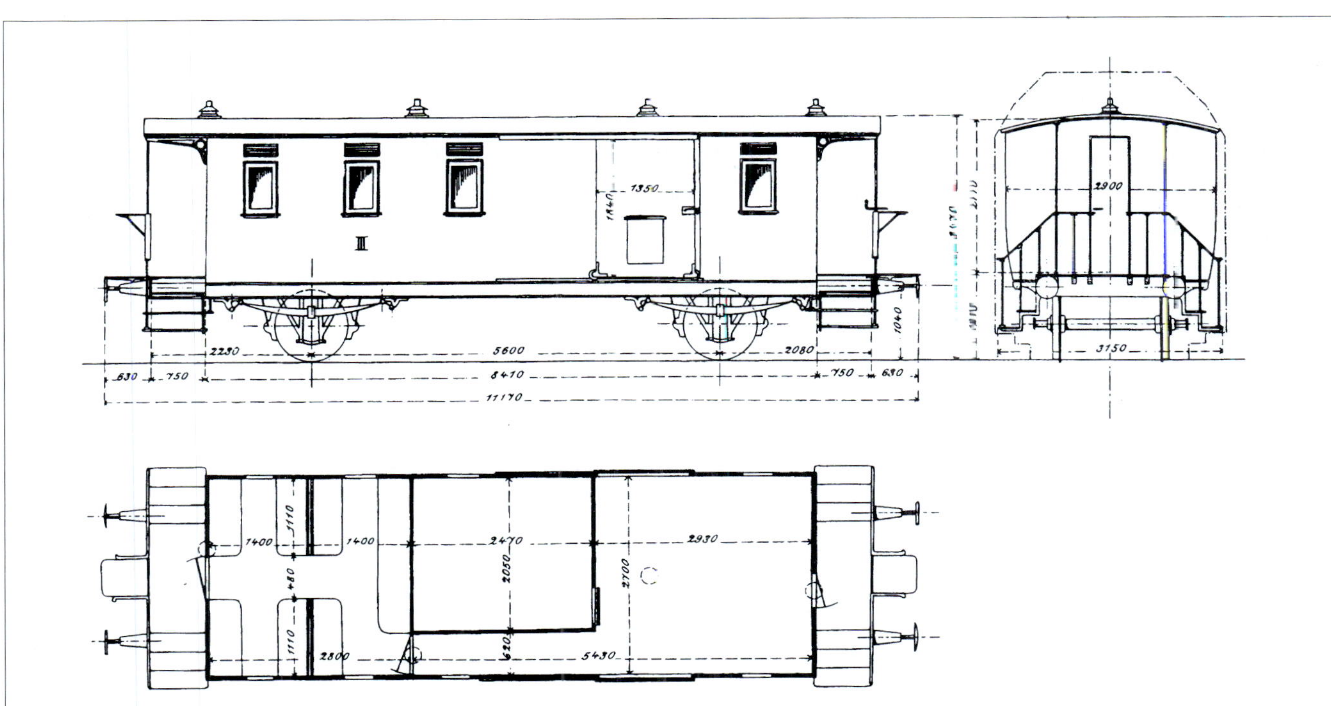

Ein Durchgangswagen mit Gepäckabteil III. Klasse CP von 1880 (Gruppe 116) hatte einen Abteilraum mit nur zwei Abteilen dritter Klasse, daran schloß sich ein entsprechend größerer Gepäckraum mit Zollabteil an. In diesem Zollabteil befand sich vorher ein Postabteil, das im Jahre 1906 ausgebaut wurde.

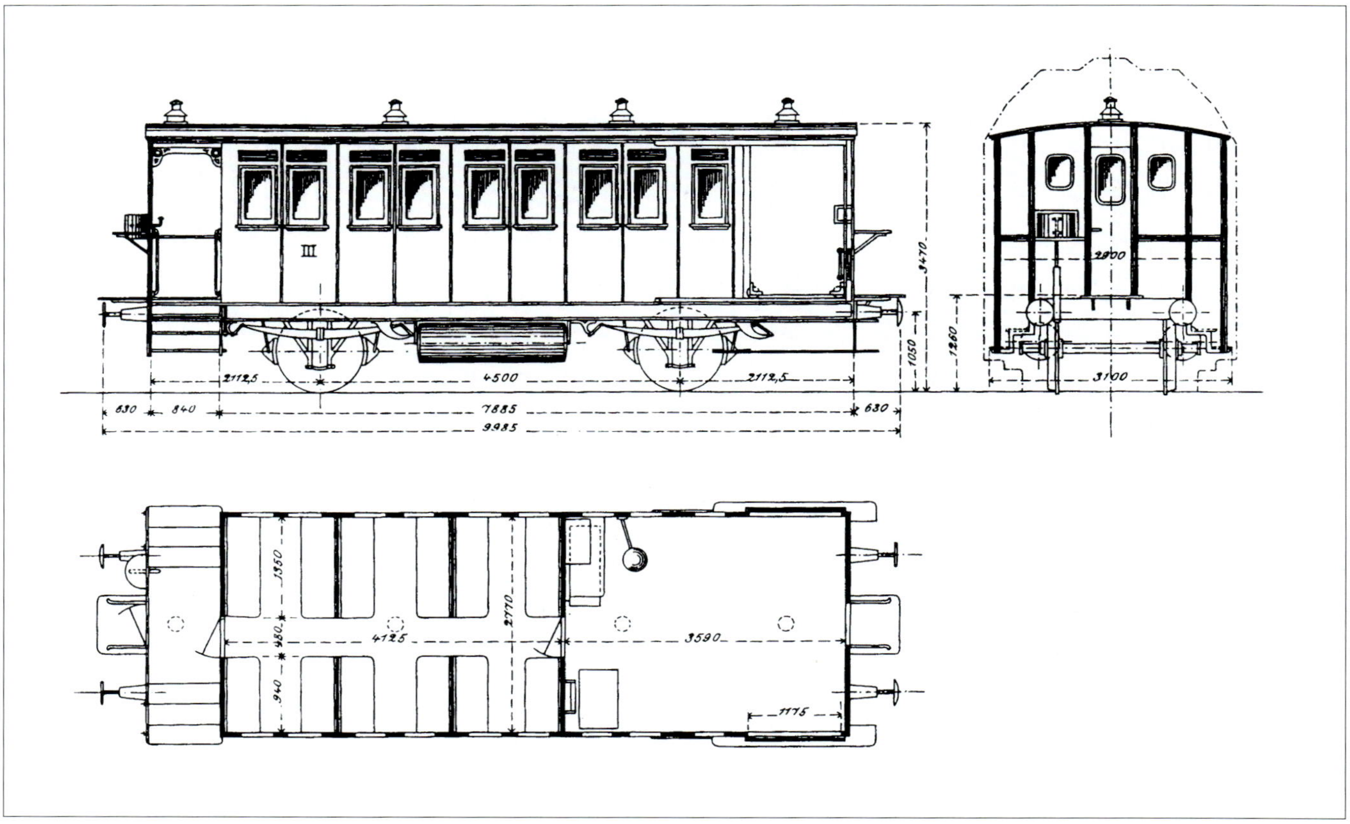

Im Jahre 1906 wurden zwei Durchgangswagen III. Klasse Ci für Lokalzüge von 1889 (Gruppe 112) in Durchgangswagen III. Klasse mit Gepäckraum CP umgebaut, dabei entfiel der kleinere Abteilraum. Die beiden Wagen wurden dann unter der Gruppe 117' geführt.

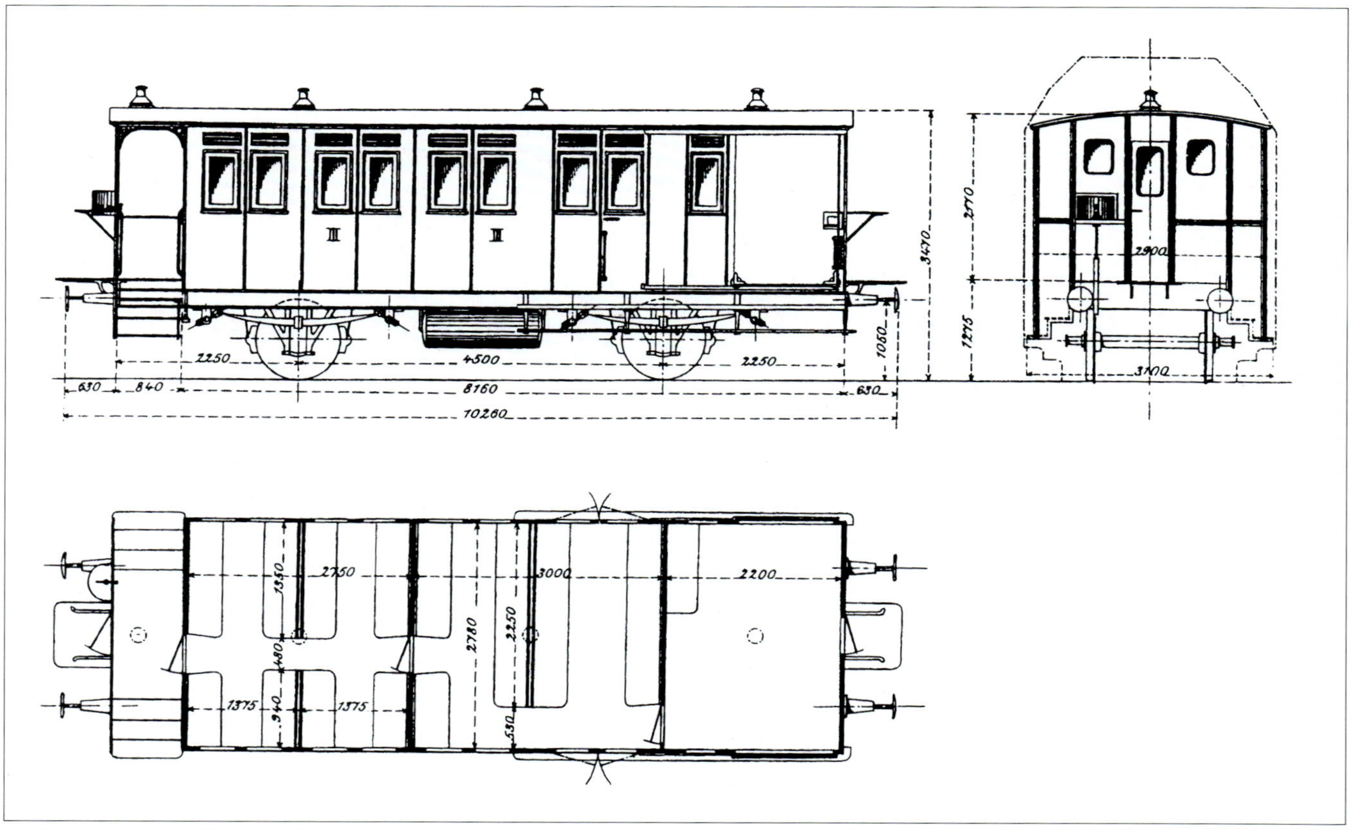

Die Durchgangswagen III. Klasse für Lokalzüge mit Gepäckabteilung CP von 1887 (Gruppe 118) besaßen eine Plattform mit Blechschutzwand, einen ersten und einen zweiten Abteilraum mit jeweils zwei Abteilen dritter Klasse und einen Gepäckraum. Der Raum des zweiten Abteils im zweiten Abteilraum konnte auch als Postabteil eingerichtet werden, hierfür waren auf jeder Seitenwand zwei Flügeltüren vorgesehen. Die Wagen besaßen Öllampenbeleuchtung, die später durch Gasbeleuchtung ergänzt wurde, Dampfheizung und Westinghouse-Bremse vervollständigten die Ausstattung.

Hinter dem zweiachsigen Durchgangswagen Ci „50 372 Karlsruhe“ verbirgt sich ein ehemaliger Wagen für Lokalzüge mit Blechschutzwänden der Gruppe 1[illegible]2.
Aufnahme: Verkehrsmuseum Nürnberg

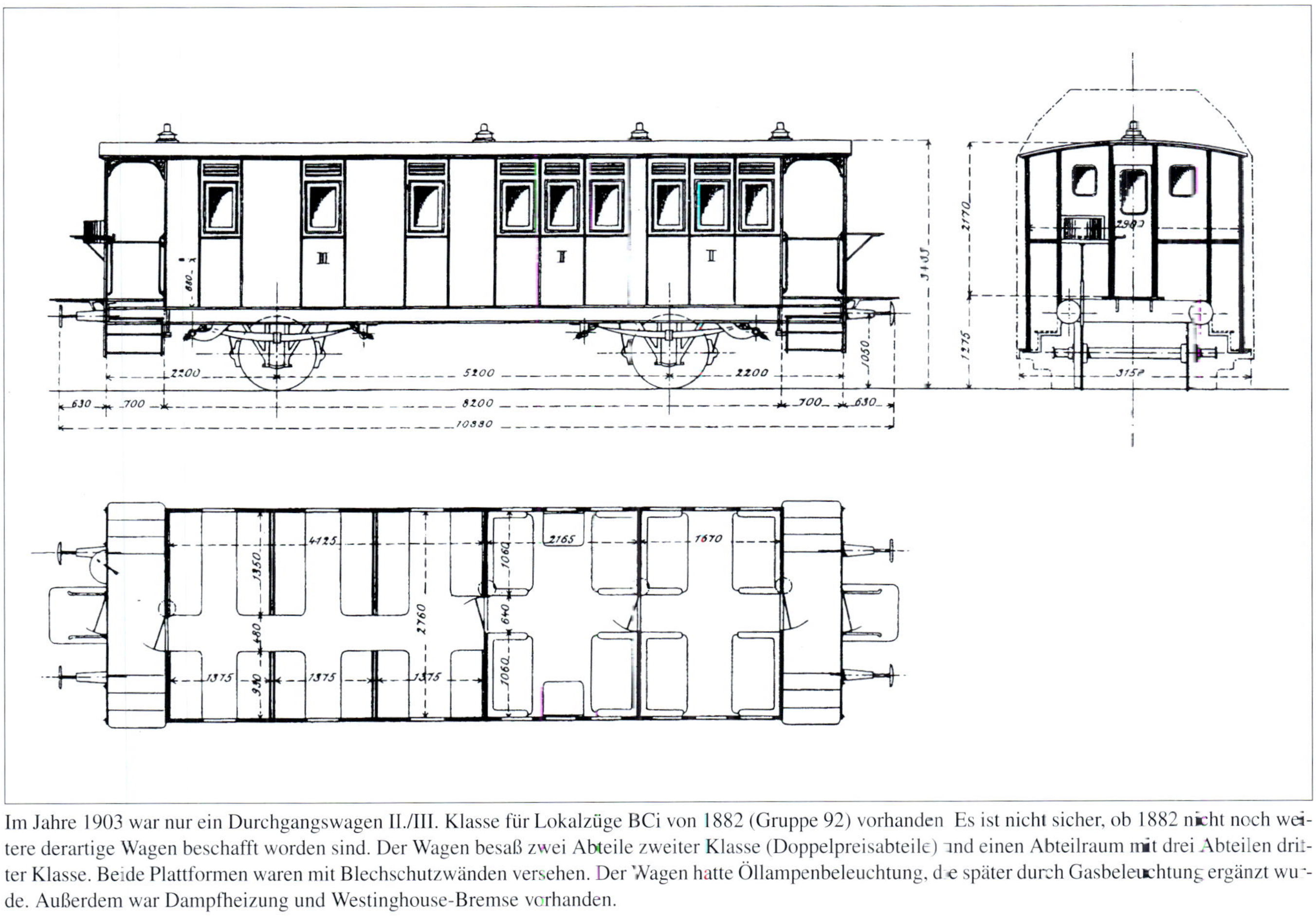

Im Jahre 1903 war nur ein Durchgangswagen II./III. Klasse für Lokalzüge BCi von 1882 (Gruppe 92) vorhanden. Es ist nicht sicher, ob 1882 nicht noch weitere derartige Wagen beschafft worden sind. Der Wagen besaß zwei Abteile zweiter Klasse (Doppelpreisabteile) und einen Abteilraum mit drei Abteilen dritter Klasse. Beide Plattformen waren mit Blechschutzwänden versehen. Der Wagen hatte Öllampenbeleuchtung, die später durch Gasbeleuchtung ergänzt wurde. Außerdem war Dampfheizung und Westinghouse-Bremse vorhanden.

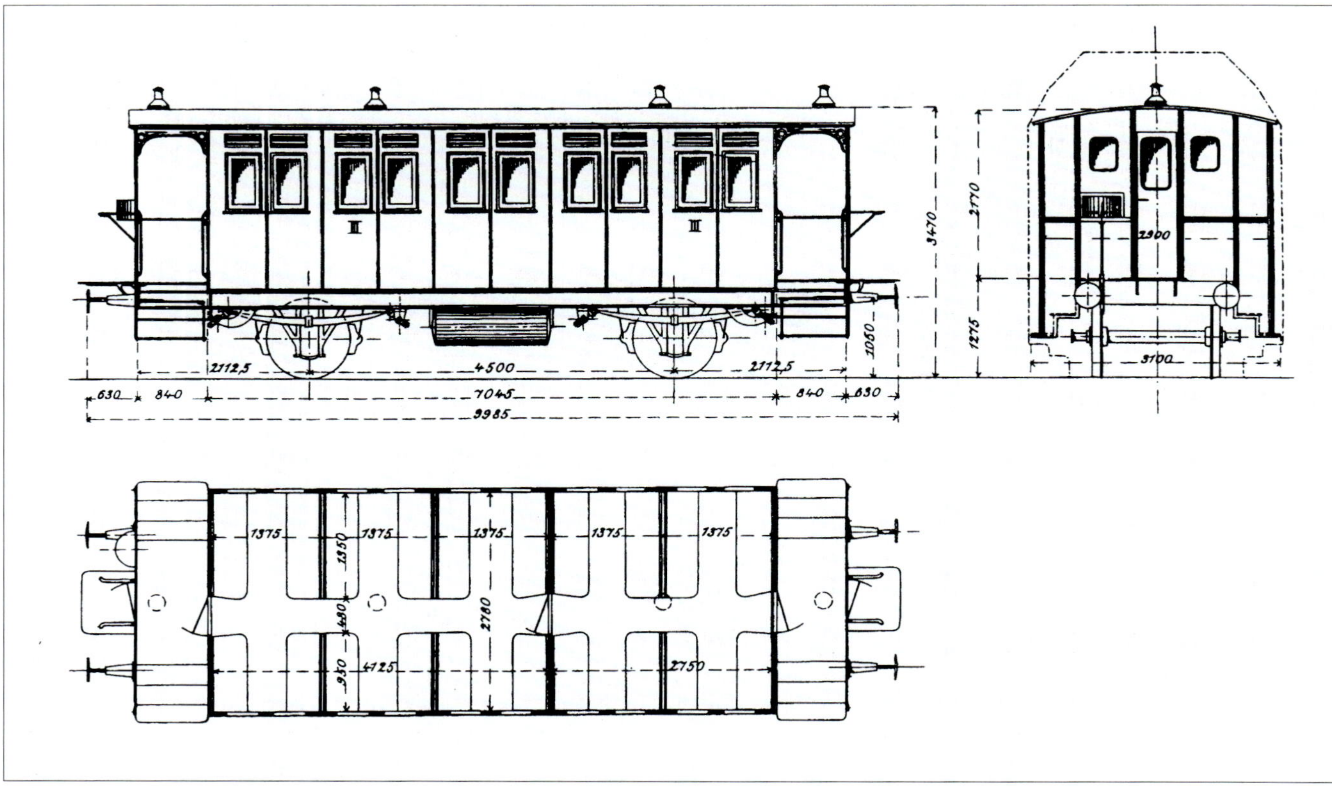

Die Durchgangswagen III. Klasse für Lokalzüge Ci von 1886 (Gruppe 112) besaßen Doppelpreisabteile (II. Klasse), die sich von den Sitzen in den Abteilen dritter Klasse nicht durch eine größere Abteiltiefe sondern nur durch die Polsterung (Peschlow-Sitze) unterschieden.

Klasse C (Gruppe 49a bis 49c), das waren umgebaute ehemalige Abteilwagen AB (Gruppe 13, 14) und B (Gruppe 28, 29), eingesetzt wurden, die im Jahre 1907 beispielsweise in Freiburg stationiert waren.

Im ersten Wagenverzeichnis, das im Jahre 1902 von der Verwaltung der badischen Staatsbahnen herausgegeben wurde und in dem die einzelnen Wagenbauarten auch in Abbildungen wiedergegeben wurden, wurde nur ein einziger zweiachsiger Durchgangswagen II./III. Klasse mit Schutzwänden BCi von 1882 (Gruppe 92) aufgeführt. Da von ganz wenigen Ausnahmen abgesehen, immer mindestens drei Wagen schon vor allem für den Einsatz in einem Zugpaar benötigt werden, wobei ein Wagen in Reserve bleibt, dürfte anzunehmen sein, daß ursprünglich vielleicht doch weitere Wagen dieser Art vorhanden gewesen waren. Aber auch anhand der Belegung der Betriebsnummern läßt sich diese Vermutung leider nicht untermauern. Es kann sich bei diesem Einzelstück jedoch auch um einen Probewagen handeln, denn es ist der erste Wagen mit Schutzwänden überhaupt, da die nächsten Wagen erst ab 1886 beschafft wurden (Ci der Gruppe 112). Der Wagen besaß einen Abteilraum dritter Klasse mit drei Abteilen (Abteiltiefe: 1.375 mm), der Mittelgang mit einer Breite von 480 mm war zur Längsachse des Wagenkastens wegen der Sitzteilung 2+3 versetzt. Daran schlossen sich zwei Abteile zweiter Klasse mit Mittelgang an. Das hin zur Mitte des Wagens liegende Abteil wies eine Abteiltiefe von 2.165 mm auf, hier könnte es sich um ein Abteil handeln, das ursprünglich ein Abteil I. Klasse gewesen ist, denn das andere Abteil zweiter Klasse hatte nur eine Tiefe von 1.670 mm. Die Breite des Mittelgangs bei den beiden Abteilen II. Klasse betrug 640 mm. Der Wagen war an beiden 700 mm tiefen Plattformen mit Schutzwänden versehen. Die Abteile dritter Klasse hatten nur ein Fenster pro Abteil, während die Abteile zweiter Klasse mit jeweils drei Fenstern ausgestattet waren. Oberhalb der Fenster, die einen Holzrahmen besaßen, waren Lüftungsschlitze eingebaut. Die sparsame Beleuchtung beschränkte sich auf je eine Lampe in den beiden Stirnwänden und in den beiden Trennwänden mit jeweils einer Flügeltür zwischen dem Abteilraum dritter Klasse und dem größeren Abteil zweiter Klasse, bzw. zwischen diesem und dem anschließenden Abteil zweiter Klasse. Der Wagen hatte einen Achsstand von 5.200 mm, war nach der Jahrhundertwende in Lörrach stationiert und wurde mit der Einführung der vierten Klasse in Baden im Jahre 1918 in einen Durchgangswagen II./IV. Klasse BDi umgezeichnet. Die Ausmusterung erfolgte noch vor 1930.

7.5.3.1 Zweiachsiger Durchgangswagen mit offenen Übergängen für Lokalzüge III. Klasse Ci von 1893, Gruppe: 113, Blatt: 72, (Cid Bad 93).

In den Jahren 1893 und 1896 wurden die letzten Wagen für Lokalzüge beschafft, es waren noch einmal acht Stück, damit war der Bestand an derartigen Wagen auf mindestens 44 gestiegen (die genaue Anzahl ist nicht bekannt, da beispielsweise in das Eisenbahnunglück von Heidelberg-Karlstor am 7. Oktober 1900 auch ein Vorortzug verwickelt gewesen war). Die zweiachsigen Durchgangswagen der Gruppe 113 wiesen zwei Abteilräume zu beiden Seiten einer Trennwand mit Flügeltür auf, wobei der eine Abteilraum drei und der andere Abteilraum vier Abteile mit jeweils einer Abteiltiefe von 1.375 mm aufwies. Der Mittelgang war wegen der Sitzteilung 2+3 zur Längsachse des Wagens versetzt, die Breite des Mittelgangs betrug 480 mm. Für jede der beiden Plattformen und die beiden Abteilräume war je eine Lampe vorhanden. Die Abteile besaßen paarweise angeordnete Fenster mit Holzrahmen, oberhalb der Fenster waren Lüftungsschlitze angebracht. In der Raumauftei-

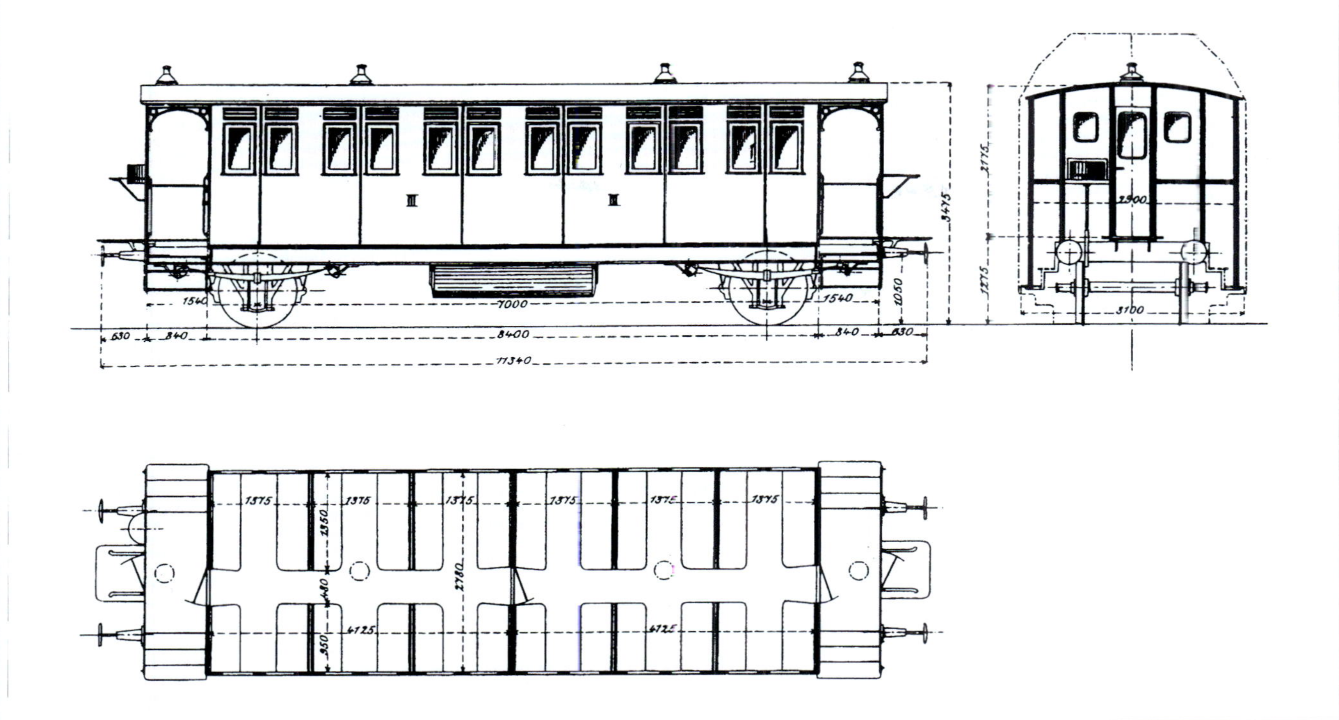

lung und in sämtlichen Abmessungen mit einer Ausnahme stimmten die Wagen vollständig mit denen der Durchgangswagen der Gruppe 105 überein. Abweichend war lediglich die größere Tiefe der Plattformen, die im Gegensatz zu den Wagen der Gruppe 105 mit 700 mm bei den Vorortwagen bei 840 mm lag. Ebenso wie bei den genannten Wagen war auch bei den Wagen der Gruppe 113 der Wagenkasten an der Seite im unteren Bereich etwas eingezogen. Es ist nicht sicher, ob der Achsstand bei den 1893 gelieferten Wagen bereits 7.000 mm betragen hat, vermutlich hatte dieser ursprünglich bei 6.000 mm gelegen und wurde erst später vergrößert. Die Wagen waren in Heidelberg und Karlsruhe stationiert. Im Jahre 1918 wurden die Wagen mit der Einführung der vierten Klasse in Baden entsprechend umgezeichnet.

Technische Daten	
Beschaffungsjahre:	1893 und 1896
Hersteller:	siehe Einzelnachweis
Betriebsnummern:	siehe Einzelnachweis
Beschaffte Stückzahl:	8
Sitzplätze I. Klasse:	-
Sitzplätze II. Klasse:	-
Sitzplätze III. Klasse:	60 (36 Mann)
Anzahl der Abteile:	6
Platzteilung:	2+3, Mittelgang
Aborte:	-
Waschräume:	-
Länge über Puffer:	11.340 mm
Wagenkastenlänge:	8.400 mm
Wagenkastenbreite:	2.900 mm
Achsstand:	7.000 mm
Drehzapfenabstand:	-
Drehgestellbauart:	-
Anzahl der Achsen:	2 (Lenkachsen A4)
Fußbodenh. ü. Schienenoberkante:	1.275 mm
Bremse:	Westinghouse, Spindelbremse
Heizung:	Dampf
Beleuchtung:	Gas,4 Flammen, 760 l, 55 Brennstunden
Gewicht:	13.500 - 13.700 kg
Beschaffungspreis:	7 400 - 8.000 Mark

Aufnahme: Sammlung Jens Freese

CP von 1893 (Gruppe 120) mit Postabteil (CPPost) Aufnahme: Sammlung Jens Freese

7.5.3.2 Zweiachsiger Durchgangswagen III. Klasse mit Gepäckabteil und mit offenen Übergängen für Lokalzüge CP von 1893, Gruppe: 120, Blatt: 147, (PwCid Bad 93).

Die Lokalzüge in Baden führten in der Regel keinen besonderen Gepäckwagen, denn in der Regel genügte wegen des geringen Aufkommens an Expreßgut oder Gepäck ein Personenwagen mit Gepäckabteil. So lieferte Fuchs, Heidelberg, im Jahre 1893 nicht nur zwei zweiachsige Durchgangswagen III. Klasse Ci (Gruppe 113) sondern auch noch drei zweiachsige Durchgangswagen III. Klasse mit Gepäckabteil CP, die im Aussehen, abgesehen von dem Gepäckabteil, ziemlich den Wagen der Gruppe 113 glichen. Die Wagen besaßen an dem einen Wagenende eine Plattform mit Schutzwand, daran schlossen sich zwei Abteilräume mit zwei, bzw. drei Abteilen III. Klasse (Abteiltiefe: 1.375 mm) an. Die Breite des Mittelgangs betrug 480 mm. Der Wagenkasten war im unteren Bereich an der Seite etwas eingezogen. Am anderen Wagenkastenende befand sich ein Raum mit einer Tiefe von 3.840 mm, an dessen Außenseite ganz zum Ende auf beiden Seiten jeweils eine Schiebetür und am anderen Ende des Raumes eine Doppelflügeltür angebracht war. So war es nicht nur möglich, durch Einziehen einer Trennwand an entsprechender Stelle den Raum vollständig als Gepäckraum oder als Gepäckraum und Postabteil oder auch als Gepäckraum und Abteil III. Klasse zu benutzen, wobei die Doppelflügeltür nur für den Postraum benutzt wurde. Die zuletzt genannte Variante war bei den Wagen der Gruppe 120 verwirklicht, dabei war an Stelle des Postraums ein Abteil III. Klasse mit 2+3 und 5 Sitzen eingebaut. Seitlich führte in der Trennwand eine Tür in den Gepäckraum, in dem sich eine Sitzbank für das Zugpersonal an der Trennwand befand. Oberhalb der paarweise angeordneten Fenster mit Holzrahmen waren Lüftungsschlitze angebracht. Die Plattform, die beiden Abteilräume und der Gepäckraum waren mit jeweils einer Lampe ausgestattet. Die Wagen hatten ursprünglich einen Achsstand von 5.000 mm, der mit dem gleichzeitigen Einbau von Lenkachsen auf 7.000 mm vergrößert wurde. Bei den vier im Jahre 1896 gelieferten zweiachsigen Durchgangswagen für Lokalzüge mit Gepäckabteil der Gruppe 119 war der gesamte Raum als Gepäckraum ausgebildet. Diese Wagen hatten die gleichen Abmessungen wie die Wagen der Gruppe 120, lediglich der Achsstand war von 7.000 auf 7.400 mm erhöht worden. Stationiert war ein Wagen in Denzlingen. Mit der Einführung der vierten Klasse in Baden wurden die Wagen entsprechend umgezeichnet.

Technische Daten	
Beschaffungsjahr:	1893
Hersteller:	Fuchs, Heidelberg
Betriebsnummern:	Baden 10 739 - 10 741
Beschaffte Stückzahl:	3
Sitzplätze I. Klasse:	-
Sitzplätze II. Klasse:	-
Sitzplätze III. Klasse:	50 (31 Mann)
Anzahl der Abteile:	5 + Gepäckraum
Platzteilung:	2+3, 5, Mittelgang
Aborte:	-
Waschräume:	-
Länge über Puffer:	11.630 mm
Wagenkastenlänge:	9.530 mm
Wagenkastenbreite:	2.900 mm
Achsstand:	7.000 mm
Drehzapfenabstand:	-
Drehgestellbauart:	-
Anzahl der Achsen:	2 (Lenkachsen A4)
Fußbodenh. ü. Schienenoberkante:	1.285 mm
Bremse:	Westinghouse, Spindelbremse
Heizung:	Dampf
Beleuchtung:	Gas,4 Flammen, 500 l, 36 Brennstunden
Gewicht:	13.700 kg
Beschaffungspreis:	7.650 Mark

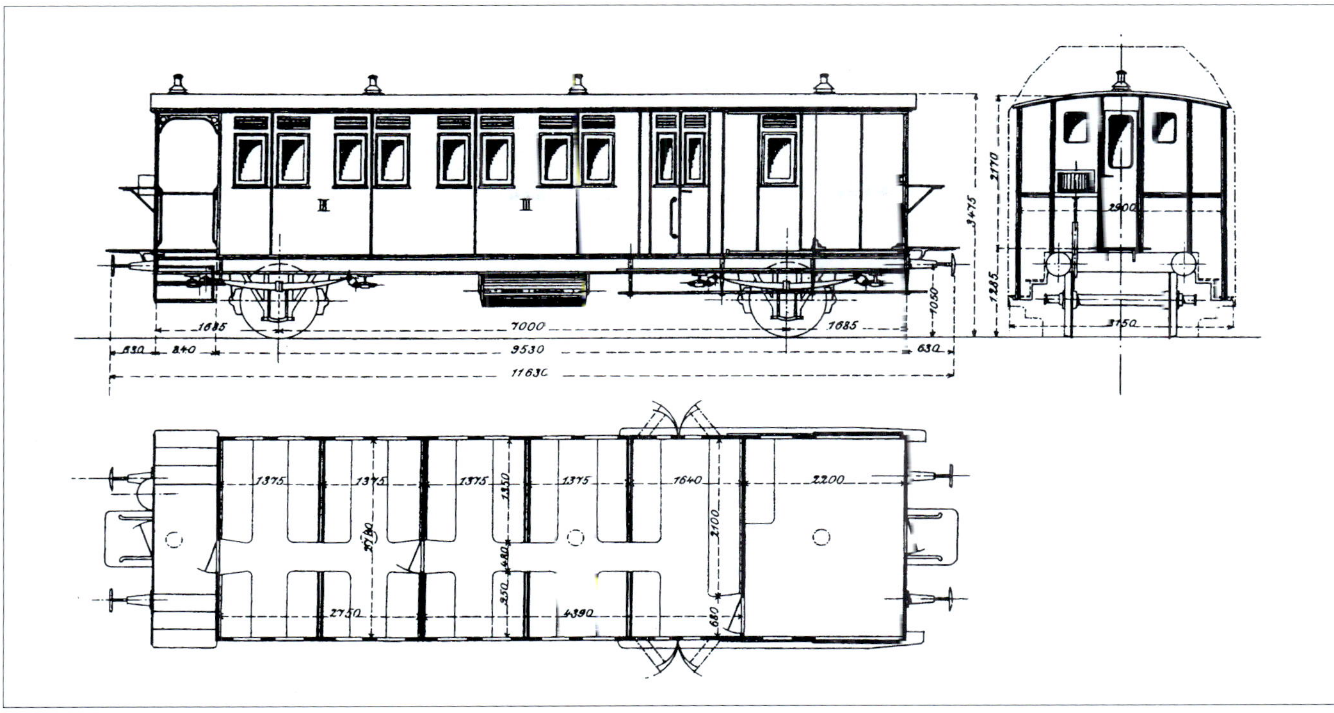

CP von 1893 (Gruppe 120) ohne Postabteil

7.6 Gefangenenwagen

Im Jahre 1859 kamen die beiden ersten Gefangenenwagen in den Bestand der badischen Staatsbahnen, vorher hat es solche in Baden anscheinend nicht gegeben. Sie bestanden vollständig aus Holz und hatten einen Achsstand von nur 3.300 mm. Sie wurden später unter der Gruppe 59 geführt und besaßen an beiden Wagenenden je ein Abteil mit einer Tiefe von nur 1.245 mm gegenüber den damals üblichen Abteilen III. Klasse mit einer Tiefe von 1.370 mm und drei Einzelzellen zur Unterbringung von insgesamt 24 Gefangenen. Sämtliche Räume waren von einem Vorraum in der Wagenmitte zugänglich, der nach jeder Wagenseite eine Tür aufwies und in dem sich auch der Sitzplatz des Wärters neben einem Ofen befand. Die Wagen hatten eine Handbremse, die vom Bremserhaus bedient wurde.

Offenbar reichten die vorhandenen Gefangenenwagen nicht aus, denn bereits 1865 wurden zwei weitere Gefangenenwagen beschafft, die später als Gruppe 61 bezeichnet wurden, sie besaßen neben dem hölzernen Wagenkasten ein Untergestell mit Langträgern aus Stahl. Obwohl damals bereits die Wagenkästen der Personenwagen außen mit Stahlblech beplankt waren, hielt man bei den Gefangenenwagen an einer Holzbeplankung fest. Die Wagen hatten den damals bei den zweiachsigen Personenwagen üblichen Achsstand von 4.500 mm, der Wagenkasten entsprach in seinem Grund-

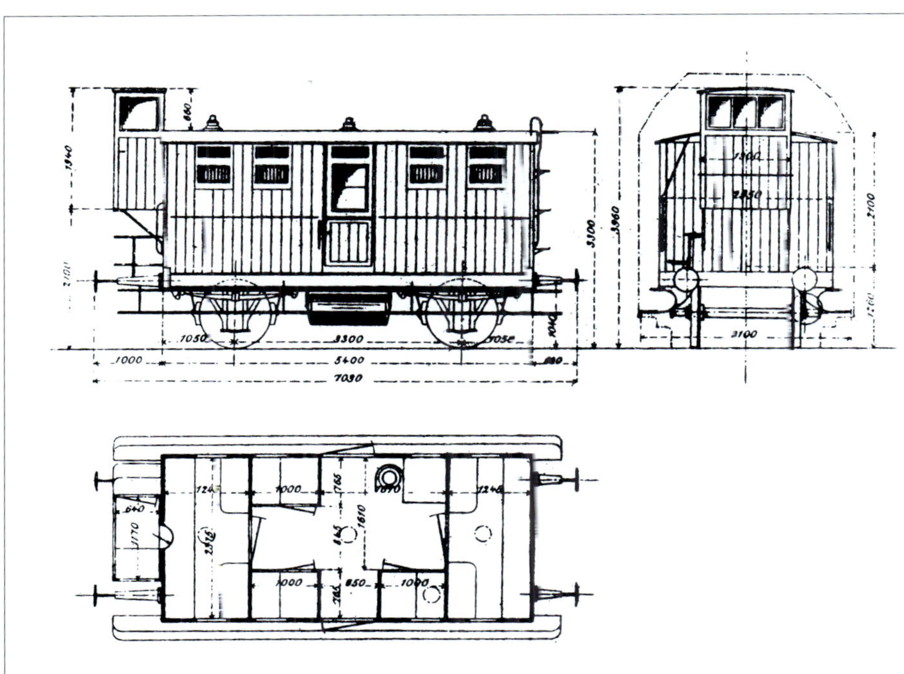

Wagen für Gefangene GF von 1859 (Gruppe 59).

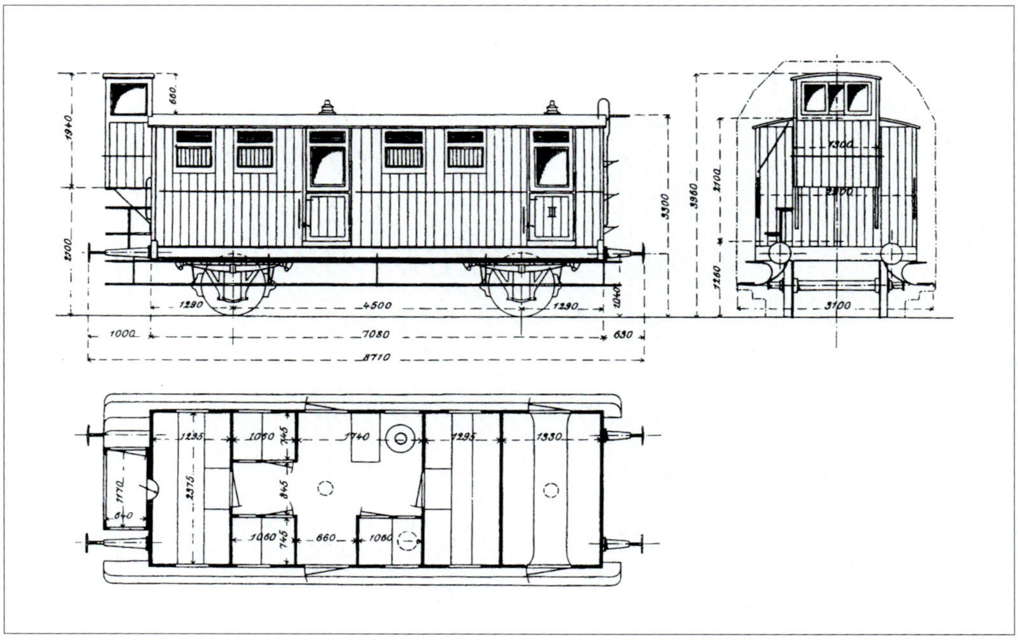

Wagen für Gefangene und Geisteskranke GF von 1865 (Gruppe 61).

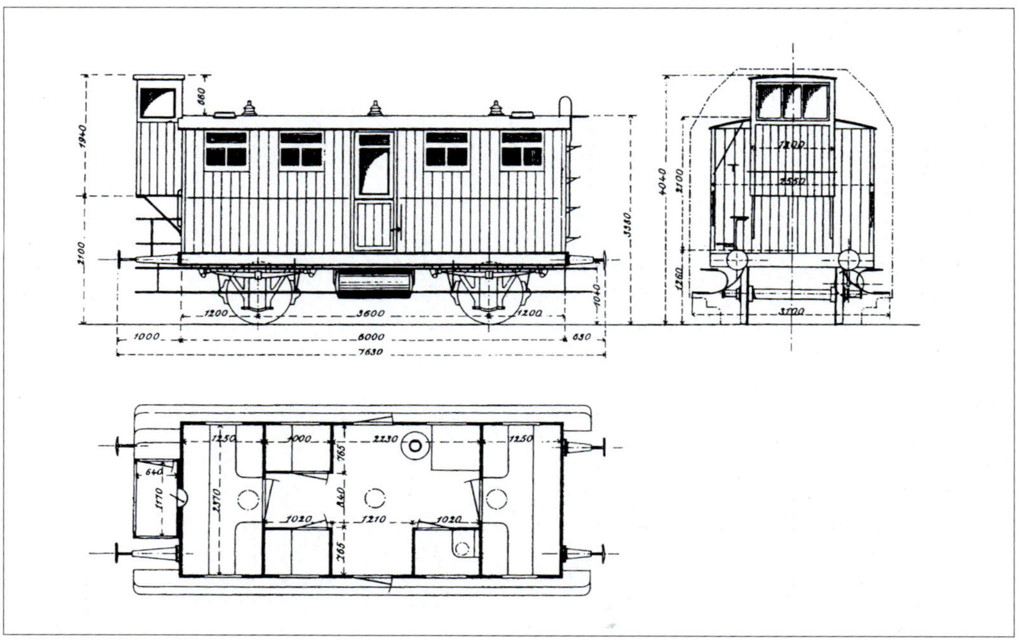

Wagen für Gefangene GF von 1871 (Gruppe 60).

riß genau demjenigen der Wagen der Gruppe 59, nur mit dem Unterschied, daß an dem dem Bremserhaus gegenüberliegenden Wagenende noch ein normales Abteil III. Klasse, das auch außen als solches gekennzeichnet war, hinzugefügt worden war. Dieses Abteil mit einer Tiefe von 1.330 mm diente zur Beförderung von Geisteskranken. Ob es auch für den öffentlichen Verkehr freigegeben wurde, wenn keine Geisteskranken zu befördern waren, ist nicht bekannt. Die Tiefenmaße der übrigen Abteile und Einzelzellen waren im Vergleich mit denjenigen der bereits vorhandenen Gefangenenwagen etwas großzügiger bemessen worden.

Ein fünfter Gefangenenwagen wurde im Jahre 1871 beschafft. In seinem Aufbau und Grundriß entsprach er völlig den Wagen der Gruppe 59. Der Achsstand lag bei 3.600 mm, das Untergestell bestand vollständig aus Stahl, die Außenverkleidung des Wagenkastens war jedoch wiederum aus Holz. Dieser Gefangenenwagen, der unter der Gruppe 60 geführt wurde, hatte ebenso wie die Wagen der Gruppe 61 ein Fassungsvermögen von 20 Gefangenen.

Sämtliche Gefangenenwagen waren gegen Ausbruchsversuche besonders gesichert, sie waren mit an der Decke entlang geführten und mit dieser verschraubten Flacheisen 16 x 18 x 4 mm versehen und erhielten später an Stelle der Ölbeleuchtung eine Gasbeleuchtung, zur Ofenheizung kam noch die Dampfheizung, und schließlich wurde auch die selbsttätige Westinghouse-Bremse eingebaut.

Die Wagen waren in Mannheim und in Konstanz stationiert und kamen in wöchentlichen Kursen bis nach Wertheim, Lauda, Heidelberg, Karlsruhe, Freiburg, Pforzheim und Frankfurt(M), bzw. bis nach Basel, Freiburg und Singen. Während die Gefangenenwagen der Gruppe 59 in den Jahren 1906, bzw. 1914 ausgemustert wurden, bekamen die übrigen Wagen noch eine Betriebsnummer nach dem ersten Umzeichnungsplan von 1923 und schieden dann bis 1930 aus dem Bestand.

Besondere Schubabteile in normalen Personenwagen, die zur Beförderung von Gefangenen dienten, die nicht in den in fahrplanmäßigen Personenzügen geführten Gefangenenwagen an ihren Bestimmungsort gebracht werden konnten, hat es, wie beispielsweise in Preußen, in Baden nie gegeben. Trat einmal der Fall ein, daß einer oder wenige Gefangene zu befördern waren, für die kein Gefangenenwagen zur Verfügung stand, dann wurde hierfür ein Abteil III. Klasse und später nach Einführung der 4. Klasse ein solches in einem Personenwagen eines fahrplanmäßigen Zuges hierfür reserviert.

Aufnahme: Sammlung Jens Freese

7.6.1 Zweiachsiger Wagen für Gefangene Gf von 1906, Gruppe: 61a, Blatt: 4, (Zi Bad 06)

Die Gefangenenwagen der Gruppen 59 bis 61 entsprachen nach der Jahrhundertwende nicht mehr den betrieblichen Anforderungen, besonders hinsichtlich der Laufruhe wegen des kurzen Achsstandes konnten diese nicht mehr in sämtlichen Personenzügen eingestellt werden. Außerdem hatten einige bereits das Ende der vorgesehenen Lebensdauer erreicht, als im Jahre 1905 zwei Gefangenenwagen, auch als Schubwagen bezeichnet, in Auftrag gegeben wurden, 1913 folgte dann noch ein dritter Wagen der gleichen Bauart.

Der Grundriß des Wagens war in der Längsachse spiegelbildlich und gegeneinander versetzt, wobei sich wieder wie bei den alten Gefangenenwagen der Aufenthaltsraum für das Bewachungspersonal in der Wagenmitte befand. Hier waren auf der einen Seite zwei bequeme Sessel und ein Tisch und auf der gegenüberliegenden Seite ein Heizofen angeordnet, damit der Wagen auch heizbar war, wenn er sich nicht im Zugverband befand. Außerdem waren noch vier Notsitze in diesem Bereich vorhanden, die vermutlich als Klappsitze ausgebildet waren. In den sieben Abteilen konnten insgesamt 24 Gefangene untergebracht werden. Zwei Aborträume mit einer Tiefe von 900, bzw. 1.250 mm vervollständigten die Ausstattung des Wagens, wobei der größere Abortraum vermutlich dem Bewachungspersonal vorbehalten war. Der Zugang zum Innern des Wagens erfolgte durch je eine Tür am Ende auf einer Wagenseite, außerdem war eine offene Übergangsmöglichkeit an beiden Stirnwänden zu nächsten Wagen vorhanden. Die Handbremse war an einem Wagenende angebracht, sie war vom Vorplatz aus bedienbar. Sämtliche Fenster konnten geöffnet werden, sie waren durch Gitter gesichert. Der Aufenthaltsraum in der Mitte des Wagens hatte im Gegensatz zu den Gefangenenabteilen je zwei große Fenster, deren Gitter im Notfall entfernt werden konnten, um den Wagen auf diesem Wege zu verlassen, hierzu diente auch eine unterhalb des Wagenkastens und der beiden Fenster angebrachte Trittstufe. Äußerlich war der Wagen, soweit es die sicherheitsbedingten Anforderungen zuließen, den üblichen Personenwagen angepaßt, er besaß das typische Korbbogendach mit den Torpedo-Lüftern. Durch mit den Langträgern vernietete U-Eisen und die Befestigung der Deckenverkleidung durch Stahlfedern waren die Wagen ausbruchssicher. Ausbrüche aus badischen Gefangenenwagen sind auch nicht bekannt geworden, während Ausbruchsmöglichkeiten bei Gefangenenwagen preußischer Bauart vorhanden waren. Deshalb wurden die beschriebenen Maßnahmen bei der Bestellung der zweiachsigen Gefangenenwagen Z 21 der Deutschen Reichsbahn empfohlen. Zwei der Wagen waren in Konstanz stationiert, der dritte Wagen in Mannheim, in Folge der Kriegswirren verschlug es einen Wagen zur RBD, bzw. BD Frankfurt (M).

Technische Daten	
Beschaffungsjahre:	1906, 1913
Hersteller:	Fuchs, Heidelberg
Betriebsnummern:	Baden 131, 133, 134
Beschaffte Stückzahl:	3
Sitzplätze I. Klasse:	-
Sitzplätze II. Klasse:	-
Sitzplätze III. Klasse:	-
Sitzplätze:	24
Anzahl der Abteile:	10 Zellen
Platzteilung:	-
Aborte:	2
Waschräume:	-
Länge über Puffer:	12.300 bzw. 12.340 mm (Baden 131)
Wagenkastenlänge:	11.040 mm
Wagenkastenbreite:	3.050 mm
Achsstand:	8.000 mm
Drehzapfenabstand:	-
Drehgestellbauart:	-
Anzahl der Achsen:	2 (Lenkachsen A4)
Fußbodenh. ü. Schienenoberkante:	1.250 mm
Bremse:	Westinghouse, teilw. Henry, Spindelbremse
Heizung:	Ofen + Dampf
Beleuchtung:	Gas, 10 Flammen + 1 Kocher, 1.400 l, 35 Brennstunden
Gewicht	17.600 kg
Beschaffungspreis:	15.250 Mark

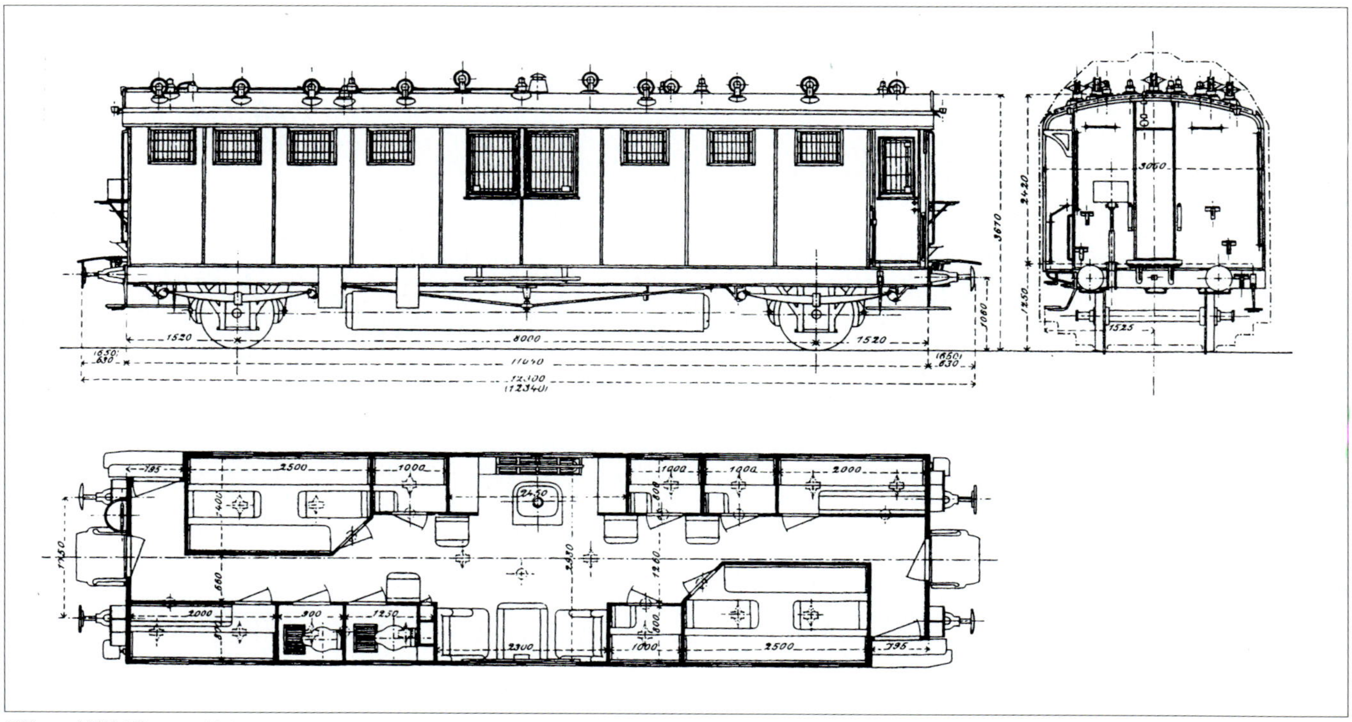

GF von 1906 (Gruppe 61a)

7.7 Gepäckwagen

Da in der Anfangszeit der Eisenbahn in Baden das Gepäck ebenso wie vorher bei den Postkutschen auf dem Dach der Eisenbahnwagen oder auch in einem an den Zug angehängten Güterwagen transportiert wurde, bestand zunächst noch kein Bedarf an Gepäckwagen. Einen Zugführer, der einen eigenen Arbeitsplatz zur Überwachung des Zuges benötigte, hatte es wohl damals auch noch nicht gegeben. Aber schon Anfang der vierziger Jahre kamen die ersten Gepäckwagen in den Wagenpark der badischen Staatsbahnen. So wurden im Jahre 1842 die ersten 22 Gepäckwagen von Talbot in Aachen beschafft. Über das Aussehen der ersten badischen Gepäckwagen ist leider nichts bekannt. Zwischen 1854 und 1857 wurden 20 dreiachsige, sogenannte „Reisegepäckwagen" angeschafft, die jedoch schon bis zur Jahrhundertwende aus dem Bestand der Reisezugwagen ausschieden. Bereits im Jahre 1858 waren 66 Gepäckwagen vorhanden, dabei blieb es dann bis 1865. In diesem Jahr begann die Beschaffung eines gewöhnlichen Gepäckwagens P (Gruppe 123) in großer Stückzahl. Diese Gepäckwagen schieden nach 1900 aus dem Einsatz in Reisezügen aus, sie wurden jedoch nach einem Umbau weiterhin als Güterzugbegleitwagen oder, wie man damals sagte, als „Personalwagen" weiterhin verwendet. Diese Gepäckwagen hatten auch als erste eine „Retirade" (Abortraum) für die Fahrgäste des Zuges erhalten. Es war nur ein Notbehelf, von dem die Reisenden offenbar nicht gerne Gebrauch machten. Auch bei dem Personal waren die Retiraden nicht beliebt, behinderten doch die wartenden Reisenden die Arbeiten des Zugpersonals. Die Ausstattung der Personenwagen mit Aborten erfolgte zumindest in Personenwagen III. Klasse erst spät, so daß im Jahr 1894 insgesamt 218 Gepäckwagen und nur 210 Personenwagen mit jeweils einem Abort vorhanden waren.

Die Gepäckwagen der badischen Staatsbahnen, die bis 1887 beschafft wurden, besaßen eine Außenverkleidung in Form einer glatten Holzverschalung, die ebenfalls zweiachsigen Gepäckwagen für Schnellzüge der Gruppen 130 bis 133, die zwischen 1887 und 1902 in den Bestand der Reisezugwagen kamen, hatten ein den gedeckten Güterwagen entsprechendes, aus Profilstahl aufgebautes Gerippe, das auf der Innenseite mit einer Holzverschalung versehen war. Erst die ab 1903 beschafften Gepäckwagen hatten dann ebenso wie die Personenwagen eine Blechverkleidung der Außenseiten. Für die Schnellzüge wurden ab 1903 anfangs dreiachsige Gepäckwagen (Gruppe 133b) und ab 1905 dann auch vierachsige Gepäckwagen (Gruppe 133c', 133d') an die badischen Staatsbahnen geliefert.

Im Gepäckwagen, und zwar an einem Wagenende, hatte der Zugmeister, wie damals der Zugführer genannt wurde, sein Dienstabteil mit einem hohen Dachaufbau, von dessen erhöhtem Sitz er die Strecke beobachten konnte. Eine Spindelbremse gab dem Zugführer die Möglichkeit, gemeinsam mit den Bremsern der handgebremsten Züge einen Zug bei Bedarf abzubremsen. In England war bis zur Jahrhundertwende der Gepäckwagen oftmals der einzige Wagen eines Zuges, der eine Spindelbremse besaß. Im Gepäckwagen befand sich auch ein Packmeister, der für die Annahme, die Lagerung und die Ausgabe der Gepäckstücke und des Expreßgutes zuständig war. Die Gepäckwagen dienten neben der Beförderung des Reisegepäcks der Reisenden, das nicht als Handgepäck in das Abteil mitgenommen werden konnte, auch zur Beförderung von Eilgut und Kleinvieh, das in einem kleinen, bedarfsweise wegklappbaren Stall untergebracht werden konnte, außerdem waren kleine Schäfte in einer Ecke des Gepäckraumes vorhanden, die zur Aufbewahrung kleinerer Güterstücke benutzt werden konnten. Der Gepäckraum war durch Schiebetüren verschließbar, deren Verschluß sowohl von außen als auch von innen betätigt werden konnte. Diese Lösung, die bereits in Württemberg eingeführt war, wurde in Baden im Jahre 1910 übernommen. Da die Betriebsvorschriften der meisten Bahnverwaltungen vorschrieben, daß der erste Wagen hinter der Lokomotive eines mit Personen besetzten Zuges als Schutzwagen keine Reisenden befördern durfte, übernahm in der Regel der Gepäckwagen die Funktion des Schutzwagens. Dies hatte auch den Vorteil, daß der

Die Aufnahme zeigt einen „gewöhnlichen“ Gepäckwagen P der Gruppe 123, der ein Postabteil aufweist, das sich offenbar über den gesamten ehemaligen Gepäckraum erstreckt. Bei den Gepäckwagen mit Postabteil (Gruppe 125) befand sich dagegen das Postabteil am Ende des Wagenkastens. Der Wagen, der 1867 von Schmieder & Mayer in Karlsruhe erbaut worden ist, ist durch Umbau aus einem Gepäckwagen der Gruppe 123 vermutlich gegen 1920 entstanden und trägt die Anschrift „Karlsruhe 2883“. An die Stelle der Eigentumsbezeichnung „Baden“ ist mit Beginn der Reichsbahnzeit der Name der Reichsbahndirektion Karlsruhe getreten. Die Lokomotive trägt bereits eine Reichsbahnnummer, es ist die 75 1023 (badische VIc Reihe 8), bei dem hinter dem Gepäckwagen befindlichen Wagen handelt es sich um einen Durchgangswagen vierter Klasse der Einheitsbauart Di 21. Die Aufnahme dürfte um 1926 in einem Bahnhof im Süden Badens entstanden sein.
Aufnahme: Verkehrsmuseum Nürnberg

Der zweiachsige „große“ Gepäckwagen P von 1897 (Gruppe 133).
Aufnahme: Sammlung Jens Freese

Der vierachsige Gepäckwagen PPü von 1905 oder 1906 (Gruppe 133c' oder 133d'). Aufnahme: Sammlung Jens Freese

Zugführer der Lokomotive am nächsten war, weshalb in der Regel der Gepäckwagen mit seinem Dienstabteilende an der Lokomotive angekoppelt wurde. Vom Dienstabteil führte bis nach der Jahrhundertwende ein Zugseil zur Pfeife der Lokomotive, mit dem der Zugführer dem Lokomotivpersonal Signale geben konnte. Auf kurzen Strecken zwischen zwei Bahnhöfen, in denen zumindest in einem Kopf gemacht werden mußte (beispielsweise zwischen Mannheim und Heidelberg), konnte es vorkommen, daß zur Vermeidung von Rangierbewegungen der Gepäckwagen am Zugende blieb. In einem solchen Fall oder auch bei fehlendem Gepäckwagen wurde der erste Wagen eines Zuges für die Reisenden nicht freigegeben. Bei Personenwagen mit Gepäckabteil befand sich das Gepäckabteil ebenfalls an dem der Lokomotive zugewandten Wagenende. Diese Maßnahmen dienten zum Schutz der Reisenden bei Entgleisungen und Zusammenstößen, da hier der erste Wagen oftmals am stärksten in Mitleidenschaft gezogen wurde.

Im Jahre 1924 waren in jedem Gepäckwagen folgende Zubehörstücke vorhanden:

1 Kasten, verschließbar, für Signalmittel (enthaltend 1 Blechbüchse mit Tragriemen und 6 Knallkapseln, 1 Signalfackel, Knallkapselbehälter mit 3 Magnesiumfackeln, 6 Knallkapseln und ein Fackelstiel mit einer Schachtel Sturmstreichhölzer)
1 Gaskocher
2 Bremsschläuche 5/4", je einer mit geradem und mit gekrümmtem Anschlußstück (unter Bleiverschluß)
1 Schraubenschlüssel
1 Anschlußhahn (nur während der Heizzeit)
2 Heizschläuche (nur während der Heizzeit)
6 Harzfackeln (unter Bleiverschluß)
1 Übergangsstück für 5/4" Bremsschlauch und 1 „Rohranschluß" (unter Bleiverschluß)
1 Wasserkanne
1 Waschbecken
4 Signalscheiben
2 Anschraubbare Laternenstützen
4 Glaszylinder für Signallaternen
1 Kästchen für Vorratsglühkörper
1 Schlußlaterne
2 Oberwagenlaternen
2 Blechnäpfe für das Hundeabteil

Die Ausrüstungsgegenstände wurden auf einer Liste aufgeführt, die mit der Betriebsnummer bezeichnet war und im Gepäckwagen an dem vorgeschriebenen Platz mit sechs Polsternägeln befestigt war. Der kleine Rettungskasten war 1919 aus den Gepäckwagen entfernt worden, da er offenbar in der Vergangenheit nicht benötigt worden war, dafür erhielt der Zugführer eine Rettungsschachtel.

7.7.1 Vier- und dreiachsige Gepäckwagen

Als Gepäckwagen mußten bis nach der Jahrhundertwende in den D-Zügen die zweiachsigen „großen“ Gepäckwagen P der Gruppen 130 bis 133 eingesetzt werden, die ursprünglich für den Einsatz in Schnellzügen beschafft worden waren. Erst nach der Jahrhundertwende entschloß man sich in Baden zur Beschaffung von besonderen Gepäckwagen für die D-Züge, denn die bisher eingesetzten Gepäckwagen hatten ein Äußeres, das eher an einen Güterwagen erinnerte, und das paßte schon rein optisch nicht zu den bis dahin eingestellten D-Zugwagen. Es ist nicht mehr erkennbar, warum man sich nicht schon damals für den Vierachser entschied denn derartige Gepäckwagen liefen in Preußen ja bereits seit 1894. So blieb es zunächst beim dreiachsigen Gepäckwagen. In Bayern war es ähnlich, auch dort konnte man sich damals noch nicht für den vierachsigen Gepäckwagen entscheiden und beschaffte auch zunächst ab 1895 dreiachsige Gepäckwagen, die in Schnell- und später auch in D-Zügen eingesetzt wurden.

Es ist nun kein Zufall, daß im Jahre 1902 nicht nur der dreiachsige Gepäckwagen für D-Züge der Gruppe 133a eingeführt wurde sondern auch die ersten dreiachsigen Abteilwagen AB3 (Gruppe 21a), denn bei beiden Bauarten war die mittlere Achse nicht in einem am Langträger befestigten Achshalter, sondern in einem Achshalter gelagert, der an einem separaten Gestell befestigt war, das innerhalb bestimmter Grenzen quer zur Längsachse des Wagen verschiebbar war. Diese spezielle Halterung der mittleren Achse war eine Besonderheit in Baden und wurde in den folgenden Jahren bei sämtlichen Bauarten dreiachsiger Reisezugwagen angewendet.

Zur Vollständigkeit soll auch noch ein dreiachsiger Gepäckwagen mit offenen Übergängen erwähnt werden, der zwar nicht den badischen Bauarten zugeordnet werden kann, jedoch nach Gründung der Deutschen Reichsbahn ausschließlich für die damalige Reichsbahndirektion Karlsruhe beschafft wurde. Es handelt sich dabei um den Pw3i Wü 21, also einen Gepäckwagen württembergischer Bauart, der in den Jahren 1921 bis 1923 mit zweiundzwanzig Stück in den Bestand der RBD Karlsruhe kam. Diese fremde Bauart wurde damals schon in keine Gruppe mehr eingereiht, wohl wurde sie jedoch im späteren Wagenverzeichnis unter der Blatt-Nummer 116 geführt.

Die Bauart wich bereits hinsichtlich der Raumaufteilung völlig von den badischen Gepäckwagen ab. Vom Vorplatz mit schrägen

Auf dieser Aufnahme wird die Stirnansicht des dreiachsigen Gepäckwagens Pü3 von 1903 (Gruppe 133b) gezeigt. Über dem Faltenbalg für den geschlossenen Übergang ist deutlich das Sprungbrett zu sehen, das dem Bahnpersonal das Überspringen vom Dach eines Reisezugwagens zum Dach des nächsten Wagens erleichtern sollte und mit dem auch sämtliche Reisezugwagen der badischen Staatsbahnen ausgerüstet waren. Am Dachrand seitlich sind die schraubenförmig gebogenen Halter aus Draht zu erkennen, in die die den ganzen Zug entlang oberhalb der Fenster laufende Zugleine eingehängt werden konnte, mit der eine Signalgabe an das Personal an der Spitze des Zuges möglich war.
Aufnahme:
Signatur I-202 009, Wirtschaftsarchiv Baden-Württemberg, Stuttgart

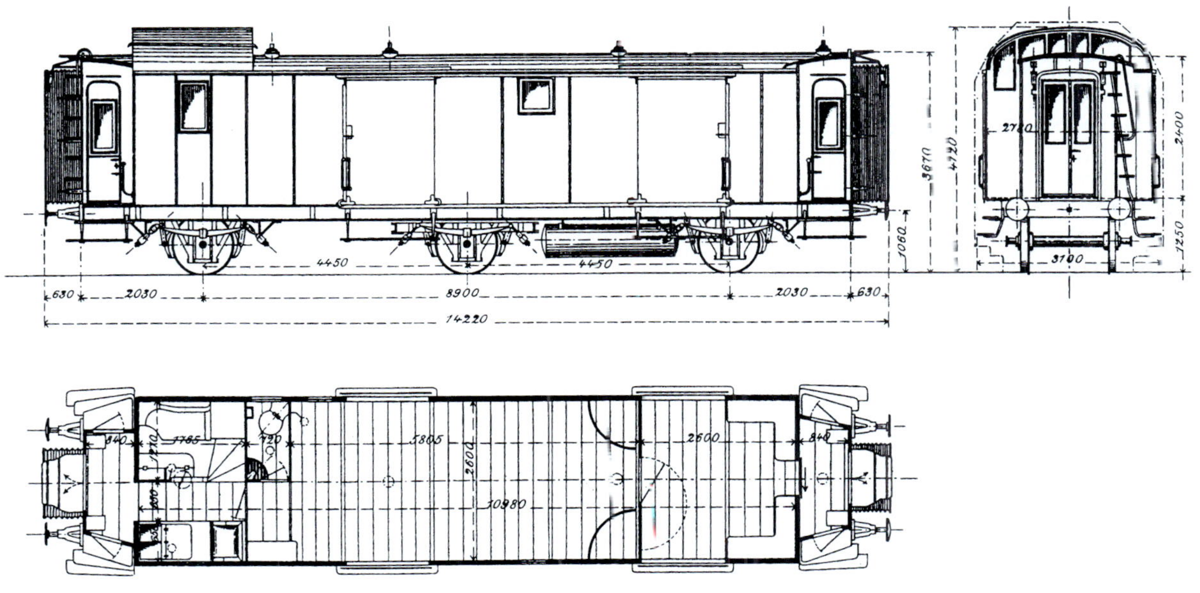

Der dreiachsige Gepäckwagen Pü3 von 1902 (Gruppe 133a).

93 1211 (pr. T14^1) vom Bw Pforzheim ist mit einem Personenzug um 1930 unterwegs. Hinter der Lokomotive befindet sich ein dreiachsiger Gepäckwagen Pw3i Wü 21.
Aufnahme: Sammlung Jens Freese

Seitenwänden gelangte man ohne eine Tür zu passieren sofort in das Zugführerabteil, auf dessen rechter Seite der erhöhte Sitz über eine gerade Treppe zugänglich war. Unter dem erhöhten Sitz befand sich ein Hundeabteil, das nach außen mit einer Tür abgeschlossen war. Das Zugführerabteil mit seinem Dachaufsatz mit Fenstern nach allen Seiten, das auf der anderen Seite des Mittelgangs einen Sitzplatz mit Tisch aufwies, war durch eine Trennwand mit Tür vom Gepäckraum abgeschlossen. An der Trennwand befand sich

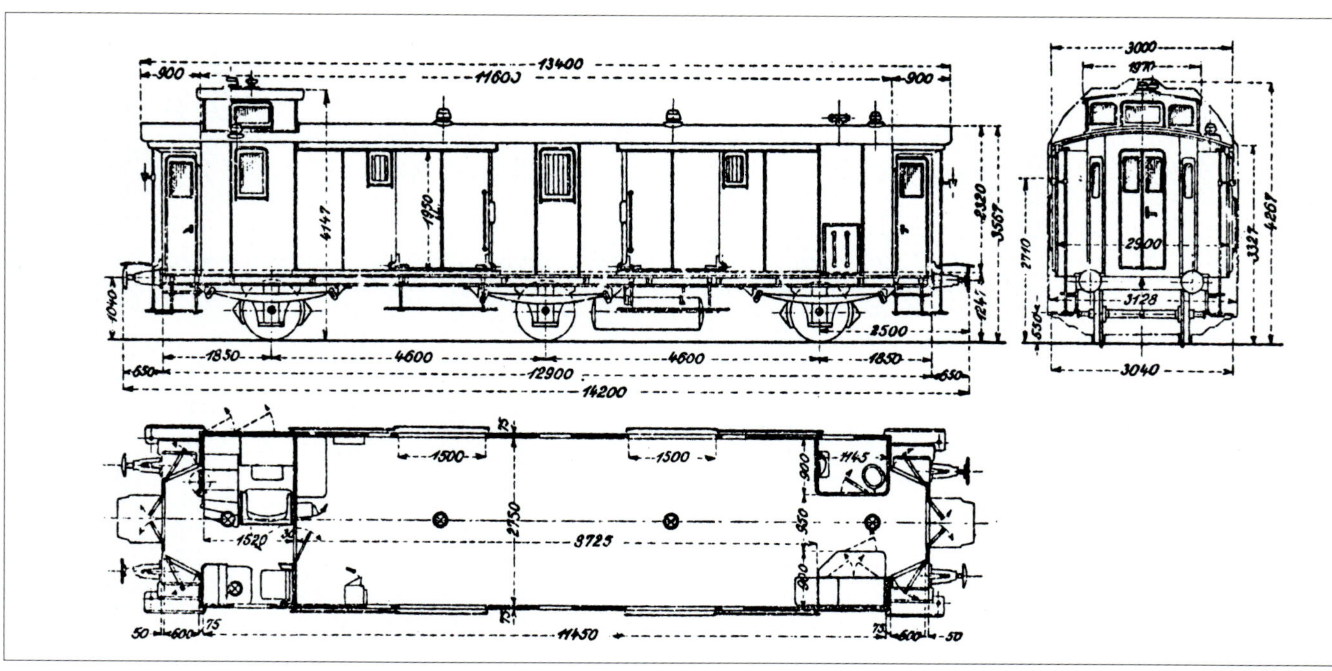

im Gepäckraum eine Sitzbank auf der einen Seite der Tür, auf der anderen Seite ein Klappsitz. Der Gepäckraum wurde durch ein großes Fenster zwischen den beiden Schiebetüren und zwei kleine Fenster erhellt, die außerhalb der beiden Schiebetüren auf beiden Außenseiten angebracht waren, sie wurden bei geöffneter Schiebetür verdeckt. Sämtliche Fenster des Gepäckraumes waren auf der Innenseite durch senkrecht angebrachte Gitterstäbe gesichert. Am anderen Ende des Gepäckraums befand sich auf der rechten Seite der Abortraum und auf der linken Seite das zweite Hundeabteil. Eine Trennwand zwischen dem Gepäckraum und dem Vorplatz war nicht vorhanden. Offenbar bestand nach Gründung der Deutschen Reichsbahn ein großer Bedarf an Gepäckwagen mit offenen Übergängen. Der Pw 23 befand sich noch in der Planung, und so blieb zur Deckung des Wagenmangels nur die Beschaffung einer Länderbauart, die sich bereits bewährt hatte. Dabei fiel die Wahl auf den Pw Wü 13a. Dieser wurde in den Jahren 1921 und 1923 mit insgesamt 22 Stück für die Reichsbahndirektion (Rbd) Karlsruhe unter der Bezeichnung Pw3i Wü 21 beschafft, während ebenfalls im Jahre 1921 der Pw3i Wü 20 bzw. 20a an die Rbd Stuttgart geliefert wurde. Stationiert wurden die Wagen der Rbd Karlsruhe in Basel und Karlsruhe. In den Jahren 1922 und 1923 kamen dann weitere Gepäckwagen dieser Bauart zu den Rbd'n Erfurt, Halle, Hannover, Mainz, Frankfurt, Königsberg, Münster, Oppeln, Köln und Essen, wobei diese von Waggonfabriken geliefert wurden, die nicht im süddeutschen Raum lagen. Diese Wagen sollten ursprünglich gemäß Skizze Württemberg VI 72 die Bezeichnung Pw3i Pr 20 erhalten (Sonderzeichnung 42 401A).

Technische Daten

Beschaffungszeitraum:	1921 - 1923
Hersteller:	Fuchs, Heidelberg
Betriebsnummern:	14 693 - 14 714
Beschaffte Stückzahl:	22
Ladegewicht:	7.000 kg
Tragfähigkeit:	?
Ladefläche:	24 m²
Laderaum:	?
Anzahl der Abteile:	1 Zugführerabteil, 1 Gepäckraum, 2 Hundeabteile
Platzteilung:	-
Aborte:	1
Waschräume:	-
Länge über Puffer:	14.200 mm
Wagenkastenlänge:	12.900 mm
Wagenkastenbreite:	2.900 mm
Achsstand:	9.200 mm
Drehzapfenabstand:	-
Drehgestellbauart:	-
Anzahl der Achsen:	3 (Lenkachsen A4)
Fußbodenh. ü. d. Schienenoberkante:	1.247 mm
Bremse:	Westinghouse, Spindelbremse
Heizung:	Dampf
Beleuchtung:	Gas, 5 Flammen
Gewicht:	17.800 kg
Beschaffungspreis:	16.903 M

7.7.1.1 Vierachsiger Gepäckwagen mit geschlossenen Übergängen PPü von 1906, Gruppe: 133d', Blatt: 113, (Pw4ü Bad 06).

Nachdem bereits Preußen seit 1894 und die Reichseisenbahnen Elsaß/Lothringen seit 1902 vierachsige Gepäckwagen mit geschlossenen Übergängen für D-Züge in ihrem Bestand hatten, entschloß man sich bei der Verwaltung der badischen Staatsbahnen erst im Jahre 1905 zur Beschaffung derartiger Wagen. Es standen zwar seit 1902 damals über dreißig dreiachsige Gepäckwagen Pü3 (Gruppe: 133a, 133b) zur Verfügung, aber diese hatten sich offenbar im Einsatz besonders in der Hauptreisezeit wegen ihres geringen Fassungsvermögens nicht bewährt, denn damals reiste man in die Ferien mit viel Gepäck. So mußten oftmals zwei dieser dreiachsigen Gepäckwagen in einem D-Zug eingesetzt werden, ein, betriebstechnisch auf die Dauer gesehen, nicht tragbarer Zustand.

So wurden im Jahre 1905 sechzehn vierachsige Gepäckwagen mit geschlossenen Übergängen PPü (Gruppe: 133c') beschafft. Am einen Wagenende im Anschluß an den Vorplatz befand sich das Zugführerabteil mit erhöhtem Sitz auf der rechten Seite, wenn sich das Zugführerabteil in Fahrtrichtung an der Spitze des Zuges befand. Im Gepäckraum (A) befand sich ein wegklappbares Zollabteil (B). Der Gepäckraum (A), der sich bis zu den Hundeabteilen erstreckte, besaß auf jeder Wagenseite zwei Schiebetüren von 1.400 mm Breite, zwischen denen auf der einen Wagenseite das Zollabteil mit Flügeltüren zum Inneren des Wagens angebracht war. Im aufgeklappten Zustand des Zollabteils blieb ein Verbindungsgang im Gepäckraum (A) erhalten, von dem das Zollabteil zugänglich war. Am anderen Wagenende waren auf jeder Seite eines Mittelganges zwei Hundeabteile angeordnet, von denen das kleinere jeweils von außen und das größere vom Vorplatz zugänglich war. Das große und das kleine Hundeabteil waren mit einem gemeinsamen Napf zur Tränkung der Hunde versehen. Die vierachsigen Gepäckwagen der Gruppe 133c' waren in Basel und Karlsruhe stationiert. Sie hatten offenbar den betrieblichen Anforderungen entsprochen, denn ab 1906 wurden in fast unveränderter Form weitere vierachsige Gepäckwagen mit geschlossenen Über-

Technische Daten

Beschaffungsjahre:	1905 bzw. 1906 - 1916
Hersteller:	siehe Einzelnachweis
Betriebsnummern:	siehe Einzelnachweis
Beschaffte Stückzahl:	16 bzw. 46
Ladegewicht:	10.000 kg
Tragfähigkeit:	10.500 kg
Ladefläche:	28,0/5,5 m²
Laderaum:	54,5/11,5 m³
Anzahl der Abteile:	2 Gepäckräume, 1 Zollabteil, 4 Hundeabteile
Platzteilung:	-
Aborte:	1
Waschräume:	-
Länge über Puffer:	18.610 mm
Wagenkastenlänge:	17.300 mm
Wagenkastenbreite:	2.680 mm
Achsstand:	2.500 mm
Drehzapfenabstand:	12.300 mm
Drehgestellbauart:	1b
Anzahl der Achsen:	4
Fußbodenh. ü. Schienenoberkante:	1.280 mm
Bremse:	Westinghouse, Henry, Spindelbremse
Heizung:	Dampf
Beleuchtung:	Gas, 7 Flammen + 1 Kocher, 1.040 l, 35 Brennstunden
Gewicht:	31.600 bzw. 32.100 kg
Beschaffungspreis:	22.850 bzw. 23.400 Mark

Aufnahme: Verkehrsmuseum Nürnberg

gängen PPü beschafft, die nun in der Gruppe 133d' geführt wurden. Sie unterschieden sich äußerlich durch die beiden Grove-Lüfter auf dem erhöhten Dach des Zugführerabteils, die wegen des Lichtraumprofils in einer besonders flachen Ausführungsform dort eingebaut waren. Später wurden diese Grove-Lüfter auch bei den Gepäckwagen der Gruppe 133c' nachgerüstet, wodurch dieses Unterscheidungsmerkmal dann entfiel. Die vierachsigen Gepäckwagen der Gruppe 133d' wurden in insgesamt 46 Exemplaren bis 1916 geliefert, die meisten von ihnen wurden dem Heimatbahnhof Basel zugeteilt. Die dort stationierten Gepäckwagen „90 035 und 90 051 Kar" (Baden 14 551 und 14 569) wurden zusammen mit den beiden ebenfalls in Basel stationierten preußischen Gepäckwagen „90 062 und 90 063 Kar" (Pw4ü Pr 16) ab 1928/29 als SPw 4ü in violetter Lackierung im Luxuszug „Rheingold" eingesetzt, da die eigens für diesen Zug beschafften drei Sonder-D-Zuggepäckwagen SPw4ü der Bauart 28 offenbar für den Betrieb nicht ausreichten. Sobald der Luxuszug „Rheingold" bei einem Unterwegshalt durch Anfahren eines Sackbahnhofes, wie beispielsweise Mannheim oder Heidelberg, die Fahrtrichtung änderte, wurde am anderen Ende des Zuges ebenfalls ein Gepäckwagen als Schutzwagen benötigt. Bei einem Zugpaar waren demnach schon vier Gepäckwagen notwendig.

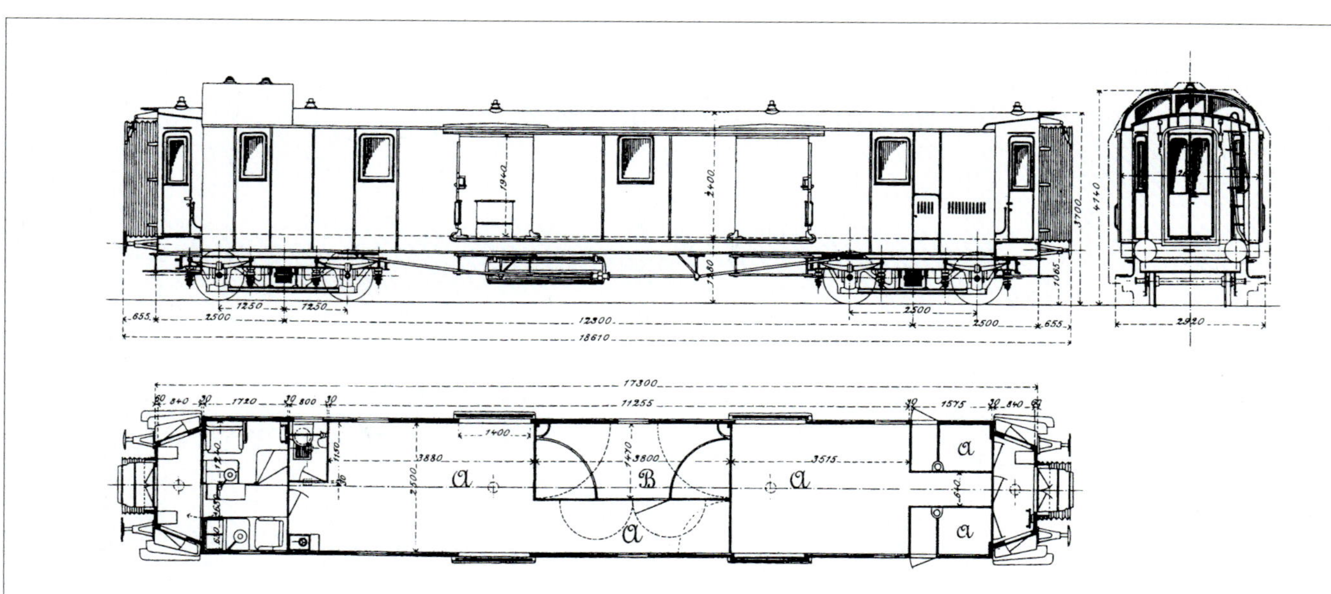

7.7.1.2 Dreiachsiger Gepäckwagen mit geschlossenen Übergängen Pü3 von 1903, Gruppe: 133b, Blatt: 115, (Pw3i Bad 03).

Als Gepäckwagen in den D-Zügen wurden anfänglich die großen Gepäckwagen P der Gruppen 130 bis 133 eingesetzt, es waren Zweiachser mit Lenkachsen und einem Achsstand von 7.400 mm, die seit 1887 in den damaligen Schnellzügen liefen, die damals ausschließlich aus Lenkachswagen gebildet wurden. Schon bald nach der Jahrhundertwende entschloß man sich in Baden zur Beschaffung von besonderen Gepäckwagen für die D-Züge, denn die bisher eingesetzten Gepäckwagen hatten ein Äußeres, das eher an einen Güterwagen erinnerte, und das paßte schon rein optisch nicht zu den bis dahin eingestellten D-Zugwagen.

Es ist nun kein Zufall, daß im Jahre 1902 nicht nur der dreiachsige Gepäckwagen für D-Züge der Gruppe 133a eingeführt wurde, sondern auch die ersten dreiachsigen Abteilwagen AB3 (Gruppe 21a), denn bei beiden Bauarten war die mittlere Achse nicht in einem am Langträger befestigten Achshalter sondern im Achshalter gelagert, der an einem separaten Gestell befestigt war, wobei das Gestell innerhalb einer bestimmten Begrenzung quer zur Längsachse des Wagens verschiebbar war. Diese besondere Halterung der mittleren Achse war eine Besonderheit in Baden und wurde in den folgenden Jahren bei sämtlichen Bauarten dreiachsiger Reisezugwagen angewendet.

Der Vorplatz am Wagenende des Zugführerabteils hatte auf der linken Seite eine schräge und auf der rechten Seite eine gerade Wand, wobei die Breite der Außenwand des Vorplatzes mit den Flügeltüren für den durch einen Faltenbalg geschützten Übergang das gleiche Maß aufwies, wie diejenige des Vorplatzes am anderen Wagenende, der beidseitig mit schrägen Wänden versehen war. Die gerade Wand auf der rechten Seite des Vorplatzes ermöglichte es, dort ein Fenster einzubauen, das im Gegensatz zu den übrigen Fenstern im erhöhten Aufbau des Zugführerabteils, die nur in der Stirnwand zwischen dessen Dach und dem Dach des übrigen Wagenkastens eingebaut waren, tiefer herunter reichte, um dem Zugführer von seinem erhöhten Sitz eine bessere Sicht nach vorne zu geben. Bei den später beschafften vierachsigen Gepäckwagen PPü (Gruppe 133c' und 133d') wurde ein derartiges Fenster nicht mehr vorgesehen, dort waren die Grundrisse der beiden Vorplätze gleich. Im Zugführerabteil mit dem erhöhten Sitz, zu dem eine dreistufige Wendeltreppe hinauf führte, befand sich auf der anderen Seite des Mittelgangs ein offenes Abteil für den Zugführer in Längsrichtung des Wagens mit Sitz und einem da-

Technische Daten	
Beschaffungsjahre:	1902 bzw. 1903
Hersteller:	siehe Einzelnachweis
Betriebsnummern:	siehe Einzelnachweis
Beschaffte Stückzahl:	15 bzw. 16
Ladegewicht:	9 000 kg
Tragfähigkeit:	9 450 kg
Ladefläche:	15,1/6,7 m²
Laderaum:	32,1/14,4 m³
Anzahl der Abteile:	1 Dienstabteil, 2 Gepäckräume
Platzteilung:	-
Aborte:	1
Waschräume:	-
Länge über Puffer:	14.220 mm
Wagenkastenlänge:	12.960 mm
Wagenkastenbreite:	2.780 mm
Achsstand:	8.900 mm
Drehzapfenabstand:	-
Drehgestellbauart:	-
Anzahl der Achsen:	3 (Lenkachsen A4)
Fußbodenh. ü. Schienenoberkante:	1.250 mm
Bremse:	Westinghouse, teilw. Henry, Spindelbremse
Heizung:	Dampf
Beleuchtung:	Gas, 6 Flammen + 1 Kocher, 1.040 l, 34 Brennstunden
Gewicht:	19.280 bzw. 20.300 kg
Beschaffungspreis:	12.020 bzw. 11.220 Mark

Aufnahme: Signatur I-202 008, Wirtschaftsarchiv Baden-Württemberg, Stuttgart

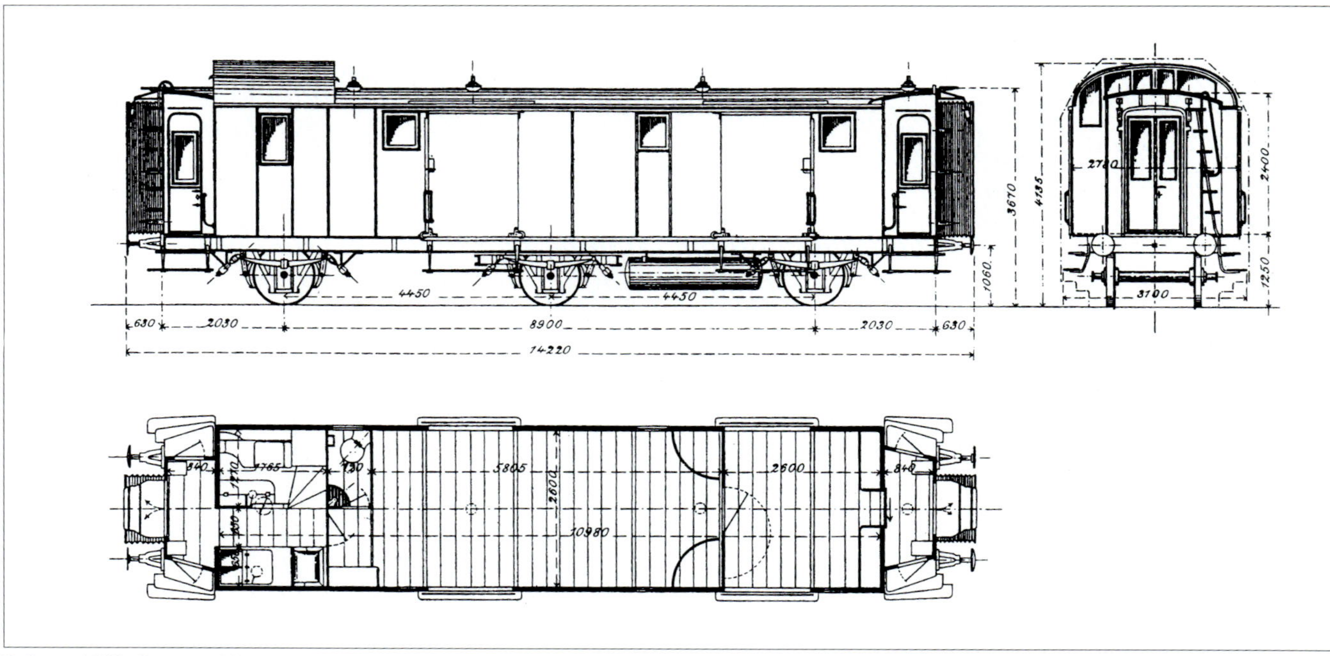

Pü3 von 1903 (Gruppe 133b)

vor angebrachten Fächerschrank und Schreibklappe, die bei Bedarf nach oben geklappt werden konnte. Unter dem erhöhten Sitz des Zugführers befand sich offenbar kein Hundeabteil. Zum Gepäckraum war das Zugführerabteil mit einer Trennwand mit Tür abgeschlossen, wobei auf der rechten Seite an der Trennwand im Gepäckraum ein Abortraum angeordnet war. Neben dem Mittelgang gegenüber dem Abortraum befand sich eine kurze Sitzbank. Neben dem Abortraum, der selbstverständlich mit einem Fenster versehen war, war in der Seitenwand direkt neben diesem Fenster ein Fenster im Gepäckraum angebracht. Weiterhin wurde der Gepäckraum durch ein Fenster auf der anderen Wagenseite erhellt, das zwischen den beiden, auf jeder Seite befindlichen Schiebetüren mit einer Breite von 1.400 mm angeordnet war. Kurz vor den hinteren Schiebetüren war eine verschiebbare Trennwand vorgesehen, mit der eventuell ein Zollabteil geschaffen werden konnte, dabei war dann aber kein Durchgang durch den gesamten Wagen mehr möglich. Am Ende des Gepäckraums befand sich eine Schiebetür, die zum anderen Vorplatz führte. Die Wagen waren anfänglich in Basel und Mannheim stationiert. Die fünfzehn im Jahre 1902 beschafften dreiachsigen Gepäckwagen reichten nicht aus und, so kamen im darauffolgenden Jahr weitere sechzehn derartige Wagen (Gruppe: 133b) in den Bestand, die sich kaum von den Vorgängern unterschieden. Äußerlich waren sie nur durch die abweichende Anordnung des Gepäckraumfensters auf der rechten Seite erkennbar, das nun nicht mehr neben dem Abortfenster sondern auf gleicher Höhe wie das Gepäckraumfenster auf der gegenüberliegenden Seite angebracht war. Ab 1908, nachdem dann schon genügend vierachsige Gepäckwagen in Baden zur Verfügung standen, wurden die Faltenbälge an den dreiachsigen Gepäckwagen der Gruppen 133a und 133b entfernt, sie wurden damit zu Pi3. Einige Wagen waren während des ersten Weltkrieges in Lazarettzügen im Einsatz, und drei Wagen der Gruppe 133b (Baden 14 507, 14 511 und 14 513) wurden im Jahre 1916 von der Hauptwerkstätte Karlsruhe für den Einsatz in Lazarettzügen in Heizkesselwagen (Gruppe: 125') umgebaut (neue Betr.-Nr. Baden 501 – 503). Nach 1918 erfolgte der Rückbau in normale Gepäckwagen (siehe Seite 64).

7.7.1.3 Dreiachsiger Gepäckwagen P3 von 1909, Gruppe: 133e, Blatt: 121, (Pw3 Bad 09).

Im Jahre 1909 lieferte Fuchs, Heidelberg, insgesamt 68 dreiachsige Gepäckwagen ohne Übergänge für die badischen Staatsbahnen, die in erster Linie für die Zugbildung zusammen mit den dreiachsigen Abteilwagen (AB3, BC3, C3) vorgesehen wurden, die damals ebenfalls in großen Stückzahlen in den Bestand kamen. Als Vorbild diente dabei der dreiachsige Gepäckwagen mit geschlossenen Übergängen der Gruppe 133a bzw. 133b. Die Raumaufteilung und die Abmessungen wurden vollständig übernommen, abweichend war nur die Ausbildung der beiden Vorplätze mit je zwei Klappsitzen, wobei der vordere Vorplatz ebenso wie der Vorplatz am anderen

Aufnahme:
Sammlung Helmuth Griebl

Wagenende ausgebildet war, es fehlte also das weiter nach unten reichende Fenster auf der rechten Seite des Zugführerabteils, das vom Vorplatz durch eine Flügeltür zugänglich war. Weiterhin war die Ausleuchtung des Gepäckraumes durch die Anbringung von drei relativ großen Fenstern stark verbessert worden. Und schließlich kamen auch die inzwischen eingeführten Torpedo-Lüfter, wenn auch in einer verkleinerten Ausführung wegen des Lichtraumprofils, im Dach des Zugführerabteils zum Einbau. Vom Vorplatz am anderen Wagenende führt eine Flügeltür zum Gepäckraum, bzw. zum Zollabteil. Es kann wohl davon ausgegangen werden, daß sich unter dem erhöhten Sitz des Zugführers ein oder zwei Hundeabteile befunden haben. Im Gepäckraum mit seinen beiden Schiebetüren von 1.400 mm Breite auf jeder Wagenseite, der durch eine Trennwand mit Flügeltür vom Zugführerabteil abgeschlossen war, befand sich an der Trennwand rechts der Abortraum und diesem gegenüber auf der anderen Seite des Mittelgangs eine Sitzbank mit einer Ablage, auf der ein Kocher aufgestellt war, mit dem sich das Zugpersonal Speisen und Getränke erwärmen konnte. Am anderen Ende des Gepäckraums befand sich eine klappbare Trennwand mit Flügeltür, um bedarfsweise den Gepäckraum in einen Gepäckraum (A) und ein Zollabteil (B) aufteilen zu können. Ihrem Einsatzzweck entsprechend waren die Gepäckwagen hauptsächlich auf sämtlichen Heimatbahnhöfen entlang der Hauptbahn stationiert. Nach 1923 wurde einer der Gepäckwagen der Gruppe 133e nach einem entsprechenden Umbau in den Bahnschutzzug der RBD Karlsruhe eingestellt.

Technische Daten	
Beschaffungsjahre:	1909
Hersteller:	Fuchs, Heidelberg
Betriebsnummern:	Baden 14 625 - 14 692
Beschaffte Stückzahl:	68
Ladegewicht:	9.000 kg
Tragfähigkeit:	9.450 kg
Ladefläche:	15,1/6,7 m²
Laderaum:	32,2/14,4 m³
Anzahl der Abteile:	1 Dienstraum, 2 Gepäckräume
Platzteilung:	-
Aborte:	1
Waschräume:	-
Länge über Puffer:	14.220 mm
Wagenkastenlänge:	12.960 mm
Wagenkastenbreite:	2.780 mm
Achsstand:	8.900 mm
Drehzapfenabstand:	-
Drehgestellbauart:	-
Anzahl der Achsen:	3 (Lenkachsen A4)
Fußbodenh. ü. Schienenoberkante:	1.250 mm
Bremse:	Westinghouse, Spindelbremse
Heizung:	Dampf
Beleuchtung:	Gas, 7 Flammen + 1 Kocher, 1060 l, 32 Brennstunden
Gewicht:	20.300 kg
Beschaffungspreis:	15.316 Mark

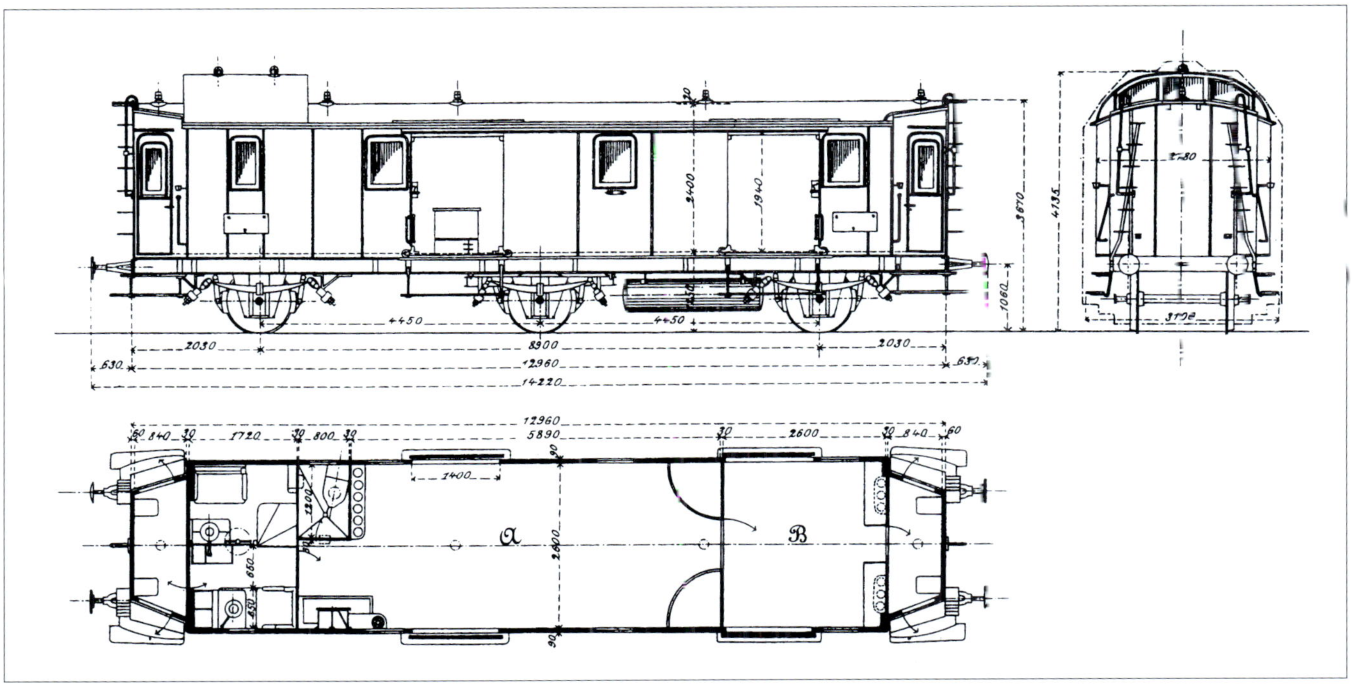

7.7.2 Zweiachsige Gepäckwagen

Im Jahr 1865 begann die Beschaffung eines zweiachsigen Gepäckwagens in großer Stückzahl, die sich bis 1883 hinziehen sollte. Allein von dieser Bauart waren um die Jahrhundertwende noch 131 Stück als Gepäckwagen in Reisezügen im Einsatz. Die Gepäckwagen, später als gewöhnliche Gepäckwagen P (Gruppe 123) bezeichnet, hatten anfänglich ein Untergestell aus Holz mit Ausnahme der stählernen Langträger oder später auch ein Untergestell, das vollständig aus Stahl gebaut war. Der Wagenkasten war aus Holz und auf seiner Außenseite mit Holz verkleidet. Für den Zugführer, ursprünglich als „Zugmeister" bezeichnet, war ein Dachaufbau vorhanden, von dem dieser von seinem erhöhten Sitz die Strecke beobachten konnte. Hier befand sich auch die Spindel zur Betätigung der Bremse. Der für Baden typisch hohe Dachaufbau mit großen Fenstern in Längsrichtung, der nicht über die gesamte Wagenbreite reichte, hatte am Rand des Daches zu beiden Seiten jeweils einen Handlauf, denn das Dach des Wagens konnte von beiden Stirnseiten bestiegen werden. Der Zugführer hatte seinen erhöhten Sitz in der Regel auf der linken Seite, es gab jedoch auch wenige Gepäckwagen dieser Bauart, bei denen sich der Zugführersitz auf der rechten Seite befand (Gruppe 124). Unterhalb des Zugführersitzes war das von außen zugängliche Hundeabteil eingebaut, und an der anderen Seitenwand gegenüber befand sich der Abortraum, dieser und das

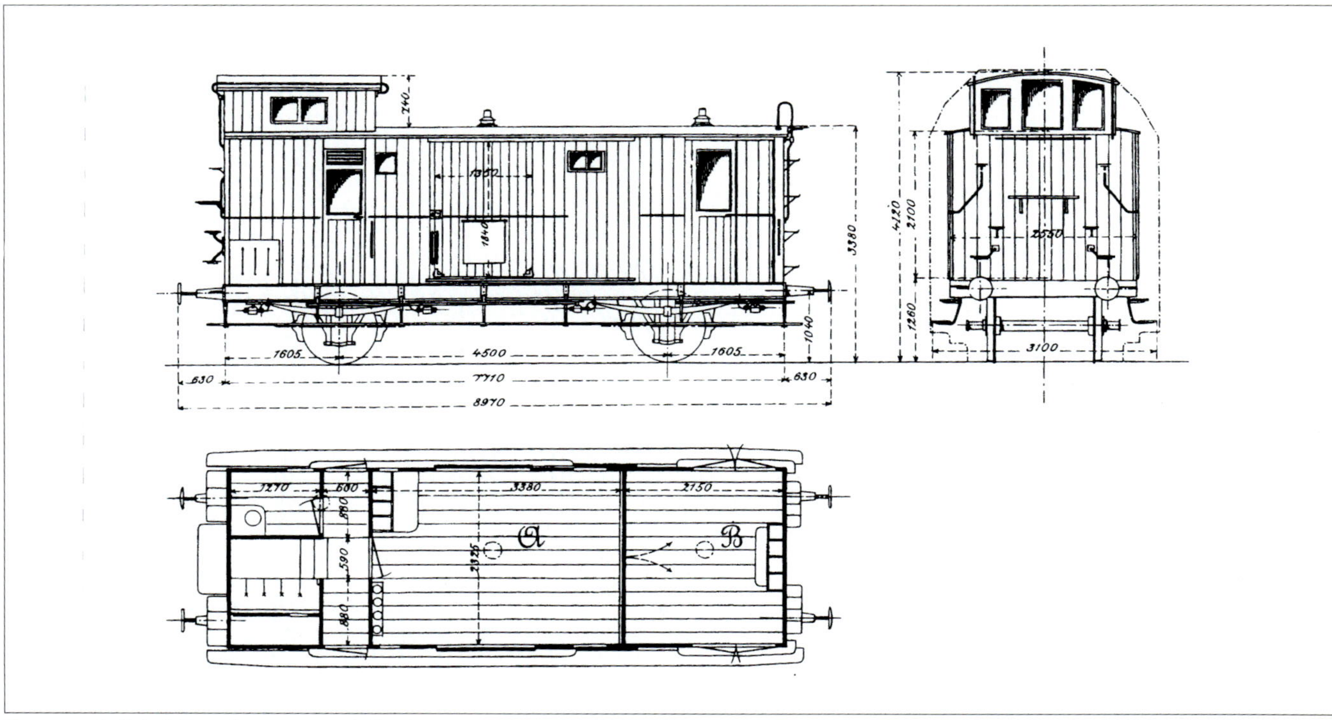

Der „gewöhnliche“ Gepäckwagen von 1862 (Gruppe 123).

Zugführerabteil lagen an einem schmalen Gang, der quer zur Längsachse des Wagens verlief und durch jeweils eine Tür in der Seitenwand von beiden Seiten des Wagens betreten werden konnte. Von dem Gang führte eine kurze Treppe in Längsrichtung des Wagens zu dem erhöhten Sitz des Zugführerabteils. Der Gang wurde durch eine Zwischenwand von den Gepäckräumen abgetrennt, die durch eine Tür durchbrochen war. Der daran anschließende große Gepäckraum (A) besaß auf beiden Seiten der Außenwand je eine

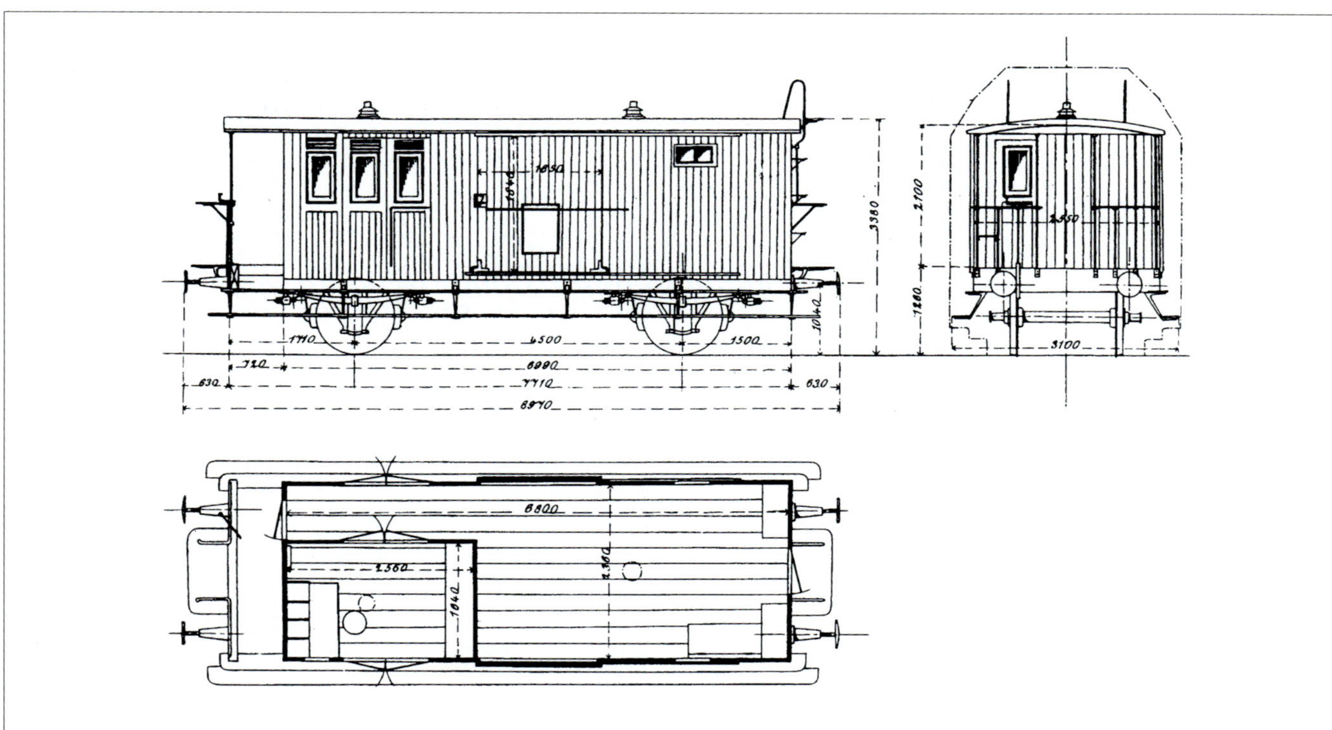

Von den Gepäckwagen P von 1862 (Gruppe 128) waren im Jahre 1903 vierzehn Stück vorhanden, sie besaßen einen großen Gepäckraum, in dem sich das von einem Seitengang zugängliche Zugführerabteil befand. Die Spindelbremse war an der Plattform angebracht, von der eine Flügeltür in den Seitengang führte. In Höhe des Zugführerabteils befanden sich an der Außenseite des Wagens und am Zugführerabteil selbst Doppelflügeltüren, was vermuten läßt, daß das jetzige Zugführerabteil eventuell als Postabteil gedient haben könnte. Es waren noch zwei weitere derartige Gepäckwagen vorhanden, bei denen kein Zugführerabteil vorhanden war, diese Wagen waren in die Gruppe 129 eingeordnet. Die Wagen besaßen Öllampenbeleuchtung und Ofenheizung oder Dampfheizung oder auch beides. Die Wagen erhielten später die Westinghouse-Bremse.

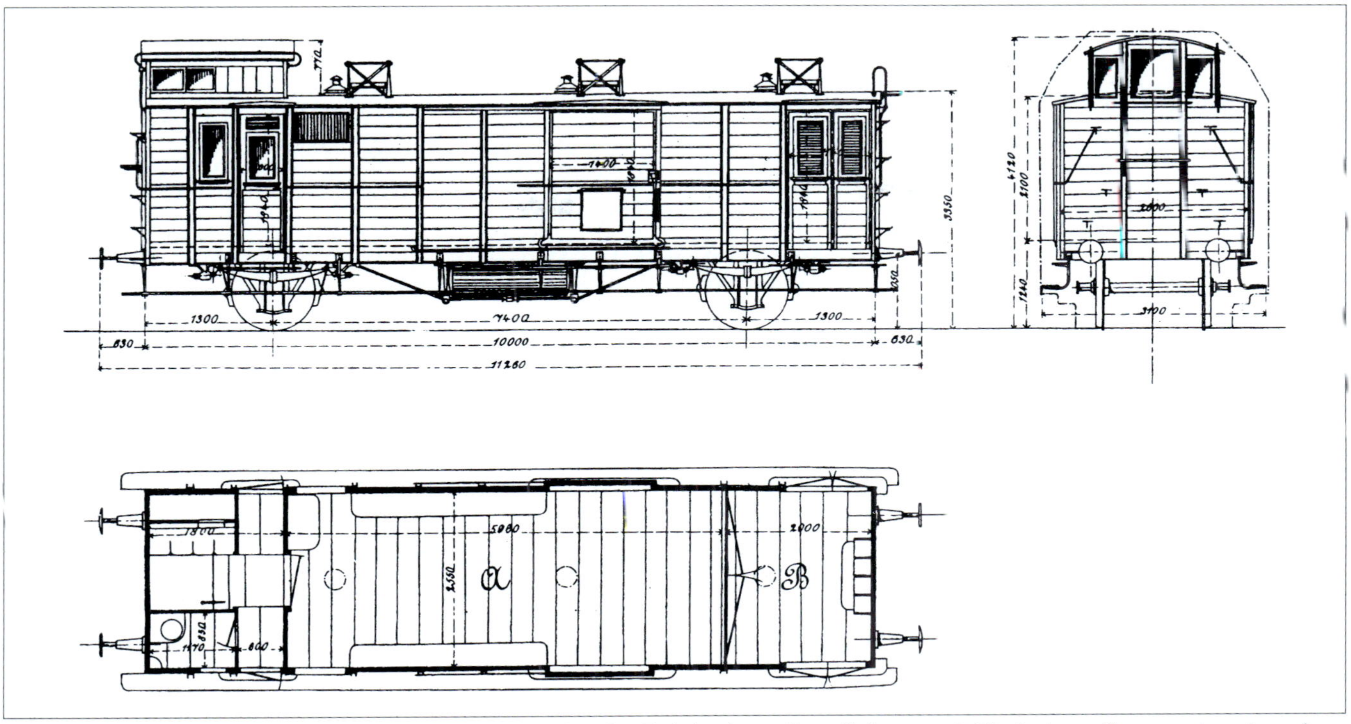

Der „große“ Gepäckwagen P von 1891 (Gruppe 131). Die Wagen besaßen Gasbeleuchtung, Dampfheizung sowie Westinghouse-Bremse und wurden anfangs in Schnellzügen eingesetzt.

Schiebetür und zwei sehr kleine Fenster, die sehr hoch angebracht waren, auf den Schutz durch Gitterstäbe konnte wegen der geringen Größe der Fenster verzichtet werden. Der kleine Gepäckraum (B) konnte bedarfsweise durch eine bewegliche Zwischenwand abgetrennt werden, er besaß auf beiden Seiten der Außenwand zwei Flügeltüren, von denen je ein Flügel ein Fenster hatte. Der kleine Gepäckraum (B) wurde bei einigen Gepäckwagen zu einem Postabteil umgebaut (Gruppe 126), dabei wurde der fast am Wagenkastenende befindliche Türflügel ohne Fenster festgelegt. Im Laufe der Zeit wurde in einer Reihe von Gepäckwagen der genannten Gruppen eine Dampfheizung meistens zusätzlich zur Ofenheizung, zumindest jedoch eine Dampfleitung, eingebaut. Ebenso erhielten die Gepäckwagen später eine selbsttätige, oder wenn es der Einsatzzweck es erforderte, auch zusätzlich eine nicht selbsttätige Westinghouse-Bremse. In den Jahren ab 1905/06 wurden viele Gepäckwagen der Gruppe 123 zu Personalwagen (Güterzug-Gepäckwagen) umgebaut. Sie erhielten dabei, ebenso wie die übrigen Gepäckwagen dieser Bauart im Rahmen der regelmäßigen Untersuchung ab 1906 eine Gasbeleuchtung. Stationiert waren die Gepäckwagen in fast allen Heimatbahnhöfen Badens, sie wurden bis 1930 ausgemustert.

Abweichend von dieser Bauart wurde im Jahre 1871 eine Anzahl von Gepäckwagen beschafft, die nicht den hohen Aufbau des Zugführersitzes und stattdessen einen Aufbau aufwiesen, der eher an ein in den Wagenkasten eingebautes Bremserhaus erinnerte. Von einer offenen, nicht überdachten Plattform war durch eine Tür der Abortraum und durch eine weitere Tür der Zugführersitz erreichbar. Drei dieser Gepäckwagen waren um die Jahrhundertwende noch vorhanden und besaßen in dem zweiten Gepäckraum einen Dampfkessel für die Zugheizung (Gruppe 125) – siehe Seite 63.

Zu den gewöhnlichen Gepäckwagen zählten auch einige ohne Dachaufbau des Zugführerabteils und auch ohne ein solches. Die Spindelbremse befand sich dann auf dem offenen Vorplatz am einen Wagenende. Diese Wagen besaßen nur einen großen Raum, der jeweils seitlich mit einer Schiebetür und zwei Flügeltüren mit Fenstern versehen war, außerdem befand sich eine Tür in der Stirnwand des Vorplatzes (Gruppe 128). Bei einigen Wagen war im Bereich der beiden Flügeltüren ein Postabteil eingerichtet, das neben dem Seitengang ebenfalls zwei Flügeltüren aufwies (Gruppe 129). Obwohl die Gepäckwagen der Gruppen 128 und 129 bereits in den Jahren 1862/63 beschafft wurden, besaßen sie bereits offene Übergänge (Pwi bzw. PwPosti), wobei zu vermuten ist, daß diese Wagen erst später die offenen Übergänge erhalten haben, da es zum Zeitpunkt der Beschaffung derselben in Baden noch keine Durchgangswagen mit offenen Übergängen gegeben hat, in deren Zugverband diese benötigt worden wären. Auch diese Gepäckwagen hatten ebenso wie die zuvor besprochenen Gepäckwagen (Gruppe 123, 124, 126) einen Achsstand von 4.500 mm.

In den Jahren 1887 und 1890 wurden erstmalig „große“ Gepäckwagen (Gruppe 130) beschafft, im Jahre 1891 folgten weitere (Gruppe 131), und schließlich kamen noch einmal in den Jahren 1894 und 1896 derartige Gepäckwagen (Gruppe: 132) in den Bestand. Es wird hier nur auf die Abweichungen von denjenigen der Gruppe 133 eingegangen, hinsichtlich des generellen Aufbaus wird auf die ausführliche Beschreibung der Gepäckwagen P von 1897 (Gruppe 133) verwiesen. Hinsichtlich der Hauptabmessungen und der Raumaufteilung bestanden so gut wie keine Unterschiede zwischen den Gepäckwagen der Gruppen 130 bis 133. Bei den Gepäckwagen der Gruppe 130 befand sich der erhöhte Sitz des Zugführers auf der linken Seite, bei denjenigen der Gruppen 131 und 132 auf der rechten Seite. Die Gepäckwagen der Gruppen 130 und 131 hatten einen niedrigen Dachaufbau (700 mm), die Gepäckwagen der Gruppen 132 und 133 dagegen einen hohen Dachaufbau (970 mm). Ursprünglich hatten die Gepäckwagen der Gruppen 130 bis 132 einen Achsstand von 5.500 mm, der später gleichzeitig mit dem Einbau von Lenkachsen auf 7.400 mm vergrößert wurde. Zur besseren Ausleuchtung des Gepäckraumes, der durch eine klappbare Trennwand in zwei Gepäckräume (A, B) aufgeteilt werden konnte, besaßen die Gepäckwagen der Gruppen 130 bis 132 zusätzlich auf dem Dach drei niedrige Oberlichtaufbauten mit jeweils einer waagerecht eingebauten Glasscheibe, die gegen Beschädigung und Einbruch durch ein darüber montiertes Gestänge geschützt waren.

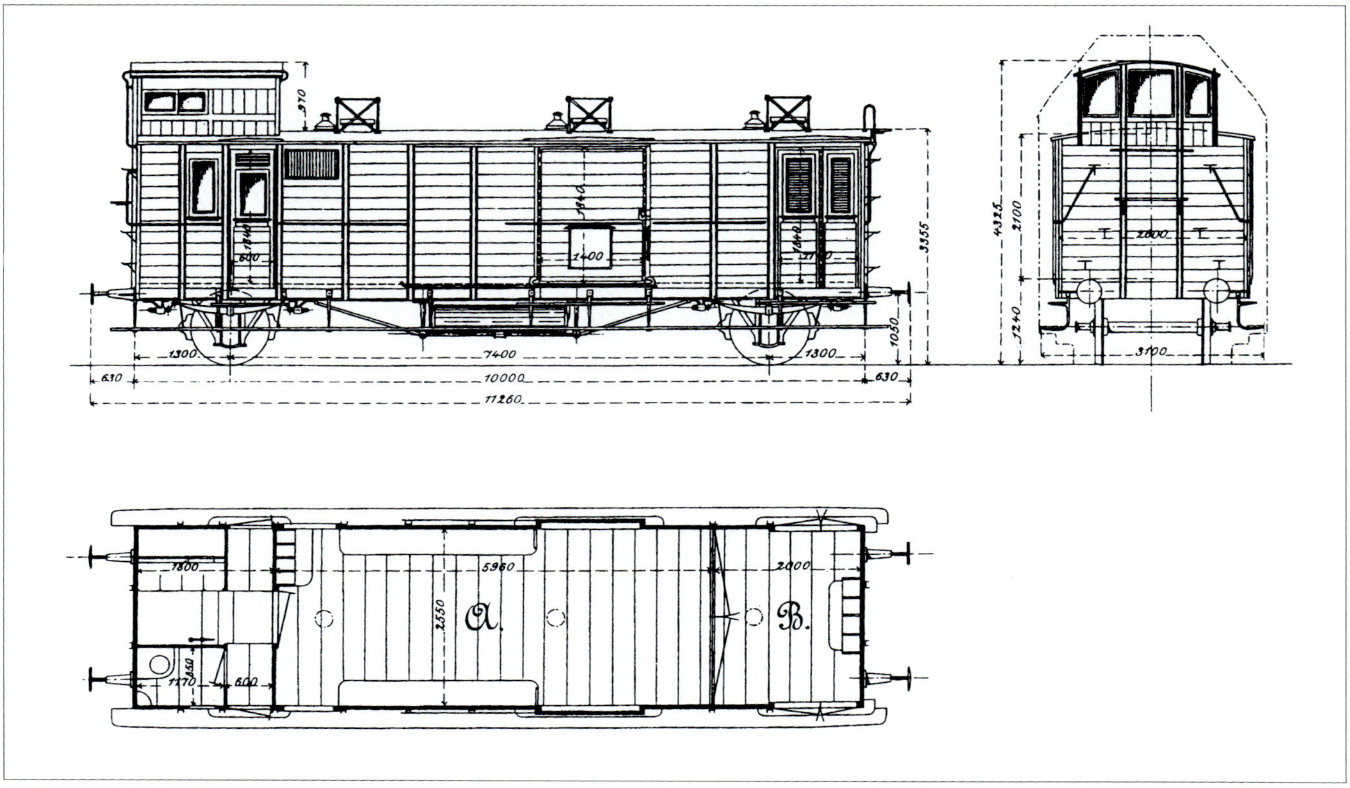

Der „große" Gepäckwagen P von 1894 (Gruppe 132).

7.7.2.1 Zweiachsiger großer Gepäckwagen P von 1897, Gruppe: 133, Blatt: 128, (Pw Bad 97).

In den Jahren 1897, 1899, 1900 und 1902 beschafften die badischen Staatsbahnen 57 zweiachsige große Gepäckwagen P (Gruppe 133), die im Aussehen und in den Abmessungen weitgehend mit denjenigen der Gruppen 130 bis 132 übereinstimmten, abweichend war der Achsstand von 7.400 mm, der bereits werksseitig vorgesehen war. Ein Teil dieser Gepäckwagen war für den Einsatz in den neuen D-Zügen bestimmt, die aus vierachsigen Durchgangswagen mit Seitengang und Faltenbälgen gebildet wurden. In diesem Zusammenhang ist nicht verständlich, warum man in Baden sich weiterhin für Zweiachser entschieden hat, gab es doch in Preußen zum damaligen Zeitpunkt bereits vierachsige Gepäckwagen, die ebenfalls mit geschlossenen Übergängen ausgestattet waren, während dagegen bei den badischen zweiachsigen Gepäckwagen, die ab 1897 in den Bestand kamen, eine derartige Übergangsmöglichkeit noch nicht vorhanden war.

Das Zugführerabteil bestand aus einem quer zur Wagenlängsachse liegenden Gang mit einer Tiefe von 600 mm, der von der einen Wagenseite zur anderen Wagenseite verlief, wobei an beiden Seiten eine Tür mit Fenster und einem darüber angebrachten Lüftungsgitter vorhanden war. Von diesem Gang führte eine kurze Treppe zu dem erhöhten Sitz des Zugführers, der sich auf der rechten Seite der Treppe befand. Links von der Treppe befand sich der Abortraum, der zum Gang mit einer Tür abgeschlossen war. Gegenüber der Treppe war in der Trennwand zum Gepäckraum eine Tür vorhanden. Der Gepäckraum reichte bis zum anderen Wagenende und war durch eine klappbare Trennwand in einen Gepäckraum (A) von 5.950 mm Länge und in einen Zollraum (B) von 2.000 mm Länge aufteilbar, wobei der Gepäckraum (A) durch ein größeres Fenster in der Nähe der Trennwand zum Zugführerabteil und durch zwei kleinere Fenster unterhalb des leicht gewölbten Daches erhellt wurde, die auf beiden Seiten der Schiebetür von 1.400 mm Länge angebracht waren. Die drei Oberlichtaufbauten, die zu diesem Zweck bei den Gepäckwagen der Gruppen 130 bis 132 vorhanden waren, wurden deshalb bei den neuen Gepäckwagen nicht mehr benötigt. Ganz am anderen Wagenende im Bereich des Zollraums (B) war eine Doppelflügeltür auf beiden Außenseiten des Wagens vorgesehen. Sämtliche Fenster des Gepäckraumes waren durch auf der Innenseite senkrecht oder waagerecht angebrachte Gitterstäbe gegen Beschädigung gesichert. Der Wagenkasten wurde ebenso wie bei den Gepäckwagen der Gruppen 130 bis 132 aus einer Verschalung aus Holz gebildet, deren Bretter mit den senkrecht am Langträger angebrachten U-Profilstäben aus Stahl verschraubt waren. Im Aussehen ähnelten die Gepäckwagen damit den Güterwagen. Der Aufbau des

Technische Daten	
Beschaffungsjahre:	1897, 1899, 1900, 1902
Hersteller:	siehe Einzelnachweis
Betriebsnummern:	siehe Einzelnachweis
Beschaffte Stückzahl:	57
Ladegewicht:	7.500 kg
Tragfähigkeit:	7.875 kg
Ladefläche:	14,9/5,1 m²
Laderaum:	29,8/10,2 m³
Anzahl der Abteile:	1 Dienstabteil, 2 Gepäckräume
Platzteilung:	-
Aborte:	1
Waschräume:	-
Länge über Puffer:	11.260 mm
Wagenkastenlänge:	10.000 mm
Wagenkastenbreite:	2.600 mm
Achsstand:	7.400 mm
Drehzapfenabstand:	-
Drehgestellbauart:	-
Anzahl der Achsen:	2 (Lenkachsen A4)
Fußbodenh. ü. Schienenoberkante:	1.240 mm
Bremse:	Westinghouse, Spindelbremse
Heizung:	Dampf
Beleuchtung:	Gas, 4 Flammen, 500 - 540 l, 32-34 Brennstunden
Gewicht:	13.800 – 14.130 kg
Beschaffungspreis:	7.570 - 8.000 Mark

Aufnahme: Verkehrsmuseum Nürnberg

Zugführerabteils überragte das Dach des Gepäckwagens um 970 mm, die Stirnflächen waren mit jeweils drei von der Unterseite des Daches des Aufbaus bis fast zur Oberseite des Daches des Wagenkastens reichenden Fenstern versehen, während an den beiden Seiten des Aufbaus zwei kleine Fenster angebracht waren. Auf beiden Seiten des Wagens war ein langes Trittbrett angebracht, das über den Wagenkasten hinaus reichte und dem Zugpersonal den Zugang vom Wagen hinter dem Gepäckwagen zum Zugführerabteil ermöglichte. Zu dessen Sicherheit waren an der Wagenaußenseite unterhalb der Fenster waagerechte Griffstangen angebracht. Zum Betreten des Daches von der Seite des Zugführerabteils waren an dem etwas stärker gewölbten Dach desselben am Rand ebenfalls waagerechte Griffstangen vorhanden. Da mit der Beschaffung von dreiachsigen Gepäckwagen in den Jahren 1902 und 1903 (Gruppe: 133a und 133b) schon bald genügend geeignetere Gepäckwagen für den Einsatz in D-Zügen zur Verfügung standen, kamen die Gepäckwagen der Gruppe 133 ab Sommer 1906 in D-Zügen nicht mehr zum Einsatz. Am Anfang waren eine Reihe der Gepäckwagen hauptsächlich in Basel und Mannheim stationiert, nach 1906 wanderten sie in den Dienst auf Nebenbahnen ab. Viele von Ihnen existierten auch noch nach ihrem Ausscheiden aus dem Bestand der Reisezugwagen weiter als Dienstwagen.

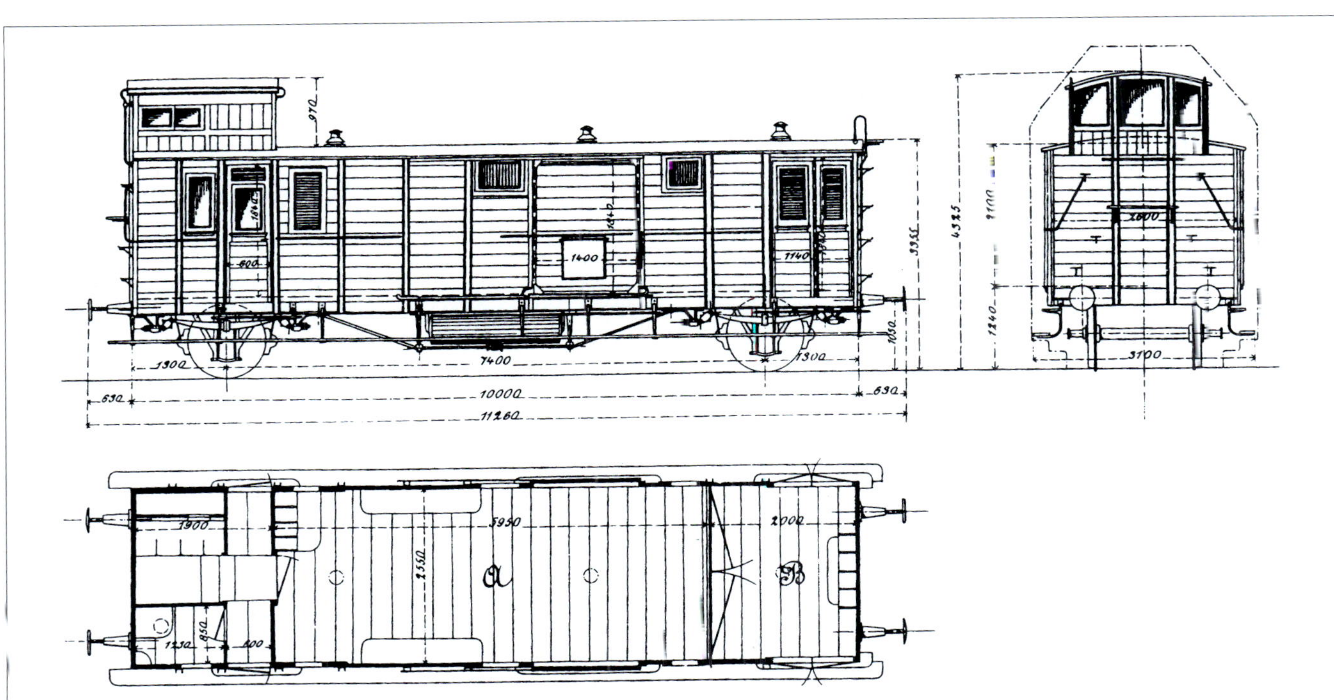

P von 1897 (Gruppe 133)

Aufnahme: Signatur I-202 015, Wirtschaftsarchiv Baden-Württemberg, Stuttgart

7.7.2.2 Zweiachsiger Gepäckwagen P von 1911, Gruppe: 122', Blatt: 129, (Pw Bad 11).

Passend zu den zweiachsigen Durchgangswagen Bi, BCi und Ci, die ab 1911 in großen Stückzahlen in den Bestand der Reisezugwagen der badischen Staatsbahnen kamen, wurden zur selben Zeit auch zweiachsige Gepäckwagen beschafft. Es ist erstaunlich, daß die Wagen keine Übergangsmöglichkeit zum nächsten Wagen aufwiesen, für das Zugpersonal war damit auch das Erreichen der Gepäckwagen während der Fahrt nicht möglich, zumal keine durchgehenden Trittbretter und waagerechte Griffstangen an der Wagenaußenseite vorhanden waren.

Das Zugführerabteil umschloß den erhöhten Zugführersitz auf der rechten Seite, der über eine Treppe erreichbar war, einen Arbeitsplatz mit einem Tisch und mit einem schwenkbaren Sitzteller auf der linken Seite. Unterhalb des erhöhten Sitzes für den Zugführer und vor dem Arbeitsplatz des Zugführers war je ein von außen zugängliches Hundeabteil angeordnet. Das Zugführerabteil besaß auf jeder Wagenseite eine Flügeltür, auf der rechten Seite neben der Tür war der Abortraum angeordnet. Auf der linken Seite war neben der Tür ein Sitz mit einem Tischchen für den Packmeister vorhanden. Ein Teil der Wagen war mit einem Gaskocher ausgerüstet. Das Zugführerabteil war zum Gepäckraum mit einer Trennwand mit einer Flügeltür abgeschlossen. Direkt neben der Trennwand befand sich das erste Schiebetürenpaar, das zweite Schiebetürenpaar war direkt neben der anderen Stirnwand des Wagenkastens angebracht, die Breite derselben betrug 1.400 mm. Der Gepäckraum konnte durch eine klappbare Wand in einen größeren Gepäckraum (A) von 5.160 mm Länge und in einen kleineren Gepäckraum (B) von 3.000 mm Länge aufgeteilt werden. Dabei wurde der größere Gepäckraum von je zwei und der kleinere Gepäckraum von je einem Fenster auf jeder Wagenseite erhellt. Das stark gewölbte Dach des Zugführerabteils, das von der Stirnwand des Wagenkastens bis zur seitlichen Tür (einschließlich) reichte, erstreckte sich bis hin zu beiden Wagenseitenwänden. Auf dem Dach des Zugführerabteils waren zwei Torpedo-Lüfter in einer kleineren Ausführung zur Einhaltung der Begrenzungslinien des Lichtraumprofils angebracht. Der Wagen besaß bei einem Achsstand von 7.400 mm ein Sprengwerk.

Mit der Anlieferung wurden die Gepäckwagen den Heimatbahnhöfen Basel, Freiburg, Karlsruhe, Lauda, Mannheim, Offenburg, Seckach und Villingen zugeteilt. Im Jahre 1954 wurden einige Wagen umgebaut, dabei wurden diese auch mit einer elektrischen Heizung ausgerüstet. Die umgebauten Wagen erhielten dann die Bezeichnung Pw Bad 11/54.

Technische Daten	
Beschaffungsjahre:	1911 - 1913
Hersteller:	siehe Einzelnachweis
Betriebsnummern:	Baden 14 309 - 14 357
Beschaffte Stückzahl:	50
Ladegewicht:	7.500 kg
Tragfähigkeit:	7.875 kg
Ladefläche:	13,2/7,6 m^2
Laderaum:	27,0/15,5 m^3
Anzahl der Abteile:	2 Gepäckräume, 2 Hundeabteile
Platzteilung:	-
Aborte:	1
Waschräume:	-
Länge über Puffer:	12.700 mm
Wagenkastenlänge:	11.400 mm
Wagenkastenbreite:	2.700 mm
Achsstand:	7.400 mm
Drehzapfenabstand:	-
Drehgestellbauart:	-
Anzahl der Achsen:	2 (Lenkachsen A4)
Fußbodenh. ü. Schienenoberkante:	1.250 mm
Bremse:	Westinghouse, Henry, Spindelbremse
Heizung:	Dampf
Beleuchtung:	Gas, 4 Flammen, 620 l, 35 Brennstunden
Gewicht:	16.360 kg
Beschaffungspreis:	10.583 - 12.385 Mark

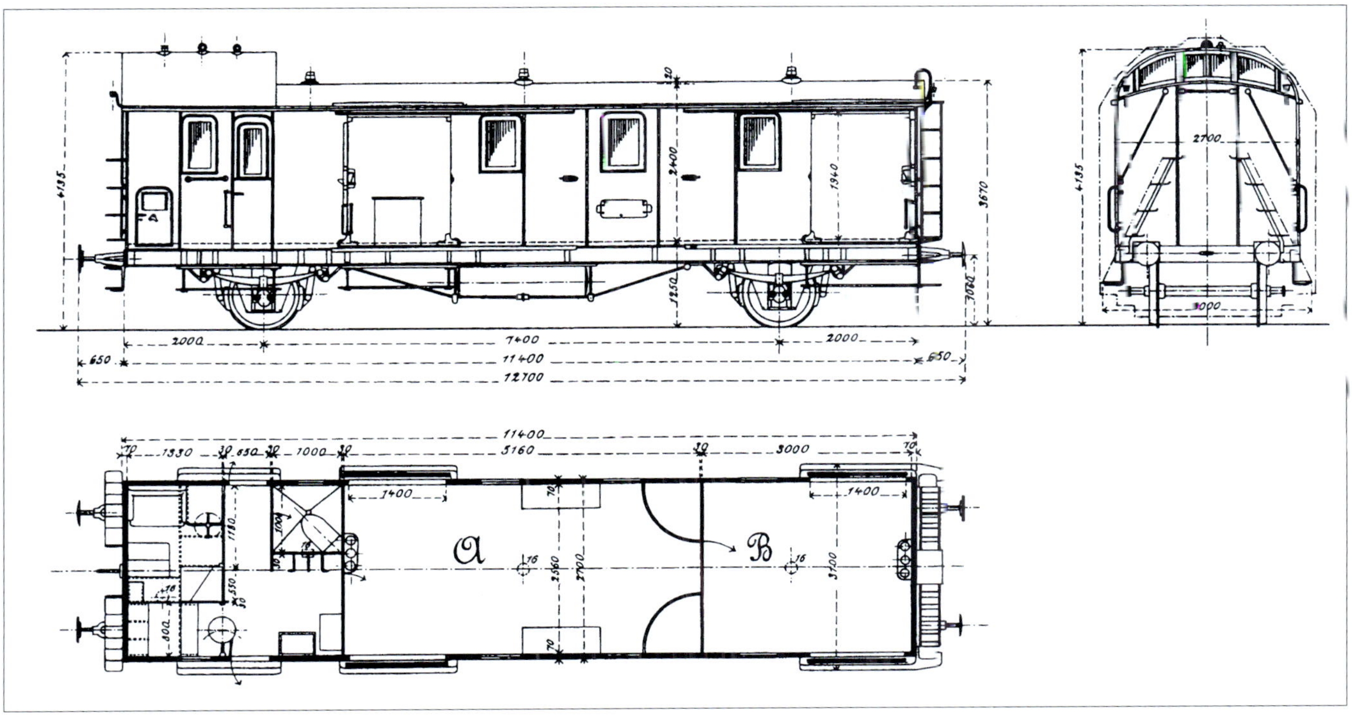

P von 1911 (Gruppe 122')

7.7.2.3 Zweiachsiger Gepäckwagen P von 1916, Gruppe: 122a, Blatt: 130, (Pw Bad 16).

Im Jahre 1913 endete die Beschaffung der zweiachsigen Gepäckwagen der Gruppe 122', nachdem fünfzig Stück geliefert worden waren. Mitten im Ersten Weltkrieg wurde in Anlehnung an diese Bauart der zweiachsige Gepäckwagen der Gruppe 122a bei den Waggonfabriken bestellt, die Lieferungen sollten sich bis 1921 hinziehen. Die Raumaufteilung und die Abmessungen waren mit denen des Gepäckwagens der Gruppe 122' identisch. Im Dienstraum war der erhöhte, rechts angeordnete Zugführersitz mit Bremskurbel über eine Treppe erreichbar, unter diesem befand sich ein von außen zugängliches Hundeabteil. Auf der linken Seite war ein Fächerschrank mit Schreibklappe und davor ein Klappsitz für den Zugführer vorgesehen, unterhalb des Fächerschranks befand sich ein weiteres von außen zugängliches Hundeabteil, die Türen der Hundeabteile waren mit Lüftungsschlitzen versehen. Der Dienstraum war von beiden

Aufnahme (1958): Gerhard Krauth

Wagenseiten durch je eine Tür zugänglich, neben der Tür auf der rechten Seite war der Abortraum angeordnet, auf der linken Seite befand sich neben der dortigen Tür ein Sitz mit einem kleinen Tisch für den Packmeister, dabei befand sich der Sitz an der Trennwand, die mit einer Flügeltür zum Gepäckraum versehen war. Auf der anderen Seite der Flügeltür zum Gepäckraum war ein kleiner Tisch für einen Kocher angebracht. Der bis zum anderen Wagenende reichende Gepäckraum konnte durch eine klappbare Trennwand in einen größeren (A) und einen kleineren Gepäckraum (B) unterteilt werden. Waren zwei der Schiebetüren mit einer Breite von 1.400 mm auf jeder Seite bei den Gepäckwagen der Gruppe 122' noch an den beiden äußeren Enden des Gepäckraums angeordnet, so war an deren Stelle jetzt je ein Fenster getreten, wobei sich die Lage der Schiebetüren derart verschob, daß die Öffnungen für die Schiebetüren im Wagenkasten neben dem jeweiligen Fenster angeordnet waren. Zwischen beiden Schiebetüren war ein drittes Fenster angebracht. Die Anordnung der Fenster und Schiebetüren war derart gewählt, um zu verhindern, daß die Fenster im geöffneten Zustand durch die Schiebetüren verdeckt wurden, wie dies bei der Fensteranordnung der Gepäckwagen der Gruppe 122' der Fall war. Auf dem erhöhten Dach des Zugführerabteils befanden sich zwei Grove-Lüfter in einer kleinen Ausführungsform. Die Wagen waren in Heimatbahnhöfen sowohl an der Hauptbahn als auch an vielen Nebenstrecken zu finden. Im Jahre 1954 wurden einige Gepäckwagen umgebaut, dabei wurden diese auch mit einer elektrischen Heizung ausgerüstet. Die umgebauten Wagen wurden dann als Pw Bad 16/54 bezeichnet.

Technische Daten	
Beschaffungsjahre:	1916 - 1921
Hersteller:	siehe Einzelnachweis
Betriebsnummern:	Baden 14 180 - 14 293
Beschaffte Stückzahl:	114
Ladegewicht:	7.500 kg
Tragfähigkeit:	7.875 kg
Ladefläche:	13,2/7,6 m²
Laderaum:	27,0/15,5 m³
Anzahl der Abteile:	2 Gepäckräume, 2 Hundeabteile
Platzteilung:	-
Aborte:	1
Waschräume:	-
Länge über Puffer:	12.700 mm
Wagenkastenlänge:	11.400 mm
Wagenkastenbreite:	2.700 mm
Achsstand:	7.400 mm
Drehzapfenabstand:	-
Drehgestellbauart:	-
Anzahl der Achsen:	2 (Lenkachsen A4)
Fußbodenh. ü. Schienenoberkante:	1.237 mm
Bremse:	Westinghouse, Henry, Spindelbremse
Heizung:	Dampf
Beleuchtung:	Gas, 4 Flammen, 620 l, 35 Brennstunden
Gewicht:	15.620 kg
Beschaffungspreis:	10.041 - 26.286 Mark

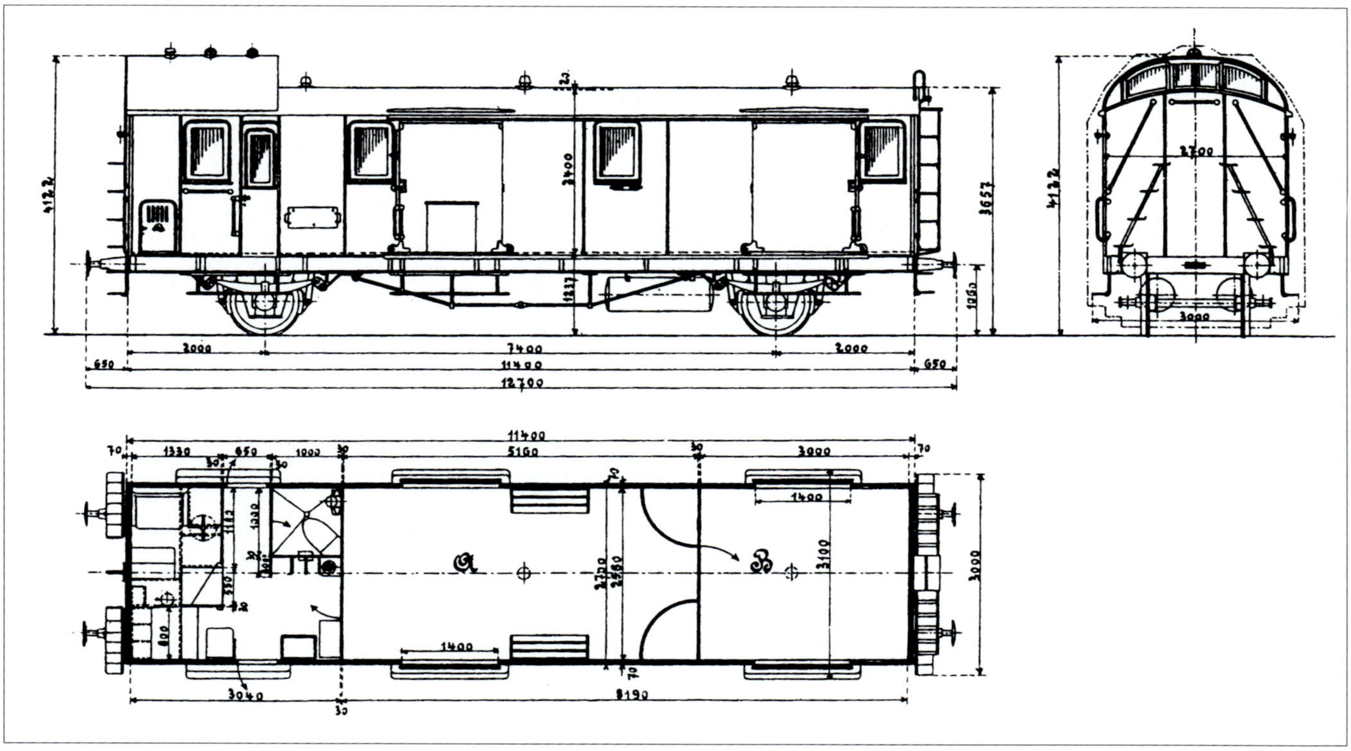
P von 1916 (Gruppe 122a)

7.7.2.4 Zweiachsiger Güterzuggepäckwagen Pg von 1921, Gruppe: - , Blatt: 135, (Pwg Bad 21)

Die Güterzuggepäckwagen wurden bei den badischen Staatsbahnen als Personalwagen bezeichnet und dienten nicht nur dem Zugführer als Arbeitsplatz während der Fahrt, sondern hier hielten sich bei längeren Aufenthalten auch die Bremser auf, da die Güterzüge erst zur Reichsbahnzeit mit durchgehenden Bremsen ausgerüstet wurden. Bei Unterwegshalten konnten sich im Winter die durchgefrorenen Bremser im Personalwagen aufwärmen, der wegen der fehlenden Dampfleitung bei den Güterwagen immer mit einem Kohleofen ausgestattet war.

Besondere Güterzuggepäck- oder besser gesagt Güterzugbegleitwagen gab es in Baden zunächst kaum, erst nach der Jahrhundertwende wurden dann zunehmend die Gepäckwagen der Gruppe 123 zu Personalwagen umgebaut. Im Jahre 1921 beschaffte die Reichsbahndirektion Karlsruhe 20 Güterzuggepäckwagen Pwg Bad 21, zu denen damals noch 30 fabrikneue Güterzuggepäckwagen der Bauart Pwg Pr 14 hinzukamen. Für den Pwg badischer Bauart war eine eigene Blatt-

Aufnahme: Jens Freese

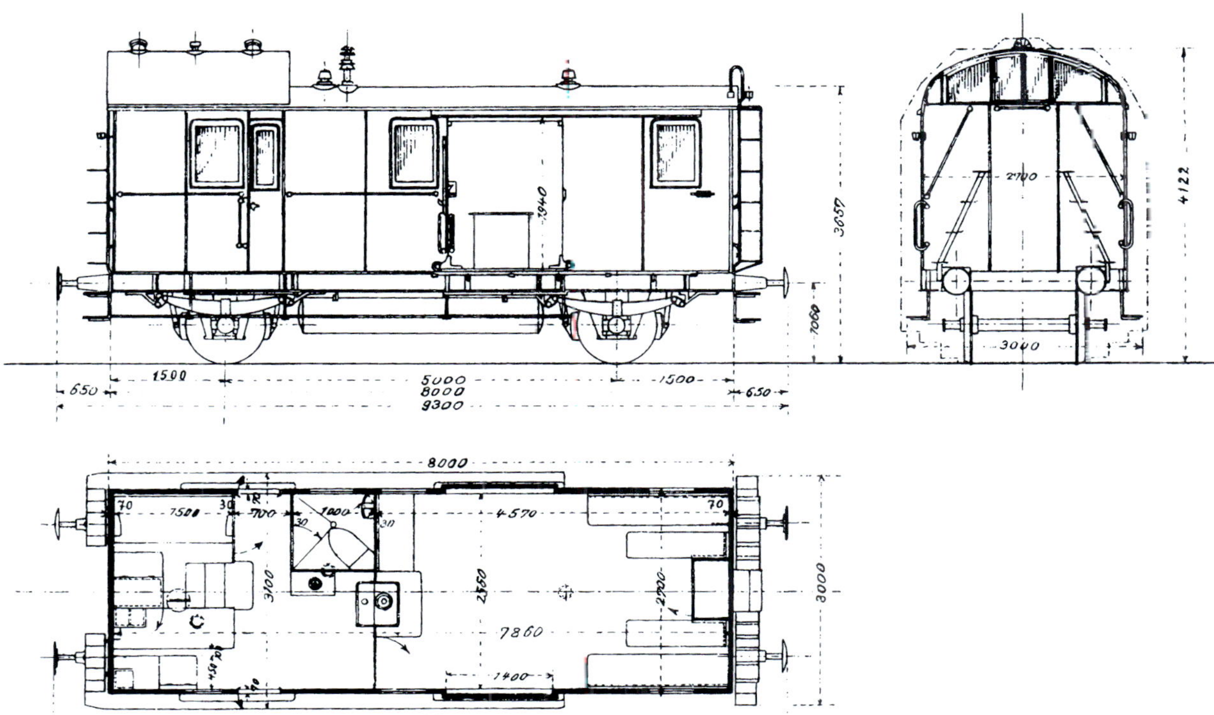

nummer im Wagenverzeichnis der Reisezugwagen vorbehalten, obwohl deren Betriebsnummerngruppe außerhalb des für die Reisezugwagen reservierten badischen Betriebsnummernbereichs lag. Diese Güterzuggepäckwagen wurden zwar in das badische Nummernverzeichnis der Güterwagen eingereiht, sie erhielten jedoch im ersten Umzeichnungsplan von 1923 Betriebsnummern der Reisezugwagen.

Der Pwg Bad 21 war sowohl für den Einsatz in Güterzügen als auch für den Einsatz in Personenzügen gedacht. Von seinem äußeren Erscheinungsbild und seiner Ausstattung erinnerte er stark an einen entsprechend verkürzten zweiachsigen Gepäckwagen P von 1916 (Gruppe 122a), von dem auch der Grundriß des Dienstabteils einschließlich der Anordnung des Aborts übernommen wurde, auch die Fensteranordnung im Bereich des Dienstabteils und des Gepäckraumes stimmte mit derjenigen des P von 1916 bis zum Anfang des zweiten Gepäckraumes überein. Der Gepäckraum war mit wegklappbaren Tischen und Bänken als Aufenthaltsraum für das Bremspersonal eines Güterzuges ausgestattet. Zu diesem Zweck war der Heizofen in der Trennwand zwischen Dienstabteil und dem Gepäckraum angeordnet, um beide Räume zu beheizen, hierin unterschied er sich von seinem Vorbild, bei dem übrigens auch die Spindel zur Bedienung der Handbremse abweichend angeordnet war. Auf dem Dach des Zugführerabteils waren zwei Grove-Lüfter in einer kleineren Ausführung angebracht.

Technische Daten	
Beschaffungsjahr:	1921
Hersteller:	Waggonfabrik Rastatt, Fuchs Heidelberg
Betriebsnummern:	Baden 15 330 - 15 381
Lagegewicht:	7.500 kg
Tragfähigkeit:	7.875 kg
Anzahl der Abteile:	1 Gepäckraum, 1 Hundeabteil
Abort:	1
Länge über Puffer:	9.300 mm
Wagenkastenlänge:	8.000 mm
Wagenkastenbreite:	2.700 mm
Achsstand:	5.000 mm
Drehzapfenabstand:	-
Drehgestellbauart:	-
Anzahl der Achsen:	2
Fußbodenh. ü. Schienenoberkante:	?
Bremse:	Westinghouse, Spindelbremse
Heizung:	Ofen, Dampf
Beleuchtung:	Gas, 3 Flammen
Gewicht:	13.200 kg
Beschaffungspreis:	12.116 Mark

7.8 Triebwagen

Im Vergleich mit anderen Bahnverwaltungen in Deutschland wandte sich die Verwaltung der badischen Staatsbahnen nur sehr zögerlich dem Triebwagen zu. Die Gründe sind nicht bekannt. Vielleicht lag es daran, daß man wenig Neigung zu Experimenten hatte, dies zeigte sich bei der Einführung neuerer und besserer Drehgestellbauarten oder auch bei der Stahlbauweise der Wagenkästen, um nur einige Beispiele zu nennen; oder es war der Anreiz zu einem wirtschaftlicheren Betrieb auf bestimmten Strecken in verkehrsarmen Zeiten nicht vorhanden, da die Eisenbahn in Baden ohnehin aufgrund ihrer geographischen Lage mit der Hauptbahn Mannheim – Basel im Anschluß an die Main-Neckar-Bahn, auch dort war übrigens ein ähnliches Verhalten zu beobachten, im Nord-Süd-Verkehr eine Monopolstellung im Reiseverkehr und ganz besonders im Güterverkehr hatte, die immer eine hohe Rendite versprach.

Vielleicht lag es an der Wirtschaftskrise um 1900 und an dem mit ihr verbundenen Absinken der Betriebseinnahmen, daß sich die Verwaltung der badischen Staatseisenbahnen erstmalig zur Anschaffung eines „Motorwagens“ entschloß, wie man damals die Triebwagen nannte, der dann im Jahre 1902 von der Maschinenfabrik Eßlingen in Form eines Dampftriebwagens geliefert wurde. Als Dampferzeuger war ein Kessel eingebaut, der nach dem System Serpollet arbeitete. Dieser neuartige Kessel des französischen Ingenieurs bestand aus paarweise, mittels Krümmern zu jeweils einem Element zusammengefaßten Rohrgruppen, die dreifach nebeneinander und in mehreren Reihen übereinander angeordnet waren und direkt von den Rauchgasen erhitzt wurden. Im Vergleich zu einem Lokomotivkessel herkömmlicher Bauart faßte der Kessel eine sehr geringe Wassermenge, nämlich nur den Wasserinhalt des Rohrsystems, der während der Dampferzeugung schnell verbraucht wurde und deshalb mittels einer selbsttätig arbeitenden Speisepumpe ständig ergänzt werden mußte. Da die Rohrquerschnitte infolge der geringen Kesselabmessungen klein gehalten waren, erhielten die Rohre oftmals zu wenig Wasser, erhitzten sich dann bis zur Rotglut und erzeugten statt eines hocherhitzten Dampfes auch noch ein Wasser/Dampf-Gemisch, das zur Füllung von Dampfzylindern nicht geeignet war. Die Zufuhr des Speisewassers wurde durch ein Regelventil gesteuert, das das von der Speisepumpe geförderte Wasser je nach Dampfverbrauch teilweise oder vollständig in den Wasservorratstank zurück leitete. Bei Stillstand des Triebwerks, durch das die Speisepumpe mechanisch angetrieben wurde, mußte die Speisung durch eine Handpumpe erfolgen. Ebenfalls 1902 beschafften die k.u.k Staatsbahnen in Österreich einen derartigen Dampftriebwagen, nachdem bei den benachbarten Königlich Württembergischen Staatsbahnen um 1895 ein Serpollet-Dampftriebwagen auf der Strecke Reutlingen – Rottenburg unter Anwesen-

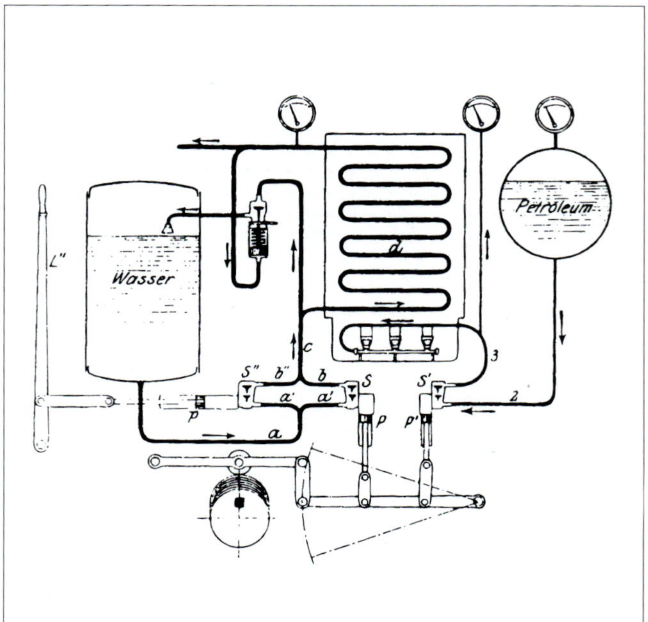

Der komplizierte Aufbau und die Bedienung des mit Petroleum beheizten Serpollet-Kessels.

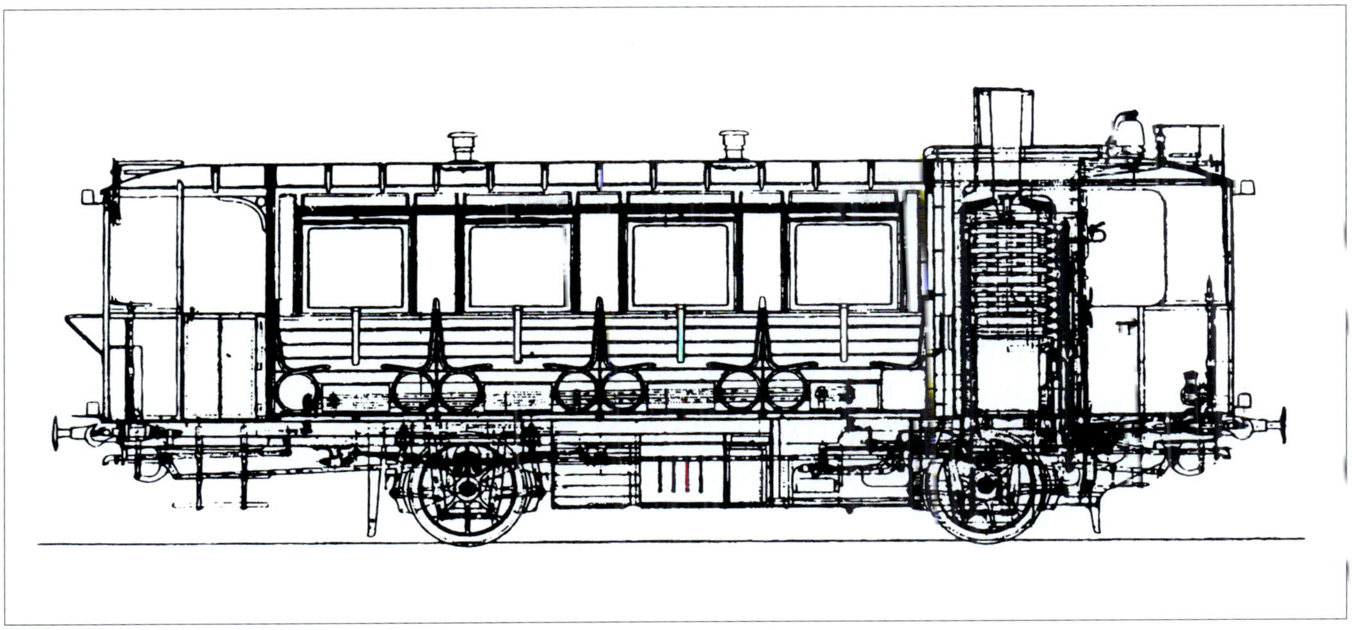

Der Dampftriebwagen Bauart Serpollet.

heit des Erfinders eine Reihe von Probefahrten erfolgreich absolviert hatte. Der Triebwagen erreichte eine Geschwindigkeit von 25 bis 30 km/h und war in der Lage, auch noch ein bis zwei angehängte Personenwagen zu befördern. Die erfolgreiche Vorführung führte 1898 dann auch zur Beschaffung eines Serpollet-Triebwagens französischer Fertigung durch die württembergische Staatsbahn, später kamen weitere Exemplare hinzu, die dann von der Maschinenfabrik Eßlingen geliefert wurden. Auch die sächsischen Staatsbahnen waren Abnehmer eines Dampftriebwagens der Bauart Serpollet. Die Entscheidung der Verwaltung der badischen Staatsbahnen war also durchaus gerechtfertigt, denn damals war der Serpollet-Kessel als Dampferzeuger für kleine zweiachsige Triebwagen fast ohne Konkurrenz. Die Bauart Turgan überzeugte nicht, und die Bauarten Dion-Buton, Komarek, Purrey, usw. traten erst später in Erscheinung. Der Triebwagen hatte ein Dienstgewicht von 18,4 t und bot 40 Reisenden in der dritten Klasse Platz. Er besaß eine Spindelbremse, Gasbeleuchtung (3 Flammen, 410 l Vorrat) und hatte eine Dampfheizung.

Der neue Triebwagen wurde ab Sommerfahrplan 1902 als ein Zugpaar täglich zunächst auf der Strecke Karlsruhe - Graben-Neudorf und später auf der Strecke Karlsruhe - Mühlburg (ab 1. September 1902 Karlsruhe-Mühlburg) eingesetzt, ab Dezember 1902 wurde der Einsatz bis Maxau ausgedehnt, wobei allerdings die Züge nicht mehr als Ausgangsbahnhof Karlsruhe Hbf. sondern Karlsruhe-Mühlburg hatten und werktäglich verkehrten. Diese Regelung sollte bis März kommenden Jahres gelten. Der Kessel des Triebwagens war dem rauhen Betrieb des Alltags jedoch nicht gewachsen, infolge der komplizierten Bedienung brannten immer wieder die Rohre durch, so daß der Triebwagen in der Zentralwerkstätte in Karlsruhe oft zur Reparatur stand. Im Jahre 1902 hatte der Triebwagen gerade einmal 1954 km zurückgelegt. So dauerte es nicht lange, bis der Serpollet-Dampftriebwagen mit der Betriebsnummer 6606 aus dem Betrieb gezogen wurde. Die Ausmusterung des Motorwagens (Gruppe 133c) erfolgte dann im Jahre 1905. Auch die württembergischen Staatsbahnen mußten ebenso betrübliche Erfahrungen machen.

7.8.1 Elektrischer Speicherwagen von 1903, Gruppe 133d.

Die Waggonfabrik Rastatt, die bereits in den Jahren 1900/01 an die Pfalzbahn vier vierachsige Akkumulatorentriebwagen III. Klasse (MCC später MBCC) geliefert hatte, legte vermutlich der Verwaltung der badischen Staatsbahnen ein Angebot über einen derartigen Speichertriebwagen vor, schließlich war sie einer der Hauptlieferanten der badischen Staatsbahnen bei Reisezugwagen, vielleicht hatte auch der erfolgreiche Einsatz dieser Wagen bei der benachbarten Verwaltung das Interesse in Karlsruhe geweckt. Jedenfalls beschafften die badischen Staatsbahnen im Jahre 1903 einen elektrischen Speicherwagen (Motorwagen), der die Betriebsnummer 6607 erhielt und unter der Gruppe 133d geführt wurde. Der elektrische Teil stammte von der Elektrizitäts-Aktiengesellschaft vormals Schuckert & Co in Nürnberg und die Batterien von der Akkumulatorenfabrik Hagen. Obwohl der Wagenkasten mit jeweils einer Tür auf jeder Wagenseite pro Abteil ausgestattet war, war ein Mittelgang vorhanden. Die Batterien (156 Elemente, Kapazität: 225 A/h bei 130 A und 290 V) waren unter den Sitzbänken angebracht, unter einigen Sitzbänken wurde der Platz für eine Preßkohlenheizung freigehalten. An den Führerstand an jedem Wagenende, der nur von Außentüren betreten werden konnte, schloß sich ein Abteilraum mit zwei Abteilen dritter Klasse an, der zum dazwischen liegenden Abteilraum mit sieben Abteilen dritter Klasse durch eine Flügeltür abgeschlossen war. Insgesamt hatte der Speicherwagen 112 Sitzplätze.

Am 18. Mai 1903 kam der neue Akkumulatorentriebwagen an Stelle von lokbespannten Zügen täglich auf den Strecken Karlsruhe Hbf. – Karlsruhe-Mühlburg (1 Zugpaar), Karlsruhe Hbf. – Graben-Neudorf über Eggenstein (2 Zugpaare) und als neues Zugpaar Karlsruhe Hbf. – Graben-Neudorf über die Hauptbahn erstmalig zum Einsatz. Der neue Motorwagen blieb damit immer in der Nähe der Zentralwerkstätte in Karlsruhe, wo sich vermutlich auch die Ladestation für die Akkumulatoren befunden haben wird, damit bei auftretenden Schäden diese schnell wieder behoben werden

Aufnahme: Sammlung Joachim Deppmeyer

konnten. Anscheinend genügte der neue Motorwagen den gestellten Anforderungen, denn später soll der Akkumulatorentriebwagen dann bei der Betriebswerkstätte Konstanz stationiert und auf der Strecke Radolfzell – Stockach – Überlingen eingesetzt worden sein. Aber auch mit dem Akkumulatorentriebwagen hatten die badischen Staatseisenbahnen offenbar kein Glück, auch dieser verursachte hohe Betriebs- und Unterhaltungskosten infolge häufig auftretender Schäden, die schließlich seine frühzeitige Außerdienststellung zur Folge hatten. Offenbar war der Andrang des Publikums bei den Einsätzen im Raum Karlsruhe so groß, daß das Fassungsvermögen des Triebwagens nicht ausreichte und deshalb noch ein Personenwagen angehängt werden mußte. Unter der erhöhten Belastung mußte die Batterie leiden und hatte deshalb keine große Lebensdauer. Dies wird auch der Grund gewesen sein, den Akkumulatorentriebwagen am Bodensee auf Strecken mit weniger Reisenden einzusetzen. Aber auch hier erfüllte der Triebwagen nicht die gestellten Anforderungen. An der noch nicht ganz ausgereiften Technik kann es eigentlich nicht gelegen haben, hier hatte die Pfalzbahn in Süddeutschland Pionierarbeit geleistet und zusammen mit den Herstellern die Akkumulatorentriebwagen zu einer Betriebsreife gebracht, die einen Einsatz ihrer Triebwagen bis Mitte der 30er Jahre möglich machte. Man hatte in Karlsruhe offenbar keine Geduld, und außerdem wird auch weiterhin kein so großer wirtschaftlicher Zwang zum Einsatz von Triebwagen bestanden haben, denn der badische Akkumulatorentriebwagen, der im Jahre 1903 insgesamt 17 470 km zurückgelegt hatte, wurde schließlich im Sommer 1905 aus dem Betrieb gezogen und der Zentralwerkstätte in Karlsruhe überstellt. Der elektrische Teil wurde ausgebaut und kam zur Aufbewahrung in das Elektrizitätswerk der Staatsbahn, die stark angegriffene Batterie kam zum Altmaterial. Dann stand der ausgeschlachtete Triebwagen einige Zeit herum, bis er 1906 zu einem Personenwagen umgebaut wurde. Dabei wurden die beiden Führerstände entfernt, statt dessen Stirnwände mit offenen Übergängen eingebaut und bis auf die an den Wagenenden befindlichen Seitentüren sämtliche übrige Seitentüren entfernt, wobei die Fensterteilung jedoch nahezu beibehalten wurde. Im Innern wurden zwei geschlossene Abteile II. Klasse und ein Abortraum eingerichtet, die über einen Seitengang erreichbar waren. In dieser Form als vierachsiger Durchgangswagen mit offenen Übergängen BCCi kam dann der Wagen im Herbst 1906 zum Heimatbahnhof Dinglingen, um auf der am 29. September 1906 verstaatlichten Strecke Dinglingen – Lahr zusammen mit einem CPwi und einem GPost die zwischen beiden Orten verkehrenden Personenzüge zu bilden. Schon ein Jahr später verschlug es das Einzelstück nach Krauchenwies. Hier blieb der Wagen vermutlich bis nach dem Ersten Weltkrieg. Ob der Wagen noch in den Umzeichnungsplan von 1923 aufgenommen worden ist, ist nicht sicher. Er könnte noch die Betriebsnummer „31 011“ Kar erhalten haben. Da diese Nummer jedoch später mit einem der 1927 umgebauten BC4i Bad 99/27 belegt wurde, ist der Wagen spätestens zu diesem Zeitpunkt zu einem Dienstwagen geworden. Dann verliert sich seine Spur. Im Krieg taucht der Wagen dann plötzlich als Dienstwagen in dem Befehlszug der Außenstelle der RBD Königsberg auf, der sich am 13. Oktober 1944 im Güterbahnhof von Libau befand.

Technische Daten

Beschaffungsjahr:	1903
Hersteller:	Waggonfabrik Rastatt
Betriebsnummer:	6607
Beschaffte Stückzahl:	1
Sitzplätze I. Klasse:	-
Sitzplätze II. Klasse:	-
Sitzplätze III. Klasse:	112
Anzahl der Abteile:	3
Platzteilung:	3 + 3
Aborte:	-
Waschräume:	-
Länge über Puffer:	18.870 mm
Wagenkastenlänge:	17.860 mm
Wagenkastenbreite:	3.000 mm
Achsstand:	2.500 mm
Drehzapfenabstand:	11.000 mm
Drehgestellbauart:	?
Anzahl der Achsen:	4
Fußbodenh. ü. Schienenoberkante:	1.310 mm
Bremse:	Spindelbremse, elektr. Notbremse
Heizung:	Preßkohlen
Beleuchtung:	elektrisch, 12 Flammen
Gewicht:	46.105 kg
Beschaffungspreis:	57.115 M

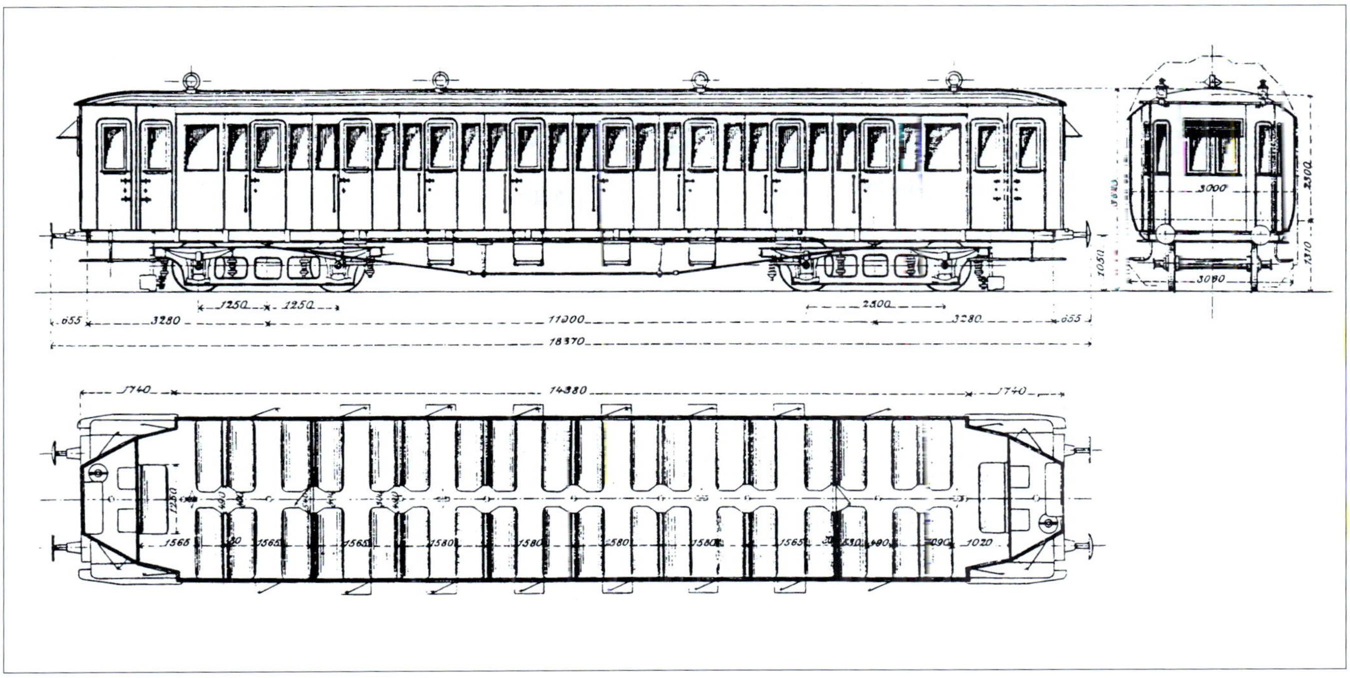

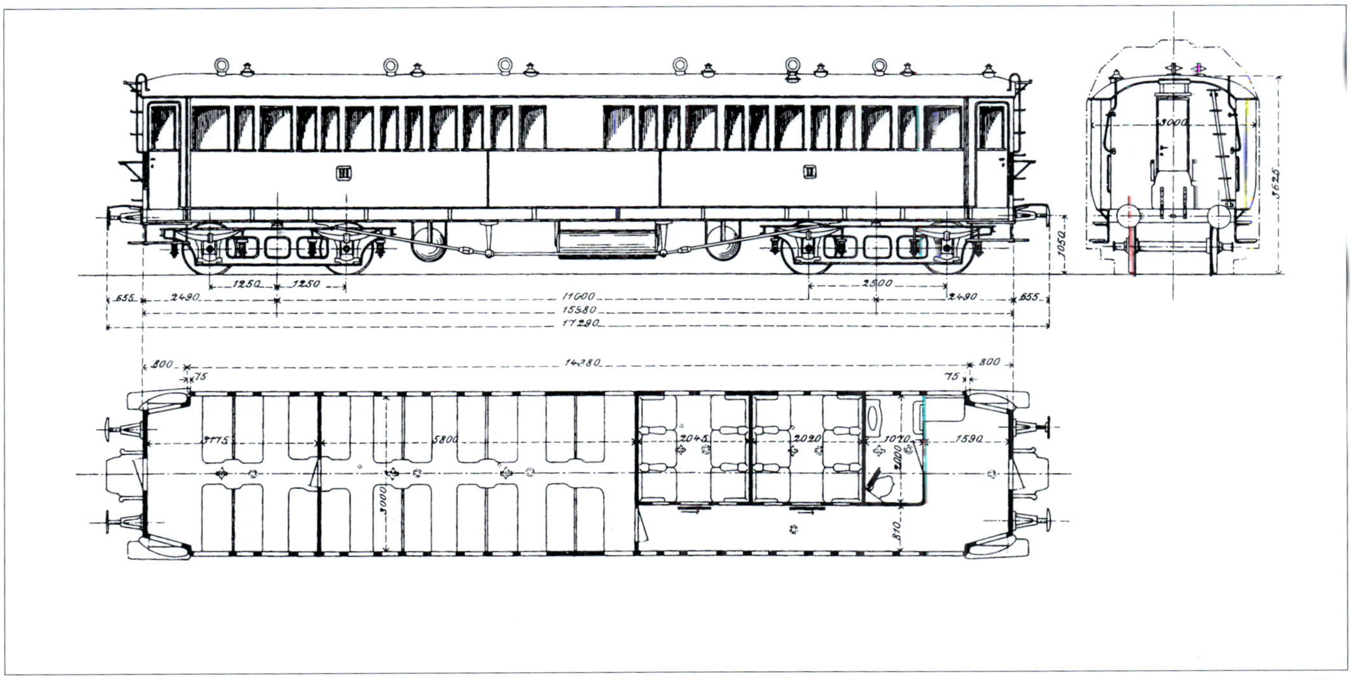

Der Akkutriebwagen nach dem Umbau zum BCCü.

7.8.2 Dampftriebwagen Bauart Kittel von 1914, Gruppe: 121a Blatt: 1 (CidT Bad 14).

Im Jahre 1905 hatte zunächst einmal die Ära des Motorwagens in Baden ihr Ende gefunden, was jedoch nicht bedeutete, daß die Verwaltung die technische Entwicklung und den Einsatz von Dampf- und Akkumulatorentriebwagen bei den benachbarten Verwaltungen weiterhin aufmerksam beobachtete. Dabei schälte sich im Jahre 1908 die Meinung heraus, daß gegenüber dem Akkumulatorentriebwagen trotz dessen wachsender Verbreitung in Preußen dem Dampftriebwagen der Vorzug zu geben sei, da dieser in Baden besonders zum Einsatz auf Nebenstrecken geeignet und mit seiner Dampfmaschine den unterschiedlichen Anforderungen besser gewachsen sei und vor allem keine besonderen Ladestationen benötige. Allerdings bestand offenbar auch noch 1909 auf Grund der guten Finanzlage bei der badischen Staatsbahn kein Anlaß zu erneuten Versuchen. Zwar wurde schon 1904/05 der Kessel der Bauart Kittel bei der Maschinenfabrik Eßlingen entwickelt, der vom Verein deutscher Eisenbahnverwaltungen preisgekrönt wurde und eine durch die stehbolzenlose Wellrohrfeuerbüchse vergrößerte Heizfläche aufwies. Der stehende Kessel war in seinem oberen Bereich mit einer vergrößerten Verdampfungsfläche versehen und hatte eine in den Abgasen liegende Überhitzerschlange. Der einfache Aufbau des Kessels erlaubte die einmännige Bedienung eines mit einem

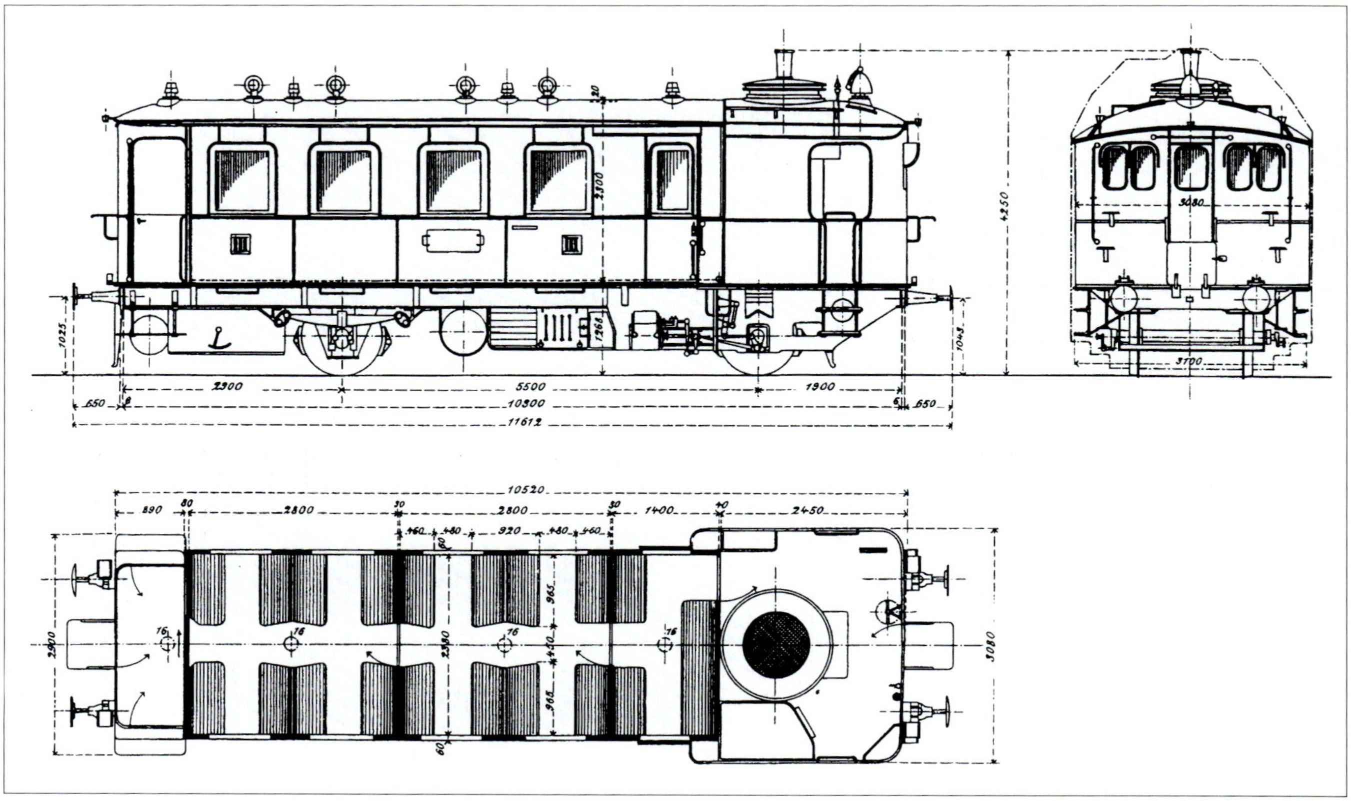

Kittel-Kessel ausgestattenen Dampftriebwagens, der einen geringen Kohlenverbrauch aufwies und eine mittlere Fahrgeschwindigkeit von über 50 km/h erreichte. Bereits 1905 wurden die ersten beiden von insgesamt noch gebauten 36 Dampftriebwagen dieser Bauart von der Maschinenfabrik Eßlingen hergestellt. Hinzu kamen noch weitere Kessel für den Umbau von Serpollet-Dampftriebwagen. Da an dem wagenbaulichen und an dem maschinentechnischen Teil desselben nichts auszusetzen war, wurde dieser weitgehend übernommen und erhielt lediglich den neuen Kessel der Bauart Kittel.

Sehr spät, erst im Jahre 1914, entschieden sich auch die badischen Staatsbahnen zur Anschaffung von acht Dampftriebwagen der Bauart Kittel, nachdem bereits die württembergischen Staatsbahnen in den Jahren 1905 bis 1909 zehn derartige Dampftriebwagen beschafft hatten. Außerdem hatte man dort sechs vorhandene Dampftriebwagen der Bauart Serpollet durch Einbau eines Kittel-Kessels modernisieren lassen. Die Zuverlässigkeit und Leistungsfähigkeit der Dampftriebwagen der Bauart Kittel, deren Kesselbauart auf eine Konstruktion des Maschinenmeisters der württembergischen Staatsbahnen zurückging, hatte sich im Betrieb auch bei anderen Bahnverwaltungen erwiesen, so daß die Entscheidung der Verwaltung der badischen Staatsbahnen ohne großes Risiko war.

Der maschinentechnische Teil des Dampftriebwagens der Bauart Kittel unterschied sich kaum von demjenigen des Serpollet-Dampftriebwagens, ebenso wurde auch die Aufbau und die Einrichtung des Wagenkastens von diesem übernommen. Es waren vier Abteile dritter Klasse vorhanden, die paarweise angeordnet und durch eine durchgehende Zwischenwand mit einer Flügeltür voneinander getrennt waren. Zu beiden Seiten des Mittelgangs waren die Sitze 2 + 2 angeordnet. Damit der Triebwagenführer auch bei Rückwärtsfahrt die Strecke beobachten konnte, hatte der Wagenkasten im Bereich des Raumes für die Reisenden nur eine Breite von 2.500 mm im Gegensatz zum Kesselraum mit Führerstand, der eine Breite von 3.080 mm aufwies. Direkt angrenzend an diesen war noch ein weiteres Abteil vorhanden, das durch seitliche Schiebetüren zugänglich war. Es besaß wegklappbare Sitzbänke für weitere 8 Fahrgäste und konnte auch als Gepäckabteil benutzt werden. Dieses Abteil war durch eine mit einer Flügeltür versehene Zwischenwand von dem anschließenden Abteil getrennt, von hier aus war auch der Zugang zum Kesselraum mit Führerstand durch eine weitere Flügeltür möglich. Am anderen Wagenende war ein seitlich offener, durch halbhohe Klapptüren verschließbarer Vorplatz vorhanden, der durch eine mit Fenstern versehene Stirnwand abgeschlossen war. In dieser Stirnwand und in der Stirnwand des Führerstands war eine Tür mit Fenster zum offenen Übergang zu einem angehängten Personenwagen vorhanden. Da die Dampftriebwagen in erster Linie auf Nebenstrecken verkehren sollten, war neben der Dampfpfeife auch ein Dampfläutewerk vorhanden.

Der Triebwagen mit der Betriebsnummer 1000 kam nach Säckingen, wo er ab 23. März 1914 auf der Strecke Säckingen – Waldshut zum Einsatz kam. Der Triebwagen 1001 wurde in Neckarelz stationiert, und der Triebwagen 1002 kam nach Sinsheim, so daß ab 1. April 1914 auf den Strecken Eberbach – Mosbach, Mosbach – Neckarelz – Jagstfeld, Neckargemünd – Meckesheim – Jagstfeld und Sinsheim – Eppingen Triebwageneinsätze erfolgen konnten. Die restlichen fünf Dampftriebwagen wurden in der zweiten Jahreshälfte 1915 in Betrieb genommen. Im Sommer 1918 waren sämtliche Dampftriebwagen auf folgenden Strecken im Einsatz:

Sinsheim – Jagstfeld (KSB 261)
Sinsheim – Eppingen (KSB 261a)
Eberbach – Mannheim (KSB 267)
Grenzach – Säckingen (KSB 266)
Waldshut – Oberlauchringen (KSB 266)
Schopfheim – Zell (KSB 260)
Überlingen – Radolfzell (KSB 277b)

Während der Länderbahnzeit waren die Dampftriebwagen in den folgenden Betriebswerkstätten stationiert (Hw = Zentralwerkstätte Karlsruhe):

1000	März 1914 Haltingen
	Dezember 1916 von Hw nach Haltingen
	Juni 1919 von Hw nach Heidelberg

Vorlage und Aufnahme: Generallandesarchiv Karlsruhe, 421 Zug. 1993-90F/1973-203-3

1001	März 1914 Heidelberg Oktober 1915 Haltingen April 1917 von Hw nach Heidelberg Dezember 1918 von Hw nach Konstanz
1002	März 1914 Heidelberg Juni 1916 Haltingen Dezember 1917 von Hw nach Heidelberg September 1919 von Hw nach Heidelberg
1003	August 1915 Heidelberg
1004	August 1915 Haltingen August 1919 von Hw nach Heidelberg
1005	Oktober 1915 Haltingen November 1919 von Hw nach Haltingen
1006	Oktober 1915 Konstanz November 1919 von Hw nach Konstanz
1007	Oktober 1915 Lauda Januar 1917 von Hw nach Heidelberg Mai 1918 von Hw nach Heidelberg Oktober 1919 von Hw nach Basel

Technische Daten	
Beschaffungsjahre:	1914/15
Hersteller:	Maschinenfabrik Eßlingen
Fabriknummern:	3692 - 3694, 3749 - 3753
Betriebsnummern:	Baden 1000 - 1007
Beschaffte Stückzahl:	8
Sitzplätze I. Klasse:	-
Sitzplätze II. Klasse:	-
Sitzplätze III. Klasse:	48
Anzahl der Abteile:	2 – Gepäckraum (8 Plätze)
Platzteilung:	2+2 (Mittelgang)
Aborte:	-
Waschräume:	-
Länge über Puffer:	11.612 mm
Wagenkastenlänge:	10.520 mm
Wagenkastenbreite:	3.080 mm bzw. 2.500 mm
Achsstand:	5.500 mm
Drehzapfenabstand:	-
Drehgestellbauart:	-
Anzahl der Achsen:	2,(1 angetrieben, 1 Lenkachse A4)
Fußbodenh. ü. Schienenoberkante:	1 268 mm
Bremse:	Westinghouse, Spindelbremse
Heizung:	Dampf
Beleuchtung:	Gas, 4 Flammen, 340 l, 20 Stunden
Gewicht:	19.850 kg
Beschaffungspreis:	34.255 bzw. 35.333 M

Der zur Betriebswerkstätte Lauda gehörende Dampftriebwagen 1007 war übrigens zuerst in Tauberbischofsheim stationiert und auf der am 1. Dezember 1914 eröffneten Strecke Tauberbischofsheim - Königheim im Einsatz.

Die Dampftriebwagen der Bauart Kittel ermöglichten nicht nur bei den badischen Staatsbahnen auf Nebenstrecken zu verkehrsarmen Zeiten die Bereitstellung eines ausreichenden Zugangebots unter wirtschaftlichen Gesichtspunkten. Auch zur Reichsbahnzeit unter der Gattungsbezeichnung CidT und den Betriebsnummern 1 bis 8 waren sie mit weiteren Dampftriebwagen württembergischer Bauart bei der RBD Karlsruhe im Einsatz. Auch noch nach dem Zweiten Weltkrieg waren einige von ihnen in Freiburg stationiert und erhielten auch noch den weinroten Anstrich mit gelben Absetzstreifen der Deutschen Bundesbahn. Erst bis 1954 (Baden 1000 und 1007) wurden sie ausgemustert. Zwei dieser Wagen (Baden 1001 und 1002) und ein weiterer württembergischer Bauart hatte der Zweite Weltkrieg nach Frankreich verschlagen, sie waren noch 1955 zwischen dem Bahnbetriebswerk Ile-Napoléon und Mühlhausen (Muhlhouse) im Einsatz.

8 Liste der Lieferfirmen

Während die ersten Lokomotiven in Baden wie auch bei den meisten Länderbahnen aus England kamen, Württemberg bezog Lokomotiven und Personenwagen aus den USA, wurden die Reisezug- und Güterwagen für die badischen Staatsbahnen am Anfang noch nicht von einheimischen Waggonfabriken hergestellt, erst später entstanden in Baden Firmen, die sich mit der Herstellung von Eisenbahnwagen befaßten. Die ersten Wagen lieferte 1840 die älteste deutsche Waggonfabrik Pauwels & Talbot in Aachen für die badische Staatsbahn, die Aachener Firma errichtete 1844 in Heidelberg eine Filiale. Weitere Waggonhersteller, die damals an die badischen Staatsbahnen lieferten, waren Borgnis in Höchst am Main (Hoechster Wagenfabrik), Caspar Harkort in Hagen und Voelker & Voegele in Dinglingen (Postwagen). Auch Emil Keßler nahm 1841 in seiner Maschinenfabrik in Karlsruhe nicht nur den Bau von Lokomotiven, sondern auch von Eisenbahnwagen auf. In Heidelberg etablierten sich sehr bald noch drei weitere Hersteller von Wagen, es waren die Firmen von Anhegger, Schäfer und Hartmann & Lindt, letztere lieferte sogar 1848 eine Lok an die badischen Staatsbahnen, aber auch diese Firma konnte sich wie die anderen beiden nicht lange am Markt halten. In der Hauptwerkstätte der bad. Staatsbahnen in Karlsruhe wurden nicht nur Umbauten an Reisezugwagen vorgenommen sondern auch fabrikneue Reisezugwagen aller Gattungen hergestellt, dies allerdings nur bis 1896.

Die Liste der Lieferfirmen ist alphabetisch geordnet.

AG für die Fabrikation von Eisenbahnbedarf, Berlin
    früher F. A. Pflugsch'e Wagenbauanstalt
    Lieferant 1873
Düsseldorfer Eisenbahnbedarf, Düsseldorf
    vormals Carl Weyer & Co
    Gegründet 1861
    Lieferant von 1893 bis 1924
H. Fuchs Waggonfabrik AG, Heidelberg
    Gegründet 1862,
    Lieferant von 1864 bis 1924
Gebr. Gastell GmbH, Mainz-Mombach
    bestehend seit 1870 (früher Gastel & Harig in Mombach bei Mainz gegr. 1845)
    Lieferant von 1887 bis 1902
Gothaer Waggonfabrik, Gotha
    Gegründet 1898
    Lieferant von 1906 bis 1909
Hannoversche Waggonfabrik, Hannover
    Gegründet 1870
    Lieferant von 1909 bis 1917
La Metallurgique, Brüssel, Belgien
    Lieferant von 1894 bis 1896
Gottfried Lindner AG, Ammendorf bei Halle
    Gegründet 1823
    Lieferant von 1909 bis 1919
Maschinenbaugesellschaft Karlsruhe (MBG), Karlsruhe
    Gegründet 1852 (vormals Emil Keßler)
    Lieferant von 1841 bis 1863
Maschinenfabrik Augsburg-Nürnberg (MAN), Nürnberg
    vormals Klett & Co.
    Gegründet 1837
    Lieferant von 1898 bis 1902
Jos. Rathgeber AG, München-Moosach
    Lieferant von 1894 bis 1918
Reifert & Co, Bockenheim bei Frankfurt am Main
    später Frankfurter Actien-Wagenfabrik
    Gegründet 1838
    Lieferant von 1860 bis 1871
Schmieder & Mayer, Karlsruhe
    Gegründet 1842
    Lieferant von 1842 bis 1903
Schweizerische Industriegesellschaft, Neuhausen
    Lieferant von 1862 bis 1886
Van der Zypen & Charlier, Köln-Deutz
    Gegründet 1848
    Lieferant 1893
Waggonfabrik Güstrow
    Gegründet ?
    Lieferant 1896
Waggonfabrik Kelsterbach
    Gegründet ?
    Lieferant 1901
Waggonfabrik Ludwigshafen AG, Ludwigshafen am Rhein
    Gegründet 1867
    Lieferant 1886
Waggonfabrik Rastatt, Rastatt in Baden
    Gegründet 1897
    Lieferant 1899 bis 1923
Waggonfabrik Weimar, Weimar
    Gegründet 1901
    Lieferant 1912

Aufnahme: Jens Freese

9 Register

10 Literaturhinweise

Jahresberichte über die Eisenbahnen im Großherzogtum Baden 1840 – 1919

Verordnungsblatt der Großh. General-Direktion der Staatseisenbahnen, 1872 – 1920

Heusinger von Waldegg, Handbuch für specielle Eisenbahntechnik, zweiter Band: Der Eisenbahn-Wagenbau, Leipzig 1870

von Weber, Schule des Eisenbahnwesens, Leipzig 1873

Bissinger, Die Fahrzeuge und der Betrieb der Großherzoglich Badischen Höllenthalbahn, Organ, 1889

Bissinger, Mittheilungen über die neueren Betriebsmittel der Großh. Badischen Staats-Eisenbahnen, insbesondere diejenigen für Schnellzüge, Organ, 1891

Freie Lenkachsen für Zuggeschwindigkeiten bis 90 km in der Stunde und für Wagen mit und ohne Bremse, Organ, Ergänzungsheft 1891

Esser, Die neuesten Betriebsmittel der Großherzoglich Badischen Staatsbahnen, Organ, 1896

Esser, Drehgestell für die vierachsigen Personenwagen der badischen Staatseisenbahnen, Organ 1897

Großh. Badische Staatseisenbahnen, Verzeichnis der Personen- und Gepäckwagen, 1903

Dr. Otto Brähmer, Eisenbahnhygiene, Jena 1904

Nachrichtenblatt der großh. Badischen Staatseisenbahnen, 1905 – 1920

Hinnenthal, Eisenbahnfahrzeuge, Band II: Eisenbahnwagen und Bremsen, Sammlung Göschen, Leipzig 1910

Das Deutsche Eisenbahnwesen der Gegenwart, Berlin 1911

Courtin, Die Hülfszüge der Großh. Badischen Staatseisenbahnen, ZVDI 1912, Seiten 1068 – 1075

Großh. Badische Staatseisenbahnen, Verzeichnis der Personen- und Gepäckwagen, 1916

Materialien, betreffend die Waffenstillstandsverhandlungen, Teil VIII: Die Deutsche Waffenstillstands-Kommission, (Berlin-)Charlottenburg 1920

Die Eisenbahnfahrzeuge auf der Deutschen Verkehrsausstellung in München 1925, Organ 1925

Deutsche Reichsbahn-Gesellschaft, Beleuchtung der Wagen und Lokomotiven mit Preßgas, Dienstvorschrift Nr. 949, Gültig vom 1. März 1928

Deutsche Reichsbahn-Gesellschaft, Umnummerungsplan 1930 mit Erläuterungen von Dr.Otto Cohausz (†)

Deutsche Reichsbahn-Gesellschaft, Diensvorschrift für die Heizung der Züge mit Ausnahme der elektrischen Heizung, gültig vom 1.9.1931

Dr.-Ing. Heinrich, Eisenbahnbetriebslehre, Halle 1933

Deutsche Reichsbahn, Vorschriften für den Bremsdienst, Teil 1: Beschreibung der Bremsbauarten, gültig vom 1. Mai 1934

Deutsche Reichsbahn, Lehrstoffhefte für die Dienstanfängerschule, Wagenkunde, Leipzig 1943

Merkbuch für die Fahrzeuge der Reichsbahn/Deutschen Bundesbahn, Teil IV. Wagen (Regelspur), Ausgabe 1948/50

Adolf Mielich, Planungen und Möglichkeiten im Eisenbahn-Personenwagenbau, Jahrbuch des Eisenbahnwesens 1950, Hamburg 1950

Albert Kuntzemüller, Die Badischen Eisenbahnen, Freiburg 1953

Ein Jahrhundert Schweizer Bahnen – 1847-1947 – Dritter Band: Das Rollmaterial der Normal- und Schmalspurbahnen, Frauenfeld 1957

Zeichen und Anschriften an Schienenfahrzeugen, Eisenbahn-Lehrbücherei der Deutschen Bundesbahn, Band 121, Starnberg 1961

Paul Dost, Der rote Teppich, Die Geschichte der Staatszüge und Salonwagen, Stuttgart 1965

Walter Trüb, Die Personenwagen der SBB (Normalspur) 1902 – 1970, mit Nachtrag 1971 – 1977, erweiterter Nachdruck aus dem „Eisenbahn-Amateur“ Nr. 2/1968 bis Nr. 2/1970.

Harry Miosga, 125 Jahre Bahnpostwagen in Deutschland, Archiv für das Post- und Fernmeldewesen, Nr. 7/1976

Paul Dost, Einmal Dritter Pasewalk, Wer reist in welcher Wagenklasse? Psychologische Soziologie der Wagenklassen, Krefeld 1977

Dr. Adolf Störiko, 100 Jahre Verbände der deutschen Waggonindustrie – 1877-1977, Frankfurt am Main 1977

Dr. Albert Mühl, Die Großherzoglich Badischen Staatseisenbahnen, Stuttgart 1981

Joachim Deppmeyer, Die Einheits-Personen- und Gepäckwagen der Deutschen Reichsbahn – Bauarten 1921-31, Stuttgart 1982

Dr. Albert Mühl, Die Pfalzbahn, Stuttgart 1982

Wolfgang Diener, Die Reisezugwagen und Triebwagen der Deutschen Reichsbahn, 1930, zweite Auflage, Krefeld 1983

Emil Konrad, Die Reisezugwagen der deutschen Länderbahnen, Band 2: Bayern, Württemberg, Baden, Stuttgart 1984

Zug um Zug, Ein Historisches Brevier für Raucher und Nichtraucher in der Eisenbahn, Reemtsma Hamburg 1985

Dr. Albert Mühl, Speisewagen in Deutschland, Freiburg 1994

Anhang 1

Auflistung der Gruppen

Gruppe	Blatt	Bauart	Baujahr	Bemerkungen	Verbleib
1	5	Hofsalonwagen	1894		
2	-	Hofsalonwagen	1888		+ 1909?
2'	6	Hofsalonwagen	1918		
3	-	Salon	1869		+ 1915
4	-	SalonA	1874		– 1910
5	-	SalonA	1874		– 1905
6	-	SalonA	1874		– 1907
7	-	SalonA	1874	1912: Gruppe 3'	– 1915
8	(7)?	SalonA*	1895-96		
9	-	SalonAB	1863		– 1905
10	-	SalonAB	1874		– bis 1914
11	-	SalonAB*	1869		– 1909?
12	-	AB3	1856		+ vor 1903
13	-	AB	1862-74	ab 1905 Umbau in C (Gr. 49a)	
14	-	AB	1861-73	ab 1905 Umbau in C (Gr.49a/b)	
15	-	AB	1861		+ bis 1911
16	-	AB*	1861-73	ab 1905 Umbau in C (Gr.49c)	
17	-	AB*	1862-67	ab 1905 Umbau in C (Gr.49c)	
18	83	AB	1889-90		
19	84	AB	1891		
20	85	AB*	1885-86		
21	86	AB	1895-97		
21a	79	AB3	1902		
21b	80	AB3	1906		
21c	81	AB3*	1911-13		
22	75	ABB	1893		
23	76	ABB*	1893		
24	-	ABC*	1860		+ bis 1911
25	-	B	1860	ursprünglich AB	+ 1905
26	-	B	1860	ursprünglichAB	+ 1911
27	-	B	1863	ursprünglich. AB	+ 1906
28	-	B	1862-72	ab 1905 Umbau in C (Gr. 49a) **	
29	-	B	1866	ab 1905 Umbau in C (Gr. 49a) **	
30	-	B*	1861-72	ab 1905 Umbau in C (Gr. 49c) **	
31	-	BC	1859	umgebaut aus B ab 1895	+ bis 1906
32	-	BC	1859-61	umgebaut aus B ab 1895	+ 1906
33	-	BC	1861	umgebaut aus AB ab 1895	+ bis 1911
34	-	BC	1863	umgebaut aus AB ab 1895	+ 1907
34'	-	BC	1865-66	umgebaut aus AB ab 1895	+ bis 1912
34"	87	BC3	1904-14		
35	-	BC*	1860	umgebaut aus AB ab 1895	+ bis 1906
36	-	ABC3	1857		+ 1903
36'	-	C	1860-68	umgebaut aus C1905/06 in Marktwagen	
37	(90) ?	C	1860-69		
38	(91) ?	C	1860-71		
39	(92) ?	C	1863-74		
40	(93) ?	C	1860-61		
41	(94) ?	C	1860-61		
42	(95) ?	C*	1860-72		
43	(96) ?	C*	1863-73		
44	(97) ?	C*	1862-73		
45	(98) ?	C*	1867		
46	(99) ?	C*	1860-73		
47	(100) ?	C*	1867-71		
48	(101) ?	C	1863		
49	(102) ?	C	1861-75		
49a	(103) ?	C	-	umgebaut aus B ab 1905	
49b	(104) ?	C	-	umgebaut aus B ab 1905	
49c	(105) ?	C	-	umgebaut aus B ab 1905	
50	(106) ?	C	1878		
51	(107) ?	C*	1862-73	umgebaut aus AB ab 1895	
52	(108) ?	C	1863-75	umgebaut aus AB ab 1895	
53	(109) ?	C*	1869	umgebaut aus AB ab 1895	
54	110	C*	1891		
55	111	C*	1895-97		
55a	88	C3*	1902		
55b	89	C3*	1907-21		
56	77	CC*	1893		
57	78	CC*	1898		
58	?	CPost*	1862-65		
59	-	GF*	1859		+ bis 1914
60	2	GF*	1871		
61	3	GF*	1865	mit Abteil für Geisteskranke	

61a	4	GF	1906-13	
62	8	AAü	1902	
63	(29) ?	ABi	1879	
64	(30) ?	ABi	1878	
65	-	ABi	1876	1913 Umbau in Ci (Gr. 93c)
66	(32) ?	ABi	1881-83	
67	(33) ?	ABi	1879	
68	-	ABi	1892	1912 Umbau in Ci (Gr. 93k)
69	(34) ?	ABi	1885-89	
70	-	ABi	1889	mit Abteil f. Krankenbeförderung + 1913
71	35	ABi	1893	
72	36	ABi	1898	
72a	28	ABi3	1904	
73	21	ABBi	1896	
74	22	ABBi	1899	
74a	23	ABBi	1903	
75	(9) ?	ABBü	1894	
76	-	ABBü	1896/97	mit Küchenabt.,Umbau 1902 (Gruppe 79b)
76'	13	ABBü	1907	
76a	14	ABBü	1908	
77	10	ABBü	1896-98	
78	11	ABBü	1899-1900	
79	12	ABBü	1901	
79a	24	ABBi	1902	
79b	-	Speisewagen	-	Umbau aus Gruppe 76,1904Gruppe 80'
79b'	15	ABCCü	1904	
79c	16	ABCCü	1906	
79d	17	ABCCü	1911	
80	-	Bi (z)	1887	Aussichtswagen , 1912Ci(Gr. 93b)
80'	-	Speisewagen	-	verk. 1919
81	-	Bi (z)	1887	1914 Umbau in Ci(Gr. 93d)
82	-	Bi	1888	1914 Umbau in Ci(Gr. 93e)
83	-	Bi	1873-74	1913/14 Umbau in Ci(Gr. 93c/f)
84	-	Bi	1876	1913 Umbau in Ci(Gr. 93f)
85	?	Bi	1881-83	
85a	37	Bi	1902	Aussichtswagen
85b	-	Bi	1876	Sommerwagen, 1911 Umbau in Ci (Gr. 93g)
85b'	38	Bi	1912-14	
86	(39) ?	BCi(z)	1887	
87	(40) ?	BCi	1889-90	
88	?	BCi	1880	Sommerwagen
89	-	BCi	1880	Sommerwagen 1912 Umbau in Ci (Gr. 93h)
90	(41) ?	BCi	1881	
91	42	BCi	1895	
92	?	BCi	1882	für Lokalzüge
92a	43	BCi	1911-15	
93	-	BCCi	1866	1913 Umbau in CCi (Gr. 108a)
93a	-	BCCi	-	1906 Umbau aus Gruppe 133d
93b	46	Ci	-	1912 Umbau aus Bi (Gr. 80)
93c	47	Ci	-	1914 Umbau aus Bi (Gr. 83)
93d	(48) ?	Ci	-	1914 Umbau aus Bi (Gr. 81)
93e	49	Ci	-	1914 Umbau aus Bi (Gr. 82)
93f	(50) ?	Ci	-	1913 Umbau aus Bi (Gr. 84)
93g	(51) ?	Ci	-	1914 Umbau aus Bi (Gr. 85b)
93h	(52) ?	Ci	-	1912 Umbau aus Bi (Gr. 89)
93i	(53) ?	Ci	-	Umbau aus ?
93k	(54) ?	Ci	-	1912 Umbau aus ABi (Gr. 68)
93l	(55) ?	Ci	-	Umbau aus ?
93m	(56) ?	Ci	-	Umbau aus ?
93n	57	Ci	-	1912 Umbau aus BCi(Gr. 91)
94	-	Ci(z)	1887	1908 in Gruppe 95
94'	73	Ci	1910	
94a	74	Ci	1911-20	
95	(58) ?	Ci(z)	1887-88	
96	(59) ?	Ci	1888	
97	(60) ?	Ci	1886-90	
98	(61) ?	Ci	1881-83	
99	(62) ?	Ci	1881	
100	(63) ?	Ci	1873	
101	64	Ci	1887-91	
102	(65) ?	Ci	1878	
103	(66) ?	Ci	1875-79	
104	(67) ?	Ci	1879	
105	68	Ci	1893-99	
106	69	Ci	1893	
107	70	Ci	1898	
108	45	Ci	1901	
108a	-	CCi	-	1913 Umbau aus BCCi (Gr. 93) + 1917
109	25	CCi	1897	
110	26	CCi	1899	
110a	27	CCi	1902	

111	18	CCü	1899		
111a	19	CCü	1903		
111b	20	CCü	1907-21		
112	(71) ?	Ci	1886	für Lokalzüge	
112'	137	CPost	-	für Lokalzüge, Umbau 1906 aus Gr. 112	
113	72	Ci	1893-96	für Lokalzüge	
114	(140) ?	CPPost	1880	für Lokalzüge	
115	(141) ?	CP	1880	für Lokalzüge	
116	(142) ?	CP	1880	für Lokalzüge	
117	(143) ?	CP	1886	für Lokalzüge	
117'	?	CP	-	für Lokalzüge, Umbau 1906 aus Gr. 112	
117a	(144) ?	CP	1886-89	für Lokalzüge	
118	(145) ?	CP	1887	für Lokalzüge	
119	139	CPost	1896	für Lokalzüge	
119'	146	CP	1896	für Lokalzüge	
120	147	CP	1893	für Lokalzüge	
121	-	Versuchswagen	1842		+ 1903
121a	1	Dampftriebwagen	1914-15		
122	-	Versuchswagen	1893	1910 zurück als Ci in Gr. 106	
122'	129	P	1911-12		
122a	130	P	1916-21		
123	(117) ?	P	1863-83		
123a	(118) ?	Pi	1871	1908 Umbau aus Gr 123	
124	(119) ?	P	1864-68		
125	-	P	1872-73	mit Dampfkessel	+ 1912
125'	-	Heizwagen	-	1916 Umbau aus Pw3i (Gr 133b)	
126	?	PPost	1862-73		
126a	(148) ?	PPost	1863-65		
127	149	Pi(z)	1887		
128	(150) ?	Pipost	1862-65		
129	(124) ?	P	1863		
130	(125) ?	P (großer)	1887-90		
131	(126) ?	P (großer)	1891		
132	127	P (großer)	1894-96		
133	128	P (großer)	1897-1902		
133a	114	Pü3	1902	ab 1908 Pi3	
133b	115	Pü3	1903	ab 1908 Pi3	
133c	-	Dampftriebwagen	1902	Bauart Serpollet	+ 1905
133c'	112	PPü	1905		
133d	-	el. Speicherwagen	1903	1906 Umbau in BCCi (Gr. 93a)	
133d'	113	PPü	1906 – 16		
133e	121	P3	1909		
134	?	Salon	1900	Fürstl. Fürstenbergischer Salonwagen	
135	-	Begleitwagen	1914	für Munitionstransporte	

* = mit Bremserhaus
(z) = bis 1900 mit Zahnradbremse

Bei sämtlichen Wagenbauarten, die nicht mehr in den zweiten Umzeichnungsplan von 1930 aufgenommen worden sind, fehlt die jeweilige Zuordnung von Gruppe zum betreffenden Blatt. Dort, wo diese Zuordnung vermutet werden kann, ist die eventuell in Frage kommende Blattnummer in Klammern gesetzt.

Anhang 2

Auflistung der Blätter

Blatt	**Gruppe**	**Bauart**	**2. Betriebsnummer**	**Bemerkungen**	**Verbleib**
1	121a	CiT Bad 14	DT 1-8		
2	60	Z Bad 71	9 001		
3	61	Z Bad 59	9 002-9 003		
4	61a	Zi Bad 06	9 004-9 006		
5	1	Salon 6 Bad 94	10 001		
6	2'	Salon6ü Bad 18	10 002	ab 1927 10 021 Berlin	
7	(8) ?	SalonA Bad 95	(10 003-10 004)?		+ vor 1925
8	62	A4ü Bad 02	20 001-20 006		
9	(75) ?	AB4ü Bad 94	(21 001-21 002)?		+ vor 1929
10	77	AB4ü Bad 96	21 003-21 016		
11	78	AB4ü Bad 99	21 017-21 031		
12	79	AB4ü Bad 01	21 032-21 046		
13	76	AB4ü Bad 07	21 047-21 052		
14	76a	AB6ü Bad 08	21 053-21 062		
–	-	AB4ü 23a	21 501-21 506	Einheitsbauart	
-	-	AB4ü 23b	21 507-21 508	Einheitsbauart	
-	-	AB4ü 26	21 509-21 512	Einheitsbauart	
-	-	AB4ü 28	21 513-21 521	Einheitsbauart	
15	79b'	ABC4ü Bad 04	23 001-23 009		
16	79c	ABC4ü Bad 06	23 010-23 015		
17	79d	ABC4ü Bad 11	23 016-23 025		
-	-	ABC4ü Pr 02	23 026	preuß. Bauart (Bl. DI 5)	
-	-	ABC4ü 29	23 501-23 505	Einheitsbauart	

18	111	C4ü Bad 99	26 001-26 002		
19	111a	C4ü Bad 03	26 003-26 008		
20	111b	C4ü Bad 07	26 009-26 072		
-	-	C4ü 26	26 501-26 505	Einheitsbauart	
-	-	C4ü 28	26 506-26 521	Einheitsbauart	
21	73	B4i Bad 96	30 001-30 005		
22	74	B4i Bad 99	30 006-30 027	1927 Umbau in BC4i (Bl. 24a)	
23	74a	B4i Bad 03	30 028-30 051		
-	-	B4i 30	30 501-30 506	Einheitsbauart	
24	79a	BC4i Bad 02	31 001-31 010		
24a	-	BC4i Bad 99/27	31 011-31 032		
-	-	BC4i 30	31 501-31 507	Einheitsbauart	
25	109	C4i Bad 97	32 001-32 006		
26	110	C4i Bad 99	32 007-32 037		
27	110a	C4i Bad 02	32 038-32 069		
-	-	C4i 30	32 501-32 524	Einheitsbauart	
28	72a	B3i Bad 04	36 001-36 004		
29	(63) ?	Bi	36 005-...........		+ vor 1930
30	?	Bi			+ vor 1930
31	(66) ?	Bi			+ vor 1930
32	(67) ?	Bi			+ vor 1930
33	(69) ?	Bi			+ vor 1930
34	85	Bi	36 0....-36 033		+ vor 1930
35	71	Bi Bad 93	36 034-36 038		
36	72	Bi Bad 98	36 039-36 046		
37	85a	Bi Bad 02	36 047-36 056		
38	85b'	Bi Bad 12	36 057-36 087		
-	-	Bi 29	36 501-36 550	Einheitsbauart	
39	(86) ?	BCi	37 001-37		+ vor 1930
40	(88) ?	BCi			+ vor 1930
41	(90) ?	BCi			+ vor 1930
42	91	BCi Bad 95	37 010-37 011		
43	92a	BDi Bad 11	37 012-37 035		
-	-	BC3i Pr	37 036-37 059	preuß. Bauart	
-	-	BCi Pr	37 060-37 089	preuß. Bauart	
44	?	BCi			+ vor 1930
-	-	BCi 28	37 501-37 543	Einheitsbauart	
45	108	Ci Bad 01	40 001-40 097		
-	-	C3i Pr	40 098-40 104	preuß. Bauart	
-	-	Ci 28	41 501-41 562	Einheitsbauart	
-	-	Ci 30	41 563-41 624	Einheitsbauart	
-	-	CD3i Pr	49 035	preuß. Bauart	
-	-	D3i Pr 08	50 001-50 003	ehem. Reichseisenbahnen E.L. (Bl. 126)	
46	93b	Di Bad 87	50 012		
47	(93c) ?	Di			+ vor 1930
48	(93d) ?	Di			+ vor 1930
49	93e	Di Bad 88	50 022-50 023		
50	(93f) ?	Di			+ vor 1930
51	(93g) ?	Di			+ vor 1930
52	(93h) ?	Di			+ vor 1930
53	(93i) ?	Di			+ vor 1930
54	93k	Di Bad 92	50 035		
55	(93l) ?	Di			+ vor 1930
56	(93m) ?	Di			+ vor 1930
57	93n	Di Bad 95	50 039		
58	(95) ?	Di			+ vor 1930
59	(96) ?	Di			+ vor 1930
60	(97) ?	Di			+ vor 1930
61	(98) ?	Di			+ vor 1930
62	(99) ?	Di			+ vor 1930
63	(100) ?	Di			+ vor 1930
64	101	Di Bad 87	50 159-50 184		
65	(102) ?	Di			+ vor 1930
66	(103) ?	Di			+ vor 1930
67	(104) ?	Di			+ vor 1930
68	105	Di Bad 93	50 218-50 321		
69	106	Di Bad 93	50 322-50 340		
70	107	Di Bad 98	50 341-50 365		
71	112	Di Bad 86	50 366-50 372		+ vor 1930
72	113	Di Bad 93	50 373-50 379		
73	94'	Di Bad 10	50 380-50 437		
74	94a	Di Bad 11	50 438-50 783		
-	-	Di 21	52 501-52 773	Einheitsbauart	
-	-	Di 27	52 774-52 813	Einheitsbauart	
75	22	B4 Bad 93	60 001-60 003		
76	23	B4 Bad 93	60 004-60 006		
77	56	C4 Bad 93	62 001-62 003	62 002 mit Krankenabteil	
78	57	C4 Bad 98	62 004-62 006	62 004 mit Krankenabteil	
79	21a	B3 Bad 02	64 001-64 005		
80	21b	B3 Bad 06	64 006-64 017	1926 Umbau in BC3 (Blatt 87a)	
81	21c	B3 Bad 11	64 018-64 029	1926 Umbau in BC3 (Blatt 87b)	
82	?	B	64 030-64 034		+ vor 1930

83	18	B Bad 89	64 038-64 051		
84	19	B Bad 91	64 052-64 061		
85	20	B Bad 85	64 062-64 075	und 64 035-64 037	
-	-	B3 pr	64 083-64 120	ehem. Stadtbahnwagen	
86	21	B Bad 95	64 078-64 082		
87	34"	BC3 Bad 09	68 001-68 028		
-	-	BC3 Pr	68 029-68 030	preuß. Bauart	
87a	21b	BC3 Bad 06/26	68 031-68 042		
87b	21c	BC3 Bad 11/26	68 043-68 054		
88	55a	C3 Bad 02	70 001-70 004		
89	55b	C3 Bad 07	70 005-70 309		
-	-	C3 Pr	70 310-70 646	preuß. Bauart	
90	(37) ?	D	80 001-		+ vor 1930
91	(38) ?	D			+ vor 1930
92	(39) ?	D			+ vor 1930
93	(40) ?	D			+ vor 1930
94	(41) ?	D			+ vor 1930
95	(42) ?	D			+ vor 1930
96	(43) ?	D			+ vor 1930
97	(44) ?	D			+ vor 1930
98	(45) ?	D			+ vor 1930
99	(46) ?	D			+ vor 1930
100	(47) ?	D			+ vor 1930
101	(48) ?	D			+ vor 1930
102	(49) ?	D			+ vor 1930
103	(49a) ?	D			+ vor 1930
104	(49b) ?	D			+ vor 1930
105	(49c) ?	D			+ vor 1930
106	(50) ?	D			+ vor 1930
107	(51) ?	D			+ vor 1930
108	(52) ?	D			+ vor 1930
109	(53) ?	D			+ vor 1930
110	54	D Bad 91	80 574-80 594		
111	55	D Bad 95	80 595-80 614		
-	-	D3 Pr	80 615-80 654	preuß. Bauart	
-	-	D 21	81 501-81 530	Einheitsbauart	
112	133c'	Pw4ü Bad 05	90 001-90 016		
113	133d'	Pw4ü Bad 06	90 017-90 061		
-	-	Pw4ü Pr 16	90 062-90 063	preuß. Bauart (Bl. 134)	
-	-	Pw4ü 28	90 201-90 204	Einheitsbauart	
-	-	Pw4ü 30	90 205-90 211	Einheitsbauart	
114	133a	Pw3i Bad 02	91 501-91 512		
115	133b	Pw3i Bad 03	91 513-91 527		
-	-	Pw3i Pr 07	91 528	ehem. Reichseisenbahnen E.L. (Bl. 156)	
116	-	Pw3i Wü 21	91 529-91 550	württ. Bauart	
117	(123) ?	Pw			+ vor 1930
118	(123a) ?	Pw			+ vor 1930
119	(124) ?	Pw			+ vor 1930
120	?	Pw			+ vor 1930
-	-	Pwi 23	92 201-92 210	Einheitsbauart	
-	-	Pwi 30	92 211-92 243	Einheitsbauart	
121	133e	Pwi Bad 09	93 501-93 561		
122	?	Pw			+ vor 1930
123	?	Pw			+ vor 1930
124	(129) ?	Pw			+ vor 1930
125	(130) ?	Pw			+ vor 1930
126	(131) ?	Pw			+ vor 1930
127	132	Pw Bad 94	93 600-93 617		
128	133	Pw Bad 97	93 618-93 662		
129	122	Pw Bad 11	93 663-93 698		
130	122a	Pw Bad 16	93 699-93 804		
131	?	Pw			+ vor 1930
132	?	Pw			+ vor 1930
133	?	Pw			+ vor 1930
134	?	Pw			+ vor 1930
135	-	Pwg Bad 21	95 209-95 260		
136	-	Pwg Pr 14	95 261-95 272	preuß. Bauart (Bl. IIa 13)	
137	112'	DiPost Bad 86	99 010		
138	?	DiPost			+ vor 1930
139	119	DiPost Bad 96	99 005		
140	(114) ?	DiPwPost			+ vor 1930
141	(115) ?	DiPw			+ vor 1930
142	(116) ?	DiPw			+ vor 1930
143	(117) ?	DiPw			+ vor 1930
144	(117a) ?	DiPw			+ vor 1930
145	(118) ?	DiPw			+ vor 1930
146	119'	DiPw Bad 96	99 215-99 218		
147	120	DiPw Bad 93	99 219-99 221		
148	(126a) ?	PwPosti			+ vor 1930
149	127	PwPosti Bad 87	99 507-99 510		
150	(128) ?	PwPosti			+ vor 1930
-	-	PwPosti Pr 88a	99 526-99 529	preuß. Bauart (Bl. IIa 5)	

Anhang 3

Belegung der Betriebsnummern (Stand ab 1903)

Betriebs-Nr.	Bauart	Gruppe	Bauj.	Hersteller
1	AB	13	1866	Schmieder
2	AB	13	1869	Schmieder
3	C	52	1863	Hw Karlsr
4-9	AB	13	1873	SIG
10-11	C	37	1863	Schmieder
12	C	42	1861	Hw Karlsr
13	C	42	1864	Schmieder
14	C	42	1861	Hw Karlsr
15	C	37	1860	Hw Karlsr
16-17	C	37	1863	Hw Karlsr
18-21	ABi3	72a	1904	Fuchs
22	ABCCü	79b'	1904	Rastatt
23	C	37	1863	Hw Karlsr
24	C	37	1869	Schmieder
25	C	42	1861	Hw Karlsr
26-31	C	-	1873	SIG
32	C	42	1861	Hw Karlsr
33-34	C	46	1873	SIG
35	C	37	1863	Hw Karlsr
36	C	42	1864	Schmieder
37-38	C	-	1864	Hw Karlsr
39	C	42	1864	Schmieder
40	C	42	1862	Hw Karlsr
41-46	ABCCü	79b'	1904	Rastatt
47	C	42	1865	Hw Karlsr
48	C	37	1863	Schmieder
49	C	37	1863	MBG
50	C	37	1863	Hw Karlsr
51	C	42	1864	Schmieder
52-54	C	37	1863	Hw Karlsr
55	C	37	1863	MBG
56	C	37	1863	Hw Karlsr
57	C	37	1863	MBG
58	C	37	1863	Hw Karlsr
59	C	37	1865	Schmieder
60-62	C	--	1864	Schmieder
63-65	C	--	1873	Schmieder
66-67	C	--	1863	MBG
68-70	ABCCü	79b'	1904	Rastatt
71-73	ABCCü	79c	1906	Rastatt
74	AB	13	1866	Hw Karlsr
75-80	AB	13	1864	Schmieder
81	SalonAB	9	1863	Hw Karlsr
82	AB	13	1865	Schmieder
83	AB	13	1864	Schmieder
84-85	AB	16	1864	Schmieder
86-98	AB3	21b	1906	Fuchs
99-101	ABCCü	79c	1906	Rastatt
102-107	ABCCü	79d	1911	Hannover
109-110	C	37	1865	Schmieder
111	C	37	1866	Schmieder
112	C	37	1865	Schmieder
113	C	42	1864	Schmieder
114	C	37	1863	MBG
115	C	42	1864	Hw Karlsr
116-117	C	42	1865	Schmieder
118	C	42	1864	Schmieder
119	C	42	1863	Schmieder
120	C	42	1869	Schmieder
121	C	37	1869	Fuchs
122	C	42	1861	Hw Karlsr
123	C	42	1862	Hw Karlsr
124	C	37	1863	Hw Karlsr
125	C	37	1865	Schmieder
126	C	42	1865	Schmieder
127	C	42	1864	Hw Karlsr
128	C	39	1871	Schmieder
129	C	38	1874	SIG
130	ABCCü	79d	1911	Hannover
131	GF	61a	1913	Fuchs
132	GF	60	1871	Schmieder
133-134	GF	61a	1906	Fuchs
145	C	42	1864	Schmieder
146	C	37	1863	MBG
147-148	C	37	1865	Schmieder
149	C	37	1863	MBG
150	C	37	1869	Fuchs
151	C	42	1864	Schmieder
152	C	37	1865	Schmieder
153-154	C	42	1864	Schmieder
155	C	37	1863	MBG
156-158	C	42	1864	Hw Karlsr
159-160	C	37	1860	Hw Karlsr
161	C	37	1863	Hw Karslr
162	C	42	1862	Hw Karlsr
163-164	C	42	1864	Schmieder
165	C	37	1865	Schmieder
166	C	42	1865	Schmieder
167	C	42	1864	Schmieder
168	C	37	1863	Schmieder
169	BC	32	1861	Hw Karlsr
170	AB	13	1864	Schmieder
171-172	AB	16	1864	Schmieder
173	BC	32	1861	Hw Karlsr
174	AB	16	1864	Schmieder
175	BC	32	1861	Hw Karlsr
188	AB	16	1864	Schmieder
189	C	48	1863	Hw Karlsr
190	B	30	1861	Schmieder
191	C	49	1869	Schmieder
192	B	28	1869	Schmieder
193	B	30	1871	Schmieder
194	B	30	1864	Schmieder
195	B	28	1869	Schmieder
196	B	30	1871	Schmieder
197	B	28	1866	Schmieder
198	B	30	1865	Schmieder
199	SalonA	3	1869	Schmieder
200	C	49	1874	Schmieder
201-202	SalonA	3	1869	Schmieder
203	C	49	1874	Schmieder
204-223	C3	55b	1907	Fuchs
224-247	C3	55b	1908	Fuchs
248-257	C3	55b	1908	Gotha
258-267	C3	55b	1909	Gotha
268-307	C3	55b	1908	Rastatt
308-352	C3	55b	1909	Rastatt
353-358	C3	55b	1909	Lindner
359	AB	13	1874	SIG
360-361	AB	13	1866	Schmieder
362-363	SalonAB	10	1874	Schmieder
364-365	AB	16	1869	Schmieder
366	C	42	1863	Schmieder
367	C	42	1865	Schmieder
368	C	42	1864	Schmieder
369	C	42	1866	Schmieder
370-371	C	37	1863	Hw Karlsr
372	Cpost	58	1862	Hw Karlsr
373	C	43	1863	Schmieder
374	C	42	1865	Schmieder
375	C	37	1865	Schmieder
376	C	42	1865	Schmieder
377	C	42	1863	Schmieder
378	C	37	1863	Hw Karlsr
379-380	C3	55b	1909	Lindner
381-390	C3	55b	1909	Hannover
391-408	C3	55b	1910	Rastatt
409-425	C3	55b	1910	Fuchs
426-429	C3	55b	1910	Rastatt
430-444	C3	55b	1911	Fuchs
445-449	C3	55b	1912	Hannover
450-454	C3	55b	1912	Weimar
455-462	C3	55b	1912	Rastatt
463-479	C3	55b	1912	Fuchs
480-487	C3	55b	1913	Fuchs
488	P	123	1871	Fuchs
489	Ppost	126	1863	Hw Karlsr
490	P	123	1863	Hw Karlsr

491	P	124	1864	Schmieder
492	P	123	1864	Schmieder
493	P	123	1873	Fuchs
494	Ppost	126	1873	Fuchs
495	P	123	1873	Fuchs
496	Ppost	126	1862	Hw Karlsr
498	C	49	1865	Hw Karlsr
499	P	123	1873	Fuchs
500-501	P	123	1864	Schmieder
502	P	123	1873	Fuchs
503	Heizwagen	125'	1916	Hw Karlsr
505	P	123	1873	Fuchs
507-508	P	123	1873	Fuchs
509	P m. Dampfk	125	1873	Fuchs
510-511	P	123	1873	Fuchs
512	C	37	1863	Hw Karlsr
513	C	42	1863	Hw Karlsr
514-515	C	42	1864	Fuchs
516	C	42	1864	Schmieder
517	C	42	1864	Hw Karlsr
518-519	C	42	1864	Schmieder
520-521	C	37	1865	Schmieder
522	C	37	1860	Hw Karlsr
523	C	42	1864	Hw Karlsr
524	C	42	1864	Schmieder
525	C	42	1864	Fuchs
526	C	42	1864	Hw Karlsr
527-528	C	43	1871	Schmieder
529	C	42	1864	Fuchs
530	C	37	1866	Schmieder
531-532	Cpost	58	1864	Fuchs
533	Cpost	58	1865	Hw Karlsr
534	C	42	1865	Hw Karlsr
535	C	37	1865	Schmieder
536	B	26	1861	Schmieder
537	C	42	1864	Hw Karlsr
538	AB	16	1869	Schmieder
539	AB	16	1873	Schmieder
540-541	AB	16	1864	Schmieder
542	ABi	64	1878	Schmieder
543	AB	13	1866	Schmieder
544	C	49	1863	Hw Karlsr
545-546	AB	13	1871	Schmieder
547	AB	16	1869	Schmieder
548	ABi	64	1878	Schmieder
549	SalonA	4	1874	Schmieder
550	B	27	1863	Schmieder
551	C	49	1874	Schmieder
552	AB	13	1869	Schmieder
553	AB	13	1865	Schmieder
554	AB	16	1861	Schmieder
555	AB	16	1873	Schmieder
556	C	51	1863	Schmieder
557	AB	13	1866	Hw Karlsr
558	C	51	1865	Schmieder
559	AB	16	1865	Schmieder
560	AB	13	1871	Schmieder
561	B	26	1861	Schmieder
562-571	AB3	21c	1911	Fuchs
572-576	AB3	21c	1913	Fuchs
586	C	42	1862	Hw Karlsr
587	C	37	1865	Schmieder
654	Salon*	--	?	?
655	P*	--	?	?
660-673	C3	55b	1918	Fuchs
674-694	C3	55b	1918	Rastatt
695-724	C3	55b	1921	Fuchs
725-754	C3	55b	1921	Rastatt
797-798	GF	59	1859	Schmieder
838-845	C3	55b	1914	Fuchs
846-847	C3	55b	1914	Rastatt
848-852	C3	55b	1913	Fuchs
854	B	30	1872	Schmieder
855	SalonA	5	1874	Schmieder
856	B	30	1871	Schmieder
857	B	30	1872	Schmieder
858	B	30	1871	Schmieder
859	C	42	1864	Schmieder
860	C	42	1864	Fuchs
861-862	C	37	1869	Fuchs
863	C	42	1864	Fuchs
864	C	37	1869	Fuchs
899-903	AB	13	1871	Schmieder
904	C	49	1875	Schmieder
905-906	AB	13	1871	Schmieder
907	C	52	1875	Schmieder
908	AB	16	1869	Schmieder
909	C	42	1864	Fuchs
910	C	42	1869	Fuchs
911	C	42	1864	Fuchs
912	C	42	1869	Fuchs
913-915	C	37	1865	Schmieder
916	C	42	1864	Schmieder
917	C	37	1865	Schmieder
918-919	C	42	1869	Schmieder
920	C	43	1873	Schmieder
921	C	42	1869	Schmieder
922-925	C	43	1873	Schmieder
926	C	41	1873	Schmieder
930-931	PPosti	128	1865	Fuchs
932	PPosti	128	1862	Hw Karlsr
933	PPosti	128	1865	Fuchs
934	P	123	1873	Fuchs
935	P	132	1896	Hw Karlsr
936	PPosti	128	1862	Hw Karlsr
937	PPosti	128	1865	Fuchs
938	PPosti	128	1862	Hw Karlsr
1 000-1 002	Dampftrwg.	121a	1914	Eßlingen
1 003-1 007	Dampftrwg.	121a	1915	Eßlingen
1 200-1 211	Bi	85b'	1912	Rastatt
1 212-1 221	Bi	85b'	1913	Rastatt
1 222-1 230	Bi	85b'	1914	Rastatt
1 231-1 236	Bi	85b'	1915	Fuchs
1 359-1 363	C	55	1895	Hw Karlsr
1 364	ABC	–	?	?
1 365	ABi	68	1892	Schmieder
1 366-1 367	ABC	–	?	?
1 368	Bi	85	1883	Schmieder
1 369	ABC	–	?	?
1 370	AB	18	1889	Schmieder
1 371-1 375	ABC	–	?	?
1 376-1 381	Ci	113	1896	Hw Karlsr
1 383	CP	119	1896	Hw Karlsr
1 384	Bi	85	1883	Schmieder
1 385-1 387	CP	119	1896	Hw Karlsr
1 388	AB	18	1889	Schmieder
1 389	P	133	1897	Schmieder
1 390-1 391	AB	13	1874	SIG
1 392	AB	18	1889	Schmieder
1 393-1 394	CP	119	1896	Hw Karlsr
1 395	C	55	1895	Hw Karlsr
1 397-1 399	ABCi	91	1895	Schmieder
1 400-1 409	BCi	92a	1911	Rastatt
1 410-1 414	BCi	92a	1912	Rastatt
1 415-1 419	BCi	92a	1912	Fuchs
1 420-1 424	BCi	92a	1915	Hannover
1 481	P	133	1897	Schmieder
1 484-1 486	BC	32	1859	Schmieder
1 487-1 488	B	25	1860	Schmieder
1 489-1 490	BC	31	1859	Schmieder
1 491-1 492	BC	35	1860	Schmieder
1 493-1 499	C	42	1860	Schmieder
1 500	Ci	98	1883	Schmieder
1 501-1 510	C	42	1860	Schmieder
1 511-1 512	C	46	1860	Schmieder
1 513	C	40	1860	Schmieder
1 514-1 518	C	41	1860	Schmieder
1 519	C	41	1861	Schmieder
1 520-1 521	C	40	1861	Schmieder
1 522	C	41	1861	Schmieder
1 523	C	41	1861	Feifert
1 524	C	40	1860	Feifert
1 525	C	41	1860	Feifert
1 526-1 527	C	38	1860	Feifert

1 528-1 532	C	37	1860	Reifert
1 533-1 535	ABC	24	1860	Schmieder
1 536-1 537	BC	35	1860	Schmieder
1 538-1 540	AB	15	1861	Schmieder
1 541-1 542	BC	33	1861	Schmieder
1 623-1 627	AB	14	1861	Reifert
1 628-1 642	AB	14	1861	Schmieder
2 003	P	133	1897	Schmieder
2 009	P	133	1897	Schmieder
2 237	P	133	1897	Schmieder
2 461-2 470	C	37	1862	Schmieder
2 472	C	38	1872	Schmieder
2 473-2 480	C	37	1872	Schmieder
2 481-2 490	C	42	1862	Schmieder
2 491-2 492	AB	17	1862	Schmieder
2 493	C	51	1862	Schmieder
2 494-2 496	AB	17	1862	Schmieder
2 497-2 500	AB	13	1862	Schmieder
2 501-2 503	C	49	1862	Schmieder
2 504-2 505	AB	13	1862	Schmieder
2 506	C	49	1862	Schmieder
2 507-2 511	AB	13	1862	Schmieder
2 512-2 516	B	28	1862	Schmieder
2 517	C	49	1862	Schmieder
2 518-2 525	B	28	1862	Schmieder
2 526-2 527	B	28	1863	Schmieder
2 528	B	28	1872	Schmieder
2 529-2 535	B	28	1863	Schmieder
2 536	C	49	1863	Schmieder
2 537-2 538	AB	13	1863	Schmieder
2 539	C	49	1863	Schmieder
2 540-2 542	AB	13	1863	Schmieder
2 543	C	49	1863	Schmieder
2 544	AB	13	1863	Schmieder
2 545	AB	17	1863	Schmieder
2 546	C	51	1863	Schmieder
2 547-2 548	AB	17	1863	Schmieder
2 549	C	51	1863	Schmieder
2 550	AB	16	1863	Schmieder
2 551-2 552	C	37	1863	Schmieder
2 553-2 555	C	39	1863	Schmieder
2 556-2 559	C	44	1862	Schmieder
2 560-2 562	C	46	1862	Schmieder
2 563-2 564	C	44	1862	Schmieder
2 565-2 569	C	46	1862	Schmieder
2 570	C	44	1862	Schmieder
2 571-2 575	C	44	1863	Schmieder
2 576	C	44	1863	MBG
2 577	C	43	1863	MBG
2 578	C	44	1863	MBG
2 579	Ci	102	1878	Schmieder
2 580-2 581	C	44	1863	MBG
2 582	C	39	1863	MBG
2 583-2 584	C	38	1863	MBG
2 585	C	39	1863	MBG
2 586-2 587	C	38	1863	MBG
2 588	C	38	1863	SIG
2 589-2 590	C	42	1863	SIG
2 591	C	42	1872	SIG
2 592	C	42	1863	SIG
2 593-2 595	C	37	1863	SIG
2 596-2 597	P	128	1863	MBG
2 598	P	129	1863	MBG
2 599	P	128	1863	MBG
2 610-2 611	P	123	1863	MBG
2 612	PPost	126	1863	MBG
2 613	PPost	126	1871	Fuchs
2 614-2 616	P	123	1863	MBG
2 617	P	133	1896	Hw Karlsr
2 618-2 624	P	123	1863	MBG
2 625-2 626	PPost	126	1863	MBG
2 627-2 635	P	123	1863	MBG
2 636-2 638	AB	13	1863	Schmieder
2 639	C	49	1863	Schmieder
2 640-2 644	AB	13	1863	Schmieder
2 645	BC	34	1863	Schmieder
2 646-2 655	AB	13	1863	Schmieder
2 656-2 663	C	42	1863	Schmieder
2 664-2 665	C	44	1863	Schmieder
2 666	C	43	1863	Reifert
2 667-2 670	C	44	1863	Reifert
2 671-2 675	C	42	1863	Reifert
2 676-2 679	C	37	1863	Reifert
2 680	C	38	1863	Reifert
2 681	C	39	1863	Fuchs
2 682	C	38	1863	Fuchs
2 683	C	39	1863	Fuchs
2 684-2 686	C	38	1863	Fuchs
2 687	C	39	1863	Fuchs
2 688-2 696	C	37	1863	Fuchs
2 697-2 699	Ppost	128	1863	Schmieder
2 700	P	129	1863	Schmieder
2 701	Ppost	128	1863	Schmieder
2 702	P	123	1863	Schmieder
2 703	Ppost	126	1863	Schmieder
2 704	P	132	1896	Schmieder
2 707-2 709	P	123	1863	Schmieder
2 711-2 715	P	123	1864	Schmieder
2 716	P	132	1896	Hw Karlsr
2 717-2 718	GF	61	1865	Schmieder
2 719-2 720	ABCC	93	1866	Schmieder
2 721-2 730	B	29	1866	Schmieder
2 731-2 737	AB	14	1866	Schmieder
2 738-2 751	AB	13	1866	Schmieder
2 752	AB	14	1866	Schmieder
2 753	C	49	1867	Schmieder
2 754-2 755	AB	14	1867	Schmieder
2 756	C	49	1867	Schmieder
2 757-2 765	AB	13	1867	Schmieder
2 766	C	51	1867	Schmieder
2 767-2 771	AB	16	1865	Schmieder
2 772	C	51	1867	Schmieder
2 773-2 780	AB	17	1867	Schmieder
2 781-2 787	C	37	1866	Schmieder
2 788	C	39	1872	Schmieder
2 789-2 815	C	37	1866	Schmieder
2 816-2 828	C	37	1868	Schmieder
2 829	C	45	1867	Schmieder
2 830-2 835	C	47	1867	Schmieder
2 836-2 838	C	46	1867	Schmieder
2 839-2 840	C	42	1867	Schmieder
2 841	C	44	1867	Schmieder
2 842	C	43	1867	Schmieder
2 843-2 847	C	44	1867	Schmieder
2 848	Ci	98	1883	Schmieder
2 849-2 852	C	42	1867	Schmieder
2 853-2 858	C	44	1867	Schmieder
2 859-2 860	C	42	1867	Schmieder
2 861-2 864	C	44	1867	Schmieder
2 865-2 866	C	44	1868	Schmieder
2 867-2 868	C	43	1868	Schmieder
2 869-2 876	C	42	1868	Schmieder
2 877-2 885	P	123	1867	Schmieder
2 886	P	124	1867	Schmieder
2 887	P	123	1867	Schmieder
2 889-2 890	P	123	1867	Schmieder
2 891	PPost	126	1867	Schmieder
2 892-2 895	P	123	1867	Schmieder
2 896	PPost	126	1867	Schmieder
2 897-2 911	P	123	1868	Schmieder
2 912	P	124	1868	Schmieder
2 913-3 915	P	132	1896	Hw Karlsr
3 050-3 052	D3i Pr	–	1913	deDietrich
3 080	Pw3i Pr	–	1909	Rastatt
4 395-4 404	P	123	1869	Fuchs
4 405-4 412	C	42	1869	Fuchs
4 413-4 434	C	42	1869	Schmieder
4 435	C	53	1869	Schmieder
4 436	C	51	1869	Schmieder
4 437	C	53	1869	Schmieder
4 438	C	51	1869	Schmieder
4 439	C	53	1869	Schmieder
4 440	SalonAB	11	1869	Schmieder
4 441	C	52	1869	Schmieder

4 442	C	53	1869	Schmieder
4 443-4 445	AB	13	1869	Schmieder
4 446	C	49	1869	Schmieder
4 449	C	51	1871	Schmieder
4 450	C	51	1872	Schmieder
4 451-4 454	AB	16	1872	Schmieder
4 455-4 474	AB	13	1871	Schmieder
4 475-4 476	AB	13	1871	Reifert
4 477	C	49	1871	Schmieder
4 478	AB	13	1871	Reifert
4 479-4 480	C	47	1871	Schmieder
4 481-4 484	C	47	1871	SIG
4 485	C	44	1871	SIG
4 486	C	43	1871	SIG
4 487-4 488	C	44	1872	SIG
4 489-4 491	C	43	1871	SIG
4 492	C	44	1872	SIG
4 493	C	43	1871	SIG
4 494-4 495	C	44	1872	SIG
4 496	C	43	1871	SIG
4 497	C	44	1872	SIG
4 498	C	43	1871	SIG
4 499	C	44	1872	SIG
4 500	C	43	1871	SIG
4 501-4 503	C	39	1871	Schmieder
4 504-4 507	C	38	1871	Schmieder
4 508	C	39	1871	Schmieder
4 509-4 514	C	38	1871	Schmieder
4 515-4 516	C	39	1871	Schmieder
4 517-4 519	C	38	1871	Schmieder
4 520	C	39	1871	Schmieder
4 521-4 527	C	38	1871	Schmieder
4 528-4 529	C	39	1871	Schmieder
4 530-4 531	C	38	1871	Schmieder
4 532	C	39	1871	Schmieder
4 533-4 535	C	38	1871	Schmieder
4 536	C	39	1871	Schmieder
4 537-4 538	C	38	1871	Schmieder
4 539-4 546	P	123	1871	Fuchs
4 547-4 548	P	126	1871	Fuchs
4 549-4 555	P	123	1871	Fuchs
4 556	P m. Dampfk.	125	1872	Fuchs
4 557	P	123	1871	Fuchs
5 909	P	133	1897	Schmieder
6 029	P	133	1897	Schmieder
6 035	C	49	1873	AGf. Eisen
6 036-6 039	AB	13	1874	SIG
6 040	C	49	1874	SIG
6 041	AB	13	1874	SIG
6 042	C	49	1874	SIG
6 043-6 047	AB	13	1874	SIG
6 048-6 052	AB	16	1873	SIG
6 053	C	51	1873	SIG
6 054-6 056	AB	16	1873	SIG
6 057-6 059	Bi	83	1873	SIG
6 060	Bi	83	1874	SIG
6 061-6 076	Ci	100	1873	SIG
6 077-6 086	C	38	1873	SIG
6 087-6 098	C	39	1873	SIG
6 099-6 107	C	39	1874	SIG
6 108	C	38	1874	SIG
6 109-6 114	C	39	1874	SIG
6 115-6 126	C	44	1873	SIG
6 127-6 135	P	123	1873	Fuchs
6 136	PPost	126	1873	Fuchs
6 137	P m. Dampfk.	125	1873	Fuchs
6 138-6 140	P	123	1873	Fuchs
6 141	PPost	126	1873	Fuchs
6 142-6 144	P	123	1873	Fuchs
6 545	SalonA	6	1874	Schmieder
6 546	Salon A	7	1874	Schmieder
6 547-6 549	ABi	65	1876	Schmieder
6 550-6 556	Bi	84	1876	Schmieder
6 557-6 559	ABi	65	1876	Schmieder
6 560-6 562	Bi	84	1876	Schmieder
6 563-6 586	Ci	103	1875	Schmieder
6 587-6 598	P	123	1873	Fuchs

6 599-6 601	Bi	85b	1876	Schmieder
6 606	Dampfriebw.	133c	1902	Eßlingen
6 607	Akkutriebwg.	133d	1903	Rastatt
6 608	C	50	1878	Schmieder
6 610-6 613	C	50	1878	Schmieder
6 674	Ci	104	1878	Schmieder
6 675-6 679	Ci	103	1879	Schmieder
6 680-6 687	ABi	67	1879	Schmieder
6 688-6 693	ABi	63	1879	Schmieder
6 694-6 695	BCi	88	1880	Schmieder
6 696	CPPost	116	1880	Schmieder
6 697	CP	114	1880	Schmieder
6 898	BCi	89	1880	Schmieder
6 899	CP	115	1880	Schmieder
6 920-6 935	Ci	99	1881	Fuchs
6 936-6 937	Ci	99	1881	
6 938-6 941	Ci	98	1881	Schmieder
6 942-6 948	Ci	90	1881	Schmieder
6 949-6 951	Bi	85	1881	Schmieder
6 952-6 953	ABi	66	1881	Schmieder
6 954	Bi	85	1881	Schmieder
6 955	ABi	66	1881	Schmieder
6 956	Bi	85	1881	Schmieder
6 957	ABi	66	1881	Schmieder
6 958	BCi	92	1882	Schmieder
7 234-7 237	Bi	66	1883	Schmieder
7 238-7 241	Ci	98	1883	Schmieder
7 242-7 245	Ci	98	1883	Fuchs
7 913-7 918	ABi	69	1885	Schmieder
7 919-7 938	AB	20	1885	Schmieder
7 939-7 942	Ci	112	1886	Schmieder
7 943-7 944	CP	117	1886	SIG
7 945-7 952	CP	118	1887	Gastell
7 953-7 960	Ci	112	1886	Ludwighf
7 961-7 974	Ci	101	1887	Fuchs
7 975-7 999	Ci	97	1886	Schmieder
8 000-8 004	Ci	97	1886	Schmieder
8 005-8 007	Bi	81	1887	Schmieder
8 008-8 010	BCi	86	1887	Schmieder
8 011-8 013	Ci	94	1887	Schmieder
8 014-8 016	P	127	1887	Schmieder
8 026-8 027	Bi	80	1887	Schmieder
8 028-8 039	P	130	1887	Schmieder
8 260	AB	–	?	?
8 574	P	133	1897	Schmieder
8 611	PPost	127	1887	Schmieder
8 612-8 615	Ci	95	1888	Schmieder
8 616-8 619	Bi	82	1888	Schmieder
8 620-8 624	Ci	96	1888	Schmieder
8 625-8 629	ABi	69	1889	Schmieder
8 630	ABi kr	70	1889	Schmieder
8 631-8 632	BCi	87	1889	Schmieder
8 633-8 643	Ci	97	1889	Fuchs
8 644-8 647	Ci	112	1889	Gastell
8 648-8 663	AB	18	1889	Schmieder
9 084-9 090	P	130	1890	Fuchs
9 091-9 100	AB	18	1890	Schmieder
9 101-9 109	Ci	97	1890	Schmieder
9 110-9 118	Ci	101	1890	Schmieder
10 000	Hofwagen	1	1894	Rathgeber
10 001	Hofwagen	2	1888	Gastell
10 002	SalonA	8	1895	Hw Karlsr
10 003-10 004	SalonA	8	1896	Hw Karlsr
10 119-10 128	AB	19	1891	Schmieder
10 129-10 148	C	54	1891	Fuchs
10 149-10 151	BCi	87	1890	Schmieder
10 152-10 166	Ci	101	1891	Fuchs
10 167-10 176	Ci	97	1890	Schmieder
10 177-10 186	P	131	1891	Fuchs
10 697-10 706	Ci	105	1893	Schmieder
10 707-10 716	Ci	105	1893	Fuchs
10 717-10 736	Ci	106	1893	Fuchs
10 737-10 738	CP	113	1893	Fuchs
10 739-10 741	CP	120	1893	Fuchs
10 742-10 747	ABi	71	1893	Düsseldf
10 748-10 751	CC	56	1893	v.d.Zyper
10 752-10 756	ABB	22	1893	v.d.Zyper

10 757-10 761	ABB	23	1893	v.d.Zypen
10 794-10 809	P	132	1894	Schmieder
10 810-10 813	ABBü	75	1894	LaMetallg
11 110-11 115	ABBi	73	1896	LaMetallg
11 116-11 121	AB	21	1895	Schmieder
11 122-11 131	Ci	105	1895	Schmieder
11 561-11 572	D 21	–	1923	Fuchs
11 573-11 590	D 21	–	1923	Rastatt
11 732-11 733	ABBü m. Kü.	79b	1896	Güstrow
11 734-11 737	ABBü	77	1896	Güstrow
11 738-11 770	Ci	105	1896	Fuchs
11 771-11 777	Ci	105	1897	Fuchs
11 778-11 783	Ci	105	1897	Schmieder
11 784-11 789	C	55	1896	Schmieder
11 790-11 803	C	55	1897	Schmieder
11 804-11 809	ABBü	77	1897	Schmieder
11 810	ABBü m. Kü.	79b	1897	Schmieder
11 811-11 816	CCi	109	1897	Schmieder
11 817-11 822	CC	57	1898	MAN
11 823-11 827	AB	21	1897	Rathgeber
11 828-11 829	P	133	1897	Schmieder
12 240-12 249	Ci	107	1898	Fuchs
12 250-12 269	Ci	107	1898	Schmieder
12 270-12 274	Ci	105	1898	Fuchs
12 275-12 299	Ci	105	1899	Fuchs
12 300-12 304	ABBü	77	1898	Schmieder
12 305-12 314	ABi	72	1898	Schmieder
12 351-12 406	Di 21	--	1922	Fuchs
12 407-12 472	Di 21	--	1923	Fuchs
12 473-12 572	Di 21	--	1923	Rastatt
12 935-12 941	P	133	1899	Schmieder
13 007-13 016	ABBü	78	1899	Schmieder
13 017-13 031	ABBi	74	1899	Schmieder
13 032-13 037	CCü	111	1899	Rastatt
13 038-13 053	CCi	110	1899	Fuchs
13 054-13 066	CCi	110	1900	Schmieder
13 067-13 072	CCi	110	1900	Rastatt
13 073-13 079	ABBi	74	1900	Schmieder
13 080-13 089	Ci	94a	1915	Hannover
13 090-13 139	Ci	94a	1915	Rastatt
13 140-13 154	Ci	94a	1915	Fuchs
13 155-13 190	Ci	94a	1916	Fuchs
13 191-13 210	Di	94a	1920	Fuchs
13 211-13 230	Di	94a	1919	Rastatt
13 231-13 250	Di	94a	1920	Fuchs
13 251-13 270	Di	94a	1920	Rastatt
13 271-13 278	Di	94a	1921	Rastatt
13 279-13 285	Di	94a	1922	Rastatt
13 480-13 484	ABBü	78	1900	Schmieder
13 509-13 540	Ci	94a	1914	Rastatt
13 541-13 565	Ci	94a	1913	Rastatt
13 566-13 575	Ci	94a	1913	Hannover
13 576-13 599	Ci	94a	1912	Rastatt
13 600-13 611	Ci	94a	1911	Rastatt
13 612-13 624	Ci	94a	1911	Fuchs
13 625-13 634	Ci	94'	1910	Hannover
13 635-13 660	Ci	94'	1910	Fuchs
13 661-13 684	Ci	94'	1910	Rastatt
13 685-13 724	Ci	108	1901	Schmieder
13 725-13 744	Ci	108	1901	Fuchs
13 745-13 764	Ci	108	1901	Rastatt
13 765-13 784	Ci	108	1901	Kelsterb.
13 785-13 799	P	133	1900	Schmieder
13 883-13 897	ABBü	79	1901	Schmieder
13 898-13 904	ABBü	76	1907	Fuchs
13 905-13 914	ABBü	76a	1908	Rathgeber
13 915	AB4ü 23a	–	1924	Düsseld.
13 916-13 917	AB4ü 23a	–	1924	Fuchs
13 918-13 920	AB4ü 23a	–	1924	Görlitz
14 000-14 014	CCü	111b	1907	Rastatt
14 015-14 029	CCü	111b	1908	Fuchs
14 030-14 037	CCü	111b	1908	Gotha
14 038-14 047	CCü	111b	1909	Gotha
14 048-14 067	CCü	111b	1909	Fuchs
14 068-14 070	CCü	111b	1913	Fuchs
14 071-14 075	CCü	111b	1914	Fuchs
14 076-14 080	CCü	111b	1918	Fuchs
14 081-14 085	CCü	111b	1921	Lindner
14 086-14 090	C4ü 26	–	1927	Fuchs
14 180-14 196	P	122a	1916	Hannover
14 197-14 223	P	122a	1917	Hannover
14 224-14 233	P	122a	1918	Rastatt
14 234-14 243	P	122a	1918	Fuchs
14 244-14 253	P	122a	1919	Lindner
14 254-14 263	P	122a	1919	Fuchs
14 264-14 273	P	122a	1919	Rastatt
14 274-14 283	P	122a	1921	Fuchs
14 284-14 293	P	122a	1921	Rastatt
14 309-14 324	P	122'	1913	Fuchs
14 325-14 347	P	122'	1912	Rastatt
14 348-14 357	P	122'	1911	Rastatt
14 358-14 382	P	133	1902	Rastatt
14 383-14 397	Pü3	133a	1902	Schmieder
14 398-14 403	AAü	62	1902	Rathgeber
14 404-14 408	AB3	21a	1902	MAN
14 409-14 413	C3	55a	1902	MAN
14 414-14 423	Bi	85a	1902	Gastell
14 424-14 447	ABBi	74a	1903	Schmieder
14 448-14 457	ABCCi	79a	1902	Fuchs
14 458-14 466	CCü	111a	1903	Fuchs
14 467-14 476	CCi	110a	1902	Fuchs
14 477-14 488	CCi	110a	1902	Rastatt
14 489-14 500	CCi	110a	1903	Rastatt
14 501-514 08	Pü3	133b	1903	Schmieder
14 509-14 516	Pü3	133b	1903	Rastatt
14 517-14 532	PPü	133c'	1905	Rastatt
14 533-14 539	PPü	133d'	1906	Rastatt
14 540-14 549	PPü	133d'	1907	Rastatt
14 550-14 561	PPü	133d'	1909	Gotha
14 562-14 566	PPü	133d'	1914	Fuchs
14 567-14 572	PPü	133d'	1916	Rastatt
14 573-14 578	PPü	133d'	1916	Fuchs
14 625-14 692	P3	133e	1909	Fuchs
14 693-14 699	Pw3i Wü 21	--	1921	Fuchs
14 700-14 714	Pw3i Wü 21	--	1923	Fuchs
14 715-14 721	Pwi 23	--	1923	Dessau

* = Fürst. Fürstenbergische Privatwagen

Erneute Belegung nach 1903

Betriebs-Nr.	Bauart	Gruppe	Bauj.	Hersteller
1	Hofwagen	2'	1918	Fuchs
146	ABCCü	79d	1911	Hannover
152	ABCCü	79d	1911	Hannover
169	ABCCü	79d	1911	Hannover
170-174	BC3	34'	1914	Rastatt
175-184	BC3	34'	1910	Rastatt
185-187	BC3	34'	1913	Rastatt
190	BC3	34'	1913	Rastatt
194-198	BC3	34'	1914	Rastatt
202	BC3	34'	1914	Rastatt
362	C3	55b	1909	Lindner
364	C3	55b	1909	Lindner
488	C3	55b	1913	Fuchs
501-502	Heizwagen	125'	1916	Hw Karlsr

Erstbelegungen vor 1903 (Aufstellung unvollständig)

Betriebs-Nr.	Bauart	Gruppe	Bauj.	Hersteller
4-9	BPost	–	1848	Voelker
26-34	BPost3	–	1848	Schmieder
176-177	BPost3	–	1848	Schmieder
228	Versuchswg.	122	1842	Schmieder
359	BPost3	–	1848	Schmieder
617	BPost	–	1848	Schmieder
1 378	BC3	36	1857	Schmieder
1 384	Verandawag.	–	?	?
1 390-1 393	BPost3	–	1856	Schmieder
6 606-6 607	WLAB3	–	1876	Gastell

Zweitbelegungen vor 1903 (Aufstellung unvollständig)

Betriebs-Nr.	Bauart	Gruppe	Bauj.	Hersteller
4 - 9	Post	–	1862	Hw Karlsr.
26 - 34	Post	–	1864	Hw Karlsr.
129	Post	–	1864	Hw Karlsr.
177	Post	–	1864	Hw Karlsr.
359	Post	–	1864	Hw Karlsr.
383	AB3	12	1856	Schmieder
385	AB3	12	1856	Schmieder
387	AB3	12	1856	Schmieder
494	Post	–	1864	Hw Karlsr.
505	Post	–	1864	Hw Karlsr.
508	Post	–	1864	Hw Karlsr.
1 390-1 391	Post3 **	–	1864	Hw Karlsr.
1 392-1 393	AB3 **	–	1864	Hw Karlsr.
3 677-3 684	Post	–	1866	Schmieder
3 885-3 894	Post	–	1868	Schmieder

**= Umbau aus BPost3

Anhang 4

Einzelnachweis der Betriebsnummern

Gruppe: 1 Blatt: 5	Salon 6 Bad 94 (Hofwagen)						
Rathgeber, München	1894	Baden	10 000	10 001	Kar	10 335	+ vor 1940

Gruppe: 2' Blatt: 6	Salon 6ü Bad 18 (Hofwagen)						
Fuchs, Heidelberg 27.10./3.11.1914	1918	Baden	1	10 002	Kar	10 397	+ ? (ab 1927 10 021 Bln)

Gruppe: 18 Blatt: 83	B Bad 89						
Schmieder & Mayer, Karlsruhe	1889	Baden	1 370	64 038	Kar	------	?
			1 388	64 039		22 061	– 1931
			1 392	?		------	?
			8 648	?		------	?
			8 649	?		------	?
			8 650	------		------	§ 1919 E
			8 651	?		------	?
			8 652	?		------	?
			8 653	?		------	?
			8 654	?		------	?
			8 655	?		------	?
			8 656	?		------	?
			8 657	?		------	?
			8 658	?		------	?
			8 659	?		------	?
			8 660	?		------	?
			8 661	------		------	§ 1919 E
			8 662	------		------	§ 1919 E
			8 663	?		------	?
	1890		9 091	?		------	?
			9 092	------		------	§ 1919 A.L.
			9 093	?		------	?
			9 094	------		------	§ 1919 E
			9 095	?		------	?
			9 096	------		------	§ 1919 E
			9 097	?		------	?
			9 098	?		------	?
			9 099	------		------	– vor 1920
			9 100	64 051		22 130	+ 1931

Gruppe: 19 Blatt: 84	B Bad 91						
Schmieder & Mayer, Karlsruhe	1891	Baden	10 119	64 055	Kar	------	?
			10 120	64 056		------	?
			10 121	------		------	?
			10 122	64 057		22 237	+ 1931
			10 123	------		------	§ 1919 E
			10 124	64 058		22 238	+ 1931
			10 125	64 059		22 239	?
			10 126	64 060		------	+ 1930
			10 127	------		------	?
			10 128	64 061		22 240	+ 1931

Gruppe: 20 Blatt: 85	B Bad 85						
Schmieder & Mayer	1885	Baden	7 919	?		------	?
			7 920	?		------	?
			7 921	------		------	§ 1919 E
			7 922	64 063	Kar	21 949	+ 1931
			7 923	64 064		------	?
			7 924	64 065		------	?
	1886		7 925	64 066		21 984	+ 1931
			7 926	?		------	?
			7 927	------		------	§ 1919 E
			7 928	------		------	§ 1919 E
			7 929	?		------	?
			7 930	?		------	?
			7 931	64 068		------	?
			7 932	64 069		21 985	+ 1931
			7 933	64 070		21 986	+ 1931

			7 934	?		------			?
			7 935	?		------			?
			7 936	?		------			?
			7 937	?		------			?
			7 938	?		------			?
Gruppe: 21 Blatt: 86	B Bad 95								
Schmieder & Mayer, Karlsruhe	1895	Baden	11 116	64 078	Kar	22 659			?
			11 117	64 079		22 660			?
			11 118	64 080		22 661			?
			11 119	------		------			§ 1919 E
			11 120	64 081		22 662			?
			11 121	------		------			§ 1919 E
Rathgeber, München	1897		11 823	64 082		22 866			?
			11 824	64 035!		22 863			?
			11 825	64 036!		22 864			+ 1953
			11 826	64 037!		22 865			?
			11 827	------		------			?
Gruppe: 21a Blatt: 79	B3 Bad 02								
MAN, Nürnberg	1902	Baden	14 404	64 001	Kar	23 147			?
			14 405	64 002		23 148			?
			14 406	64 003		23 149			Nach 1945 bei ÖBB: 43 890
			14 407	64 004		23 150			+ 1950
			14 408	64 005		23 151			?
Gruppe: 21b Blatt: (80) 87a	BC3 Bad 06/26 (urspr. B3, 1926 Umbau in BC 3)								
				B3		BC3			
Fuchs, Heidelberg	1906	Baden	86	------		------		------	§ 1919 E
			87	64 006	Kar	68 031	Kar	32 355	+ 1957
			88	64 007		68 032		32 356	+ 1954
			89	64 008		68 033		32 357	+ 1956
			90	64 009		68 034		32 358	% 1950
			91	64 010		68 035		32 359	?
			92	64 011		68 036		32 360	+ 1948
			93	64 012		68 037		32 361	+ 1949
			94	64 013		68 038		32 362	+ 1954
			95	64 014		68 039		32 363	?
			96	64 015		68 040		32 364	?
			97	64 016		68 041		32 365	?
			98	64 017		68 042		32 366	+ 1954
Gruppe: 21c Blatt: (81)	87b	BC3 Bad 11/26 (urspr. B3, 1926 Umbau in BC3)							
				B3		BC3			
Fuchs, Heidelberg 31.12.1910/27.1.1911	1911	Baden	562	64 018	Kar	68 043	Kar	32 602	?
			563	------		------		------	?
			564	64 019		68 044		32 603	?
			565	64 020		68 045		32 604	+ 1951
			566	64 021		68 046		32 605	+ 1958
			567	------		------		------	§ 1919 E
			568	------		------		------	§ 1919 E
			569	64 022		68 047		32 606	+ 1947
			570	64 023		68 048		32 607	+ 1954
			571	64 024		68 049		32 608	+ 1951
Fuchs, Heidelberg 24.1./12.2.1913	1913		572	64 025		68 050		32 696	+ 1955
			573	64 026		68 051		32 697	+ 1944
			574	64 027		68 052		32 698	?
			575	64 028		68 053		32 699	?
			576	64 029		68 054		32 700	?
Gruppe: 22 Blatt: 75	B4 Bad 93								
v.d.Zypen-Charlier, Köln-Deutz	1893	Baden	10 752	------		-----			§ 1919 E
			10 753	60 001	Kar	20 170			?
			10 754	60 002		20 171			?
			10 755	60 003		20 172			?
			10 756	------		------			§ 1919 E
Gruppe: 23 Blatt: 76	B4 Bad 93								
v.d.Zypen-Charlier, Köln-Deutz	1893	Baden	10 757	60 004	Kar	20 169			+ 1930
			10 758	60 005		20 173			?
			10 759	------		------			§ 1919 E
			10 760	------		------			§ 1919 E
			10 761	60 006		20 174			?
Gruppe: 34" Blatt: 87	BC3 Bad 09								
Waggonfabrik Hannover 27.10./7.11.1908	1909	Baden	135	68 001	Kar	32 502			+ 1954
			136	68 002		32 503			nach 1945 bei ÖBB: 43 891
			137	68 003		32 504			+ 1951
			138	68 004		32 505			DR-O, + 1970
Waggonfabrik Hannover 27.10/7.11.1908	1909	Baden	139	68 005		32 506			+ 1954
			140	68 006		32 507			?
			141	68 007		32 508			+ 1950
			142	------		------			§ 191 A.L.
			143	68 008		32 509			+ 1949
			144	68 009		32 510			+ 1954

Waggonfabrik Rastatt	1910		175	68 010	Kar	32 594	+ 1953
30.7./5.8.1910			176	68 011		32 595	+ 1956
			177	68 012		32 596	+ 1954
			178	68 013		32 597	+ 1958
			179	68 014		32 598	?
			180	68 015		32 599	?
			181	------		------	§ 1919 A.L.
			182	------		------	§ 1919 A.L.
			183	68 016		32 600	?
			184	68 017		32 601	?
Waggonfabrik Rastatt	1913		185	------		------	§ 1919 E
29.1./12.2.1913			186	------		------	§ 1919 A.L.
			187	68 018		32 693	+ 1955
			188	68 019		32 694	+ 1956
			190	68 020		32 695	+ 1947
Waggonfabrik Rastatt	1914		170	68 021		32 738	+ 1947
24.2./11.3.1914			171	------		------	?
			172	68 022		32 739	+ 1955
			173	68 023		32 740	+ 1950
			174	------		------	§ 1919 A.L.
			194	68 024		32 741	?
			195	68 025		32 742	+ 1956
			196	68 026		32 743	+ 1950
			197	68 027		32 744	+ 1955
			198	68 028		32 745	?
			202	------		------	§ 1919 E
Gruppe: 54 Blatt: 110	C Bad 91						
Fuchs, Heidelberg	1891	Baden	10 129	80 577	Kar	------	?
			10 130	80 578		------	?
			10 131	80 579		------	?
			10 132	80 580		------	?
			10 133	80 581		------	?
			10 134	80 582		------	?
			10 135	80 583		------	?
			10 136	80 584		------	?
			10 137	80 585		46 449	?
			10 138	80 586		------	+ 1931
			10 139	80 587		------	+ 1930
			10 140	80 588		------	+ 1931
			10 141	80 589		------	+ 1931
			10 142	80 590		------	+ 1930
			10 143	80 591		------	?
			10 144	80 592		------	?
			10 145	------		------	§ 1919 E
			10 146	80 593		------	?
			10 147	80 594		------	?
			10 148	------		------	§ 1919 E
Gruppe: 55 Blatt: 111	C Bad 95						
Hauptwerkstätte Karlsruhe	1895	Baden	1 359	80 595	Kar	47 348	?
			1 360	80 596		47 349	?
			1 361	80 597		47 350	+ 1941
			1 362	------		------	§ 1919 E
			1 363	80 598		47 351	+ 1955
			1 395!	80 599		47 352	+ 1955
Schmieder & Mayer, Karlsruhe	1896		11 784	80 600		47 524	?
			11 785	80 601		47 525	?
			11 786	80 602		47 526	?
			11 787	80 603		47 527	?
			11 788	80 604		47 528	+ 195
			11 789	------		------	?
	1897		11 790	------		------	?
			11 791	80 605		47 734	?
			11 792	------		------	?
			11 793	80 606		47 735	+ 1944
			11 794	80 607		47 736	?
			11 795	80 608		47 737	+ 1940
Schmieder & Mayer, Karlsruhe	1897	Baden	11 796	80 609		47 738	+ 1945
			11 797	80 610		47 739	+ 1947
			11 798	------		------	?
			11 799	80 611		47 740	?
			11 800	80 612		47 741	?
			11 801	------		------	§ 1919 E
			11 802	80 613		47 742	?
			11 803	80 614		47 743	?
Gruppe: 55a Blatt: 88	C3 Bad 02						
MAN, Nürnberg	1902	Baden	14 409	70 001	Kar	49 229	?
			14 410	70 002		49 230	+ 1940
			14 411	70 003		49 231	+ 1954
			14 412	------		------	§ 1919 E
			14 413	70 004		49 232	?

Fuchs, Heidelberg	1907	Baden	204	-----	-----	§ 1919 E
30.3./11.4.1906			205	70 005 Kar	53 180	+ 1955
			206	70 006	53 181	+ 1946
			207	-----	-----	§ 1919 E
			208	70 007	53 182	Rückgabe aus Italien, + 1951
			209	70 008	53 183	?
			210	70 009	53 184	+ 1954
			211	70 010	53 185	+ 1954
			212	70 011	53 186	+ 1950
			213	70 012	53 187	?
			214	-----	-----	+ 1915
			215	70 013	53 188	+ 1947
			216	70 014	53 189	+ 1954
			217	70 015	53 190	?
			218	70 016	53 191	+ 1947
			219	70 017	53 192	?
			220	70 018	53 193	+ 1952
			221	70 019	53 194	+ 1955
			222	-----	-----	+ 1915
			223	-----	-----	§ 1919 E
Waggonfabrik Rastatt	1908		224	-----	-----	+ 1918
26.4./11.5.1907			225	70 020	54 453	+ 1947
			226	70 021	54 454	?
			227	-----	-----	§ 1919 A.L.
			228	70 022	54 455	?
			229	70 023	54 456	+ 1961
			230	70 024	54 457	+ 1947
			231	70 025	54 458	+ 1952
			232	70 026	54 459	% 1948
			233	70 027	54 460	+ 1954
			234	70 028	54 461	+ 1952
			235	-----	-----	?
			236	70 029	-----	?
			237	70 030	54 462	?
			238	70 031	54 463	?
			239	70 032	54 464	+ 1956
			240	70 033	54 465	+ 1947
			241	70 034	54 466	?
			242	70 035	54 467	+ 1955
			243	70 036	54 468	?
			244	70 037	54 469	+ 1950
			245	70 038	54 470	zurück aus Ungarn 1952 – 53 862, + 1960
			246	70 039	54 471	+ 1957
			247	70 040	54 472	+ 1954
Waggonfabrik Gotha	1908		248	-----	-----	§ 1919 E
25.4./11.5.1907			249	70 041	54 473	+ 1949
			250	70 042	54 474	+ 1955
			251	-----	-----	§ 1919 A.L.
			252	70 043	54 475	?
			253	70 044	54 476	?
			254	70 045	54 477	+ 1946
			255	70 046	54 478	?
			256	-----	-----	§ 1919 A.L.
			257	-----	-----	§ 1919 E
Waggonfabrik Gotha	1909		258	70 047	55 746	?
7./28.9.1908			259	70 048	55 747	+ 1956
			260	70 049	55 748	?
Waggonfabrik Gotha	1909	Baden	261	-----	-----	§ 1919 E
7./28.9.1908			262	70 050	55 749	+ 1952
			263	70 051	55 750	?
			264	70 052	55 751	+ 1955
			265	70 053	55 752	?
			266	-----	-----	§ 1919 E
			267	70 054	55 753	?
Waggonfabrik Rastatt	1908		268	-----	-----	?
24.8./28.9.1908			269	-----	-----	§ 1919 E
			270	70 055	54 479	?
			271	-----	-----	§ 1919 E
			272	70 056	54 480	?
			273	70 057	54 481	?
			274	70 058	54 482	?
			275	70 059	54 483	?
			276	70 060	54 484	+ 1956
			277	70 061	54 485	+ 1954
			278	70 062	54 486	+ 1957
			279	------	------	§ 1919 E
			280	70 063	54 487	+ 1956
			281	70 064	54 488	+ 1955
			282	70 065	54 489	+ 1954
			283	70 066	54 490	?
			284	70 067	54 491	+ 1949
			285	70 068	54 492	?
			286	70 069	54 493	? (SNCF?)

			287	70 070 Kar	54 494	+ 1949
			288	70 071	54 495	?
			289	70 072	54 496	+ 1944
			290	70 073	54 497	+ 1954
			291	------	------	?
			292	70 074	54 498	+ 1954
			293	70 075	54 499	+ 1955
			294	70 076	54 500	?
			295	70 077	54 501	?
			296	70 078	54 502	% 1947
			297	70 079	54 503	?
			298	70 080	54 504	?
			299	------	------	§ 1919 E
			300	------	------	§ 1919 E
			301	70 081	54 505	+ 1951
			302	70 082	54 506	+ 1954
			303	70 083	54 507	?
			304	------	------	§ 1919 E
			305	------	------	§ 1919 E
			306	------	------	§ 1919 E
			307	70 084	54 508	+ 1959
Waggonfabrik Rastatt 24.10./7.11.1908	1909		308	70 085	55 754	?
			309	------	------	§ 1919 A.L.
			310	70 086	55 755	+ 1954
			311	70 087	55 756	?
			312	------	------	+ 1915
			313	70 305 !	55 757	+ 1957
			314	70 088	55 758	?
			315	70 089	55 759	+ 1948
			316	70 090	55 760	DR-O, 531-215
			317	70 091	55 761	+ 1957
			318	70 092	55 762	?
			319	70 093	55 763	+ 1955
			320	70 094	55 764	+ 1948
			321	70 095	55 765	+ 1944
			322	------	------	§ 1919 A.L.
			323	70 096	55 766	+ 1947
			324	70 097	55 767	?
			325	70 098	55 768	?
			326	70 099	55 769	?
			327	70 100	55 770	?
			328	70 101	55 771	+ 1949
			329	70 102	55 772	+ 1954
			330	70 103	55 773	+ 1958
			331	70 104	55 774	+ 1955
			332	70 105	55 775	+ 1956
			333	70 106	55 776	+ 1947
			334	70 107	55 777	?
			335	------	------	§ 1919 E
Waggonfabrik Rastatt 24.10./7.11.1908	1909	Baden	336	70 108	55 778	+ 1942
			337	70 109	55 779	?
			338	------	------	§ 1919 E
			339	------	------	§ 1919 E
			340	70 110	55 780	+ 1956
			341	70 111	55 781	+ 1947
			342	70 112	55 782	+ 1955
			343	70 113	55 783	+ 1954
			344	70 114	55 784	+ 1948
			345	70 115	55 785	?
			346	------	------	§ 1919 E
			347	------	------	§ 1919 E
			348	------	------	§ 1919 A.L.
			349	70 116	55 786	+ 1952
			350	70 117	55 787	+ 1944
			351	------	------	§ 1919 E
			352	------	------	§ 1919 E
Lindner, Ammendorf 24.10./7.11.1908	1909		353	70 118	55 788	+ 1954
			354	------	------	§ 1919 A.L.
			355	70 119	55 789	?
			356	70 120	55 790	+ 1956
			357	------	------	?
			358	70 121	55 791	?
			362	70 122	55 792	+ 1955
			364	70 123	55 793	+ 1947
			379	70 124	55 794	+ 1957
			380	70 125	55 795	+ 1942
Waggonfabrik Hannover 27.10./7.11.1908	1909		381	70 126	55 796	DR-O, 531-222
			382	70 127	55 797	?
			383	70 128	55 798	?
			384	70 129	55 799	+ 1957
			385	70 306 !	55 800	+ 1956
			386	70 130	55 801	+ 1942
			387	------	------	§ 1919 E
			388	70 131	55 802	+ 1953
			389	70 132	55 803	+ 1950

			390	70 133	Kar	55 804	+ 1955
Waggonfabrik Rastatt	1910		391	70 134		56 887	+ 1950
20./27.7.1909			392	70 135		56 888	?
			393	70 136		56 889	+ 1950
			394	------		------	§ 1919 E
			395	70 137		56 890	+ 1958
			396	70 138		56 891	+ 1955
			397	70 139		56 892	?
			398	70 140		56 893	DR-O, 531-218
			399	70 141		56 894	+ 1962
			400	------		------	§ 1919 E
			401	70 142		56 895	?
			402	70 143		56 896	+ 1948
			403	70 144		56 897	?
			404	------		------	§ 1919 A.L.
			405	70 145		56 898	+ 1955
			406	70 146		56 899	?
			407	70 147		56 900	+ 1955
			408	70 148		56 901	+ 1950
Fuchs, Heidelberg	1910		409	70 149		56 902	+ 1956
15./27.7.1909			410	70 150		56 903	+ 1955
			411	------		------	+ 1918
			412	------		------	§ 1919 E
			413	------		------	§ 1919 E
			414	------		------	§ 1919 E
			415	70 151		56 904	?
			416	70 152		56 905	?
			417	70 153		56 906	?
			418	70 154		56 907	?
			419	70 155		56 908	+ 1954
			420	70 156		56 909	+ 1955
			421	70 157		56 910	+ 1954
			422	70 158		56 911	?
			423	70 159		56 912	?
			424	70 160		56 913	?
			425	70 161		56 914	+ 1947
Waggonfabrik Rastatt	1910		426	70 162		56 915	?
30.7./5.8.1910			427	70 163		56 916	?
			428	70 164		56 917	?
			429	70 165		56 918	+ 1955
Fuchs, Heidelberg	1911	Baden	430	70 166		57 954	+ 1955
27.7./5.8.1910			431	70 167		57 955	+ 1947
			432	70 168		57 956	?
			433	70 169		57 957	+ 1955
			434	------		------	§ 1919 E
			435	70 170		57 958	?
			436	------		------	?
			437	70 171		57 959	?
			438	70 172		57 960	+ 1955
			439	70 173		57 961	+ 1954
			440	70 174		57 962	?
			441	70 175		57 963	?
			442	70 176		57 964	?
			443	70 177		57 965	?
			444	70 178		57 966	DR-O, 531-223
Waggonfabrik Hannover	1912		445	70 179		59 306	+ 1949
12.12.1911/6.1.1912			446	70 180		59 307	+ 1950
			447	70 181		59 308	?
			448	70 182		59 309	+ 1955
			449	------		------	§ 1919 E
Waggonfabrik Weimar	1912		450	70 183		59 310	+ 1953
11.12./1911/6.1.1912			451	70 184		59 311	+ 1955
			452	70 185		59 312	+ 1947
			453	70 186		59 313	+ 1947
			454	70 187		59 314	+ 1958
Waggonfabrik Rastatt	1912		455	70 188		59 315	+ 1955
14.12.1911/6.1.1912			456	70 189		59 316	+ 1955
			457	70 190		59 317	?
			458	70 191		59 318	+ 1950
			459	70 192		59 319	+ 1956
			460	------		------	§ 1919 A.L.
			461	70 193		59 320	+ 1955
			462	70 194		59 321	+ 1956
Fuchs, Heidelberg	1912		463	70 195		59 322	+ 1954
11.12.1911/6.1.1912			464	70 196		59 323	+ 1944
			465	70 197		59 324	+ 1948
			466	70 198		59 325	?
			467	70 199		59 326	+ 1955
			468	70 200		59 327	+ 1954
			469	70 201		59 328	?
			470	------		------	§ 1919 A.L.
			471	70 202		59 329	+ 1955
			472	70 203		59 330	?
			473	------		------	§ 1919 E
			474	------		------	§ 1919 E

			475	------		------	§ 1919 E
			476	------		------	?
			477	70 204	Kar	59 331	?
			478	70 205		59 332	?
			479	70 206		59 333	?
Fuchs, Heidelberg	1913		480	70 207		61 046	+ 1954
24.1./12.2.1913			481	70 208		61 047	?
			482	70 209		61 048	+ 1957
			483	70 210		61 049	+ 1954
			484	70 211		61 050	?
			485	70 212		61 051	?
			486	70 213		61 052	– 1955
			487	70 214		61 053	– 1955
			488	70 215		61 054	?
			848	70 216		61 055	?
			849	70 217		61 056	– 1958
			850	------		------	§ 1919 A.L.
			851	70 218		61 057	+ 1956
			852	------		------	§ 1919 A.L.
			853	------		------	?
Fuchs, Heidelberg	1914		838	70 219		62 278	?
28.2./11.3.1914			839	------		------	§ 1919 E
			840	70 220		62 279	+ 1959
			841	70 221		62 280	?
			842	70 222		62 281	+1956
			843	70 223		62 282	+ 1955
			844	70 224		62 283	?
			845	------		------	§ 1919 E
Waggonfabrik Rastatt	1914		846	70 225		62 284	?
24.2./11.3.1914			847	------		------	§ 1919 A.L.
Fuchs, Heidelberg	1918	Baden	660	70 226		67 223	?
26.4./9.5.1917			661	70 227		67 224	?
			662	70 228		67 225	+ 1955
			663	70 229		67 226	?
			664	70 230		67 227	+ 1955
			665	70 231		67 228	?
			666	70 232		67 229	?
			667	70 233		67 230	+ 1958
			668	------		------	§ 1919 A.L.
			669	70 234		67 231	+ 1958
			670	70 235		67 232	?
			671	70 236		67 233	?
			672	------		------	§ 1919 A.L.
			673	70 237		67 234	+ 1958
Waggonfabrik Rastatt	1918		674	------		------	§ 1919 A.L.
2./9.5.1917			675	70 238		67 235	+ 1958
			676	------		------	§ 1919 A.L.
			677	------		------	§ 1919 A.L.
			678	------		------	§ 1919 E
			679	70 239		67 236	Nach 1945 bei ÖBB: 43 895
			680	70 240		67 237	+ 1956
			681	------		------	§ 1919 A.L.
			682	------		------	§ 1919 A.L.
			683	70 241		67 238	Nach 1945 bei ÖBB: 43 896
			684	------		------	§ 1919 A.L.
			685	70 242		67 239	?
			686	------		------	§ 1919 E
			687	------		------	§ 1919 E
			688	------		------	§ 1919 E
			689	------		------	§ 1919 E
			690	------		------	§ 1919 E
			691	70 243		67 240	+ 1956
			692	------		------	§ 1919 E
			693	------		------	§ 1919 A.L.
			694	70 244		67 241	+ 1955
Fuchs, Heidelberg	1921		695	70 245		71 838	?
4./13.11.1919			696	70 246		71 839	+ 1956
			697	70 247		71 840	?
			698	70 248		71 841	+ 1959
			699	70 249		71 842	+ 1955
			700	70 250		71 843	?
			701	70 251		71 844	?
			702	70 252		71 845	+ 1959
			703	70 253		71 846	?
			704	70 254		71 847	+ 1959
			705	70 255		71 848	?
			706	70 256		71 849	+ 1954
			707	70 257		71 850	?
			708	70 258		71 851	+ 1954
			709	70 259		71 852	+ 1957
			710	70 260		71 853	?
			711	70 261		71 854	+ 1957
			712	70 262		71 855	?
			713	70 263		71 856	+ 1954
			714	70 264		71 857	?

			715	70 265	Kar	71 858	+ 1955
			716	70 266		71 859	nach 1945 bei ÖBB: 43 897
			717	70 267		71 860	?
			718	70 268		71 861	+ 1955
			719	70 269		71 862	?
			720	70 270		71 863	+ 1956
			721	70 271		71 864	?
			722	70 272		71 865	?
			723	70 273		71 866	+ 1955
			724	70 274		71 867	+ 1955
Waggonfabrik Rastatt	1921		725	70 275		71 868	+ 1956
15.10./13.11.1919			726	70 276		71 869	?
			727	70 277		71 870	?
			728	70 278		71 871	+ 1956
			729	70 279		71 872	?
			730	70 280		71 873	+ 1953
			731	70 281		71 874	+ 1950
			732	70 282		71 875	?
			733	70 283		71 876	+ 1955
Waggonfabrik Rastatt	1921	Baden	734	70 284		71 877	+ 1958
15.10./13.11.1919			735	70 285		71 878	+ 1957
			736	70 286		71 879	+ 1957
			737	70 287		71 880	DR-O, 531-667
			738	70 288		71 881	+ 1947
			739	70 289		71 882	+ 1958
			740	70 290		71 883	?
			741	70 291		71 884	+ 1955
			742	70 292		71 885	?
			743	70 293		71 886	+ 1957
			744	70 294		71 887	?
			745	70 295		71 888	+ 1955
			746	70 296		71 889	+ 1958
			747	70 297		71 890	DR-O, 531-668, + 1969
			748	70 298		71 891	?
			749	70 299		71 892	+ 1955
			750	70 300		71 893	?
			751	70 301		71 894	+ 1956
			752	70 302		71 895	+ 1960
			753	70 303		71 896	+ 1957
			754	70 304		71 897	+ 1954
Gruppe: 56 Blatt: 77	C4 Bad 93						
v.d.Zypen-Charlier, Köln-Deutz	1893	Baden	10 748	62 001	Kar	41 055	?
			10 749	62 002		41 056	? (ab 1931 C4kr)
			10 750	------		------	§ 1919 E
			10 751	62 003		41 057	?
Gruppe: 57 Blatt: 78	C4 Bad 98						
MAN, Nürnberg 1898	Baden	11 817	------	------			§ 1919 E
			11 818	62 004	Kar	41 214	ab 1931 C4kr, + 1956
			11 819	------		------	§ 1919 E
			11 820	62 005		41 215	+ 1953
			11 821	------		------	§ 1919 E
			11 822	------		------	§ 1919 E
Gruppe: 61a Blatt: 4	Zi Bad 06						
Fuchs, Heidelberg	1906	Baden	133	9 005	Kar	10 190	+ 1957
			134	9 006		10 191	?
Fuchs, Heidelberg	1913		135	9 007		10 192	+ 1957
26.7./8.8.1912							
Gruppe: 62 Blatt: 8	A4ü Bad 02						
Rathgeber, München	1902	Baden	14 398	20 001	Kar	------	1926 Dienstwagen 700 757 München
			14 399	20 002		------	?
			14 400	20 003		11 186	?
			14 401	20 004		------	?
			14 402	10 005		11 187	?
			14 403	10 006		------	?
Gruppe: 71 Blatt: 35	Bi Bad 93						
Düsseldorfer Eisenbahnbedarf	1893	Baden	10 742	36 034	Kar	29 783	?
			10 743	?		------	?
			10 744	?		------	?
			10 745	?		------	?
			10 746	36 037		29 784	?
			10 747	36 038		29 785	?
Gruppe: 72 Blatt: 36	Bi Bad 98						
Schmieder & Mayer, Karlsruhe	1898	Baden	12 305	?		------	?
			12 306	?		------	?
			12 307	36 040	Kar	29 828	+ 1949
			12 308	36 041		29 829	?
			12 309	36 042		29 830	+ 1949
			12 310	36 043		29 831	?

			12 311	36 044		29 832	Kar		?
			12 312	36 045		29 833			+ 1940
			12 313	36 046		29 834			?
			12 314	------		------			§ 1919 E
Gruppe: 72a Blatt: 28	B3i Bad 04								
Fuchs, Heidelberg	1904	Baden	18	36 001	Kar	29 898			+ 1948
			19	36 002		29 899			+ 1950
			20	36 003		29 900			% 1949
			21	36 004		------			vor 1929 Bremsprüfungswagen 700 30[illegible] Kar
Gruppe: 73 Blatt: 21	B4i Bad 96								
La Metallurgique, Brüssel	1896	Baden	11 110	30 001	Kar	26 941			?
			11 111	30 002		26 942			?
			11 112	30 003		26 943			?
			11 113	30 004		26 944			?
			11 114	------		------			+ 1911 (Unfall Müllheim)
			11 115	30 005		26 945			?
Gruppe: 74 Blatt: (22) 24a	BC4i Bad 99/27 (nach 1920 Umbau in B4i (Blatt 22), 1927 Umbau in BC4i)								
				B4i		BC4i			
Schmieder & Mayer, Karlsruhe	1899	Baden	13 017	30 006	Kar	31 011	Kar	35 806	?
			13 018	30 007		31 012		35 807	+ 1951
			13 019	30 008		31 013		35 808	?
			13 020	30 009		31 014		35 809	+ 1950
			13 021	30 010		31 015		35 810	+ 1958
			13 022	30 011		31 016		35 811	+ 1948
			13 023	30 012		31 017		35 812	+ 1949
			13 024	30 013		31 018		35 813	?
			13 025	30 014		31 019		35 814	+ 1953
			13 026	30 015		31 020		35 815	+ 1957
			13 027	30 016		31 021		35 816	?
			13 028	30 017		31 022		35 817	?
			13 029	30 018		31 023		35 818	+ 1948
			13 030	30 019		31 024		35 819	+ 1949
			13 031	30 020		31 025		35 820	+ 1958
	1900		13 073	30 021		31 026		35 822	?
			13 074	30 022		31 027		35 823	+ 1959
			13 075	30 023		31 028		35 824	+ 1957
			13 076	30 024		31 029		35 825	+ 1954
			13 077	30 025		31 030		35 826	+ 1950
			13 078	30 026		31 031		35 827	+ 1953
			13 079	30 027		31 032		35 828	?
Gruppe: 74a Blatt: 23	B4i Bad 03								
Schmieder & Mayer, Karlsruhe	1903	Baden	14 424	30 028	Kar	26 946	Kar		+ 1948
			14 425	30 029		26 947			?
			14 426	30 030		26 948			+ 1948
			14 427	30 031		26 949			?
			14 428	30 032		26 950			+ 1953
			14 429	30 033		26 951			1948 Unterrichtswagen
			14 430	30 034		26 952			?
			14 431	30 035		26 953			+ 1950
			14 432	30 036		26 954			+ 1958
			14 433	30 037		26 955			+ 1947
			14 434	30 038		26 956			+ 1950
			14 435	30 039		26 957			+ 1947
			14 436	30 040		26 958			+ 1953
			14 437	30 041		26 959			+ 1959
			14 438	30 042		26 960			+ 1944
			14 439	30 043		26 961			?
			14 440	30 044		26 962			+ 1943
			14 441	30 045		26 963			% 1948
			14 442	30 046		26 964			+ 1949
			14 443	30 047		26 965			+ 1947
			14 444	30 048		26 966			+ 1950
			14 445	30 049		26 967			+ 1956, DGEG-Museum Neustadt
			14 446	30 050		26 968			?
			14 447	30 051		26 969			?
Gruppe: 76 Blatt: 13	AB4ü Bad 07								
Fuchs, Heidelberg 30.3./11.4.1906	1907	Baden	13 898	21 047	Kar	13 410			?
			13 899	21 048		13 411			?
			13 900	21 049		13 412			+ 1944
			13 901	21 050		13 413			?
			13 902	21 051		13 414			+ 1950
			13 903	21 052		13 415			+ 1951
			13 904	------		------			§ 1919 E
Gruppe: 76a Blatt: 14	AB6ü Bad 08								
Rathgeber, München 16./28.2.1907	1908	Baden	13 905	21 053	Kar	13 419			?
			13 906	21 054		13 420			?
			13 907	21 055		13 421			?

			13 908	21 056	Kar	13 422	ab 1925: 21 136 Altona
			13 909	21 057		13 423	?
			13 910	21 058		13 424	+ 1951
			13 911	21 059		13 425	ab 1925: 21 137 Altona, + 1947
			13 912	21 060		13 426	+ 1951
			13 913	21 061		13 427	?
			13 914	21 062		13 428	?, Dienstwagen
Gruppe: 77 Blatt: 10	AB4ü Bad 96						
Meckl.Waggonfabrik, Güstrow	1896	Baden	11 734	21 004	Kar	12 998	?
			11 735	21 005		12 999	?
			11 736	21 003		12 997	+ 1931
			11 737	21 006		------	?
Schmieder & Mayer, Karlsruhe	1897		11 804	21 007		13 000	?
			11 805	21 008		------	?
			11 806	21 009		------	?
			11 807	21 010		13 001	?
			11 808	21 011		13 002	?
			11 809	21 012		13 003	?
	1898		12 300	21 013		13 004	?
			12 301	21 014		13 005	?
			12 302	------		------	?
			12 304	21 015		13 006	?
			12 305	21 016		------	?
Gruppe: 78 Blatt: 11	AB 4ü Bad 99						
Schmieder & Mayer, Karlsruhe	1899	Baden	13 007	21 017	Kar	13 076	?
			13 008	21 018		13 077	?
			13 009	21 019		13 078	?
			13 010	21 020		13 079	?
			13 011	21 021		13 080	?
			13 012	21 022		------	?
			13 013	21 023		------	?
			13 014	21 024		------	?
			13 015	21 025		13 081	?
			13 016	21 026		13 082	?
	1900		13 480	21 027		------	?
			13 481	21 028		13 083	?
			13 482	21 029		------	?
			13 483	21 030		13 084	?
			13 484	21 031		------	?
Gruppe: 79 Blatt: 12	AB4ü Bad 01						
Schmieder & Mayer, Karlsruhe	1901	Baden	13 883	21 032	Kar	13 172	+ 1956
			13 884	21 033		13 173	?
			13 885	21 034		13 174	+ 1948
			13 886	21 035		13 175	?
			13 887	21 036		13 176	?
			13 888	21 037		13 177	?
			13 889	21 038		13 178	+ 1952
			13 890	21 039		------	?
			13 891	21 040		13 179	+ 1946
			13 892	21 041		13 180	?
			13 893	21 042		13 181	+ 1950
			13 894	21 043		13 182	+ 1954
			13 895	21 044		13 183	1955: 26 790, + 1956
			13 896	21 045		13 184	+ 1950
			13 897	21 046		------	+ 1924 (Unfall Bellinzona)
Gruppe: 79a Blatt: 24	BC4i Bad 02 (urspr. ABC4i)						
Fuchs, Heidelberg,	1902	Baden	14 448	31 001	Kar	35 829	?
			14 449	31 002		35 830	+ 1948
			14 450	31 003		35 831	?
			14 451	31 004		35 832	?
			14 452	31 005		35 833	+ 1958
			14 453	31 006		35 834	+ 1948
			14 454	31 007		35 835	?
			14 455	31 008		35 836	+ 1958
			14 456	31 009		35 837	+ 1951
			14 457	31 010		35 838	?
Gruppe: 79b Blatt: 15	ABC4ü Bad 04						
Waggonfabrik Rastatt	1904	Baden	22	23 001	Kar	14 531	+ 1952
			41	23 002		14 532	?
			42	23 003		14 533	+ 1951
			43	23 004		14 534	+ 1949
			44	23 005		14 535	+ 1953
			45	23 006		14 536	?
			46	23 007		14 537	?
			68	------		------	§ 1919 E
			69	23 008		14 538	?
			70	23 009		14 539	+ 1952

Gruppe: 79c Blatt: 16 ABC4ü Bad 06

Waggonfabrik Rastatt	1906	Baden	71	23 010	Kar	14 575	+ 1957
			72	23 011		14 576	+ 1950
			73	23 012		14 577	+ 1952
			99	23 013		14 578	?
			100	23 014		14 579	1951: Bürowagen 149 200
			101	23 015		14 580	+ 1949

Gruppe: 79d Blatt: 17 ABC4ü Bad 11

Waggonfabrik Hannover	1911	Baden	102	23 016	Kar	14 924	1955: 15 891, + 1958
3./27.1.1911			103	23 017		14 925	?
			104	23 018		14 926	1955: 15 892, + 1956
			105	23 019		14 927	1955: 15 893, + 1956
			106	23 020		14 928	?
			107	23 021		14 829	?
			130	23 022		14 930	+ 1950
Fuchs, Heidelberg	1914		146	23 023		14 983	?
25.6./7.7.1913			152	23 024		14 984	1955: 15 961, + 1958
			169	23 025		14 985	1955: 15 962, + 1957

Gruppe: 85a Blatt: 37 Bi Bad 02

Gebr.Gastell, Mainz	1902	Baden	14 414	36 047	Kar	29 887	+ 1955
			14 415	36 048		29 888	?
			14 416	36 049		29 889	+ 1952
			14 417	36 050		29 890	+ 1957
			14 418	36 051		29 891	+ 1948
			14 419	36 052		29 892	% 1950
			14 420	36 053		29 893	?
			14 421	36 054		29 894	DR-O, 330-413
			14 422	36 055		29 895	+ 1959
			14 423	36 056		29 896	+ 1949

Gruppe: 85b' Blatt: 38 Bi Bad 12

Waggonfabrik Rastatt	1912	Baden	1 200	36 057	Kar	29 929	+ 1960
14.12.1911/6.1.1912			1 201	36 058		29 930	+ 1959
			1 202	36 059		29 931	+ 1958
			1 203	------		------	?
			1 204	36 060		29 932	?
			1 205	36 061		29 933	+ 1954
			1 206	------		------	§ 1919 E
			1 207	36 062		29 934	+ 1957
			1 208	36 063		29 935	+ 1955
			1 209	36 064		29 936	+ 1956
			1 210	36 065		29 937	?
			1 211	36 066		29 938	?
Waggonfabrik Rastatt	1913		1 212	------		------	§ 1919 E
29.1./12.2.1913			1 213	36 067		29 941	?
			1 214	------		------	§ 1919 E
			1 215	------		------	§ 1919 E
			1 216	36 068		29 942	+ 1958
			1 217	36 069		29 943	?
			1 218	36 070		29 944	?
			1 219	36 071		29 945	% 1948
			1 220	36 072		29 946	?
			1 221	36 073		29 947	+ 1956
Waggonfabrik Rastatt	1914		1 222	36 074		29 962	+ 1960
26.6./7.7.1913			1 223	36 075		29 963	+ 1949
			1 224	36 076		29 964	+1955
			1 225	36 077		29 965	+ 1959
			1 226	36 078		29 966	?
Waggonfabrik Rastatt	1914	Baden	1 227	36 079		29 967	+ 1956
26.6./7.7.1913			1 228	36 080		29 968	+ 1956
			1 229	36 081		29 969	+ 1954
			1 230	36 082		29 970	+ 1953
Fuchs, Heidelberg	1915		1 231	36 083		29 972	+ 1957
28.2./11.3.1914			1 232	36 084		29 973	+ 195
			1 233	36 085		29 974	?
			1 234	36 086		29 975	Zurück aus Polen, Museumswagen EZF
			1 235	36 087		29 976	+ 1953
			1 236	------		------	§ 1919 E

Gruppe: 91 Blatt: 42 BCi Bad 95

Schmieder & Mayer, Karlsruhe	1895	Baden	1 397	------		------	1913 in Gruppe 93n
			1 398	37 010	Kar	37 363	?
			1 399	37 011		------	?

Gruppe: 92a Blatt: 43 BCi Bad 11

Waggonfabrik Rastatt	1911	Baden	1 400	37 012	Kar	38 519	?
9./27.1.1911			1 401	37 013		38 520	+ 1953
			1 402	37 014		38 521	+ 1954
			1 403	37 015		38 522	+ 1951
			1 404	37 016		38 523	+ 1953
			1 405	37 017		38 524	+ 1953
			1 406	37 018		38 525	+ 1957

			1 407	37 019	Kar	38 526	+ 1955
			1 408	37 020		38 527	?
			1 409	37 021		38 528	+ 1955
Waggonfabrik Rastatt	1912		1 410	37 022		38 585	+ 1955
15./19.4.1912			1 411	37 023		38 586	?
			1 412	37 024		38 587	+ 1957
			1 413	37 025		38 588	+ 1957
			1 414	37 026		38 589	+ 1957
Fuchs, Heidelberg	1912		1 415	37 027		38 590	+ 1956
11./19.4.1912			1 416	37 028		38 591	?
			1 417	37 029		38 592	+ 1950
			1 418	37 030		38 593	?
			1 419	37 031		38 594	?
Waggonfabrik Hannover	1915		1 420	37 032		38 814	+ 1956
5./15.6.1914			1 421	37 033		38 815	?
			1 422	------		------	§ 1919 E
			1 423	37 034		38 816	?
			1 424	37 035		38 817	?
Gruppe: 93b Blatt: 46	Cid Bad 87						
Schmieder & Mayer, Karlsruhe	1887	Baden	8 026	50 012	Kar	89 759	?
			8 027	?		------	?
Gruppe: 93e Blatt: 49	Cid Bad 88						
Schmieder & Mayer, Karlsruhe	1888	Baden	8 616	------		------	§ 1919 E
			8 617	?		------	?
			8 618	50 022	Kar	87 991	?
			8 619	50 023		87 992	?
Gruppe: 93n Blatt: 57	Cid Bad 95						
Schmieder & Mayer, Karlsruhe	1895	Baden	1 397	50 039	Kar	88 951	?
Gruppe: 94' Blatt: 73	Cid Bad 10						
Waggonfabrik Hannover	1910	Baden	13 625	50 380	Kar	94 011	+ 1959
13./27.7.1909			13 626	50 381		94 012	+ 1956
			13 627	50 382		94 013	?
			13 628	50 383		94 014	?
			13 629	50 384		94 015	?
			13 630	50 385		94 016	+ 1961
			13 631	50 386		94 017	+ 1950
			13 632	50 387		94 018	+ 1958
			13 633	50 388		94 019	+ 1956
			13 634	50 389		94 020	+ 1959
Fuchs, Heidelberg	1910		13 635	50 390		94 021	+ 1958
15./27.7.1909			13 636	50 391		94 022	?
			13 637	50 392		94 023	+ 1951
			13 638	50 393		94 024	+ 1962
			13 639	50 394		94 025	+ 1951
			13 640	50 395		94 026	+ 1955
			13 641	50 396		94 027	+ 1955
			13 642	50 397		94 028	?
Fuchs, Heidelberg	1910	Baden	13 643	50 398		94 029	+ 1953
15./27.7.1909			13 644	50 399		94 030	+ 1948
			13 645	50 400		94 031	+ 1956
			13 646	50 401		94 032	?
			13 647	50 402		94 033	+ 1961
			13 648	50 403		94 034	+ 1944
			13 649	50 404		94 035	?
			13 650	50 405		94 036	+ 1959
			13 651	50 406		94 037	+ 1950
			13 652	50 407		94 038	?
			13 653	50 408		94 039	+ 1949
			13 654	------		------	§ 1919 E
			13 655	50 409		94 040	?
			13 656	50 410		94 041	?
			13 657	50 411		94 042	?
			13 658	50 412		94 043	+ 1958
			13 659	50 413		94 044	?
			13 660	50 414		94 045	+ 1959
Waggonfabrik Rastatt	1910		13 661	50 415		------	?
20./27.7.1909			13 662	50 416		94 046	+ 1958
			13 663	50 417		94 047	+ 1959
			13 664	50 418		94 048	+ 1958
			13 665	50 419		94 049	+ 1956
			13 666	50 420		94 050	+ 1958
			13 667	50 421		94 051	+ 1959
			13 668	50 422		94 052	+ 1955
			13 669	50 423		94 053	+ 1959
			13 670	------		------	§ 1919 E
			13 671	50 424		94 054	+ 1960
			13 672	50 425		94 055	?
			13 673	50 426		94 056	+ 1958
			13 674	50 427		94 057	+ 1953
			13 675	50 428		94 058	+ 1955
			13 676	50 429		94 059	?

			13 677	50 430	Kar	94 060	?
			13 678	50 431		94 061	+ 1956
			13 679	50 432		94 062	+ 1961
			13 680	50 433		94 063	?
			13 681	50 434		94 064	?
			13 682	50 435		94 065	?
			13 683	50 436		94 066	DR-O, 330-309
			13 684	50 437		94 067	+ 1947
Gruppe: 94a Blatt: 74	Cid Bad 11						
Waggonfabrik Rastatt 13./19.8.1910	1911	Baden	13 600	50 553	Kar	94 121	+ 1958
			13 601	50 554		94 122	+ 1953
			13 602	50 555		94 123	+ 1953
			13 603	50 556		94 124	+ 1959
			13 604	50 557		94 125	+ 1960
			13 605	50 558		94 126	+ 1960
			13 606	50 559		94 127	+ 1959
			13 607	50 560		94 128	+ 1953
			13 608	50 561		94 129	?
			13 609	50 562		94 130	DR-O, 330-405
			13 610	50 563		94 131	1955: Aufenthaltswagen 147 953, +1964
			13 611	50 564		94 132	+ 1962
Fuchs, Heidelberg 13./19.8.1910	1911		13 612	50 565		94 133	?
			13 613	50 566		94 134	?
			13 614	50 567		94 135	+ 1957
			13 615	50 568		94 136	+ 1959
			13 616	50 569		94 137	+ 1957
			13 617	50 570		94 138	+ 1960
			13 618	50 571		94 139	+ 1959
			13 619	50 572		94 140	+ 1959
			13 620	50 573		94 141	+ 1951
			13 621	50 574		94 142	+ 1960
			13 622	50 575		94 143	+ 1958
			13 623	50 576		94 144	+ 1959
			13 624	50 577		94 145	+ 1948
Waggonfabrik Rastatt 15./19.4.1912	1912		13 576	50 529		94 351	+ 1947
			13 577	50 530		94 352	?
			13 578	50 531		94 353	?
			13 579	50 532		94 354	?
			13 580	50 533		94 355	+ 1957
			13 581	50 534		94 356	?
Waggonfabrik Rastatt 15./19.4.1912	1912		13 582	50 535		94 357	+ 1955
			13 583	50 536		94 358	+ 1950
			13 584	50 537		94 359	+ 1958
			13 585	50 538		94 360	+ 1950
			13 586	50 539		94 361	+ 1959
			13 587	50 540		94 362	+ 1947
Waggonfabrik Rastatt 29.1./12.2.1913	1913		13 541	50 494		94 604	+ 1958
			13 542	50 495		94 605	?
			13 543	50 496		94 606	+ 1955
			13 544	50 497		94 607	+ 1957
			13 545	50 498		94 608	?
			13 546	50 499		94 609	?
			13 547	50 500		94 610	?
			13 548	50 501		94 611	+ 1957
			13 549	50 502		94 612	?
			13 550	50 503		94 613	+ 1958
			13 551	50 504		94 614	?
			13 552	50 505		94 615	? (DR-O ?)
			13 553	50 506		94 616	?
			13 554	50 507		94 617	?
			13 555	50 508		94 618	?
			13 556	50 509		94 619	?
			13 557	50 510		94 620	+ 1961
			13 558	50 511		94 621	?
			13 559	50 512		94 622	+ 1947
			13 560	50 513		94 623	+ 1961
			13 561	50 514		94 624	?
			13 562	50 515		94 625	+ 1957
			13 563	50 516		94 626	?
			13 564	50 517		94 627	?
			13 565	50 518		94 628	+ 1958
Waggonfabrik Hannover 31.1./12.2.1913	1913		13 566	50 519		94 629	+ 1959
			13 567	50 520		94 630	?
			13 568	50 521		94 631	+ 1962
			13 569	50 522		94 632	+ 1958
			13 570	50 523		94 633	?
			13 571	50 524		94 634	+ 1958
			13 572	50 525		94 635	?
			13 573	50 526		94 636	+ 1958
			13 574	50 527		94 637	DR-O, 330-416
			13 575	50 528		94 638	+ 1956
Fuchs, Heidelberg 11./19.4.1912	1912		13 588	50 541		94 639	?
			13 589	50 542		94 640	+ 1959

			13 590	50 543	Kar	94 641	+ 1960
			13 591	50 544		94 642	?
			13 592	50 545		94 643	+ 1946
			13 593	50 546		94 644	+ 1954
			13 594	50 547		94 645	+ 1951
			13 595	50 548		94 646	?
			13 596	50 549		94 647	+ 1955
			13 597	50 550		94 648	+ 1958
			13 598	50 551		94 649	+ 1962
			13 599	50 552		94 650	?
Fuchs, Heidelberg	1914		13 479	50 438		94 955	?
25.6./7.7.1913			13 480	50 439		94 956	?
			13 486	50 440		94 957	+ 1961
			13 487	50 441		94 958	+ 1953
			13 488	50 442		94 959	+ 1958
			13 489	50 443		94 960	+ 1958
			13 490	50 444		94 961	+ 1950
			13 491	50 445		94 962	+ 1948
			13 492	50 446		94 963	+ 1950
			13 493	50 447		94 964	+ 1950
			13 494	50 448		94 965	+ 1953
			13 495	50 449		94 966	+ 1957
			13 496	50 450		94 967	+ 1958
			13 497	50 451		94 968	?
			13 498	50 452		94 969	+ 1957
			13 499	50 453		94 970	+ 1951
			13 500	50 454		94 971	+ 1956
			13 501	50 455		94 972	+ 1960
			13 502	50 456		94 973	+ 1955
			13 503	50 457		94 974	DR-O, 330-422
			13 504	50 458		94 975	?
			13 505	50 459		94 976	?
			13 506	50 460		94 977	+ 1958
			13 507	50 461		94 978	+ 1958
			13 508	50 462		94 979	+ 1954
Waggonfabrik Rastatt	1914	Baden	13 509	50 463		94 980	+ 1956
26.6./7.7.1913			13 510	50 464		94 981	?
			13 511	50 465		94 982	?
			13 512	50 466		94 983	+ 1961
			13 513	50 467		94 984	+ 1960
			13 514	50 468		94 985	?
			13 515	50 469		94 986	+ 1954
			13 516	50 470		94 987	+ 1955
			13 517	50 471		94 988	+ 1944
			13 518	50 472		94 989	?
			13 519	50 473		94 990	?
			13 520	50 474		94 991	+ 1953
			13 521	50 475		94 992	nach 1945 bei ÖBB: 46 891
			13 522	50 476		94 993	+ 1956
			13 523	------		------	§ 1919 E
			13 524	50 477		94 994	+ 1947
			13 525	50 478		94 995	+ 1960
			13 526	50 479		94 996	?
			13 527	50 480		94 997	+ 1958
			13 528	50 481		94 998	nach 1945 bei ÖBB: 46 892
			13 529	50 482		94 999	+ 1958
			13 530	50 483		95 000	?
			13 531	50 484		95 001	+ 1962
			13 532	50 485		95 002	+ 1947
			13 533	50 486		95 003	?
			13 534	50 487		95 004	+ 1961
			13 535	50 488		95 005	+ 1960
			13 536	50 489		95 006	?
			13 537	50 490		95 007	+ 1956
			13 538	50 491		95 008	+ 1960
			13 539	50 492		95 009	+ 1959
			13 540	50 493		95 010	?
Waggonfabrik Rastatt	1915		13 090	50 588		95 011	+ 1953
5./15.6.1914			13 091	50 589		95 012	+ 1957
			13 092	50 590		95 013	?
			13 093	50 591		95 014	+ 1957
			13 094	50 592		95 015	?
			13 095	50 593		95 016	+ 1957
			13 096	50 594		95 017	+ 1961
			13 097	50 595		95 018	+ 1959
			13 098	50 596		95 019	+ 1954
			13 099	50 597		95 020	?
			13 100	50 598		95 021	+ 1951
			13 101	50 599		95 022	+ 1956
			13 102	50 600		95 023	?
			13 103	50 601		95 024	+ 1958
			13 104	50 602		95 025	+ 1959
			13 105	50 603		95 026	+ 1958
			13 106	50 604		95 027	?
			13 107	50 605		95 028	+ 1961

			13 108	50 606	Kar	95 029	+ 1960
			13 109	50 607		95 030	+ 1961
			13 110	50 608		95 031	+ 1959
			13 111	50 609		95 032	+ 1960
			13 112	50 610		95 033	+ 1959
			13 113	50 611		95 034	+ 1956
			13 114	50 612		95 035	?
Waggonfabrik Hannover	1915		13 080	50 578		95 232	+ 1959
5./15.6.1914			13 081	50 579		95 233	?
			13 082	50 580		95 234	?
			13 083	50 581		95 235	+ 1950
			13 084	50 582		95 236	+ 1957
			13 085	50 583		95 237	+ 1960
			13 086	50 584		95 238	+ 1944
			13 087	50 585		95 239	+ 1961
			13 088	50 586		95 240	+ 1959
			13 089	50 587		95 241	+ 1958
Waggonfabrik Rastatt	1915		13 115	50 613		95 242	+ 1957
5./15.6.1914			13 116	50 614		95 243	+ 1959
			13 117	50 615		95 244	+ 1958
			13 118	50 616		95 245	+ 1959
			13 119	50 617		95 246	+ 1957
			13 120	50 618		95 247	+ 1961
			13 121	50 619		95 248	+ 1960 Rückgabe aus den Niederlanden
			13 122	50 620		95 249	+ 1954
			13 123	50 621		95 250	?
Waggonfabrik Rastatt	1915	Baden	13 124	50 622		95 251	?
5./15.6.1914			13 125	50 623		95 252	+ 1957
			13 126	50 624		95 253	?
			13 127	50 625		95 254	+ 1959
			13 128	50 626		95 255	+ 1959
			13 129	50 627		95 256	+ 1959
			13 130	50 628		95 257	?
			13 131	50 629		95 258	+ 1959
			13 132	50 630		95 259	+ 1947
			13 133	50 631		95 260	+ 1953
			13 134	50 632		95 261	+ 1960
			13 135	50 633		95 262	+ 1953
			13 136	50 634		95 263	?
			13 137	50 635		95 264	+ 1960
			13 138	50 636		95 265	+ 1953
			13 139	50 637		95 266	+ 1953
Fuchs, Heidelberg	1915		13 140	50 638		95 267	+ 1955
3./15.6.1914			13 141	50 639		95 268	DR-O 330-613, + 1970
			13 142	50 640		95 269	DR-O 330-766? + 1971
			13 143	50 641		95 270	+ 1953
			13 144	50 642		95 271	?
			13 145	50 643		95 272	?
			13 146	50 644		95 273	+ 1955
			13 147	50 645		95 274	+ 1953
			13 148	50 646		95 275	+ 1955
			13 149	50 647		95 276	+ 1947
			13 150	50 648		95 277	+ 1958
			13 151	50 649		95 278	+ 1960
			13 152	50 650		95 279	+ 1957
			13 153	50 651		95 280	+ 1946
			13 154	50 652		95 281	+ 1958
	1916		13 155	50 653		95 500	?
			13 156	50 654		95 501	+ 1957
			13 157	50 655		95 502	+ 1958
			13 158	50 656		95 503	+ 1955
			13 159	50 657		95 504	+ 1959
			13 160	50 658		95 505	?
			13 161	50 659		95 506	+ 1962
			13 162	50 660		95 507	+ 1959
			13 163	50 661		95 508	+ 1957
			13 164	50 662		95 509	+ 1959
			13 165	50 663		95 510	?
			13 166	50 664		95 511	+ 1959
			13 167	50 665		95 512	1958 Aufenthaltswagen 147 883, +1964
			13 168	50 666		95 513	+ 1957
			13 169	50 667		95 514	+ 1947
			13 170	50 668		95 515	+ 1952
			13 171	50 669		95 516	?
			13 172	50 670		95 517	+ 1957
			13 173	50 671		95 518	+ 1947
			13 174	50 672		95 519	+ 1950
			13 175	50 673		95 520	?
			13 176	50 674		95 521	+ 1959
			13 177	50 675		95 522	+ 1957
			13 178	50 676		95 523	+ 1958
			13 179	50 677		95 524	+ 1956
			13 180	50 678		95 525	+ 1952

			13 181	50 679	Kar	95 526	+ 1958
			13 182	50 680		95 527	+ 1956
			13 183	50 681		95 528	?
			13 184	50 682		95 529	+ 1959
			13 185	50 683		95 530	?
			13 186	50 684		95 531	+ 1942
			13 187	50 685		95 532	+ 1959
			13 188	50 686		95 533	?
			13 189	50 687		95 534	+ 1957
			13 190	50 688		95 535	+ 1958
Waggonfabrik Rastatt	1919		13 211	50 709		96 714	+ 1955
5./11.4.1919			13 212	50 710		96 715	+ 1961
			13 213	50 711		96 716	+ 1958
			13 214	50 712		96 717	+ 1958
			13 215	50 713		96 718	?
			13 216	50 714		96 719	+ 1959
			13 217	50 715		96 720	+ 1957
			13 218	50 716		96 721	+ 1944
			13 219	50 717		96 722	+ 1957
			13 220	50 718		96 723	+ 1959
			13 221	50 719		96 724	+ 1955
Waggonfabrik Rastatt	1919	Baden	13 222	50 720		96 725	+ 1954
5./11.4.1919			13 223	50 721		96 726	+ 1961
			13 224	50 722		96 727	+ 1961
			13 225	50 723		96 728	+ 1959
			13 226	50 724		96 729	+ 1959
			13 227	50 725		96 730	+ 1959
			13 228	50 726		96 731	+ 1958
			13 229	50 727		96 732	+ 1957
			13 230	50 728		96 733	+ 1958
Fuchs, Heidelberg	1919		13 191	50 689		97 058	+ 1946
5./11.4.1919			13 192	50 690		97 059	+ 1956
			13 193	50 691		97 060	+ 1960
			13 194	50 692		97 061	+ 1959
			13 195	50 693		97 062	+ 1957
			13 196	50 694		97 063	+ 1961
			13 197	50 695		97 064	?
			13 198	50 696		97 065	?
			13 199	50 697		97 066	+ 1961
			13 200	50 698		97 067	?
			13 201	50 699		97 068	+ 1958
			13 202	50 700		97 069	?
			13 203	50 701		97 070	+ 1948
			13 204	50 702		97 071	+ 1955
			13 205	50 703		97 072	?
			13 206	50 704		97 073	+ 1958
			13 207	50 705		97 074	?
			13 208	50 706		97 075	+ 1961
			13 209	50 707		97 076	+ 1960
			13 210	50 708		97 077	+ 1960
			13 231	50 729		97 078	+ 1961
			13 232	50 730		97 079	+ 1958
			13 233	50 731		97 080	?
			13 234	50 732		97 081	+ 1958
			13 235	50 733		97 082	+ 1957
			13 236	50 734		97 083	+ 1955
			13 237	50 735		97 084	+ 1958
			13 238	50 736		97 085	+ 1963
			13 239	50 737		97 086	+ 1960
			13 240	50 738		97 087	+ 1957
			13 241	50 739		97 088	+ 1957
			13 242	50 740		97 089	+ 1961
			13 243	50 741		97 090	+ 1958
			13 244	50 742		97 091	+ 1947
			13 245	50 743		97 092	?
			13 246	50 744		97 093	+ 1958
			13 247	50 745		97 094	+ 1962
			13 248	50 746		97 095	?
			13 249	50 747		97 096	?
			13 250	50 748		97 097	+ 1959
Waggonfabrik Rastatt	1920		13 251	50 749		97 098	?
15.10./13.11.1919			13 252	50 750		97 099	?
			13 253	50 751		97 100	+ 1944
			13 254	50 752		97 101	?
			13 255	50 753		97 102	+ 1959
			13 256	50 754		97 103	% 1948
			13 257	50 755		97 104	+ 1955
			13 258	50 756		97 105	+ 1958
			13 259	50 757		97 106	?
			13 260	50 758		97 107	+ 1963
			13 261	50 759		97 108	+ 1955
			13 262	50 760		97 109	?
			13 263	50 761		97 110	DR-O, 330-433
			13 264	50 762		97 111	+ 1958
			13 265	50 763		97 112	?

			13 266	50 764	Kar	97 113	+ 1953
			13 267	50 765		97 114	+ 1953
			13 268	50 766		97 115	DR-O 330-434
			13 269	50 767		97 116	+ 1952
			13 270	50 768		97 117	?
Waggonfabrik Rastatt	1921		13 271	50 769		97 568	+ 1954
13./19.10.1921			13 272	50 770		97 569	+ 1961
			13 273	50 771		97 570	+ 1961
			13 274	50 772		97 571	+ 1960
			13 275	50 773		97 572	DR-O 330-514, + 1959
			13 276	50 774		97 573	+ 1947
			13 277	50 775		97 574	DR-O 330-515
Waggonfabrik Rastatt	1922		13 278	50 776		97 575	+ 1961
13./19.10.1921			13 279	50 777		97 576	?
			13 280	50 778		------	?
			13 281	50 779		97 577	+ 1958
			13 282	50 780		97 578	?
			13 283	50 781		97 579	+ 1962
			13 284	50 782		97 580	+ 1962
			13 285	50 783		97 581	+ 1960
Gruppe: 101 Blatt: 64	Cid Bad 87						
Fuchs, Heidelberg	1887	Baden	7 961	?		------	?
			7 962	?		------	?
			7 963	?		------	?
			7 964	?		------	?
			7 965	------		------	+ 1915
			7 966	50 159	Kar	------	+ vor 1931, DGEG Museum Neustadt (Weinstr)
			7 967	50 160		------	+ vor 1931
			7 968	50 161		------	+ vor 1931
			7 969	50 162		------	+ vor 1931
			7 970	50 163		------	+ vor 1931
Fuchs, Heidelberg	1887	Baden	7 971	50 164		------	+ vor 1931
			7 972	50 165		------	+ vor 1931
			7 973	50 166		------	+ vor 1931
			7 974	50 167		------	+ vor 1931
Schmieder & Mayer, Karlsruhe	1890		9 110	50 168		------	+ vor 1931
			9 111	50 169		------	+ vor 1931
			9 112	50 170		------	+ vor 1931
			9 113	50 171		------	+ vor 1931
			9 114	------		------	§ 1919 E
			9 115	50 172		------	+ vor 1931
			9 116	50 173		------	+ vor 1931
			9 117	50 174		------	+ vor 1931
			9 118	50 175		------	+ vor 1931
Fuchs, Heidelberg	1891		10 152	50 176		------	+ vor 1931
			10 153	50 177		------	+ vor 1931
			10 154	50 178		------	+ vor 1931
			10 155	-----		------	§ 1919 E
			10 156	50 179		88 126	?
			10 157	50 180		88 127	?
			10 158	50 181		------	?
			10 159	50 182		------	+ 1931
			10 160	50 183		88 128	?
			10 161	50 184		------	+ 1931
			10 162	------		------	§ 1919 E
			10 163	?		------	?
			10 164	?		------	?
			10 165	?		------	?
			10 166	?		------	?
Gruppe: 105 Blatt: 68	Cid Bad 93						
Schmieder & Mayer, Karlsruhe	1893	Baden	10 697	?		------	?
			10 698	?		------	?
			10 699	?		------	?
			10 700	?		------	?
			10 701	50 222	Kar	88 525	?
			10 702	50 223		88 526	?
			10 703	50 224		88 527	?
			10 704	50 225		88 528	?
Schmieder & Mayer, Karlsruhe	1893	Baden	10 705	50 226		88 529	?
			10 706	------		------	+ 1906
Fuchs, Heidelberg	1893		10 707	50 227		88 530	?
			10 708	50 228		88 531	?
			10 709	50 229		88 532	?
			10 710	50 230		88 533	?
			10 711	50 231		88 534	?
			10 712	50 232		88 535	?
			10 713	50 233		88 536	?
			10 714	50 234		88 537	?
			10 715	50 235		------	?
			10 716	50 236		88 538	?
	1895		11 122	50 237		88 952	?
			11 123	50 238		88 953	?

			11 124	50 239	Kar	88 954	?
			11 125	50 240		88 955	?
			11 126	50 241		88 956	?
Fuchs, Heidelberg	1895	Baden	11 127	50 242		88 957	?
			11 128	50 243		88 958	?
			11 129	50 244		88 959	?
			11 130	50 245		88 960	?
			11 131	50 246		88 961	?
	1896		11 738	50 247		89 372	?
			11 739	50 248		89 373	?
			11 740	50 249		89 374	?
			11 741	50 250		89 375	?
			11 742	50 251		89 376	?
			11 743	50 252		89 377	?
			11 744	50 253		89 378	?
			11 745	50 254		89 379	?
			11 746	50 255		89 380	?
			11 747	50 256		89 381	?
			11 748	50 257		89 382	?
			11 749	50 258		89 383	?
			11 750	50 259		89 384	?
			11 751	50 260		89 385	?
			11 752	50 261		89 386	?
			11 753	50 262		89 387	?
			11 754	50 263		89 388	?
			11 755	50 264		89 389	?
			11 756	50 265		89 390	?
			11 757	50 266		89 391	?
			11 758	50 267		89 392	?
			11 759	50 268		89 393	?
			11 760	50 269		89 394	?
			11 761	50 270		89 395	?
			11 762	50 271		89 396	?
			11 763	50 272		89 397	?
			11 764	50 273		89 398	?
			11 765	50 274		89 399	?
			11 766	50 275		89 400	?
			11 767	50 276		89 401	?
			11 768	50 277		89 402	?
			11 769	50 278		89 403	?
			11 770	50 279		89 404	?
	1897		11 771	50 280		89 760	?
			11 772	50 281		89 761	?
			11 773	50 282		89 762	?
			11 774	50 283		89 763	?
			11 775	50 284		89 764	?
			11 776	50 285		89 765	+ 1948
			11 777	50 286		89 766	?
Schmieder & Mayer, Karlsruhe	1897		11 778	50 287		89 767	+ 1947
			11 779	50 288		89 768	?
			11 780	50 289		89 769	?
			11 781	50 290		89 770	+ 1948
			11 782	50 291		89 771	?
			11 783	50 292		89 772	% 1948
Fuchs, Heidelberg	1898		12 270	50 293		90 231	+ 1953
			12 271	50 294		90 232	+ 1956
			12 272	50 295		90 233	?
			12 273	50 296		90 234	?
			12 274	50 297		90 235	?
	1899		12 275	50 298		90 862	+ 1957
			12 276	50 299		90 863	?
			12 277	50 300		90 864	+ 1947
			12 278	50 301		90 865	?
			12 279	50 302		90 866	+ 1947
			12 280	50 303		90 867	?
			12 281	50 304		90 868	+ 1950
			12 282	50 305		90 869	+ 1950
			12 283	50 306		90 870	?
			12 284	50 307		90 871	+ 1947
			12 285	50 308		90 872	?
			12 286	50 309		90 873	?
			12 287	50 310		90 874	?
			12 288	50 311		90 875	?
			12 289	50 312		90 876	?
			12 290	50 313		90 877	?
			12 291	------		------	?
			12 292	50 314		90 878	?
			12 293	50 315		90 879	+ 1954
			12 294	50 316		90 880	?
Fuchs, Heidelberg	1899	Baden	12 295	50 317		90 881	+ 1950
			12 296	50 318		90 882	+ 1944
			12 297	50 319		90 883	+ 1949
			12 298	50 320		90 884	?
			12 299	50 321		90 885	?

Gruppe: 106 Blatt: 69	Cid Bad 93						
Fuchs, Heidelberg	1893		10 717	50 322	Kar	88 539	?
			10 718	------		------	?
			10 719	50 323		88 540	?
			10 720	50 324		88 541	?
			10 721	50 325		88 542	1950: Wohngerätewagen 148 270
			10 722	50 326		88 543	?
			10 723	50 327		------	? bis 1910 Versuchswagen (Gruppe: 122)
			10 724	50 328		88 544	?
			10 725	50 329		88 545	?
			10 726	50 330		88 546	?
			10 727	50 331		88 547	?
			10 728	50 332		88 548	?
			10 729	50 333		88 549	?
			10 730	50 334		88 550	?
			10 731	50 335		88 551	?
			10 732	50 336		88 552	?
			10 733	50 337		88 553	?
			10 734	50 338		88 554	?
			10 735	50 339		88 555	?
			10 736	50 340		88 556	?

Gruppe: 107 Blatt: 70	Cid Bad 98						
Fuchs, Heidelberg	1898	Baden	12 240	50 341	Kar	90 236	+ 1954
			12 241	50 342		90 237	?
			12 242	------		------	?
			12 243	50 343		90 238	?
			12 244	50 344		90 239	?
			12 245	50 345		90 240	?
			12 246	50 346		90 241	?
			12 247	------		------	§ 1919 E
			12 248	50 347		90 242	?
			12 249	50 348		90 243	?
Schmieder & Mayer, Karlsruhe	1898		12 250	50 349		90 244	?
			12 251	50 350		90 245	?
			12 252	50 351		90 246	+ 1948
			12 253	50 352		90 247	% 1947
			12 254	------		------	?
			12 255	------		------	+ 1906
			12 256	50 353		90 248	+ 1950
			12 257	50 354		90 249	?
			12 258	50 355		90 250	+ 1950
			12 259	50 356		90 251	?
			12 260	50 357		90 252	+ 1953
			12 261	------		------	§ 1919 E
			12 262	50 358		90 253	+ 1954
			12 263	50 359		90 254	+ 1954
			12 264	50 360		90 255	?
			12 265	50 361		90 256	?
			12 266	50 362		90 257	?
			12 267	50 363		90 258	?
			12 268	50 364		90 259	?
			12 269	50 365		90 260	?

Gruppe: 108 Blatt: 45	Ci Bad 01						
Schmieder & Mayer, Karlsruhe	1901	Baden	13 685	40 001	Kar	------	Cassel 1172, 40 147 Ksl, 91 300 *, + 1959
			13 686	40 002		92 096	?
			13 687	40 003		------	Cassel 1173, 40 148 Ksl, ------ *
			13 688	40 004		92 097	+ 1959
			13 689	------		------	?
			13 690	40 005		92 098	+ 1948
			13 691	------		------	§ 1919 E
			13 692	40 006		92 099	Nach 1945: LCi 9299 Nür + 1955
			13 693	40 007		92 100	+ 1961
			13 694	40 008		92 101	+ 1947
			13 695	40 009		------	Cassel 1175, 40 150 Ksl 91 802 *
			13 696	40 010		92 102	?
			13 697	40 011		------	Cassel 1177, 40 152 Ksl, 91 804 *
Schmieder & Mayer, Karlsruhe	1901	Baden	13 698	40 012		92 103	?
			13 699	40 013		92 104	+ 1954
			13 700	40 014		92 105	?
			13 701	40 015		92 106	?
			13 702	40 016		92 107	?
			13 703	40 017		92 108	+ 1957
			13 704	40 018		92 109	+ 1958
			13 705	40 019		92 110	+ 1951
			13 706	40 020		92 111	?
			13 707	40 021		92 112	+ 1950

		13 708	40 022 Kar	92 113	+ 1950
		13 709	40 023	92 114	?
		13 710	40 024	92 115	+ 1940
		13 711	40 025	92 116	?
		13 712	40 026	92 117	?
		13 713	40 027	92 118	+ 1956
		13 714	40 028	92 119	+ 1948
		13 715	40 029	92 120	+ 1951
		13 716	40 030	------	Cassel 1178, 40 153 Ksl, 91 805 *,+ 1959
		13 717	40 031	92 121	+ 1953
		13 718	40 032	92 122	+ 1952
		13 719	40 033	92 123	+ 1952
		13 720	40 034	92 124	?
		13 721	40 035	92 125	?
		13 722	40 036	92 126	?
		13 723	40 037	92 127	+ 1947
		13 724	40 038	92 128	+ 1942
Fuchs, Heidelberg	1901	13 725	40 039	92 129	?
		13 726	40 040	92 130	+ 1952
		13 727	40 041	92 131	+ 1958
		13 728	40 042	92 132	+ 1954
		13 729	40 043	92 133	?
		13 730	40 044	92 134	?
		13 731	40 045	92 135	+ 1950
		13 732	40 046	92 136	?
		13 733	40 047	92 137	+ 1960
		13 734	40 048	92 138	+ 1950
		13 735	40 049	92 139	+ 1953
		13 736	40 050	92 140	+ 1956
		13 737	40 051	92 141	?
		13 738	40 052	92 142	? Bahndienstwagen 729 010 Stuttgart
		13 739	40 053	92 143	+ 1958
		13 740	40 054	92 144	+ 1957
		13 741	40 055	-----	Cassel 1171, 40 146 Ksl, 91 651 *, + 1955
		13 742	40 056	92 145	+ 1956
		13 743	40 057	------	Cassel 1179, 40 154 Ksl, 91 806 *
		13 744	40 058	92 146	+ 1948
Waggonfabrik Rastatt	1901	13 745	40 059	92 147	?
		13 746	40 060	92 148	+ 1952
		13 747	40 061	92 149	+ 1955
		13 748	40 062	92 150	+ 1944
		13 749	40 063	92 151	+ 1956
		13 750	40 064	92 152	+ 1952
		13 751	40 065	92 153	+ 1948
		13 752	40 066	92 154	+ 1936
		13 753	40 067	92 155	?
		13 754	40 068	92 156	+ 1950
		13 755	40 069	92 157	+ 1948
		13 756	40 070	92 158	?
		13 757	40 071	92 159	+ 1958
		13 758	40 072	92 160	+ 1950
		13 759	40 073	92 161	+ 1958
		13 760	40 074	92 162	?
		13 761	40 075	92 163	+ 1956
		13 762	40 076	92 164	+ 1952
		13 763	40 077	------	Cassel 1180, 40 155 Ksl, 91 807 *, % 1949
		13 764	40 078	92 165	?
Süddeutsche Waggonfabrik Kelsterbach	1901	13 765	40 079	92 166	?
		13 766	40 097 !	92 182 !	1956: Wohnschlafwagen 147 775
		13 767	40 080	92 167	+ 1947
		13 768	40 081	92 168	+ 1951
		13 769	40 082	------	?, Cassel 1174, 40 149 Ksl, 91 801 *
		13 770	40 083	92 169	+ 1948
		13 771	40 084	92 170	+ 1949
		13 772	40 085	92 171	?
		13 773	40 086	92 172	?
Süddeutsche Waggonfabrik Kelsterbach	1901	13 774	------	------	v+ vor 1923
		13 775	40 087	92 173	+ 1956
		13 776	40 088	92 174	+ 1950
		13 777	40 089	92 175	?
		13 778	40 090	92 176	+ 1958
		13 779	40 091	92 177	?
		13 780	40 092	92 178	1950 in Belgien
		13 781	40 093	92 179	+ 1954
		13 782	40 094	92 180	+ 1947
		13 783	40 095	92 181	+ 1956
		13 784	40 096	------	Cassel 1176, 40 151 Ksl, 91 803 *, ------ *, ab 1925 Ci pr 01 !

Gruppe: 109 Blatt: 25 C4i Bad 97

Fuchs, Heidelberg	1897	Baden	11 811	32 001	Kar	79 628		?
			11 812	32 002		79 629		?
			11 813	32 003		79 630		?
			11 814	32 004		79 631		+ 1955
			11 815	32 005		79 632		Mannschaftswagen für Hilfszug
			11 816	32 006		79 633		Wohnschlafwagen 147 701 + 1962

Gruppe: 110 Blatt: 26 C4i Bad 99

Fuchs, Heidelberg	1899	Baden	13 038	32 007	Kar	79 634		?
			13 039	32 008		79 635		% 1953 Modelleisenbahnclub Heilbronn
			13 040	32 009		79 636		+ 1955
			13 041	32 010		79 637		?
			13 042	32 011		79 638		+ 1950
			13 043	32 012		79 639		+ 1956
			13 044	------		------		+ 1911 Unfall Müllheim
			13 045	32 013		79 640		?
			13 046	32 014		79 641		+ 1950
			13 047	32 015		79 642		?
			13 048	------		------		+ 1911 Unfall Müllheim
			13 049	32 016		79 643		?
			13 050	32 017		79 644		?
			13 051	32 018		------		?
			13 052	32 019		79 645		?
			13 053	32 020		------		?
Schmieder & Mayer, Karlsruhe	1900		13 054	32 021		79 646		1956 Aufenthaltswagen 147 841, + 1964
			13 055	32 022		79 647		+ 1958
			13 056	32 023		79 648		Eisenbahnmuseum Darmstadt-Kranichstein
			13 057	------		------		+ 1911 Unfall Müllheim
			13 058	32 024		79 649		?
			13 059	32 025		79 650		?
			13 060	32 026		79 651		+ 1957
			13 061	32 027		79 652		+ 1958
			13 062	32 028		79 653		?
			13 063	------		------		+ 1900 Unfall Hegne
			13 064	32 029		79 654		+ 1959
			13 065	32 030		79 655		+ 1951
			13 066	32 031		79 656		+ 1950
Waggonfabrik Rastatt	1900		13 067	32 032		79 657		?
			13 068	32 033		79 658		+ 1953
			13 069	32 034		79 659		+ 1952
			13 070	32 035		79 660		?
			13 071	32 036		79 661		+ 1949
			13 072	32 037		79 662		?

Gruppe: 110a Blatt: 27 C4i Bad 02

Fuchs, Heidelberg	1902	Baden	14 467	32 038	Kar	79 772	Kar	+ 1957
			14 468	32 039		79 773		?
			14 469	32 040		79 774		+ 1954
			14 470	32 041		79 775		+ 1950
			14 471	32 042		79 776		+ 1950
			14 472	32 043		79 777		?
			14 473	32 044		79 778		+ 1958
			14 474	32 045		79 779		?
			14 475	------		------		§ 1919 E
			14 476	32 046		79 780		+ 1958
Waggonfabrik Rastatt	1902		14 477	32 047		79 781		+ 1950
			14 478	32 048		79 782		Rückgabe aus Österreich 1949, + 1951
			14 479	32 049		79 783		Rückgabe aus Österreich 1949, + 1949
			14 480	32 050		79 784		DR-O, 232.301, + 1965
			14 481	------		------		§ 1919 E
Waggonfabrik Rastatt	1902	Baden	14 482	32 051		79 785		+ 1958
			14 483	32 052		79 786		+ 1958
			14 484	32 053		79 787		+ 1953
			14 485	32 054		79 788		+ 1957
			14 486	32 055		79 789		+ 1950
			14 487	32 056		79 790		+ 1948
			14 488	32 057		79 791		+ 1958
	1903		14 489	32 058		------		?
			14 490	32 059		79 792		+ 1957
			14 491	32 060		79 793		?
			14 492	32 061		79 794		+ 1951
			14 493	32 062		79 795		?
			14 494	32 063		79 796		?
			14 495	32 064		79 797		+ 1952
			14 496	32 065		79 798		+ 1955
			14 497	32 066		79 799		?
			14 498	32 067		79 800		+ 1957

			14 499	32 068	Kar	79 301	?
			14 500	32 069		79 302	
Gruppe: 111 Blatt: 18	C4ü Bad 99						
Waggonfabrik Rastatt	1899	Baden	13 032	------		------	§ 1919 E
			13 033	26 001	Kar	17 392	?
			13 034	26 002		17 393	1955: 19 301, + 1958
			13 035	------		------	§ 1919 E
			13 036	------		------	§ 1919 E
			13 037	------		------	§ 1919 E
Gruppe: 111a Blatt: 19	C4ü Bad 03						
Fuchs, Heidelberg	1903	Baden	14 458	26 003	Kar	17 419	+ 1944
			14 459	26 004		17 420	?
			14 460	------		------	§ 1919 E
			14 461	26 005		------	?
			14 462	26 006		17 421	1955: 19 307, + 1956
			14 463	26 007		17 422	+ 1947
			14 464	------		------	§ 1919 E
			14 465	------		------	§ 1919 E
			14 466	26 008		17 423	?
Gruppe: 111b Blatt: 20	C4ü Bad 07						
Waggonfabrik Rastatt	1907	Baden	14 000	------		------	§ 1919 E
3./11.4.1906			14 001	26 009	Kar	17 626	?
			14 002	26 010		17 627	+ 1944
			14 003	------		------	§ 1919 E
			14 004	26 011		17 628	?
			14 005	26 012		17 629	?
			14 006	------		------	§ 1919 E
			14 007	------		------	§ 1919 E
			14 008	26 013		17 630	1955: 19 339, + 1957
			14 009	------		------	§ 1919 E
			14 010	26 014		17 631	?
			14 011	26 015		17 632	+ 1950
			14 012	26 016		17 633	?
			14 013	26 017		17 634	1955: 19 340, + 1957
			14 014	26 018		17 635	+ 1953
Fuchs, Heidelberg	1908		14 015	26 019		17 662	1955: 19 369, + 1959
30.4./11.5.1907			14 016	------		------	§ 1919 E
			14 017	26 020		17 663	+ 1956
			14 018	26 021		17 664	+ 1956
			14 019	26 022		17 665	?
			14 020	26 023		17 666	DR-O, 230-212, + 1970
			14 021	------		------	§ 1919 E
			14 022	26 024		17 667	+ 1944
			14 023	26 025		17 668	?
			14 024	------		------	§ 1919 E
			14 025	26 026		17 669	+ 1950
			14 026	------		------	§ 1919 E
			14 027	26 027		17 670	+ 1951
			14 028	26 028		17 671	+ 1947
			14 029	26 029		17 672	+ 1955
Waggonfabrik Gotha	1908		14 030	26 030		17 673	+ 1948
25.4./11.5.1907			14 031	26 031		17 674	?
			14 032	26 032		17 675	1955: 19 373, + 1959
			14 033	26 033		17 676	1955: 19 374, + 1957
Waggonfabrik Gotha	1908	Baden	14 034	------		------	§ 1919 E
25.4./11.5.1907			14 035	26 034		17 677	+ 1953
			14 036	26 035		17 678	?
			14 037	26 036		17 679	+ 1947
Waggonfabrik Gotha	1909		14 038	26 037		17 755	?
7./28.9.1908			14 039	------		------	§ 1919 E
			14 040	26 038		17 756	1955: 19 400, + 1956
			14 041	26 039		17 757	?
			14 042	26 040		17 758	+ 1947
			14 043	------		------	§ 1919 E
			14 044	------		------	§ 1919 E
			14 045	------		------	§ 1919 E
			14 046	26 041		17 759	+ 1947
			14 047	26 042		17 760	?
Fuchs, Heidelberg	1909		14 048	------		------	§ 1919 E
24.8./28.9.1908			14 049	26 043		17 761	?
			14 050	26 044		17 762	?
			14 051	26 045		17 763	1955: 19 401, + 1957
			14 052	26 046		17 764	+ 1944
			14 053	26 047		17 765	1955: 19 402, + 1958
			14 054	26 048		17 766	+ 1955
			14 055	26 049		17 767	?
			14 056	26 050		17 768	Rückgabe aus Italien, + 1948
			14 057	------		------	§ 1919 E
			14 058	26 051		17 769	1955: 19 403, + 1960
			14 059	26 052		17 770	DR-O, 230-218, + 1963
			14 060	26 053		17 771	DR-O, 230-217, + 1963

				14 061	26 054	Kar	17 772	?
				14 062	26 055		17 773	DR-O 230-215, + 1963
				14 063	26 056		17 774	+ 1950
				14 064	------		------	§ 1919 E
				14 065	26 057		17 775	?
				14 066	------		------	§ 1919 E
				14 067	------		------	§ 1919 E
Fuchs, Heidelberg	1913			14 068	26 058		18 177	?
26.7./8.8.1912				14 069	------		------	§ 1919 A.L.
				14 070	26 059		18 178	1955 19 538, + 1957
Fuchs, Heidelberg	1914			14 071	26 060		18 222	?
25.6./7.7.1913				14 072	26 061		18 223	+ 1954
				14 073	26 062		18 224	?
				14 074	26 063		18 225	DR-O, 230-309, + 1970
				14 075	------		------	§ 1919 E
Fuchs, Heidelberg	1918			14 076	------		------	§ 1919 E
14.2./20.3.1917				14 077	26 064		18 572	?
				14 078	26 065		18 573	+ 1948
				14 079	26 066		18 574	+ 1944
				14 080	26 067		18 575	+ 1952
Lindner, Ammendorf	1921			14 081	26 068		18 952	1955: 19 781, + 1959
10./20.3.1917				14 082	26 069		18 953	1955: 19 782, + 1957
				14 083	26 070		18 954	1955: 19 783, + 1956
				14 084	26 071		18 955	+ 1950
				14 085	26 072		18 956	+ 1950
Gruppe: 113 Blatt: 72	Cid Bad 93							
Fuchs, Heidelberg	1893		Baden	10 737	50 378	Kar	88 557	?
				10 738	50 379		88 558	?
Hauptwerkstätte Karlsruhe	1896			1 376	50 373		89 405	?
				1 377	50 374		89 406	?
				1 378	-----		------	+ 1903
				1 379	50 375		89 407	+ 1948
				1 380	50 376		89 408	?
				1 381	50 377		89 409	?
Gruppe: 119 Blatt: 139	CPostid Bad 96							
Hauptwerkstätte Karlsruhe	1896		Baden	1 383	99 005	Kar	99 944	?
Gruppe: 119' Blatt: 146	CPwid Bad 96							
Hauptwerkstätte Karlsruhe	1896		Baden	1 385	99 215	Kar	99 360	?
				1 386	99 216		99 361	?
				1 387	99 217		99 362	?
				1 388	99 218		99 363	?
Gruppe: 120 Blatt: 147	CPwid Bad 93							
Fuchs, Heidelberg	1893		Baden	10 739	99 219	Kar	99 351	?
				10 740	99 220		------	?
				10 741	99 221		99 352	?
Gruppe: 121a Blatt: 1	CidT Bad 14							
Maschinenfabrik Eßlingen	1914	3692	Baden	1 000	DT1	Kar	1	+ 1951
		3693		1 001	DT2		2	nach 1945 SNCF XDR 10 102
		3694		1 002	DT3		3	nach 1945 SNCF XDR 10 103
	1915	3749		1 003	DT4		4	?
		3750		1 004	DT5		5	?
		3751		1 005	DT6		6	?
		3752		1 006	DT7		7	?
		3753		1 007	DT8		8	+ 1954
Gruppe: 122' Blatt: 129	Pw Bad 11							
Waggonfabrik Rastatt	1911		Baden	14 348	93 691	Kar	110 549	+ 1959
9./27.1.1911				14 349	93 692		110 550	+ 1959
				14 350	93 693		110 551	+ 1957
				14 351	93 694		110 552	+ 1959
				14 352	93 695		110 553	+ 1955
				14 353	------		------	§ 1919 E
				14 354	93 696		110 554	+ 1960
				14 355	93 697		110 555	+ 1959
				14 356	93 698		110 556	+ 1961
				14 357	------		------	§ 1919 E
Fuchs, Heidelberg	1913			14 309	------		------	§ 1919 E
22./26.8.1912				14 310	93 663		111 002	
				14 311	------		------	§ 1919 E
				14 312	93 664		111 003	?
				14 313	------		------	§ 1919 E
				14 314	93 665		111 004	– 1950
				14 315	93 666		111 005	– 1958
				14 316	------		------	§ 1919 E
				14 317	93 667		111 006	?
				14 318	93 668		111 007	+ 1951
				14 319	------		------	§ 1919 E
				14 320	93 669		111 008	+ 1957

			14 321	93 670	Kar	111 009	?
			14 322	93 671		111 010	?
			14 323	------		------	?
			14 324	93 672		111 011	+ 1957
Waggonfabrik Rastatt	1913		14 325	93 673		111 012	+ 1962 Rückgabe aus Belgien
24./26.8.1912			14 326	93 674		111 013	?
			14 327	93 675		111 014	+ 1957
			14 328	93 676		111 015	+ 1951
			14 329	93 677		111 016	+ 1962
			14 330	------		------	§ 1919 E
			14 331	------		------	§ 1919 E
			14 332	93 678		111 017	+ 1961
			14 333	93 679		111 018	+ 1961
			14 334	93 680		111 019	+ 1958
			14 335	93 681		111 020	?
			14 336	------		------	?
			14 337	93 682		111 021	+ 1958
			14 338	93 683		111 022	DR-O, 730-219
			14 339	93 684		111 023	+ 1960
			14 340	93 685		111 024	+ 1958
			14 341	------		------	§ 1919 E
			14 342	------		------	?
			14 343	93 686		111 025	+ 1960
			14 344	93 687		111 026	?
			14 345	93 688		111 027	?
			14 346	93 689		111 028	+ 1959
			14 347	93 690		111 029	+ 1959
Gruppe: 122a Blatt: 130	Pw Bad 16						
Waggonfabrik Hannover	1916	Baden	14 180	93 699	Kar	111 353	+ 1955
24.8./3.9.1915			14 181	93 700		111 354	+ 1959
			14 182	93 701		111 355	?
			14 183	------		------	§ 1919 E
			14 184	93 702		111 356	+ 1955
			14 185	93 703		111 357	?
			14 186	93 704		111 358	?
Waggonfabrik Hannover	1916	Baden	14 187	93 705		111 359	+ 1958
24.8./3.9.1915			14 188	93 706		111 360	+ 1961
			14 189	93 707		111 361	+ 1958
			14 190	93 708		111 362	+ 1961
			14 191	93 709		111 363	?
			14 192	93 710		111 364	+ 1947
			14 193	93 711		111 365	+ 1957
			14 194	93 712		111 366	+ 1957
			14 195	93 713		111 367	+ 1959
			14 196	93 714		111 368	+ 1958
			14 197	93 715		111 369	+ 1960
			14 198	93 716		111 370	+ 1958
			14 199	93 717		111 371	+ 1942
			14 200	93 718		111 372	+ 1957
			14 201	93 719		111 373	+ 1955
			14 202	93 720		111 374	?
			14 203	93 721		111 375	+ 1958
			14 204	93 722		111 376	?
	1917		14 205	93 723		111 419	+ 1956
			14 206	93 724		111 420	+ 1958
			14 207	93 725		111 421	+ 1958
			14 208	------		------	§ 1919 E
			14 209	------		------	§ 1919 E
			14 210	93 726		111 422	+ 1959
			14 211	93 727		111 423	+ 1956
			14 212	93 728		111 424	+ 1956
			14 213	93 729		111 425	+ 1961
			14 214	93 730		111 426	+ 1959
			14 215	93 731		111 427	?
			14 216	93 732		111 428	+ 1958
			14 217	93 733		111 429	+ 1958
			14 218	93 734		111 430	+ 1958
			14 219	93 735		111 431	+ 1960
			14 220	93 736		111 432	+ 1958
			14 221	------		------	§ 1919 E
			14 222	93 737		111 433	+ 1960
			14 223	93 738		111 434	+ 1957
Waggonfabrik Rastatt	1918		14 224	93 739		111 517	+ 1958
18.3./7.4.1918			14 225	93 740		111 518	?
			14 226	93 741		111 519	+ 1947
			14 227	------		------	§ 1919 E
			14 228	93 742		111 520	+ 1958
			14 229	93 743		111 521	?
			14 230	93 744		111 522	+ 1957
			14 231	------		------	§ 1919 E
			14 232	------		------	§ 1919 E
			14 233	93 745		111 523	?
Fuchs, Heidelberg	1918		14 234	93 746		111 524	+ 1959
21.3./7.4.1918			14 235	93 747		111 525	?

			14 236	93 748	Kar	111 526	+ 1959
			14 237	93 749		111 527	+ 1959
			14 238	93 750		111 528	+ 1962
			14 239	93 751		111 529	+ 1961
			14 240	93 752		111 530	+ 1956
			14 241	93 753		111 531	+ 1959
			14 242	93 754		111 532	+ 1957
			14 243	93 805	!	111 533	+ 1959
Lindner, Ammendorf	1919		14 244	93 755		111 596	+ 1963
26.3./7.4.1918			14 245	93 756		111 597	+ 1958
			14 246	93 757		111 598	+ 1961
			14 247	93 758		111 599	+ 1950
			14 248	93 759		111 600	+ 1962
			14 249	93 760		111 601	+ 1953
			14 250	93 761		111 602	+ 1953
			14 251	93 762		111 603	+ 1944
			14 252	93 763		111 604	+ 1960
			14 253	93 764		111 605	+ 1950
Fuchs, Heidelberg	1919		14 254	93 765		111 606	?
5./11.4.1919			14 255	93 766		111 607	?
			14 256	93 767		------	?
			14 257	93 768		111 608	+ 1958
			14 258	93 769		111 609	+ 1947
			14 259	93 770		111 610	+ 1961
			14 260	93 771		111 611	+ 1956
			14 261	93 772		111 612	+ 1958
			14 262	93 773		111 613	+ 1956
			14 263	93 774		111 614	+ 1961
Waggonfabrik Rastatt	1919	Baden	14 264	93 775		111 615	+ 1959
5./11.4.1919			14 265	93 776		111 616	+ 1960
			14 266	93 777		111 617	+ 1947
			14 267	93 778		111 618	+ 1961
			14 268	93 779		111 619	+ 1957
			14 269	93 780		111 620	+ 1961
			14 270	93 781		111 621	+ 1947
			14 271	93 782		111 622	+ 1959
			14 272	93 783		111 623	?
			14 273	93 784		111 624	+ 1947
Fuchs, Heidelberg	1921		14 274	93 785		111 884	+ 1961
4./13.11.1919			14 275	93 786		111 885	DR-O, 730-301, + 1969
			14 276	93 787		111 886	+ 1962
			14 277	93 788		111 887	+ 1955
			14 278	93 789		111 888	+ 1958
			14 279	93 790		111 889	+ 1959
			14 280	93 791		111 890	+ 1959
			14 281	93 792		111 891	?
			14 282	93 793		111 892	Rückgabe aus der Tschechoslowakei, + 1957
			14 283	93 794		111 893	+ 1956
Waggonfabrik Rastatt	1921		14 284	93 795		111 894	?
15.10./13.11.1919			14 285	93 796		111 895	+ 1957
			14 286	93 797		111 896	+ 1958
			14 287	93 798		111 897	+ 1958
			14 288	93 799		111 898	+ 1958
			14 289	93 800		111 899	+ 1958
			14 290	93 801		111 900	+ 1961
			14 291	93 802		111 901	+ 1958
			14 292	93 803		111 902	+ 1958
			14 293	93 804		111 903	+ 1959

Gruppe: 132 Blatt: 127	Pw Bad 94						
Schmieder & Mayer, Karlsruhe	1894	Baden	10 794	------		------	§ 1919 E
			10 795	93 605	Kar	109 150	?
			10 796	------		------	§ 1919 E
			10 797	------		------	?
			10 798	93 606		109 151	?
			10 799	93 607		109 152	?
			10 800	93 608		109 153	?
			10 801	93 609		109 154	?
			10 802	93 610		109 155	?
			10 803	93 611		109 156	?
			10 804	93 612		109 157	?
			10 805	93 613		109 158	?
			10 806	93 614		109 159	?
			10 807	93 615		109 160	?
			10 808	93 616		109 161	?
			10 809	93 617		109 162	?
Hauptwerkstätte Karlsruhe	1896		935	93 600		109 178	?
			2 617	93 601		109 179	?
			2 704	93 602		109 180	?
			2 716	93 603		109 181	?
			2 916	93 604		109 182	?

Gruppe: 133 Blatt: 128 Pw Bad 97

Schmieder & Mayer, Karlsruhe	1897	Baden	1 389	93 618	Kar	109 191	?
			1 481	93 619		109 192	+ 1952
			2 003	93 620		109 193	+ 1950, Bahndienstwagen
			2 009	93 621		109 194	?, Beleuchtungswagen für Hilfszug 145 603
			2 237	93 622		109 195	?
			5 909	------		------	§ 1919 E
			6 029	93 623		109 196	+ 1954
			8 574	93 624		109 197	?
			11 828	93 625		109 198	?
			11 829	93 626		109 199	+ 1959
Schmieder & Mayer, Karlsruhe	1899		12 935	93 627		109 279	+ 1954
			12 936	93 628		109 280	+ 1950
			12 937	93 629		109 281	?
			12 938	93 630		109 282	DR-O, 730-110, + 1966
			12 939	93 631		109 283	?
			12 940	------		------	§ 1919 E
			12 941	93 632		109 284	?
Schmieder & Mayer, Karlsruhe	1900		13 785	93 633		109 432	+ 1947
			13 786	93 634		109 433	DR-O, 730-022
			13 787	93 635		109 434	?
Schmieder & Mayer, Karlsruhe	1900	Baden	13 788	93 636		109 435	+ 1957
			13 789	93 637		109 436	?
			13 790	93 638		109 437	Rückgabe aus Frankreich, + 1952
			13 791	93 639		109 438	+ 1951
			13 792	93 640		109 439	?
			13 793	93 641		109 440	+ 1948
			13 794	93 642		109 441	?
			13 795	------		------	§ 1919 E
			13 796	93 643		109 442	?
			13 797	93 644		109 443	?
			13 798	------		------	§ 1919 E
			13 799	------		------	§ 1919 A.L.
Waggonfabrik Rastatt	1902		14 358	------		------	?
			14 359	93 645		109 619	+ 1956
			14 360	93 646		109 620	+ 1949
			14 361	------		------	§ 1919 E
			14 362	93 647		109 621	+ 1955
			14 363	93 648		109 622	+ 1950
			14 364	93 649		109 623	?
			14 365	93 650		109 624	+ 1959
			14 366	93 651		109 625	+ 1950
			14 367	93 652		109 626	+ 1948
			14 368	------		------	§ 1919 E
			14 369	93 653		109 627	?
			14 370	------		------	§ 1919 A.L.
			14 371	93 654		109 628	+ 1948
			14 372	93 655		109 629	+ 1956
			14 373	93 656		109 630	+ 1955
			14 374	93 657		109 631	+ 1953
			14 375	------		------	§ 1919 E
			14 376	------		------	§ 1919 E
			14 377	93 658		109 632	+ 1949
			14 378	------		------	§ 1919 E
			14 379	93 659		109 633	+ 1950
			14 380	93 660		109 634	+ 1956
			14 381	93 661		109 635	+ 1951
			14 382	93 662		109 636	+ 1948

Gruppe: 133a Blatt: 114 Pw3i Bad 02

Schmieder & Mayer, Karlsruhe	1902	Baden	14 383	91 501	Kar	116 558	?
			14 384	91 502		116 559	+ 1957
			14 385	------		------	§ 1919 E
			14 386	------		------	?
			14 387	91 503		116 560	+ 1955
			14 388	91 504		116 561	?
			14 389	91 505		116 562	+ 1955
			14 390	91 506		116 563	?
			14 391	91 507		116 564	?
			14 392	------		------	§ 1919 E
Schmieder & Mayer, Karlsruhe	1902	Baden	14 393	91 508		116 565	+ 1960
			14 394	91 509		116 566	+ 1962
			14 395	91 510		116 567	+ 1957
			14 396	91 511		116 568	+ 1957
			14 397	91 512		116 569	+ 1954

Gruppe: 133b Blatt: 115 Pw3i Bad 03

Schmieder & Mayer, Karlsruhe	1903	Baden	14 501	91 513	Kar	116 583	?
			14 502	91 514		116 584	?
			14 503	91 515		116 585	+ 1955
			14 504	91 516		116 586	?
			14 505	91 517		116 587	+ 1955
			14 506	91 518		16 588	?

			* 14 507	91 519	Kar	116 589	?
			14 508	------		------	?
Waggonfabrik Rastatt	1903		14 509	91 520		116 590	+ 1958
			14 510	91 521		116 591	+ 1958
			* 14 511	91 522		116 592	?
			14 512	91 523		116 593	+ 1958
			* 14 513	91 524		116 594	+ 1957
			14 514	91 525		116 595	?
			14 515	91 526		116 596	?
			14 516	91 527		116 597	+ 1955

* 1916 Umbau in Heizwagen (Gruppe: 125") Baden 501 - 503 durch Hauptwerkstätte Karlsruhe, Rückbau in Pw 1920

Gruppe: 133c' Blatt: 112	Pw4ü Bad 05						
Waggonfabrik Rastatt	1905	Baden	14 517	90 001	Kar	107 213	+ 1957
			14 518	90 002		107 214	+ 1960
			14 519	90 003		107 215	?
			14 520	90 004		107 216	?
			14 521	90 005		107 217	+ 1949
			14 522	90 006		107 218	+ 1959
			14 523	90 007		07 219	+ 1947
			14 524	90 008		107 220	+ 1957
			14 525	90 009		107 221	+ 1948
			14 526	90 010		107 222	+ 1960
			14 527	90 011		107 223	nach 1945 bei ÖBB: Pw4ü 60 240, + 1966
			14 528	90 012		107 224	+ 1957
			14 529	90 013		107 225	+ 1931
			14 530	90 014		107 226	+ 1935
			14 531	90 015		107 227	+ 1930
			14 532	90 016		107 228	+ 1947

Gruppe: 133d' Blatt: 113	Pw4ü Bad 06						
Waggonfabrik Rastatt	1906	Baden	14 533	90 017	Kar	107 256	?
			14 534	90 018		107 257	?
			14 535	90 019		107 258	+ 1955
			14 536	90 020		107 259	+ 1944
			14 537	90 021		107 260	+ 1949
			14 538	90 022		107 261	+ 1947
			14 539	90 023		107 262	+ 1958
Waggonfabrik Rastatt	1907		14 540	90 024		107 263	+ 1947
			14 541	90 025		107 264	?
			14 542	90 026		107 265	?
			14 543	90 027		107 266	+ 1957
			14 544	90 028		107 267	?
			14 545	90 029		107 268	?
			14 546	90 030		107 269	?
			14 547	90 031		107 270	+ 1950
			14 548	90 032		107 271	?
			14 549	90 033		107 272	?
Waggonfabrik Gotha 7./28.9.1908	1909		14 550	90 034		107 595	+ 1959
			14 551	90 035	*	107 596	+ 1947
			14 552	90 036		107 597	+ 1958
			14 553	90 037		107 598	?
			14 554	90 038		107 599	?
			14 555	90 039		107 600	?
			14 556	90 061!		107 601	+ 1944
			14 557	------		------	+ 1911 Unfall Müllheim
			14 558	90 040		107 602	+ 1950
			14 559	90 041		107 603	+ 1956
			14 560	90 042		107 604	+ 1955
			14 561	90 043		107 605	+ 1959
Fuchs, Heidelberg 1./11.10.1913	1914		14 562	90 044		107 847	?
			14 563	90 045		107 848	?
			14 564	90 046		107 849	DR-O, 630-103, + 1967
			14 565	90 047		107 850	+ 1947
			14 566	90 048		107 851	+ 1960
Waggonfabrik Rastatt 5./12.9.1914	1916		14 567	90 049		107 890	+ 1960
			14 568	90 050		107 891	+ 1954
			14 569	90 051	*	107 892	+ 1944
			14 570	90 052		107 893	+ 1960
			14 571	90 053		107 894	?
			14 572	90 054		107 895	+ 1950
Fuchs, Heidelberg 5.12.9.1914	1916		14 573	90 055		107 896	+ 1947
			14 574	90 056		107 897	+ 1959
			14 575	90 057		107 898	+ 1959
			14 576	90 058		107 899	+ 1954
			14 577	90 059		107 900	+ 1951
			14 578	90 060		107 901	+ 1955

* 1930 SPw4ü für Rheingold

Gruppe: 133e Blatt: 121	Pw3 Bad 09						
Fuchs, Heidelberg 24.10./7.11.1908	1909	Baden	14 625	93 501	Kar	110 208	+ 1949
			14 626	93 502		110 209	?
			14 627	93 503		110 210	?
			14 628	93 504		110 211	+ 1954

14 629	93 505	Kar	110 212	?
14 630	93 506		110 213	+ 1958
14 631	93 507		110 214	+ 1948
14 632	93 508		110 215	?
14 633	93 509		110 216	+ 1956
14 634	93 510		110 217	?
14 635	93 511		110 218	+ 1958
14 636	93 512		110 219	+ 1958
14 637	------		------	§ 1919 E
14 638	93 513		110 220	+ 1956
14 639	93 514		110 221	DR-O, 730-115, + 1970
14 640	93 515		110 222	?
14 641	93 516		110 223	+ 1956
14 642	93 517		110 224	+ 1958
14 643	93 518		110 225	DR-O, 730-013, + 1968
14 644	------		------	§ 1919 E
14 645	93 519		110 226	?
14 646	------		------	§ 1919 E
14 647	93 520		110 227	+ 1955
14 648	93 521		110 228	+ 1955
14 649	93 522		110 229	+ 1959
14 650	93 523		110 230	?
14 651	93 524		------	?
14 652	------		------	§ 1919 E
14 653	93 525		110 231	?
14 654	93 526		110 232	?
14 655	93 527		110 233	+ 1960
14 656	93 528		110 234	+ 1950
14 657	93 529		110 235	+ 1955
14 658	93 530		110 236	?
14 659	93 531		110 237	+ 1956
14 660	93 532		110 238	+ 1959
14 661	93 533		110 239	?
14 662	93 534		110 240	DR-O, 730-116
14 663	93 535		110 241	?
14 664	93 536		110 242	?
14 665	------		------	§ 1919 E
14 666	93 537		110 243	+ 1957
14 667	------		------	§ 1919 E
14 668	93 538		110 244	1950 Rückgabe aus Frankreich, + 1957
14 669	93 539		110 245	+ 1954
14 670	93 540		110 246	+ 1950
14 671	93 541		110 247	+ 1956
14 672	93 542		110 248	+ 1948
14 673	93 543		110 249	?
14 674	93 544		110 250	+ 1955
14 675	93 545		110 251	+ 1959
14 676	93 546		110 252	+ 1955
14 677	93 547		110 253	+ 1957
14 678	93 548		110 254	+ 1960
14 679	93 549		110 255	?
14 680	93 550		110 256	+ 1960
14 681	------		------	§ 1919 E
14 682	93 551		110 257	+ 1958
14 683	93 552		110 258	+ 1959
14 684	93 553		110 259	?
14 685	93 554		110 260	+ 1961
14 686	93 555		110 261	?
14 687	93 556		110 262	?
14 688	93 557		110 263	+ 1958
14 689	93 558		110 264	+ 1957
14 690	93 559		110 265	+ 1956
14 691	93 560		110 266	+ 1958
14 692	93 561		110 267	+ 1959

Diese Liste enthält nur diejenigen Wagenbauarten, die noch im Nummernplan von 1930 aufgenommen worden sind.

Spalte 1 = Hersteller
Spalte 2 = Baujahr
Spalte 3 = badische Betriebsnummer
Spalte 4 = Betriebsnummer nach dem Nummernplan von 1924
? = Betriebsnummer unbekannt
Spalte 5 = Betriebsnummer nach dem Nummernplan von 1930
Spalte 6 = Bemerkungen
? = Verbleib unbekannt
\+ = ausgemustert (evtl. auch Weiterverwendung als Dienstwagen)
% = verkauft
§ = abgeliefert, E = Entente, A.L. = Alsace-Lorraine

Anhang 5

Die Ablieferung badischer Reisezugwagen infolge der Waffenstillstandsvereinbarungen vom 11. November 1918

1. Liste der 1919 an die Entente abgelieferten Wagen, Stand: 6. Januar 1920

Gattung	Betr.-Nr.	Gruppe	Bauj.	Hersteller	Heimatbf.
ABBü	13 904	76	1907	Fuchs	Basel
ABCCü	68	79b'	1904	Rastatt	Basel
CCü	13 032	111	1899	Schmieder	Osterburken
CCü	13 035	111	1899	Schmieder	Heidelberg
CCü	13 036	111	1899	Schmieder	Heidelberg
CCü	13 037	111	1899	Schmieder	Heidelberg
CCü	14 000	111b	1907	Rastatt	Neckarelz
CCü	14 003	111b	1907	Rastatt	Basel
CCü	14 006	111b	1907	Rastatt	Mannheim
CCü	14 007	111b	1907	Rastatt	Mannheim
CCü	14 009	111b	1907	Rastatt	Mannheim
CCü *	14 014	111b	1907	Rastatt	Basel
CCü	14 016	111b	1908	Fuchs	Basel
CCü	14 021	111b	1908	Fuchs	Basel
CCü	14 024	111b	1908	Fuchs	Basel
CCü	14 026	111b	1908	Fuchs	Basel
CCü *	14 032	111b	1908	Gotha	Basel
CCü	14 034	111b	1908	Gotha	Basel
CCü	14 039	111b	1909	Gotha	Konstanz
CCü	14 043	111b	1909	Gotha	Konstanz
CCü	14 044	111b	1909	Gotha	Konstanz
CCü	14 045	111b	1909	Gotha	Konstanz
CCü	14 048	111b	1909	Fuchs	Basel
CCü	14 057	111b	1909	Fuchs	Basel
CCü	14 064	111b	1909	Fuchs	Karlsruhe
CCü	14 066	111b	1909	Fuchs	Heidelberg
CCü	14 067	111b	1909	Fuchs	Heidelberg
CCü	14 075	111b	1914	Fuchs	Basel
CCü	14 076	111b	1918	Fuchs	Basel
CCü	14 460	111a	1903	Fuchs	Mannheim
CCü	14 464	111a	1903	Fuchs	Mannheim
CCü	14 465	111a	1903	Fuchs	Basel
ABB	10 752	22	1893	v.d.Zypen	Karlsruhe
ABB	10 756	22	1893	v.d.Zypen	Pforzheim
ABB	10 759	23	1893	v.d.Zypen	Karlsruhe
ABB	10 760	23	1893	v.d.Zypen	Appenweier
CC	10 750	56	1893	v.d.Zypen	Mannheim
CC	11 817	57	1898	MAN	Mannheim
CC	11 819	57	1898	MAN	Mannheim
CC	11 821	57	1898	MAN	Mannheim
CC	11 822	57	1898	MAN	Mannheim
CCi	14 475	110a	1902	Fuchs	Villingen
CCi	14 481	110a	1902	Rastatt	Konstanz
CCi **	14 489	110a	1903	Rastatt	Konstanz
AB3	86	21b	1906	Fuchs	Basel
AB3	567	21c	1911	Fuchs	Freiburg
AB3	568	21c	1911	Fuchs	Freiburg
BC3	185	34'	1913	Rastatt	Mannheim
BC3	202	34'	1914	Rastatt	Karlsruhe
C3	204	55b	1907	Fuchs	Offenburg
C3	207	55b	1907	Fuchs	Offenburg
C3	223	55b	1907	Fuchs	Mannheim
C3	248	55b	1908	Gotha	Mannheim
C3	257	55b	1908	Gotha	Mannheim
C3	261	55b	1909	Gotha	Karlsruhe
C3	266	55b	1909	Gotha	Karlsruhe
C3	269	55b	1908	Rastatt	Mannheim
C3	271	55b	1908	Rastatt	Mannheim
C3	279	55b	1908	Rastatt	Freiburg
C3	299	55b	1908	Rastatt	Basel
C3	300	55b	1908	Rastatt	Mannheim
C3	304	55b	1908	Rastatt	Karlsruhe
C3	305	55b	1908	Rastatt	Karlsruhe
C3	306	55b	1908	Rastatt	Karlsruhe
C3	335	55b	1909	Rastatt	Freiburg
C3	338	55b	1909	Rastatt	Basel
C3	339	55b	1909	Rastatt	Basel
C3	346	55b	1909	Rastatt	Basel
C3	347	55b	1909	Rastatt	Karlsruhe
C3 *	350	55b	1909	Rastatt	Karlsruhe
C3	351	55b	1909	Rastatt	Karlsruhe
C3	352	55b	1909	Rastatt	Mannheim
C3	387	55b	1909	Lindner	Karlsruhe
C3	394	55b	1910	Rastatt	Freiburg
C3 *	399	55b	1910	Rastatt	Freiburg
C3	400	55b	1910	Rastatt	Freiburg
C3	412	55b	1910	Rastatt	Konstanz
C3	413	55b	1910	Rastatt	Konstanz
C3	414	55b	1910	Rastatt	Konstanz
C3	434	55b	1911	Fuchs	Karlsruhe
C3	449	55b	1912	Hannover	Basel
C3	473	55b	1910	Fuchs	Basel
C3	474	55b	1910	Fuchs	Basel
C3	475	55b	1910	Fuchs	Basel
C3	678	55b	1918	Rastatt	Basel
C3	686	55b	1918	Rastatt	Basel
C3	687	55b	1918	Rastatt	Basel
C3	688	55b	1918	Rastatt	Basel
C3	689	55b	1918	Rastatt	Basel
C3	690	55b	1918	Rastatt	Basel
C3 *	691	55b	1918	Rastatt	Basel
C3	692	55b	1918	Rastatt	Basel
C3	839	55b	1914	Fuchs	Karlsruhe
C3	845	55b	1914	Fuchs	Karlsruhe
C3 *	851	55b	1913	Fuchs	Mannheim
C3	14 412	55a	1902	MAN	Mannheim
A	199	3	1869	Schmieder	Baden-Oos
AB	8 650	18	1889	Gastell	Appenweier
AB	8 661	18	1889	Gastell	Mannheim
AB	8 662	18	1889	Gastell	Mannheim
AB	9 094	18	1890	Schmieder	Baden-Oos
AB	9 096	18	1890	Schmieder	Konstanz
AB	10 123	19	1891	Schmieder	Karlsruhe
B	7 921	20	1885	Schmieder	Appenweier
B	7 927	20	1886	Schmieder	Mannheim
B	7 928	20	1886	Schmieder	Lauda
B	11 119	21	1895	Schmieder	Konstanz
B	11 121	21	1895	Schmieder	Karlsruhe
ABi	12 314	72	1898	Schmieder	Rastatt
Bi	1 206	85b'	1912	Rastatt	Heidelberg
Bi	1 212	85b'	1913	Rastatt	Heidelberg
Bi	1 214	85b'	1913	Rastatt	Karlsruhe
Bi	1 215	85b'	1913	Rastatt	Karlsruhe
Bi	1 236	85b'	1915	Fuchs	Offenburg
Bi	6 630	67	1879	Schmieder	Bruchsal
Bi	8 629	69	1889	Schmieder	Freiburg
BC	4 439	44	1872	SIG	Rastatt
C	2 838	46	1867	SIG	Lauda
C	6 109	39	1874	SIG	Pforzheim
Ci	6 557	93c	1876	Schmieder	Karlsruhe
Ci (D)	13 523	94a	1914	Rastatt	Heidelberg
Ci (D)	13 654	94'	1910	Fuchs	Heidelberg
Ci (D)	13 670	94'	1910	Rastatt	Villingen
D	10	37	1863	Schmieder	Pforzheim
D	55	37	1863	MBG	Karlsruhe
D	116	42	1865	Schmieder	Mannheim
D	526	42	1864	HW	Karlsruhe
D	586	42	1862	HW	Pforzheim
D	864	37	1869	Fuchs	Karlsruhe
D	1 494	42	1860	Schmieder	Pforzheim
D	2 553	44	1862	Schmieder	Pforzheim
D	2 590	42	1863	SIG	Jagstfeld

Gattung	Betr.-Nr.	Gruppe	Bauj.	Hersteller	Heimatbf.
D	2669	44	1864	Reifert	Karlsruhe
D	2752	49a	1866	Schmieder	Freiburg
D	2786	37	1866	Schmieder	Mannheim
D	2825	37	1866	Schmieder	Freiburg
D	2835	47	1867	Schmieder	Mannheim
D	4427	42	1869	Schmieder	Mannheim
D	4432	42	1869	Schmieder	Karlsruhe
D	4438	51	1869	Schmieder	Karlsruhe
D	4493	43	1871	SIG	Freiburg
D	4512	38	1871	Schmieder	Karlsruhe
D	6056	49c	1873	SIG	Basel
D	6079	38	1873	SIG	Pforzheim
D	6100	39	1873	SIG	Pforzheim
D	6125	44	1873	SIG	Pforzheim
D	10 145	54	1891	Fuchs	Freiburg
D	10 148	54	1891	Fuchs	Appenweier
D	11 801	55	1897	Schmieder	Karlsruhe
D *	11 802	55	1897	Schmieder	Karlsruhe
Di	6585	103	1876	Schmieder	Waldshut
Di	8616	93e	1888	Schmieder	Freiburg
Di	9114	101	1890	Schmieder	Heidelberg
Di	10 154	101	1891	Fuchs	Rastatt
Di	10 162	101	1891	Fuchs	Rastatt
Di	12 247	107	1898	Fuchs	Offenburg
Di	12 261	107	1898	Schmieder	Offenburg
Ci	13 691	108	1901	Schmieder	Karlsruhe
Ci *	13 766	108	1901	Kelsterb	Karlsruhe
P	5909	133	1897	Schmieder	Basel
P	6132	123	1873	Fuchs	Basel
P	10 794	132	1894	Schmieder	Basel
P	10 796	132	1894	Schmieder	Rastatt
P *	10 808	132	1894	Schmieder	Basel
P	12 940	133	1899	Schmieder	Mannheim
P	13 795	133	1900	Schmieder	Offenburg
P	13 798	133	1900	Schmieder	Radolfzell
P	14 183	122a	1916	Hannover	Karlsruhe
P	14 208	122a	1917	Hannover	Basel
P	14 209	122a	1917	Hannover	Basel
P	14 221	122a	1917	Hannover	Neckarelz
P	14 227	122a	1918	Rastatt	Mannheim
P	14 231	133	1900	Schmider	Offenburg
P	14 232	133	1900	Schmider	Karlsruhe
P	14 309	122'	1913	Fuchs	Offenburg
P	14 311	122'	1913	Fuchs	Basel
P	14 313	122'	1913	Fuchs	Basel
P	14 316	122'	1913	Fuchs	Basel
P	14 319	122'	1913	Fuchs	Karlsruhe
P	14 330	122'	1912	Rastatt	Offenburg
P	14 331	122'	1912	Rastatt	Karlsruhe
P *	14 333	122'	1912	Rastatt	Karlsruhe
P	14 341	122'	1912	Rastatt	Freiburg
P	14 353	122'	1911	Rastatt	Basel
P	14 357	122'	1911	Rastatt	Baden-Oos
P	14 361	133	1902	Rastatt	Freiburg
P	14 368	133	1902	Rastatt	Freiburg
P	14 375	133	1902	Rastatt	Baden-Oos
P	14 376	133	1902	Rastatt	Villingen
P	14 378	133	1902	Rastatt	Villingen
P3i	14 385	133a	1902	Schmieder	Basel
P3i	14 392	133a	1902	Schmieder	Basel
P3	14 637	133e	1909	Fuchs	Freiburg
P3	14 644	133e	1909	Fuchs	Basel
P3	14 646	133e	1909	Fuchs	Heidelberg
P3	14 652	133e	1909	Fuchs	Karlsruhe
P3	14 665	133e	1909	Fuchs	Karlsruhe
P3	14 667	133e	1909	Fuchs	Karlsruhe
P3	14 681	133e	1909	Fuchs	Mannheim

2. Liste der 1919 an A.L. abgelieferten Wagen, Stand: 23. Oktober 1919

Gattung	Betr.-Nr.	Gruppe	Bauj.	Hersteller	Heimatbf.
BC3	142	34'	1909	Hannover	Basel
ABCCü *	169	79d	1914	Fuchs	Basel
AB3 * **	574	21c	1913	Fuchs	Basel
BC3	174	34'	1914	Rastatt	Basel
BC3	181	34'	1910	Rastatt	Mannheim
BC3	182	34'	1910	Rastatt	Mannheim
BC3	186	34'	1910	Rastatt	Mannheim
C3	227	55b	1908	Fuchs	Mannheim
C3	251	55b	1908	Gotha	Mannheim
C3	256	55b	1908	Gotha	Mannheim
C3 *	303	55b	1908	Rastatt	Karlsruhe
C3	309	55b	1909	Rastatt	Heidelberg
C3	322	55b	1909	Rastatt	Freiburg
C3 *	333	55b	1909	Rastatt	Karlsruhe
C3	348	55b	1909	Rastatt	Karlsruhe
C3	354	55b	1909	Lindner	Karlsruhe
C3	404	55b	1910	Rastatt	Freiburg
C3	460	55b	1912	Rastatt	Freiburg
C3	470	55b	1912	Fuchs	Karlsruhe
C3	668	55b	1918	Fuchs	Freiburg
C3 *	670	55b	1918	Fuchs	Freiburg
C3	672	55b	1918	Fuchs	Freiburg
C3	674	55b	1918	Rastatt	Basel
C3	676	55b	1918	Rastatt	Basel
C3	677	55b	1918	Rastatt	Basel
C3	681	55b	1918	Rastatt	Basel
C3	682	55b	1918	Rastatt	Basel
C3	684	55b	1918	Rastatt	Basel
C3	693	55b	1918	Rastatt	Basel
C3 *	694	55b	1918	Rastatt	Basel
C3	847	55b	1914	Rastatt	Karlsruhe
C3	850	55b	1913	Fuchs	Appenweier
C3	852	55b	1913	Fuchs	Karlsruhe
Bi * **	1 216	85b'	1913	Rastatt	Karlsruhe
C	4 413	42	1869	Schmieder	Mannheim
AB	9 092	18	1890	Schmieder	Konstanz
ABBü *	11 736	77	1896	Güstrow	Baden-Oos
CC *	11 820	57	1898	MAN	Mannheim
CCü *	14 060	111b	1909	Fuchs	Basel
CCü	14 069	111b	1913	Fuchs	Basel
C3 *	14 410	55a	1902	MAN	Mannheim
P	10 181	131	1891	Fuchs	Mannheim
P *	10 795	132	1894	Schmieder	Heidelberg
P *	13 799	133	1900	Schmieder	Konstanz
P *	14 239	122a	1918	Fuchs	Freiburg
P *	14 240	122a	1918	Fuchs	Freiburg
P *	14 243	122a	1918	Fuchs	Freiburg
P *	14 325	122'	1912	Rastatt	Offenburg
P *	14 329	122'	1912	Rastatt	Offenburg
P *	14 348	122'	1911	Rastatt	Lauda
P	14 370	133	1902	Rastatt	Freiburg
PPü *	14 556	133d	1909	Gotha	Basel
PPü *	14 564	133d	1914	Fuchs	Basel

* = vor 1924 wieder in den Bestand der RBD Karlsruhe zurückgekehrt
** = Meldung vom 13. April 1920

Da eine Reihe von abgelieferten Wagen nach den Stichtagen zurückgewiesen wurden, einige befanden sich sogar bei der Erfassung für den ersten Nummerplan von 1923 noch nicht wieder im Bestand, kann davon ausgegangen werden, daß als Ersatz für die zurückgewiesenen Wagen andere Wagen nachträglich abgeliefert werden mußten. Die gesamte Anzahl und die Aufstellung der endgültig abgelieferten Wagen ist deshalb nicht bekannt.

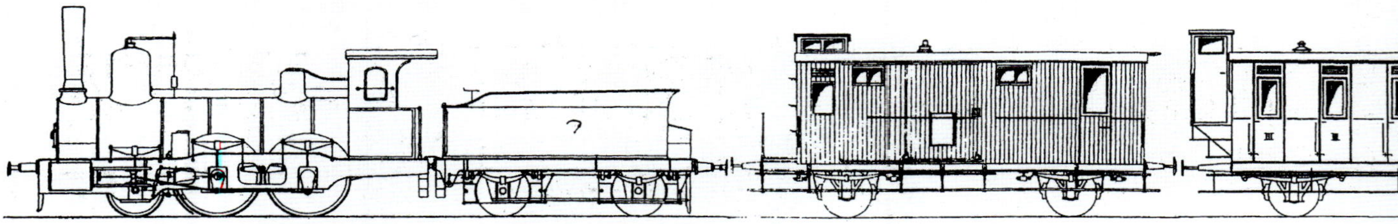

1873: Lokmotive „Galilei“ mit einem Schnellzug auf der bad. Hauptbahn

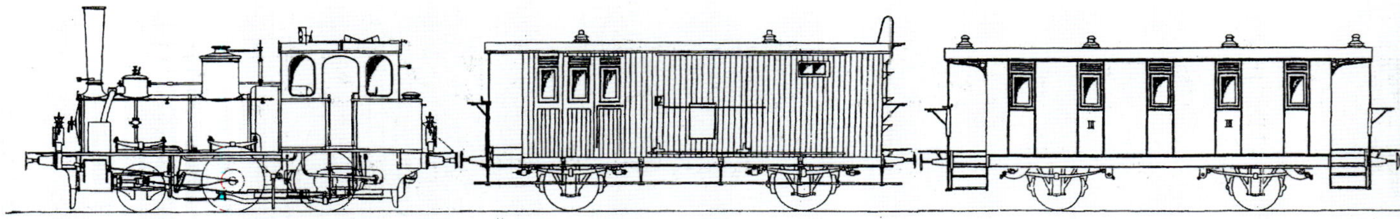

1885: Lokomotive der Gattung Ic mit einem Personenzug auf einer Nebenstrecke

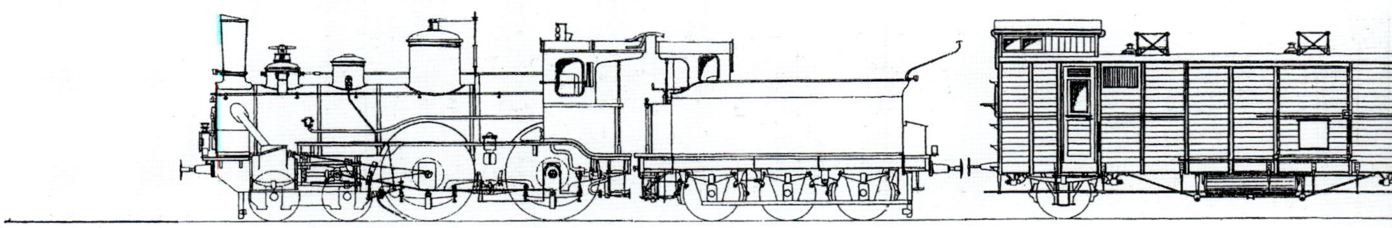

1891: Lokomotive der Gattung IIa mit einem Schnellzug auf der bad. Hauptbahn

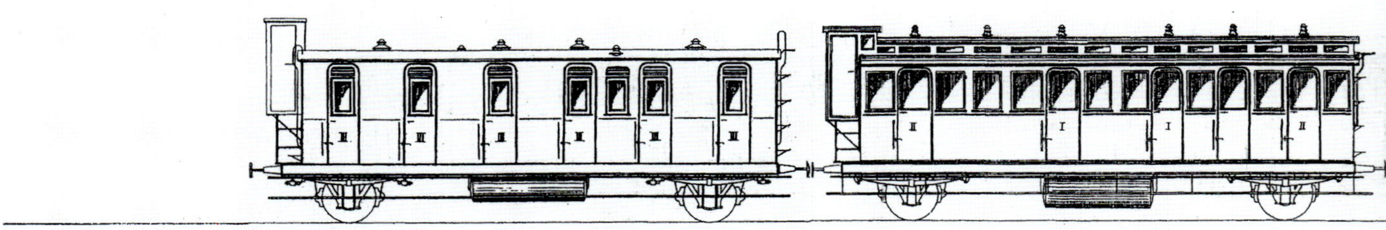

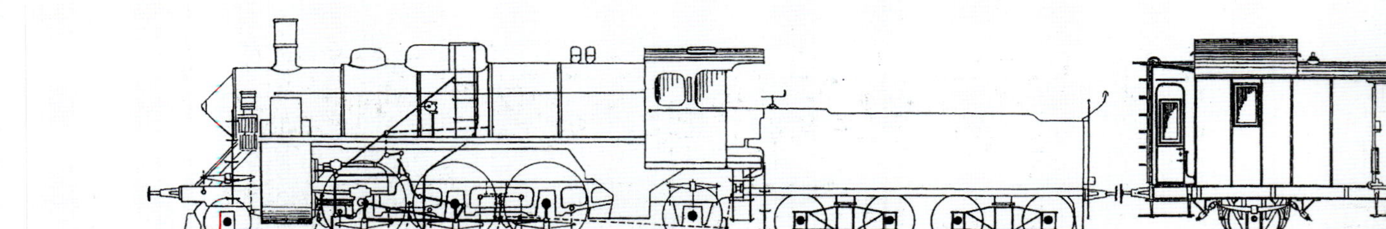

1912: Lokomotive der Gattung IVg mit einem Schnellzug auf der bad. Hauptbahn